최신판 | PROFESSIONAL ENGINEER BUILDING ELECTRICAL FACILITIES

건축전기설비기술사
예상문제풀이 I

건축전기설비기술사
전기응용기술사 | 김일기 저

PROFESSIONAL ENGINEER

예문사

■ PREFACE

최근의 건축전기설비기술사 시험을 분석해 보면 건축전기설비기술사는 물론 발송배전기술사, 전기응용기술사, 전기안전기술사 등의 기출문제가 약 80% 정도 출제되고 나머지는 계산문제와 한국조명설비학회지를 비롯한 학술지 등에서 출제되고 있습니다.

본 교재는 건축전기설비기술사의 기본서로 이용할 수 있도록 필수문제를 중심으로 하여 최근 개정된 법규 관련 문제와 신기술인 LED 등을 조명설계 부문에 반영하여 보완하였습니다.

▣ 이 책의 특징

1. 최근 10여 년간 기출문제 중 출제 빈도가 높은 문제를 누구나 알기 쉽게 정리하였습니다.
2. 출제 예상 문제를 상당수 삽입하여 합격률을 높일 수 있도록 하였습니다.
3. 그림과 표를 최대한 삽입하여 누구나 쉽게 이해하고 많이 그려볼 수 있도록 하였습니다.
4. 중요한 내용은 암기 비법을 만들어 쉽게 암기하도록 하였습니다.

더불어 필자가 기술사 시험공부를 하면서 나름대로 터득한 다음의 공부방법을 참고해 활용해보기 바랍니다.

▣ 기술사 공부방법 10계명

1. **주변을 정리하고 애경사는 가족의 도움을 받으세요.**

   기술사는 많은 시간과 노력이 필요합니다. 보통 3,000시간 이상은 투자한다고 보면 될 것이며 집중을 안 하면 그 보다도 훨씬 더 많은 시간이 소요 된다고 보시면 됩니다. 기술사가 영어로는 Professional Engineer입니다. 즉 그 분야의 프로가 되어야 가능하다는 말이겠지요. 프로는 1등을 해야지 2등은 별 의미가 없지 않습니까?

2. **주변에 공부하는 것을 알리세요.**

   어느 분들은 공부하는 것을 알리지 않고 몰래 하던데 이는 만약 떨어지면 창피하다는 이유겠지요.

   그러면 중간에 그만 둘 수도 있다는 말이 아닙니까?

   그래서는 안 됩니다. 나는 죽어도 합격할 때까지 하겠다는 마음이 아니면 대부분 중간에 포기합니다. 주변 분들께 공부하는 것을 알리고 회식 등에서 빼달라고 솔직하게 이야기 하십시오. 그러면 좋은 결과가 있을 것입니다.

PREFACE

3. 좋은 강사와 좋은 교재를 선택하세요.
   공부하면서 제일 어려웠던 부분이 이 부분이었다면 이해가 되시겠지요?
4. 매일 3시간 이상 꾸준히 투자하세요.
   평일 근무시간 후 적어도 3시간씩은 투자하라고 권하고 싶습니다. 회식이 있어 늦게 귀가하여 책을 폈다 바로 덮는다 해도 마음가짐만은 하루 3시간입니다.
5. 휴가와 공휴일을 최대한 활용하세요.
   기술사 자격 취득하기까지 가족들의 양해를 구하고 휴가와 공휴일은 도서관으로 직행하세요.
6. 자기만의 Sub-Note를 만드시 만들고 암기비법을 개발하세요.
   PC가 아닌 손으로 직접 Sub-Note를 만들고 교재에 있는 암기비법을 참고하여 자신만의 암기비법 노트를 만드세요.
7. 짬을 최대한 이용하세요.
   출퇴근 시간이나 자투리 시간에 암기노트를 활용하고 회사에서도 최대한 짬을 만들어 보세요.
8. 기술 관련 매스컴, 정보 등을 가까이 하세요.
   전기신문 등을 수시로 보고 전기 관련 잡지 등과 가까이 하세요. 보물이 숨겨져 있을 수 있습니다.
9. 기본에 충실하고 이해를 한 다음 외우세요.
   기술사 시험은 기사와 달리 공부의 양이 방대하고 답안이 짜임새가 있도록 기술해야 합니다. 그러려면 기본에 충실해야 하고, 이해를 한 다음에는 열심히 외워야 시험장에서 답안 작성이 가능합니다.
10. 중간에 포기하지 마세요.
    전기 관련 기술사의 최근 합격률은 1~3% 정도로 결코 쉬운 시험이 아닙니다. 그러나 포기하지 않고 열심을 다 한다면 언젠가는 합격의 기쁨을 맛볼 수 있습니다.

아무쪼록 본서를 통해 기술사라는 관문을 통과하여 한 단계 Up-Grade된 인생을 살 수 있기를 바라고 하나님의 축복이 본서로 공부하는 모든 분들과 발간에 도움을 주신 여러분께 함께 하시길 기원합니다.

건축전기설비기술사 · 전기응용기술사
김일기

CONTENTS

I 권

제1장 전원설비
제2장 수변전설비
제3장 간선설비
제4장 전력품질
제5장 조명설비
제6장 동력설비
제7장 방재 · 반송설비

II 권

제8장 정보통신설비
제9장 접지피뢰설비
제10장 IEC60364.62305
제11장 판단기준, 내선규정, 설계기준
제12장 E. Saving, 신재생에너지
제13장 회로이론
제14장 기타

CHAPTER 01. 전원설비

1.1 발전기 병렬운전 조건과 제어장치 (건.71.2.3)(응.106.2.6) ········· 3
1.2 변압기 부하분담 (건.75.4.1) ········· 7
1.3 축전지 자기 방전 원인 (건.80.1.6) ········· 9
1.4 UPS 병렬시스템 선정 시 고려사항 (건.81.1.12) ········· 10
1.5 발전기의 용량 산정 시 고려할 사항 (건.83.1.1) ········· 12
1.6 수변전설비 적정용량 판단방법 (건.84.1.9) ········· 14
1.7 IDC 수변전설비 계획 (건.87.2.1) ········· 16
1.8 변압비(권수비) 1 : 1 변압기 설치 이유 (건.89.1.5) ········· 18
1.9 전력용 변압기 누설전류 영향 (건.94.1.4) ········· 20
1.10 전동기 기여전류와 과도 리액턴스 설명 (건.94.1.12)(발.96.1.9) ········22
1.11 저압과 고압 비상발전기 비교 (건.95.3.6) ········· 25
1.12 발전기 시동방식에서 전기식과 공기식 설명 (건.96.2.5) ········· 28
1.13 중성선을 차단하는 접지계통과 차단하지 않아야 되는 접지계통
     (건.98.1.3) ········· 29
1.14 변압기 등가회로 및 임피던스 전압 (건.98.1.5) ········· 31
1.15 변압기에서 철손과 동손이 동일할 때 최고 효율이 되는 이유
     (건.100.1.7) ········· 33
1.16 변압기의 최저소비효율과 표준소비효율 설명 (건.101.1.8) ········· 34
1.17 발전기 용량을 감소하기 위한 부하의 제어방법 (건.101.4.5) ········36
1.18 무정전 전원설비에서 2차 회로의 단락보호 (건.102.1.2) (건.107.1.8) ·· 39
1.19 동기발전기 전기자반작용 (건.102.3.4) ········· 42
1.20 IEEE 및 IEC에 의한 변압기 단락 강도 시험전류 및 시험방법
     (건.74.1.10) (건.78.2.1) (건.84.1.8) ········· 45

1.21 비상용 예비발전설비의 트러블(Trouble)진단 (건.102.3.5) ·················· 49
1.22 2상 단락과 3상 단락 고장전류 비교 (건.103.2.1) ························ 53
1.23 축전지 자기방전현상, 설페이션(Sulphation) 현상 (건.104.1.9) ········ 55
1.24 3권선 변압기를 사용하는 주된 용도 (발.86.1.2) ·························· 57
1.25 발전기의 단락비가 구조 및 성능에 미치는 영향 (발.86.1.13) ········ 58
1.26 변압기 모선 구성과 모선보호방식
     (건.101.3.1)(건.107.2.3)(발.86.2.4) ··· 60
1.27 전력용 변압기의 경년 열화 원인 (발.89.1.12) ···························· 62
1.28 발전기의 진상운전 목적과 이때 발생하는 문제점 (발.89.4.4) ········ 64
1.29 변압기 결선방식 Y-Y-△를 사용하는 이유 (발.98.1.6) ················ 65
1.30 절연유의 역할과 구비조건, Stabilizing Winding 설명 (발.99.1.7) ···· 67
1.31 유도발전기의 특징과 적용에 대하여 설명 (발.99.1.8) ·················· 68
1.32 발전기 무부하 운전을 장시간 동안 할 수 없는 이유 (안.95.1.5) ···· 70
1.33 특고압과 고압의 혼촉 위험방지 시설방법 (안.102.1.3) ················ 72
1.34 절연유 유출 방지시설의 소요 용량의 계산식 (안.107.1.13) ·········· 74
1.35 하이브리드 변압기 (응.103.4.4) ·· 76
1.36 3D(TriDry) 타입 변압기 ··· 79
1.37 최근 문제가 되고 있는 환경 유해물질 PCBs 설명 ······················ 81
1.38 발전기 기본식 ·· 83

CHAPTER 02 수변전설비

- 2.1 고체절연 SWGR(SIS ; Solid Insulated Switchgear) ········· 87
- 2.2 변압기, 리액터 등의 철심포화 이상전압 (건.71.4.5) ········· 89
- 2.3 전기설비 시공도를 작성하는 데 필요로 하는 건축도면 (건.74.1.5) ······ 92
- 2.4 직렬리액터와 방전코일 전자계 에너지의 관점에서 설명 (건.80.1.2) ····· 93
- 2.5 가스절연개폐장치 진단기술 중 UHF PD 원리 (건.80.3.5) ········· 95
- 2.6 수변전설비의 최신 기술동향 (건.81.2.2) ········· 97
- 2.7 소각시설 중 수변전, 예비전원, 동력, 감시제어, 환경시스템 설명 (건.83.4.4) ········· 99
- 2.8 비율차동계전기의 CT를 변압기와 반대로 하는 이유 (건.84.2.6) ········ 102
- 2.9 PT, CT가 소손되었을 경우 발생되는 현상 (건.86.1.10) ········· 104
- 2.10 전기재료(고분자) 유전특성(誘電特性) (건.90.1.4) ········· 106
- 2.11 변전소의 뇌 과전압, 개폐 과전압, 단시간 과전압 발생 원인 (건.91.3.4) ········· 107
- 2.12 계측기용 CT와 보호용CT (건.92.1.8) ········· 110
- 2.13 과도회복전압의 유형에서 지수형과 진동형, 삼각파형 설명 (건.93.3.4) ········· 112
- 2.14 변류기 포화전압의 정의와 포화전압과 부하 임피던스의 관계 (건.94.1.3) ········· 114
- 2.15 보호계전기(OCR/OCGR/OVGR/OVR/UVR) 정정 시 고려사항과 정정치 (건.94.3.2) ········· 115
- 2.16 변전실의 침수유형에 따른 대책 (건.95.1.12) ········· 118
- 2.17 수변전설비의 예방보전시스템 (건.95.4.2)(건.66.4.6) ········· 120
- 2.18 직류고속도 차단기의 자기유지 현상 (건.96.1.3) ········· 123

- 2.19 알루미늄 전해콘덴서의 사용 온도와 수명과의 관계 (건.96.1.13) ······ 125
- 2.20 비상 발전기 OCGR의 불필요한 동작을 예방할 수 있는 방안
  (건.96.3.1) ··· 126
- 2.21 초고층 빌딩의 계획 시 전기설비적인 고려사항과 특징 (건.96.4.3) ····· 129
- 2.22 LBS(부하개폐기) 설계 및 시공 시 고려사항 (건.97.2.1) ······················ 135
- 2.23 광 CT ·· 137
- 2.24 콘덴서형 계기용 변압기(CPD)의 원리, 종류 및 특성 (건.103.1.1) ····· 140
- 2.25 GPT 지락지점의 저항과 충전전류가 영상전압에 미치는 영향
  (건.103.2.5) ··· 141
- 2.26 공심변류기의 구조와 특성 (건.105.1.7) ··· 146
- 2.27 주택용과 산업용 저압차단기 설명 (건.106.1.6) ··································· 147
- 2.28 공동주택 변압기 용량과 적용에 대한 문제점 (건.106.3.2) ················· 150
- 2.29 1차 측을 PF만으로 보호할 경우 결상 및 역상 보호방안 (건.107.1.4) · 153
- 2.30 누전차단기의 오동작 방지대책 (건.107.3.4) ·· 155
- 2.31 변압기의 Y-Zig Zag 결선 (응.106.1.11)(건.107.4.2) ························ 158
- 2.32 피뢰기의 제한전압 (발.86.1.4) ·· 162
- 2.33 GIS 내부에서 일어날 수 있는 고장원인과 진단기술 (발.90.4.2) ······· 163
- 2.34 개폐장치의 영점추이(推移)현상 (발.93.1.12) ······································· 165
- 2.35 알루미늄(Al) 권선 변압기의 특징 (발.107.1.1) ··································· 166
- 2.36 전압이 너무 높거나 낮을 경우 나타나는 현상 (발.107.1.7) ··············· 168
- 2.37 고압 유도전동기 보호방식 (발.107.4.1) ··· 170
- 2.38 계측기용 CT의 IPL, FS 설명 (안.95.1.6) ··· 173
- 2.39 누전차단기 전원 측과 부하 측이 바뀐 오결선 시 문제점 (안.99.1.4) ·· 175
- 2.40 계측기기를 선정하는 데 있어서 주요 고려사항 (응.106.1.6) ············· 176
- 2.41 가스절연개폐장치(Gas Insulated Switchgear)의 종류
  (응.106.1.10) ··· 178
- 2.42 ATS와 CTTS의 특징 및 차이점 (응.106.2.5) ····································· 181

CHAPTER 03 간선설비

- 3.1 전력손실률 b와 단면적 A, 전압 V, 역률 $\cos\phi$, 전력 P, 고유저항 ρ, 긍장 l과의 관계에 대한 공식 및 단위 (건.77.3.6) ······ 187
- 3.2 케이블트레이를 기기 접지용 도체로 사용할 경우 시설방법 (건.87.1.6) ······ 188
- 3.3 중성점 불안정 현상 (건.92.1.10) ······ 190
- 3.4 전력간선 굵기 산정의 흐름도 (건.94.1.5) ······ 191
- 3.5 전기재료의 전기적 고유특성 3가지 (건.95.1.7) ······ 192
- 3.6 중성선의 기능과 단면적 산정방법 (건.95.1.11) ······ 193
- 3.7 중성선의 굵기 산정식, 중성선의 최소 굵기 (건.103.1.9) ······ 195
- 3.8 지중케이블의 고장점 측정법 (건.103.2.4) ······ 197
- 3.9 중성선이 단선이 될 때 위험성과 대책 (건.106.3.6) ······ 199
- 3.10 단상2선식과 3상3선식의 소요 전선량 (발. 95.1.12) ······ 203
- 3.11 유전체손 표현방식을 $\sin\delta$ 대신에 $\tan\delta$를 사용하는 이유 (발.95.4.4) ······ 204
- 3.12 절연 케이블 정격전압 (응.97.1.8)(건.99.1.8) ······ 206
- 3.13 GIS 부분방전의 검출방법별 원리 (발.96.1.7) ······ 207
- 3.14 단거리 송전선로 전압강하율 유도 (발.98.2.5) ······ 210
- 3.15 편단접지와 크로스본드접지 (발.98.3.3) ······ 212
- 3.16 직류해저케이블인 MI Cable 설명 (발.99.1.6) ······ 215
- 3.17 선로정수가 불평형이 될 경우 영향 및 방지대책 (발.99.1.10) ······ 217
- 3.18 배전선로에서 손실계수와 부하율의 관계 (발.99.1.13) ······ 219
- 3.19 고주파 케이블의 사용용도, 문제점 및 성(省)에너지 설계 (응.106.3.3) ······ 221

CHAPTER 04 전력품질

4.1 악성 부하가 지중 케이블에 미치는 영향 (건.72.2.5) ……………… 225
4.2 노이즈 필터용 접지에 대하여 고려할 사항 (건.80.1.5) ……………… 228
4.3 전자실드룸의 용도와 원리 (건.88.3.4) ……………………………… 230
4.4 고조파의 발생에 따른 영향 (건.95.2.4) ……………………………… 232
4.5 전력계통 순시전압 변동 허용 기준 (건.99.4.2) …………………… 236
4.6 유도전동기 기동 시 순시전압강하 계산방법 (건.100.4.4) ………… 238
4.7 고조파전압계수 설명 (건.101.1.11) ………………………………… 240
4.8 EMC, EMI, EMS (건.75.2.3)(건.83.1.4)(건.107.4.4) ………………… 242
4.9 전자파 적합성(EMS) 시험대상 (안.96.1.9) ………………………… 244
4.10 비선형 부하와 역률과의 상관관계, 중성선의 과부하 현상
 (발.86.2.5) ……………………………………………………………… 245
4.11 신뢰성(Reliability), 적정성(Adequacy), 안전성(Security)
 (발.86.1.12) …………………………………………………………… 247
4.12 정태, 동태, 과도 안정도 (발.90.1.9)(건.101.2.4)
 위상각 안정도, 주파수 안정도, 전압안정도 (발.92.2.5) ………… 248
4.13 순시과전압(Transient)과 서지(Surge) (안.92.1.7) ………………… 251
4.14 비전리 전자파가 인체에 미치는 영향 (안.96.1.10) ……………… 254
4.15 고조파가 누전차단기의 동작특성에 미치는 영향 (안.96.2.5) …… 256
4.16 전력계통 신뢰도 및 전기품질유지기준 (지식경제부, 2009.12) …… 259

CHAPTER 05 조명설비

5.1 조도 계산식 (건.78.1.5) ··· 265
5.2 순응 (건.87.3.1) ··· 267
5.3 LED 조명분야와 관련된 인증제도 (건.93.1.5) ················ 268
5.4 백색광 출력 (건.94.3.3) ·· 270
5.5 건축물에서의 조명제어와 가로등에서의 조명제어 (건.97.2.5) ·· 272
5.6 보수율의 구성요인 (건.98.1.11) ································ 275
5.7 국제경기장 야간조명설비, 객석음향설비 및 TV 중계설비
    (건.98.3.2) ··· 276
5.8 구역공간법 공간비율(CR) (건.103.1.5) ························ 280
5.9 인공조명에 의한 빛공해 방지법 (건.103.4.1) ················ 282
5.10 LED(Light Emitting Diode) Dimming 제어기술 (건.104.2.4) ·· 284
5.11 DALI 프로토콜을 이용한 조광기술 (건.105.4.3) ············ 286
5.12 도광식 유도등 (건.106.1.7) ···································· 289
5.13 일괄소등 스위치 융합기술 (건.106.2.6) ······················ 291
5.14 플라즈마 생성원리와 응용 (응. 94.1.13) ···················· 293

CHAPTER 06. 동력설비

- 6.1 VVVF(Variable Voltage Variable Frequency) 보호 (건.74.3.3) ········ 297
- 6.2 동기기의 난조방지 (건.78.1.8) ·· 300
- 6.3 전동기의 속도제어시스템 성능평가 지표 (건.88.1.2) ···················· 301
- 6.4 유도전동기의 단자전압이 정격전압보다 낮을 경우 발생하는 현상
  (건.104.1.5) ··· 302
- 6.5 권선형 유도전동기의 속도제어와 역률 개선의 원리 (건.101.1.6) ····· 303
- 6.6 유도 전동기, 직류 전동기, 동기 전동기 무부하전류 (건.101.4.3) ····· 305
- 6.7 전동기의 선정 및 정격 (안.99.3.1) ··· 307
- 6.8 전동기의 제동 및 역전 (안.104.2.5) ·· 309
- 6.9 전동력 응용의 장단점 (응.91.1.1) ··· 313
- 6.10 유도전동기 기동전류와 역률의 상관관계 (응.100.1.7) ·················· 314

CHAPTER 07. 방재 · 반송설비

- 7.1 엘리베이터의 일주시간(RTT ; Round Trip Time) (건.87.3.2) ········· 319
- 7.2 수전실에서의 전기화재 예방대책 (안. 95.1.3) ······························ 321
- 7.3 유압식 엘리베이터의 특징과 적용 (안.104.1.4) ···························· 323
- 7.4 방재센터의 설치 대상과 방재센터 위치 ······································· 325
- 7.5 지하구의 화재대책 ··· 327
- 7.6 공항 등화 시설 ··· 330

PROFESSIONAL ENGINEER BUILDING ELECTRICAL FACILITIES

전원설비

CHAPTER 01

제3부 배심원

1.1
- 상용전원 계통과 발전기를 병렬운전할 경우의 조건과 각종 제어장치에 대하여 설명하시오. 건.71.2.3
- 비상발전기 보호방식에 대하여 설명하시오. 응.106.2.6

1. 동기 발전기의 병렬운전 조건

2대 이상의 동기 발전기가 같은 부하에 전력을 공동으로 공급하는 것을 병렬운전이라 하며 병렬 운전을 하기 위해서는 다음과 같은 조건을 만족해야 한다.

[암기] 전. 위. 주/파. 상

병렬운전 조건	조건을 만족시키기 위한 조처
1) 기전력의 크기가 같을 것	전압계를 확인하며 계자 전류를 조정해서 맞춘다.
2) 위상이 같을 것	동기검전기로 확인하며 원동기의 속도를 조정하여 맞춘다.
3) 주파수가 같을 것	
4) 파형이 같을 것	발전기 제작 시의 문제로서 운전 중에는 고려하지 않는다.
5) 상회전 방향이 같을 것	설치 시 상회전방향 검출기로 확인하여 결선한다.

1) 기전력의 크기가 같을 것

(1) 현상

기전력의 크기가 다르면 전압차에 의한 무효순환전류 발생
- 기전력이 작은 발전기 : 증자작용(용량성) → 전압 증가
- 기전력이 큰 발전기 : 감자작용(유도성) → 전압 감소

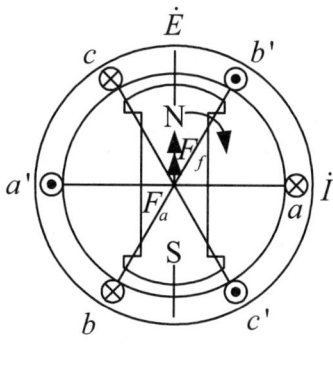

[증자작용]

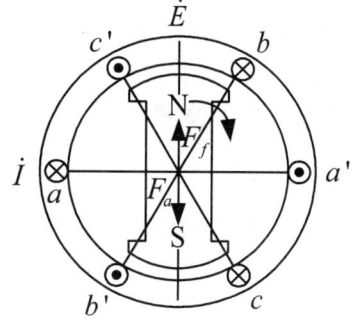

[감자작용]

- 전압이 다를 경우 : 무효 순환전류(무효 횡류) 발생 → 저항손 발생 → 발전기 온도 상승 → 과열 → 소손 가능
- 무효 순환전류 : 발전기는 동기 리액턴스가 전기자 저항보다 훨씬 크기 때문에 순환 전류는 전압에 대해서 거의 90도 늦은 위상차를 갖는다.

(2) **확인 방법** : 전압계로 확인

(3) **대책** : 전압 조정기(AVR)를 이용하여 계자전류 조정

2) 위상이 같을 것

(1) **현상**

위상이 다를 경우 : 위상차에 의한 동기화 전류 발생

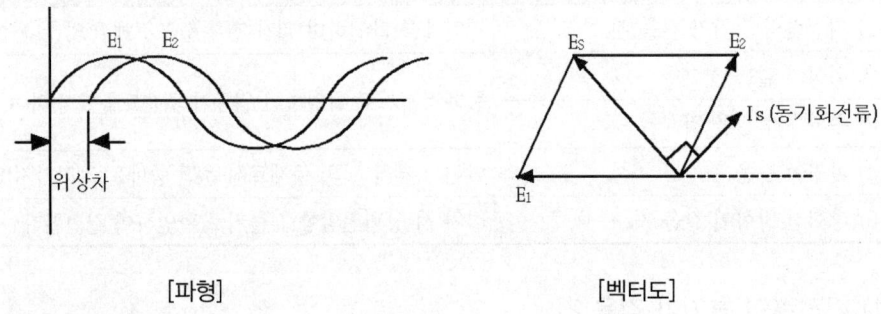

[파형]　　　　　　　　　　[벡터도]

- 위상이 앞선 발전기 : 부하 증가 → 회전속도 감소
  　　　　　　　　　　부하 증가 → 과부하 우려
- 위상이 늦은 발전기 : 부하 감소 → 회전속도 증가
- 동기화전류 : 동기발전기를 병렬운전할 때, 자동적으로 동일위상을 보전할 수 있게 하는 전류

(2) **확인방법** : 동기검정기로 확인

(3) **대책** : 원동기 속도를 조정하여 위상이 일치하도록 한다.

3) 주파수가 같을 것

(1) **현상**

주파수가 다르면 기전력의 크기가 시간에 따라 달라짐

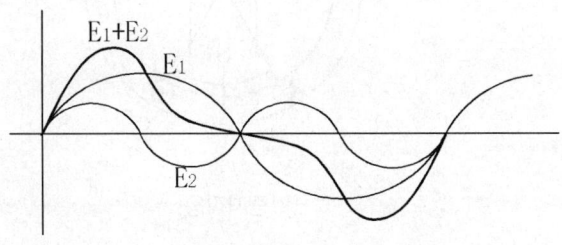

(2) 영향

무효 횡류가 두 발전기 간에 교대로 흐르게 되어
- 난조, 탈조의 원인이 되며
- 발전기 단자전압이 최대 2배까지 상승 → 권선 과열 → 소손

4) 파형이 같을 것

(1) 현상 : 파형이 다르면 전압의 각 순간의 순시치가 달라져 발전기간 무효횡류가 흐르게 됨

(2) 영향 : 전기자 동손 증가 → 과열

(3) 대책 : 발전기 제작상 문제로서 제작 시 주의해야 하며 운전 중에는 고려하지 않아도 됨

5) 상회전 방향이 같을 것

(1) 다를 경우 : 단락 상태가 됨($I_s = \dfrac{E1 + E2}{1/2Xd}$)

(2) 확인 : 상회전 방향 검출기로 확인

(3) 대책 : 시공 시 결선 주의

2. 발전기 보호방식

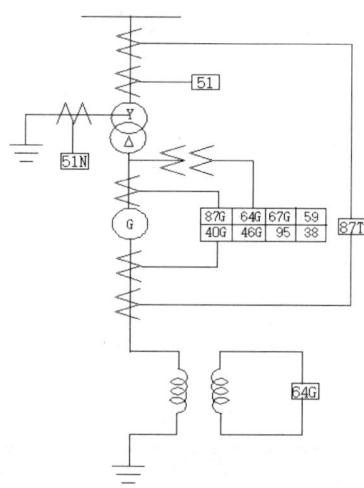

51 : 변압기 단락, 과부하 보호
51N : 변압기 지락 보호
87T : 변압기 내부 보호
87G : 발전기 내부사고(전기자 단락)
64G : 발전기 지락보호(전기자)
67G : 발전기 역전력
59 : 발전기 과전압
40G : 발전기 계자 단락
46G : 발전기 불평형
95 : 발전기 저주파수
38 : 발전기 베어링 온도

1) 전기자 단락 보호(87G. 비율 차동 계전기)

- 87G의 동작 범위 : 10% 이하, 고속도형
- 계전기로 유입되는 동작 전류, 억제 전류 비율에 따라 동작

2) 전기자 지락 보호(64G, OVGR)

- 접지용 변압기 2차측에 설치
- 고조파 전압에 대한 오동작 방지 위해 필터 설치

3) 모터링 보호(역전력 보호 : 67G, 유효 전력 계전기)

발전기가 원동기의 입력 상실 시 계통에서 전력을 받아 동기 전동기로 작동하는 것을 방지

4) 과전압 보호(59)

자기 여자등으로 이상 전압 상승 시 동작

5) 계자 상실 보호(40G)

- 계자 단락
- Brush 접촉 불량
- AVR 고장 등 계자 상실 시 동작함

6) 불평형 전류 보호(46G, 역상 계전기)

- 불평형 고장 시 고장 전류 중 역상 전류에 의해 동작
- 원인 : 불평형 고장(단선 사고, 차단기 결상 등)
  불평형 부하 (전철, 유도로 등)
  선로 연가 미흡, 계통 임피던스 불안정 등

7) 저주파수 보호(95)

계통분리, 발전기 탈조 등에 의한 저주파수에서 동작

8) 발전기 베어링 온도 보호(38)

3. 디젤 엔진 보호방식

No.	명칭	기호	사양
1	윤활유 압력 저하	63Q	규정 압력의 1/2~1/3에서 ON
2	냉각수 단수	69W	기관 출구에서 단수 검출
3	냉각수 온도 상승	49W	• 방수식 : 약 70~80℃ • 라디에이터식 : 약 80~95℃
4	과속도	12	규정 회전속도를 15% 이상 넘지 않을 것
5	시동 실패	48	시동 명령 후 40(S) 경과 후 저속도 계전기가 작동하지 않을 것

1.2 변압기를 V결선에서 1대 추가 증설하여 3대로 결선으로 변형하는 경우 부하분담에 대하여 설명하시오.

건.75.4.1.

1. 병렬운전 시 부하분담

변압기 여러 대를 병렬로 접속하여 사용할 때 변압기의 부하분담은 $\%Z$가 작은 쪽이 아래 식과 같이 더 많은 부하를 부담하게 되어 문제가 된다.

$$P_{S1} = P \times \frac{\%Z_2}{\%Z_1 + \%Z_2} \qquad P_{S2} = P \times \frac{\%Z_1}{\%Z_1 + \%Z_2}$$

2. 3상 Δ결선 시 부하분담

1) 3대 모두 %임피던스가 같다면 문제가 없음

2) 2대는 같고 1대가 다른 경우
   - %임피던스가 작은 변압기가 부하를 더 많이 분담하게 됨
   - 예를 들어 V결선으로 운전 시 변압기의 %Z를 Z라 하고 1대 추가 시 변압기의 %Z를 aZ라 한다면 부하 분담은 아래 공식에서와 같이 된다.

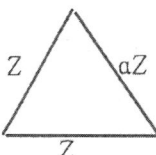

- 임피던스 Z인 변압기 부하분담 = $\dfrac{\sqrt{3}\ \sqrt{a^2 + a + 1}}{2 + a}$
- 임피던스 aZ인 변압기 부하분담 = $\dfrac{3}{2 + a}$

3) a값이 1보다 클 때 : Z변압기가 $\%Z$가 작으므로 부하분담을 더 하게 됨
   a값이 1보다 작을 때 : aZ변압기가 $\%Z$가 작으므로 부하분담을 더 함

3. 예

1) 2대는 $\%Z$가 5% 100kVA이고 1대는 $\%Z$가 5.5% 100kVA이라면

2) $\%Z$ 5% 변압기 부하분담을 p_1이라면

$$a = \frac{\%Z_{aZ}}{\%Z_Z} = \frac{5.5}{5} = 1.1\text{이므로}$$

$$p_1 = \frac{\sqrt{3} \cdot \sqrt{a^2 + a + 1}}{2 + a} = \frac{\sqrt{3} \cdot \sqrt{1.1^2 + 1.1 + 1}}{2 + 1.1} = 1.0165$$

따라서 100×1.0165=101.65kVA씩 두 대가 분담. 과열

3) %Z 5.5% 변압기 부하분담을 p_2라면

$$p_2 = \frac{3}{2 + a} = \frac{3}{2 + 1.1} = 0.9677$$

따라서 100×0.9677=96.77kVA를 한 대가 분담

4) 결론

%Z가 작은 변압기 두 대가 부하분담을 더 하게 됨

1.3 축전지의 자기 방전에는 여러 원인이 있다. 원인별로 구분하여 설명하시오.

건.80.1.6.

1. 축전지 자기 방전

축전지 내부에는 방전과 관계없이 화학반응에 의해 전기량을 스스로 잃어 방전 시와 같은 결과를 초래한다. 이것을 자기 방전이라 하고 그 원인은 다음과 같다.

2. 자기 방전의 원인

1) 온도

- 양극 및 음극의 표면에 금, 은, 동, 니켈, 염산 등 불순물이 접착되면 현저히 자기 방전을 일으킨다.
- 축전지는 온도가 높을수록 자기 방전량은 증가하고 이 비율은 25℃까지는 대략 직선적으로 증가하며, 그 이상의 온도에서는 가속적으로 증가한다.

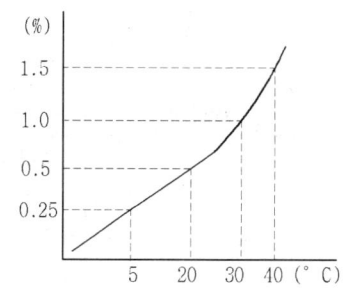

2) 내부 불순물

전해액 중 불순물에 의해 국부전지를 구성하여 방전이 된다.

3) 표면의 불순물

축전지 표면에 불순물이 접착되면 +단자와 -단자 간에 전기회로를 구성하여 자기 방전을 가속화한다.

4) 탈락물질의 퇴적

축전지 내부 극판의 작용 물질이 탈락하여 퇴적하면 극간을 단락, 파손

1.4 예비전원 설비의 일종인 무정전 전원장치(UPS ; Uninterruptible Power System)의 병렬시스템 선정 시 고려사항을 적으시오.

건.81.1.12.

1. 병렬시스템 선정 시 고려사항

구분	선정 시 고려사항
신뢰도	대수가 많을수록 신뢰도 높음
경제성	• 600(kVA) 미만 : 2대 정도 • 600(kVA) 이상 : 3~4대 정도가 경제적임
유지 보수성	대수가 적을수록 유리
설치 면적	대수가 많을수록 면적 많이 필요
확장성	부하증가에 따라 병렬대수 증가해야 하므로 초기에는 대수를 적당히 설계
전기적 특성	• 출력전압 안정도 • 출력 주파수 안정도 • 출력 파형 왜율 • 출력 과도전압 안정도 및 응답시간 • 역률 • 과부하 내량 등

2. UPS 운용 시스템 및 특징

1) 단일 시스템

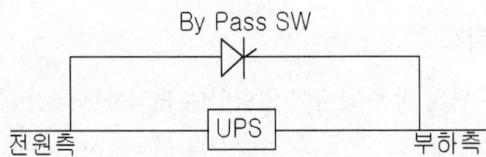

- 바이패스 전환회로에 SCR을 사용한 반도체 S/W에 의해 무순단으로 전환
- 소용량에서 대용량까지 단일 시스템의 표준
- 경제적이며 고신뢰도 시스템임

2) 병렬 시스템

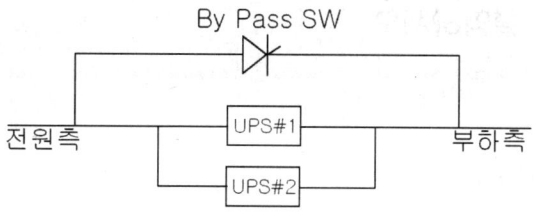

- UPS를 2대 또는 그 이상으로 병렬운전하여 신뢰성을 높인 시스템
- 금융기관 전산실, 병원 수술실 등 고 신뢰성을 요구하는 시스템에 적용

1.5 자가발전설비의 부하 및 운전형태에 따른 발전기의 용량 산정 시 고려할 사항을 설명하시오.
건.83.1.1.

1. 용량 산정 방법

1) $PG1$(부하의 정상 운전 시에 필요한 발전기 용량)

$$PG1 = \frac{\sum P_L \times D_f}{\eta_L \times \cos\theta} \text{ (kVA)}$$

여기서, $\sum P_L$: 부하 출력 합계(kW)
D_f : 부하의 종합 수용률
η_L : 부하의 종합 효율(분명하지 않을 경우 0.85)
$\cos\theta$: 부하의 종합 역률(분명하지 않을 경우 0.8)

2) PG2(부하중 최대 기동전류를 갖는 전동기 기동 시 순시 전압 강하를 고려한 발전기 용량)

$$PG2 = Pm \times \beta \times C \times Xd'' \times \frac{100 - \Delta V}{\Delta V} \text{ (kVA)}$$

여기서, P_m : 최대 기동 전류를 갖는 전동기 출력(kW)
β : 전동기 기동 계수(분명하지 않을 경우 7.2)
C : 기동 방식에 따른 계수(직입 : 1.0 Y-Δ : 0.67)
Xd'' : 발전기 정수(0.25~0.3)
ΔV : 발전기 허용 전압 강하율(승강기 경우 20%, 기타 25%)

3) PG3(발전기를 가동하여 부하에 사용 중 최대 기동 전류를 갖는 전동기를 마지막으로 기동할 때 필요한 발전기 용량)

$$PG3 = \left(\frac{\sum P_L - Pm}{\eta_L} + (P_m \times \beta \times C \times P_f)\right) \times \frac{1}{\cos\theta} \text{ (kVA)}$$

여기서, $\sum P_L$: 부하 출력 합계(kW)
P_m : 최대 기동 전류를 갖는 전동기 출력(kW)
η_L : 부하의 종합 효율(분명하지 않을 경우 0.85)
β : 전동기 기동 계수(분명하지 않을 경우 7.2)
C : 기동방식에 따른 계수(직입 : 1.0 Y-Δ : 0.67)
P_f : 최대 기동 전류를 갖는 전동기 기동 시 역률(분명하지 않을 경우 0.4)
$\cos\theta$: 부하의 종합 역률(분명하지 않을 경우 0.8)

4) PG4(부하 중 고조파 부분을 고려한 경우 발전기 용량)

$$PG4 = P_c \times 2 \sim 2.5 + PG1$$

여기서, P_c : 고조파분 부하

발전기 용량분의 고조파분이 120% 미만이 될 수 있도록 발전기 용량을 선정하는 것이 바람직함

2. 발전기 산정 시 고려사항

1) 엔진 형식

엔진 형식에는 디젤엔진과 가스터빈이 있으며 경제성을 요구하는 장소는 디젤엔진을 선정하고, 고품질의 전력을 요구하는 장소에는 가스 터빈이 적합

2) 기동 방식

기동에는 보통 전기식과 압축 공기식의 두 가지가 사용되는데 일반적으로 전기식이 많이 사용된다.

3) 냉각 방식

냉각 방식은 공랭식과 수랭식이 있으며 소용량은 일반적으로 공랭식으로 하지만 대용량은 수랭식을 주로 사용한다.

4) 운전 방식

1대로 단독 운전을 할 것인지 아니면 2대 이상으로 병렬운전을 할 것인지를 결정한다.

5) 회전수

- 고속형(1,200rpm 이상)은 체적과 설치 면적도 작아서 경제적이나 소음 및 진동이 크고 수명이 짧다.
- 저속형(900rpm 이하)은 전압 안정도가 좋고 소음 진동이 작고 수명이 긴 장점이 있으나 가격이 비싸다.

6) 기타

(1) 소음
(2) 진동
(3) 대기 오염
(4) 고조파 등

> **1.6** 사용 중인 수변전 설비의 적정용량 운전 판단방법을 3가지 이상 설명하시오.
> 건.84.1.9

1. 부하율

부하의 평균전력(kW)과 최대 수요 전력(1시간 평균)(kW)의 백분율(%)을 말한다.

$$부하율 = \frac{부하의\ 평균\ 전력}{최대\ 수요전력(1시간\ 평균)} \times 100(\%)$$

2. 수용률

수용가의 부하설비는 동시에 전부가 사용되는 일은 거의 없으므로 수용가의 부하설비 합계와 그것이 사용되고 있는 시점에서의 최대 전력과는 반드시 일치하지는 않는다.

수용률이란 최대 수용 전력(kW)과 부하설비 용량의 합계(kW)와의 백분율(%)이다.

$$수용률 = \frac{최대\ 수용\ 전력}{부하\ 설비용량\ 합계} \times 100(\%)$$

3. 전압 변동률

$$\varepsilon = \frac{V_0 - V_n}{V_n} \times 100 = p\cos\theta + q\sin\theta = \sqrt{p^2 + q^2}$$

% 임피던스에 의해 결정됨

특성	%Z가 커지면
1. 전압변동률	커진다.(불리)
2. 손실. 무부하손과 부하손의 손실비	
3. 계통의 단락 용량 및 사고 시 사고전류	작아진다.(유리)
4. 단락 시 권선에 미치는 전자 기계력	
5. 병렬운전 시 부하분담	반비례

4. 손실 및 효율

- 손실 $Wl = Wi + m^2 Wc$
- 최고 효율 : $Wi = m^2 Wc$일 때이고, 이때의 부하율 $m = \sqrt{\dfrac{Wi}{Wc}}$ 가 됨
- 전력용 변압기의 최대 효율은 부하율이 약 70%일 때이며, 이때 철손이 1/3, 동손이 2/3 정도 됨

> **1.7** 최근 급속히 증가하고 있는 대기업 전용의 인터넷 데이터센터(IDC) 건설 시 수변전설비에 대한 신뢰성과 안전성이 많이 요구되고 있다. IDC 수변전설비에 대하여 계획하시오.
> 건.87.2.1.
> - 규모 : 서버실 10,000m², 지원공용시설 5,000m²
> - 조건 : 서버실은 m²당 400VA, 항온항습기는 서버 전원용량의 50%이고 UPS는 정지형임

1. 개요

1) 최근 정보통신 산업의 급속한 발전에 따라 초고속 Data Networking을 위한 완벽한 시설환경 구축이 필요한 실정임

2) IDC 건물의 특징
- 일반 건축물에 비해 하중이 크고, 냉방부하가 밀집됨
- 대용량의 전력설비, 고품질 전력(무정전, 저고조파) 요구
- 장비의 고급화 및 이중화에 따른 초기 투자비 증가

2. 수변전설비

1) 요구 조건
- 증설 및 확장이 쉬울 것
- 급전 계통의 2중화를 고려
- 무정전 시스템을 갖출 것

2) 수전 방식
- 신뢰도와 안전성을 고려하여 본선+예비회선방식의 2회선 수전방식
- ALTS를 구비하여 정전 시 신속한 절체

3) 수전전압

10,000(kVA) 이하 : 22.9kV-Y 가능

4) 변압기 용량 산정

부하 종류	면적(m²)	부하밀도(kVA/m²)	부하용량(kVA)	수용률(%)	변압기 용량 kVA)
서버실	10,000	0.4	4,000	70	2,800
항온항습기			2,000	70	1,400
지원공용시설	5,000	0.1	500	50	250
부하설비합계			6,500		4,450

5) 변압기 뱅크 구성

구분	서버실용	항온항습기용	지원공용시설용
전압방식	22.9kV/220-380V	22.9kV/220-380V	22.9kV/220-380V
변압기 종류	자구미세화 변압기	자구미세화 변압기	자구미세화 변압기
변압기 용량	1,500(kVA)	1,500(kVA)	300(kVA)
대수	2대	1대	1대

6) 예비 전원

(1) 비상 발전기

- 총 부하 설비 용량의 30%

  $6,500 \times 0.3 = 1,950(kW)$

- 표준 정격 : 3상 4선식 380V/220V, 1,000(kW)×2대

  종류 : 전력 품질을 고려하여 가스 터빈 발전기

(2) UPS

용량 : 위 발전기와 같은 용량으로 하되 신뢰성을 고려하여 1,000(kVA) 2대 병렬운전

1.8 변압비(권수비) 1 : 1 의 변압기를 설치하는 이유를 설명하고, 이 변압기가 갖추어야 할 특성에 대하여 설명하시오.
건.89.1.5.

1. 변압비(권수비) 1 : 1 의 변압기를 설치하는 이유

1) 서지 및 노이즈 제거

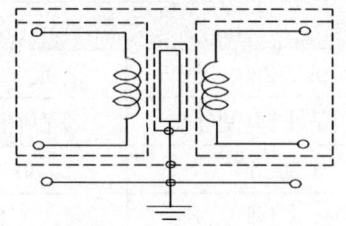

- 병원 등에서 1,2차를 전기적으로 분리한 절연변압기를 사용하여 외부에서 침입하는 서지 및 노이즈를 제거하기 위하여 사용함
- 절연이 강화되어 있기 때문에 기본파의 누설전류도 적어짐

2) 안정적인 전원공급

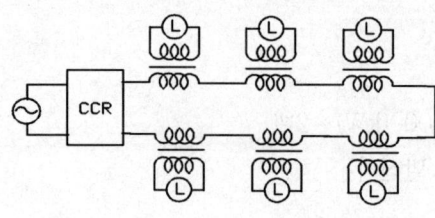

- 공항 항공등화설비의 활주로 유도등 등을 점등하기 위한 전원 공급 변압기로서
- 전등을 병렬회로로 하면 조도의 차이가 발생하기 때문에 전류조정기(CCR) 2차에 1 : 1 절연변압기를 사용하여 정전류 회로를 구성함

3) 통신선의 전자유도장해 경감

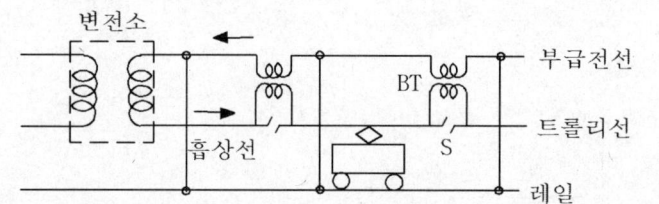

BT : 흡상 변압기
S : 흡상 변압기용 섹션

1 : 1의 특수변압기를 각 구간마다 설치하여 대지에 누설되는 전차의 귀로 전류를 BT에 의해 강제적으로 부급전선에 흡상시켜 통신선로의 유도장해를 경감시키는 원리임

2. 1 : 1의 변압기가 갖추어야 할 특성

1) 코일에 저항분이 적어 전력손실이 적어야 한다.
2) 1, 2차 혼촉이 발생하지 않아야 한다.
3) %임피던스가 작아 전압강하가 적어야 한다.

1.9 전력용 변압기의 누설전류가 설비에 미치는 영향에 대하여 설명하시오.

건.94.1.4.

1. 누설전류[漏泄電流, leakage current]
- 절연체에 전압을 가했을 때 흐르는 약한 전류를 말한다.
- 내부를 흐르는 것과 표면을 흐르는 것이 있으나, 보통 표면을 흐르는 것이 더 크며, 이것을 표면 누설전류라 한다. 내부상태나 표면의 상태·형상에 따라 크게 차이가 난다.
- 옴의 법칙에서 벗어나는 수가 많으며, 내부온도나 표면의 습도 등 주위의 조건에 의해서도 좌우된다.

2. 누설전류의 원인
누설전류는 용량성 누설전류와 저항성 누설전류로 나뉘며 일반적으로 용량성과 저항성이 함께 나타난다.

1) 케이블의 대지 정전 용량

$$Ic = j\omega CE (A)$$

2) 기기의 외함과 내부 정전 용량의 결합
3) 각종 기기의 노이즈 필터
4) 선로나 기기의 절연 불량, 노화
5) 작업자 등의 실수에 의한 피복 손상
6) 주변의 물기나 습기, 오염에 따라 더 심할 수 있음

3. 누설전류의 영향
누설전류 중 용량성 누설전류는 전압보다 90° 앞서기 때문에 열을 발생하지 않지만 저항성 누설전류는 전압과 전류가 동상이므로 열을 발생시키고 심한 경우는 화재에까지 이를 수 있다. 즉 누설 전류의 영향은 다음과 같이 정리할 수 있다.

1) 케이블이나 기기의 열화, 과열, 소손
2) 화재, 폭발 사고
3) 감전 사고
4) 누전 차단기 오동작
5) 통신선의 유도장해

4. 대책

1) 배선이나 기기의 절연 보강
2) 습기, 오염 등 환경 개선
3) 고조파 등의 발생 억제
4) 내선규정 준수

   (1440-2) 정전이 어려운 경우 누설전류가 1mA 이하

   (1440-3) 누설전류가 최대공급전류의 $\dfrac{1}{2,000}$을 넘지 않도록 유지해야 한다.

1.10
- 단락사고 시 전동기 기여전류와 과도 리액턴스를 설명하시오.
  건.94.1.12.
- 전력계통에서 단락전류의 특성과 동기 발전기 리액턴스와의 관계를 설명하시오.
  발.96.1.9

1. 단락전류의 특성

1) 계통에 고장이 발생한 경우 고장전류는 비대칭인 전류가 흐르며, 이 전류는 횡축에 대하여 대칭(Symmetrical)분 교류전류와 DC 성분으로 나누어진다.
2) 고장전류 속에 포함되어 있는 직류분은 회로정수(X/R비)에 따라 크기가 정해지며, 시간이 지남에 따라 시정수에 따라 감쇄한다.
3) 고장 발생 후 1/2Cycle 시점의 고장전류를 First Fault Current, 차단기가 동작하는 3~8Cycle의 고장전류를 Interrupting Fault Current, 회전기에 의한 영향이 없어지는, 즉 임피던스가 안정된 후의 고장전류를 Steady State Fault Current라 한다.
4) 지상 저역률 : 전력계통에서 발생하는 단락전류는 계통의 선로정수비(X/R)에 따라 일반적인 송전계통에서는 $X \gg R$의 관계가 성립하므로 매우 저역률의 단락전류이다.

2. 발전기 리액턴스와의 관계

1) 3상 단락전류의 시간적 변화

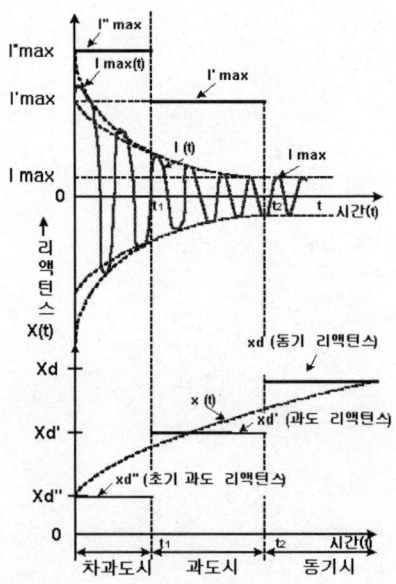

2) 발전기 리액턴스와의 관계

(1) 차과도 단락전류(직축 차과도 리액턴스)

3상 단락 직후(0.1초 정도 이내) 전류로서 전류를 I'', 단자전압을 V라면

$$X_d'' = \frac{V}{I''}$$

여기서, X_d'' : 차과도 리액턴스

전기자 누설 리액턴스 X_l만 작용

(2) 과도 단락전류(직축 과도 리액턴스)

차과도 전류는 0.1초 이내에 급속히 감쇠하여 비교적 완만하게 감소한다. 이때의 과도 리액턴스는 $X_d' = \frac{V}{I'}$가 된다.

고장이 일어난 수 사이클 후의 고장전류를 결정하는 것으로 0.5~2초 정도의 시간 동안 전기자 누설 리액턴스 X_l과 계자 누설 리액턴스 X_f가 작용함

(3) 정상 단락전류(동기 리액턴스)

단락 후 수 초 정도 경과해서 시간적으로 일정한 전류를 말한다.

이때의 동기 리액턴스는 $X_d = \frac{V}{I}$가 된다.

즉, 안정된 상태에 도달한 후에 흐르는 전류를 결정하는 값으로 전기자 누설 리액턴스 X_l과 계자 누설 리액턴스 X_f에 전기자 반작용(감자작용) X_a가 더하여져 작용함

(4) 위와 같이 발전기 리액턴스는 시간적으로 $X_d'' \to X_d' \to X_d$ 순으로 변화한다.

3. 기여 전류

1) 기여 전류원

- 계통에 고장이 발생하면 전원 측에서 고장전류를 공급하게 됨은 물론 회전기에서도 고장전류를 공급하게 된다.
- 전동기와 같이 회전기가 연결된 계통에 단락사고가 발생하면 고장 후 수 사이클 동안 회전기와 직결된 부하의 회전에너지(관성)에 의해 회전기는 발전기로 작용하고 자신의 과도 리액턴스에 반비례한 고장 전류를 사고점에 공급하는 것을 말한다.

2) 각 기기의 기여 전류 특징

(1) 유도 전동기

유도 전동기는 잔류 자속에 의하여 영향을 미치며 수 사이클 후에는 과도 리액턴스가 25%로 정상전류의 약 4배 크기의 기여전류 공급

(2) 동기 전동기

동기 전동기는 타여자방식으로 감쇄가 비교적 느리며 과도 리액턴스가 9% 정도로 정상전류의 약 11배 크기의 기여 전류를 공급한다.

(3) 동기 발전기

과도 리액턴스가 10% 정도로 정상전류의 약 10배의 기여전류 공급

(4) 전력용 콘덴서

전력용 콘덴서도 큰 과도 고장 전류를 공급하게 되나 지속시간이 아주 짧고 주파수가 계통의 주파수보다 아주 높기 때문에 일반적으로 고장 전류원에 공급하지 않는다.

1.11 건축물에 설치하는 비상발전기의 출력전압 선정 시 저압과 고압에 대하여 장단점을 비교 설명하시오.
건.95.3.6.

1. 개요

비상발전기 선정 시에는 건물의 용도, 비상 부하의 종류, 비상부하설비용량, 발전기 형식, 발전기 전압 등에 따라 각종 제약을 받지만 다음과 같은 기본적 고려사항 외에도 건축적·환경적·전기적 고려사항을 같이 검토해야 한다.

1) 안전성
 - 인체에 대한 안전 – 최상의 방식
 - 재산에 대한 안전 – 화재, 폭발 등

2) 신뢰성 : 무정전 또는 최소의 정전

3) 경제성 : 적정한 수준의 균형

2. 비상 부하

1) 건축법에 의한 비상 부하

방화셔터, 배연설비, 비상조명등	30분 이상
비상용 엘리베이터	2시간 이상

2) 소방법에 의한 비상 부하

소화 설비 및 소화 활동 설비	• 옥내 소화전 • 스프링클러 • 비상콘센트, 유도등 • 배연 설비	20분 이상
경보설비	• 자동화재경보설비 • 비상경보설비	60분 이상 감시 후 10분 경보
무선통신 보조설비		30분 이상

3) KSC IEC 60364-710 의료 장소

비상전원 절체시간	유지시간	요구실 또는 기기
0.5초 이하	3시간	수술실, 내시경, 필수조명
15초 이하	24시간	배연설비, 소방용 승강기, 호출시스템, 비상조명
15초 이상	24시간(권장)	소독기기, 냉각기기, 폐기물처리, 축전지

3. 고압 발전기

1) 구성도 예

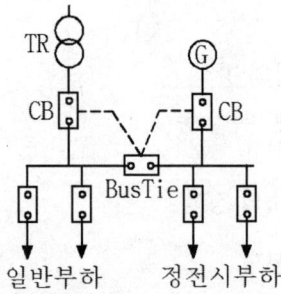

2) 장단점

(1) 장점
- 전압이 높아 차단전류가 적어 차단이 쉽다.
- 권선 굵기가 가늘어져 부피와 중량이 작아도 된다.
- 손실이 적다.
- 소음과 진동이 작아진다.

(2) 단점
- 절연이 어렵고 절연파괴가 쉽다.
- 부분 방전, 열화가 쉽게 일어날 수 있다.
- 가격이 고가이다.
- 단자나 인출회로에서 감전의 우려가 높다.
- 계전방식이 까다롭다.

4. 저압 발전기

1) 구성도 예

```
            수전            G
             |             |
            )ACB          )ACB
             |    ATS      |
             +----o--------+
                  |
         +--------+--------+
         |        |        |
       )MCCB   )MCCB    )MCCB
         |        |        |
```

2) 장단점

(1) 장점

- 절연이 쉽고 절연파괴에서 상대적으로 안전하다.
- 부분 방전, 열화가 적게 발생한다.
- 가격이 저가이다.
- 단자나 인출회로에서 감전의 우려가 적다.
- 계전방식이 용이하다.

(2) 단점

- 전압이 낮아 차단전류가 많아 차단이 어렵다.
- 권선 굵기가 굵어져 부피와 중량이 커진다.
- 손실이 많다.
- 소음과 진동이 크다.

1.12 발전기 기동방식에서 전기식과 공기식에 대하여 특성, 시설, 관리 및 장단점을 비교 설명하시오.

건.96.2.5.

비교 항목		전기기동방식(셀모터 방식)	공기기동방식
시설	에너지원	직류(축전지)	저압공기
	필요한 부속기기	충전기, 축전지, 링기어, 셀모터	공기압축기, 공기탱크(감압밸브), 링기어, 에어모터
	공기탱크	없음	기동 밸브 방식에 비해서 큰 것이 필요하다.($10kgf/cm^2$ 이하의 공기탱크인 경우)
특성	에너지원의 재생	축전지의 충전에 시간이 필요	공기압축기에 의하여 용이하게 보급 가능 (1시간 이내)
	기동토크	작다.	작다.(단, 공기압에 의하여 다소 크게 된다.)
	설치장소의 제약	폭발성 가스 등의 분위기	별로 없다.
	기동조작	어떤 위치에서든지 기동이 가능하므로 간단	어떤 위치에서든지 기동이 가능하므로 간단
	저온 기동성능	축전지의 용량을 크게 할 필요가 있어서 한계가 있음	우수하다.
	기동 시 소음	작다.	크다.
관리	기동 실패	교합(맞물림) 실패로 일어날 가능성이 있다.	교합(맞물림) 실패로 일어날 가능성이 있으나 전기모터보다 적다.
	보수	축전지의 유지관리에 주의	거의 필요로 하지 않음
	장점	축전지로 간단히 기동 가능 기동 시 소음이 작다.	저온에서 기동 가능
	단점	• 충전기, 축전지의 유지보수가 어려움 • 정기적인 축전지의 교체가 필요	• 컴프레서, 압축 공기탱크 등의 시설 필요 • 소음이 크다.
	용도	비상용(경우에 따라서는 장치 전체가 소형이고 경량으로 할 수 있음)	선박용(실린더 내 설비방식과 셀모터 방식의 장점을 가질 수가 있음)

1.13 저압공급 다선식(단상3선식 또는 3상4선식)에서 개폐 운전 시 중성선을 차단하는 접지계통과 차단하지 않아야 되는 접지계통을 구분하여 설명하고, 차단기 종류와 차단기를 적용하는 이유를 설명하시오. 건.98.1.3.

1. 판단기준 제40조(과전류차단기의 시설제한)

- 접지공사의 접지선, 다선식 전로의 중성선 및 전로의 일부에 접지공사를 한 저압 가공전선로의 접지측 전선에는 과전류차단기를 시설하여서는 아니 된다.
- 다만, 다선식 전로의 중성선에 시설한 과전류차단기가 동작한 경우에 각 극이 동시에 차단될 때 또는 저항기·리액터 등을 사용하여 접지공사를 한 때에 과전류차단기의 동작에 의하여 그 접지선이 비접지 상태로 되지 않을 때에는 그러하지 아니하다.

2. IEC 60364 계통

1) TN-C 방식

중성선(N)과 보호도체(PE)를 공용으로 사용하기 때문에 안전을 고려하여 중성선은 개로하지 않는 것이 바람직하다.

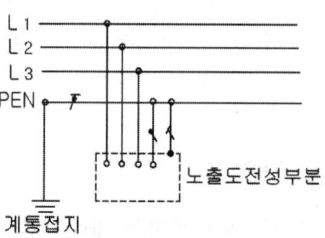

2) TN-S 방식

중성선과 보호 도체를 별도로 구성한 접지 시스템으로 전기 기기의 모든 노출 도전부(외함)는 별도의 접지선에 연결되어 있어 중성선을 차단해도 안전성이 보장되기 때문에 중성선 차단이 가능하다.

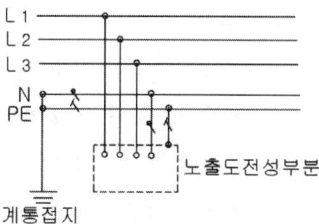

3. 개폐 시간

1) 개로 시

중성선을 상전선과 함께 개로할 때는 중성선은 상전선과 동시에 또는 늦게 개로해야 한다. 왜냐하면 중성선을 먼저 개로하면 상전선의 부하들이 상과 상 사이에 직렬로 되어 저항분이 큰 부하는 과전압이 걸리고 저항이 적은 부하는 저전압이 걸리기 때문이다.

2) 폐로 시

중성선을 상전선과 함께 폐로할 때는 중성선은 상전선과 동시에 또는 먼저 폐로해야 한다. 왜냐하면 중성선을 늦게 폐로하면 상전선의 부하들이 상과 상 사이에 직렬로 되어 저항분이 큰 부하는 과전압이 걸리고 저항이 적은 부하는 저전압이 걸리기 때문이다.

4. 차단기 종류

1) ACB(기중 차단기)

 (1) 소호 원리

   Arc Chute(소호실)를 두어 아크를 흡수 소호하는 특성으로 전차단 시간이 35mS(약2Cy) 이내로 차단 성능을 높임

 (2) 특징

   - 소형 경량화하여 배전반 등에 내장 가능
   - OCR 등 보호계전기 내장
   - 최근에는 보호계전기로 디지털 계전기를 채택하여 신뢰도 향상 및 사고기록 등이 가능함
   - 정격 : 3P, 4P, 1,000V, 630~5,000A, 차단용량 : 50~100kA
   - 전차단 시간 : 3Cycle

2) MCCB

 (1) 보호장치와 개폐기구가 동일 Case에 몰딩되어 있으며
 (2) 과전류와 단락 보호가 가능하다.
 (3) 특성

   - 차단 정격 : 최대 600V에서 120KA
   - 종류 : 차단 용량에 따라 경제형, 표준형, 고차단형
   - 동작 특성 : 열동식, 전자식
   - 최근 가변 조정형 시판(ACB 동작 특성과 유사)

1.14 변압기 등가회로를 그리고 임피던스 전압에 대하여 설명하시오.

건.98.1.5.

1. 변압기 등가회로

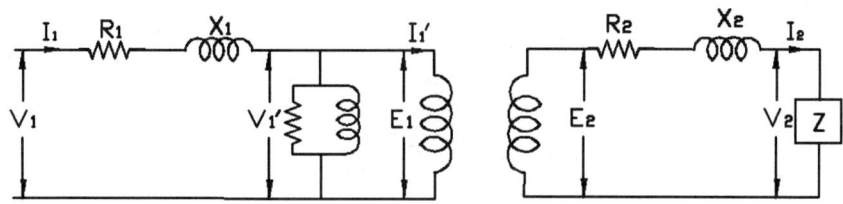

2. 벡터도

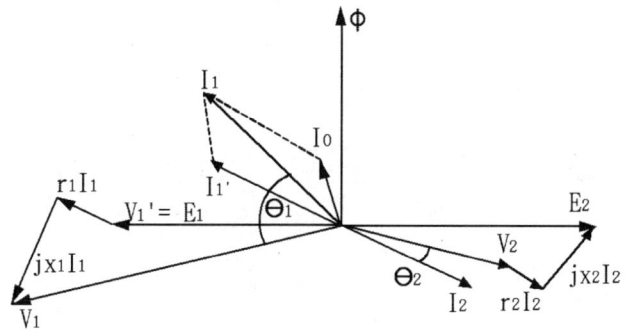

3. 임피던스 전압

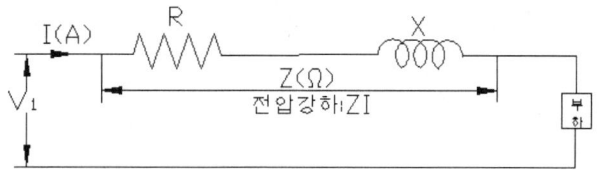

1) 그림과 같이 임피던스 $Z(\Omega)$가 접속되고, $V_1(V)$의 정격전압이 인가된 회로에 정격전류 $I(A)$가 흐르면 $Z \cdot I$의 전압강하가 발생하며, 이를 임피던스 전압이라 함
2) 이 임피던스 전압을 1차정격전압에 대한 백분율을 %임피던스(%Z)라 함

$$\%임피던스(\%Z) = \frac{임피던스\ 전압(Vs)}{1차\ 정격전압(V_1)} \times 100 = \frac{Z \cdot I_1}{V_1} \times 100(\%)$$

3) 단락 시험 접속도

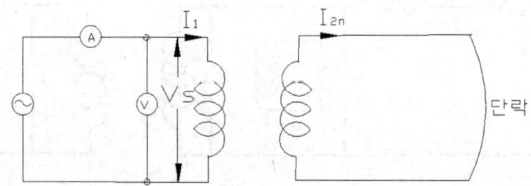

위 그림과 같이 2차측(저압측)을 단락하고 1차측에 정격 주파수의 저전압을 서서히 인가하여 정격전류가 흐를 때의 1차 인가 전압 (Vs)을 임피던스 전압이라 함

1.15 변압기에서 철손과 동손이 동일할 때 최고 효율이 되는 이유를 수식으로 증명하시오.

건.100.1.7

1. 변압기 효율

1) 효율

$$\eta = \frac{출력}{입력} = \frac{출력}{출력+손실} = \frac{V_2 \, I_2 \cos\theta}{V_2 \, I_2 \cos\theta + P_i + P_c} = \frac{V_2 \, I_2 \cos\theta}{V_2 \, I_2 \cos\theta + P_i + I_2^2 R}$$

2) 위 식의 분자 분모를 I_2로 나누면

$$\eta = \frac{V_2 \cos\theta}{V_2 \cos\theta + \dfrac{P_i}{I_2} + I_2 R}$$

2. 최대 효율 조건

1) 최대 효율이 되기 위하여 분모가 최소가 되어야 하며 이때 $V_2 \cos\theta$는 일정하므로 $\dfrac{P_i}{I_2} + I_2 R$이 최소가 되어야 한다.

2) $y = \dfrac{P_i}{I_2} + I_2 R$라 하고 I_2로 미분하면

$$\frac{dy}{dI_2} = \frac{d}{dI_2}\left(\frac{P_i}{I_2} + I_2 R\right) = -P_i I_2^{-2} + R = -\frac{P_i}{I_2^2} + R = 0$$

3) 따라서 $R = \dfrac{P_i}{I_2^2}$이 되므로 $P_i = I_2^2 R = P_c$가 된다.

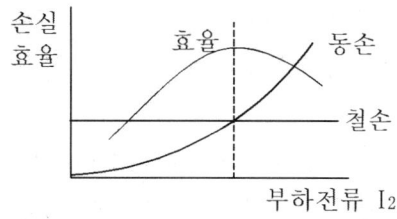

[손실과 부하전류 관계 그래프]

1.16 변압기의 최저소비효율과 표준소비효율에 대하여 설명하시오.

건.101.1.8

1. 에너지 소비효율 등급 표시제도 개요

- 에너지 소비효율 등급표시제도는 제품의 에너지 소비효율 또는 에너지 사용량에 따라 1~5등급으로 구분하여 표시하는 것으로
- 에너지효율 하한선인 최저소비효율기준(MEPS ; Minimum Energy Performance Standard)을 의무 적용해야 한다. 따라서 에너지 소비효율 등급라벨을 의무적으로 부착하고 있다.
- 이를 통해 소비자들이 효율이 높은 에너지절약형 제품을 손쉽게 판단하여 구입할 수 있도록 하고 제조(수입)업자들이 생산(수입)단계에서부터 원천적으로 에너지절약형 제품을 생산·판매하도록 함으로써 에너지를 절약하려는 데 목적이 있다.
- 국내의 제조업자(국산제품)와 수입업자(수입제품)에 공통 적용되며, 반드시 에너지관리공단에 제품 신고를 마쳐야 한다. 최저소비효율기준에 따라 5등급 기준 미달의 제품은 생산·판매가 금지된다. 위반 시 2천만 원 이하의 벌금이 부과된다.

2. 에너지 소비효율 등급 품목

- 1등급에 가까울수록 에너지절약형 제품이며, 1등급 제품은 5등급보다 약 30~40% 에너지가 절감된다.
- 1992년 9월 냉장고를 시작으로 에어컨, 세탁기, 식기세척기, 전기냉온수기, 전기밥솥, 진공청소기, 선풍기, 공기청정기, 가정용 가스보일러, 전기냉난방기, 백열전구, 형광램프, 어댑터·충전기 등 전체 22개 품목과 자동차에 적용되었다.
- 에너지소비효율 등급라벨에는 에너지소비 효율등급, 월간 소비전력량, 이산화탄소 배출량, 연간 에너지비용 등이 표시되어 있다.
- 또한 2001년 8월 29일부터 건물에도 '에너지효율등급제'가 적용되었다. '건물 에너지효율등급'은 관련법규가 정한 기준 이상의 에너지 절약설비를 채택한 건물에 대해 에너지 절감률에 따라 2013년부터는 10등급의 인증을 부여하게 된다.
- 한편 지식경제부와 에너지관리공단은 2012년 7월부터 추가 대상품목으로 TV, 변압기에도 에너지 소비효율 등급표시제를 적용하고 있다.
- 최저 소비 효율 기준은 저효율 제품의 유통 방지와 업체의 기술 개발 촉진을 위해 정부가 제시하는 최소한의 에너지 효율 기준이며, 이를 만족하지 못하면 국내 생산과 판매를 금지한다.

3. 변압기 소비효율 등급

- 변압기는 전압을 승압 또는 강압하는 필수 송·배전 설비로, 전기 에너지 손실이 2.6~3.1%를 차지한다.
- 현재 미국, 유럽, 일본, 캐나다, 멕시코, 인도 등 세계 각국에서 변압기 효율제를 운영한다.
- 우리나라는 현재 최저 소비 효율 기준(MEPS ; Minimum Energy Performance Standard)을 만족하는 '일반 변압기'와 표준 소비 효율을 만족하는 '고효율 변압기'로 구분한다.
- 즉, 일반 변압기는 최저 소비 효율을, 고효율 변압기는 표준 소비 효율을 만족해야 한다.
- 변압기는 KS C 4306, KS C 4311, KS C 4316, KS C 4317에 따라 시험하며 50% 부하율 기준 효율값을 효율 지표로 하여 최저 소비 효율 기준을 만족해야 한다.
- 에너지 소비효율 등급 예(2012.7.1.부터)

분류	1차/2차 전압	상수	용량(kVA)	최저소비효율 (일반변압기)	표준소비효율 (고효율변압기)
건식 변압기 (KSC4311)	22.9kV/저압	삼상	100	98.0	99.0
			200	98.2	99.0
			500	98.5	99.1
			1,000	98.7	99.3
			2,000	98.9	99.3

> **1.17** 건축물에서 소방부하와 비상부하를 구분하고 소방부하 전원공급용 발전기의 용량산정방법과 발전기 용량을 감소하기 위한 부하의 제어방법에 대하여 설명하시오.
> 건.101.4.5

1. 소방부하 및 비상부하 구분

1) 소방 부하

- 소방부하는 '소방시설 설치유지 및 안전관리에 관한 법률'에 근거하여 설치되는 스프링클러 소화설비등 소화설비의 전력부하가 있고
- 건축법에 의해 설치되는 비상용 승강기, 배연설비, 자동방화문, 피난구 비상조명등 등의 방화시설에 소요되는 전력부하가 있는데, 화재가 발생하였을 때 사용되는 설비라는 측면에서 이 모두를 포함하여 소방부하라고 한다.

2) 비상 부하(= 예비전원)

- 비상부하란 전력설비에서 상용전원이 상실되었을 때 비상용 시설이 가동되는데, 이 비상용 시설의 전력부하를 말한다.
- 비상부하에는 승용승강기, 환기시설, 비상 급배수시설, 위생시설, 조명시설, 전열시설, 방범시설 등의 부하가 포함된다.

3) 판단기준 및 IEC60364에 의한 병원 비상전원

(1) 절환시간 0.5초 이내 공급장치

그룹 1 또는 그룹 2의 의료장소의 수술등, 내시경, 수술실 테이블, 기타 필수 조명

(2) 절환시간 15초 이내 공급장치
- 그룹 2의 의료장소에 최소 50%의 조명
- 그룹 1의 의료장소에 최소 1개의 조명

(3) 절환시간 15초를 초과 공급장치
- 병원기능을 유지하기 위한 기본작업에 필요한 조명
- 그 밖의 병원기능을 유지하기 위하여 중요한 기기 또는 설비

2. 소방부하 전원공급용 발전기의 용량산정 방법(국토교통부 설계기준)

PG방식은 한국에서 주로 사용하는 방식으로 PG1, PG2, PG3, PG4 중 가장 큰 값을 채택하며, 설계기준에 의하면 설계기준에 나와있는 PG1, PG2, PG3 방식은 사이리스터 부하가 포함되지 않은 경우에 적용한다라고 되어 있어 사이리스터가 있는 부하는 PG4를 반드시 검토해야 할 필요성이 있다.

1) PG1(부하의 정상운전 시에 필요한 발전기 용량)

$$PG1 = \frac{\Sigma P_L \times D_f}{\eta_L \times \cos\theta} \text{ (kVA)}$$

여기서, ΣP_L : 부하 출력 합계(kW)
P_f : 부하의 종합 수용률
η_L : 부하의 종합 효율(분명하지 않을 경우 0.85)
$\cos\theta$: 부하의 종합 역률(분명하지 않을 경우 0.8)

2) PG2(부하중 최대 기동전류를 갖는 전동기 기동 시 순시 전압 강하를 고려한 발전기 용량)

$$PG2 = Pm \times \beta \times C \times Xd'' \times \frac{100 - \Delta V}{\Delta V} \text{ (kVA)}$$

여기서, P_m : 최대 기동 전류를 갖는 전동기 출력(kW)
β : 전동기 기동 계수(분명하지 않을 경우 7.2)
C : 기동방식에 따른 계수 (직입 : 1.0 Y-Δ : 0.67)
Xd'' : 발전기 정수(0.25~0.3)
ΔV : 발전기 허용 전압 강하율(승강기 경우 20%, 기타 25%)

3) PG3(발전기를 가동하여 부하에 사용 중 최대 기동 전류를 갖는 전동기를 마지막으로 기동할 때 필요한 발전기 용량)

$$PG3 = \left(\frac{\Sigma P_L - Pm}{\eta_L} + (Pm \times \beta \times C \times Pf)\right) \times \frac{1}{\cos\theta} \text{ (kVA)}$$

여기서, ΣP_L : 부하 출력 합계(kW)
P_m : 최대 기동 전류를 갖는 전동기 출력(kW)
η_L : 부하의 종합 효율(분명하지 않을 경우 0.85)
β : 전동기 기동 계수(분명하지 않을 경우 7.2)
C : 기동 방식에 따른 계수(직입 : 1.0 Y-Δ : 0.67)
P_f : 최대기동 전류를 갖는 전동기 기동시 역률(분명하지 않을 경우 0.4)
$\cos\theta$: 부하의 종합 역률(분명하지 않을 경우 0.8)

4) PG4(부하중 고조파 부분을 고려한 경우 발전기 용량)

$$PG4 = Pcx(2 \sim 2.5) + PG1$$

여기서, P_c : 고조파분 부하(제6고조파 : $Pcx\,2.67$, 제12고조파 : $Pcx\,1.47$)

3. 발전기 용량을 감소하기 위한 부하의 제어방법

- 소방부하와 비상부하를 투입하는 방법에는 합산용량 발전기 방식과 소방전원 보존형 발전기를 이용하는 방식이 있다.
- 소방부하 및 비상부하 겸용의 비상발전기에서 두 부하 중 한쪽 부하 기준으로 발전기 용량을 산정하는 경우, 용량부족이 초래되는 문제가 있었는바, 이러한 문제 해결을 위해 새로 개발되어 제공되는 소방전원 보존형 발전기의 대체 적용은 그 타당성이 확인되었으며, 이로써 비상전원의 소방 안전을 위한 제도적 요구 조건을 충족시키면서 소방시설의 안전운전조건을 확보한다.
- 소방전원 보존형 발전기를 이용하는 방식은 합산용량 발전기 방식에 비하여 발전기 용량을 약 30(%) 절감할 수 있기 때문에 여기에서는 이 방식에 대하여 기술하기로 한다.

1) 일괄 제어방식

화재와 정전이 발생할 때 발전기에 과부하가 걸리면 소방전원 보존용 제어기에서 신호를 발신하여 비상부하용 주차단기를 일괄 차단하고, 발전기에는 소방부하를 최후까지 작동되도록 한 시스템이다.

2) 순차 제어방식

화재와 정전이 발생할 때 발전기에 과부하가 걸리면 소방전원보존용 제어기에서 1차 신호가 발신하여 선정된 비상부하의 1단계 부하를 차단하고, 지속적인 감시 상태에서 소방부하가 증가하여 발전기가 다시 과부하가 걸리면 제어기에서 2차 신호가 발신하여 비상부하의 2단계 부하 등으로 여러 단계로 시차별로 순차 차단하는 시스템이다.

4. 소방전원 보존형 발전기 특징

1) 구성과 설치가 단순함
2) 추가적인 고장 우려가 없고 안전함
3) 경제적임
4) 소방부하가 증가됨에 따라 단계별로 중요도가 낮은 순서부터 비상부하를 순차 차단함에 따라 발전기가 과부하로 정지되는 것을 방지할 수 있음
5) 신뢰성을 가진 안정적인 비상전원의 공급으로 소방안전 확보가 가능함

> **1.18**
> - 무정전 전원설비에서 2차 회로의 단락보호에 대하여 설명하시오.
>   건.102.1.2
> - UPS 2차측 단락회로의 분리보호방식에 대하여 설명하시오.
>   건.107.1.8
> - 무정전전원장치(UPS) 2차측 회로의 단락 및 지락사고 보호방법을 설명하시오.
>   건.87.2.5.

1. 개요

UPS 선로의 보호에는 단락보호, 지락보호, 과전류보호, 과전압/저전압 보호가 있으며, 단락보호는 다음과 같다.

2. 단락보호

UPS의 단락보호를 하기 위해 UPS의 2차측 인출구에 과전류 차단기를 시설하고, 차단기의 용량은 그 회로의 단락 전류 및 전선의 허용 전류 이상의 전류가 흐를 경우 이를 안전하게 차단할 수 있어야 하며 보호방식은 다음과 같다.

1) 바이패스 보호

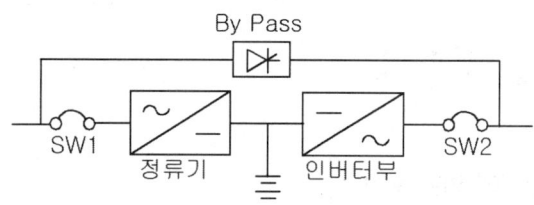

- 그림과 같이 2차측에서 단락사고가 발생하면 무순단 바이패스하여 상용전원으로 전원을 공급하면서 고장회로를 분리한다.
- 고장회로가 분리된 다음 UPS 회로로 복귀시킨다.
- 바이패스용 사이리스터 스위치의 과전류내량과 고장전류의 보호협조가 이루어져야 한다.

2) 2차측 단락회로의 분리보호

(1) 배선용 차단기(MCCB)에 의한 보호

가장 많이 사용하는 방식으로 단락발생으로부터 차단까지의 시간은 즉동형인 경우 10(mS) 이상 걸리는 것이 일반적이지만 최근에는 더 빨리 차단하는 제품도 시판이 되고 있다.

(2) 속단 FUSE에 의한 보호

- 퓨즈에는 동력용 등에 사용하는 일반용 퓨즈와 주로 반도체 보호에 사용되는 속단퓨즈가 있으며, UPS 보호에는 후자의 속단 퓨즈가 사용된다.
- 2차측 단락사고 등이 발생했을 때 UPS의 보호기능이 동작하기 전에 고장회로를 분리시켜야 하므로 차단시간이 짧고 한류 특성이 우수해야 한다.
- 속단퓨즈는 MCCB에 비해 다른 부하에 영향을 미치지 않고 고장회로를 차단할 수 있는 확률이 높다.
- 기동전류나 돌입전류에 퓨즈가 용단되지 않아야 한다.
- 자연 열화를 고려하여 5년 정도마다 교환을 하는 것이 좋다.

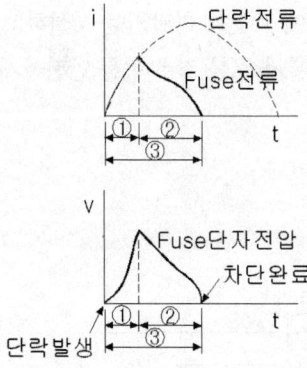

구분	한류	비한류
① 용단시간	0.1Cy	0.1Cy
② 아크시간	0.4Cy	0.55Cy
③ 전차단시간	0.5Cy	0.65Cy

(3) 반도체 차단기에 의한 보호

- 반도체 차단기는 사이리스터를 사용한 것이 실용화되고 있다.
- CT로 부하전류를 검출하고 정상이면 사이리스터를 On상태로 유지하고 과전류가 흐르면 게이트 제어에 의해 회로를 차단한다.

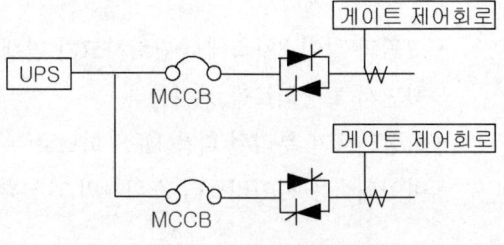

- 차단시간은 100~150(μS)로 빠른 편이고, 고장전류는 게이트 제어회로에서 설정한 값으로 제한된다.
- 반도체 차단기는 MCCB나 속단퓨즈에 비하여 치수가 크고 가격이 비싼 단점이 있다.

3. 특성 비교

구분	MCCB	속단 퓨즈	반도체 차단기
회로 구성	─◠─	─◠─▯─	MCCB ─◠─ (게이트 제어회로)
동작 시간 (10배 전류시)	10(mS)~4(S)	2~4(mS)	0.1~0.15(mS)
한류 효과	없음	있음	없음
전류 특성	반한시 특성	반한시 특성	정한시 특성
바이패스 회로	필요 없음	필요 없음	있는 편이 좋음
가격	소	중	대

4. 지락 보호

지락 보호의 목적은 감전방지, 화재 방지, 기기손상방지이며, 지락 전류의 크기는 회로의 접지방식에 따라 수 mA~수천 A까지 다양하다. UPS의 지락보호방식에는
- 누전 차단 방식
- 누전 경보 방식 등이 있다.

1) 누전차단방식

전로에 지락이 생겼을 때 발생하는 영상 전압 또는 영상 전류를 검출하여 차단하는 방식으로 전류 동작형과 전압 동작형이 있으나 대부분 전류동작형을 이용하고 있다.

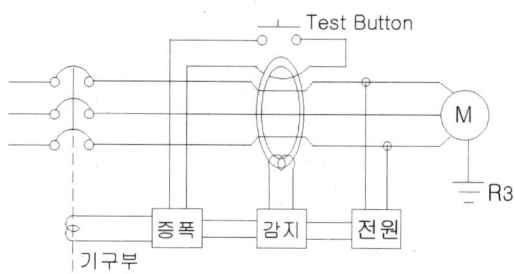

2) 누전경보방식

- 지락 발생 시 회로를 차단하는 것이 적당하지 않는 회로와 화재 경보장치에 주로 사용
- 설치 장소 : 소방 회로, 전산장비등 전원의 차단으로 인하여 안전이나 물질상 막대한 피해를 주는 회로에 적용

1.19
- 동기발전기에서 발생하는 전기자반작용에 대하여 설명하고 운전 중 발전기 특성에 미치는 영향을 설명하시오. 건.102.3.4
- 동기기에서의 전기자 반작용은 부하 역률에 따라서 달라지는데 이에 대하여 설명하시오. 발.96.3.5

1. 전기자반작용이란?

전기자반작용이란 전기자 권선의 전류가 유기기전력의 위상차에 따라 발생하는 자속 Φ_a가 계자자속 Φ_f에 영향을 미쳐 주 자속의 크기가 변해 유기기전력이 변하는 것을 말한다.

2. 전기자반작용의 종류

전기자 전류의 위상	90° 진상전류	90° 지상전류
동기 발전기	증자작용	감자작용
동기 전동기	감자작용	증자작용

3. 동기발전기에서의 전기자반작용

1) 전기자 전류와 유기기전력이 동상일 경우 : 횡축(橫軸) 반작용

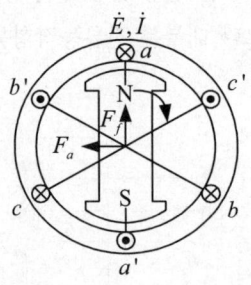

그림의 경우는 동상일 때로 이 경우는 횡축 반작용이 작용한다. 그림에서 동상인 경우는 전류가 최대일 때 유기기전력이 최대이므로 그림과 같이 N극과 전기자 권선이 기계적으로 일직선에 놓이게 된다. 전기자 전류의 방향이 정면에서 볼 때 들어가는 방향이라면 전기자 전류에서 발생되는 자속은 Fa가 된다.

한편, 계자 자속은 N → S 방향으로 형성되므로 이때 Φ_a와 Φ_f는 서로 직각방향으로 작용한다. 이 합성자속이 한 쪽 방향으로 치우치게 작용한다 하여 교차자화작용이라 하고 편자작용이라고도 한다.

2) 전기자 전류가 90° 앞서는 경우 : 증자작용

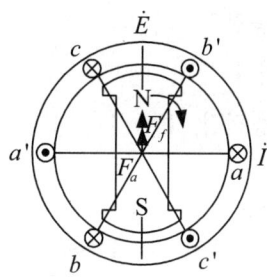

그림에서 전기자 권선에 전류가 흐르면 권선 주위에는 그림과 같은 자속 Φ_a가 형성되고 또한, 계자의 자속 Φ_f는 N → S 방향으로 형성된다.

이것은 그림에서 알 수 있듯이 Φ_a, Φ_f가 동일한 방향으로 작용하며 결국 유기기전력이 높아지는 것을 의미한다.

$E = 4.44\, k\, N\, f\, \Phi$ 에서 $\Phi = \Phi_a + \Phi_f$가 되어 유기기전력이 증가하고 단자전압 역시 증가하게 된다. 이를 직축반작용(증자작용)이라 한다.

3) 전기자 전류가 90° 뒤지는 경우 : 감자작용

전기자 전류가 90° 뒤지는 경우는 증자작용과는 반대로 유기기전력이 감소하고 단자전압 또한 감소한다.

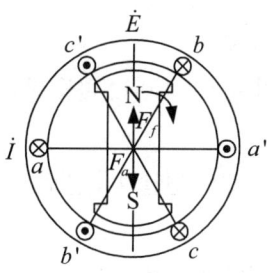

4. 동기전동기의 경우

회전방향이 발전기와 반대이므로 동기발전기와는 반대로 된다.

5. 전기자반작용의 영향

송전선로 시충전(무부하) 충전 시 발전기의 여자회로를 개방한 상태 즉, 무여자 상태에서도 90° 진상 전류인 선로의 충전전류에 의해 전기자반작용 중의 증자작용이 발생하여 발전기 단자전압이 순식간에 상승할 수가 있다.

1) 무부하 포화곡선과 충전특성

   ① : 여자시 장거리 선로의 충전점, V_1
   ② : 무여자시 장거리 선로의 충전점, V_2
   ③ : 여자시 단거리 선로의 충전점, V_3

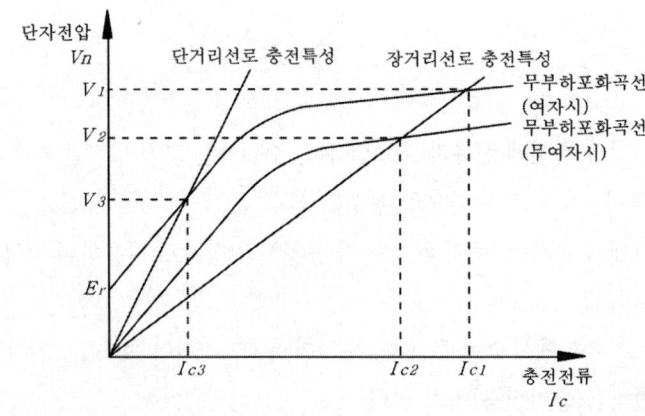

위 그림에서 알 수 있듯이 단거리보다는 장거리일 경우가, 무여자일 경우보다는 여자 시에 더 높은 전압이 발생할 수 있다.

2) 방지대책

   ① 단락비가 큰 발전기를 채택한다.
   ② 전압을 낮추어 공급 : 일반적으로 페란티 현상 및 자기여자현상 때문에 공급전압을 정격보다 약간 낮추어서 공급한다.
   ③ 지상전류를 취한다. 선로 말단에 변압기나 분로 리액터를 접속하여 지상전류를 취할 수 있도록 한다.
   ④ 발전기 2~3대로 병렬운전하여 충전한다.
   ⑤ 주파수를 저하하여 충전한다 : 전기자 반작용에 의한 전압강하 → 충전전류 감소

> **1.20**
> - 변압기 단락강도시험 시 ANSI/IEEE와 IEC규격에 의한 시험전류에 대하여 설명하시오. 건.74.1.10
> - 국제규격(IEEE/ANSI)에 의한 변압기 단락강도의 시험방법에 대하여 설명하시오. 건.78.2.1
> - 변압기의 단락강도시험 시 ANSI / IEEE, IEC규격에 의한 1) 시험방법, 2) 시험전류 계산법에 대해 설명하시오. 건.84.1.8

1. 개요

- 현재 우리나라에서 주로 실시하고 있는 변압기의 단락시험은 IEEE C57−12 및 IEC 60076−5, ES5950, KSC 4309의 규격에 따르고 있다.
- 한전 규격인 ES148는 IEEE와 거의 동일하고, KS는 IEC와 비슷하다.
- 여기에서는 IEEE와 IEC규격의 시험방법, 시험전류 등에 대해 설명한다.
- 변압기의 2차 단락사고 시 권선과 철심 등이 열적·기계적으로 견디는 정도를 측정하는 데 목적이 있다.

2. 시험 회로

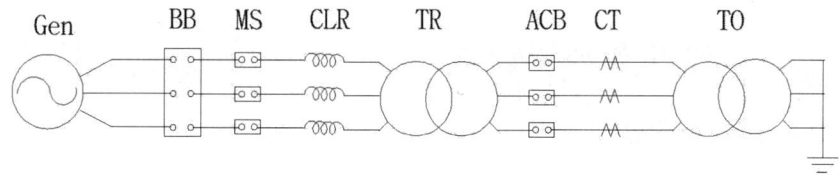

여기서, Gen : Generrator
BB : Back Up Breaker
MS : Making Switch
CLR : Current Limiting Reactor
TR : Transformer
ACB : Auxiliary Circuit Breaker
CT : Current Transformer
TO : Test Object

3. IEEE C57 - 12

1) 변압분류

Catagory	단상(kVA)	삼상(kVA)
I	5~500	15~500
II	501~1,667	501~5,000
III	1,668~10,000	5,001~30,000
IV	10,000 초과	30,000 초과

2) 2권선 변압기 시험조건

(1) 대칭단락전류

$$Is = \frac{Ir}{Zr + Zs} \times 100 (kA)$$

여기서, I_r : 변압기 탭전류(교류분 실효치)
Z_r : 변압기 %임피던스
Z_s : 계통 %임피던스

(2) 비대칭 단락전류

$$Ip = k \times I_s$$

여기서 k : 비대칭계수

(3) 최대 대칭 단락전류

최대 대칭 단락전류가 다음 값을 초과하면 안 됨

단상(kVA)	삼상(kVA)	대칭 단락전류(기준전류의 배수)
5~25	15~75	40
37.5~110	112.5~300	35
167~500	500	25

3) 시험 횟수

- 대칭 단락 전류 : 4회
- 비대칭 단락 전류 : 2회

4) 시험 시간

- 0.25초를 기준으로 하되 대칭 단락전류 4회 중 1회는 다음 조건으로 한다.
- 장시간 비대칭 전류 시험

(1) 변압기 분류 I

$$t = 1,250/I^2 (\text{Sec})$$

여기서, I : 기준 전류에 대한 대칭 단락 전류의 배수

(2) 변압기 분류 II : 1.0Sec

(3) 변압기 분류 III 및 IV : 0.5Sec

4. IEC 60076-5

1) 변압기 분류

Catagory	정격용량(kVA)
I	2,500
II	2,501~100,000
III	100,000 초과

2) 2권선 변압기 시험 조건

(1) 대칭단락전류

$$Is = \frac{U}{\sqrt{3}\,(Z_T + Z_S)}\ (\text{kA})$$

여기서, U : 변압기 탭전압(kV)
Z_T : 변압기 권선 단락 임피던스(Ω)
Z_s : 계통 임피던스(Ω)

(2) 비대칭 단락전류

$$I_p = I_s \times \times k\sqrt{2}$$

여기서 k : 비대칭 계수

3) 시험 횟수
- Catagory I, II 단상 변압기 : 3회
- Catagory I, II 삼상 변압기 : 9회

4) 시험 시간
- Catagory I : 0.5Sec
- Catagory II, III : 0.25Sec

5. 결론

1) 단락전류시험 값은 두 규격 비슷하다.
2) 시험 횟수 및 시험 시간이 IEC 규격이 더 가혹하다.
3) 우리나라에서도 IEC의 세계화에 맞추어 KSC IEC 60076-5를 2013년 제정하여서 적용하고 있다.

1.21 비상용 예비발전설비의 트러블(Trouble) 진단에 대하여 설명하시오.

건.102.3.5

1. 개요

비상용 예비발전설비의 트러블 진단에는 엔진부분의 트러블과 발전기 본체의 트러블을 생각해 볼 수 있다. 엔진부분은 연소, 진동, 소음 등이 중요하며 발전기 부분은 전압, 주파수 등의 출력과 절연내력 등이 주요 진단 항목이 될 수 있다.

2. 엔진 부분의 트러블 진단

1) 소음

소음 종류	원인	대책
배기음	• 디젤엔진 중 가장 큰 소음원임 • 배기 가스가 고속 또는 충격적인 유동으로 대기 중에 배출될 때 발생	소음기 설치
기관음	기관 속도 영향이 크고 회전속도가 높을수록 커진다.	• 방음 커버로 몸체를 차폐 • 건물 구조를 방음구조로 함 • 저속도 회전기 채택

2) 진동

(1) 진동 원인

- 회전운동에 의한 불균형
- 폭발, 압력 운동의 관성력에 의한 진동
- 불완전연소에 의한 회전 변동
- 운동부 가공오차에 의한 불균형등

(2) 대책

- 방진고무 채택 : 소용량에 적합
- 방진 스프링 채택 : 중·대용량에 적합

3) 배기가스

   (1) 배기가스 분류
   - 유황산화물(SOx) : 석유 계통의 유황분이 연소되면서 발생함. 대기 중의 수분(H_2O)과 혼합하여 호흡기 장해를 유발한다.
   - 질소 산화물(NOx) : 연소 공기 중 질소와 산소가 고온으로 화합하면서 발생함

   (2) 대책
   - 유황분이 적은 연료 사용
   - 연료를 예열하고 배기 가스에 탈류장치 설치
   - 높은 연통을 사용하여 배기 가스의 확산방지
   - 기관 연소 시스템을 개량(디젤엔진 → 가스 터빈)

3. 발전기 본체의 트러블 진단

1) 절연저항 측정
   - 메가를 이용한 양부 판정
   - 저압용 : 500V메가, 고압용 : 1,000V메가 이용
   - 절연저항 허용치(IEEE 기준) : 최저 절연저항값(40℃ 기준) ≥ 정격정압(kV) + 1(MΩ)

2) 상용 주파 내전압시험(전기설비 판단기준 제14조)

   (1) 절연저항 측정 후 다음의 시험전압으로 시험 진행

최대사용전압	시험 전압	시험 방법
7,000V 이하	최대사용전압×1.5배 (최저 500V)	권선과 대지 간에 연속하여 10분간 가하여 견디어야 함
7,000V 초과	최대사용전압×1.25배 (최저 10,500V)	

3) 직류 누설전류시험(성극지수시험, Polarization Index Test)
   - 절연물에 직류 전압을 인가하면 다음과 같은 전류가 흐른다.

   (1) 누설전류

   절연물의 내부 또는 표면을 통하여 흐르는 전류로서 시간에 대하여 변화가 없음

(2) 흡수전류

절연물(유전체)에 흡수되는 전하에 의해 발생하는 전류로서 시간에 따라 서서히 감소함

(3) 변위전류

절연체(축전지)의 전하가 저장되는 동안 흐르는 전류
- 이때 흡습의 정도를 성극지수로 나타낸다.
- 성극지수(PI) = $\dfrac{전압인가 1분 때의 전류}{전압인가 10분 때의 전류}$

  = $\dfrac{전압인가 10분 때의 절연저항}{전압인가 1분 때의 절연저항}$

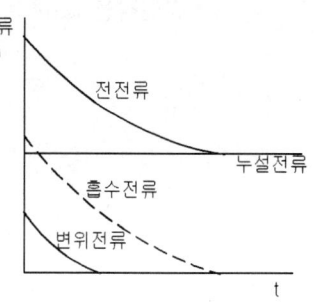

[누설전류 특성곡선]

- 시험전압 : 보통 500V 또는 1,000V를 이용하나 정격전압에 가까운 전압을 인가하는 것이 좋다.
- 판정 : PI가 2.0 이하 시 불량

4) 교류 전류 시험

- 절연물 내부의 공극 유무 판단 목적으로
- 절연물에 교류 전압을 서서히 인가하면 충전전류도 증가
- 내부에 공극이 있어 절연이 열화되면 공극 내에서 부분방전 발생하여 공극을 단락시키거나, 충전전류가 급등함
- 전류 증가율로 판단
- 전류 증가율 $\Delta I = \dfrac{I - I_0}{I_0} \times 100(\%)$

  여기서, I : 정격전압 인가 시 전류

  I_0 : 전류가 급등 없이 직선적으로 증가할 경우의 정격 전압에서의 전류

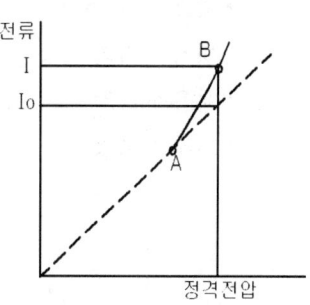

[전류 – 전압 특성곡선]

- 판정 : A점이 정격사용전압(공칭전압) 이하에서 발생 시 위험

  B점이 정격전압(최고전압) 이하에서 발생 시 위험

5) 유전정접법(tan δ 법)

- 절연체에 고압시험용 변압기를 이용하여 교류전압을 인가하면 절연물에 유전체 손실이 발생하고
- 이때 절연물이 콘덴서 역할을 하므로 전전류는 충전전류보다 δ만큼 뒤진다.
- Shelling Bridge로 손실각 tan δ를 측정하고 tan δ 값이 5% 이상이면 열화가 진행되는 것으로 보면 된다.
- 가장 정확한 방법이지만 시험설비가 커서 이동이 어렵기 때문에 제조사에서 주로 사용함

- 손실각률 $\tan\delta = \dfrac{손실}{전압 \times 전류} \times 100(\%)$ 이다.

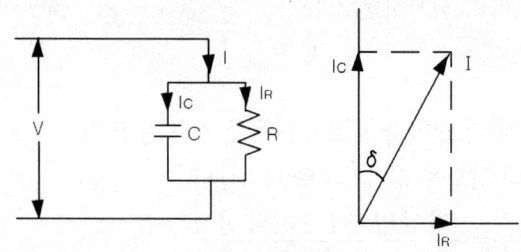

6) 부분 방전시험

부분 방전은 절연물 중 Void, 이물질, 수분 등에 의해 코로나 방전을 일으키는 현상으로 다음과 같은 방법에 의해 이상 유무를 확인함

- 누설 전류 측정
- 펄스 전류 측정
- 방사 전자파 측정
- 초음파 측정
- 가청음 측정

1.22 전력계통에서 2상 단락과 3상 단락 고장전류를 비교하여 설명하시오.

건.103.2.1

1. 고장 전류 종류

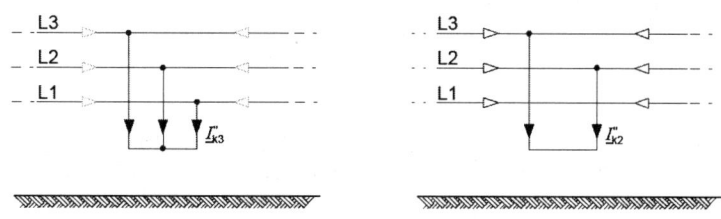

[3상단락회로와 선간단락회로]

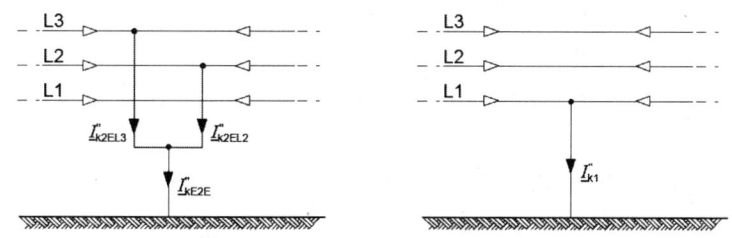

[2선지락회로와 1선지락회로]

2. 발전기 기본식

$V_0 = -Z_0 I_0$

$V_1 = E_a - Z_1 I_1$

$V_2 = -Z_2 I_2$

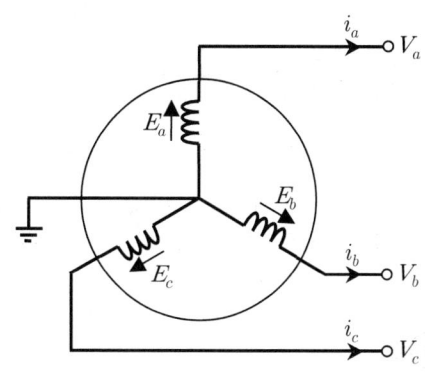

3. 3상 단락과 2상 단락 비교

1) 2상 단락 시

$Ia = 0$, $V_b = V_c$, $I_b = -I_c$ 이므로 $I_0 = \dfrac{1}{3}(I_a + I_b + I_c) = 0$

$V_1 = \dfrac{1}{3}(Va + aV_b + a^2 Vc)$, $V_2 = \dfrac{1}{3}(Va + a^2 V_b + a Vc)$ 이므로

$V_1 - V_2 = 0$ ∴ $V_1 = V_2$임

$V_1 = V_2$에 발전기 기본식을 대입하면

$E_a - Z_1 I_1 = -Z_2 I_2$ ∴ $I_1 = \dfrac{E_a}{Z_1 + Z_2}$ 임

$I_b = I_0 + a^2 I_1 + a I_2 = 0 + a^2 I_1 + a I_2 = 0 + a^2 I_1 - a I_1 = \dfrac{(a^2 - a) E_a}{Z_1 + Z_2}$

단락사고 시 정상 임피던스는 역상 임피던스와 같으므로 $I_b = \dfrac{(a^2 - a) E_a}{2 Z_1}$ 이다.

2) 3상 단락 시

$V_a = V_b = V_c = 0$ 따라서 $V_0 = V_1 = V_2 = 0$

발전기 기본식에 의하여

$V_0 = -Z_0 I_0 = 0 \Rightarrow I_0 = 0$

$V_1 = E_a - Z_1 I_1 = 0 \Rightarrow I_1 = \dfrac{E_a}{Z_1}$

$V_2 = -Z_2 I_2 = 0 \Rightarrow I_2 = 0$ 따라서 $I_a = I_0 + I_1 + I_2 = \dfrac{E_a}{Z_1}$ 이다.

3) 단락전류 비교

$$\dfrac{2상\ 단락}{3상\ 단락} = \dfrac{I_b}{I_a} = \dfrac{\dfrac{(a^2 - a) E_a}{2 Z_1}}{\dfrac{E_a}{Z_1}} = \dfrac{(a^2 - a) E_a Z_1}{2 E_a Z_1}$$

$$= \dfrac{(-\dfrac{1}{2} - j\dfrac{\sqrt{3}}{2}) - (-\dfrac{1}{2} + j\dfrac{\sqrt{3}}{2})}{2} = -j\dfrac{\sqrt{3}}{2} = -j 0.866$$

4. 결론

2상 단락전류는 3상 단락전류의 86.6%이다.

> **1.23** 축전지 이상현상의 대표적인 두 가지 현상을 설명하시오. 건.104.1.9
> 1) 자기방전현상(Self-Discarge)
> 2) 설페이션(Sulphation) 현상

1. 축전지 자기방전현상

축전지 내부에는 방전과 관계없이 화학반응에 의해 전기량을 스스로 잃어 방전 시와 같은 결과를 초래한다. 이것을 자기방전이라 하고 그 원인은 다음과 같다.

1) 온도

양극 및 음극의 표면에 금, 은, 동, 니켈, 염산 등 불순물이 접착되면 현저히 자기방전을 일으킨다. 축전지는 온도가 높을수록 자기방전량은 증가하고 이 비율은 25℃까지는 대략 직선적으로 증가하며, 그 이상의 온도에서는 가속적으로 증가한다.

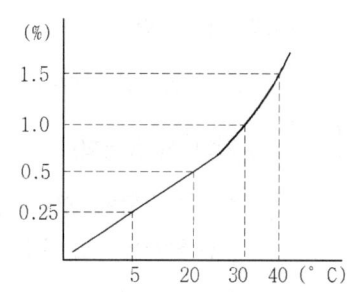

2) 내부 불순물

전해액 중 불순물에 의해 국부전지를 구성하여 방전이 된다.

3) 표면의 불순물

축전지 표면에 불순물이 접착되면 +단자와 -단자 간에 전기회로를 구성하여 자기방전을 가속화한다.

4) 탈락물질의 퇴적

축전지 내부 극판의 작용 물질이 탈락하여 퇴적하면 극간을 단락 파손

5) 시기와 자기방전

자기방전은 충전완료 직후가 가장 많으며 시간이 경과함에 따라 점차 감소한다. 또 축전지가 신품일 때는 자기방전이 작고 오래된 것일수록 자기방전이 많아진다.

2. 설페이션(Sulphation) 현상

1) 정의
- 연축전지를 방전상태로 오래 방치 시
- 극판상에 황산연의 미립자가 응집
- 비교적 큰 결정의 백색 피복물 즉, 백색 황산염이 발생함
- 이 현상을 설페이션(Sulphation)이라 함

2) Sulphation의 영향

(1) 전지 용량 감소

　이 백색 피복물은 부도체이므로 작용물질의 면적이 감소하여 전지의 용량이 감소함

(2) 수명 단축

　작용 물질을 탈락시켜 수명을 감축함

(3) 기타 현상(영향)
- 내부 저항이 대단히 증가
- 전해액의 온도 상승
- 황산의 비중이 낮아지고
- 가스의 발생이 심해짐

3) 대책
- Sulphation 현상이 가벼운 경우 : 과충전을 하면 됨
- Sulphation 현상이 심한 경우 : 희류산 또는 중성 유산염으로 장시간 충전하면 이 백색 피복물을 제거할 수 있음

1.24 3권선 변압기를 사용하는 주된 용도 4가지를 설명하시오. 발.86.1.2.

1. 3권선 변압기

다권선 변압기란 3개 이상의 권선을 갖는 변압기를 말하고 그 중 권선을 3개 갖는 변압기를 3권선 변압기라고 한다. 즉, 1개의 변압기에 1차, 2차, 3차권선을 갖고 있는 변압기를 말한다.

2. 주 용도

1) 제3고조파 방지

   변압기의 결선이 Y−Y이면 제3고조파가 발생하여 파형이 찌그러지기 때문에 △결선으로 된 소용량의 제3권선을 별도로 설치하여 왜곡을 방지하는 데 있다.

2) 소내 전원용

   345kV또는 154kV 변전소 등의 소내에 주 변압기 3차에 3권선을 두어 소내용의 전원을 얻는 데 사용

3) 2종 전원

   2차 및 3차에 각각 다른 권수비를 적용하여 두 가지의 전압과 전원 용량을 얻는 데 사용할 수 있다.

4) 조상용

   2차 권선에 유도성 부하가 있는 경우 3차 권선에 진상용 콘덴서를 설치하여 1차 회로의 역률을 개선할 수 있다.

1.25 발전기의 단락비가 구조 및 성능에 미치는 영향에 대하여 설명하시오.

발.86.1.13.

1. 단락비 정의 및 영향

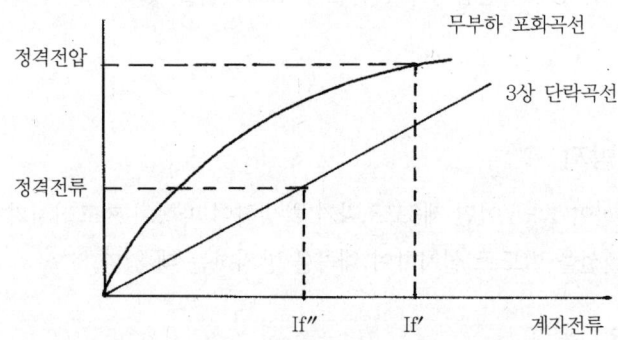

1) 단락비 = $\dfrac{\text{정격속도에서 무부하 정격전압을 발생하는 데 필요한 계자전류}(If')}{\text{정격속도에서 3상단락 시 발전기 정격전류를 흘리는데 필요한 계자전류}(If'')}$

$$Ks = \dfrac{1}{\text{동기임피던스 } Zs(pu)}$$

즉, 무부하 포화 곡선에서 구한 정격 전압에 대한 여자 전류와 삼상 단락 곡선에서 구한 정격 전류에 대한 여자 전류의 비

2) 단락비 = $\dfrac{\text{단락전류}(Is)}{\text{정격전류}(In)} = \dfrac{100}{\%Z}$ 으로도 표현한다. (부하측)

2. 구조 및 성능에 미치는 영향

1) 단락비가 큰 경우(철 기계) : 수차 발전기, 엔진 발전기

발전기 구성재료에서 구리가 비교적 적고 철을 많이 사용한 발전기임

장점	단점
• 동기 임피던스(=%Z)가 작다. • 전압 변동률이 작아진다. • 계자(회전자) 직경이 커지고 공극이 크다. • 과부하 내량이 크다. • 관성 모멘트가 커져 안정도 좋다.	• 부피와 중량이 커지고 • 가격이 비싸진다. • 계자 자속이 커지고 철손, 기계손 증가로 효율 저하

2) 단락비가 작은 경우(동 기계) : 터빈 발전기

발전기 구성 재료에서 철이 비교적 적고 구리를 많이 사용한 발전기임

장점	단점
• 부피와 중량이 작아지고 • 가격이 싸진다. • 계자 자속이 작아지고 철손, 기계손 감소로 효율 증가	• 동기 임피던스($=\%Z$)가 크다. • 전압 변동률이 커진다. • 계자(회전자) 직경이 작아지고 공극이 작다. • 과부하 내량이 적다. • 관성 모멘트가 작아져 안정도 저하

3. 결론

최근에는 보호 계전기가 고속화되고 여자 속응도가 좋아져서 안정도가 향상되기 때문에 단락비를 작게하여 제작비를 줄이는 추세이다. 단락비의 값은 동기기의 종류에 따라 다르며 터빈 발전기의 단락비는 0.5~0.8로서 단락비가 작고 수차 발전기의 단락비는 0.8~1.2로서 단락비가 크다.

> **1.26**
> - 전력계통의 모선에 사용하는 모선방식들을 그림으로 그리고, 이들 각 모선방식의 보호방식에 대해 설명하시오. 발.86.2.4.
> - 변압기 모선 구성방식에 따른 특징과 모선 보호방식에 대하여 설명하시오. 건.101.3.1
> - 154kV로 공급받는 대용량 수용가 수전설비의 모선의 구성과 보호방식에 대하여 설명하시오. 건.107.2.3

1. 모선방식

1) 단모선
단로기, 차단기, 변압기 등이 일렬로 배치된 방식으로 경제적으로 유리하나 신뢰도가 낮다.

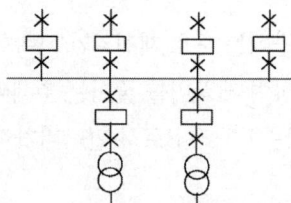

2) 환상 모선 방식
- 항상 2계통 이상에서 수전하는 경우 사용하며 Ring 모선이라고 함
- 제어 및 보호회로가 복잡하고 직렬기기의 전류용량이 크게 되는 결점이 있어 거의 사용 안 함

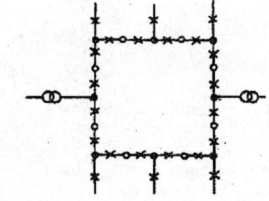

3) 복 모선 방식
- 단모선에 비해 소요 면적은 증가하지만 사고를 국한시킬 수 있어 신뢰도가 높아 중요 변전소에 적용
- 1회선당 2개씩의 차단기를 갖게 하는 것

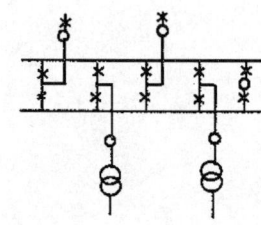

2. 모선보호방식

1) 전류 차동방식

(1) 과전류 차동방식
- 차동 회로의 과전류를 검출하는 방식
- CT의 불평형 전류에 의한 오동작이 우려되어 중요한 변전소에서는 적용하지 않음

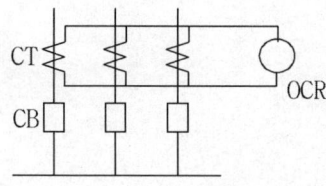

(2) 비율 차동 방식

- 선로 양단의 전류값을 비교하여 내부고장과 외부 고장을 판단
- 억제 코일과 동작코일에 의해 동작

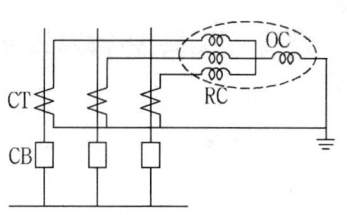

(3) 공심 변류기 방식

철심이 없는 공심변류기를 사용하여 CT 포화 문제를 해결

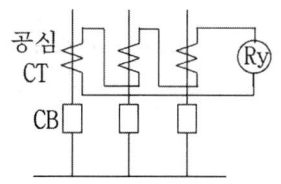

2) 전압 차동방식

(주 보호방식에 많이 사용)

- 고 임피던스형 전압계전기를 사용
- 각 회선의 변류기 2차회로를 병렬로 접속하여 모선에 출입하는 전류의 Vector 합으로 동작

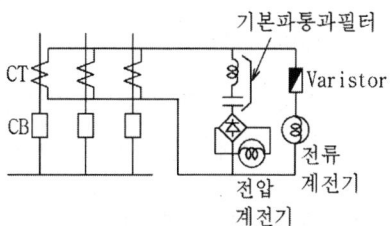

3) 위상 비교 방식

- Pilot 계전방식 중 하나로
- 보호구간 양단의 고장전류 위상이 내부 고장 시는 동상이고, 외부 고장 시는 역위상임을 이용함

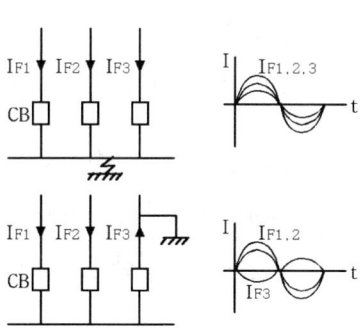

4) 방향(전류) 계전방식

선로 각단에 설치된 방향성 계전기에 의해 얻어진 정보를 상대단에 보내 비교하여 내부사고 유무를 판단

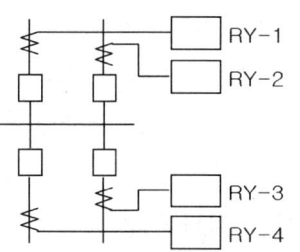

5) 방향 거리계전방식(후비 보호용)

각 회선에 CT 2차측을 병렬로하여 합전류를 만들고 이것에 의하여 방향거리 RY 동작

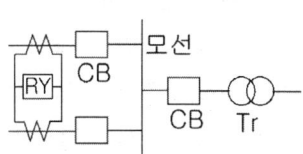

1.27 전력용 변압기의 경년 열화에 대해 설명하고 그 원인 9가지를 쓰시오.

발.89.1.12.

1. 경년 열화 정의

장기간에 걸쳐서 사용한 부품의 물리적 성질이 열화하는 것으로 변압기의 경년열화는 변압기의 사용 기간에 따라 주로 내부 절연물에서 열화가 시작되어 절연내력이 악화되고 수명도 짧아진다.

2. 경년 열화 종류

1) 열에 의한 열화

유입변압기가 발생하는 열로 절연물이 산화 및 열분해해서 일어나는 것으로 절연지, 프레스보드 등은 기계적 강도가 저하한다.

2) 흡습에 따른 열화

절연지, 프레스 보드가 대기 중의 수분을 흡수해서 절연내력 및 기계적 강도가 저하하는 경우로, 열에 의한 열화를 촉진하기도 한다.

3) 코로나에 의한 열화

절연물에 가해지는 전계의 강도가 어느 정도를 넘었을 때 발생하는 코로나에 의해 일어나는 것으로 절연물이 탄화하고 절연내력의 저하와 함께 기계적 강도도 저하해서 열화되는 것이다.

4) 기계적 응력에 의한 열화

단시간의 전자기계력 또는 이상한 진동, 충격에 따라 절연지, 프레스보드 등이 기계적으로 파괴되어 절연내력이 저하하는 경우로 전술한 1~3의 원인으로 기계적 저항력이 약해져 있는데다가 기계적 응력이 작용해 파괴되는 경우도 많이 있다.

3. 경년 열화 원인

1) 과부하 및 단락전류
2) 이상전압(직격뢰, 유도뢰, 개폐서지)
3) 열 사이클 : 경부하 및 중부하 반복 발생
4) 전력품질 : 고조파, 전자파 등 유입
5) 절연유 열화 및 기름의 화학적 분해

6) 냉각장치 불량
7) 절연물 내부 공극 발생
8) 수분 침투
9) 부식성 가스 및 습한 장소
10) 운반 도중 충격 및 나사 조임의 헐거워짐
11) 철심 및 권선의 전자력에 의한 진동
12) 주위온도 영향 등

1.28 발전기를 진상운전할 경우 그 목적과 이때 발생하는 문제점에 대하여 설명하시오.
발.89.4.4.

1. 발전기 진상운전이란

1) 최근의 전력계통에서는 전력용 콘덴서의 확충, 초고압 장거리 송전선 및 고압 케이블 증설 등에 따라 선로의 대지 정전 용량이 커지고
2) 수용가에서도 역률 개선 대책으로 콘덴서를 설치하여 심야 등의 경부하 시에는 계통전압이 크게 상승하게 된다.
3) 이것을 적정하게 억제하기 위하여 동기기의 V곡선을 이용하여 발전기를 저여자로 운전하면 계통의 진상 무효전력을 흡수할 수가 있는데 이러한 운전을 진상운전이라 한다.
4) 즉, 발전기를 지상운전하여 계통의 진상전력을 보상하는 것을 진상운전이라 한다.

2. 진상운전 목적

1) 계통이 진상이 되어 전압이 상승할 때 이를 억제하기 위한 대책으로는
   - 분로 리액터(Shunt Reactor)
   - 유도 전압 조정기
   - 동기 조상기
   - 부하시 탭 절환 변압기 등도 생각할 수 있지만 이들 방식은 비용이 많이 든다.
2) 그러나 수전단 부근의 동기 발전기를 지상으로 운전하여 진상을 보상하는 진상운전은 특별한 설비가 들지 않기 때문에 무효전력 제어수단으로 효과가 크다고 볼 수 있다.

3. 진상운전 시 문제점

발전기를 진상운전하려면 저여자운전을 해야 되는데 이때

1) 발전기 단부 온도상승
2) 안정도 저하
3) 소내 전압저하 등의 문제점이 발생한다.

> **1.29** 전력계통 연계용 변압기 결선방식에 Y-Y-△를 사용하는 이유를 설명하시오.
> 발.98.1.6

1. 3권선 변압기

한 개의 철심에 3개의 권선이 감긴 형태로 각 권선은 1차(Primary), 2차(Secondly), 3차(Tertiary) 권선이라 한다.

2. Y-Y-△ 채용

1) Y-Y 결선의 경우 중성점을 접지하지 않을 경우 제3고조파에 의한 기전력의 왜형파 발생
2) Y-Y 결선에서 중성점을 접지하면 여자전류의 3고조파로 인해 유도장해가 문제가 된다.
3) 이를 해결하기 위해 3고조파의 순환통로를 만들기 위해 제3의 권선을 △결선으로 하여 중성점을 접지할 수 있게 만들어 준다.
4) 전력계통에서는 일반적으로 단상 단권 변압기 3대를 Y-Y-△ 결선으로 사용한다.

3. 주된 용도

1) 345[kV] 계통

   ① Y-Y-△ 결선
   ② 345/154/23[kV]
   ③ 500/500/110[MVA]
   ④ 3차 권선에는 조상설비를 접속하기도 하고, 소내 전원용으로도 사용

2) 154[kV] 계통

   ① Y-Y-△ 결선
   ② 154/23/6.6[kV]
   ③ 3차측은 단자를 외부로 인출하여 폐회로를 구성하거나 외함에 접지하고 부하를 접속하지 않는 소위 안정권선으로 사용하며, 주권선의 1/3 용량이다.

4. 3권선 변압기의 장점

1) 제3고조파의 통로로 3차 권선의 △결선이 이용되어 제3고조파에 의한 통신선에 유도장해를 일으키지 않는다.
2) 중성점을 필요한 경우에 접지하여 사용함으로써 중성점 전위의 이동이 없다.
3) 중성점을 접지하여 단절연을 채택할 수 있어 경제적이다.
4) 저감절연방식을 채택하므로 변압기의 중량과 크기를 줄일 수 있다.
5) 1, 2차 권선에 3차 권선을 설치한 변압기로 1조의 변압기로 2종류의 전압과 용량이 필요한 곳에 사용
6) 설치장소가 좁아 변압기 2대를 설치하지 못하는 경우로서 2종류의 전원이 필요한 곳

> **1.30** 변압기에 사용하는 절연유의 역할과 구비조건(특성)을 설명하고, 대용량 변압기에 있는 Stabilizing Winding에 대하여 설명하시오. 발.99.1.7

1. 절연유(絕緣油, Transformer Oil) – 광유(鑛油, Mineral Oil)

1) 변압기에 사용되는 절연유의 역할

   (1) 절연효과를 높이고 냉각한다.
   (2) 코일의 경화를 방지한다.
   (3) 전압배율을 원활히 한다.
   (4) 전류의 흐름을 원활히 한다.

2) 구비조건

   (1) 절연내력이 클 것
   (2) 냉각효과가 크고 점도가 작을 것
   (3) 인화점이 높을 것
   (4) 응고점이 낮을 것
   (5) 화학적으로 안정되어 절연재료나 금속 등과 접촉하여 산화되지 않을 것
   (6) 고온에서 석출물이 발생되지 않으며 침식되지 않을 것
   (7) 인체에 무해하고 독성이 없어야 한다.

2. 안정권선(Stabilizing Winding)

- 변압기의 1, 2차 결선이 Y–Y결선일 경우 철심의 비선형 특성으로 인하여 기수 고조파를 포함한 왜형의 전압, 전류가 흐르게 되고, 이 고조파분은 인접 통신선에 전자유도장해를 일으킬 뿐만 아니라, 2차측 중성점을 접지할 경우 직렬공진에 의한 이상전압 및 제3고조파의 영상전압에 따른 중성점의 전위 이동과 같은 현상을 발생시킨다.
- 이러한 현상들을 제거하기 위하여 △결선의 3차권선을 설치하여 고조파 중 가장 큰 제3고조파의 전압, 전류를 억제한다.
- 이러한 목적의 권선을 안정권선이라 부른다.
- 안정권선은 단자를 변압기 외부에 인출하지 않는 경우도 있고, 2 또는 4개의 단자를 인출하여 접지하는 경우도 있다. 보통 안정권선의 용량은 주권선 용량의 1/3로 한다.

1.31 유도발전기의 특징과 적용에 대하여 간단히 설명하시오. 발.99.1.8

1. 유도발전기

1) 유도발전기의 회전자는 농형이고, 고정자는 동기발전기와 같은 구조로 되어 있다.

2) 유도기의 운전 특성

회전자가 항상 회전자계의 속도(동기속도)와 같은 동기기와는 달리 유도기는 회전자의 속도가 부하의 크기에 따라서 회전자계의 속도와 차이가 있다. 이를 슬립으로 표현한다.

(1) 슬립(Slip) $s = \dfrac{N_s - N}{N_s} \times 100 [\%]$

회전자계의 속도(동기속도)와 회전자 속도의 차이(상대속도)의 회전자계의 속도에 대한 비

(2) 유도기의 회전자의 속도 $N = (1-s)N_s [\text{rpm}]$

① $s = 0$이라면 $N = (1-s)N_s = N_s$

무부하에서 발전기 속도가 동기속도일 때를 의미한다.
회전자 도체는 회전자계와 동일 속도이므로 회전자의 유도전류는 0이다.

② $s = 1$이라면 $N = (1-s)N_s = (1-1)N_s = 0$

정지 상태

③ $s > 1$이라면 $N = (1-s)N_s$은 음(−)의 값이 되고, 유도기는 역회전 방향으로 토크를 받는 제동기 상태가 된다.

④ $s < 0$이라면 $N = (1-s)N_s > N_s$

회전자의 속도가 동기속도보다 더 클 때이며, 회전자는 발전작용을 하여 발전기 상태가 된다. 즉, 유도기는 무부하 회전 시에 외부에서 축의 회전방향으로 토크가 가해지면 동기속도보다 높은 속도로 회전(비동기 운전)하면서 발전기로 작용하게 된다. 유도발전기는 여자전류를 필요로 하므로 단독으로 발전할 수 없다.

(3) 슬립과 유도기의 영역

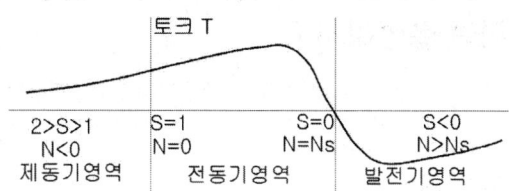

2. 유도발전기의 특징

장점	단점
• 구조, 특히 회전자 구조가 간단하고 가격이 싸다. • 운전제어설비가 단순하다. 　- 여자기, AVR, 조속기가 필요 없다. • 운전 조작이 용이하다. 　- 기동 절차가 간단 　- 동기 조작 불필요 • 사고전류의 감쇠가 빠르다. • 속도상승률을 높게 할 수 있다. 　- GD^2(플라이휠 효과)의 요구치 감소	• 단독 운전 불가능 　- AC 계통의 여자가 필요 　- 동기발전기와 병렬운전 • 무효전력 공급 불가능 　- 전압 조정 불가 　- 역률 저하 • 공극(Air Gap)이 작다. 　- 유지 보수가 어렵다. • 계통 병입 시 충격이 있다. • 저속기일 경우 효율 및 역률의 저하가 심하다.

3. 유도발전기의 적용

유도발전기는 위와 같은 장점을 살려서 소규모 용량일 경우에 높은 속도의 기기를 채용하여 발전기의 치수와 중량을 줄일 수 있으므로 풍력발전이나 저낙차 수력발전 등에 활용되고 있다.

1.32 발전기의 무부하 운전 시 유의점과 무부하 운전을 장시간 동안 할 수 없는 이유에 대하여 설명하시오.
안.95.1.5.

1. 무부하 운전 시 유의점
발전장치에 부하를 걸지 않고 각 기능이 만족하게 동작하고 운전하는 것을 점검, 확인하는 시험으로서 통상 6개월에 1회 실시한다.

1) 디젤발전기의 무부하 운전
무부하로 5 ~ 10분 정도 운전해 운전 중에 유압, 냉각수의 순환, 이상음, 이상진동, 이상발열, 기름의 누설, 물 누설, 배기가스의 색상 등을 점검 확인한다.

2) 시동장치의 시험
비상발전기는 대부분 전기 시동식이므로 충전지의 충전전압을 점검해야 한다.

2. 무부하 운전을 장시간 동안 할 수 없는 이유
- 무부하시험이 발전기의 수명을 단축시키는 원인 중 하나이다.
- 무부하시험이 디젤 엔진에 악영향을 끼치기 때문이다.
- 배기가스가 역류해 급기계통을 손상시킬 수 있으며, 불완전 연소로 실린더 내부에 찌꺼기 · 연료 이물질 등이 달라붙게 만들어 문제를 일으킨다.
- 결국에는 발전기 가동 시 순간 주파수 · 전압 급변이나 연기, 기관 정지 등의 이상현상을 유발할 수 있다.
- 때문에 미국 등 선진국은 무부하시험을 인정치 않고, 실부하 운전을 주기적으로 시행해 비상발전기를 테스트할 것을 제도로 규정하고 있다.
- 미국 화재방지협회(NFPA)는 30% 이상의 부하시험 규정을 명시하고 있다.

3. 발전기 각 계통 관리요령

1) 공기흡입 및 배기계통
공기흡입 및 배기계통은 공사 시공 시부터 충분한 검토가 있어야 하며, 특히 발전기 기동 시 다량의 공기흡입으로 인한 출입문의 개폐에 유의해야 한다.
또한 배기 계통은 고열이 발생되므로 충분히 단열하여야 한다.

2) 연료계통

엔진의 연소율을 최고로 유지하고 시동을 원활히 하기 위해서는 깨끗한 적정의 연료가 연소실 내로 유입되도록 한다.

3) 냉각계통

공랭식인 경우 공기로 냉각하므로 필요 없으나 1천kW 이상의 대용량일 경우 발전기 냉각을 위한 냉각수가 필요하므로 발전기용량에 의한 냉각수량을 확보해야 한다.

4) 윤활계통

발전기의 엔진이 잘 구동하기 위해 엔진오일 및 여과기 등 필요한 설비를 정비하여 필요시 발전기가 자기 성능을 유지하게 해야 한다.

1.33 22.9kV/6.6kV 및 690V로 수전하는 자가용 수용설비에서의 특고압과 고압의 혼촉에 의한 위험방지 시설방법에 대하여 설명하시오. 안.102.1.3

인용 : 전기설비 판단기준 및 효성 자료

1. 고저압 권선 중간에 혼촉방지판 설치

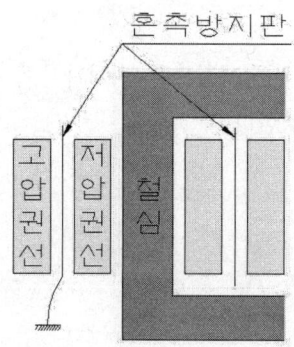

변압기 고·저압 권선 사이에 0.1~0.2mm 정도의 도전체로 정전 차폐를 하여 이것을 접지할 수 있도록 한 것을 혼촉방지판 내장 변압기라고 한다.

여기에 제2종 접지공사를 하면 다음과 같은 효과가 있다.

1) 변압기 내의 고·저압 간에서 절연이 파괴되었을 때에 저압회로의 전위 상승을 방지하므로 저압기기, 인축 등의 피해를 막을 수 있다.
2) 뇌 임펄스 전압 등의 이상 전압이 고압 측에서 침입했을 때에 그 전압은 철심을 통하여 전적으로 저압 권선에 전달되는데 혼촉방지판에 의하여 양 권선 간을 정전적으로 차폐하면 저압 측의 이상 전압을 낮게 할 수 있다.
3) 이같은 특징 때문에 혼촉방지판 내장 변압기는 반도체 전력변환장치용 변압기, 방폭 구조 변압기, 제어·정보기기 전원 변압기 및 접지할 수 없는 저압회로의 전원 변압기로 사용된다.

2. 2차측 1단자 접지

1차측이 고압 또는 특고압이고 2차측 전압이 저압인 경우 대지 간 전압을 300V 이하로 낮추어 2차측 1단자를 접지하면 되나, 300V 초과 때는 저압측 1단자를 직접 접지 시공하면 감전 또는 누전으로 인한 전기화재 등의 전기 재해가 가중되며 또한 선로의 대지 정전용량에 의한 영상 전류가 흐르는 일이 있어 위험이 더욱 증가하므로 금속재의 혼촉방지판을 설치한다.

3. 변압기 2차 결선을 성형(Y)결선

변압기 2차 결선을 성형(Y)결선하려면 대지 간 전압을 300V 이하로 하고 그 중성선을 제2종 접지공사를 해야 한다.

4. 혼촉방지판을 내장하기 어려운 경우

변압기 1, 2차측이 공히 고압 또는 특고압으로 이루어질 경우 1, 2차 간에 혼촉방지판을 설치할 경우 상대적으로 절연을 강화해야 하므로 효율을 비롯한 제반 특성이 나빠질 뿐만 아니라 중요 절연 부위에 접지가 존재하므로 절연 파괴의 가능성이 증가하여 혼촉방지판 설치를 하지 않는 것이 좋다.

1.34 옥외 변압기 절연유 유출 방지시설의 소요 용량의 계산식을 설명하시오.

안.107.1.13

1. 전기설비 기술기준 제20조 절연유

1) 사용전압이 100,000V 이상의 중성점 직접접지식 전로에 접속하는 변압기를 설치하는 곳에는 절연유의 구외 유출 및 지하 침투를 방지하기 위한 설비를 갖추어야 한다.
2) 폴리염화비페닐을 함유한 절연유를 사용한 전기기계기구는 전로에 시설하여서는 안 된다.

2. 전기설비 판단기준 제45조 절연유의 구외 유출방지

사용전압이 100,000V 이상의 변압기를 설치하는 곳에는 절연유의 구외 유출 및 지하침투를 방지하기 위하여 다음 각 호에 의하여 절연유 유출 방지설비를 하여야 한다.

1) 변압기 주변에 집유조 등을 설치할 것
2) 절연유 유출방지설비의 용량은 변압기 탱크 내장유량의 50% 이상으로 할 것. 다만, 주수식(注水式)의 소화설비 사용이 예상될 경우는 초기소화 및 공공소방차의 방수 소요량을 고려할 것
3) 위의 2호에서 변압기 탱크가 2개 이상일 경우에는 공동의 집유조 등을 설치할 수 있으며 그 용량은 변압기 1 탱크 내장유량이 최대인 것의 50% 이상일 것

3. 한국전력 설계기준 2930. 절연유 구외 유출 방지설비 관련 기술자료(유수 유출 방지설비/옥외설비)

1) 설치 기준

유수 유출 방지설비는 154kV 이상 주 변압기를 대상으로 아래와 같이 설치한다.

(1) 유수 유출방지 턱

변압기의 분출유와 소화용수(이하 "유수"라 한다)의 확산 유출을 방지하기 위하여 변압기 주위에 콘크리트-블럭을 설치하고 그 내측에 자갈 깔기를 하며 유수가 지하로 스며들지 않도록 하되 유류와 물을 분리할 수 있는 기능을 보유토록 한다.

(2) 배유 수조

유수 유출 방지턱의 용량이 충분치 아니한 경우에는 변압기 주변에 배유 수조를 설치한다.

(3) 설계 기준

유수 유출 방지설비의 소요용량은 다음 식에서 구한 값 이상으로 한다.
- $Q = Q_1 + Q_2 + Q_3 (m^3)$
- Q : 유수 유출 방지설비의 소요용량
- Q_1 : 변압기 사고 시의 분출유량(변압기 내장 유량의 50%)
- Q_2 : 초기 소화용 방수 소요량
- Q_3 : 공공 소방차의 방수량($40m^3$ 이상)

  ㈜ 1. 자갈 깔기 층의 자갈사이의 공적률(유수점유율)은 30%로 본다.
  2. 자연배수 구조일 경우에는 Q_2, Q_3는 변압기 내장유량의 50%로 한다.

2) 변압기실의 분출유, 유출방지 대책

변압기실의 바닥은 기울기를 주어 분출유가 집유조로 흘러들어가도록 하여야 하며 필요하다고 인정되는 경우 유수분리장치를 하여야 한다.

1.35
- 수전용 자가용 변전소에서 적용하는 특고압(22.9kV/저압) 변압기로서 적용이 증가되는 하이브리드 변압기의 개념과 권선법을 설명하고, 그 특성을 일반 변압기 및 저소음 고효율 변압기와 비교하여 설명하시오.
  응.103.4.4.
- 변압기의 Y – Zig Zag 결선에 대하여 설명하시오.
  응.106.1.11

1. 개요

하이브리드 변압기는 '한국전력 발전5사와 공동 연구개발'한 변압기로서, 기존의 '고효율, 저소음 변압기'보다 한 단계 발전된 지식경제부 '신기술인증' 변압기이다. 이 중 지그재그 권선을 통하여 고조파를 저감시키고 상간 불평형을 개선하여 전기품질을 높여 전기요금을 5% 이상 절감시키는 기능을 갖고 있다.

2. 하이브리드 변압기(지그재그 변압기)의 원리

1) 설치도

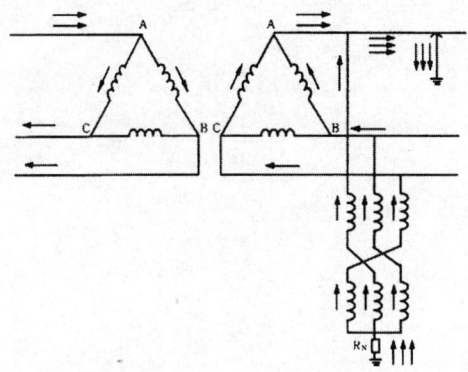

2) 원리도

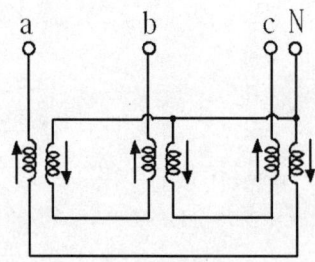

3) 동작 원리

- 현대 사회 전반에 걸쳐 개인용 컴퓨터와 같은 비선형 부하가 증가하여, 중성선에는 많은 고조파 전류가 흐른다. 3상 4선식 배전계통을 채용하는 중성선에 과다한 고조파 전류가 흐르면 여러 가지 고조파 장해를 일으킨다. 중성선 고조파 저감대책으로 지그재그 변압기를 이용하는 영상 필터가 널리 쓰이고 있다.
- 일반적으로 zigzag결선 방식을 적용하는 변압기의 목적은 계통에서 중성점을 구할 수 없을 때 사용하기 위함이며, 보통 접지용 변압기라고도 한다. 또한 zigzag 결선방식을 적용하여 3상4선식 계통에서의 중성선 영상분 고조파 전류를 제거할 수 있다.
- 앞에서 설명한 것과 같이 엇갈린 결선은 계통의 중성점을 다른 곳에 구할 수 없을 때에 3상 4선식 운전을 위한 중성점을 인출하는 데 쓰인다.
- 3상 부하가 평형되어 있으면, 이와 같은 단권 변압기에는 전류가 흐르지 않는다. 그러나 불평형 부하에서는 중성선의 불평형 전류가 단권 변압기의 3상으로 등분되어서 각각(脚)에 1/3씩 흐른다.

3. 하이브리드 변압기의 종류

1) 몰드변압기 : 22.9kV-LV & 6.6/3.3kV-LV   용량 : 100~2,000kVA
2) 유입변압기 : 22.9kV-LV & 6.6/3.3kV-LV   용량 : 100~3,000kVA
3) 건식변압기 : 22.9kV-LV & 6.6/3.3kV-LV   용량 : 100~2,000kVA

4. 특징

1) 신기술[NET] 인증제품

변압기능+고조파감쇄+불평형 개선의 1석 3조 기능을 갖는 변압기이다.

2) 고효율, 저손실, 저소음변압기

일반변압기에 비해 철손과 동손을 크게 줄임으로써 변압기의 고효율, 저손실, 저소음 기능을 향상시킨 컴팩트한 제품이다.

3) 에너지절약 & CO_2 저감의 친환경 제품

하이브리드 변압기는 전력품질을 개선시켜 전력손실을 줄임으로써 에너지절약은 물론 탄소배출을 억제시키는 친환경 제품이다.

4) 공간절약형 배전용 변압기

하이브리드 변압기는 입력전압 22.9kV 이하에 적용되는 배전용변압기로써 최대 3,000kVA 용량까지 생산된다. 또한 기존변압기처럼 고조파 저감장치나 불평형 개선창치를 따로 설치할 필요가 없다.

➲ 단점
   (1) 가격이 고가임(고효율의 약 30% 증가)
   (2) 2중 지그재그로 코일 등 제조원가 증가
   (3) 제품 크기 다소 증가(약 5cm~10cm)
   (4) 제작기간 약 60일 필요(주문제작)

▼ 변압기 형태별 성능비교표(1,000K, 부하율60%, 가동일 350일/년 기준)

비교항목		하이브리드 변압기	일반고효율 변압기	일반 변압기
	제품형태	몰드, 유입식	몰드, 유입식	몰드, 유입식
주기능	고조파 감쇄	최대 70%	×	×
	불평형 개선	최대 40%	×	×
	권선설계	이중 지그재그 권선	직권선	직권선
	CORE	자구미세화 or 아몰퍼스	자구미세화 or 아몰퍼스	규소강판 G9 or G11
	효율(60% 부하 시)	99.3%	99.3%	98.2%
	변압기 소음	56db	64db	72db
	지식경제부 신기술인증	O	×	×
절감률	◎ 합계	5.0%	1.1%	
	① 자체손실감소	1.1%	1.1%	
	② 전력개선(고조파 및 불평형 개선)	약 4%	X×	
비교 항목	1.투자비용	42,000,000	29,400,000	21,000,000
	2. 전기요금 절감량(kWh)	252,000	55,440	
	3. 전기요금 절감금액/년	26,334,000	6,030,708	
	▶회수기간	1.6	4.9	

1.36 몰드 변압기의 일종인 3D(TriDry) 타입 변압기에 대하여 설명하시오.

1. 개요

- 2011.06 콤팩트한 크기와 고조파 문제를 획기적으로 개선한 변압기 개발에 성공하여 상용화를 하였다. ABB코리아는 기존의 변압기 개념을 뛰어 넘는 'TriDry변압기'라 명명된 3D 타입 몰드 변압기를 개발했다.
- TriDry 변압기는 국내는 물론 유럽시장까지 공급범위가 확대될 계획이다.
- 3D Type 변압기 기술은 1800년대 후반 변압기가 최초로 개발된 이후, 손실과 소음을 가장 이상적으로 줄일 수 있는 설계 기법 중의 하나로 알려져 왔으며, 이로 인해 그 동안 많은 변압기 설계자, 제조자 들에 의해 꾸준히 연구되어오던 기술이다.
- TriDry 변압기는 전기적으로 가장 안정적이고 신뢰성 높은 권선기법인 진공주형 방식을 적용하고, 가공에 많은 노하우가 필요한 대칭적 환상 코어 가공을 적용하여 손실을 최소화한, 가장 진보된 변압기 기술이라 할 수 있다.

2. 구조

 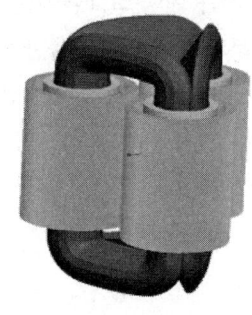

3D Type 변압기는 3상의 경우, U, V, W상의 권선이 일자형으로 배치되는 일반적인 권선 배치와는 달리, 그림과 같이 삼각형태로 배치되며 자기적으로 가장 안정적인 대칭적 환상 코어 공법으로 설계되어 기존 변압기에 비해 여러 장점을 갖게 되었다.

3. 특징

1) 컴팩트한 크기

권선이 삼각구조로 배열되므로 변압기 외함의 넓이(Width)를 일반 변압기 대비 콤팩트하게 30% 가량 줄일 수 있으며, 더불어 변압기의 설치 면적 또한 30% 이상 줄일 수 있다.

따라서 전기시설 설치공간이 협소한 도심의 초고층 빌딩에 적합하며, 기존의 전기설비를 증설하는 공장의 협소한 전기실에도 적용이 용이하다.

2) 뛰어난 효율성

첨단 기술이 접목된 TriDry 변압기는 최소한의 재료를 사용해 제작되므로 동일한 특성을 갖는 일반 변압기에 비해 소형이며 경량이므로 일반 변압기보다 훨씬 더 경제적이다. 제작, 운송, 설치 등의 비용이 절감되므로 자원이용의 효율성을 높였다.

3) 안정성과 확장성

- 변압기의 고조파 감쇄와 출력을 일정하게 유지할 수 있으며
- 여자 돌입전류가 대폭 감소되어 전력 계통의 품질을 안정적으로 유지하고
- 계통의 보호 체계를 더 정밀하게 설정 가능하여 정교한 네트워크 시스템이 요구되는 수용가를 비롯한 모든 종류의 부하에 적합하다.

4) 고효율

TriDry 변압기는 현행 고효율에너지 기자재 보급 촉진에 관한 규정은 물론, 2011년 개정되어 2012년 7월부터 시행되는 효율관리기자재 운용규정에도 만족하며, 높은 등급의 효율을 요구하는 일본의 Top Runner 규격이나 선진국들의 고효율 규정에도 모두 만족할 수 있는 특성을 제공하여 해외시장 개척이 기대되고 있다.

1.37 최근 문제가 되고 있는 환경 유해물질 PCBs에 대하여 설명하시오.

1. 개요

1) PCBs란 Poly chlorinated Biphenyl의 약자이며 폴리염소화비페닐이 정식명칭이다.
2) 독성이 강하고 분해가 느려 생태계에 오랫동안 남아있는 잔류성 유기 오염물질의 일종이다.
3) 물에 녹지 않고 유기용매(탄화수소류, 지방 및 유기화합물 등)에만 용해된다.
4) 열과 화학적으로 안정적이며 전기절연성이 좋고 점성 액체로 불연성을 지닌다.
5) 이런 성질 때문에 1929년 미국에서 처음 생산돼 1970년대 사용이 중지될 때까지 전 세계적으로 변압기 및 축전기의 절연유, 제지, 가소제 도료 등에 사용됐다.

2. 국제적 추진 현황

1) PCBs는 스톡홀름 협약에 의해 2025년까지 근절해야 하며 2028년까지 모두 친환경적으로 처리해야 한다.
2) 선진국과 유럽은 2010년 처리가 완료되었다. 우리나라는 협약에 명시된 기한보다 10년 빠른 2015년까지 PCBs를 근절하겠다고 국제사회에 약속했었다.
3) 제대로 된 PCBs 처리기술이 없는 상태에서 2015년까지 모두 근절해야 하기 때문에 그동안 PCBs의 처리를 영국, 프랑스, 네덜란드와 같은 외국에 맡겨왔다. 그에 드는 비용도 막대했다. 그러나 이제는 비용이 문제가 아니다.
4) 2007년 1월 25일 스톡홀름 협약이 국내 비준되고 바젤협약의 발효로 인해 국외로 PCBs 오염물질을 반출하기가 어려워졌다. 국내에서 모두 처리해야만 하는 것이다.

3. 국내 추진 현황

관계법령	최초 규제일	규제내용
전기사업법 및 전기설비기술기준령	'79.8	PCB를 함유한 절연유를 사용한 전기기계기구는 전로에 시설하여서는 아니 된다.
폐기물관리법	'87.5	PCBs 함유 폐기물 PCBs 2ppm 이상이면 지정폐기물로 관리
산업안전보건법	'90.7	PCB 제조 등의 금지(단, 시험·연구를 위한 경우에는 노동부 장관의 승인을 받아야 함)
유해화학물질관리법 (제32조제2항)	'96.6	PCB의 제조·수입·판매 또는 사용 금지

1) 변압기에서 PCBs가 함유된 절연유 시료를 채취해 분석하여, 분석 결과 절연유속에 포함된 PCBs의 농도가 2ppm 이상이면 고온 소각, 고온용융, 세정, 화학 처리를 해야 한다.
2) 2ppm 미만일 경우에만 법에 따라 재활용이 가능해진다.

4. 정부 대응

1) PCBs의 위험성을 아는 환경부, NGO, 시민, 환경단체들은 정확한 PCBs의 관리를 요구한다. 이런 사정 때문에 현재 우리나라에서는 PCBs 분석과 처리기술을 놓고 고심하고 있다. 분석기간도 단축되어야 하고 처리기술도 확보해야 한다.
2) 그러나 국내에서 2ppm 이상의 PCBs를 처리할 수 있는 기술은 아직 미미한 수준이다. 현재 2ppm 이상 처리를 할 수 있는 업체는 모두 9군데이다. 고온소각실증사업을 실시하고 있는 6개 업체를 포함해 세정과 화학처리를 하는 업체 3군데가 전부이다.
3) 더구나 화학처리는 비용이 높은데다 처리속도가 꽤 느려서 지난 1년간 화학처리를 한 PCBs 함유 폐 변압기는 총 7,428대밖에 되지 않는다. 국감에서 환경부 장관도 처리속도가 매우 느리다고 말했을 정도다. 환경부 장관은 2015년까지 PCBs를 반드시 근절하겠다고 밝혔지만 지켜지지 않고 있다.

1.38 발전기 기본식

1. 발전기 회로도

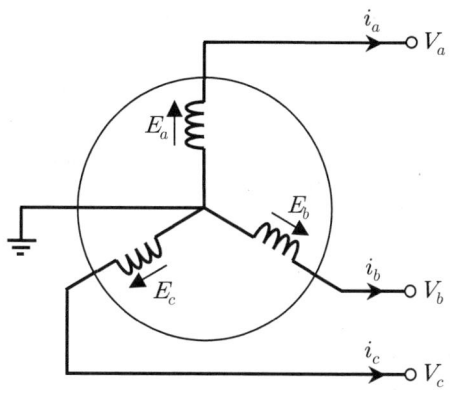

2. 발전기 단자전압

발전기의 유기기전력을 E_a, E_b, E_c, 발전기 각상의 전압강하를 v_a, v_b, v_c, 발전기 단자전압을 V_a, V_b, V_c라 하면

$V_a = E_a - v_a$

$V_b = E_b - v_b = a^2 E_a - v_b$ ($\because E_b = a^2 E_a$이므로)

$V_c = E_c - v_c = a E_a - v_c$ ($\because E_c = a E_a$이므로)

3. 발전기 대칭분 전압

$V_0 = \dfrac{1}{3}(V_a + V_b + V_c)$

$= \dfrac{1}{3}[(E_a + a^2 E_a + a E_a) - (v_a + v_b + v_c)]$

$= -\dfrac{1}{3}(v_a + v_b + v_c)$ ·· (1)

$V_1 = \dfrac{1}{3}(V_a + a V_b + a^2 V_c)$

$= \dfrac{1}{3}[(E_a + a^3 E_a + a^3 E_a) - (v_a + a v_b + a^2 v_c)]$

$$= E_a - \frac{1}{3}(v_a + a\,v_b + a^2 v_c) \quad \cdots\cdots (2)$$

$$V_2 = \frac{1}{3}(Va + a^2 V_b + a V_c)$$

$$= \frac{1}{3}[(E_a + a^4 E_a + a^2 E_a) - (v_a + a^2 v_b + a v_c)]$$

$$= -\frac{1}{3}(v_a + a^2 v_b + a\,v_c) \quad \cdots\cdots (3)$$

4. 발전기 각상의 전압강하

$$v_a = Z_0 I_0 + Z_1 I_1 + Z_2 I_2 \quad \cdots\cdots (4)$$
$$v_b = Z_0 I_0 + a^2 Z_1 I_1 + a Z_2 I_2 \quad \cdots\cdots (5)$$
$$v_c = Z_0 I_0 + a Z_1 I_1 + a^2 Z_2 I_2 \quad \cdots\cdots (6)$$

5. 대칭분 전압강하

1) 식(4)+(5)+(6)하면

$$\frac{1}{3}(v_a + v_b + v_c) = Z_0 I_0 \quad \cdots\cdots (7)$$

2) 식(4)+(5)×a+(6)×a^2하면

$$\frac{1}{3}(v_a + a\,v_b + a^2 v_c) = Z_1 I_1 \quad \cdots\cdots (8)$$

3) 식(4)+(5)×a^2+(6)×a하면

$$\frac{1}{3}(v_a + a^2 v_b + a v_c) = Z_2 I_2 \quad \cdots\cdots (9)$$

6. 발전기 기본식

위 식 (7), (8), (9)에 식 (1), (2), (3)을 대입하면

$$V_0 = -\frac{1}{3}(v_a + v_b + v_c) = -Z_0 I_0$$

$$V_1 = E_a - \frac{1}{3}(v_a + a v_b + a^2 v_c) = E_a - Z_1 I_1$$

$$V_2 = -\frac{1}{3}(v_a + a^2 v_b + a\,v_c) = -Z_2 I_2$$

CHAPTER 02

수변전설비

PROFESSIONAL ENGINEER BUILDING ELECTRICAL FACILITIES

2.1 고체절연 SWGR(SIS ; Solid Insulated Switchgear)에 대하여 설명하시오.

1. 개요
- SF_6 Gas를 사용하지 않은 친환경 고체절연 개폐장치
- 지구 온난화의 환경정책에 따라 SF_6 free 친환경 에폭시 절연을 실현한 Solid Insulated Switch-gear로서 차단기, 단로기, 접지개폐기 등을 일체화시켜 친환경, 고기능, 무보수지향의 특고압 폐쇄 배전반임
- 25.8kV 개폐장치 개발 보급 추이

1990 이전	MCSG(Metal Clad Swichgear)	
근래	GIS(Tank)	GIS(Cubicle)
차세대 대체 제품	친환경 개폐장치(고체절연)	친환경 개폐장치(Dry Air)

2. 친환경 절연개폐장치의 구조
1) 구조는 기존 SF6 가스절연 GIS와 마찬가지로 열적, 전기적, 기계적 특성이 우수한 양질의 재료를 사용하고, 동일정격 동일구조의 부품은 호환성이 있어야 하며, 정상운전 및 보수점검을 안전하고 용이하게 수행할 수 있는 구조이다.
2) 배전반에는 감시, 제어, 계측, 보호가 가능하도록 하여 변전소 자동화와 디지털화가 가능하도록 하고 있다.
3) 과거 스프링 조작방식이 아니고, 차단부에 영구자석을 이용한 고신뢰도 조작방식을 도입하여 조작기구 부품수 감소, 개폐수명 향상, 안정적인 동작, 유지보수 점검 불필요(Maintenance Free)등 신뢰도 향상에도 크게 기여하고 있다.
4) 또한 내부에는 다음과 같은 부품들로 구성되어 있다.
    - 단로부 : DS Module
    - 접지부 : ES Module
    - 차단부 : VI Module
    - 계기변성부
    - 감시 진단부

3. 특징

구분	Dry Air	고체절연(Epoxy)	SF₆
절연성능	공기의 약 1.6배	공기의 약 2.5배	공기의 약 3배
환경영향	환경 친화적	특수 폐기물	온난화 가스
장점	• 친환경적 • 유해가스 없음 • 가격 저렴	• 높은 절연내력 • SWGR의 축소화 • 친환경적 절연재료	• 절연내력이 높다. • SWGR의 축소화
단점	• SWGR 축소 불가능 • SF6의 1~3배	• 진공기밀 • 주형기술의 확보 선행	• 지구온난화 • 환경 규제(CO_2의 24,000배)
가격	1배	약 5배	약 6.5배

1) 경제성 및 실용성

- 온실가스 감축정책의 교토의정서에 대응한 SF_6 Free 친환경
- 22.9kV 수전단 또는 복모선 구성 가능
- 소형·경량화
- 유연한 시스템 구성(Module 설계)

2) 신뢰성

- 친환경 에폭시 절연 및 VI(Vacuum interrupter) 차단 소호부
- 고성능 개폐수명의 영구자석 조작기구
- 절연 신뢰성(장기과전압, 기계수명, 열충격, 수분침투 등)

3) 안전성

- 각 상별 충전부 절연처리 안전성 확보
- 상 분리형 Dead Type으로 3상 단락 방지
- 운전자 오조작 근본적 방지(전기적 Interlock)
- 통전상태, 동작상태 표시장치(Voltage Detector)
- 각 기기의 Module화로 취급이 용이

4) 친환경

지구온난화 물질인 SF_6를 사용하지 않아 친환경적임

5) 장수명

에폭시 절연을 하여 수명이 연장됨

> **2.2** 수변전 계통에 접속되는 변압기, 리액터 등의 철심포화에 기인하는 이상전압에 대하여 설명하시오.
> 건.71.4.5.

1. 개요

수변전 계통에 접속되는 변압기, 리액터 등의 철심이 어떤 원인으로 포화되어 계통의 Capacitance와 공진을 일으키는 것을 철공진이라 하고 이때에 이상전압이 발생하는데, 여기에는 기본파 철공진 이상전압과 특수 철공진 이상전압이 있다.

2. 이상전압의 종류

1) 외뢰
   - 직격뢰(도체 직격, 철탑 역 Flash Over, 경간 역 Flash Over)
   - 유도뢰

2) 내뢰
   - 과도 이상전압 : 개폐 시, 고장 시(피뢰기로 보호)
   - 지속성 이상전압 : 상용주파 이상전압(단락, 지락 시 이상전압), 철심포화 이상전압등(기본파 철공 진,특수 철공진)

3. 외뢰

1) 도체 직격

   가공지선이 없는 선로나 차폐효과가 불충분한 가공지선의 회로에서 발생하고 애자가 뇌 전압에 견디지 못하면 Flash Over를 일으킨다.

2) 철탑 역 Flash Over

   철탑에 뇌격이 가해지는 경우 철탑의 접지저항이 크면 철탑전위가 상승하고 애자를 Flash Over 시켜 선로도체에 서지가 침입하게 된다.

3) 경간 역 FlashOver

   경간 중앙부 가공지선이 뇌격을 받았을 때 가공지선에서 선로 도체를 향해서 발생하는 역 FlashOver를 말함

4) 유도뢰

- 뇌운이 선로 도체 상공에 발생하면 정전유도에 의해, 도체에서 뇌운에 가까운 쪽에서는 뇌운과 반대극성을 그 반대쪽(대지쪽)에서는 뇌운과 같은 극성의 전하가 발생한다.
- 이중에서 대지 쪽의 전하는 중성선 또는 누설저항을 통해서 대지로 빠져 나가지만
- 선로도체 위의 구속전하는 자유전하로 변하여 좌우로 갈라져 광속도로 진행한다. 이를 진행파라 하고 파도와 같은 모양이 된다.

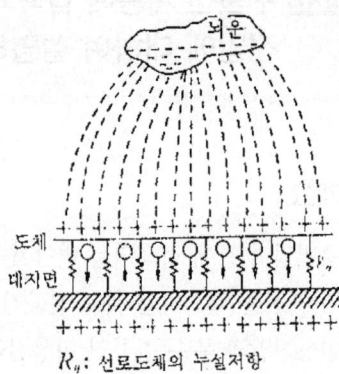

R_q : 선로도체의 누설저항

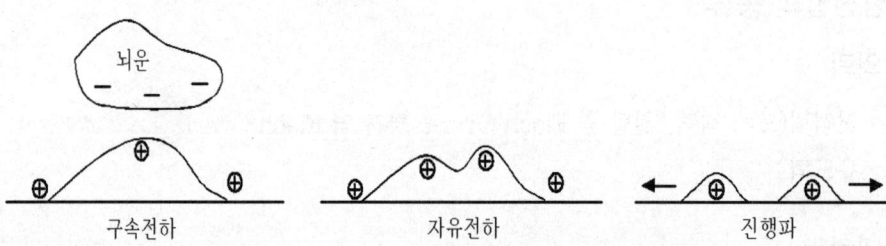

5) FlashOver 방지대책

- 가공 지선에 의해 선로 도체를 충분히 차폐
- 가공 지선과 선로 도체 사이에 충분한 절연거리 유지
- 철탑의 접지저항을 최대한 낮게 유지
- 역 FlashOver가 발생하지 않도록 애자 개수 선정 등

4. 상용주파 이상전압

1) 1선 지락 및 2선 지락 시 이상전압

- 건전상의 이상전압이 정상 대지전압의 3배 이하 정도임
- 이상 전압은 접지계통 및 접지계수에 의해 좌우됨

2) 지락점 재점호(간헐 아크 지락)

비접지계에서 지락전류는 대지 충전전류뿐이므로 아크가 자연소호된다. 그러나 다시 재기전압이 고장점의 절연회복 특성을 상회하면 다시 절연이 파괴되어 재점호를 일으키게 된다.

5. 기본파 철공진 이상전압

1) 원인
- 선로의 단선
- 개폐기의 불안정한 투입
- Fuse 용단. 즉, 회로가 단선 상태가 되면 변압기의 여자 임피던스와 선로의 정전 용량이 철공진을 한다.

2) 대책
- 사고 시 직렬공진이 일어나지 않도록 회로구성
- 차단기, 개폐기류의 불안정한 투입방지
- 차단기, 개폐기류의 보수 철저

6. 특수 철공진 이상전압

철심이 있는 리액터(주로 GPT)의 포화에 의해 고조파 전압, 전류가 발생하고, 이 고조파가 회로와 공진했을 때 발생하는 현상으로 GPT중성점 불안정현상이 대표적이다.

1) GPT 불안정 현상 원인
- 계통이 비접지일 때 PT를 접지한 경우
- 계통이 접지계일 때 일시적으로 계통분리에 의해 비접지 계통이 된 경우
- PT의 2차 부담이 적은 경우

2) 영향
- 철공진을 일으켜 중성점 과도 진동 형상 발생
- PT 대지전압이 높아져 철심 포화 → 절연 파괴

3) 대책
- PT의 적정 부담 선정
- 3차측 Open Δ측에 CLR 삽입
  - CLR 크기 : 3.3kV → 50Ω, 6.6kV → 25Ω

7. 결론

철심포화에 의한 이상전압은 계통사고 혹은 운전조건 변화에 의해 발생하고, 그 지속시간으로 보아 LA로 보호하기 어려워 주의해야 한다.

2.3 전기설비 시공도를 작성하는 데 최소한 필요로 하는 건축도면 4종류에 대하여 설명하시오.

건.74.1.5.

건축평면도, 단면도 및 구조도	• 각 층별 건축 평면도 • 각 층별 건축 단면도 • 기둥중심선 및 배근일람표
벽체 시공도	벽체 Lay Out
외벽 시공도	• 핸드레일 • 선홈통, 지붕 Flashing
천장 시공도	M-BAR Frame Detail 점검구, 등기구 보강
기계설비 시공도	• 기계실, 공조실 시공도 　-기계기초 및 장비배치도 　-각종 배관 평면도 및 입면도 • 평면도 및 입면도 　-각층 위생, 공기조화, 덕트 및 소방 관련 상세도 　-덕트기구, SP 헤드, 전등기구 및 스피커 배열을 위한 천장평면도 　 (등기구 보강 및 점검구 및 점검로 표기) 　-화장실 확대평면도

> **2.4** 에너지 절약을 위한 역률개선용 진상용 콘덴서(Static Condenser ; SC) 회로에 설치하는 직렬리액터(Series Reactor ; SR)와 방전코일(Discharging Coil ; DC)의 설치목적과 전자계 에너지의 관점에서 그 기본원리를 약술하고, 진상용 콘덴서의 설치효과를 나열하시오.
>
> 건.80.1.2.

1. 설치 목적

1) 직렬 리액터

(1) 고조파 억제

제5고조파 제거 목적인 직렬리액터 용량은 Q[kVA]의 4%이면 되나 실제로는 회로가 용량성이 되는 것에 대한 안전율을 고려하여 보통 유도성 일반 부하에는 6%, 변환기, 아크로 등에서는 8~15% 정도로 한다.

(2) 투입 시 과도 돌입 전류 억제

콘덴서가 완전히 방전된 상태에서 전압이 인가되면 콘덴서는 순간적으로 단락 상태가 되어 정격전류의 약 5~6배의 돌입전류가 흐른다.

투입 시 돌입전류 $Imax = Ic(1 + \sqrt{\dfrac{Xc}{X_L}})$

(3) 콘덴서 개방 시 이상현상 억제

재점호 현상에 의해 콘덴서 개방과 동시에 전동기, 변성기, 콘덴서 자신의 절연이 파괴되는 수가 있다.

(4) 파형의 개선

2) 방전 코일

(1) 설치 목적

- 전력용 콘덴서 개방 시 잔류전하 방전
- 재투입 시 과전압 방지

(2) 방전 장치 종류

- 방전코일 : 대용량의 콘덴서(일반적으로 200~300kVA 이상인 콘덴서에 취부)
- 방전저항 : 소용량의 콘덴서에 적용

(3) 방전장치의 요구성능
- 방전코일 : 5초 이내에 잔류 전압 50V 이하로 방전
- 방전저항 : 3분 이내에 잔류 전압 75V 이하로 방전
  5분 이내에 잔류 전압 50V 이하로 방전
- 생략 : 부하에 직결될 경우(부하회로를 통해 방전되므로)

2. 전자계 에너지의 관점에서 그 기본원리

1) 직렬 리액터

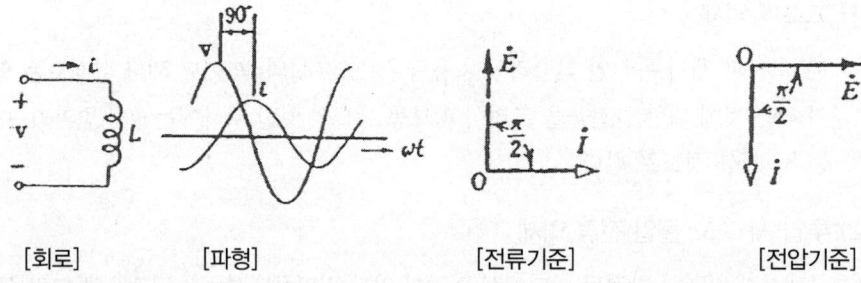

[회로]   [파형]   [전류기준]   [전압기준]

- 그림과 같이 코일에 전류를 공급하면 코일에는 역기전력이 발생하는데 이 역기전력은 공급전압과 반대방향으로 발생하여 전류의 흐름을 방해하기 때문에 전류에 대해 저항으로 작용한다.
- 따라서 전력용 콘덴서의 5~6배의 돌입전류를 억제하는 기능을 가진다.

2) 방전 코일

- 전력용 콘덴서를 개방하면 콘덴서에 축적된 전하를 방전을 시켜야 하는데, 방전 코일을 삽입하면 방전 코일의 L성분이 유도성 리액턴스로 작용하여 방전을 시키게 된다.
- $XL = \omega L = 2\pi f L (\Omega)$

3. 진상용 콘덴서의 설치효과

1) 전압 강하의 감소
2) 변압기 손실(동손) 저감 및 배전선의 손실 저감
3) 설비의 여유도 증가
4) 수용가 전기요금 절감

2.5 가스절연개폐장치 진단기술 중 UHF PD(Partial Discharge) 신호측정 기술의 원리를 설명하시오.

건.80.3.5.

1. 개요

- GIS PD(Partial Discharge) Monitoring System은 GIS 내부에서 발생하는 부분방전 신호를 실시간으로 측정하고 원인을 진단하여 사고를 미연에 예방할 수 있는 시스템이다.
- 최고 감도의 UHF 센서를 내외장으로 설치할 수 있으며, 고성능 스펙트럼 분석기를 내장하여 센서에서 측정된 데이터를 정밀분석하여 부분방전의 원인 진단과 위치 파악, 위험도 평가 및 사후 조치 방안 제공 등 부분방전 원격 모니터링을 위한 토털 솔루션을 제공한다.

2. 구성

1) UHF PD Sensor
   - 고성능 UHF 부분방전 센서로서
   - 스페이서 외부에 설치되는 외장형 센서와 점검창에 설치되는 내장형 센서로 구분됨
   - 500~1,500MHz의 UHF 대역을 이용

2) Local Unit
   - 센서로부터 전송된 부분방전 신호를 정밀하게 계측, 분석하고
   - 내장된 신호 조정과 노이즈 제거(Masking), 자체진단 및 이상 표시 기능

3) Main Unit
   - 로컬 장비로부터 분석된 부분방전 데이터를 수집, 저장
   - 원격 데이터 관리를 통해 효율적인 시스템 운영 가능

4) HMI(Human Machine Interface)
   - 서버에 수집, 저장된 데이터의 부분방전 진단을 수행하는 소프트웨어
   - 부분방전 이상 데이터를 표시하며(주파수와 위상을 2D, 3D로 표시) 부분방전 원인 진단, 위치 파악, 위험도 평가 및 조치 방안 제공은 물론 이력 데이터 관리 및 보고서 기능을 통해 운영자가 쉽게 기기의 운전상태를 분석 및 판단할 수 있음

3. 원리

- 케이블의 절연체에 Void가 있는 경우 그림과 같은 등가회로가 이루어진다.
- 절연물의 정전용량을 Ca, Void의 정전 용량을 Cb, Void와 직렬부분의 정전용량을 Cc라하고

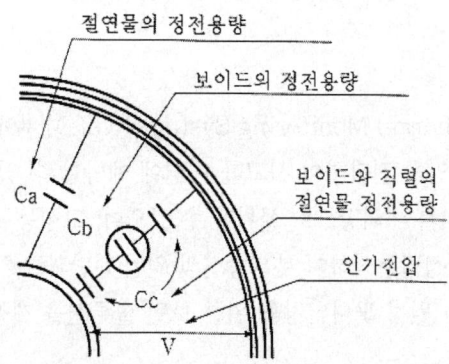

- 보이드 Cb에 가해진 전압 ΔV는 다음과 같이 된다.

$$\Delta V = \frac{Cc}{Cb + Cc} \times V$$

- 즉, 부분 방전 용량을 Void에 걸리는 전압을 측정하여 계산하는 원리임
- UHF PD 측정기는 이때 발생하는 주파수를 측정하여 열화를 측정하기도 한다.

2.6 수변전설비의 최신 기술동향에 대하여 기술하시오.

건.81.2.2.

1. 개요

- 최근 인텔리젠트 빌딩, 지능형 아파트 보급, 정보통신 System, OA시스템, BAS, Security System 등의 구축으로 면적당 부하밀도가 150~160(VA/m^2)로 크게 증가하는 추세임
- UPS, 전자식 안정기 등 전력 전자 제품 사용으로 고조파 및 전자파가 많이 발생하여 전기 장비, 전자 장비는 물론 인체에까지 영향을 주고 있음

2. 수변전설비의 최신 기술동향

1) 공급 신뢰성 확보

- 자가용 전기설비의 공급 신뢰성을 위해 2회선 수전방식
- 중요 부하 : 2중화 및 병렬운전
- 순시 전압강하 및 순간정전 대비 : UPS 구축
- 외부 Noise, Surge 대비 : SPD 설치

2) Compact화

(1) 과거에는 주로 VCB를 내장한 자립형 배전반을 사용하였으나 최근에는 GIS를 많이 사용하여 안전성, 신뢰성은 물론 설치면적을 대폭 줄임으로써 종합적인 경제성을 추구하고 있음

(2) GIS 장점

① 설치 면적의 축소
② 안전성
③ 신뢰성
④ 유지 보수 간단
- 전자식 배전반 채택
- 유입 변압기 대신 Mold 변압기 사용
- ASS 대신 LBS 사용
- MOF : 건식 사용

3) 전자화, 디지털화

(1) 과거에 배전반에 사용하던 유도형 대신 최근에는 디지털 계전기를 사용

(2) 디지털 계전기 장점

① 고성능, 다기능화 : 디지털 연산 처리 및 메모리 기능에 의해 아날로그에서 실현치 못했던 특성과 기능을 실현할 수 있다.
② 소형화 : Micro-Computer를 구성하는 소자의 고 집적화에 따라 장치를 소형화
③ 고 신뢰화 : 자기 진단 및 상시 감시 기능이 있어 장치의 이상 유무를 조기 발견
④ 융통성 : 보호방식을 개선, 변경할 경우 H/W 변경 없이 Memory의 변경만으로 가능하다.
⑤ 저부담화 : 변성기의 부담을 줄일 수 있다.
⑥ 배선 용이 : 계기 계전기를 한곳에 집합하므로 배전반 등 배선이 간단해 진다.

4) 감시 제어를 위한 자동 제어

- 감시제어를 DCS방식을 이용하여 한곳에서 전력제어, 조명제어, 설비제어, 소방설비제어, 엘리베이터 제어, 출입 통제, 주차관리 등을 모두 할 수 있는 BAS 설비를 구비
- BAS 설비 기능

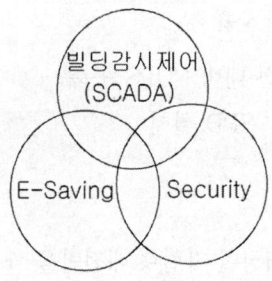

5) On-Line에 의한 사전 진단 기술 향상

- 부분방전 시험
- 적외선 측정
- 절연유 특성 시험
- 유중 가스 분석
- 열화 센서법

6) 에너지 절약기술

- 고효율 기기 사용(변압기, 전동기, 조명기구 등)
- 변압기 대수 제어 및 Paek 제어
- 역률 자동 제어등

> **2.7** 도시쓰레기 소각시설의 전기설비를 신뢰성, 안정성 및 환경성 등을 고려하여 설계하고자 한다. 다음에 대하여 각각 설명하시오. 건.83.4.4.
> 1) 수변전설비 2) 예비전원설비 3) 동력설비 4) 감시제어시스템 5) 환경시스템

1. 개요

1) 도시 쓰레기 소각시설에는 운영방식에 따라 2가지 종류가 있다.
2) 첫째는 순수 쓰레기 소각 시설이며 이는 전력계통에서 수전하여 전력으로 이용하고 경유 등 연료를 사용하여 쓰레기를 소각 처리하는 설비이며
3) 다음은 쓰레기를 이용한 열병합 발전소를 들 수 있다. 이는 목동 열병합처럼 도시 쓰레기를 가지고 연료로 하여 열병합 발전을 하여 전력회사에 역송전하고 남은 열은 주변에 난방과 온수로 공급하는 시스템이나 다이옥신 등 환경문제가 대두된다.
4) 여기에서는 순수 쓰레기 소각시설에 한하여 설명하고자 한다.

2. 수변전 설비

쓰레기 소각시설은 소각로를 비롯한 집진시설 등 전력 소모가 많기 때문에 수전용량 4,000~5,000(kVA) 변전 설비에 대하여 설명하고자 한다.

1) 전력 인입 설비

- 안정성을 위하여 본선 + 예비 1회선 방식 채택하고
- ALTS하여 정전 시 예비 회선으로 즉시 자동 절체토록 구비
- ELP 배관을 이용한 지중선으로 인입
- 케이블 : 난연성 수밀형 전력 케이블 FR · CNCO · W

2) 수전전압

수전 용량 10,000(kVA) 이하이므로 22.9kV 수전

3) 수배전반

- 도시에 설치하므로 설치장소가 적게 소요되는 GIS설비를 채택하여 안정성, 신뢰성, 환경성을 높임
- 계전기로는 디지털 계전기를 사용하여 신뢰성을 높임

4) 변압기
- 옥내에 설치해야 하므로 저소음 고효율인 자구 미세화 변압기 선정 가격은 몰드에 비하여는 1.5배이나 아몰퍼스 변압기보다는 30% 이상 저렴하고 저소음인 장점이 있음
- 전기 집진기등 고압(3.3 또는 6.6kV) 설비가 필요하여 설치하되 고압 부하용과 저압 부하용을 구별 설치
- 고압 설비용 : 3상 22.9kV/3.3 − 6.6kV
  기타 부하용 : 3상 22.9kV/380 − 220V

3. 예비 전원 설비

1) 발전기
정전시를 고려하여 수전용량의 20~25% 정도를 예비 발전기 용량으로 선정하고, 소음진동 등을 고려하여 가스터빈 발전기 1,000kW 2대를 설치하여 단독 및 병렬운전 시스템을 구비하여 안정성, 신뢰성 확보

2) UPS
- 중앙 감시실 등 컴퓨터 설비, 방법설비 등을 고려하여 수전용량의 약 10% 정도를 확보하되 250kVA 2Set를 병렬운전하여 신뢰성 확보
- 효율을 고려하여 전력용 반도체는 IGBT를 사용하고
- 고조파를 줄이기 위해 12Pulse 방식을 채택

4. 동력설비
- 소각로, 급수, 소방설비 등 동력 설비에는 용량에 따라 직입, Y−Δ, 리액터, 콘돌퍼 기동 등을 적용
- 전동기에는 각각 부하 용량에 맞는 역률 개선용 콘덴서를 설치
- 전력 간선에는 무독성 전력 케이블 사용(NFR−CV, HFCO 등)

5. 감시제어시스템
- 감시제어 설비 종류 : 소각로 제어용, 전력제어용, 동력 및 소방용, CCTV 및 출입통제 설비용 등
- BAS 설비를 갖추고 통합 감시 제어시스템 구성
- 전력 피크제어, 조명 제어, FCU 등의 제어를 통하여 에너지 절감

6. 환경시스템

1) 전기 집진 설비
- 전기 집진기는 정전기를 이용한 전기식 집진장치 설치
- 수세식이나 기계식에 비해 효율이 높음

2) 다이옥신 검출 시스템
굴뚝으로 나가는 연기를 분석하여 다이옥신을 검출하고 일반에게 공개

3) 폐수 처리 설비
쓰레기에서 나오는 침출수를 처리하기 위해 시설하고 기준에 맞도록 유지

7. 기타 설비

1) 항공장애등
- 굴뚝 등 면적에 비해 높이가 높은 구조물에는 항공장애등을 설치하도록 항공법에 명시되어 있음
- 연기 등에 항공장애등이 가리지 않도록 굴뚝의 끝에서 1.5~3m 아래에 설치하고 직경이 6m 미만일 때는 3등분하여 120°마다 설치

2) 피뢰침 설비
- 굴뚝 등 낙뢰의 우려가 있는 구조물에는 KSC IEC 62305에 적합한 피뢰 설비를 갖추어야 함
- 수뢰부의 종류
  굴뚝 등 뾰족한 부분에는 돌침 방식
  건축물처럼 지붕이 넓은 구조물에는 수평도체 또는 케이지 방식

2.8 Y-△결선 또는 △-Y 결선의 특별 고압 변압기에 대한 보호계전방식으로 비율차동계전기가 사용되는 경우에 이 계전기용 변류기(CT ; Current Transformer)는 변압기 결선과 반대가 된다. 이와 같은 이유를 설명하시오.

건.84.2.6.

1. 변압기 각 변위

1) 3상 변압기는 결선 방식에 따라 1차와 2차 사이에 동상이 될 수도 있고 그렇지 아니할 수도 있고, 이때 1, 2차 사이의 위상차를 각 변위라 한다.
2) 보통 22.9kV/380-220V에서 많이 사용하는 방식인 △-Y결선에서는 2차가 1차보다 30도 지연이 되도록 규정되어 있다.
3) 그 위상차를 벡터도로 나타내면 아래와 같다.

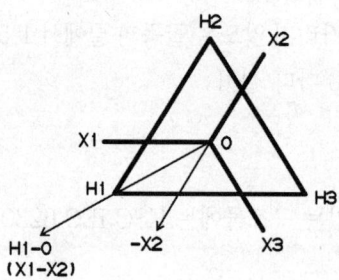

2. 비율차동계전기(RDR or DCR)에서 CT결선이 변압기 결선과 반대인 이유

1) 다음 그림에서 변압기 결선이 △-Y결선이라면 CT의 결선은 Y-△으로 해야 한다.
2) 왜냐하면 변압기 2차의 전류가 1차의 전류보다 30도 지연이 되기 때문에 CT의 결선을 Y-△로 하여 늦어진 전류를 동상으로 맞추어야 하기 때문임
3) 만약 위의 결선에서 2차의 CT결선을 △-△나 Y-Y로 한다면 계전기에 1, 2차가 30도의 위상차가 발생하기 때문에 계전기는 항시 동작하게 된다.

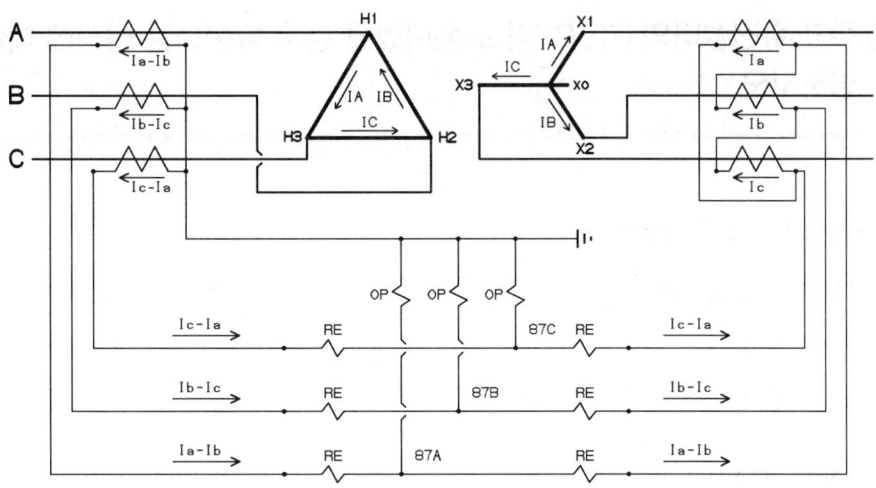

3. C.T회로 결선방법

1) 각 변위가 Y-Y인 변압기의 DCR C.T회로 결선은 반드시 △-△로 해야 한다. 만일 Y-Y로 할 경우에는 외부고장 시 오동작함
2) 각 변위가 △-△인 변압기의 DCR C.T회로 결선은 Y-Y 또는 △-△ 어느 것이든 상관은 없으나 △-△로 할 경우 C.T 2차회로에 흐르는 전류가 $\sqrt{3}$ 배만큼 커지므로 Y-Y로 하는 것이 적정하다.
3) 각변위가 Y-△, △-Y인 변압기는 1, 2차 간의 위상각은 30° 차가 발생하므로 △측의 DCR C.T 회로 결선은 Y로 해놓고 Y측의 C.T결선은 △로 해야 한다.
4) 이때 △ 결선의 방식은 2가지로 할 수 있는 데 변압기의 각변위에 따라 ±30° 차이를 보상해 주어야 DCR에서 차전류가 발생되지 않는다.

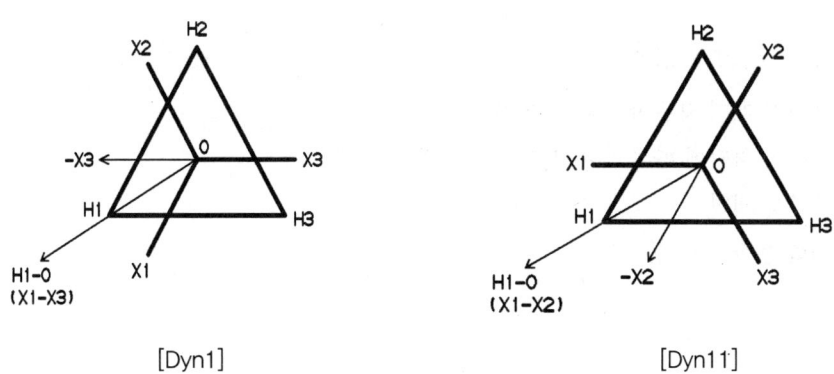

[Dyn1]　　　　　　　　　　　[Dyn11]

2.9 특고 수전설비의 PT, CT가 소손되었을 경우 발생되는 현상에 대하여 설명하시오.
건.86.1.10.

1. 계기용변성기 소손 원인

1) 1차회로의 고장 원인
   - 낙뢰의 침입
   - 계통의 단락, 지락 등에 의한 이상 전압

2) 2차회로 고장
   - 2차 과부하 또는 단락
   - CT : 2차 개로
   - 1차회로의 서지 이행

3) 기기 결함
   - 습기 침투
   - 먼지 등에 의한 누설전류
   - 유입형 : 누유 등

2. 계기용 변성기 소손 시 현상

1) 계기용변성기 소손 시는 계기용변성기 피해는 물론 계전기나 계기로 파급되어 계통의 차단까지 이를 수 있다.

2) 소손에 의한 영향은
   - 계전기 계기 오동작 또는 부동작
   - 계통의 차단에 따른 계통 사고
   - 생산성 저하
   - 전력 품질 저하 등

3. 대책

1) PT, CT의 2차 부담을 적게
2) 과전류 강도가 충분한 변성기 채택
3) SA, SPD 설치
4) 계통의 계전기 간 보호 협조
5) 절연 성능(BIL)이 높은 변성기 채택
6) 변류기 2차 단자는 1차 전류 통전 중에는 절대 개방하거나 단선시키지 않는다.
7) CT 2차 회로를 점검하거나 기기를 교체할 때는 필히 2차 단자를 단락시킨다.(일반적으로 CTT에서)
8) 2차 개로 전압을 억제하기 위해 셀랜 정류기를 사용한다.

2.10 전기재료(고분자)의 유전특성(誘電特性)을 설명하시오.
= 유전분극 [誘電分極, dielectric polarization]

건.90.1.4.

1. 유전 분극 현상이란
전기장을 가했을 때 전기적으로 극성을 띤 분자들이 전체적으로 정렬하여 물체가 전기를 띠는 현상을 유전분극이라 한다.

2. 전기재료(고분자)의 유전특성

1) 전기장 내에 물체를 놓으면 도체인 경우는 자유전자들이 물체 내에서 움직여 정전기 유도현상이 나타난다. 하지만 유전체는 전기장을 가하면 분자들이 전기장과 반대방향으로 정렬하여 표면에 전기를 띠게 된다.

2) 물질마다 분극되는 정도는 가해진 전기장의 세기 E에 비례하며, 그 비례상수를 전기감수율(electric susceptibility) χe라 한다.

$$\text{단위면적당 분극 } P = \varepsilon_0 \cdot \chi e \cdot E$$

여기서, ε_0 : 진공에서의 유전율

3) 유전체의 분극은 두 가지 경우로 나눌 수 있다.
   - 첫째는 영구쌍극자가 정렬하는 경우이다. 분자와 같이 작은 범위에서 (+)전기를 띤 부분과 (-)전기를 갖는 부분으로 나뉘어져 있는 것을 전기쌍극자라 한다. 외부 전기장이 강할수록 영구쌍극자가 정렬하여 전기를 띠게 된다.
   - 두 번째는 유도쌍극자의 경우이다. 외부의 전기장을 주면 극성이 없던 분자가 전기력에 의해 전자가 이동하여 전기를 띠어 쌍극자가 된다.

4) 분극에 의한 전기장의 방향은 외부 전기장 방향과 반대방향이므로 유전체 내에서 전기장 세기는 외부전기장의 세기보다 작아진다.

> **2.11** 변전소의 절연협조를 검토함에 있어서 고려해야 할 전력계통에 발생하는 과전압의 주된 것으로, (1) 뇌 과전압, (2) 개폐 과전압, (3) 단시간 과전압 등이 있다. 각각 그 발생 원인에 대하여 설명하시오.   건.91.3.4.

1. 개요

1) 절연협조란

피뢰기의 제한전압을 기준으로 하여 이것에 여유를 주어 각 기기의 절연강도를 그 이상으로 유지함과 동시에 기기 상호 간의 절연관계를 가장 경제적이고 합리적으로 결정하는 것

2) 전력계통에서 발생하는 과전압

뇌에 의한 과전압(뇌 서지)	직격뢰, 유도뢰
스위치 등 개폐 시의 과도적 과전압(개폐 서지)	스위치 개폐 시의 과전압, 팬터그래프 이선시의 과전압, 퓨즈 용단
사고 시 단시간 과전압	지락 등에 의한 과전압
기타 지속적 과전압	공진현상, 페란티 효과

2. 뇌에 의한 과전압

1) 도체 직격

도체에 직접 낙뢰가 침입

2) 역 Flash

- 철탑이나 가공지선에 낙뢰가 침입할 때 철탑이나 가공지선을 통하여 큰 뇌격 전류가 대지로 흐른다.
- 이 전류에 의해 철탑 등의 전위가 대지보다 높게 되는데 이때 철탑이나 가공지선과 도체 간의 전위차가 크게 되어 절연레벨을 초과하면 도체를 향하여 Flashover가 발생하는데 이를 역 Flash(역섬락)라 한다.

3) 유도뢰

- 유도뢰는 뇌운이 배전선 가까이에 접근하면 정전유도현상에 의해 뇌운 하부에는 반대극성의 구속전하가 유도되고 뇌운과 근접해 있는 송전선 부근에는 이것과 반대인 전하가 모여 있다.
- 뇌운 상호 간 또는 뇌운과 대지 사이의 방전에 의해서 뇌운의 전하가 소멸되면 송전선에 구속된 전하는 자유전하가 되어 양방향으로 퍼져나간다. 이것을 유도뢰라고 합니다.

3. 스위치 개폐 시의 과전압

충전전류 개폐서지	• 충전전류는 앞선전류로서 차단하기는 쉽지만 재점호를 일으키는 경우가 있고, 그때마다 서지에 의한 이상전압이 발생한다.
	• 투입 시
	  −과도전압 : 교류 전압 최대값의 2배까지 나타난다.
	  −돌입전류 : $\text{Imax} = Ic\left(1 + \sqrt{\dfrac{Xc}{Xl}}\,\right)$
	• 차단 시 : 재점호

여자전류 차단서지	유도성(지연전류) 소전류 차단 시 발생하는 서지로서 다음과 같은 서지가 있다. • 전류 재단(절단) 서지 • 반복 재점호 서지
고장전류 차단서지	중성점을 리액터접지시킨 계통에서 고장전류는 90°에 가까운 지상 전류이다. 이것을 전류 영점에서 차단하면 차단기의 차단전압이 상시 전압의 약 2배 이하로 걸릴 수 있다.
3상 비동기 투입	• 차단기의 각상 전극은 정확히 동일한 시간에 투입되지 않고 근소하나마 시간적 차이가 있는 것이 보통이다. • 이 차이가 심한 경우는 상시 대지 전압의 3배 전후의 서지가 발생할 수 있다.
고속 재폐로 서지	재폐로 시에 선로의 잔류 전하에 의해 재점호가 일어나면 큰 서지가 발생한다.
무부하 선로투입	무부하선로에 최대치 Em의 전원을 투입하면 전압의 진행파가 선로의 종단에 도달했을 때 종단이 개방되어 있으므로 정반사하여 2Em의 이상전압이 발생한다.

4. 단시간 과전압

1) 자기여자현상

- 자기여자 현상이란 발전기에서 계자전류가 없는 상태에서도 발전기에 전압이 유기되는 현상을 말하며
- 선로 충전용량에 비해서 발전기 용량이 작은 경우 선로 충전전류에 의한 전기자 반작용에 의해 발전기 전압이 상승함
- 전기자 반작용 : 전기자에 흐르는 전류에 의해서 발생된 전기자 자속이 계자의 자속에 영향을 주는 현상

2) 부하 차단 시

부하를 차단하면 발전기는 순간에 무부하가 되므로 단자전압은 차단 직전의 내부 유기전압까지 상승한다.

3) 지락 시 과전압

지락 사고 발생 시 건전상의 대지전압 상승
- 유효접지계 : 1.3배 이하
- 비유효접지계 : $\sqrt{3}$ 배 이하

5. 서지전압 억제방법

1) 가공 지선 및 피뢰설비
2) 피뢰기
3) surge absorber
4) 중성점 접지
5) 절연레벨 협조
6) 등전위 접지
7) 적정 보호 계전 방식 등

2.12 수·변전설비에서 사용되는 계측기용 CT와 보호용 CT의 성능 및 특성에 대하여 설명하시오.
건.92.1.8.

1. 개요
1) 계기용 변류기(CT)는 일반적으로 계전용과 계기용을 겸하여 사용하지만 중요한 부하와 전력회사 등에서는 계전기용과 계기용을 분리하여 사용하여야 한다.
2) 왜냐하면 계기용은 계기의 보호를 위하여 포화가 낮은 점에서 되어야 하지만, 계전기용은 포화가 낮은 점에서 이루어지면 계전기 동작이 되지 않아 큰 사고로 연결될 수 있기 때문에 포화점이 높아야 한다.

2. 계전기용 특성

계급	형식	임피던스 $Z(\Omega)$	2차전류 $I(A)$	부담(VA) I^2Z	20배 전류 시 2차단자전압 $20In \cdot Z(V)$	허용오차 (비오차)
C 100	B-1	1	5	25VA	100	-10%
C 200	B-2	2	5	50VA	200	〃
C 400	B-4	4	5	100VA	400	〃
C 800	B-8	8	5	200VA	800	〃

주1) C 100의 의미
  2차 단자에 정격전류의 20배 전류(5×20=100A)를 흘렸을 때 단자 전압이 100V라는 의미임
  예) $E_2 = I \times Z = 5(A) \times 20배 \times 1(\Omega) = 100(V)$

주2) B·1의 의미
  B는 부담의 약자이고 1은 임피던스 값을 나타냄
  예) $P = I^2 \times Z = 5^2 \times 1 = 25(VA)$

주3) IEC에서는 10 P 20과 같이 표기
  과전류 정수 20배에서 비오차가 10%의 계전기용이라는 의미임

3. 계기용 특성

계급	형식	임피던스 Z(Ω)	2차전류 I(A)	부담(VA) I²Z	허용오차
1.2	B-0.5	0.5	5	12.5VA	1.2%
1.2	B-0.9	0.9	5	22.5VA	〃
1.2	B-1.8	1.8	5	45VA	〃

※ 전력 수급용에는 0.3, 0.5, 1.0급 등이 있음

4. 포화 특성 예

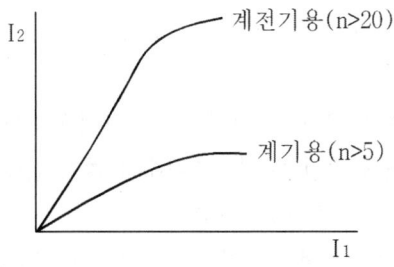

2.13 과도회복전압의 유형에서 지수형과 진동형, 삼각파형의 특성을 설명하시오.
건.93.3.4.

1. 개요
차단기의 차단 후에 나타나는 특성 중 회복전압, 과도 회복전압, 재점호 등이 있으며 이에 대해 설명하면 다음과 같다.

2. 회복전압 Recovery Voltage
1) 차단기의 차단 직후 차단기의 극간에 나타나는 전압을 말하며 단락고장 차단 시 다음 그림처럼 2가지 성분으로 나타난다.
2) 한 가지는 전류 차단 직후에 나타나는 과도회복전압(TRV ; Transient Recovery Voltage)이고, 다른 하나는 TRV 진동이 진정된 후 상용주파수와 같이 진동하는 상용 주파 회복전압(PFRV ; Power Frequency Recovery Voltage)이다.
3) TRV는 차단기 차단능력에 직접적으로 영향을 주며 PFRV는 회로조건과 고장조건에 따라 다르며 TRV진동의 중심을 결정하기 때문에 중요하다.

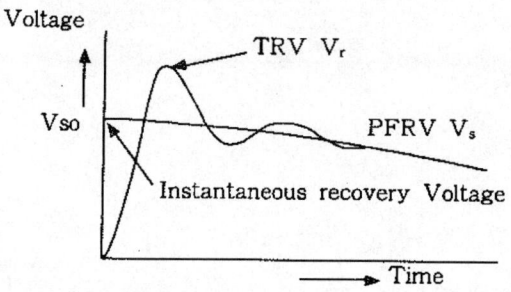

3. 과도 회복 전압(TRV ; Transient Recovery Voltage)
1) 과도 회복전압이란 차단기 차단 직후 접촉자 간에 발생하는 과도 자연 진동을 말하며 차단기의 차단능력을 측정하는 중요한 요소로 작용한다.
2) TRV의 크기와 파형은 계통전압, 계통구성, 설비상수, 차단기 설치위치, 고장전류 등에 따라 변한다.

4. 파형의 종류

1) 정현파 : 사인(sine)파라고도 하며 삼각함수 사인곡선을 이룬다. 발전소에서 나오는 교류는 주파수 60Hz를 갖는 정현파이다.
2) 삼각파 : 파형이 삼각형 모양을 하고 있다.
3) 톱니파 : 삼각파에서 기울기가 가팔라서 톱니모양인 파이다.
4) 사각파(구형파) : 사각형 모양을 하고 있어 디지털신호를 전달하는 데 사용하는 파형이다.
5) 지수형 : 지수 함수형
6) 진동형(oscillatory type) : 진동 초기에 변위(變位) 또는 운동이 외부로부터 주어지고, 그것에 의해 진동이 시작된다. 일반적으로는 진동 중에 에너지가 소멸되기 때문에 그 진폭은 점차 감쇠해 간다.

2.14 변류기(Current Transformer) 포화전압의 정의와 포화전압과 부하 임피던스의 관계에 대하여 설명하시오.

건.94.1.3.

1. 포화전압의 정의

CT는 1차 전류가 증가하면 2차 전류도 변류비에 비례하여 증가한다.
그러나 어느 한계에 도달하면 1차 전류는 증가하여도 2차 전류는 포화되어 증가하지 않는다.

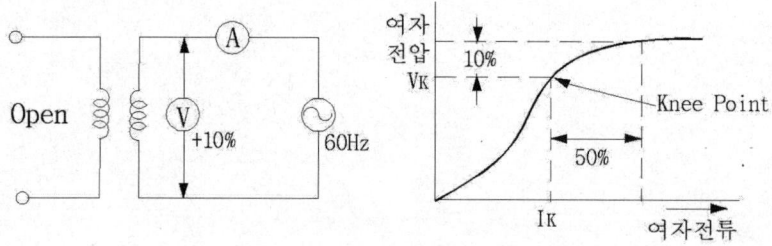

1) 포화점(Knee Point) : CT 의 1차 권선을 개방하고 2차 권선에 정격 주파수의 교류 전압을 서서히 증가시키면서 여자 전류를 측정할 때, 여자 전압 10% 증가 시 여자 전류 50% 증가하는 점
2) 포화 전압(Knee Point Voltage) : 포화점의 인가 전압을 포화 전압이라 하고, 이것이 충분히 높아야 대전류영역에서 확실한 보호가 가능하다. 계전기용에서 이 Knee Point Voltage가 작은 CT를 사용하면 계전기가 오동작이나 부동작할 수 있다.

2. 포화전압과 부하 임피던스의 관계

- 포화점이 낮으면 CT가 빨리 포화되어 계전기 등이 동작하지 않을 수 있다. 이는 CT 2차의 부담이 얼마나 존재하느냐에 따라 그 현상이 커지게 된다.
- 예를 들어 C200의 경우 포화전압은 200V가 된다. 만약 2차에 4(Ω)의 계전기, 계기, CT 2차 배선 저항 등이 존재한다면 CT 2차는 전류 50(A)에서 포화가 된다. 즉, CT2차 전류 5(A)의 10배에서 포화가 된다.
- 이 회로의 %임피던스가 5%라 하면 단락 시 20배의 단락전류가 흘러 CT의 포화점이 단락전류보다 적어 포화가 되어 단락 차단을 할 수 없다.
- 이렇게 CT의 부담은 계전기 동작에 중요한 변수이므로 CT 2차의 부담을 충분히 낮추든지 아니면 포화점이 큰 CT를 적용하여야 한다.
- 결론 : CT의 포화점과 CT 2차의 부담과는 서로 반비례한다.

2.15 수용가 수전설비의 보호계전기(OCR/OCGR/OVGR/OVR/UVR) 정정 시 고려사항과 정정치에 대하여 설명하시오.

1. 개요

보호계전기는 일반으로 탭이나 Lever(또는 Time Dial) 등의 동작 조건을 조정하는 기구를 이용해서, 계전기의 사용에 앞서 그 동작치와 동작시간 등을 적정한 값으로 선정해야 하는데 이와 같이 하는 것을 보호계전기의 정정(Setting)이라고 한다.

2. 보호계전기의 정정 시 고려사항

1) 오동작하지 않는 범위 내에서 가장 예민한 검출 감도를 가질 것

   (1) 일반으로 보호계전기의 검출 감도를 너무 예민하게 하면 계통 사고가 아닌 작은 동요에도 오동작할 수 있다.
   (2) 보호 계전기의 오동작은 최소한으로 줄여야 하므로 이런 경우 외부사고를 상정하여 최대 통과 전류가 흘러도 오동작하지 않도록 정정해야 한다.

2) 가장 빠른 속도로 동작할 것

   사고가 생겼을 때 전기 기기의 피해를 최소로 하고 또 계통 안정도 등에 미치는 영향을 최소로 하기 위해서 사고는 최단 시간 내에 제거되어야 한다.

3) 계통 전체로서 보호 협조가 되어야 한다.

   (1) 주보호와 후비 보호 간의 보호 협조

   주보호장치는 가장 예민한 감도로 가장 신속하게 동작하도록 정정하나 후비 보호 계전기는 주보호장치의 동작 실패 시에만 동작되도록 해야 한다.

   (2) 검출 감도 면에서의 보호 협조

   후비보호 계전기보다는 주보호 계전기의 검출 감도가 더 예민해야 한다.

   (3) 전기 설비의 강도에 대한 보호 협조

   전류−시간 곡선에서와 같이 계전기의 보호 범위는 설비의 위험 한계선보다 아래에 있어야 한다.

(4) 차단 범위 국한을 위한 보호 협조(선택성)

계통에 고장이 발생한 경우 계통 전체에 영향이 파급되지 않도록 제한적으로 최소 부분만을 차단해야 하는데, 이는 주로 보호 계전기 간의 검출 감도와 동작시간을 상호 협조되도록 정정함으로써 가능해 진다.

(5) 보호구간별 보호 협조

설비 단위별로 보호계전기가 설치된 경우 그 보호구간이 일부 서로 중첩되도록 보호범위를 설정해서 보호 맹점이 생기지 않도록 한다.

3. 정정치

1) OCR 한시탭

   (1) 변압기 1차 OCR
   - 정격전류의 150%에 Setting(부하에 따라 100% · 250%)
   - Lever : TR 2차 단락전류에서 0.6Sec 이내에 동작하도록 선정

   (2) 변압기 2차 OCR
   - 정격전류의 130%에 Setting(부하에 따라 100% · 250%)
   - 1차 계전기보다 0.3~0.4Sec 이상 먼저 동작하도록 선정

2) 순시 TAP

   (1) TR 2차 단락전류를 1차로 환산한 값의 1.5배에 선정
   (2) Lever : 0.15~0.25 Sec에 동작하도록 선정

4) OCGR

   (1) 한시 TAP

   직접접지의 경우
   - 최대부하전류의 30% 이하로 상시 부하 불평형률의 1.5배 정도에 정정
   - 수전보호구간 최대 1선 지락전류에서 0.2Sec 이하

   (2) 순시 TAP

   FEEDER는 최소, MAIN은 FEEDER와 협조가 가능하도록 정정

3) OVGR

   (1) 수전모선 1선 지락 사고 시 계전기에 인가되는 최대영상전압의 30% 이하에 정정
   (2) 수전모선 1선 완전지락 시 2~3SEC

4) OVR

   정정치의 130% 전압에서 2.0Sec 정도로 조정

5) UVR

   정정치 70% 전압에서 2.0Sec 정도로 조정

2.16 건축물의 구내 변전실 위치선정 시 고려사항 중 변전실의 침수유형에 따른 대책을 설명하시오.

건.95.1.12.

1. 지하공간 침수방지기준(발췌)

소방방재청 2005.09.15 제정·고시

1) 개요

침수 취약지역에서 주택이나 지하철 및 지하상가 등의 지하구조물을 설치하는 경우에는 반드시 수방기준에 적합하게 설계 및 시공을 하여야 한다.

2) 설치해야 하는 시설

홍수로 인하여 침수피해가 자주 발생하는 지역의 지하철 및 전철, 지하도 및 지하차도, 지하상가, 지하변전소, 지하공동구, 주택 등

3) 수방기준 주요내용

(1) 공통사항

- 출입구 방지턱의 높이는 지하 공간 출입구의 침수높이를 감안하여 설정
- 환기장치 설치 시 예상침수높이보다 높은 지점에 설치하여 환기구를 통한 물의 유입이 없도록 함
- 대피에 필요한 비상조명 및 안내 표시는 대피자가 인지하게 하고 비상시에도 작동하도록 함
- 누전과 정전을 방지하기 위한 조치를 취하여야 함
- 누전차단장치 설치 및 접지
- 출력단자 및 전력공급시설의 침수높이 이상 설치
- 방수판 또는 모래주머니 설치
- 지하시설로부터 외부로 배수하기 위한 배수구는 역류방지 밸브를 설치
- 지하 공간 내 유입된 물을 효과적으로 배제하기 위한 배수펌프 및 집수정 설치
- 지하층 계단통로와 엘리베이터 이동통로, 환기구 등에 차단 방안 강구
- 적절한 조명을 갖춘 대피 경로를 확보
- 조명과 대피로의 폭 등이 충분히 보장되고 대피처는 사전에 숙지
- 상황 발생 시 즉각적 경보방송, 대피로에 대한 안내방송 시설을 설치
- 경보방송 시설 설치 및 상황을 파악할 수 있도록 CCTV 등 설치
- 계단 및 탑승구, 에스컬레이터 등에 난간을 설치

(2) 시설물별 적용기준

① 지하변전소
- 변전소의 개구부(출입구, 장비 반입구, 외부 환기구)는 계획 침수높이 이상의 높이에 설치하고, 전력구 방향으로 여닫이 형식을 채택
- 변전소와 기존 전력구와 연결은 일체식 구조로 함
- 침수방지를 위한 시설물의 적합성과 노후도, 사용가능성에 대해 정기적으로 점검 및 보수

② 지하공동구
개구부(출입구, 장비반입구)의 설치위치는 침수 위험성 분석결과를 고려하여 선정하고 개구부의 설치 시 예상침수높이 이상의 높이로 하여야 하며, 지반의 밀도가 높고 지하수 없는 위치에 설치

③ 맨홀
침수가 확산되지 않도록 방수판 또는 방수문 등을 설치하고, 구조물 결함부위를 통하여 누수된 물이 시설물 내로 유입되지 않도록 방수 및 지수공사를 실시

④ 지하철 및 전철
- 지하철 및 전철을 운행하는 지령실은 가능한 한 지상에 설치. 부득이하게 지하에 설치 시 조정실의 침수방지대책을 수립
- 지하철 및 전철의 운영기관은 이용자들이 잘 보이는 곳에 침수 시 행동요령을 게시하는 등 방재를 위한 홍보대책을 강구
- 지하철 및 전철의 운영기관은 다양한 방법의 대피 방송체계를 구축·운영

2. 지능형 건축물 인증기준

지능형 건축물 인증기준에 전기관련실이 지하인 경우는 전기 관련실을 최하 레벨보다 높게 설치하도록 되어 있다. 이는 기계실 등의 사고나 홍수 시 변압기 등을 보호하게 위해서이다.

3. 기기의 보호등급 상향

IEC에 의한 기기 보호등급 IP-OO 중 제2숫자에 대한 보호등급을 상향시켜 반영

2.17 수변전설비의 예방보전시스템에 대하여 설명하시오. 건.95.4.2., 건.66.4.6

1. 개요
최근 건축물이 대형화, 고층화, 인텔리젠트화됨에 따라 정전 대비는 물론 양질의 전원공급이 상용, 비상용에 관계없이 요구되고 있다. 그 일환으로 예방 보전 시스템이 요구되고 있다. 여기에서는 변전설비의 보전방식 분류, 예방 보전의 필요성, 시스템, 열화 감시 등에 대하여 설명하기로 한다.

2. 수변전설비의 보전 방식 분류

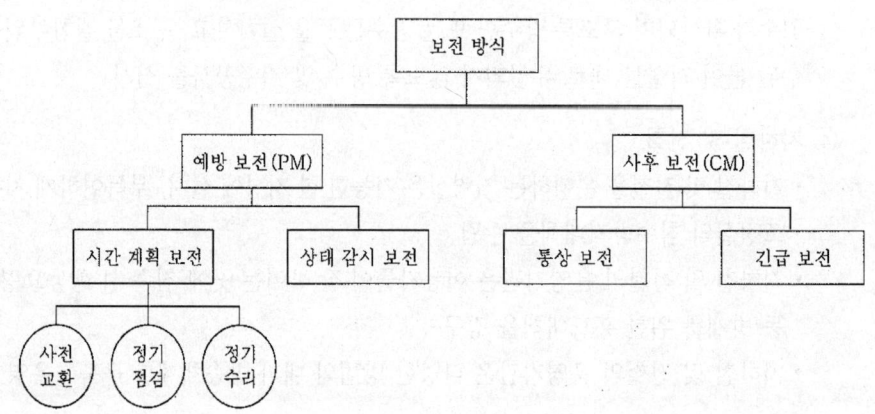

3. 예방보전의 필요성
- 내부 이상 징후 조기 발견 및 조치
- 설비의 신뢰성 향상
- 사고의 미연 방지 및 조기 복구
- 보수 점검의 합리화 및 효율화
- 기기의 수명 연장

4. 예방보전 방법
1) 상태 감시 보전

항상 상태를 감시하는 예방 보전 방법임

2) 시간 계획 보전

예정된 시간 계획에 따른 예방 보전으로 다음과 같은 종류가 있다.
- 사전 교환 : 계획된 주기에 따라 신품으로 교환
- 정기 점검 : 설비를 정지하고 측정기로 검사
- 정기 수리 : 계획된 주기에 따라 기기를 수리

5. On-Line 진단 방식

1) 부분 방전 측정

부분 방전은 절연물 중 Void, 이물질, 수분 등에 의해 코로나 방전을 일으키는 현상으로 부분 방전 시험기로 이상 유무를 확인함

2) 온도 분포 측정(적외선 측정)

적외선 카메라를 설치하여 기기에서 발생하는 열을 영상으로 변환하는 장치로서, 비정상적인 열이 발생하면 발열점의 위치 등을 즉각 확인할 수 있다.

3) 절연유 특성 시험

유입 변압기의 경우 절연유 일부를 추출하여 다음과 같은 특성을 측정하는 방법
- 절연 파괴 전압(kV) 측정
- 체적 저항률 측정($\Omega \cdot m$)
- 유중 수분량 측정
- 전산가 측정

4) 유중 가스 분석

(1) 원리 : 변압기 내부에 이상 발생 시 과열이 발생하고, 이 열에 의해 절연유가 분해되어 Gas 발생 → 유중가스의 조성비, 발생량 등을 분석하여 절연유, 절연지, 프레스 보드 등의 열화를 진단한다.

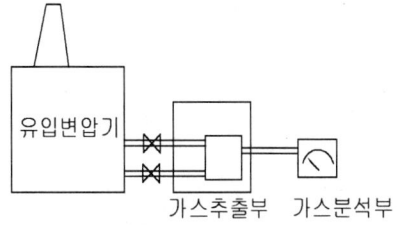

(2) 검출기구 : 절연유 유중가스 분석기

5) 열화 센서법

변압기 내부에 센서를 설치하여 변압기의 열화 정도에 따라 경보 또는 선로를 차단하는 방식으로 다음과 같은 장점이 있다.
- Real Time 감시

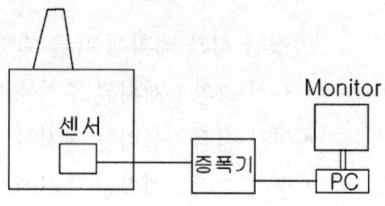

6. Off-Line 방법

1) 절연저항 측정
2) 상용 주파 내전압(내압시험)
3) 유도 내전압 시험
4) 직류 누설 전류법
5) 부분 방전 시험
6) 유전정접(正接)법(tan δ법)

2.18 직류고속도 차단기의 자기유지 현상과 그 대책에 대하여 설명하시오.

건.96.1.3.

1. 개요

1) 저전압 대전류인 직류 전기방식에서 직류 전기는 교류와 같이 "0"(zero)점이 되는 순간이 없으므로 차단이 곤란함
2) 따라서 조속한 사고 검출과 차단을 위해 직류고속도 차단기를 고장 선택 장치(50F)와 연락 차단 장치(85F)를 병용하고 있음
3) 직류고속도 차단기는 교류 차단기와 달리 차단기 자체에 사고전류 검출기능과 차단기능을 동시에 갖는 것이 특징임

2. 차단기 요구조건

1) 평소 통전 시 열이 발생하지 말 것
2) 절연이 양호할 것
3) 사고 발생 시 Setting치를 초과하면 신속히 차단하고 발호가 적을 것. 즉, 사고 전류가 최대 단락 전류되기 전에 차단되어야 함
4) 다 빈도 동작에 견디고 수명이 길 것
5) 유지보수가 간단할 것
6) 부피와 중량이 가벼울 것

3. 직류 고속도 차단기 구조

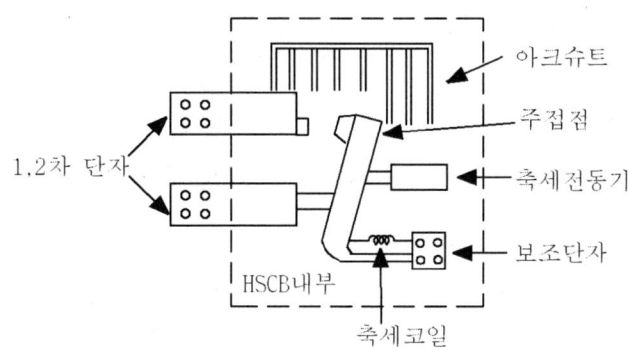

1) 자기 유지코일에 전원(DC110V)이 투입되면 전자력이 발생하고 접촉자가 당겨져서(흡인력) 폐로됨
2) 트립 코일에 전류가 흐르면 이 흡인력을 상쇄하는 방향의 기자력이 발생하고 그 전류가 정정값을 초과하면 흡인력이 감쇄되어 개방스프링에 의해 접촉자가 고속도로 개방됨
3) 접촉자 개방 시 발생한 아크전류는 소호장치에 의해 소멸됨

4. 자기유지 현상과 대책

1) 선택 특성

트립 코일과 병렬로 유도 분로회로를 설치하여 정상 시는 분로 코일로 전류가 흐르다 돌진율이 클 때 트립 코일측 회로로 전류가 많이 흐르게 하여 트립함

2) 자기 유지

변전소 내 단락사고 발생 시 역방향 대 전류가 급전 측으로 유입되는 경우 자기유지 코일의 전류가 영(0)으로 되어도 트립되지 않은 경우가 있다. 이때 수동으로 개방하여 유지 코일 전류를 역방향으로 한다.

3) 역방향 고속도 차단기의 오동작

정상전류가 급격히 감소하는 경우 역방향 고속도차단기가 불요 동작하는 수가 있는데 이의 방지를 위해 유지코일과 트립코일 자속이 쇄교되지 않도록 함

4) 소 전류 차단

소호코일 방식에서는 소 전류 차단이 곤란하여 공기소호방식을 병용함

2.19 전력제어설비 장치에 사용되는 부품 중에서 알루미늄 전해콘덴서의 사용 온도와 수명의 관계에 대하여 설명하시오. 건.96.1.13.

1. 알루미늄 전해 콘덴서란

1) 종이 유전체를 알루미늄 전극 사이에 넣고 롤로 감은 것으로, 유전체를 매우 얇게 할 수 있으므로 소형으로 대용량을 만들 수 있을 뿐만 아니라 가격이 저렴하여 널리 사용된다.

2) 특징
- 극성(+ 전극과 · 전극이 정해져 있다.)이 있다. 극성을 잘못 접속하거나 전압이 너무 높으면 콘덴서가 파열된다.
- 1F부터 수만F까지 비교적 큰 용량이 얻어지며, 용량의 편차가 크고 리플, 누설전류가 일반 필름 콘덴서나 탄탈 콘덴서보다 많아서 전원부 평활용으로 많이 사용된다.
- 단, 코일 성분이 많아 고주파에는 적합하지 않다.

2. 온도와 수명 관계

1) 전해 콘덴서와 온도는 아주 상극이다.
2) 전해콘덴서는 가운데 유전체로 전해액을 사용하기 때문에 온도가 올라가면 전해액이 마르면서 용량이 감소하게 되어 결국 제 역할을 못하게 되는데 이때 온도가 10℃ 상승하면 수명은 1/2로 줄어든다.
3) 가령 30℃일 때 수명이 10,000시간이라 한다면 이것을 60℃로 사용하게 되면 $1/2 \times 1/2 \times 1/2 = 1/8$로 감소하면서 1,200시간밖에 사용하지 못한다는 결론이 나온다.
4) 콘덴서의 사용환경 : 주위온도 5~35℃, 습도 75% 이하

3. 온도상승 원인

1) 주변에 열을 많이 내는 소자가 있거나
2) 박스에 밀봉되어 주변 온도가 높은 경우
3) 리플전류로 인해 자신이 발열되는 경우 등이다.

2.20 비상저압발전기가 설치된 수용가에 발전기 부하 측 지락이나 누전을 대비하여 지락과전류계전기(OCGR)를 설치하는 경우가 있다. 이때 불필요한 OCGR 동작을 예방할 수 있는 방안에 대하여 설명하시오. 건.96.3.1.

1. 개요

1) 발전기의 OCGR 설치방법에는 3-CT 잔류회로방식과 중성선에 1-CT를 이용하는 방법이 있다. 여기에서는 주로 문제가 많이 될 수 있는 3-CT방법에 대하여 설명한다.

2) OCGR 오(부)동작 유형
   - TAB 및 Lever 선정 오류
   - CT 회로 단선 및 접속불량
   - CT 오결선 등

2. TAB 선정 및 Lever 선정

1) TAB
   - 핀을 SETTING용 구멍에 꽂아 동작 전류 조정
   - CT비에 따라 2~6A, 3~8A, 4~12A의 3종류가 있음

2) LEVER
   - 동작시간 조정
   - 1~10까지 돌려서 SETTING
   - LEVER 1 : 과부하 시 동작시간이 가장 빠름
     LEVER 10 : 과부하 시 동작시간이 가장 느림

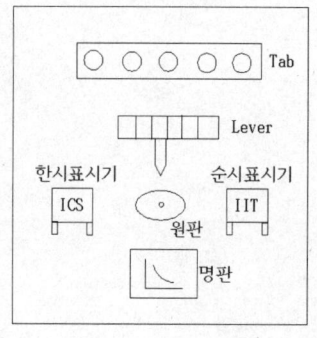

[OCR 정면도]

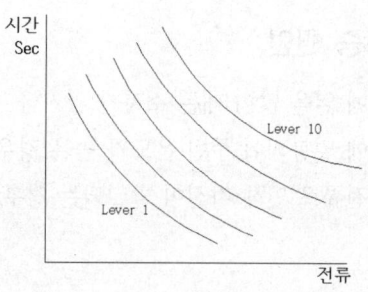

[OCR 특성곡선]

3) OCR TAB 변경 시 유의사항

OCR은 계통이 정지상태에서 TAB을 변경하여야 사고위험이 적으나 부득이 사용 중 TAB을 정정할 때는 다음 사항에 유의하여야 한다.

(1) OCR을 사용 중에 TAB을 뽑으면 CT 2차 개방으로 CT가 소손될 우려가 있음

(2) TAB 변경 시 요령
- 먼저 예비 TAB으로 새로이 정정할 TAB의 구멍에 PIN을 꽂는다.
- 다음에 기존 TAB을 빼내면 된다.
- 이때 불꽃이 보이면 새로운 TAB의 조임을 다시 한 번 조인다.
- TAB 변경 이유, 변경자 등을 기록하여 관계자에게 통보한다.

4) OCR TAB 산출공식

$$\text{TAB 값} = \frac{\text{수전용량(계약전력)kW}}{\sqrt{3} \times \text{수전전압(kV)} \times \text{역률}} \times \frac{1}{CT\text{비}} \times \alpha$$

α : 여유율[(일반부하 : 150% 적용, 변동부하(전기로, 대형전동기, 전철 등)은 200~250% 적용)]

3. CT 회로 단선 및 접속불량

1) 결선도 및 벡터도

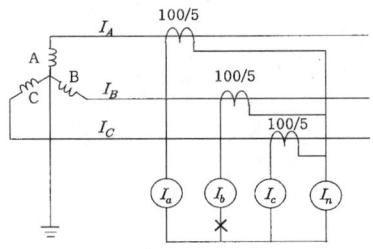

2) 위와 같이 b상이 단선이 된다면 b상에는 전류가 흐르지 않고 잔류회로에는

$I_n = I_a + I_c = -I_b = -3(A)$가 흘러 51N이 동작한다.

(정상 In 전류 : OCR의 30% 이내, 즉 1.5A 이내임. TAB : 0.5~2.0A)

4. CT 오결선

1) 결선도 및 벡터도

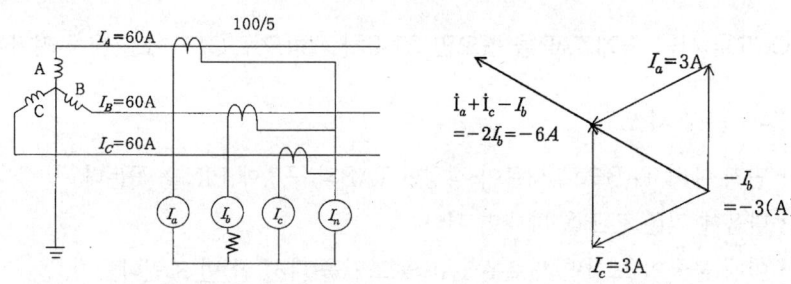

2) 위와 같이 b상이 오결선이 된다면 b상의 전류는 180도 바뀌게 되고, 잔류회로에는 b상의 2배 전류가 흐르게 된다.

따라서 $I_a + I_c = -I_b$에 180도 위상이 바뀐 I_b, 즉 $-I_b$가 합쳐져 $-2I_b$가 잔류회로에 흐르게 되어 51N이 동작한다.

$I_n = I_a + I_c - I_b = -6(A)$가 흐른다.

2.21 초고층 빌딩의 계획 시 전기설비적인 고려사항과 특징에 대하여 설명하시오.

건.96.4.3.

1. 개요

1) 서울특별시 초고층 건축물 가이드라인(2009.8.1 시행)을 보면 초고층 빌딩이란 「서울시 건축조례」 제6조 규정에 의한 서울특별시 건축위원회 심의를 받는 "50층 이상 또는 높이(옥탑·장식탑 등 포함)가 200m 이상인 건축물"이라고 되어 있다.
2) 초고층 빌딩은 수변전설비, 간선설비, 승강기설비, 방재설비(화재, 피뢰), 정보통신설비등이 중요하여 설계 시 내진, 풍압, 일사량 등에 대한 종합적인 검토가 필요하다.

2. 초고층 빌딩의 특징

1) 초고층 빌딩은 건축물의 초대형화가 함께 이루어져 전력설비의 대용량화가 필요하다.
2) 수직 배치가 되어 전압강하가 심하다.
3) 바람의 영향이 심하여 풍압설계가 필요하다.
4) 지진 시에 피해가 막대하므로 내진설계가 필수이다.
5) 한여름 같은 때는 일사량이 너무 많아 이에 대비한 설계가 필요하다.
6) 테러 등 사고 시 피해가 크기 때문에 이를 방지하기 위한 방범설비가 필요하다.
7) 높이가 높은 관계로 화재 시 화재 진압이 어렵다.
8) 초고속 엘리베이터가 필수이다.
9) 피뢰침 설비의 설계가 중요하고 접지를 할 수 있는 면적이 적으므로 접지저항을 낮추기 위한 대책이 필요하다.
10) 항공장애등이 필요하고 이를 잘 유지할 수 있는 대책이 필요하다.

3. 초고층 빌딩의 전기적인 고려사항

1) 수변전 설비

(1) 수변전실 위치

초고층 빌딩은 높이가 높아 (200m 이상) 지하층 1곳의 변전실로는 전압강하가 너무 크기 때문에 30~40층 정도의 층으로 구분하여 부변전실을 설계하는 것이 바람직하다.

(2) 변압기, 발전기, 축전지 등은 특히 지진에 대한 고려가 필요하다.

2) 간선설비

(1) 초고층빌딩은 수직으로 전압강하가 크기 때문에 간선의 용량 설계 시 허용전류 외에 전압강하의 계산이 매우 중요하다.

(2) 간선은 소용량, 케이블 대용량 : Bus duct가 필수

(3) EPS에 간선 시공 시
- 수직 하중에 대한 대책
- 자중에 의한 전선 탈락 방지, 신축
- 사고 시 단락전류에 의한 전자력 등을 함께 고려해야 한다.

(4) 사고 시를 대비한 간선 방식에는 아래와 같은 방식이 있다.

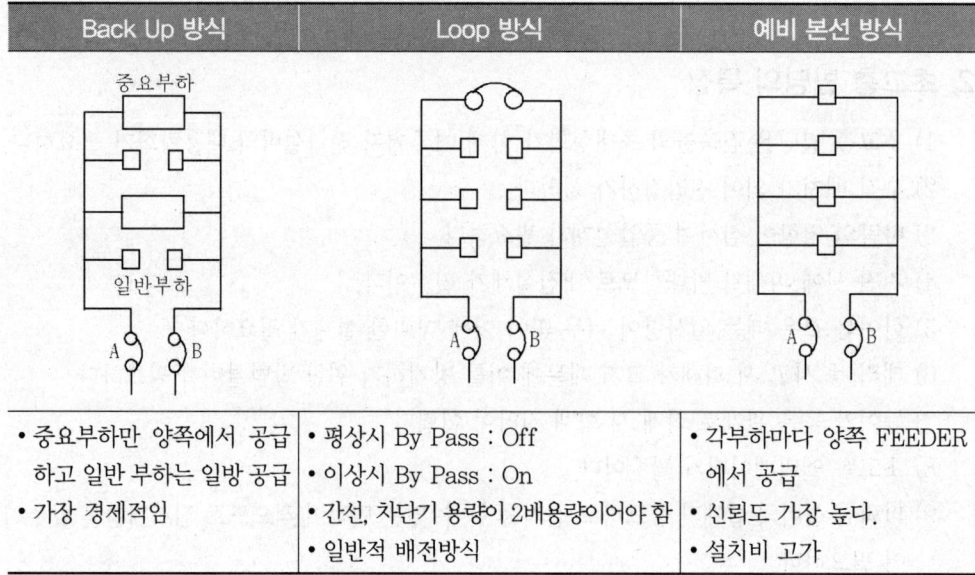

Back Up 방식	Loop 방식	예비 본선 방식
• 중요부하만 양쪽에서 공급하고 일반 부하는 일방 공급 • 가장 경제적임	• 평상시 By Pass : Off • 이상시 By Pass : On • 간선, 차단기 용량이 2배용량이어야 함 • 일반적 배전방식	• 각부하마다 양쪽 FEEDER에서 공급 • 신뢰도 가장 높다. • 설치비 고가

3) 반송설비

초고층빌딩에서 승강기의 설치는 필수이며 적어도 분당 540m 이상의 초고속이 설치된다. 따라서 설계 시 여러 가지 주의가 필요하다.

[고속화, 대용량화]

운송 능률을 높이기 위하여 고속 운행과 더불어 승차 정원을 늘려야 하며 다음과 같은 사항을 검토해야 한다.
- 군 관리 운영 시스템 채택
- 평균 대기 시간을 15~20초 이내로 설계
- 장애자를 위한 설비 구비

4) 방재설비

  (1) 방화 및 소화 설비

    어느 층 이상의 고층에는 소방용 사다리가 닿지 않으므로 초고층빌딩에서의 방화설비와 소화설비는 매우 중요하다.
- 스프링 클러 전층 설계 및 유지보수 철저
- 방재센터를 설치하고 화재 시 진두지휘토록 설계
- 중간층과 옥상에 피난장소 설치

  (2) 피뢰침 설비
- 돌침방식보다는 케이지방식이나 수평도체방식 적용
- KSC IEC 62305 규격에 맞는 설계 및 시공

  (3) 항공장애등

    항공법에 의해 보통지역은 150m 이상의 건축물, 장애물 제한구역에서는 60m 이상의 건축물에는 항공장애등을 설치해야 한다.

5) 정보통신 및 OA설비

  (1) 확장성을 고려하여 전산실이나 OA기기가 많은 장소에는 Access Floor 방식으로 바닥 구성
  (2) 정전대책으로 UPS 설치
  (3) Noise대책 : 건물차폐, 등전위 Bonding
  (4) 광 CABLE 인입 및 LAN 망 구성

4. 기타 고려사항

1) 내진 설계

  (1) 건축물과 전기 설비의 공진 방지 설계

    지진 발생 시 건축물의 고유 진동수와 전기 설비의 진동수가 겹쳐 공진을 일으키면 그 피해가 더욱 커지게 된다. 따라서 이 공진 주파수를 검토하여 피할 수 있는 설계가 필요하다.

  (2) 장비의 적정 배치
- 내진력이 적은 설비, 중요도가 높은 설비를 하부 배치
- 지진 시 오동작 또는 폭발성 우려 기기를 하부 배치

  (3) 사용 부재를 강화하는 방법
- 사용 부재를 보강하여 고정할 것
- 가대의 기초 강화(기기의 바닥, 측면, 상부를 고정)

2) 예비 전원 설비

   (1) 발전기
   - 상용 부하 설비 용량의 20~25% 확보
   - 가스 터빈 발전기 권장

   (2) UPS
   - 전산실, 정보 통신 설비 등 공급
   - 상용 부하 용량의 10% 정도 확보

3) 조명

   일사량 반영

4) 접지
   - KSC IEC 60364 및 62305 반영 : 공동 접지
   - MESH 접지 공법 및 구조체 접지 권장

5) 피뢰설비
   - KSC IEC 62305 반영
   - 뾰족한 건물 : 돌침 방식 + 수평 도체 방식
   - 바닥 면적이 넓은 건물 : 수평 도체 방식 또는 MESH 방식 권장

6) 인접 건물 전파 방해

   국내에서는 공중파가 중계소 간 방향파 송수신방식을 사용하므로 빌딩 인접 건물에는 전파장애가 발생할 수 있다.
   따라서 옥상에 별도의 안테나를 설치하여 장해지역에 송신을 할 수 있는 시스템이 요구된다.

> **Reference** 8.4.3 서울특별시 초고층 건축물 가이드라인(2009.8.1 시행)

제1조(적용대상)
「서울시 건축조례」 제6조 규정에 의한 서울특별시 건축위원회 심의를 받는 50층 이상 또는 높이(옥탑·장식탑 등 포함)가 200m 이상인 건축물(이하 "초고층 건축물"이라 함)에 한하여 적용한다.

제2조(경관계획)
자연환경 및 도시환경과 조화롭게 계획될 수 있도록 경관시뮬레이션을 실시하고 그에 대한 자료를 제시하여야 한다.

제3조(공공환경디자인계획서)
외부 공간 및 건축물 저층부 등에 시민들이 편리하게 이용할 수 있는 공공 공간에 대한 "공공환경디자인계획서"를 제출하여야 한다.
　가. 공공기여 항목, 취지, 목적, 효과, 특이사항 등
　나. 개방되는 공간의 위치, 면적, 마감방법, 개방시간 등

제4조(일조 등)
건축물로 인한 주변 일조 피해 등에 대한 조사 및 대책을 수립하여야 한다.

제5조(전망층)
건축물 고층부에는 방문객이 이용할 수 있는 전망층을 설치하여야 한다. 다만 건축위원회 심의를 거쳐 적용하지 아니할 수 있다.
　가. 조망이 양호한 지역내 최상위 1~2개 층 일반에 개방
　나. 권장용도 : 레스토랑, 까페, 전망대, 미술관 등 문화시설(전시·기념물 판매, 관광안내 등)

제6조(교통개선 계획)
　① 대중교통과 연계 등 교통량 증가를 억제할 수 있는 대책을 수립하여 제시하여야 한다.
　② 서비스 차량(이삿짐, 택배, 우편, 쓰레기 등)은 일반 차량과 혼재 되지 않도록 직접 주변 도로에서 출입하도록 계획하여야 한다.

제7조(방재대책)
　① 건축물의 구조, 용도, 건축재료, 공간적 특성, 방재설비, 유지 관리, 방재계획 등에 대하여 충분히 검토된 종합 방재계획서를 제출하여야 한다.
　② 일반건축물과 차별화된 초고층 건축물의 방재시스템 내용 및 시뮬레이션 결과 등이 포함되어야 한다.
　③ 건축물 내 모든 부분에서 임의로 선택한 2방향 이상의 피난 경로를 확보하여야 한다.

제8조(피난안전구역)
피난 안전구역을 설치하는 층 및 개소 수는 방재 시뮬레이션 결과를 반영하여야 한다.

제9조(연돌효과)
연돌효과(굴뚝효과)의 저감방안에 대한 세부적인 계획을 제시하여야 한다.

제10조(피난용 승강기)
　① 「건축법」 제64조 규정에 의한 승강기 설치 계획과는 별도로 재난 등으로부터 신속하게 피난할 수 있는 "피난용 승강기"를 설치하여야 한다. 다만 건축위원회의 심의를 거쳐 적용하지 아니 할 수 있다
　② 피난용승강기는 비상전원, 방수성능, 내화성능 확보, CCTV 설치, 양방향 통신 설비 등 시설을 갖추어야 한다.

제11조(소화설비)
수계 소화설비 성능확보를 위하여 다음 사항을 계획에 반영하여야 한다.
　가. 소화설비 배관의 Loop화 및 이중화
　나. 소화설비 배관의 내진설계

제12조(내풍구조)
건축물에 대한 풍방향 및 풍직각 방향의 변위, 가속도, 풍하중, 비틀림, 진동, 공기력 불안정진동 등에 대한 풍동실험 및 풍환경실험 결과를 제출하여야 한다.

제13조(내진구조)
　건축물은 지진에 대한 내진력이 충분히 확보되도록 설계하여야 하며, 아울러 적용 기술의 적정여부에 대한 의견을 제시하여야 한다.

제14조(신·재생에너지)
　건축물 총에너지 사용량의 3% 이상을 「신에너지 및 재생에너지 개발·이용·보급 촉진법」에 의한 신·재생에너지 설비로 생산하여야 한다. 다만 건축위원회의 심의를 거쳐 적용하지 아니할 수 있다.

제15조(친환경에너지 공급)
　BEMS(Building Energy Management System) 구축 등 지역적 특성 및 건물 에너지 절감을 고려한 전 생애주기 비용(LCC) 분석이 반영된 최적의 에너지 공급 계획서를 제출하여야 한다.

제16조(보안 및 안전관리 등 계획)
　건축물의 보안 및 안전관리 계획은 별표1 기준을 고려하여야 한다.

【별표 1】 보안 및 안전관리 계획 기준

1. 보안시스템
　가. 피폭 등에 대비하여 옥상층 및 건축물 내 주요시설에 대해서는 출입 보안 시스템 계획을 수립
　　1) 테러 등에 대비한 보안 시스템
　　2) 긴급 상황 발생시 비상통로 이용 대피는 가능하나 시설내부로 무단침입을 방지할 수 있는 보안시스템

2. 주차 및 차량 출입계획
　가. 차량을 이용한 범죄 예방을 위해 방문객 전용 주차공간을 확보 하고 진입차선의 별도 지정 등
　나. 지하 방문객 주차장의 기둥주변은 CCTV 등 상시 안전 확인 및 감시할 수 있는 보안시스템 설치
　다. 차량을 이용한 돌진테러에 대비하여 진입 차량의 속도를 자연스럽게 줄일 수 있도록 계획

3. 감시체계
　가. 공공에게 개방되는 공간에는 폭발물 은닉에 대비할 수 있도록 조명, CCTV 등 상시 감시 체제를 갖추고, 조경수 등 시설물에 의한 시각적 사각지대가 없도록 한다.
　　본 건물과 별도 전원에 의해 유지될 수 있도록 하여야 한다.
　나. 방재실·안전실 등 안전상황실은 통합 설치

4. 보안관리
　가. 건축물의 용도 및 기능별로 독립적인 진입을 보장하면서도 경비·안전요원이 배치된 특정 체크포인트를 경유할 수 있는 동선체계로 계획하여야 한다.
　　1) 지하주차장 및 지하철역 등 대중 교통수단과 연계된 동선은 체크포인트 경유
　　2) 숙박시설 및 판매시설 등 불특정 다수가 이용하는 지하층 및 주차장과 연계된 엘리베이터의 경우 경비·안전요원에 의한 체크가 가능한 층에서 환승
　　3) 엘리베이터·에스컬레이터·계단 등은 경비실에서 통제가 용이 하도록 전층 운행 엘리베이터는 사전에 경비실을 경유
　　4) 택배·우편물 등을 이용한 폭발물·화생방 위험물질의 무단수신을 차단하기 위하여 우편물 접수실은 경비실 인근에 설치
　　5) 지상·지하 로비층 외벽의 마감자재는 에너지절약형 자재를 선정하되 충돌 또는 폭파시 파편 등으로 인한 안전성 확보
　　6) 생화학테러 공격에 대비하여 공기 흡배기구는 일정 높이 이상 설치

2.22 수전설비 인입구에 시설하는 LBS(부하개폐기) 설계 및 시공 시 고려사항에 대하여 설명하시오. 건.97.2.1.

1. 기능

인입 개폐기로 사용되며 부하전류를 개폐할 수 있으나 고장 전류까지 차단을 원할 때는 한류 퓨즈 부착형을 사용해야 한다.

즉, PF 있는 것 : 부하전류의 개폐와 사고 전류 차단이 가능
　　PF 없는 것 : 부하전류 개폐 가능하나 사고전류 차단능력은 없음

2. 정격

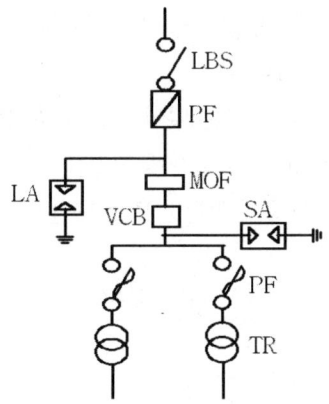

1) 정격전압 : 12, 24kV
2) 정격전류 : 630A
3) 정격 단시간 내전류 : 20kA
4) 정격 차단 전류 : 40KA/rms(한류형 Fuse 부착형)

3. 특징

- 3상이 동시에 개로되므로 결상의 우려가 없다.
- PF 부착형은 단락 전류를 한류퓨즈가 차단하므로 사고의 피해범위를 줄일 수 있다.

4. 설계 시 고려사항

- LBS 정격은 사용 회로의 정격(전압, 전류, 단락전류 등)보다 높아야 함
- LBS는 MOF 전단에 설치하는 것이 바람직하다.
- PF는 반드시 예비품을 준비하여야 한다.
- 수동식과 전동식이 있으며 전동식은 DC110V를 권장함
- PF 있는 제품은 PF 용단 시 결상이 되므로 3상을 동시 개방할 수 있는 구조를 갖추어야 한다.

5. 시공 시 고려사항

1) 설치는 유자격자(전기공사기사, 전기공사산업기사)가 행한다.
2) 사양서와 같은 형식, 정격인가를 확인한다.
3) 고온 다습 분진 부식성 가스 진동 등 좋지 못한 환경에 설치하지 말 것
4) 먼지 콘크리트 가루 철분 등의 이물질이나 빗물 등이 개폐기 내부에 들어가지 않도록 시공한다.
5) 개폐기는 수평한 면에 단단하게 취부하여 고정한다.
6) 투입상태에서 절대 설치하지 말 것. 설치 중 충격이나 설치자의 실수로 인해 개폐기가 개방될 경우 설치자가 상해를 입을 우려가 있다.
7) 절연애자에 충격을 주어 손상을 가하는 일이 없도록 주의한다.
8) 단자 BOLT는 표준체결 Torque로 확실하게 체결한다.
9) 외관상의 손상, 파손, 구부러짐 등이 없는가 또는 도전부, 접지부 등의 볼트의 느슨해짐 탈락이 없는가를 점검한다.

6. 결론

- 과거에는 인입부에 Int SW를 많이 사용하였으나 최근에는 배전반을 사용하는 관계로 LBS를 많이 적용하고 있다.
- LBS는 어느 정도의 부하 개폐도 가능하며 개방 시 DS처럼 개방을 눈으로 확인할 수 있는 장점이 있다.
- 또한 최근에는 가격도 저렴해져 일반적인 수용가의 정식 수전에는 대부분 LBS를 적용하고 있다.

2.23 최근 각광을 받고 있는 광 CT에 대하여 설명을 하시오.

1. 개요
최근 전력설비의 대용량화로 인해 그에 따른 초고압설비에 대한 요구가 증가되고 있다.
현재 주로 사용되고 있는 전자기장식 변류기는 자기장에 의해 도체 주변의 철심에 유도되는 전류를 측정함으로써 도체 전류를 관측할 수 있었다. 하지만 기존 철심형 CT는 부피 및 중량이 크고 잔류자기와 자기포화 등에 따른 출력신호의 왜곡 등의 문제가 있어 이러한 문제점을 해결할 수 있는 방법으로 최근 광을 이용한 측정방식이 각광을 받고 있다.

2. 광 CT 구성
광 CT는 광원, 센서, 광전 변환기, 광섬유 전송로로 구성된다.

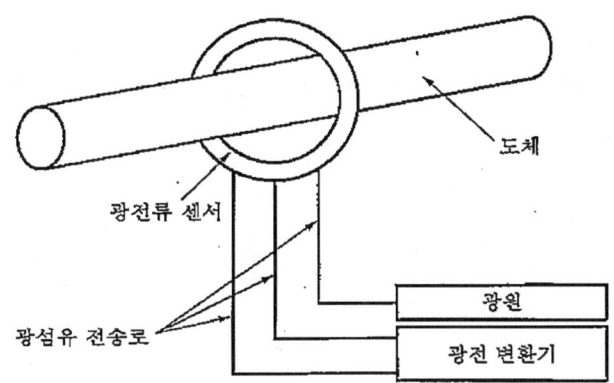

1) 광원
   - 간섭성이 낮고 편광도(degree of polarization : 편파각도)가 낮은 광원 사용
   - LED(Light Emitting Diode) 또는 SLD(Super Luminescent Diode)가 주로 사용됨

2) 광전류 센서

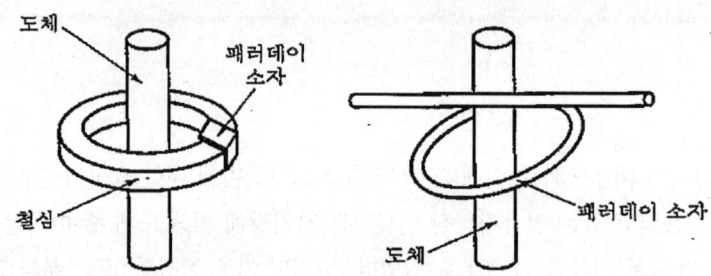

- 광전류 센서는 편광자, 패러데이 소자, 검광자 등의 광학 부품으로 구성
- 광전류 센서의 종류

(1) 링코어형

피측정 전류가 흐르는 도체 주위에 갭 부의 철심을 배치하고 그 철심에 패러데이 소자의 광학 부품을 배치하는 방식임

(2) 주회 적분형

도체 주위에 패러데이 소자를 배치하는 방식으로 유리 블록을 사용하는 것과 광섬유를 사용하는 것이 있다.

3. 광 CT의 원리

1) 원리도

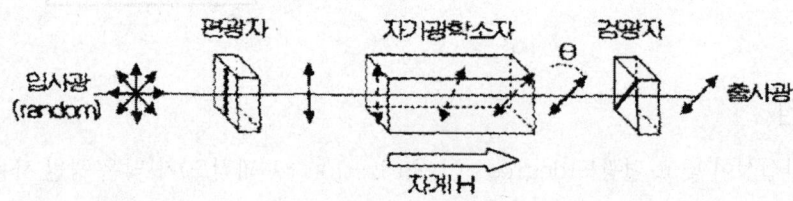

[Faraday 효과 개념도]

2) 원리

광을 이용한 전류는 위 그림에서와 같이 광신호가 자성체 광매질의 내부를 진행하는 경우 자기장의 영향에 의하여 편광(polarization)의 축이 회전하는 현상인 Faraday 효과를 이용하여 측정한다.

편광면의 회전각 θ는 매질에 가해진 자계의 세기 H에 비례하고 그 매질의 길이 L에 비례하므로 $\theta = V \cdot H \cdot L \cdot \cos\Phi$라는 식에 의해 동작한다.

여기서, V : Verdet 상수[rad/A]
H : 자계의 세기[A/m]
L : Faraday 소자의 길이(광경로 길이)[m1]
Φ : 빛의 진행방향과 자기장 사이의 각

3) 패러데이 효과

자계 중에 놓인 투명 물질에 자계와 평행한 직선 편광의 빛을 통과했을 때 광의 편광면이 회전하는 현상을 패러데이 효과라 한다.

패러데이 효과를 나타내는 정수를 베르디 정수라 하고 베르디 정수가 큰 물질을 패러데이 소자라 한다.

4. 광 CT의 특징

- 측정영역이 광범위함
- 소형, 경량화 구조
- 자기포화의 영향이 없음
- 잔류자기가 없어 전자 유도의 영향을 받지 않음
- 과전류에 의한 주회로의 사고발생이 없음
- 계통보호 제어시스템의 신속성 향상
- 디지털 계전시스템과의 높은 호환성으로 자동화를 통한 무인화 가능
- 센서는 광을 이용하기 때문에 저손실, 고절연성, 무유도성, 경량성, 보수의 용이성 등이 있음
- 장거리 송신이 가능

5. 용도

- GIS(Gas Insulated Switchgear)
- 초고압 변전 설비
- 대전류 전력 계통 등

2.24 콘덴서형 계기용 변압기(CPD ; Coupling Capacitance Potential Device)의 원리와 종류 및 특성을 설명하시오.

건.103.1.1

1. 원리

1) 회로도 및 원리

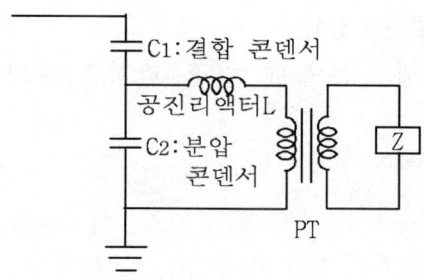

- 콘덴서를 조합하여 고전압을 분압하고 분압된 전압을 PT를 이용하여 2차, 3차 전압을 얻는다.
- 공진 리액터 L와 $C_1 C_2$를 공진시켜 오차를 최소화한다.

2. 특성

- 권선형에 비해 절연의 신뢰성이 높고 염가이다.
- 정전용량에서 층간단락사고가 발생하면 분압상태가 변하여 2차회로에 고전압이 유기될 우려가 있어 방전갭을 만들어 이상 과전압을 방지한다.

3. CPT 종류

1) 결합 콘덴서형 : 주 콘덴서에 결합 콘덴서를 사용한 것으로 변성 특성이 좋다.
2) 부싱형 : 큰 2차 전압을 얻을 수 있으나 특성이 떨어지고 비경제적이다.
3) 공진 리액터 위치에 따라 1차 리액터형, 2차 리액터형, 누설 변압기형이 있다.

4. 용도

100kV 이상인 고압회로의 전압을 체감하여 계기나 계전기에 전기를 공급하기 위해 사용된다.

2.25 비접지 계통에서 지락지 GPT를 사용하여 영상전압을 검출하기 위한 등가회로도를 그리고, 지락지점의 저항과 충전전류가 영상전압에 미치는 영향에 대하여 설명하시오.

건.103.2.5.

1. 영상전압을 검출하기 위한 등가회로도

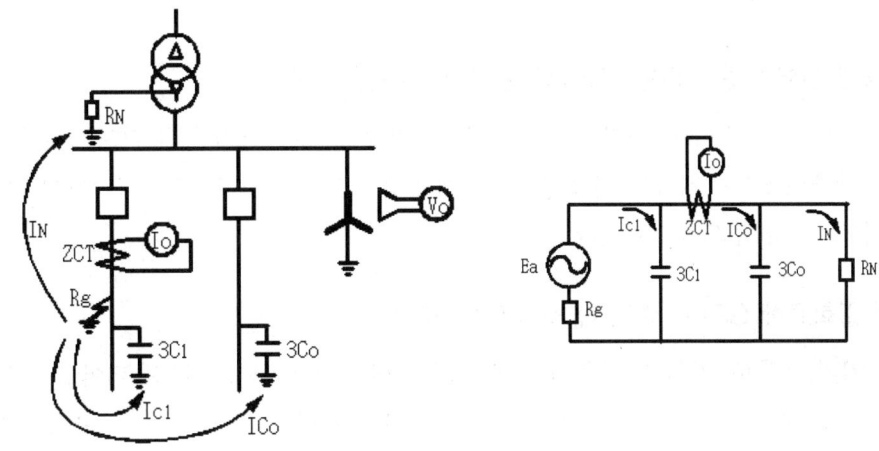

여기서, R_g : 지락점 저항
R_N : GPT 3차 한류저항을 1차 중성점 측으로 환산한 저항
V_0 : GPT에 검출되는 영상전압
I_g : 지락전류($I_g = I_c + I_N$)
I_N : GPT 중성점을 통하여 흐르는 전류(인위적 접지전류) → V_0와 동상 → GPT 1대당 최대 380[mA] 이하임
I_c : 3상 일괄 대지 충전전류, 보다 90° 진상

만약 위와 같은 회로에서 지락이 발생하였다면 영상 전압은 아래 공식에 의해 구할 수 있다.

$$V_0 = \frac{Z_0}{Z_0 + R_g} \times E_a = \frac{\left(\dfrac{1}{\dfrac{1}{R_N} + j3w(C_1 + C_0)}\right)}{\left(\dfrac{1}{\dfrac{1}{R_N} + j3w(C_1 + C_0)} + R_g\right)} \times E_a$$

위 공식 분모 분자에 $\left[\dfrac{1}{R_N} + j3\omega(C_1 + C_2)\right]$를 곱하면

$$V_0 = \frac{E_a}{\left(1 + \dfrac{R_g}{R_N}\right) + j3w(C_1 + C_0)R_g} \text{가 된다.}$$

2. 지락지점의 저항과 충전전류가 영상전압에 미치는 영향

1) 지락점 저항이 큰 경우

지락점저항 R_g 값이 커지면 위 영상 전압식에서 영상전압 V_0 값이 적어진다.
따라서 V_0 값이 적어지므로 SGR 감도가 떨어진다.

2) 충전 전류가 큰 경우(=케이블 길이가 길어질 경우)

지중선로에서 케이블 길이가 길어질 경우 정전용량 C_0 값이 커지고 C_0 값이 커지면 $Ic = jwCV_2$ 에서 충전 전류가 커지고, 위 영상 전압식에서 영상전압 V_0 값이 적어진다. 따라서 V_0 값이 적어지므로 SGR 감도가 떨어진다.

3) 동일회로에 GPT가 여러 대 설치되는 경우

GPT가 여러 대 설치되는 경우 R_N 값이 병렬로 여러 개 설치되는 결과가 되어 R_N 값이 작아지므로 위 영상전압식에서 영상전압 V_0 값이 적어진다. 따라서 V_0 값이 적어지므로 SGR 감도가 떨어진다.

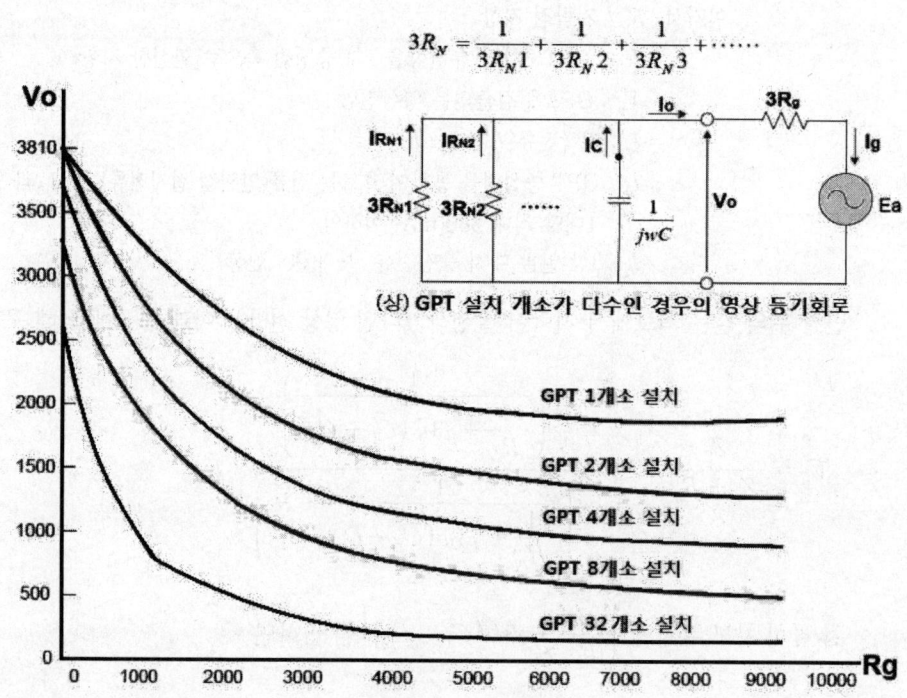

(상) GPT 설치 개소가 다수인 경우의 영상 등기회로

4) CLR을 설치하지 않은 경우 또는 부적합 정격 사용의 경우

1선 지락시 GVT 3차 권선에 CLR 설치 유·무와 상관없이 영상전압은 나타난다.
그러나 실제 사용상 GVT의 각 상별 부담을 균일하게 할 수가 없어 중성점 이동으로 평상시에도 3차 open delta 측에 전압이 몇 볼트 발생, 제3고조파 영향이 제거되지 않아 영상전압이 발생될 수가 있어 SGR의 오동작 원인이 될 수 있다.
또한, 전압별로 CLR 설치 시 저항값이 부적정하면 metter에는 정상상태에도 지락전압이 검출될 수 있으므로 CLR 저항값을 정확하게 산정해야 한다.

5) 경미한 지락사고에 동작되지 않는다.

경미한 사고에는 지락전류가 작아 SGR이 동작하지 않을 수 있다.

> **Reference**
>
> **1. GPT의 1차로 환산한 등가 저항 공식 및 CLR 값 계산**
>
>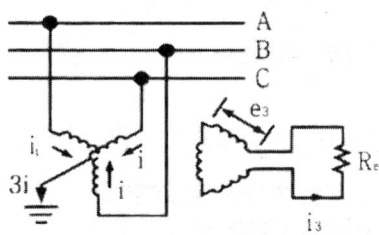
>
> 1) GPT 3차측을 Open Delta로 결선하여 한류저항기(CLR ; Current Limited Resistance) Re를 연결 시 등가회로는 GVT 1차측에 저항접지 형태가 된다.
> 2) GPT 3차 권선의 각 상의 전압을 e_3라 하고 이때 한류 저항 Re에 흐르는 전류를 i_3라 할 때
>
> - 저항 Re에 흐르는 전류 $i_3 = \dfrac{3e_3}{Re}$ ……………………………………………… ①
> - 여기서 상 전압을 GPT 1차 상전압 e_1으로, 전류를 1차 i_1으로 환산하면
>
> $e_1 = n e_3$, $i_1 = \dfrac{i_3}{n}$ 이므로 식 ①을 여기에 대입하면
>
> $i_1 = \dfrac{i_3}{n} = \dfrac{3e_3}{nRe} = \dfrac{3e_1}{n^2 Re}$ 가 되고
>
> - 중성점에서 대지로 흐르는 전류 $i = 3i_1 = \dfrac{9e_1}{n^2 Re} = \dfrac{e_1}{\dfrac{n^2 Re}{9}}$

- 따라서 1차로 환산한 등가저항 $R_N = \dfrac{n^2 Re}{9}$ 가 된다.

　　여기서, n : GPT의 권수비
　　　　　Re : 한류저항기(CLR)의 제한저항
　　　　　　6.6kV 계통 : 25[Ω]
　　　　　　3.3kV 계통 : 50[Ω]

3) CLR 계산 (6.6kV 계통)

$$R_N = \dfrac{n^2 Re}{9} \Rightarrow \text{CLR 저항 } Re = \dfrac{9}{n^2} \times R_N = \dfrac{9}{\left(\dfrac{6,600/\sqrt{3}}{190/3}\right)^2} \times \dfrac{\dfrac{6,600}{\sqrt{3}}}{0.38} = 25[\Omega]$$

2. 지락 유효 전류 IN 결정

일반적으로 6.6kV 계통에서 변압기 3차 전압이 190V이므로

1) 변압비 $n = \dfrac{E_1}{E_3} = \dfrac{6,600/\sqrt{3}}{190/3} = 60$

2) 등가저항(Rn) : 500VA 용량의 GVT 3대를 Y결선하여 사용할 때 제한저항(Re)을 25[Ω]으로 하면 이때의 1차 등가저항(Rn)은

$$R_N = \dfrac{n^2 Re}{9} = \dfrac{60^2 \times 25}{9} = 10,000[\Omega]\text{이 된다.}$$

3) GVT 접지계에서 GVT의 유효전류(IN)는

$$I_N = \dfrac{E_1}{R_N} = \dfrac{\dfrac{6,600}{\sqrt{3}}}{10,000} = 0.381[\text{A}] \fallingdotseq 380[\text{mA}]$$

따라서 SGR의 동작전류는 200~380mA 범위로 한다.

4) 보통 IN(유효전류)은 380mA로 선정한다.

이는 지락방향 계전기 감도가 380mA 부근에서 고감도를 나타내고 또한 ZCT 1차 정격전류가 200mA이므로 여유를 두어 380mA로 한다.

3. GVT의 부담 계산

1) 조건
- 지락의 조건은 1선 완전 지락으로 본다.
- 케이블 충전전류는 케이블 부설방법, 길이에 따라 변동되므로 조건에서 제외하며, 순수한 유효전류 발생분 CLR에 의한 전류에 대해서만 적용한다.
- 지락 방향 계전기 감도가 380mA 부근에서 고감도를 나타내고 또한 ZCT 1차 정격전류가 200mA이므로 여유를 두어 380mA로 하면 GVT 각 상의 전류 = $\dfrac{380}{3} = 127[\text{mA}]$가 되므로 GVT 1상분의 정격전류를 127mA로 한다.

2) GVT 1상분의 부담
 - P[VA] = GVT 한상의 전압[V] × GVT 한상의 전류[A]
 - 6,600V에서의 GVT 1상분의 부담 계산 예

$$P = \frac{6,600}{\sqrt{3}} \times 0.127 = 484 ≒ 500[\text{VA}]$$

구분	지락 유효전류(mA)	CLR		GPT 부담(VA)	
		저항값(Ω)	용량(W)	1상분	3상분
6,600(V) 계통	380	25	1500	500	1500
3,300(V) 계통	380	50	750	250	750

4. GVT 영상 전압 검출 원리

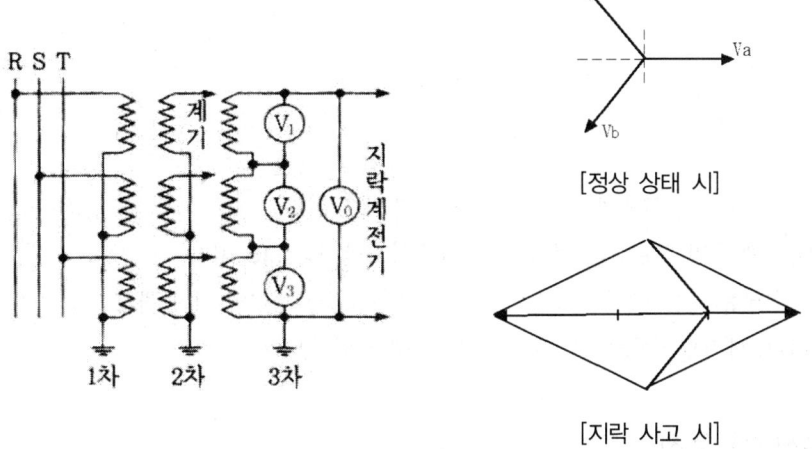

[정상 상태 시]

[지락 사고 시]

1) 정상상태에서는 $V_1 + V_2 + V_3 = 0$이 되어 $V_0 = 0$이지만 GPT 3차 V_1, V_2, V_3에는 각각 63.3V가 걸려 램프에 희미한 불이 켜져 있게 된다.
2) T상이 완전 지락될 경우 건전상의 대지전위는 $\sqrt{3}$ 배 상승하며 110V가 되고 개방단 영상전압 $V_0 = 190$V가 된다.

2.26 공심변류기의 구조와 특성에 대하여 설명하시오.

건.105.1.7

1. 공심 CT 구조

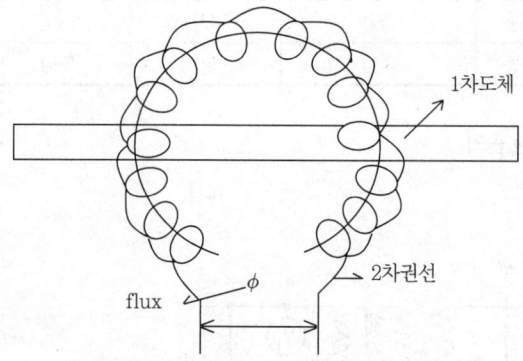

- 공심변류기는 그림과 같이 1차권선이 한 개의 관통도체로 통과되고, 2차 권선은 철심이 없는 절연물위에 균일하게 감은 것으로서, 일종의 공심 Reactor이다.
- 공심변류기는 보통의 Bushing CT와 같은 모양으로 차단기나 변압기 등에 내장할 수 있을 뿐만 아니라, 애자형 단독 CT와 같이 사용할 수도 있다.

2. 공심 CT 특성

- 철심이 없으므로 철심포화의 문제가 없다. 즉, 공심이기 때문에 1차전류(IP)와 2차전압(ES)과의 관계는 $ES = j\omega MIP$로 되어 ωM이 일정하고 포화가 없기 때문에 철심이 있는 CT에서와 같은 포화에 의한 오차는 없다.
- 또 2차를 개방해도 적은 전압이 발생하므로 안전하다.
- 이 변류기는 초고압 모선보호계전기용으로 많이 사용된다. 한전의 경우 1차전류는 1,000A, 2차전압은 5V로 사용하고 있다.

> **2.27** 저압차단기의 용도별(주택용과 산업용) 적용과 관련하여 다음 사항을 설명하시오.
>
> 건.106.1.6
>
> 1) 용도별 구분의 적용   2) 적용범위   3) 동작시간 및 동작특성

▌전기설비 판단기준 제38조(저압전로 중의 과전류차단기의 시설)

① 과전류차단기로 저압전로에 사용하는 퓨즈(「전기용품안전 관리법」의 적용을 받는 것)는 수평으로 붙인 경우에 다음 각 호에 적합한 것이어야 한다.
  1. 정격전류의 1.1배의 전류에 견딜 것
  2. 정격전류의 1.6배 및 2배의 전류를 통한 경우에 [표 38-1]에서 정한 시간 내에 용단될 것

▼ [표 38-1]

정격전류의 구분	시간	
	정격전류의 1.6배의 전류를 통한 경우	정격전류의 2배의 전류를 통한 경우
30 A 이하	60분	2분
30 A 초과 60 A 이하	60분	4분
60 A 초과 100 A 이하	120분	6분
100 A 초과 200 A 이하	120분	8분
200 A 초과 400 A 이하	180분	10분
400 A 초과 600 A 이하	240분	12분
600 A 초과	240분	20분

② 제1항 이외의 IEC 표준을 도입한 과전류차단기로 저압전로에 사용하는 퓨즈는 [표 38-2]에 적합한 것이어야 한다.

▼ [표 38-2]

정격전류의 구분	시간	정격전류의 배수	
		불용단전류	용단전류
4 A 이하	60분	1.5배	2.1배
4 A 초과 16 A 미만	60분	1.5배	1.9배
16 A 이상 63 A 이하	60분	1.25배	1.6배
63 A 초과 160 A 이하	120분	1.25배	1.6배
160 A 초과 400 A 이하	180분	1.25배	1.6배
400 A 초과	240분	1.25배	1.6배

③ 과전류차단기로 저압전로에 사용하는 배선용차단기는 다음 각 호에 적합한 것이어야 한다.
1. 정격전류에 1배의 전류로 자동적으로 동작하지 아니할 것
2. 정격전류의 1.25배 및 2배의 전류를 통한 경우에 [표 38-3]에서 정한 시간 내에 자동적으로 동작할 것

▼ [표 38-3]

정격전류의 구분	시 간	
	정격전류의 1.25배의 전류를 통한 경우	정격전류의 2배의 전류를 통한 경우
30 A 이하	60분	2분
30 A 초과 50 A 이하	60분	4분
50 A 초과 100 A 이하	120분	6분
100 A 초과 225 A 이하	120분	8분
225 A 초과 400 A 이하	120분	10분
400 A 초과 600 A 이하	120분	12분
600 A 초과 800 A 이하	120분	14분
800 A 초과 1,000 A 이하	120분	16분
1,000 A 초과 1,200 A 이하	120분	18분
1,200 A 초과 1,600 A 이하	120분	20분
1,600 A 초과 2,000 A 이하	120분	22분
2,000 A 초과	120분	24분

④ 제3항 이외의 IEC 표준을 도입한 과전류차단기로 저압전로에 사용하는 산업용 배선차단기는 [표 38-4]에, 주택용 배선차단기는 [표 38-5] 및 [표 38-6]에 적합한 것이어야 한다. (추가)

▼ [표 38-4]

정격전류의 구분	시 간	정격전류의 배수 (모든 극에 통전)	
		부동작 전류	동작 전류
63 A 이하	60분	1.05배	1.3배
63 A 초과	120분	1.05배	1.3배

▼ [표 38-5]

형	순시트립 범위
B	3In 초과~5In 이하
C	5In 초과~10In 이하
D	10In 초과~20In 이하

비고 1. B, C, D : 순시트립전류에 따른 차단기 분류
    2. In : 차단기 정격전류

▼ [표 38-6]

정격전류의 구분	시 간	정격전류의 배수(모든 극에 통전)	
		부동작 전류	동작 전류
63 A 이하	60분	1.13배	1.45배
63 A 초과	120분	1.13배	1.45배

2.28 우리나라 공동주택의 변압기 용량산정은 주택법에 의하여 산정되고 있다. 변압기 용량과 적용에 대한 문제점과 대책을 설명하시오. 건.106.3.2

인용 : 조명학회지 2010. 9월호

1. 개요

기존 공동주택 변압기 최대 이용전력이 낮아 변압기 용량의 여유가 매우 높은 것으로 판단되며 이는 설계 시 과다 용량으로 설계되고 있는 것으로 지적되고 있다.

전력용 변압기의 손실 발생 등을 고려할 경우 변압기 설계에 필요한 여러 가지 계수를 종합적인 검토가 필요하다.

2. 변압기용량 산정을 위한 계수

1) 수용률

수용률은 수용가 내에 시설된 전부하 설비용량에 대하여 실제로 사용되고 있는 부하의 최대 수요전력의 비율을 나타내는 계수로서 변압기용량 산정 시 중요한 계수이다. 수용률이 과도하게 적용되면 초기 시설비용이 증가하고 전력손실이 증대시키는 요인이 된다.

$$수용률 = \frac{최대 수요 전력(KW)}{부하 설비용량 합계(KW)} \times 100(\%)$$

2) 변압기 최대 이용률

변압기 최대이용률이란 고객이 보유하고 있는 변압기 시설용량에 대한 최대수요전력의 비율이다.

$$변압기 최대 이용률 = \frac{최대 수요 전력(kVA)}{변압기 시설 용량(kVA)} \times 100(\%)$$

변압기 최대이용률이 낮다는 것은 변전설비 이용 면에서 비효율적이며 변압기의 과다용량이 지적된다.

3. 변압기·용량 산정을 위한 세대부하 계산법

1) 내선규정 3315절

$$총\ 부하\ 설비용량 = P \times A + Q \times B + C[V]$$

여기서, A : 전용부하밀도[VA/m^2], B : 공용부하밀도[VA/m^2]
C : 가산부하[VA], P : 전용면적[m^2]
Q : 공용면적[m^2]

2) 집합 주택(내선 규정 300 – 2)

$$P(VA) = 30(VA/m^2) \times 바닥면적(m^2) + (500 \sim 1,000)(VA)$$

3) 전전화 주택(내선 규정 300 – 1)

$$P(VA) = 60(VA/m^2) \times 바닥면적(m^2) + 4,000(VA)$$

4) 주택 건설 기준 제40조(건교부)

세대 당 3kW(전용면적 60m^2 미만) + 초과 시 10m^{2}당 0.5kW

4. 변압기 용량과 적용 예

1) 표 5는 최근에 건립된 아파트로서 조사한 아파트 중 1군데 단지에서 변압기 최대이용률이 39[%]로 조사되었고 나머지 단지에서도 30[%] 이하의 이용률로 조사되었다.
2) 조사된 공동주택 단지의 최대수요전력 현황을 보면 공통적으로 변압기 용량의 여유가 많고 특히 최근에 건립된 아파트일수록 전력용 변압기의 여유가 많음을 알 수 있다.

▼ [표 1] 2000년대 건립 된 아파트 모델의 최대수요전력

구분	세대수	시설용량(kVA)	최대수요전력(kW)	이용률(%)
E 아파트	1,077	2,400	941	39
F 아파트	494	1,300	382	29
G 아파트	898	2,050	578	28
H 아파트	305	1,250	359	29
I 아파트	731	2,150	664	30
J 아파트	370	1,500	402	27
K 아파트	337	2,250	706	32

5. 변압기 용량과 적용에 대한 문제점과 대책

1) 수용률 적정화

- 변압기는 용량이 여유가 너무 많으면 전력손실이 커지고 초기 투자비가 커져서 불합리하다.
- 공동주택 변압기 최대전력 사용의 조사에 의하면 [표 1]에서 보듯이 변압기 이용률이 30[%] 전후로 매우 낮아서 용량의 여유가 너무 많다는 것을 알 수 있다.
- 이로 인한 전력손실이 대단히 많은 것으로 추정되며 투자비 손실도 상당할 것으로 추정된다.
- 간선굵기 선정 시 사용하는 수용률을 현행 내선규정의 수용률을 적용하고 변압기 이용률을 60[%]까지 상승시켜 변압기 용량 선정 시 사용하는 수용률을 25~30[%] 낮추어 변압기 용량을 선정할 것을 제안한다.
- [표 2]는 실태 조사된 30[%] 전후의 전력변압기 이용률을 56~60[%]로 상승시켜서 현행 수용률을 30[%] 낮추었을 때의 조정안이며 설계 시 적용을 제안한다.

2) 기본 용량 하향 조정

▼ [표 2] 30(%) 하향 조정된 수용률

세대수	현행 수용률	조정 수용률
100	45	32
200	44	31
300	43	30
400	42	30
500	42	30
600	41	29
800	41	29
850 초과	40	28

최근의 한 연구에 의하면 전력용 변압기를 합리적으로 운영하기 위하여 세대부하 적용기준을 임대 아파트의 경우 3[kVA]에서 75[%]인 2.25[kVA]로 조정할 것을 제안하고 있다.

6. 결론

- 공동주택의 전력용 변압기의 이용률 실태를 조사하여 본 결과 현 설계방식으로 시설된 변압기의 이용률이 30[%] 전후로 낮게 나타나며 용량의 여유가 너무 많아 전력손실이 많이 발생함을 알 수 있다.
- 변압기의 전력손실을 최소화하여 에너지 손실을 줄이는 방법으로 변압기 용량 적정화하는 방법을 제안한다.
- 변압기 용량 최적화 방안으로 변압기의 이용률을 높이기 위해 수용률을 현행보다 5~30[%]를 줄여서 적용하도록 제안한다.

2.29 22.9kV 계통의 주변압기 1차 측을 PF(Power Fuse)만으로 보호할 경우, 결상 및 역상에 대한 보호방안에 대하여 설명하시오. 건.107.1.4

1. PF 장단점

- PF는 고압 퓨즈와 저압 퓨즈로 분류할 수 있고 차단용량이 커서 회로 보호에 널리 적용되고 있다.
- 고압 퓨즈는 소형이고 한류 특성이 좋아 차단기 역할을 대용하는 경제적인 차단기이다. 이러한 특징으로 다른 계폐기와 보호 협조를 이루어 안정적인 전력 공급을 수행하고 있으며 한류형과 비한류형이 있다.

장점	단점
1. 차단용량 크고 한류 특성이 우수하다.	1. 1회성으로 재투입이 불가하다.
2. 차단기보다 가격이 저렴하다.	2. 과전류에서도 용단하는 경우가 발생할 수 있다.
3. 소형, 경량이어서 설치공간이 축소된다.	3. 동작시간 조정이 불가하다.
4. 릴레이나 변성기가 불필요하다.	4. 열화가 진행될 수 있다.
5. 고속 차단이 가능하다	5. 비보호 영역이 있다.
6. 후비보호능력이 우수하다.	6. 결상 가능성이 있다.
7. 보수가 간단하다.	7. 한류형은 과전압이 발생할 수 있다.
	8. 비접지계, 고저항 접지계에서는 지락보호가 불가하다.

2. 결상 및 역상에 대한 보호방안

1) Fuse 부착형 LBS 사용

- Fuse 표시기란 퓨즈가 동작했을 때 외부에서 눈으로 동작 여부를 확인할 수 있도록 스프링의 힘에 의해 돌출되도록 설치된 것이며, 돌출력에 의해 마이크로 스위치를 동작시켜 전기적 신호를 낼 수 있는 구조를 한 것이 스트라이커다.
- 퓨즈 표시기 또는 스트라이커는 일반적으로 겸용으로 제작된다.
- 퓨즈 부착 부하개폐기는 한 상의 퓨즈가 용단되어도 개폐기가 개로될 수 있도록 스트라이커에 의하여 연동동작을 하여 결상보호 기능을 한다.

2) 변압기 2차에 디지털 계전기 및 차단기 설치

결상 및 역상에 동작하는 디지털 계전기를 변압기 2차에 설치하고 결상이나 역상이 발생하면 이를 감지하여 차단기 동작을 시키도록 한다.

3) PF의 동작 전류 제한

변압기 돌입전류, 대형 전동기 기동돌입전류 및 콘덴서 투입전류에 PF가 트립(Trip)되지 않도록 충분한 용량의 PF를 선정한다.

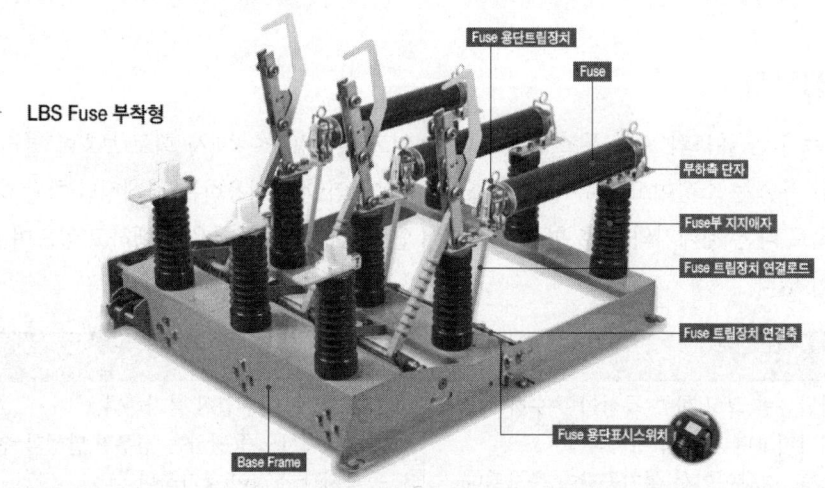

3. PF 선정 시 고려사항

전력퓨즈의 정격 선정은 일반적으로 다음 사항을 고려하여 선정하여야 한다.

1) 예상되는 과부하전류에 동작하지 않아야 한다.

2) 과도적 서지 전류에 동작하지 않아야 한다.
   - 주변압기의 여자돌입전류
   - 전동기 및 축전기의 기동돌입전류

3) 다른 보호기기와 협조해야 한다.
   주차단장치에 한류형 퓨즈를 사용하는 경우에는 차단기와 조합한 것을 사용할 수 있다. 이 경우 퓨즈의 정격전류는 전부하전류의 4~5배로 하는 것이 적당하다.

2.30 누전차단기의 오동작 방지대책에 대하여 설명하시오.

건.107.3.4 7

1. 개요

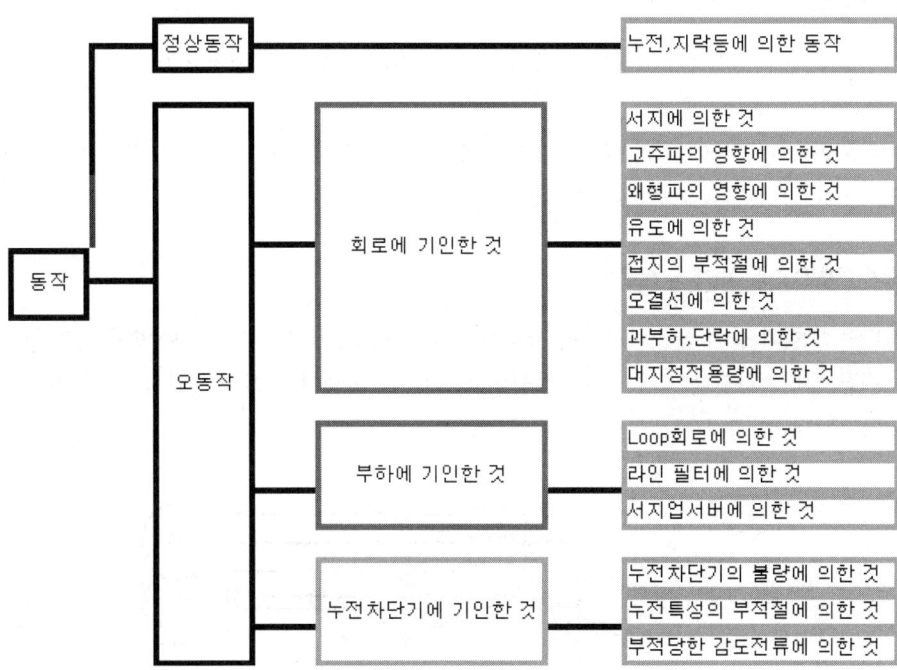

2. 누전차단기의 오동작 원인 및 대책

1) 서지에 의한 오동작
- 배전선 유도뢰의 2차 이행에 의한 서지에 대해서는 KS나 JIS규격에 의해서 뇌 임펄스 부동작 시험이 실시되어 뇌서지 성능은 한층 개선되고 있다. 그러나 유도성의 부하를 개폐 시, 스위치에서 개폐한 때 발생하는 개폐 서지는 단발성 펄스가 아니고, 연속성 펄스인 것이 많다.
- 개폐 서지를 방지하기 위해서는 개폐기 접점 간에 콘덴서, 저항기 등의 아크 경감장치를 부가 설치 또는 부하 측에 서지 옵서버를 삽입하면 효과가 있다.

2) 고주파의 영향 의한 오동작

- 가까이에 방송국, 무선국, 아마추어 무선국이 있는 경우, 전파강도, 주파수, 기후, 지형, 배선 방법 등이 나쁜 방향으로 중첩되면 오동작할 우려가 있다.
- 다음 그림과 같이 전원 측에 잡음방지용 콘덴서를 설치하는 것에 의해 오동작을 방지할 수 있다.

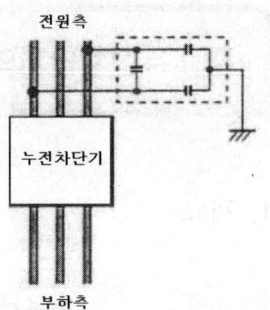

3) 왜형파(고조파) 영향에 의한 것

- 누설전류가 고조파를 함유한 왜형파의 경우, 고조파에 의한 왜형률이 클수록 감도전류의 변화는 크다.
- 감도변화는 제품에 따라 다르고, 또 그 변화 크기도 제품마다 차이가 있다.
- 고조파 필터 등으로 대책을 수립해야 한다.

4) 유도(誘導)에 의한 오동작

- 다음 그림과 같이 공동접지선을 사용한 경우, 그림의 실선 위치에 영상변류기를 설치하면 영상변류기의 일차도체가 LOOP를 형성한다. 이것을 피해야 하며 점선과 같은 위치에 영상 변류기를 설치하면 좋다.

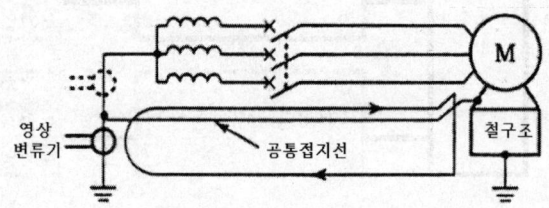

5) 접지의 부적절에 의한 오동작

(1) 특별 3종 접지를 영상변류기의 전원측 및 부하 측의 2개소에 설치하면, 금속관과 대지 간에서 영상변류기의 일차도체와 LOOP를 형성하게 되므로 유도에 의해 오동작할 수 있다.

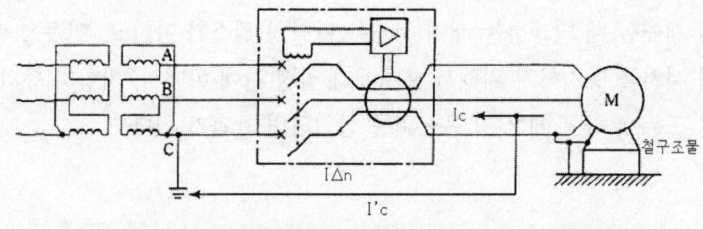

[접지의 부적절]

(2) 다음 그림과 같이 영상변류기의 설치 위치보다도 전원 측에 금속관 또는 케이블의 금속차폐에 3종 접지공사가 되어 있는 경우는 금속관에 지락이 일어난 때에 누전차단기가 정상적으로 동작하지 않는 경우가 있다.

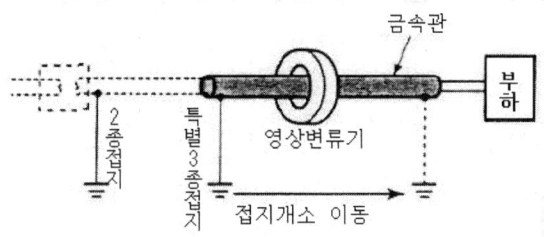

[금속관 공사의 접지]

(3) 복수의 전동기계기구 모두 접지선을 공통접지되는 경우는 각각의 전동기계기구의 분기회로마다에 누전차단기를 설치하여야 한다. 이것은 다음 그림과 같이 누전차단기를 설치한 회로와 설치하지 않는 회로의 기계가 공통접지선에 의해 연결되어 있으면, 누전차단기가 없는 기계에서 지락사고가 발생한 경우, 사고가 제거되고 있지 않은 상태에서 다른 기계에도 사고가 파급되어 위험하게 될 수 있다.

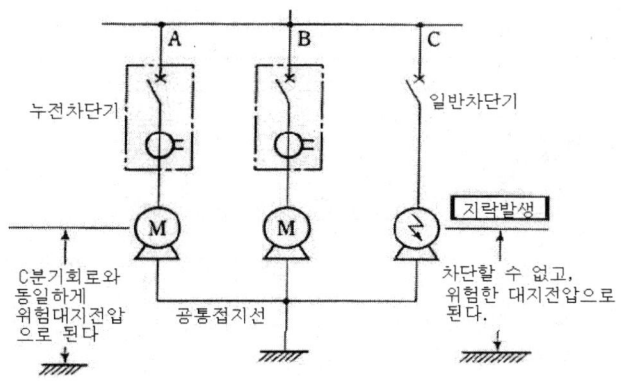

[공통접지선을 사용한 경우의 문제점]

2.31
- 변압기 2차 측 결선을 Y-Zig Zag결선 또는 △결선으로 하는 경우 제3고조파의 부하측 유출에 대하여 비교 설명하시오. 건.107.4.2
- 변압기의 Y-Zig Zag 결선에 대하여 설명하시오. 응.106.1.11

1. 고조파 발생 개요

- 우리가 사용하는 주파수는 기본주파수 60[Hz]이며 이 주파수의 정수배 주파수의 파형을 고조파라고 부른다. 제2고조파는 60[Hz]의 2배수인 120[Hz]이며 제3고조파는180[Hz]이다.
- 3상 전력시스템에서 짝수 고조파(제2, 제4, 제6 등등)는 상쇄되므로 홀수 고조파만 다루면 된다.
- 고조파는 불평형으로 나타나며 다음 표와 같이 불평형 속에 포함된 고조파는 정상, 역상, 영상분으로 나뉘어진다.

▼ 고조파주수와 대칭성분의 관계

Sequence	Harmonic Order
정상	1, 4, 7, 10, 13 ……
역상	2, 5, 8, 11, 14 ……
영상	3, 6, 9, 12, 15 ……

2. Zig Zag TR 적용

1) 영상전류 제거장치 NCE(Neutral Current Eliminator)

- ZED(Zero Hamonic Eliminating Divice)라고도 한다. NCE는 같은 철심에 2개의 권선을 반대방향으로 감은 것(Zig Zag TR)으로 영상분 전류는 위상을 같게 하여 제거되게 하였으며 정상, 역상분 전류는 벡터 합성이 크게 되게 한 것이다.
- 즉, 영상임피던스를 작게 하여 영상분 전류를 NCE로 잘 흐르게 하고, 정상 및 역상 임피던스는 크게 하여 정상, 역상분 전류가 NCE로 흐르지 않게 한 것이다.
- NCE 설치 후 영상분 전류 개선사례

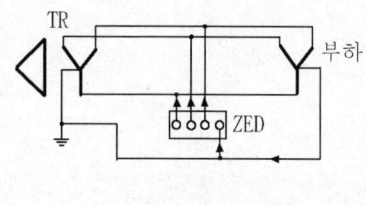

[중성선에 ZED 설치]

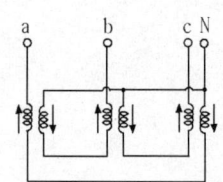

[Zig-Zag Tr]

구분	설치 전	설치 후
N상 전류	208A	25A
중성선 대지전위	3V	0.25V

- 중성선(N상)에 흐르는 208A가 NCE 설치 후 25A로 줄어들었다.
- 중성선의 대지전위가 3V에서 0.25V로 감소되었다.
- 역률 및 유효전력이 감소되어 에너지 절약효과도 있다.
- 변압기 소음 및 온도상승이 현저하게 줄어드는 것을 알 수 있다.
- MCCB 발열 및 케이블 중성선의 발열이 줄었다.

2) 중성점 접지용

- Zig zag 변압기를 설치하고 최대 지락전류를 일정전류로 제한하기 위하여 중성점에 저항을 설치함
- 각 Feeder의 지락 사고 시 선택 차단을 위하여 기존의 ZCT(200/1.5mA)와 67G(지락 방향 계전기) 대신 동작전류와 동작시간을 정정할 수 있는 51G(지락 과전류 계전기)를 설치함

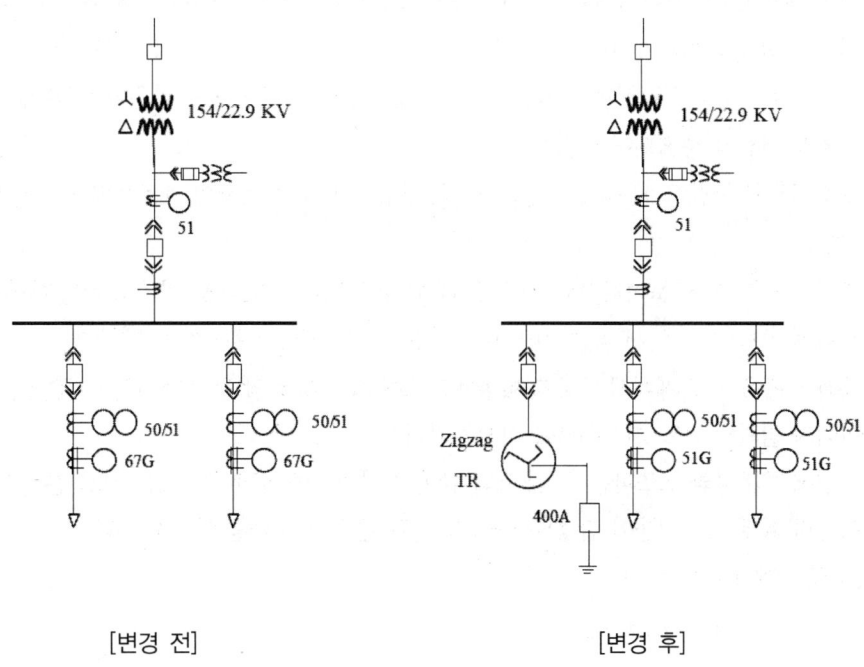

[변경 전]   [변경 후]

3. Δ 결선

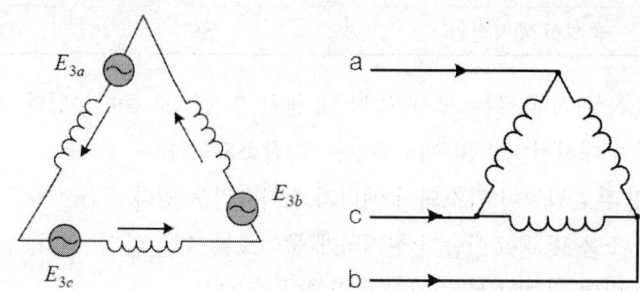

- 우선 그림과 같이 Δ 결선된 변압기에 기본파의 정현파 3상 전압이 가해질 때는 순환전류가 흐르지 않는다. 그 이유는 벡터적으로 $Ea + E_b + Ec = 0$이기 때문인데, 이는 각상의 전압이 120°의 위상차를 가지기 때문이다. 즉, $a = e^{j\frac{2}{3}\pi}$로 두었을 때 $1 + a + a^2 = 0$이 되기 때문이다.

- 그런데 3고조파의 경우는 기본파의 3배의 주파수를 가지고 있기 때문에 각상의 전압은 120°×3 = 360°의 위상차를 가진다. 그런데 360°의 위상차를 가진다고 하는 것은 위상차가 없이 모두 동상이라는 말과 같다. 따라서 3고조파의 경우는 $E_{3a} + E_{3b} + E_{3C} = 3E_{3a}$가 되어 위 오른쪽 그림과 같이 순환전류가 흐르게 된다.

- 그림에서 B점과 C점 사이에서는 그림1에서는 i_{b3}만 표시했으나 실은 이 구간에서는 $i_{a3} + i_{b3}$의 고조파 전류가 중첩되어 흐른다.

- C점 이후의 구간에서는 $i_{a3} + i_{b3} + i_{c3}$의 전류가 모두 중첩되어 흐르는데 이것을 [그림 2]에 표시하였다.

- 여기서 또 한 가지 눈여겨 봐야 할 것은 D, E, F 선이다. 기본파만 가지고 논할 때에는 D, E, F 어느 지점에서나 $i_{a3} + i_{b3} + i_{c3} = 0$이 되는 것을 볼 수 있다. 삼각함수로 계산하지 않더라도 실제로 + 쪽과 −쪽을 자로 재어서 더하고 빼 보아도 0이 되는 것을 알 수 있다. 이것은 D, E, F 지점에서뿐만 아니라 임의의 어느 지점에서도 마찬가지이다.

- 그런데 기본파와 고조파는 [그림 1]과 같이 질서 정연하게 따로 독립적으로 분리되어 흐르는 것이 아니라 실제로는 이들이 합성되어 [그림 3]과 같은 왜형파를 이루게 된다.

  [그림 3]에서 $i_a = i_{a1} + i_{a3}$

  $i_b = i_{b1} + i_{b3}$

  $i_c = i_{c1} + i_{c3}$ 가 된다.

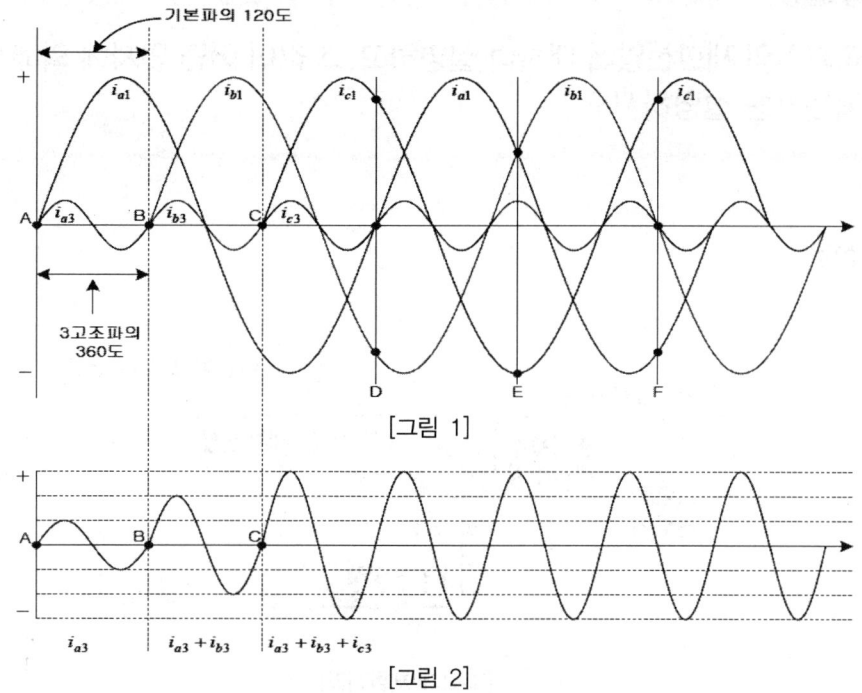

[그림 1]

[그림 2]

- 이때 흐르는 전류의 크기는 변압기 1상 코일의 제3고조파에 대한 임피던스를 $Z_3 = r + j3\omega L$이라고 하면 $i = \dfrac{3E_{3a}}{3Z_3} = \dfrac{E_{3a}}{Z_3}(A)$가 된다.
- 이것이 3고조파분이 순환전류로 △결선 내에서 소멸되는 과정이다.

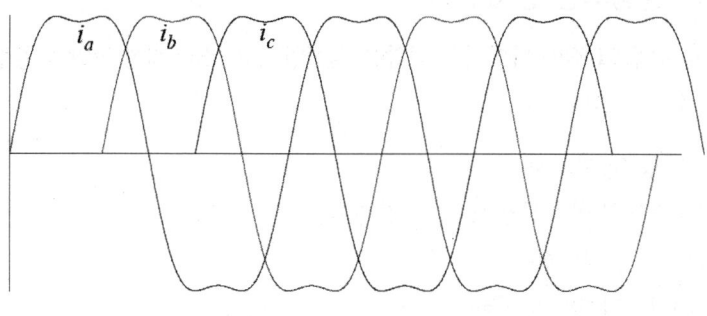

[그림 3]

2.32 피뢰기의 제한전압에 대하여 설명하고 그 값이 어떤 인자에 의해서 결정되는가를 설명하시오.
발.86.1.4.

1. 제한 전압

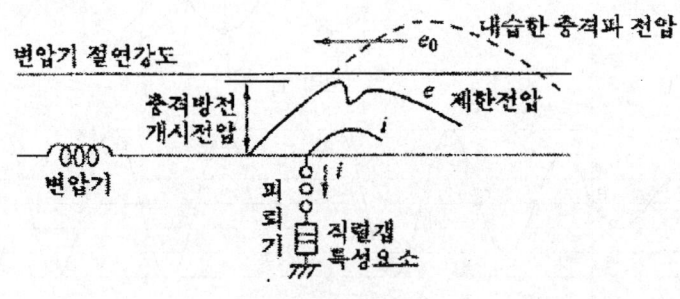

[피뢰기 제한전압]

1) 피뢰기의 제한전압이란 충격파 전압이 내습하여 피뢰기가 방전할 때 피뢰기 단자 간에 나타나는 전압을 말한다. 즉, 피뢰기 동작 중 계속해서 걸리고 있는 단자전압의 파고값을 말함
2) 변압기의 절연강도 > 피뢰기 제한전압 + 피뢰기 접지저항 전압강하

2. 제한 전압이 결정되는 인자

피뢰기가 없을 경우 그 점에 나타나는 전압을 원전압이라 하고 제한 전압을 결정하게 하는 인자로는 다음과 같은 것들이 있다.

1) 원 전압의 파형 및 파고치
2) 피뢰기의 방전특성(방전전압 및 방전 전류 등)
3) 선로 및 피보호기기의 정수
4) 피뢰기와 피보호기기와의 거리
5) 중성점 접지방식 등

2.33 GIS(Gas Insulated Switchgear)설비 내부에서 일어날 수 있는 고장의 원인과 진단기술에 대하여 논하시오.
발. 90.4.2.

1. 개요
- 차단기, 단로기, 접지 개폐기, 모선 등으로 구성된 가스개폐장치(GIS ; Gas Insulated Switchgear)는 소형으로 고 신뢰성인데다 유지 보수도 들지 않는다는 특징에 의해, 많은 전력 네트워크에 폭넓게 사용되고 있다.
- GIS는 접촉자 및 개폐기기를 가지기 때문에 기계적 노화가 발생하지만, 밀폐형 구조가 많아 상세한 점검이 필요하여 여기에서는 GIS 노화현상과 온라인 진단기술에 대해 설명하기로 한다.

2. GIS의 고장 원인

1) 가스압력 저하에 의한 절연내력 저하
- 가스압력이 저압 경보압력 이하로 내려가면 절연내력이 저하될 수 있다.
- 실제로는 가스압이 대기압 이하로만 내려가지 않는다면 사고로 이어지지는 않는다.

2) 수분의 흡입
- SF_6 가스에 수분이 침입하여 절연물 표면에 이슬과 같은 물방울이 생기면 절연 내력이 저하 하지만, 침입 수분량이 적어 결로가 없으면 절연내력의 저하까지는 되지 않는다.
- 실제 운용 시 가스 중의 수분을 흡수하기 위하여 흡착제를 봉입하는데 그 양은 50년 이상의 장기간 사용에 견디도록 설계되어 수분이 크게 문제가 되지는 않는다.

3) 분해가스
- SF_6 가스는 상온에서는 극히 안정된 가스이지만 고온의 아크 전류에 노출된 경우에는 약간의 분해 현상을 보인다.
- 보통은 분해 후 급속히 재결합하여 안정된 SF6 가스로 되돌아가지만 수분이 존재하면 분해가스가 발호 전극의 재료와 반응하여 불화 유황가스와 가루모양의 석출물이 발생한다.
- 이 분해 가스량은 차단전류, 차단 횟수 및 접점 재료 등에 의해 결정되는데 흡착제가 봉입되어 있는 경우에는 분해가스 및 수분량이 극히 낮아져 전기적 특성에 미치는 영향은 거의 없다.

3. GIS 진단 기술

1) 부분 방전 검출법

GIS 내부의 미립자 또는 돌기부에서 발생하는 미소 코로나를 측정하는 방법으로는 다음과 같은 것이 있다.

- UHF 센서 이용 검출
- GPT법
- 진동 검출법
- 연피 전극법
- 전자 커플링법

2) 초음파 검출법

- 탱크 내 도전성 이물질이 있는 경우 내부에서 운동을 일으킴
- 이물질이 탱크와 충돌하면 초음파가 발생하므로 이 초음파를 측정하여 내부 확인

3) SF_6 가스 압력 측정법

SF_6 가스 압력 측정하여 가스 누기 확인

4) SF_6 가스 성분 분석

부분방전 발생 및 콘택트 접촉 불량에 의한 국부 과열 때문에 SF_6 가스가 분해되어 여러 종류의 분해가스가 생성된다. 이 분해가스를 센서로 검출하여 측정 감도를 측정한다.

5) X선 촬영법

내부 기기 파손, 볼트이완, 접촉부 개극상태, 접촉자 소모상태 등 확인

6) 저속 구동법

- GIS구동부를 외부에서 저속으로 조작하여 기계부분의 이상 유무 확인
- 평상시의 약 1/100 속도로 조작 구동력과 스트로크 등을 측정

7) 절연 스페이서법

GIS 내 전계를 완화하기 위해 절연 스페이서에 금속 링이 매입된 장소가 있다. 그 링(매입 센서)을 이용하여 정전용량 분압의 원리로 부분방전 펄스를 검출하는 방법이다.

2.34 개폐장치의 영점추이(推移)현상을 설명하시오.

발.93.1.12

1. 그래프

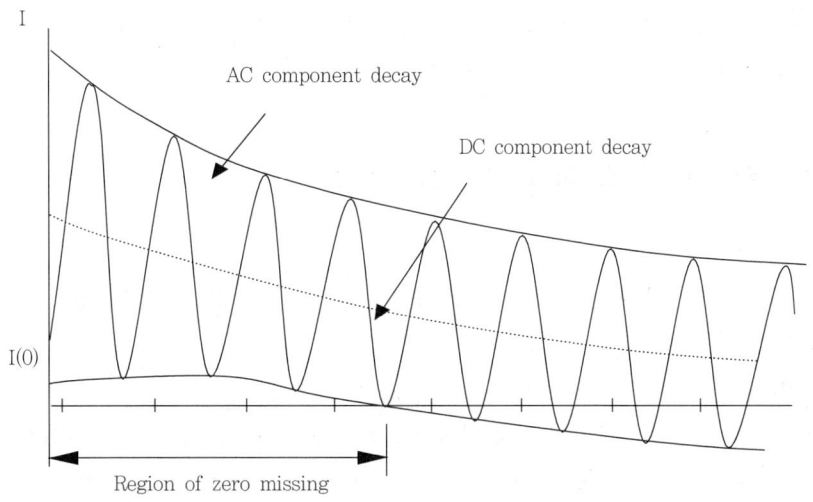

2. 영점추이현상

1) 대용량의 발·변전소 근처에 고장이 일어났을 때 매우 큰 비대칭적인 전류가 흐르는데 낮은 저항을 가진 선로에서는 DC성분의 시간상수가 AC성분과 달라져 고장발생 후 몇 Cycle까지 전류를 끊지 못하는 현상이 일어난다.
2) 차단기는 전류가 0점을 지날 때 차단을 할 수 있는데 정전용량에 의한 (+)값과 정전 유도에 의한 (-)값에 의하여 비대칭 전류가 흐를 때 몇 Cycle 동안 전류 0점을 발생하지 않기 때문에 일어나는 현상이다.
3) 그 원인은 DC성분의 시간 상수가 AC성분과 다르기 때문이다.

2.35 알루미늄(Al) 권선 변압기의 특징을 동(Cu)권선 변압기와 비교하여 설명하시오.

발.107.1.1

1. 개요
최근 동 가격의 상승과 함께 대체 권선 재료로 알루미늄이 주목받기 시작하여 2007년 말부터 알루미늄 권선의 배전용 변압기가 제작되어 사용되기 시작하였다.

2. 알루미늄 권선 변압기와 동 권선 변압기 비교

1) 변압기 효율 및 손실
(1) 알루미늄 도체의 도전률은 61%이고 구리는 97~100%이므로 알루미늄 도체의 도전율은 구리의 2/3 수준이다.
(2) 동일 단면에서의 발생열 손실은 알루미늄 도체가 상대적으로 높다.
(3) 알루미늄 권선 변압기 설계 시 동일 도전율의 도체로 제작하기 위해서는 구리 단면의 1.5배 단면적으로 증분하여 사용하기 때문에 발생 손실에 따른 변압기 효율은 거의 같다고 볼 수 있다.

2) 기계적 강도 및 단락 강도
(1) 알루미늄 도체는 같은 면적의 구리와 비교하여 1/3 정도의 기계적 강도를 갖는다.
(2) 알루미늄 권선 변압기 도체의 단면은 구리의 1.5배 크기로 설계되기 때문에 알루미늄의 기계적 강도는 전혀 문제되지 않는다.
(3) 알루미늄과 절연물과의 결합력이 구리에 비하여 3배 정도 높기 때문에 단락강도 측면에서 우수한 특성을 보인다.

3) 온도특성
알루미늄 권선은 단위 길이당 같은 손실하에서 체적당 도체표면에서 발생하는 손실인 표면 발생 손실이 구리 권선의 78%밖에 안 되므로 구리권선을 사용하는 것보다 설계 제작이 용이하다.

4) 중량 및 외형
(1) 알루미늄의 비중은 구리의 1/3 수준으로 단면적 증가분 1.5배를 감안하더라도 구리의 1/2 정도밖에 되지 않는다.
(2) 구리를 사용한 변압기보다 85% 정도의 경량화가 가능하다.

(3) 외형 치수의 경우에는 증가될 수도 있으나, 권선도체의 형상 등을 개량하여 권선 집적도를 높임으로써 외형치수도 거의 증가되지 않아 동권선 변압기와 거의 차이가 없다.

(4) 대용량 변압기의 경우 운반문제가 큰 비중을 차지하므로 운반비용의 절감을 기대할 수 있다.

5) 열화 및 수명

(1) 절연유와 접촉하는 구리는 화학반응 시 촉매작용을 하여 화학적으로 열화를 촉진시킬 수 있다.

(2) 알루미늄은 절연유와 접촉 시 화학적으로 안정하기 때문에 변압기의 전체 수명을 연장할 수 있다.

(3) 알루미늄의 고유 인장력이 구리보다 약하고 절연유 내에서 알루미늄 권선의 운전경험이 거의 없기 때문에 열화특성에 대한 장기적인 관찰이 필요하다.

2.36 개전력계통에서 전압이 너무 높거나 낮을 경우 나타나는 현상을 전력공급자 측면에서 설명하시오.
발.107.1.7

1. 전압이 너무 낮을 경우

1) 유효전력 손실이 증가한다.

$$P_l = 3I^2 R = 3\left(\frac{Pr}{\sqrt{3}\ Vr\cos\theta}\right)^2 R = \frac{Pr^2\ R}{Vr^2 \cos^2\theta} \propto \frac{1}{Vr^2}$$

위 식에서 손실은 전압의 제곱에 반비례하여 증가한다.

2) 송·변전 설비 송전용량의 저하

$$Ps = Vs\ I \cos\theta$$

위 식에서 설비에 공급되는 전류가 일정할 때 전압이 저하하면 송전용량도 저하한다.

3) 정태안정도에 의한 송전용량의 저하

$$P = \frac{E\ V}{X}\sin\delta$$

위 식에서 전압이 저하하면 안정도는 나빠지고 송전용량도 저하한다.

4) 발전소 출력의 저하

$$P = \frac{E\ V}{X}\sin\delta$$

위 화력발전소 출력식에서 전압이 저하하면 출력이 저하한다. 전력계통의 전압이 저하하면 발전소 보조기기 등의 출력도 저하해서 발전기 출력이 저하한다.

2. 전압이 너무 높을 경우

1) 전력용 기기의 열화 촉진

전압이 높으면 절연물의 열화와 성능 저하가 촉진되어 고장 발생의 원인이 된다.

2) 고조파의 발생

변압기나 분로리액터 등의 철심을 사용한 전력용 기기의 단자전압이 이상상승하면 전압 파형이 왜형파로 되고 철심포화에 의한 고조파가 발생한다.

3) 전력기기의 수명의 저하

수명은 전압의 제곱에 반비례하여 감소하므로 전압이 10% 상승할 때 수명은 50% 감소한다.

2.37 고압 유도전동기 보호방식에 대하여 설명하시오.

발.107.4.1

1. 개요

1) 전동기 보호는 원인과 목적에 따라 다음 2가지 유형으로 한다.
   - 전동기와 부하 자체고장을 검출하여 고장 영향을 최소화해야 한다.
   - 전원측 이상으로부터 전동기와 부하를 보호해야 한다.

2) 전동기 보호방식은 전압에 따라 다음의 유형으로 한다.
   - 600V 이하 저압전동기 보호는 Magnetic Trip 특성을 갖춘 배선용 차단기 및 Thermal Relay에 의한 방법과 전자식 트립장치(장한시, 순시, 지락요소)가 내장된 기중차단기에 의해 보호한다.
   - 3kV 이상의 전동기는 고압차단기에 의해 개폐되고 보호계전기에 의해 보호한다.

3) 전동기회로 전류차단방식은 다음의 유형으로 한다.
   - [그림 1]은 고압·중형 이상의 전동기에 사용되며, 모든 전류차단은 차단기로 한다.
   - [그림 2]와 [그림 3]은 소형 전동기에 사용되며, 단락전류는 MCCB 또는 퓨즈에 의해 차단되고, 부하전류는 전자접촉기로 차단한다.

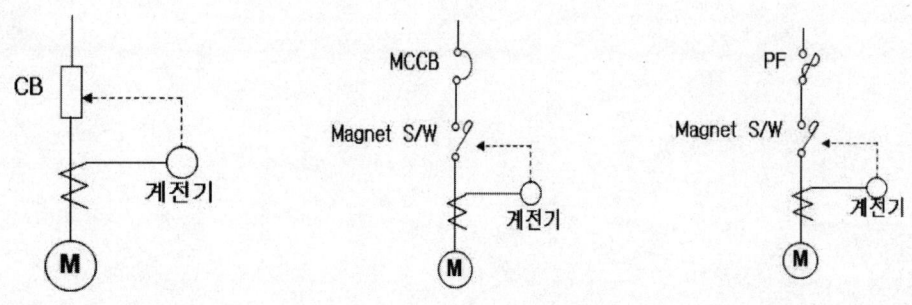

[그림 1. CB에 의한 보호]   [그림 2. MCCB에 의한 보호]   [그림 3. Fuse에 의한 보호]

2. 전동기 보호

1) 과부하 및 단락보호

(1) 열동계전기

과열 감지방법으로 온도감지형과 전류감지형으로 구분한다.

① 온도감지형은 전동기 고정자 권선 내에 열감지 요소인 RTD(Resistor Tempereture Detector)를 삽입하고 전동기 온도가 평형값 이상으로 상승하면 계전기가 작동하도록 한다.

② 전류감지형은 권선 내의 RTD를 삽입하기가 어려워 온도감지형을 사용할 수 없을 경우에 쓰이며 Thermal Unit와 순시 Trip Unit로 구성한다.

(2) 과전류계전기

① 과전류계전기는 일차적으로 단락보호용이나, 과부하전류 이상에 해당하는 회전자 구속이나 과부하에 대한 보호로 사용한다.

② 대용량 전동기에는 2개의 순시 Unit와 1개의 한시 Unit를 가진 과전류 계전기를 사용한다.

(3) 차동계전기

① [그림 4]의 비율차동방식은 정상부하에서 전동기 내부의 작은 선전류를 감지하고, 외부 사고나 기동 시와 같은 경우에는 작동하지 않아야 하며 내부 유입전류와 유출전류의 %차에 의해 작동해야 한다.

② 변류기는 특성이 일치하여야 하며 다른 목적으로 함께 사용될 때 반드시 변류기 영향을 검토해야 한다.

③ [그림 5]의 자기평형식(Self Balancing) 차동보호방식은 전동기 각 권선의 양 끝에 변류기의 1차에 연결하며, 양끝에 흐르는 전류차에 의해 과전류계전기가 작동하게 한다.

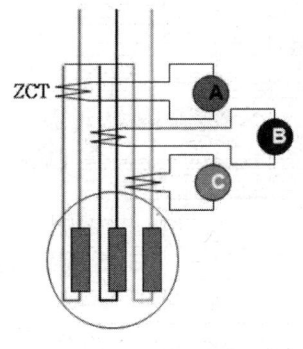

[그림 4. 비율차동방식]

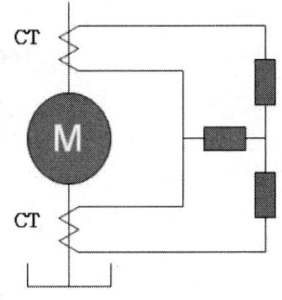

[그림 5. 자기평형방식]

(4) 기동실패 또는 회전자 구속(Locked Rotor) 보호
① 회전자 구속 보호는 빠른 시간에 작동하는 반한시계전기를 사용한다.
② 과전류계전기의 한시요소는 기동전류에 작동하지 않도록 충분한 시간지연을 주고, 순시요소는 작동 전류값을 기동전류값보다 크게 한다.

2) 지락보호

전원 측의 계통접지방식에 따라 보호방식을 달리한다.
① 직접접지식은 순시요소부 과전류계전기를 사용하고 CT 3개를 이용한 잔류회로를 이용한다.
② 중성점 저저항접지식은 순시요소부 과전류계전기를 사용하고 CT 3개를 이용한 잔류회로와 영상변류기를 이용한다.
③ 중성점 고저항접지식은 방향지락 과전류계전기 및 지락과전압계전기를 사용하고 영상변류기 및 GVT를 이용한다.
④ 비접지식은 최대감도 위상각이 전류가 60° 앞서는 지락방향성 과전류계전기를 사용하고 영상변류기 및 GVT를 이용한다.

3) 3요소 또는 4요소 모터 보호

① 3요소 보호계전기는 과전류(Over Load), 결상(Phase · Open), 역상(Reverse · Phase)사고에 대하여 보호한다.
② 4요소 보호계전기는 과전류(Over Load), 결상(Phase · Open), 역상(Reverse－Phase), 지락(Ground) 사고에 대하여 보호한다.

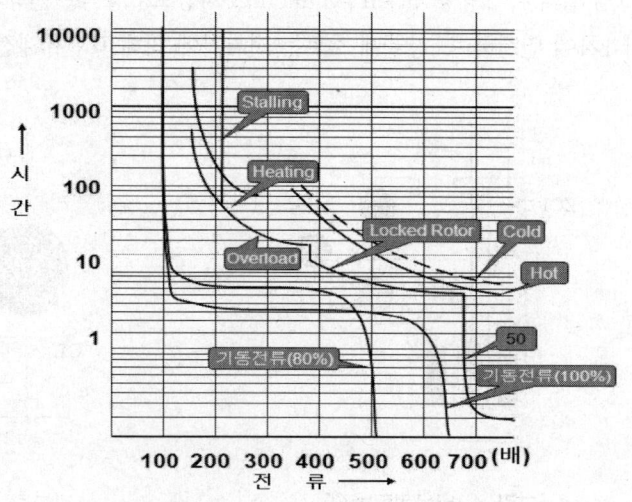

[그림 6. 고압전동기 기동곡선 및 계전기 정정곡선]

2.38 IEC에 의한 변류기의 과전류 특성에서 계측기용 CT의 IPL(Rated Instrument Limit Primary Current) 와 FS(Instrument Security Factor) 에 대하여 설명하시오.

안.95.1.6

1. 계측기용 변류기의 과전류 특성

1) 정격 계기 제한 1차 전류(IPL ; Rated Instrument Limit Primary Current)

2차 부담이 정격부담과 같은 상태에서 계기용 변류기의 합성오차가 10% 이상일 때의 최소 1차전류값이다. 계통의 사고 시 발생되는 단락고장전류에 대하여 계기용 변성기에 의해 공급되는 기기를 보호하기 위해 합성오차는 10% 이상이 되어야 한다.

2) 기기 안전 계수(FS ; Security Factor)

정격 1차전류와 정격 계기 제한 1차전류의 비. 실제 계기안전계수는 부담에 의해 영향을 받는다. 계통사고전류가 변류기의 1차권선을 통하여 흐를 때 변성기에 의해 전류를 공급받는 기기의 안전은 정격기기 안전계수(FS)의 수치가 작을 때 가장 크다.

3) 표준오차계급 제한계수

표준오차계급은 다음과 같다.

0.1 −0.2 −0.5 −1 −3 −5

2. 보호계전기용 변류기(출제 예상)

1) 정격 오차 제한 1차전류(APL ; rated accuracy limit primary current) 변성기가 합성오차에 대한 요구사항에 일치하는 정도까지의 1차 전류값
2) 표준오차계급 보호 계전기용 변류기의 오차계급은 5P 및 10P이다.
3) 오차제한계수(ALF ; Accuracy limit factor) : 정격 1차전류와 정격 오차 제한 1차전류의 비를 의미한다. 보호용 변류기에 있어서는 과전류 영역 특성은 대단히 중요하다.

변류기의 1차에 정격전류보다 큰 단락고장전류가 흐르면 손실로 인하여 변류기 2차에 오차가 발생하여 변류비에 비례하는 전류보다는 적은 전류가 흐른다. 즉, 변류기 2차에는 (−)의 오차가 발생하는데, 이때 발생하는 오차가 규정된 오차, 예를 들어 5P급 CT에서는 합성오차 −5%, 10P급 CT에 있어서는 −10%에 일치하는 1차전류와 CT의 1차 정격전류의 비를 오차제한계수(과전류정수)라 한다.

오차제한계수가 작으면 CT 2차측 전류는 실제 고장전류보다 적은 전류가 흘러서 계전기의 보호동작이 부정확하여 적절한 보호가 되지 않게 된다.

IEC에서는 보호용 CT의 표준오차제한계수(ALF)는 다음과 같이 정하고 있다.

5 - 10 - 15 - 20 - 30

IEC 규격에 의한 CT의 규격 표기는 전류비, 2차부담, 오차계급, 오차제한계수의 순으로 표기한다. 예를 들면 전류비가 100/5A이고, 2차 부담이 15VA, 오차계급이 10P, 표준오차제한계수가 20인 변류기의 표기방법은 다음과 같이 표기한다.

100/5A 15VA, 10P20

2.39 누전차단기 전원 측과 부하 측이 바뀐 오결선 시 문제점에 대하여 설명하시오.

안.99.1.4

1. 개요
AC 600V 이하 저압전로에 감전, 화재, 및 기계기구 손상방지를 위해 설치한다.

2. 목적
   1) 감전사고 방지
   2) 누전화재 보호
   3) 전기설비 및 전기기기 보호
   4) 기타 다른 계통으로의 사고 파급 방지

3. 오결선 시 문제점
역접속을 하게 되면 누전차단기가 트립되어도 증폭부에 전압이 걸린 상태로 유지되므로 내부의 사이리스터가 OFF되지 않고 계속 트립 신호가 나오므로 트립 코일이 소손된다.

2.40 대형 플랜트(plant) 현장에 설치되는 계측기기를 선정하는 데 있어서 주요 고려사항에 대하여 설명하시오.

응.106.1.6.

1. 계측기기의 구성 요소

계측제어설비는 다음의 5가지 구성 요소로 분류할 수 있다.

1) 검출부(계측) : 계측기기(유량계, 수위계 등)
2) 조절부(조작) : 조절장치
3) 지시부(감시) : 지시 및 기록 계기
4) 조작부(제어장치) : 밸브, 펌프 등 수처리 기계 설비
5) 전송부(신호) : 공기식, 전기식, 유압식 등

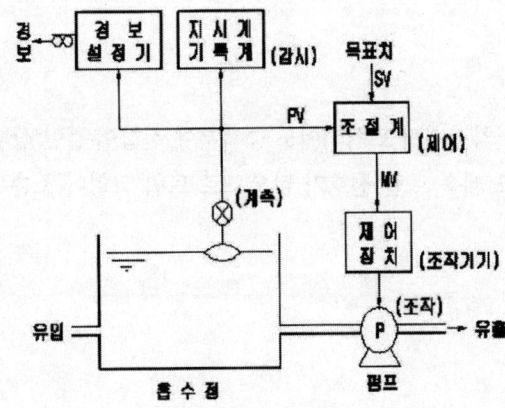

[계측제어 Process 참고도]

2. 계측기기 선정 시 고려사항

1) 주위 환경

계측 기기는 다양한 종류와 측정방법이 있으므로 Process의 조건 및 주위 환경에 적합한 계측 기기가 선정되어야 한다.

2) Process의 종류 및 규모

Process의 종류 및 규모에 적합한 계측기기가 선정되어야 한다.

3) 경제성 및 유지관리

경제성 및 유지관리가 용이한 계측기기가 선정되어 항상 최적의 상태로 운영이 가능하도록 관리되어야 한다.

4) Interface

현장 계측 기기, 제어장치와 수 처리기계 설비 간의 Interface가 용이하고 가능하여야 한다.

5) 전송방법의 표준화

각 설비 간의 전송신호의 통일과 전송방법의 규격화·표준화가 되어야 한다.

2.41 가스절연개폐장치(Gas Insulated Switchgear)의 종류에 대하여 설명하시오.

응.106.1.10

1. GIS 구성

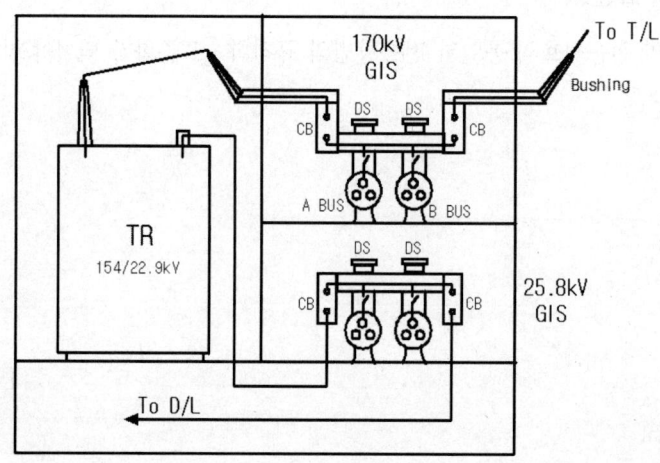

1) 가스 차단기(C.B)

SF_6를 이용하여 차단성능이 우수하다.

2) 단로기(D.S)

금속 용기 내에 절연 Spacer로 지지하는 고정 도체와 절연 막대에 의하여 움직이는 이동 도체로 구성됨

3) 접지 개폐기(E.S)

GIS의 접지상태를 유지하는 개폐기로서 절연 Spacer로 지지하는 도체인 고정 접촉자와 스프링 조작으로 움직이는 가동 접촉자로 구성됨

4) 피뢰기(L.A)

SiC소자를 이용한 Gap형과 ZnO를 이용한 Gapless방식이 있다.

5) 기타
- 계기용 변압기(P.T)
- 계기용 변류기(C.T)
- Bus Bar
- Cable Bushing 등

2. Gas Insulated Switchgear의 종류

1) 전압에 따라
- 초고압용
- 특고압용

2) 모선 구조에 따라
- 3상 일괄형 : 주로 170kV급 이하에서 사용
- 3상 분리형 : 362kV급 이상에서 사용

No.	정격전압		170kV급	362kV급
1	정격 전류(A)		1,200~4,000	2,000~5,000
2	모선 구조		3상 일괄형	3상 분리형
3	차단기	차단시간	3Cycle	3Cycle
		조작방식	유압 또는 공기압 방식	유압 또는 공기압 방식
4	단로기 조작 방식		전동 스프링 방식	전동 스프링 방식
5	접지 개폐기 조작 방식		전동 스프링 방식	전동 스프링 방식
6	계기용 변압기		가스 절연 권선형	가스 절연 권선형
7	계기용 변류기		가스 절연 권선형 또는 가스 절연 관통형	가스 절연 권선형 또는 가스 절연 관통형

3) 조작방식에 따라
- 전동 스프링 조작방식
  단로기, 접지 개폐기 등의 조작에 주로 이용
- 유압조작방식
  큰 조작력을 얻을 수 있고 기기를 축소할 수 있음
- 공기 조작 방식
  수시로 조작기의 유지 보수 필요

3. GIS의 특징

1) 장점

(1) 설치면적의 축소

절연 내력이 우수한 가스를 이용하여 설비를 대폭 축소하여 종래의 변전설비에 비하여 면적이 1/10~1/20까지 축소되었고 특히 옥내 설치도 가능하다.

(2) 안전성

모든 충전부를 접지된 탱크 안에 내장하여 SF_6 Gas로 격리하여 감전의 위험이 없다. 또한 SF_6 Gas는 불연성이므로 화재의 위험성도 적다.

(3) 신뢰성

염해, 먼지 등에 의한 오손이 적고, 내부 사고 시 격실 간 구획이 되어 있어 사고 확대가 방지되므로 그만큼 신뢰성이 높아진다.

(4) 친환경

- 개폐기 등 기기가 거의 밀폐되어 있으므로 조작 중에 소음이 적다.
- 기름을 사용하지 않아 화재의 염려가 적어진다.

(5) 공기 단축

조립 및 시험이 완료된 상태에서 수송·반입되므로 현장에서 설치가 간단하고 공기 단축이 가능하다.

(6) 유지 보수 간단

기기가 밀폐 용기 내에 내장되므로 열화나 마모가 적어 보수가 거의 필요 없다.

(7) 종합적인 경제성

GIS 기기는 비싸지만 용지의 고가 및 환경 대책 비용 등을 고려하면 오히려 경제적이다.

2) 단점

(1) 내부를 들여다 볼 수 없어 육안점검이 불가능
(2) SF_6 가스의 압력, 수분 함량 등에 세심한 주의가 필요
(3) 사고의 대응이 부적절할 경우 대형사고 유발 우려가 있음
(4) 고장 발생 시 조기 복구가 어려움
(5) 한냉지에서는 가스 액화방지장치가 필요함
(6) SF_6 가스가 오존층을 파괴할 수 있으므로 절대 누기가 되지 않도록 주의해야 한다.

2.42 ATS(Automatic Transfer Switch)와 CTTS(Closed Transition Transfer Switch)의 특징 및 차이점에 대하여 설명하시오.

응.106.2.5

1. 개요

1) 최근 통신기지국, 전산실, 병원 등 안정적인 전원 공급이 필수적인 산업현장에서는 상용 전원과 예비전원 간의 전원공급 상태에 따라 두 전력 공급원의 선택 개폐를 가능하게 해주는 비상 전원 절체기(Automatic Transfer Switch, ATS)와 인입 측 양 전원의 부족전압 및 부하 측의 단락, 과전류 및 지락 등을 검출, 차단함으로써 전력계통 및 부하기기를 보호하는 전력 차단기(Circuit Breaker)를 사용하여 전원 공급의 신뢰성을 확보하고자 노력하고 있다.
2) ATS는 한전 전원이 끊길 경우 한전 측으로 이어져 있던 연결을 발전기 측으로 옮기는 역할을 한다. 한전 계통에서 연결을 분리한 뒤 발전기로 옮기는 방식이기 때문에 순간적으로 정전이 발생할 수밖에 없는 구조다.
3) 반면 전원절환 절체 개폐기(CTTS ; Closed Transition Transfer Switch)는 비상발전기를 먼저 연결한 뒤에 한전 계통을 분리한다. ATS에서 불가피하게 발생하는 순간적인 틈이 없기 때문에 무정전 절체가 가능하다.

2. ATS(Automatic Transfer Switch)와 CTTS(Closed Transition Transfer Switch)

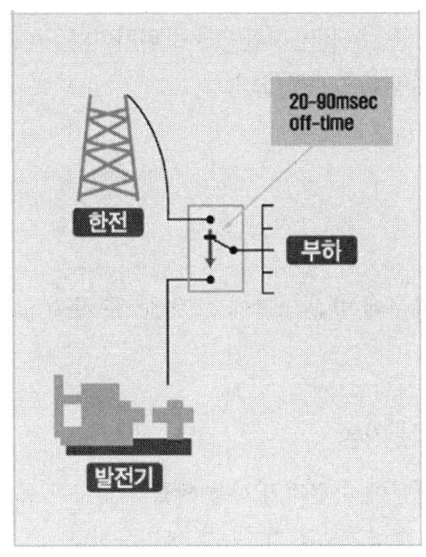
[일반 ATS의 절체방법]

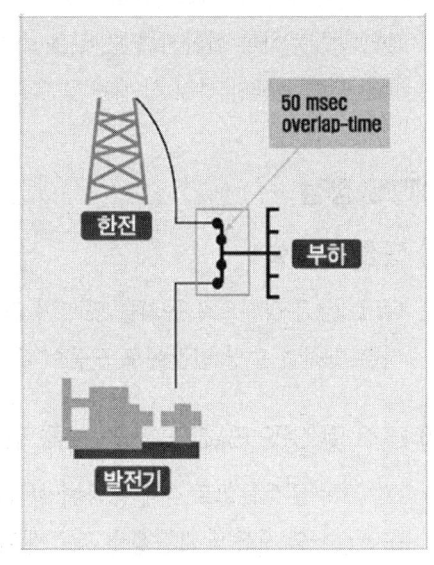
[무정전 ATS의 절체방법]

1) CTTS는 한마디로 순간 정전 없는 ATS로 정의할 수 있다.
2) ATS는 두 개의 다른 전원 요소 간 부하를 전환시켜주는 장치로, 한전이 정전되고 발전기가 가동될 때 발전 전원 쪽으로 부하를 절체하는 시스템이다.
3) CTTS는 ATS와 기본적인 개념은 비슷하다. 하지만 전환 시 개방형이 아닌 폐쇄형이라는 것이 가장 큰 차이다. 일반적인 ATS는 한전 전원이 끊길 경우 연결을 분리한 뒤 발전기로 옮기는 방식이기 때문에 0.01~0.1초 가량 정전이 발생할 수밖에 없다. 반면 CTTS는 극히 짧은 절체 순간에 양 전원을 동시 투입했다가 하나의 전원을 끊어버리는 구조이기 때문에 무정전 절체가 가능하다.
4) CTTS의 탄생은 약 40년 전으로 거슬러 오른다. 미국의 아스코(ASCO)라는 기업이 1977년 세계 최초의 CTTS를 발명한 것으로 알려졌다. 국내에서도 CTTS를 몇 개의 차단기 전문 업체들이 생산을 하고 있다.

3. CTTS 구조

1) 현재 비상 발전기의 부하 절체는 대부분 '자동절체스위치(ATS ; Automatic load Transfer Switch)'로 진행된다. ATS를 이용해 절체할 경우 해당 건물의 모든 전원이 순간적으로 끊긴다. 컴퓨터와 서버 등 각종 전자제품을 이용해 업무를 처리하는 경우가 대부분인 요즈음 아무리 짧은 정전도 고객에게는 치명적인 영향을 줄 수 있다.
2) ATS와 기본적인 개념은 비슷하지만 일반 ATS와는 달리 전환 시 개방형이 아닌 폐쇄형이다. ATS처럼 개방형일 경우에는 0.01~0.1초 가량의 정전이 불가피하다.
3) 그러나 CTTS는 발전기와 상전, 상전과 상전, 또는 발전기와 발전기 양 전원이 모두 살아있어야 한다는 전제하에 0.1초(100ms)라는 짧은 시간 동안 양 전원이 동기되면서 어느 한 전원에서 다른 전원으로 부하를 전환시킬 수 있는 스위치이다. 즉, 무정전 전환방식 스위치이다.
4) 물론 한전의 불시 정전 시에는 일반 ATS처럼 개방되어 전환한다.

4. CTTS 장점

1) 발전기 보호

CTTS는 무정전으로 동기를 맞추어 전환되기 때문에 발전기 측에 스트레스를 주지 않으며 그에 따른 발전기 수명 연장에도 도움이 된다.

2) UPS 및 UPS BATTERY의 보호 및 수명연장 가능

CTTS는 무정전으로 절체 동작이 이루어지기 때문에 축전지의 사용 확률을 낮춤과 동시에 UPS Inverter의 오동작 가능성을 감소시킬 수 있어 수명연장과 기기보호가 가능하다.

3) 전동기, 기타 전산장비의 보호 및 수명연장 가능

항온 항습기 등과 같이 정전과 복전에 따른 reset을 할 필요가 없어지므로 관리가 용이하다.

4) UPS 고장 시 중요 부하 보호가능

UPS의 Inverter 고장 시 발전기를 미리 가동시킨 후, UPS의 SBS(Static Bypass Switch)를 이용하여 발전 측으로 미리 무정전 절체시켜 놓으면 한전의 순간 정전이나 주파수 변동에 대하여 대처가 가능하다.

5. CTTS 외형

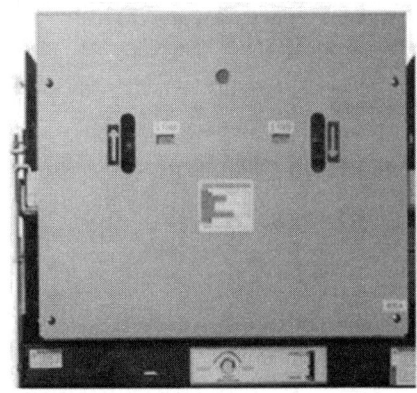

6. 적용

- 정전 시간 예고 시 무정전 절체
- 기상 이변 등 순간 정전 예상 시 무정전 절체
- 비상 발전기에서 상용 전원으로 재절체 시
- 발전기를 무정전 상태에서 시험시 등

7. 결론

CTTS는 폐쇄형 전환 구조를 이용해 비상용 발전기와 한전 전원 등 양 전원을 순간정전 없이 절체할 수 있는 기기로, 최근 비상용 발전기를 공급 자원으로 활용하는 데 필수 설비로 주목받고 있다.

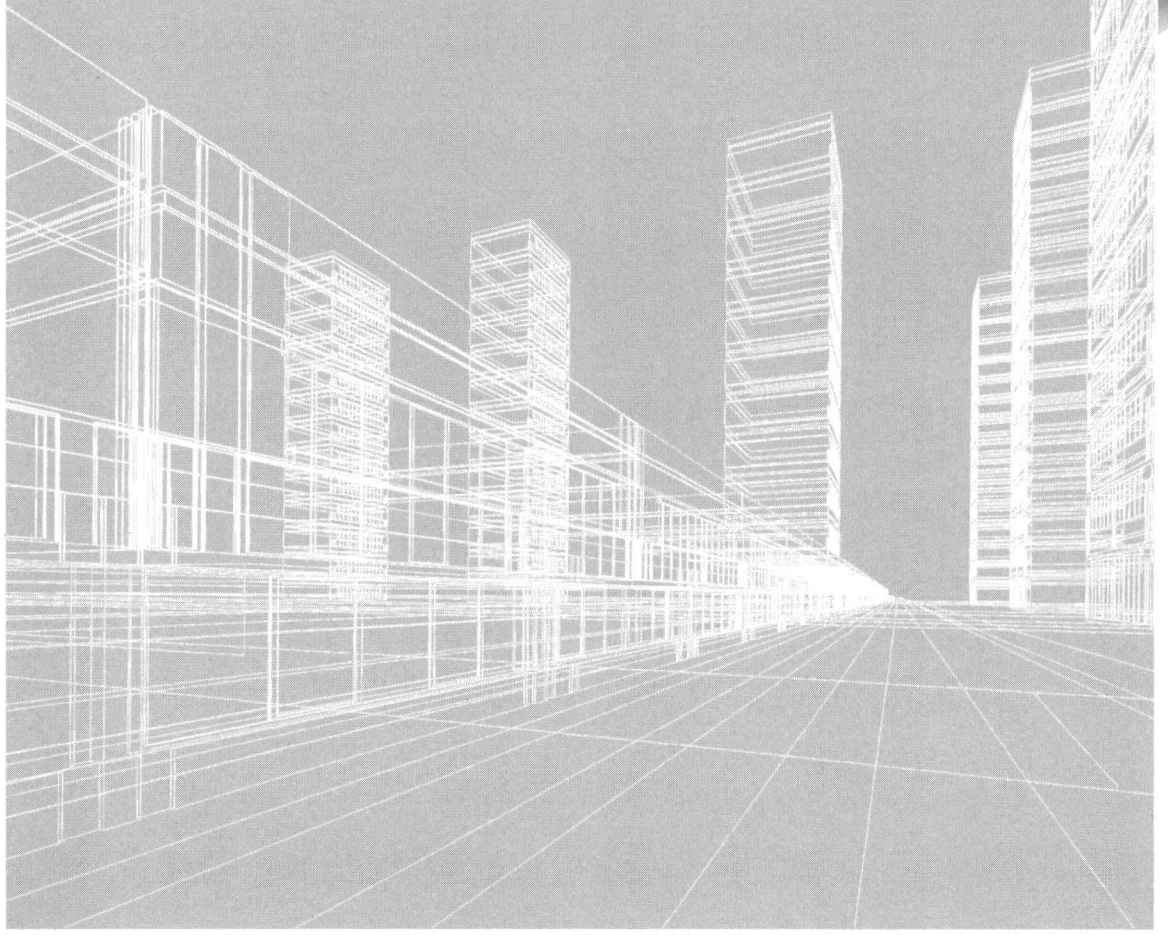

CHAPTER 03 간선설비

> **3.1** 전력계통의 전압이 지속적으로 승압되고 있다. 전력손실률 b와 단면적 A, 전압 V, 역률 $\cos\phi$, 전력 P, 고유저항 ρ, 긍장 l의 관계에 대한 공식을 쓰고 단위를 표현하시오.
> 건.77.3.6.

1. 개요

3상 전력 $P = \sqrt{3}\,EI\cos\theta$에서 높은 전력을 공급하려면

1) 전압을 높이는 경우 : 절연재료, 지지애자 가격 상승하면 변압기, 차단기 등의 절연 계급을 올려야 함
2) 전류를 크게 하는 경우 : 도체를 굵게 해야 하므로 시설비 증가
3) 역률을 높이는 경우 : 최대 100%가 한계이므로 종합적인 경제성을 감안하여 배전 전압을 결정

2. 전력 손실률

$$b = \frac{Pe}{P} = \frac{3 \times (\frac{P}{\sqrt{3}\,V\cos\theta})^2 \cdot \rho \frac{l}{A}}{P}$$

$$= \frac{P \cdot \rho \cdot l}{V^2 \cos^2\theta \cdot A} \times 100\,(\%)$$

여기서, b : 전력 손실률(%)
　　　　P : 송전 전력(W)
　　　　P_e : 전력 손실 (W)
　　　　ρV : 송전 전압(V)
　　　　$\rho\cos\theta$: 역률(%)
　　　　ρ : 선로의 고유 저항($\Omega \cdot $m)
　　　　ρA : 선로 단면적(mm²)
　　　　ρl : 선로 길이(m)

즉, 전력손실률(b)은 ρ, l에 비례하고 A에 반비례하며, V, $\cos$의 제곱에 반비례한다.

3.2 케이블 트레이를 기기 접지용 도체로 사용할 경우에 시설방법에 대하여 설명하시오.

건.87.1.6.

- 철재 또는 알루미늄 케이블 트레이를 기기접지용 도체로 사용할 경우는 다음 각 호에 의하여야 한다.

1. 케이블 트레이의 단면적은 다음 표의 최소 단면적 이상이어야 한다.

▼ 케이블 트레이의 최소단면적

지락 보호를 위한 차단기류 트립전류(A)	최소단면적(mm^2)	
	철재	알루미늄
60	130	130
100	260	130
200	460	130
400	650	260
600	1,000	260
1,000	–	400
2,000	–	1,300

2. 최소 단면적

- 사다리형, 트러프형 : 양측면 레일의 단면적 합계
- 채널형, 단일부품의 케이블 트레이 : 최소 부분 단면적

3. 지락보호장치 600A 초과 : 철재 케이블 트레이 사용하지 못함

지락보호장치 2,000A 초과 : 접지용 도체로 케이블 트레이 사용하지 못함

4. 케이블트레이를 기기접지용 도체로 사용할 경우 : "접지 도체로 사용"

표시와 함께 종류별 금속체 단면적(mm^2)을 지워지지 않도록 표시해야 한다.

5. 모든 케이블 트레이는 내구성이 있어야 한다.

6. 케이블 트레이 유닛, 부속재 등은 전기적으로 완전하게 접속되어야 하며 고장 전류를 안전하게 흘릴 수 있어야 한다.

7. 접지
   - 사용 전압 400V 미만 : 제3종 접지공사
   - 사용 전압 400V 이상 : 특별 제3종 접지공사

3.3 중성점 불안정 현상에 대하여 설명하시오.

건.92.1.10.

1. 중성점 불안정 현상이란
1) 중성점이 계통의 혼란 전기적 충격, 단선 등으로 인해 철공진을 일으키는 과도 진동이 발생하고 이것이 오래 지속하여 정상진동으로 회복되는 것을 말함
2) 계기용 변압기 특이 현상 중 하나임

2. 발생원인
1) 전력 계통이 비접지 계통일 때 계기용 변압기를 접지한 경우
2) 전력 계통이 접지 계통일 때 일시적으로 계통 분리가 되어 비접지계로 되었을 때
3) 계기용 변압기의 2차 부담이 극히 적을 때
4) 전력 계통에 갑자기 전압이 인가되거나 1선 지락 사고의 복구와 같은 전기적인 충격에 의한 전력 계통의 혼란 시
5) 차단기, 개폐기, 단로기 등의 개방 또는 퓨즈의 용단과 같은 전력 계통의 단선 등
6) 전기충격에 의해 PT의 대지전압이 높아져서 철심이 포화되기 때문에 방향성의 돌입전류가 흐르게 되고, 이것이 다른 상의 대지 전압을 높여 PT가 포화되기 때문임

3. 현상
1) 1선 대지전압이 정상 전압의 2~3배까지 상승
2) GPT에 상시 여자 전류의 수십 배에 이르는 전류가 흐름

4. 방지대책
1) GPT 부담을 적당히 선정
2) Open Δ에 적정 용량의 CLR을 삽입

3.4 전력간선 굵기 산정의 흐름도를 제시하시오.

건.94.1.5.

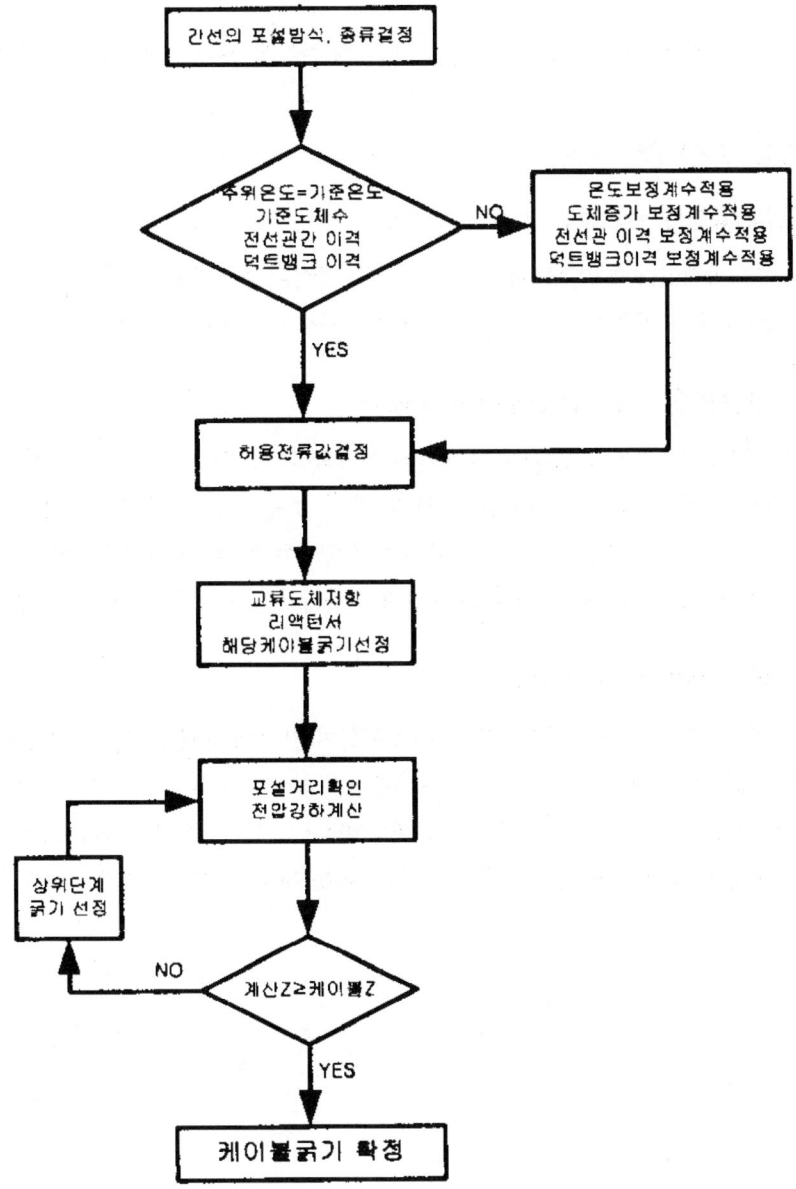

3.5 전기재료의 전기적 고유특성 3가지를 설명하시오. 건.95.1.7.

1. 개요
전기 재료는 크게 전도체와 절연체로 나눌 수 있으며 여기에서는 이 재료의 특성에 대하여 알아본다.

2. 전기재료의 전기적 특성

1) 전도성[傳導性, electric conductivity]

   전기장이 가해졌을 때 전류를 흐르게 할 수 있는 물질의 능력으로, 저항의 역수이고, 단위는 $1/\Omega m$를 사용한다. 일반적으로 금속은 전기저항이 적어 전기전도도가 좋다.

2) 투자성[透磁性, magnetic permeability]

   자기장의 영향을 받아 자화할 때에 생기는 자기력선 밀도와 자기장의 진공 중에서의 세기의 비를 말하며 자기유도용량, 자기투과율이라고도 한다. 보통의 물질, 즉 상자성체·반자성체에서는 거의 1에 가깝고, 그 값도 물질의 종류에 따라 정해지는데, 철 등의 강자성체나 페리자성체 등에서는 극히 큰 값을 나타내며, 그 값은 자성체의 자기적인 이력이나 자기장의 세기에 따라 변한다.

3) 유전성[誘電性, permittivity]

   외부 전기장을 유전체에 가하면 유전분극 현상이 일어나 가해진 외부전기장에 반대방향으로 분극에 의한 전기장이 생긴다. 결과 유전체 내 전기장 세기가 작아진다. 이때 작아진 비율이 유전율이다. 전기변위장은 전기장을 만드는 전하량에만 관계하는 양이다. 따라서 일정한 전하량이 있을 경우 유전율이 높을수록 전기장은 작아진다. 이는 유전체 내에서 유전분극이 증가함을 의미하기도 한다.

3.6 중성선의 기능과 단면적 산정방법에 대하여 설명하시오. 건.95.1.11.

1. 중성선(N상 : Neutral conductor 또는 neutral wire) 기능

1) 0 전위화

중성선은 3상 평형일 경우는 0전위가 되지만 불평형일 경우는 전위를 갖게 된다. 이런 경우 중성선을 사람이 만지게 되면 감전의 우려가 있다. 따라서 중성점의 전위를 0전위로 하기 위하여 접지선과 함께 대지에 접지를 하게 되면 이론상으로는 0전위를 만들 수 있어 안전하다.

2) 계전기 동작

직접 접지나 저항접지의 경우 중성선을 접지하게 되는데 이 중성선에 CT를 삽입하든지, CT 2차의 잔류회로를 이용하여 OCGR의 동작을 하기 위함이다.

3) 전기 회로로 사용

전기공급방식이 3상4선식, 1상3선식 등에서 접지선과 달리 전기회로를 구성하여 부하에 전류를 공급한다. 배전계통에서는 일반 상선 사이의 선간전압 이외에 상선(R, S, T 또는 A, B, C 등)과 중성선 사이의 전압, 즉 상전압의 사용이 가능하며 선간전압은 동력용으로 사용하고, 상전압은 전등용으로 하는 것이 보통이다.

4) 불평형 회로의 통로로 이용

중성선에는 상전류의 30~40% 이상의 전류가 흐르지 않도록 하고 있다고 하지만 이는 불평형 전류만을 고려한 값이며 비선형부하(정류기, 인버터, UPS, 컴퓨터, 모니터, 복사기 등)나 전기로, 용접기 등에서 발생하는 고조파를 발생하는 부하가 있을 경우는 다르다.

이 경우에는 $\sqrt{불평형전류^2 + 상고조파전류합성^2}$ 에 해당하는 전류가 중성선에 흐르게 된다.

2. 중성선 단면적 산정 시 고려사항

1) 허용전류 : 상시, 단락 시, 간헐적 사용 시
2) 허용전압강하 : 정상 및 순시 전압강하
3) 기계적 강도 : 단락 시, 신축, 진동

4) 고조파 전류(KSC IEC 60364-52 부속서 D)

(1) 3상평형 배선의 중성점에 전류가 흐르는 것은 고조파 성분을 가지는 상전류 때문이다. 중성전류에서 상쇄 되지 않는 가장 큰 고조파 성분은 제3고조파 성분이다. 이 경우 중성전류는 회로 내 케이블의 허용전류에 상당한 영향을 미치게 된다.

(2) 여기에서 제시하는 환산계수는 3상 평형회로에 적용된다. 3상 중 2상에만 부하가 걸린 경우에는 부담이 더 커지게 된다. 이 경우 중성선은 비평형전류와 더불어 고조파전류가 흐르게 되며 이로 인해 중성선에 과부하가 걸릴 수도 있다.

(3) 형광등이나 컴퓨터 등의 직류전원 등은 상당한 고조파전류를 발생시킬 수 있는 장치이다.

▼ 4심 및 5심 케이블 고조파 전류의 환산계수

상전류의	환산계수	
제3고조파 성분(%)	상전류를 고려한 규격결정	중성전류를 고려한 규격결정
0~15	1.0	–
15~33	0.86	–
33~45	–	0.86
> 45	–	1.0

(4) 위 표에 제시된 환산계수는 4심 또는 5심 케이블의 중성선으로 상전선과 소재와 단면적이 동일한 경우에만 적용된다. 환산계수는 제3고조파 전류를 기준으로 계산한 것이다.

(5) 중성전류가 상전류보다 높을 것으로 생각되는 경우 중성전류를 고려하여 케이블의 규격을 정하여야 한다.

5) 불평형 부하의 제한(내선규정 1410절)

(1) 단상 3선식

① 저압 수전의 단상 3선식에서 중성선과 각 전압 측의 부하는 평형을 원칙으로 하지만 부득이한 경우는 설비 불평형률 40%까지 할 수 있다고 되어 있다.

$$설비\ 불평형률 = \frac{중성선과\ 각\ 전압측\ 부하설비\ 용량의\ 차}{총\ 부하\ 설비\ 용량의\ 1/2} \times 100(\%)$$

② 계약전력 5kW 정도 이하는 제외

(2) 3상3선식, 3상4선식

저압, 고압, 특별고압 수전의 3상3선식, 3상4선식의 설비 불평형률은 단상 부하로 계산하여 설비 불평형률을 30% 이하로 하는 것을 원칙으로 한다.

$$설비\ 불평형률 = \frac{각\ 선\ 간의\ 단상\ 부하\ 최대와\ 최소의\ 차}{총\ 부하\ 설비\ 용량의\ 1/3} \times 100(\%)$$

> **3.7** 플랜트(Plant) 설비에서 3상 4선식 저압반에 전원을 공급하고자 한다. 중성선의 굵기 산정식을 쓰고, 설계에 적용 시 중성선의 최소 굵기에 대하여 설명하시오.
>
> 건.103.1.9.

1. 중성선(N상 : Neutral conductor 또는 neutral wire) 굵기 산정식

1) 고조파 전류가 많을 경우

고조파 전류가 많을 경우 중성선에는 무효분 전류가 많이 흐르고 이때 피상전력은 아래 공식에 의해 계산되므로 중성선 전류가 커져 중성선의 굵기를 최소한 상도체와 같은 굵기로 해야 한다.

$$피상전력(P_2) = \sqrt{유효전력(P)^2 + 무효전력(Q)^2 + 고조파분무효전력(H)^2}$$

2) 불평형 전류와 고조파 전류가 많을 경우

$$중성선전류 = \sqrt{불평형전류^2 + 고조파전류^2}$$

2. 중성선의 최소 굵기

1) 내선규정

부하전류가 200(A) 초과하는 경우 : 200(A)를 초과하는 전류에 한하여 70% 이상으로 계산하여 산정

예 부하전류가 300(A) 라면 200+(100×0.7)=270(A) 이상의 허용전류를 가진 전선을 사용

2) IEC 60364−5−52−523.6

상전류의 제3고조파 성분(%)	환산계수	
	상전류를 고려한 규격결정	중성전류를 고려한 규격결정
0~15	1.0	−
15~33	0.86	−
33~45	−	0.86
>45	−	1.0

3) NEC 규격

상 전류의 51% 이상이 중성선에 흐르면 상도체와 동일한 규격으로 한다.

4) 불평형 전류

그림에서 N상에 흐르는 불평형 전류는 다음과 같다.

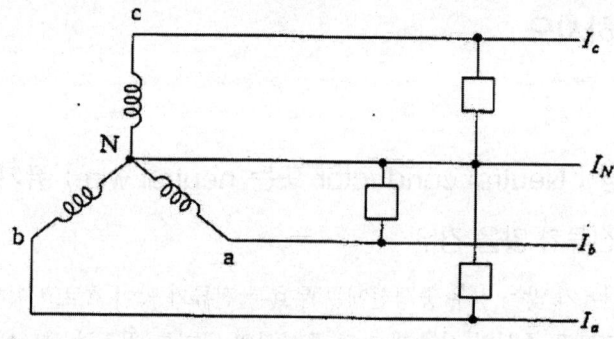

$$I_N = \sqrt{I_a^2 + I_b^2 + I_c^2 - (I_a \times I_b) - (I_b \times I_c) - (I_c \times I_a)}$$

3. 결론

3상 4선식 계통에서 평형부하라면 중성선의 전류가 0이 되겠지만 최근에는 고조파 부하들이 많이 증가하여 평형부하라 하더라도 중성선에 고조파에 의한 전류가 흐르고 여기에 불평형 부하가 더해진다면 이 전류를 포함하여 중성선의 굵기를 선정해야 한다.

3.8 지중케이블의 고장점 측정법에 대하여 설명하시오.
건.103.2.4.

1. 서론
돌발사고에 의해 절연파괴가 발생한 경우 또는 절연열화진단에 의해 열화징후를 발견한 경우 케이블의 어느 점에서 발생하고 있는가를 알 필요가 있다. 현재 사용하고 있는 방법으로는 Murray Loop법, 정전 용량 측정에 의한 방법, 3펄스(Pulse)에 의한 측정방법, 수색 코일법, 음향에 의한 방법 등이 있다.

2. 케이블 고장점 측정법
1) Murray Loop법

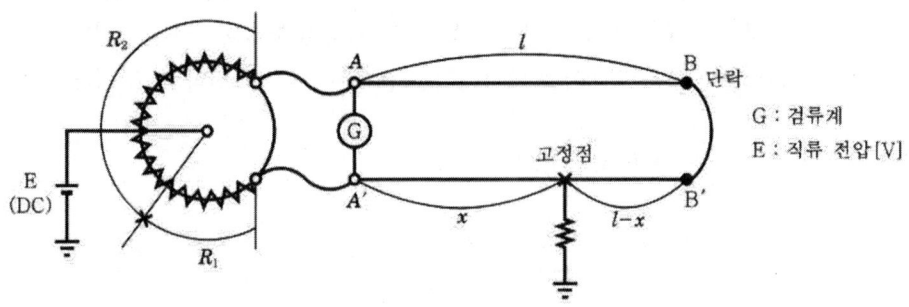

(1) 원리
① 휘스톤 브리지 원리를 이용하여 사고점까지의 거리를 측정하는 방법
② 케이블의 지락상과 건전상을 일단(B-B)에서 단락
③ 타단(AA)에서 측정회로를 접속, 가변 저항 R_1, R_2의 조정
④ 브리지 회로가 평형을 이루면(G 눈금이 0) : $R_2 x = R_1 (2l - x)$

$$x = \frac{R_1}{R_1 + R_2} \times 2l\,[\text{m}]$$

여기서, l : 케이블 전체길이
R_1, R_2 : 머레이 루프 저항값[Ω]

(2) 특징

① 1선 지락 고장, 선간 단락 고장을 측정
② 측정 정밀도가 높다.(오차 0.1~0.5[%])
③ 측정 범위가 넓고, 사용 실적이 가장 많다.
④ 단선 사고 시에는 적용 불가

2) 정전 용량 측정에 의한 방법

(1) 케이블의 정전 용량은 길이에 비례하는 것을 이용
(2) 단선, 지락, 단락되었을 경우 케이블의 정전 용량을 측정하여 고장점 발견

3) 펄스에 의한 측정법

(1) 원리

① 케이블 한쪽에서 파고값 10~20[V], 펄스폭이 0.1~10[μs] 주파수 8[kHz] 정도의 펄스를 보내고, 고장점으로부터 반사파를 보아 고장점까지의 거리를 구한다.
② 펄스를 보내고 되돌아올 때까지의 시간 t[s], 펄스의 전파 속도 V[m/μs]

$$V = \frac{V_0}{\sqrt{\varepsilon}} = (0.51 \sim 0.54)\, V_0$$

여기서, V : 펄스의 전파 속도
V_0 : 광속도
ε : 절연체 비유전율

(2) 특징

① 지락, 단락, 단선 사고의 어느 것에나 적용 가능
② 케이블 전량의 길이가 불분명하여도 측정 가능
③ 오차 : 2~5[%], 측정기 조작 및 판독에 시간이 필요

4) 수색 코일법

① 지락 고장의 경우 케이블 한쪽에서 주파수 600[Hz] 전후의 단속 전류를 흘린다.
② 지상에서는 수색 코일에 증폭기와 수화기를 가지고 케이블을 따라 고장점 수색
③ 고장점에서 전원 측 거리 : 단속 전류에 의해 수색 코일에 전압 유도 소리가 들린다.
④ 고장점을 넘어서며 소리가 작아지므로 고장점 판명

5) 음향에 의한 방법

고장 케이블에 고전압의 펄스를 보내어 고장점의 방전음을 듣고 고장점을 찾아내는 방법

3.9 저압 계통의 PEN선 또는 중성선의 단선이 될 때 사람과 기기에 주는 위험성과 대책을 설명하시오.
건.106.3.6

1. 개요

저압 계통의 중성선은 단상 3선식과 3상 4선식에서 설치되는 것으로 중성선이 순간적으로 또는 장시간 단선이 된다면 이상 전압 등으로 부하 측에 많은 피해를 줄 수 있다. 중성선 단선 현상은 차단기 투입 시 또는 차단 시 일시적으로 나타나는 현상과 중성선이 단선되어 장시간 부하 측에 이상전압을 줄 수 있는 두 가지 현상으로 대별할 수 있다.

2. 중성선의 일시적 단선 현상

1) 현상

비상용 발전기가 운전되어 전압과 주파수가 유지되고 있는 상태에서 한전을 개방함과 동시에 부하측 배선을 발전기로 절체하므로 운전 중인 모터의 잔류전압과 발전기 위상이 일치하지 않게 될 때, 최악의 경우 정격 전압의 2배인 760V(380×2=760)의 전압으로 모터를 기동할 때와 같은 크기의 전류가 흐르게 된다.

2) 대책

(1) 부하 배분의 평형화
(2) A.T.S 및 개폐기의 중성선 측이 투입 시는 전압극보다 먼저 투입되고 개방 시는 늦게 개방되는 타입을 사용
(3) 비상발전기는 운전상태에서 ATS 절체를 피한다.
(4) $1\phi 3w$ 식의 경우 Balancer를 설치한다.
(5) ATS 및 개폐기류의 접촉 단자 정기 점검 등

3) 원인 분석

[ATS 절체순간 전압전류 변화상태]

발전기 단자전압과 부하의 잔류전압의 상차가 180°일 경우 최대전압 760V(380×2=760)의 전압이 가압되게 된다.

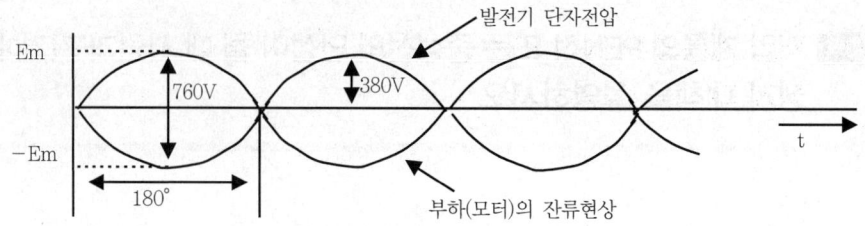

[위상차 180°인 경우]

3. 3상 4선식 중성선 단선에 의한 이상전압

1) 불평형 회로에 단선이 발생 시

   (1) 정상회로의 상별 전압 및 전류흐름도(부하 불평형 3 : 1 경우)

   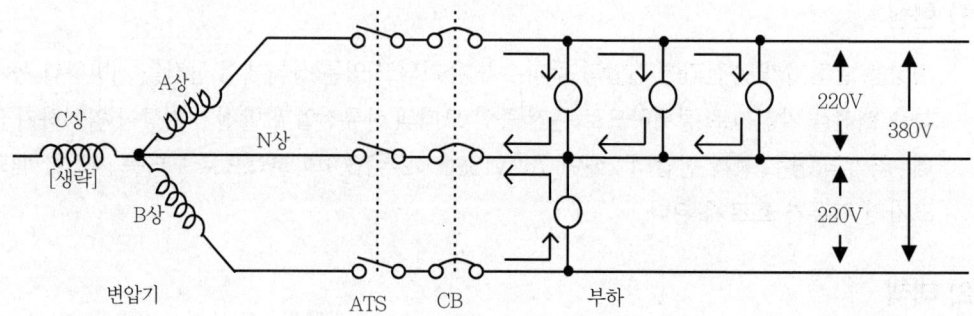

   (2) 중성선 단선 시 전압 및 전류흐름도

   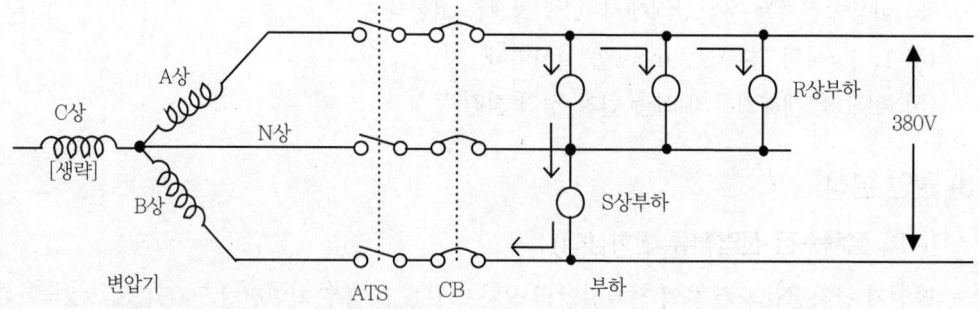

   - 중성선이 단선되면 220V는 없어지고 380V만 존재하게 된다.
   - N상으로 전류가 흐르지 못하고 A상에서 부하를 직렬로 통하여 B상으로 흐르게 된다.

(3) 부하의 직렬배치 상태와 전압(부하량의 불균형)

각 상과 중성점 N과의 임피던스는 A상의 부하와 B상의 부하에 반비례하는 임피던스가 직렬로 되어 380V 연결된 것과 같다.

(4) 상별 저항차에 의한 이상전압의 발생

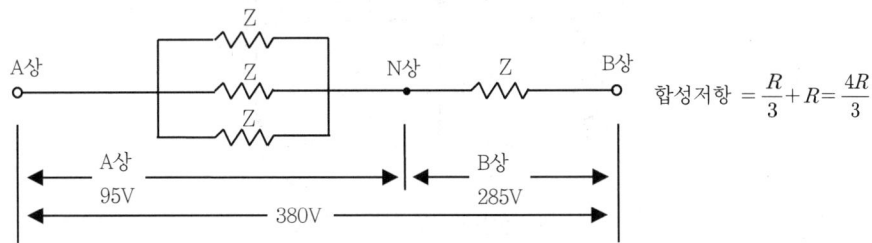

(5) A상 부하에 인가전압

$$V_A = V \times \frac{Z_A}{Z_A + Z_B} = 380 \times \frac{\frac{1}{3}Z}{\frac{1}{3}Z + Z} = 380 \times \frac{1}{4} = 95[\text{V}]$$

(6) B상 부하에 인가전압

$$V_B = V \times \frac{Z_B}{Z_A + Z_B} = 380 \times \frac{Z}{\frac{1}{3}Z + Z} = 380 \times \frac{3}{4} = 285[\text{V}]$$

2) 평형 회로에 단선이 발생 시

- 평상시   N · A = 220, N · B = 220
- 중성선 개방시 N · A = 190, N · B = 190

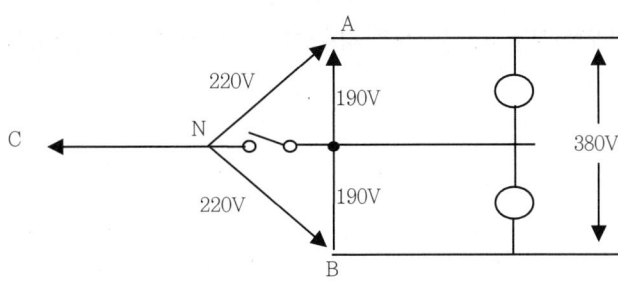

4. 1상 3선식 중성선 단선에 의한 이상전압

1) 1φ 3선식 평형부하인 경우

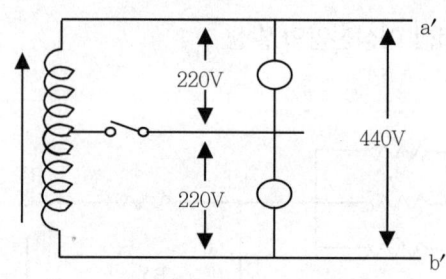

- 평상시　　　　　N·A=220V, N·B=220V
- 중성선 단선시　　N·A=220V, N·B=220V

2) 1φ 3선식 불평형의 경우

부하분배가 3φ 4선식과 같은 조건 즉 3 : 1로 될 경우 전압 불평형은 아래와 같다.

$$V_a' = 440 \times \frac{1}{4} = 110[V]$$

$$V_b' = 440 \times \frac{3}{4} = 330[V]$$

즉, 1φ 3선식의 경우 3φ 4선식의 경우보다 큰 이상전압이 인가되게 된다.

5. 결론

- 부하가 평형되게 분배되었을 경우 1φ 3선식에서는 각상 전압의 변동이 없이 220V로 되게 되지만
- 3φ 4선식의 경우는 평형부하인 경우에도 전압이 변하게 되며 중성선이 단선되면 중성선과 양측 전압선간의 전압이 모두 190V로 저하하게 되어 사고를 유발하지는 않게 되지만 부하 개폐의 시차 등으로 불평형이 발생하게 되며 경부하측 부하의 단선 등으로 점점 불평형은 심화되게 되고 종래에는 경부하측 기기가 거의 모두 손상되게 될 것이다.
- 그러나 1φ 3선식의 경우 3φ 4선식의 경우보다 큰 이상전압이 인가되게 된다.

3.10 부하전력, 선로거리, 선로손실 및 전압이 동일한 조건에서 단상2선식과 3상3선식의 소요 전선량을 비교하시오.

발.95.1.12

[전선 소요량 비교]

단상2선식의 전선 소요량을 100(%)로 할 때 각 방식의 전선 소요량은 다음과 같다.

1) 단상3선식

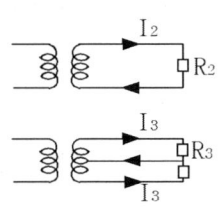

$I_3 = \dfrac{1}{2} I_2$ 이며 단상3선식 중성선에는 전류가 흐르지 않으므로

$2 I_2^2 R_2 = 2 I_3^2 R_3 = 2 (\dfrac{1}{2} I_2)^2 \cdot R_3 = \dfrac{1}{2} I_2^2 R_3$

$\therefore \dfrac{R_2}{R_3} = \dfrac{A_3}{A_2} = \dfrac{1}{4}, \quad \therefore \dfrac{W_3}{W_2} = \dfrac{3 A_3}{2 A_2} = \dfrac{3}{2} \times \dfrac{1}{4} = \dfrac{3}{8}$

2) 3상3선식

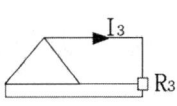

$I_3 = \dfrac{1}{\sqrt{3}} I_2$ 이므로

$2 I_2^2 R_2 = 3 I_3^2 R_3 = 3 (\dfrac{1}{\sqrt{3}} I_2)^2 \cdot R_3 = I_2^2 R_3$

$\therefore \dfrac{R_2}{R_3} = \dfrac{A_3}{A_2} = \dfrac{1}{2}, \quad \therefore \dfrac{W_3}{W_2} = \dfrac{3 A_3}{2 A_2} = \dfrac{3}{2} \times \dfrac{1}{2} = \dfrac{3}{4}$

3) 3상4선식

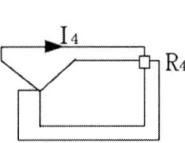

$I_4 = \dfrac{1}{3} I_2$ 이므로

$2 I_2^2 R_2 = 3 I_4^2 R_4 = 3 (\dfrac{1}{3} I_2)^2 \cdot R_4 = \dfrac{1}{3} I_2^2 R_4$

$\therefore \dfrac{R_2}{R_4} = \dfrac{A_4}{A_2} = \dfrac{1}{6}, \quad \therefore \dfrac{W_4}{W_2} = \dfrac{4 A_4}{2 A_2} = \dfrac{4}{2} \times \dfrac{1}{6} = \dfrac{1}{3}$

3.11 유전체손이 발생하는 이유와 유전체 손실에 대하여 수식으로 설명하고, 그 표현방식을 $\sin\delta$ 대신에 $\tan\delta$를 사용하는 이유를 기술하시오.

발.95.4.4.

1. 유전체 손실의 발생원인

흡수현상을 수반하는 고체 유전체에 교번전압을 인가하면 그 실효치와 동일한 직류전압을 인가할 때보다 큰 전력손실이 생기며 이것을 일반적으로 유전체 손실이라 한다.

이 유전체 손실은 쌍극자 전도에 의한 흡수전류로 인한 것이며 따라서 흡수전류가 크면 유전체 손실도 커진다.

2. 유전체 손실

1) 유전체손이란 유전체(절연물)를 전극 간에 끼우고 교류전압을 인가했을 때 발생하는 손실이다. 즉, 케이블에 전압을 인가했을 때 흐르는 전류는 정전용량에 의한 충전전류 Ic와 누설저항에 의한 전압과 동상분의 손실전류 IR로 이루어진다.
2) 이때의 유전체 손실 $W = E \cdot I_R$
3) 아래 그림과 같이 등가적으로 정전용량 C와 누설저항 R의 병렬회로라 생각할 수 있으며 IR이 적을수록 절연물의 절연성은 우수하다고 할 수 있다.
4) 전류 I는 충전전류 Ic보다 약간 뒤진 위상으로 이 뒤진 각 δ를 유전 손실각이라 하며 $\tan\delta$를 유전정접이라 한다.

3. 유전체 손실과 유전정접

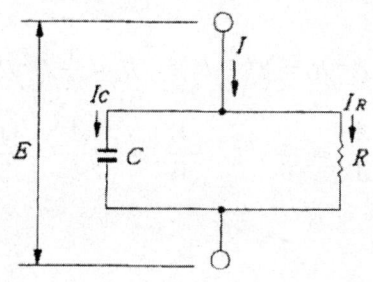
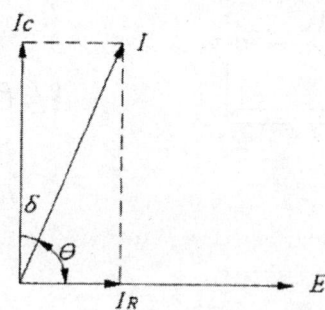

1) tanδ를 사용하는 이유

위 벡터도에서 $I_R = I\cos\theta = I\sin\delta$ ·· (1)

유전체손 $Wd = E \cdot IR$ ··· (2)

식 (2)에 식 (1)을 대입하면

$Wd = EI\cos\theta = EI\sin\delta$ ·· (3)

위 식 (3)에서 일반적으로 δ는 다음과 같이 표현될 수 있다.

$I_R = I\cos\theta = I\sin\delta = Ic\tan\delta$ 이므로 $Wd = EIc\tan\delta$ ································· (4)

2) 유전체 손실

식 (4)에서 $Ic = \dfrac{E}{\dfrac{1}{\omega C}} = \omega CE$를 대입하면

$Wd = \omega CE^2 \tan\delta = 2\pi f CE^2 \tan\delta$

3심 케이블의 경우 유전체손은

$Wd = 3\omega CE^2 \tan\delta = 32\pi f CE^2 \tan\delta = 2\pi f CV^2 \tan\delta [W/m]$가 되며 유전체손과 tanδ가 비례함을 알 수 있다.

이같이 tanδ를 이용하면 계산이 간단하게 된다.

4. 결론

유전체 손실이 적을수록 절연이 양호한 것으로 판단할 수 있으며, 셰링브리지를 이용하여 유전정접 크기를 측정하여 절연물의 절연성능을 측정하는 이른바 유전정접법이 전력설비에 많이 이용되고 있다.

> **3.12**
> - 절연 케이블에 표기되는 정격전압에 대하여 설명하시오. 건.99.1.8
> - 450/750V 로 표기된 염화비닐 절연케이블의 정격전압에 대하여 설명하시오. 응.97.1.8

1. 적용 : 전기용품 안전기준(K 60227-1)

정격전압 450/750V 이하 염화비닐 절연케이블

2. 정격전압(Rated voltage)

1) 케이블의 정격전압은 케이블 설계를 위한 참고 전압으로, 적용할 내전압 시험조건을 명확히 하는 데 도움이 된다.
2) 정격 전압은 볼트로 표시한 2개의 값 U_0/U의 조합으로 표현한다. U_0는 임의의 절연 도체와 「접지」(케이블의 금속 피복 또는 주위의 매체) 사이의 전압 실효치이다. U는 다심 케이블 또는 단심케이블을 사용하였을 경우, 1계통에 대한 임의의 상간전압 실효치이다.
3) 교류 시스템에서 케이블의 정격전압은 케이블 사용을 의도하는 계통의 공칭전압 이상이어야 한다. 이 조건은 U_0와 U 양쪽에 적용한다.
4) 직류시스템에서 그 계통의 공칭 전압은 케이블 정격전압의 1.5배 이하이어야 한다.
5) 계통의 운전전압은 그 계통의 공칭전압을 항구적으로 10% 초과해도 상관 없다. 즉, 케이블의 정격전압이 계통의 공칭전압 이상일 경우, 케이블은 계통의 공칭전압보다 10% 높은 운전전압으로 사용해도 된다.

3. 케이블 종류에 따른 정격전압

1) 염화비닐(PVC)절연케이블 : 450/750V
2) F-CV케이블 : 0.6/1kV
3) TFR-CV케이블 : 6/10kV
4) 고압케이블 : 3.6/6kV
5) 특고케이블 : 18/30kV, 36/66kV
6) 초고압케이블 : 87/161kV, 190/345kV, 220/400kV, 290/500kV

> **3.13** 전력설비 열화 유무를 검출하는 설비진단기법 중 GIS(Gas Insulated Switchgear) 부분방전(Partial Discharge)의 검출방법별 검출법과 원리에 대하여 설명하시오.   발.96.1.7

1. GIS의 열화

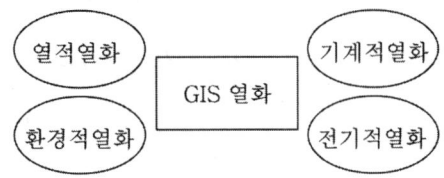

1) 전기적 열화 : 부품 일부분에서 전계집중에 의해 발생되는 방전에 의한 열화
2) 열적 열화 : 개폐 접점부에서 발생한 아크열에 의한 변질 또는 열에 의한 부품의 변성 등
3) 기계적 열화 : 기기 구성 부품들이 고유의 기계적 응력을 상실하고 그 결과 기계적 부조화로 비틀림, 마모 등의 현상
4) 환경적 열화 : SF6 가스의 분해, 금속재료 부식 등 사용시간과 더불어 설치장소 등에 지배받는 환경적 요인 등에 의한 열화
5) 이들 열화는 복합적으로 작용하며, 열화를 가중시킴

2. GIS 부분방전 검출

1) 전자파 검출법(UHF Sensor)

    (1) 검출원리

    - GIS 내부에서 부분방전이 발생하면 고주파 전압과 전류, 음향신호 및 분해가스, 전자파 등이 발생한다.
    - 전자파 검출은 외부에서 안테나 센서를 이용하여 전자파를 검출함으로써 내부의 부분방전을 검출하는 방법이다.
    - 적용 센서는 약 300[MHz] 이상의 전자파를 검출할 수 있는 센서 사용

(2) 개념도

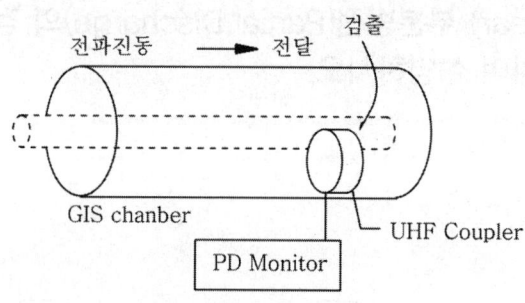

[UHF 기술 개념도]

2) 절연스페이서법

(1) 검출원리

GIS 내부도체를 지지하고 있는 Spacer 내부에 도전성Ring을 삽입하여 Spacer를 정선용량으로 작용하도록 함으로써, 내부전극인 도체부에서 발생하는 부분방전 신호를 외부전극에 연결된 측정회로를 통하여 검출하는 방법

(2) 개념도

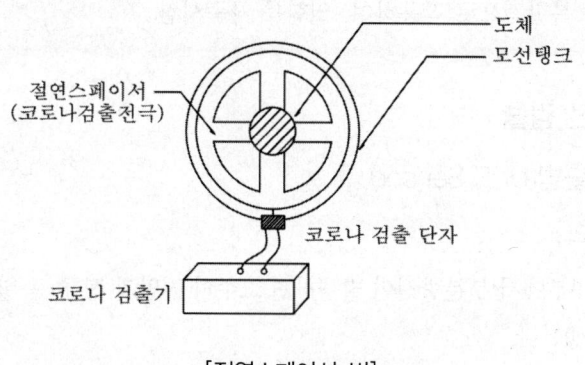

[절연스페이서 법]

3) 외피전극법

GIS 내부에서 부분방전 발생 시에 고주파 전류가 탱크에 흐르게 되고 탱크 전위가 압도적으로 상승하게 되는데 이때 탱크와 접지 간에 생기는 미소한 전위차를 고주파 광대역 프로브(탐침)로 검출하는 방법

4) 진동 · 음향 검출법

기계적 부분방전 검출법으로 GIS 내부에서 부분방전에 의한 기계적인 미소 진동을 탱크 외벽에 부착한 고감도의 진동 가속도계로 검출하는 방법

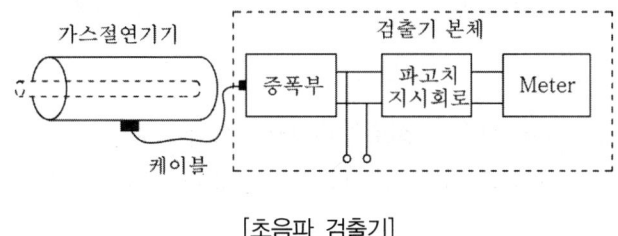

[초음파 검출기]

5) 화학적 검출법

GIS 내부에서 부분방전이 발생하면 미소한 분해가스가 발생한다. 이 분해 가스량은 간단히 알 수 있는 방법으로서 정색 반응법을 이용한 분해가스 검출장치(가스Checker)가 개발되어 있는데 분해가스에 의하여 검출소자가 변색되고 이 변색을 유지하는 시간으로서 분해가스의 농도를 알 수가 있다.

3.14 단거리 송전선로의 등가회로와 벡터도(수전단 전압을 기준 벡터로 취한 경우)를 그리고 이를 이용하여 전압강하율을 유도하시오. 발.98.2.5

1. 등가 회로도

단거리 송전선로란 50[km] 이하의 선로를 대상으로 하며 선로정수 저항과 인덕턴스만을 집중되었다고 생각하면 되므로 아래와 같다.(정전용량 및 누설 콘덕턴스는 무시)

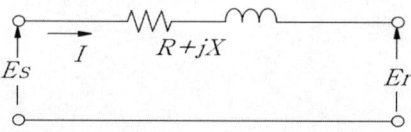

2. 전압 벡터도

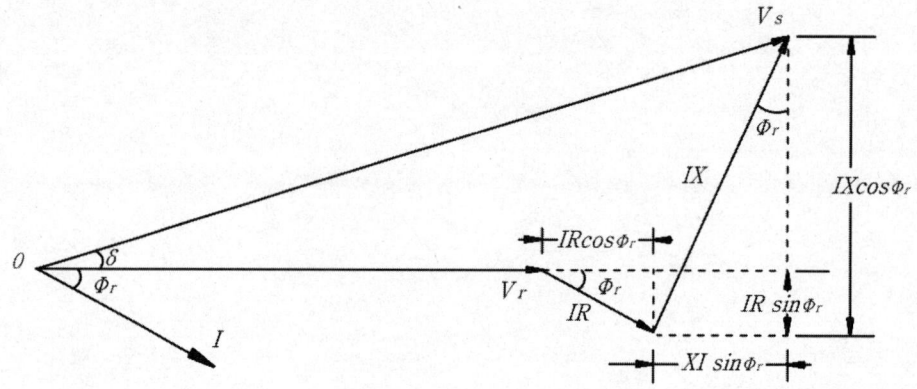

3. 전압강하율

1) 송전단 전압

$$E_s = E_r + IZ$$
$$= (Er + IR\cos\phi r + IX\sin\phi r) + j(IX\cos\phi r + IR\sin\phi r)$$
$$= \sqrt{(Er + IR\cos\phi r + IX\sin\phi r)^2 + (IX\cos\phi r + IR\sin\phi r)^2}$$

여기서 $\sqrt{\ }$ 내의 제 2항은 1항에 비해 미미하므로 무시하면

$$E_s = Er + I(R\cos\phi r + IX\sin\phi r)$$

선간 전압으로 고치면

$$V_s = Vr + \sqrt{3}\,I(R\cos\phi r + IX\sin\phi r)$$

2) 전압강하

$$e = E_s - E_r = I(R\cos\phi r + IX\sin\phi r)$$

3) 전압강하율

$$\varepsilon = \frac{Es - Er}{Er} \times 100 = \frac{I(R\cos\Phi r + X\sin\Phi r)}{Er} \times 100\,(\%)$$

분모와 분자에 $Er\cos\Phi r$을 곱하면

$$\varepsilon = \frac{P}{Er^2 \cos\Phi r}(R\cos\Phi r + X\sin\Phi r) = \frac{P}{Er^2}(R + X\tan\Phi r) = \frac{PR + QX}{Er^2}$$

이 된다.

3.15 초고압 케이블의 시스(Sheath) 유기전압과 이를 제한하기 위한 편단접지와 크로스본드접지에 대하여 각각 설명하시오.

1. 개요

1) 시스는 케이블의 방수 및 기계적·화학적 보호를 목적으로 한 외장을 말하며, 금속 시스의 경우 차폐효과도 있다.
2) 케이블에 시스전압이 유기되면 인체에의 위험 및 시스 노출부분에서 아크 발생으로 케이블 손상 위험이 있다.
3) 케이블의 도체에 전류가 흐르면 전자유도현상에 의해 도체 주위에 자계가 형성되고, 이 자계의 영향권에 있는 금속 시스에는 전압이 유기된다. 이 전압을 시스 유기전압이라 한다.
4) 한전의 sheath 전위 허용 범위
   - 전력구 내 케이블 : 50V 이하
   - 전력구 외에 설치된 케이블 : 100V 이하

2. 유기전압식

$$E = \sum jX_m \cdot I \cdot l [\text{V/km}] = \sum j2\pi f L I l$$
$$= \sum j2\pi f l \times 2 \ln \frac{S}{r} \times I = \sum j2\pi f l \times 0.4605 \log 10 \frac{S}{r} \times I \times 10^{-3} [\text{V}]$$

여기서, X_m : 도체와 시스 간 상호리액턴스
$l[\text{km}]$: 케이블 길이
$S[\text{mm}]$: 케이블 중심 간의 거리
$r[\text{mm}]$: 차폐선의 평균반경
$I[\text{A}]$: 도체전류

3. 영향을 받는 인자

1) 전류, 케이블 간격, 케이블 길이 등에 영향을 받으며,
2) 특히 케이블 길이에 선형적으로 증가한다. 따라서 장거리 선로에서는 상시 시스에 과다한 전압이 유기된다.

4. 시스 유기전압 저감대책

1) 케이블의 적절한 배열
정삼각형 배열을 택하고 케이블의 간격을 작게 함으로써 시스전위를 낮출 수 있다.

2) 편단접지(Single Point Bonding)

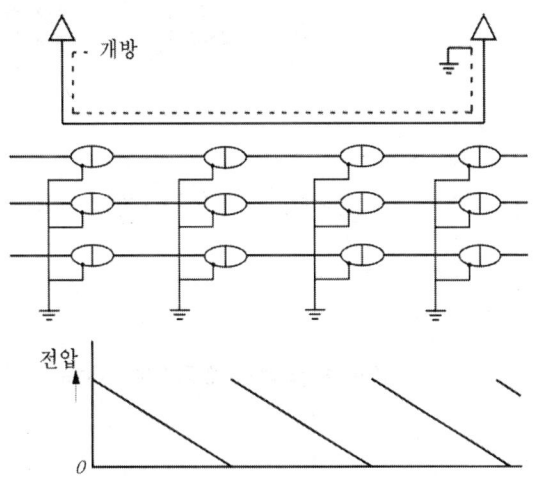

[편단접지방식과 Sheath 유기전압]

- 발·변전소 인출용 선로와 같이 긍장이 짧은 단구간에 적용
- 금속시스를 한쪽에서만 접지하고 타단을 개방하여 두는 접지방식
- 장거리 선로의 경우 개방단에 최대전압이 유기되어 인체에 위험할 뿐만 아니라 뇌, 서지 등에 의해 과도전압이 유기되어 방식층의 절연파괴 우려가 있음
- 양단을 접지하면 sheath 유기전압은 현저히 감소되지만 sheath에 큰 순환전류가 흘러 sheath 손실이 커지고 송전용량이 감소되므로, 양단접지방식은 사용하지 않고 있다.

3) 크로스 본드 접지(Cross Bonding)
- 장거리 선로에서 편단접지방식이 효과가 없을 때 사용하는 접지방식
- 본드선으로 각 상의 sheath를 연가한 후 접지한 방식
- 경간이 다를 경우에는 잔류전압에 의한 sheath 전류가 흐르지만 경간을 적당히 조정하면 잔류전압을 작게 할 수 있어 장거리 선로에 가장 많이 채용

아래 그림의 곡선 중
①은 이상적인 유기전압 : 시스 연가길이가 완전히 동일할 경우
($L_1 = L_2 = L_3$)

②는 실제 유기전압 : 시스 연가길이가 이상적으로 동일하지 않기 때문($L_1 ≒ L_2 ≒ L_3$)

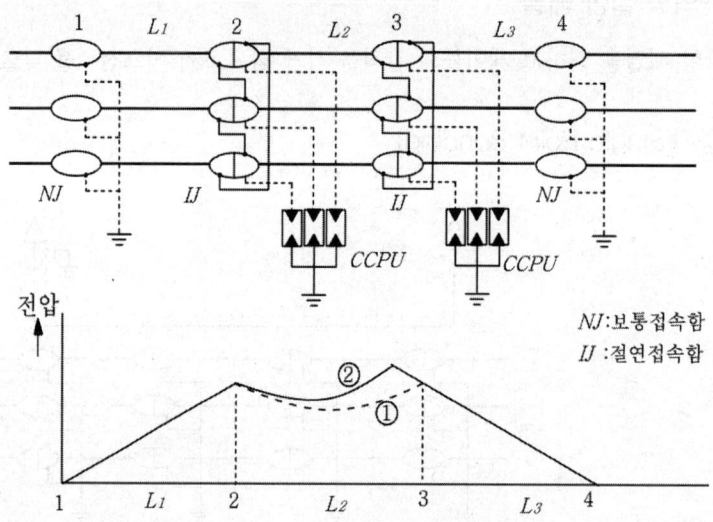

[Cross Bonding 접지방식과 Sheath 유기전압]

> **3.16** 최근에 대규모 해상 풍력발전시스템이 계획되고 있는바, 이를 전송하기 위한 직류해저케이블인 MI Cable(Mass Impregnated Cable)에 대하여 설명하시오.
>
> 발.99.1.6

1. 개요

풍력 발전은 에너지 고갈과 지구환경 문제에 대한 관심이 높아져 세계적인 증가 추세는 계속될 것으로 예상되며, 이에 해상풍력에 사용되는 직류해저케이블인 MI Cable(Mass Impregnated Cable)에 대하여 설명하면 다음과 같다.

2. 직류해저케이블(MI Cable ; Mass Impregnated Cable)

장거리용 고압직류(HVDC ; High Voltage DC Current) 해저케이블(Submarine Cable)은 현재 사용 중인 급유조로는 케이블 절연을 위한 압력유지가 불가능하므로 OF Cable이나 Gas Pressure Cable은 사용할 수 없다. 또한 XLPE Cable은 장거리 케이블 제작 자체가 불가능하기 때문에 현재까지는 장거리 HVDC 해저케이블에 사용한 실적이 없다. 따라서 장거리 고압직류 해저케이블로는 Solid Cable인 MI(Mass Impregnated) Cable을 사용하고 있으며, 해저케이블과 일반 지중케이블을 비교하면 아래와 같다.

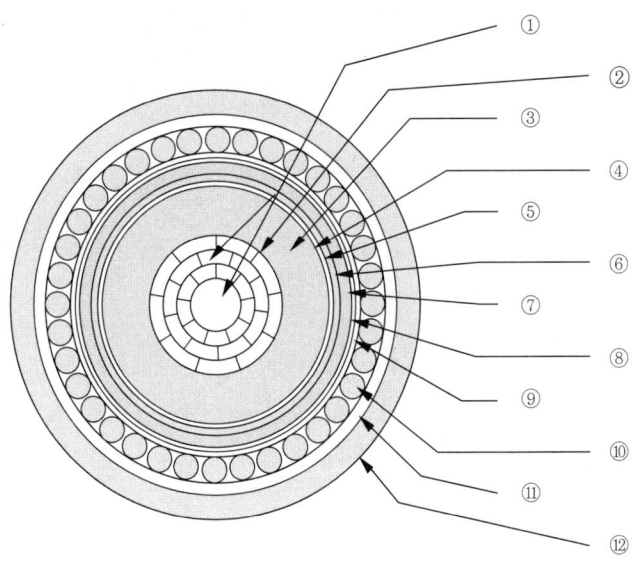

① 도체
② 내부반도전층
③ 절연지
④ 외부반도전층
⑤ 연피
⑥ 폴리에틸렌 시스
⑦ Bedding Tapes
⑧ 보강층
⑨ Bedding Tapes
⑩ 강선개장(鋼線介裝)
⑪ Polypropylene Yarn
⑫ 외부 방식층

- 해저케이블의 절연방식은 육상용 일반 지중케이블과 같으나 외부의 Sheath 및 외장은 사용조건과 부설방식, 취급방법 등에 따라 육상용 케이블과 아주 판이하다.
- 즉, 케이블의 전기적인 특성은 별로 차이가 없으나 기계적인 특성은 아주 다르다.
- 해저케이블은 부설 및 보수 시 케이블에 걸리는 큰 장력 및 수중의 압력 등 기계적 외력에 충분히 견딜 수 있어야 하고, 부설 후 조류에 의한 마모, 어선의 어구 및 선박의 닻에 의한 외부 손상 가능성, 부식 등에도 보호될 수 있는 구조이어야 하므로 일반적으로 철선 및 철테이프 외장을 사용하여 케이블을 보호한다.
- 따라서 일반 지중케이블에 비해 외경과 단위 중량이 크다.

3.17 선로정수가 불평형이 될 경우 미치는 영향 및 방지대책을 설명하시오.

발.99.1.10

1. 중성점 잔류전압

송전선로의 각 선의 정전용량은 다소 차이가 있어 그 중성점은 다소의 전위를 띠게 되며, 이 경우 중성점을 접지하지 않을 경우 중성점에 나타나는 전위를 중성점 잔류전압이라 한다.

2. 잔류전압 발생 유형

1) 전원의 불평형
   - (1) 발전기 : 거의 완벽한 대칭 구조로 불평형은 없다고 본다.
   - (2) 변압기 : 불평형 발생 가능
2) 송전선의 연가 불충분에 따른 불평형
3) 부하의 불평형

3. 조건에 따른 잔류전압의 형태

1) 일반형

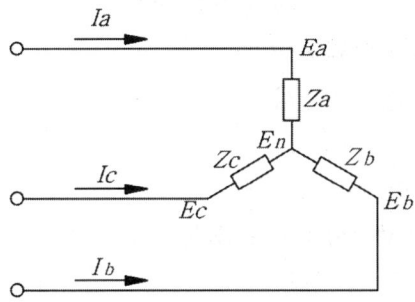

$$E_n = \frac{Y_a E_a + Y_b E_b + Y_c E_c}{Y_a + Y_b + Y_c} \text{ [V]}$$

2) 전압 불평형, 연가 불충분할 경우

$$E_n = \frac{C_a E_a + C_b E_b + C_c E_c}{C_a + C_b + C_c} \, [\text{V}]$$

3) 전압 불평형, 연가 충분할 경우

$$E_n = \frac{1}{3}(E_a + E_b + E_c) = V_0 \, (\text{영상분 전압})[\text{V}]$$

$$(\because C_a = C_b = C_c = C)$$

4) 전압 평형, 연가 불충분

$$|E_n| = \frac{\sqrt{C_a(C_a - C_b) + C_b(C_b - C_c) + C_c(C_c - C_a)}}{C_a + C_b + C_c} \times \frac{V}{\sqrt{3}} [\text{V}]$$

5) 전압 평형, 연가 충분

$$|E_n| = 0 \, [\text{V}]$$

4. 선로정수 불평형 시 영향 및 방지대책

1) 영향

   (1) 역상전류가 흘러 회전기의 과열을 초래한다.
   (2) 전압 및 전류의 파형을 왜곡시킨다.
   (3) 통신선에 유도장해를 일으킨다.

2) 방지대책

   (1) Y결선된 변압기는 중성점 접지를 한다.
   (2) 가공선로의 경우 연가를 한다.
   (3) 지중선로의 경우 크로스 본드 접지를 한다. 따라서 중성점 잔류전압을 없앤다.

3.18 배전선로에서 손실계수와 부하율의 관계에 대하여 설명하시오.

발.99.1.13

1. 부하율

1) 개념

　배전선로에서 부하율은 말단 집중부하에 대한 것으로서 평균전력과 최대전력의 비이다. 분산부하율은 말단집중부하와 같은 크기의 부하가 전체 선로에 걸쳐서 균등하게 또는 일정 형태로 분포하는 경우를 말단집중부하에 대한 비율로 나타낸 것이다.

2) 부하율 $F = \dfrac{평균부하}{최대부하}$

　어느 기간 중의 전압이 일정하다고 할 때 최대 및 평균부하의 크기는 결국 최대 전류와 그 기간 중의 평균전류에 의하여 나타낼 수 있으므로,

$$F = \frac{I_{av}}{I_m} = \frac{\dfrac{1}{T}\displaystyle\int_0^T i\,dt}{I_m}$$

　여기서, i : 어느 순간의 전류

　　$I_{av} = \dfrac{1}{T}\displaystyle\int_0^T i\,dt$: 평균전류

　　I_m : 최대전류

　　T : 사용기간

2. 손실계수

1) 개념

　손실계수는 말단집중부하에 대해서 어느 기간 중의 평균손실과 최대손실 간의 비이다.
　이에 비하여 같은 부하라도 말단에 집중된 경우에 비해서 선로에 분산배치되었을 때 손실의 크기가 줄어드는 비율을 분산손실계수라 한다.

2) 손실계수

$$H = \dfrac{어느기간 중의 평균손실}{같은기간 중의 최대손실}$$

　선로의 저항 R이 일정하므로 역시 최대전류의 제곱과 평균전류의 제곱의 비로 나타낼 수 있다.

$$H = \frac{\frac{1}{T}\int_0^T I_r^2\, dr}{I_m^2} = \frac{\int_0^T I_r^2\, dr}{T I_m^2}$$

여기서, I_r : 송전단으로부터 선로의 저항이 r인 점의 선로전류

손실계수는 어느 기간 중의 선로에서의 평균 손실과 최대 손실 간의 비이다.

3. 손실계수와 부하율의 관계

부하율은 전류에 비례하고 손실계수는 전류의 제곱에 비례하므로 손실계수는 부하율의 제곱에 비례한다.

3.19 고주파 케이블의 사용용도, 문제점 및 성(省)에너지 설계에 대하여 설명하시오.

응.106.3.3

1. 고주파 케이블이란

1) 다중(多重) 전화나 텔레비전 따위의 고주파 신호를 보내는 케이블로 중심 도체를 절연재료, 외부 도체, 외피로 싼 동축(同軸) 구조로 만든다.
2) 동축케이블은 고주파 신호를 전송할 수 있는 케이블로, 케이블 가운데 신호를 전송하는 도체가 위치하는데, 절연체가 이 도체 주위를 감싸고 있어 잡음 없이 신호를 깨끗하게 전송할 수 있도록 해준다.

2. 고주파 케이블의 사용 용도

1) 주파수에 따라 저주파, 고주파 케이블로 나뉘며 커넥터와 연결되어 케이블 조립체로 테스트 장비, 장비내의 모듈 간 연결용, 레이더, 항공기 등 여러 분야에 적용된다.
2) 고주파 저손실 동축 케이블은 레이더 및 각종 무선통신장비에서 고주파 신호 손실을 최소화하여 최적의 신호를 전달해주는 조립체로 설계부터 케이블 조립까지 정밀한 설계 및 제작기술과 더불어 국방 신뢰성 검사 규격에 의거한 환경 조건에 부합하여야 한다.
3) 고주파 케이블 설계를 위한 유전체 제작 기술, 고주파 전송선로 설계기술, 동축커넥터와 케이블 임피던스 매칭기술, 금속 도금 및 후처리 기술을 적용한다.

3. 고주파 케이블의 구조

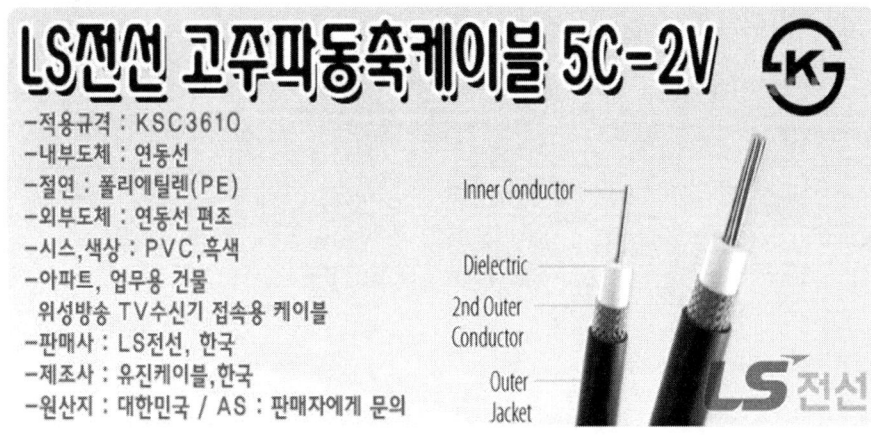

4. 고주파 케이블의 장단점 및 에너지절약

1) 40 GHz의 고주파 설계 : 저손실, 초고속, 고주파 신호 전달 기술

2) 저 손실

　외부에서 작동되는 시스템으로 온도, 습도, 기압 변화에 손실이 변할 경우 전력 전송 오류가 발생하게 되어 시스템 체계에 치명적인 결과를 초래할 수 있다.
　따라서, 움직임이나 진동에도 손실의 변화가 적다.

3) 위상 안정(Phase Stable)

　외부에서 작동되는 시스템으로 온도, 습도, 기압 변화에 위상이 크게 변할 경우 신호전송 오류가 발생하고, 시스템 체계에 치명적인 결과를 초래할 수 있다. 따라서 가장 문제가 되는 온도 변화에 덜 민감한 동축 케이블이 필요하다.

4) 내수밀성

　항공용 외부 노출 동축케이블의 경우 수증기가 침투하지 않게 하기 위해 vapor sealing된 케이블을 사용하며, 동축 커넥터와 결합되는 연결부도 sealing을 한다.
　또한 사용 중 커넥터 손상 및 Type 변경을 위해 Glass Bead 등 밀폐성이 높은 부품을 사용하는 동축 커넥터 설계가 필요하며, 완벽한 밀봉 구조를 갖추어야 한다.

5) 커넥터와 케이블 접합부 : 밀봉하기 때문에 커넥터 분리가 불가하다.

전력품질

CHAPTER 04

PROFESSIONAL ENGINEER BUILDING ELECTRICAL FACILITIES

4.1 악성부하의 종류와 그 악성부하가 지중 케이블에 미치는 영향에 대하여 서술하시오.

건.72.2.5.

1. 악성부하 정의

1) 비선형 부하를 의미하며
2) 상용 전압과 전류파형 사이의 관계가 비직선상인 경우를 말하며 정류회로를 갖는 부하가 주로 해당된다.
3) 이 악성 부하는 고조파를 주로 발생시켜 전력 품질을 저하시킨다.

2. 악성부하 종류

1) 변환장치에 의한 고조파

   변환장치 (정류기, 인버터, 컨버터, VVVF 등) 내의 Power Electronics 에 의한 고조파는 2차측의 AC/DC 변환에 따른 구형파의 잔량이 1차 전원 측에 유입되는 현상임

2) 아크로 및 전기로에 의한 고조파

   아크로는 용해시 3상 단락 또는 2선 단락 또는 아크 끊김과 같은 현상을 반복하기 때문에 고조파가 많이 발생한다.

3) 회전기에 의한 고조파

   발전기, 전동기 등 회전기는 구조상 슬롯이 있어 어쩔 수 없이 고조파가 발생하고 있으며 특히 기동 시 많은 고조파가 발생한다. 특히 제5고조파가 많다.

4) 변압기에 의한 고조파

   변압기의 자화 특성은 직선적이 아니고 히스테리현상 등에 의해 왜곡 파형이 되어 고조파의 원인이 된다. 그러나 제일 많이 발생하는 제3고조파는 Δ결선을 통해 내부에서 해결되고 제5고조파 이상은 많이 나타나지 않아 크게 문제 되지 않는다.

5) 기타 원인
   - 역률 개선용 콘덴서와 그 부속기기
   - 형광등 및 방전등

3. 악성부하가 케이블에 미치는 영향

1) 고조파 전류 증가로 전력손실 증가
    - 케이블의 전력손실은 $I^2 R$로 표현된다.
    - 고조파가 증가할 경우 전류 $I = \sqrt{\Sigma I^2_n} = \sqrt{I_1^2 + I_2^2 + \cdots I_n^2}$ 가 되고
    - 교류저항은 직류저항값에 표피효과와 근접효과의 합에 의해 늘어난다.

2) 고조파 전류 증가로 송전 용량 감소

    즉, 전선의 허용 전류가 감소함

3) 역률 저하로 손실 증가
    - 역률은 피상전력에 대한 유효전력의 비이다.
    - 고조파 전류가 늘어나면 기본파의 피상전력에 고조파분이 무효분으로 동작하여 무효분의 전력을 더욱 증가시킨다.
    - 따라서 이 무효분에 의하여 전력 손실이 증가하게 된다.
    - $\cos\theta = \dfrac{P}{Pa} = \dfrac{P}{\sqrt{P^2 + P_r^2 + P_h^2}}$

    여기서, P : 유효전력
    P_r : 무효전력
    P_h : 고조파에 의한 전력

4) 케이블 중성선 과열
    - 일반적으로 중성선의 굵기는 다른 상에 비하여 같거나 가늘게 선정하고 있는데 영상분 고조파에 의하여 중성선에 많은 전류가 흐르게 되면 케이블이 과열된다.
    - 제3고조파는 기본파의 3배인 180Hz의 주파수 성분을 갖기 때문에 표피효과에 의해 케이블의 유효단면적을 감소시켜 과열현상은 더욱 크게 된다.
    - 침투 깊이 $\delta = \dfrac{1}{\sqrt{\pi f \mu k}}$ (mm)

5) 중성선 대지전위 상승

    중성선에 제3고조파 전류가 많이 흐르면 중성선과 대지 간의 전위차는 중성선 전류와 중성선 임피턴스의 3배의 곱 $VN - GIn \times (R + j3XL)$이 되어 큰 전위차를 갖게 된다.

4. 고조파 방지 대책

1) 발생원에서의 대책

- 변환 장치의 다 펄스화 : 변환장치의 펄스 수를 늘릴수록 고조파 전류는 현저히 감소한다.
  예 6펄스 → 12펄스 : 약 70% 고조파 전류 감소
- 능동 필터(Active Filter) : 전원 측에서 유출되는 고조파 전류와 반대 위상의 고조파 전류를 발생시켜 상쇄시킴

2) 부하측에서의 대책

- 수동 필터 (Passive Filter) : 부하단 근처에 필터를 접속하여 고조파 전류를 그 회로에 흡수
- 기기의 고조파 내량 증가 : 고조파 전류, 고조파 전압의 왜곡에 견딜 수 있도록 고조파 내량을 증가 시킨다.
- 외장 도체의 접지를 철저히 하여 좋은 차폐효과를 얻을 수 있도록 한다.

3) 계통 측에서의 대책

- 병렬공진을 일으키지 않도록 계통을 구성(유도성이 되도록)
- 발전기의 Hunting 현상을 방지할 수 있는 용량 선정
- 변압기 : 고조파분을 고려한 변압기 용량 선정
  - 변압방식을 TWO-STEP 방식 채택
  - 제3고조파를 흡수할 수 있도록 변압기 △결선
  - 고조파 부하용 변압기와 배전선을 일반 부하용과 분리
- 전원 단락 용량의 증대 : 부하의 고조파 발생량은 전원 단락 용량을 크게 하면 역비례하여 작아진다.
- 간선의 굵기 : 정상 전류분 외에 고조파 전류를 계산하여 충분한 굵기 선정

4.2 인버터 제어방식에 의한 전동기를 사용하는 경우는 주파수 변환에 의한 고조파가 발생한다. 이때 발생하는 고조파에 의한 전기설비의 오동작을 방지하기 위해 설치하는 노이즈 필터용 접지에 대하여 고려할 사항에 대하여 설명하시오. 건.80.1.5.

1. 노이즈 경로

1) Noise에는 도체를 통해서 전파되는 전도성 Noise와 공간을 통해서 전파되는 방사성 Noise의 두 가지가 있는데 계전기에 침입하는 노이즈는 주로 전도성 노이즈이다.
2) 전도성 노이즈에는 Normal Mode Noise와 Common Mode Noise의 두 가지가 있다.

[Normal Mode Noise]　　　　　　　[Common Mode Noise]

2. 노이즈 필터 접지 시 고려사항

1) 단독 접지
   - 인버터는 고조파가 많이 발생하여 통신 전자 장비에 영향을 줄 수 있다.
   - 따라서 통신용 접지등과 분리하여 제3종 또는 특별 제3종 접지를 한다.

2) 접지극의 접지 저항값을 낮춘다.
   - 접지 저항값이 크면 약간의 전류가 흘러도 큰 대지 전위가 발생한다.
   - 따라서 접지 저항을 가능한 낮추어 대지 전압을 낮추는 것이 좋다.

3) 접지선을 굵은 것 이용하여 접지 선로 저항을 낮춘다.

4) 접지극 이격

   접지 종류별 최소한 10m 이상 이격해야 하고, 특히 피뢰침용 접지와는 더 멀리 이격해야 한다.

5) 1점 접지 병렬 접속

6) 접지선을 접지극 가까이 접속

7) 배선상 고려사항

　(1) 평행 배선 지양
　　• 전력선과 신호선이 평행 배선되면 전자 유도현상에 의해 유도전압이 발생하므로 이격이 필요함
　　• 특히 EPS와 TPS를 분리하고 전력용과 신호용 덕트나 배관 등을 분리하여야 한다.

　(2) 중성선 전류 저감
　　• 380/220V 3상 4선식 선로는 220V용 전등이나 전열회로 때문에 중성선에 불평형 전류가 흐르기 쉽다.
　　• 이 불평형 전류에 의한 유도 장해를 줄이기 위해 가능한 평형 부하 유지가 필요하다.

　(3) 실드 접지
　　신호선에는 실드 케이블을 사용하고 정전 유도 전압을 줄이기 위하여 실드선을 1점 접지해야 한다.

> **4.3** 전자실드룸의 용도와 원리를 설명하고, 이와 관련한 전원설비, 배선, 조명, 접지 등에 대하여 설계상 고려사항을 간단히 설명하시오.
>
> 건.88.3.4.

1. 전자 Shield Room의 원리

- 전자 실드란 보호해야 할 공간을 다른 공간으로부터 금속 등의 차폐재를 이용하여 전자기적으로 차단하는 것을 말한다.
- 즉, 다른 공간으로부터 보호하고자 하는 공간으로 침입하는 전자기적 에너지를 최소한이 되도록 하는 것이며 실드 원리로는 수동차폐와 능동차폐가 있다.

1) 수동차폐

- 외부로부터 침입하는 전자파가 실내로 침입하는 방지하는 것
- 보호 공간의 외부에서 공중을 전파하는 파동에너지(전계와 자계)를 대상으로 동, 철 등의 실드재를 사용하여 입사파가 실드재에 부딪쳐 반사하거나 접지로 흡수하고 최소한의 투과만을 허용하는 것

2) 능동차폐

- 실내에서 발생하는 전자파가 외부로 새는 것을 방지하는 것
- 보호공간 내의 각종 전기, 기계 기구에서 발생하는 전자파를 차폐하는 것

2. 전자 Shield Room의 용도

- 과거에는 주된 용도가 병원 등의 심전도에 주로 적용
- 최근에는 전자실드룸의 필요성이 연구소 실험실, 측정실 등 첨단 연구소의 고정도 측정을 요구하는 장소는 물론, 신소재를 다루는 첨단 공장, 고정도를 요구하는 자동화 공장 등에 점차 확대되어 가고 있다.

3. 전기설비 설계상의 고려사항

1) 전원설비

(1) 외부에서 유입되는 전도노이즈 제거용 필터 설치

Shield Room 분전반에 내장하거나 기기본체에 부착하는 방법 등이 있음

(2) 변압기
- 자체에서 전자파를 발생시키지 않도록 실드 외함에 내장
- 2차측의 접지를 생략하는 Shield 절연변압기 사용
- 접지는 절연변압기 1, 2차권선 사이의 혼촉방지판을 사용하여 별도의 접지를 해야 함

2) 배선
- Shield Room 내에는 기본적으로 전원 공급배선 이외에는 가능한 배제
- 전선 : 실드케이블을 사용하여 편단접지 차폐되지 않은 전선 사용 시 금속관 공사에 의하거나 도전성 테이프로 Shield 처리

3) 조명
- 형광등 자체에는 많은 전자파가 발생하기 때문에 Shield Room 내의 조명은 백열전구나 LED가 형광등보다 유리함
- 조명기구에 실드망을 사용하는 경우 수 mm 메시 동판을 사용

4) 접지
- Shield Room 본체의 접지와 분전반 필터 등의 접지를 통합한 공통 1점 접지를 표준으로 함
- 다점 접지를 하는 경우 접지회로 간의 폐회로가 구성되어 잡음전류가 발생하므로 Shield 효과를 낮출 우려가 있음
- 접지저항은 가능한 낮고 접지선의 길이는 짧을수록 좋다.

4.4 고조파의 발생에 따른 영향에 대하여 10가지 들고 설명하시오.

건.95.2.4.

1. 개요

최근 전력 전자 기술의 발달로 많은 반도체 소자(비선형 부하)가 급증하는 추세에 따라 정현파 이외의 비 정현파가 전원에 영향을 주어 여러 부하들에 이상 전압 발생, 과열 및 소손, 소음 및 진동, 전력손실, 오동작 등의 원인이 되고 있어 특별한 대책이 강구되고 있다.

2. 고조파 발생 원인

1) 변환장치에 의한 고조파
2) 아크로 및 전기로에 의한 고조파
3) 회전기 및 변압기에 의한 고조파
4) 기타 원인
   - 역률 개선용 콘덴서와 그 부속기기
   - 형광등 및 방전 등

3. 고조파에 의한 영향

고조파가 전력 계통에 유입되었을 때 미치는 영향은 크게 유도장해, 기기에의 영향, 계통 공진으로 구분할 수 있다.

1) 유도장해

   (1) 정전 유도 : 전력선과 통신선의 정전 용량에 의한 장해(고전압 원인)
   (2) 전자 유도 : 전력선의 시스 전류와 통신선과의 상호 인덕턴스에 의해 발생하는 전자 유도 장해 중 전자 유도 장해의 영향이 더 큰 통신 장해 및 잡음의 원인이 된다.(대전류 원인)

2) 고조파 전류 증가에 따른 과열

   고조파 전류가 유입되면 아래 식과 같이 전류의 실효값이 커져 접속 부분에 과열이 발생하는 원인이 되고 이는 철심, 권선, 절연물의 온도 상승이 되어 소손 등의 장해로 발전할 수가 있다.

   $$I = I_1 \sqrt{1 + \sum \left(\frac{I_N}{I_1}\right)^2}$$

여기서, I : 고조파 전류
I_1 : 기본파 전류
I_N : n파 고조파 전류

3) 과전압 발생

또한 n차의 고조파 전류가 유입되었을 때 전기기기의 단자 전압이 $Vc = V_1(1 + \sum \frac{In}{I_1})$으로 높아진다. 고조파에 의해 단자 전압이 높아지면 기기의 절연 수명에 영향을 주며 이에 따라 콘덴서 내부 소자나 직렬 리액터 내부의 절연이 파괴될 수 있다.

4) 기기 및 선로의 손실 증가

$$W = W_1 \left[1 + \sum (\frac{In}{I_1})^2 \right]$$

여기서, W : 고조파 유입 시 손실
W_1 : 기본파만의 손실

손실의 증대는 기기의 온도가 이상 상승하고 경우에 따라서는 소손되는 일도 있다. 또한 유입되는 고조파 전류가 커지면 이상음이나 진동이 발생할 수도 있다.

5) 계통의 공진현상 발생

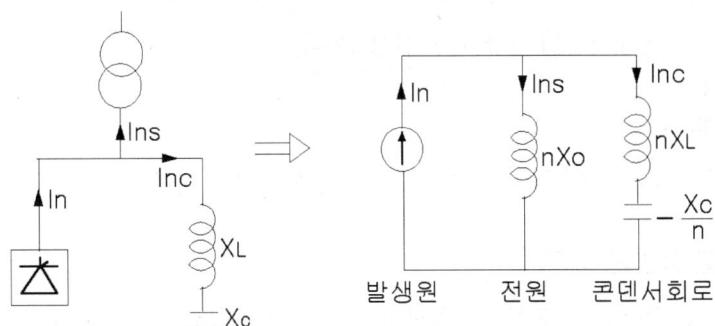

(1) $n X_L - \frac{Xc}{n} > 0$ → 유도성

(2) $n X_L - \frac{Xc}{n} < 0$ → 용량성

(3) $n X_L - \frac{Xc}{n} = 0$ → 직렬 공진

(4) $n Xs ≒ nX_L - \frac{Xc}{n}$ → 병렬 공진

앞의 4가지 현상 중에서 (4)의 조건이 될 때는 전원과 콘덴서 회로의 임피던스가 고조파 전류에 의해 병렬공진을 일으키고 이때 계통 전체에 대해 전압 왜곡을 일으킨다.

6) 변압기 출력 감소

$$3상\ 변압기\ 고조파\ 손실률\ \text{THDF} = \sqrt{\frac{1 + Pe(pu)}{1 + Kf \times Pe(pu)}} \times 100(\%)$$

여기서, $Pe(pu)$: 와전류손율
Kf : K-Factor

7) 철심의 자화현상으로 이상음 발생

- 고조파가 기기에 유입되면 소음 및 이상음 발생
- 10~20dB 정도 높아짐

8) 절연 열화

고조파 전압은 파고치를 증가시켜 절연 열화 원인이 된다.

9) 전동기 토크 감소 및 맥동 토크 발생

- 고조파 성분 중 역상 고조파 전류가 전동기 등 회전기에 침입 시 역 토크를 발생시켜 회전기의 토크를 감소시키고, 과열 및 소음의 원인이 된다.
- 고조파는 맥동 토크를 발생한다. 그 때문에 진동이 증대하기도 하고, 공작 기계 등에서는 가공물의 연마면에 줄무늬 모양이 생기기도 한다.

10) 진동 발생

기기(특히 전동기)의 진동은 설치장소와 구조에 따라서 변할 수 있다.

11) 케이블 중성선 과열

일반적으로 중성선의 굵기는 다른 상에 비하여 같거나 가늘게 선정하고 있는데 영상분 고조파에 의하여 중성선에 많은 전류가 흐르게 되면 케이블이 과열된다.

12) 중성선 대지전위 상승

중성선에 고조파 전류가 많이 흐르면 중성선과 대지 간의 전위차는 중성선 전류와 중성선 임피턴스의 3배의 곱 $VN-G = In \times (R + jnXL)$이 되어 큰 전위차를 갖게 된다.

13) 역률 저하

- 피상전력(P2) = $\sqrt{유효전력(P)^2 + 무효전력(Q)^2 + 고조파분무효전력(H)^2}$
- 역률 = $\dfrac{유효전력(P)}{피상전력(P_2)}$

위에서 피상전력이 커지므로 역률 저하됨

4.5 전력계통에 연계하는 분산형 전원의 용량에 따른 연계방법을 구분하고 순시전압 변동 허용 기준에 대하여 설명하시오.

건.99.4.2

1. 개요

1) 태양광발전등 분산형 전원은 각종 규제완화, 세제우대조치의 영향으로 확대 일로에 있지만 배전계통연계운전에 따른 여러 가지 문제점이 야기될 수 있다.
2) 이에 정부에서는 '분산형 전원 배전계통 연계기술기준'에 의해 연계운전에 따른 전력품질 저하를 방지하고 있으며 특히 전압변동은 저압배전선로 연계와 특고압 배전선로 연계로 구분하여 상시 전압변동과 순시 전압변동에 관해 상세히 규정하고 있다.

2. 용량에 따른 연계방법(제4조)

항목		저압 연계	특고압 연계
연계기준		• 단상2선 220V : 100kW 미만 • 3상4선 380V : 500kW 미만 • 연계용량이 150kW 이상 500kW 미만인 경우 분산형 전원 설치자가 해당 배전용 지상변압기의 설치공간을 무상으로 제공하며 전용으로 사용함을 원칙으로 한다.	• 3상4선 22,900V - 특고압 한전계통을 통해 계통에 연계하는 경우 : 10,000kW 이하 - 개별 분산형전원의 연계용량이 10,000kW 초과 20,000kW 미만인 경우에는 접속설비를 대용량 배전방식에 의해 연계
전력 품질	직류유입	최대 정격 출력전류의 0.5%를 초과하는 직류 전류를 계통으로 유입시켜서는 안 된다.	
	역률	90% 이상(역률은 계통 측에서 볼 때 진상역률이 되지 않도록)	
	고조파	전압왜율 3% 이하(공급규정)	전압왜율 3% 이하(공급규정)
	플리커	• 계산치 2.5% 이하(최대전압강하율) • 측정치 0.55% 이하(△V101시간 평균)	• 계산치 2.5% 이하(최대전압강하율) • 측정치 0.55% 이하(△V101시간 평균)

3. 순시전압변동률 허용기준 : 분산형 전원 배전계통 연계기술기준 제16조(순시전압변동)

1) 특고압 계통의 경우, 분산형 전원의 연계로 인한 순시전압변동률은 발전원의 계통 투입·탈락 및 출력 변동 빈도에 따라 다음 표에서 정하는 허용기준을 초과하지 않아야 한다. 단, 해당 분산형 전원의 변동 빈도를 정의하기 어렵다고 판단되는 경우에는 순시전압변동률 3%를 적용한다.

▼ 순시전압변동률 허용기준

변동빈도	순시전압변동률
1시간에 2회 초과 10회 이하	3%
1일 4회 초과 1시간에 2회 이하	4%
1일에 4회 이하	5%

2) 저압계통의 경우, 계통 병입 시 돌입전류를 필요로 하는 발전원에 대해서 계통 병입에 의한 순시전압변동률이 6%를 초과하지 않아야 한다.
3) 분산형전원의 연계로 인한 계통의 순시전압변동이 제1항 및 제2항에서 정한 범위를 벗어날 경우에는 해당 분산형 전원 설치자가 출력변동 억제, 기동·탈락 빈도 저감, 돌입전류 억제 등 순시전압변동을 저감하기 위한 대책을 실시한다.

4. 저압계통 상시전압변동(제21조)

1) 저압 일반선로에서 분산형 전원의 상시 전압변동률은 3%를 초과하지 않아야 한다.
2) 분산형전원의 연계로 인한 계통의 전압변동이 제1항에서 정한 범위를 벗어날 우려가 있는 경우에는 해당 분산형 전원 설치자가 한전과 협의하여 전압변동을 저감하기 위한 대책을 실시한다.

4.6 유도전동기 기동 시 발생하는 순시전압강하 계산방법에 대하여 설명하시오.

건.100.4.4

인용 : 한국 전기 기술인협회 '전력시설물 용량산정'

1. 분기회로 설계전류

한 개의 분기회로에 접속되는 부하용량은 분기회로의 최대사용전류가 과전류차단기 정격전류의 80% 이하가 되도록 하는 것이 바람직하다. 분기회로 설계전류의 산출기초가 되는 부하용량의 입력환산은 '건축전기설비 설계기준 제4장 6.2'에 의하면 다음과 같다.

1) 백열등 : 용량(W)×1.0(VA)
2) 형광등과 LED 조명은 용량(W)에 역률과 효율을 감안한 용량(VA)
3) 콘센트 : 1개(2구형)×150(VA)
4) 콘센트가 어떤기기 전용인 것은 그 부하의 효율, 역률을 감안한 용량(VA)
5) 전동기 부하는 그 부하의 효율, 역률을 감안한 용량(VA)
6) 부하용량을 집계한 후 미래의 증설 예정용량이 확실하지 않은 경우에는 여유율을 10% 정도 감안한다.

2. 전압 강하

1) 건축물 전압 강하 계산

일반적으로 건축물에는 회로의 리액턴스를 무시하고 역률을 1.0으로 간주하여 아래와 같은 약산식을 사용하여 전압강하 2%에 해당하는 도체의 단면적을 산출한다.

$$도체의 최소 단면적\ A = \frac{Kw \times L \times I}{1,000 \times e}(mm^2)$$

여기서, Kw : 배전방식에 의한 계수
        단상2선식 : 35.6
        3상3선식 : 30.8
        3상 4선식 및 1상 3선식 : 17.8 적용
    L : 전선의 길이(m)
    I : 선로 전류(A)
    e : 전압강하(3상4선식 및 단상 3선식 : 전압선과 중성선과의 전압)

2) 전동기 기동 시 도체 단면적 및 순시 전압 강하

(1) 도체 단면적

위 공식으로부터 전동기 기동 시 기동전류에 의한 도체의 온도상승을 고려한 도체의 단면적은 아래 공식으로 구한다.

$$A > \frac{\sqrt{t_s}}{K} \times I_{ms} (\mathrm{mm}^2)$$

여기서, t_s : 전동기 기동시간(sec)
 I_{ms} : 전동기 기동전류(A)
 A : 도체의 단면적(mm²)
 K : 도체의 온도상승값(아래표)

구분	초기온도	최종온도	K
PVC	70℃	160℃	115
XLPE	90℃	250℃	143

(2) 순시전압강하

전동기 기동 시 순시전압강하의 한도는 전동기 25~30(%), 방전등 20(%), 전자접촉기 20(%) 정도를 고려하고 여유치를 가산하여 순시 최대 허용 전압 강하를 15(%)로 하고, 간선전압강하를 8(%), 동력반 2차측 배선 전압 강하 7(%)로 하여 다음 식으로 계산한다.

$$\varepsilon = \frac{\%R\cos\theta s + \%X\sin\theta s}{100\dfrac{T_B}{T_S} + \%R\cos\theta s + \%X\sin\theta s} \times 100(\%)$$

여기서, T_B : 3상 기준용량(kVA)
 T_s : 전동기 기동용량(kVA)

4.7 유도전동기의 출력에 영향을 미치는 고조파전압계수(HVF ; Harmonic Voltage Factor)에 대하여 설명하시오.   건.101.1.11

1. 개요

1) 고조파는 주기적인 왜형파의 각 성분 중 기본파 이외의 것 즉, 기본파에 비해 2배 이상의 정수배 주파수를 갖는 파를 의미하며 상용 주파수의 50배수 즉, 3kHz까지를 고조파라 하고 그 이상은 고주파로 분류한다.

2) 고조파를 평가하는 방법은 전압THD, 전류THD, 전류TDD 등이 있다.

2. 고조파전압계수(HVF ; Harmonic Voltage Factor)

1) 전압 종합 고조파 왜형률(V_{THD})

   기본파 전압 파형에 대한 전체 고조파 전압 파형의 실효치의 비

$$V_{THD} = \frac{\sqrt{\sum_{2}^{n} Vn^2}}{V_1} \times 100 = \frac{\sqrt{V_2^2 + V_3^2 + \cdots V_n^2}}{V_1} \times 100(\%)$$

   여기서, V_1 : 기본파 전압(V)

   V_2, V_3, V_n : 각 차수별 고조파 전압(V)

2) 전류 종합 고조파 왜형률(I_{THD})

   기본파 전류 파형에 대한 전체 고조파 전류 파형의 실효치의 비

$$I_{THD} = \frac{\sqrt{\sum_{2}^{n} In^2}}{I_1} \times 100 = \frac{\sqrt{I_2^2 + I_3^2 + \cdots I_n^2}}{I_1} \times 100(\%)$$

   여기서, I_1 : 기본파 전류(A)

   I_2, I_3, I_n : 각 차수별 고조파 전류(A)

3) TDD(총 수요 왜형률 ; Total Demand Distortion)

기본파 최대 전류 파형에 대한 전체 고조파 전류 파형의 비

$$I_{TDD} = \frac{\sqrt{\sum_{2}^{n} In^2}}{I_{1P}} \times 100 = \frac{\sqrt{I_2^2 + I_3^2 + \cdots I_n^2}}{I_{1P}} \times 100(\%)$$

여기서, I_{1P} : 기본파 최대 전류(A)

I_2, I_3, I_n : 각 차수별 고조파 전류(A)

- TDD의 사용 배경

  대부분의 가변속 드라이브 장치의 경우 경부하 운전 시에는 입력 전류에 대해서 높은 종합 왜형률을 갖는 특성을 가진다. 이것은 왜형률은 높지만 고조파 전류의 크기는 작기 때문에 이런 경우 전류 왜형률을 THD로 나타내는 것은 큰 의미가 없다. 따라서 이러한 문제를 해결하기 위하여 IEEE-519에서 새로이 TDD가 제정되었다.

3. 고조파 왜형률과 유도 전동기 출력 관계(NEMA MG-1)

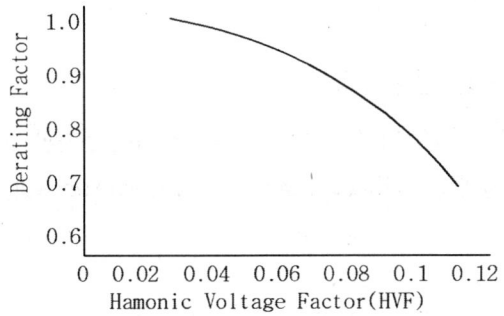

> **4.8**
> - EMC(Electro Magnetic Compatibility), EMI(Electro Magnetic Interference), EMS(Electro Magnetic Susceptibility)에 대하여 설명하시오.
>   건.107.4.4
> - 건축물의 EMC(Electromagnetic Compatibility)대책을 설명하시오.
>   건.83.1.4
> - 건축물에서 EMC(Electromagnetic Compatibility)와 EMI(Electromagnetic Interference)에 대하여 설명하시오. 건.75.2.3

1. 개요

1) EMI (Electro Magnetic Interference) 전자파 장해
2) EMS (Electro Magnetic Susceptibility) 전자파 내성
3) EMC (Electro Magnetic Compatibility) 전자파 합성

2. 전자파 종류

1) EMI(전자파간섭 또는 전자파장해)

EMI는 전기·전자기기로부터 직접방사, 또는 전도되는 전자파가 다른 기기의 전자기 수신 기능에 장해를 주는 것을 말하며 Electro Magnetic Interference의 줄임말이다.

2) EMS

기기가 외부로부터 전자파 간섭을 받을 때 영향받는 정도를 나타낸 것, 즉 전자파 감수성 또는 민감성을 나타낸다.

정확히 말하면 전자파 간섭으로부터 정상적으로 동작할 수 있는 능력인 Immunity(내성)과는 반대 개념이지만, 일반적으로 동일 개념으로 사용되고 있다.

3) EMC

EMC는 EMI와 EMS를 총칭하는 개념임

4) ESD(Electrostatic Discharge) : 정전기 방전

(1) 서로 다른 정전기 전위를 가진 물체가 가까워지거나 접촉했을 때, 갑작스러운 전하의 이동으로 인해 과전류가 흘러서 기기가 오작동을 일으키는 현상. 크기는 다르지만 번개로 인한 낙뢰도 ESD의 일종임

(2) 전자시스템의 한 지점에서 전압이 급격히 감소했다가 수 사이클에서 수 초간의 짧은 시간 후에 전압이 회복되는 현상

(3) (정전기 방전)에 의한 반도체 파괴
　① 열파괴(Thermal Breakdown) : 정전기 발생 시 열의 집중에 의해 Short 발생
　② 절연 파괴(Dielectric Breakdown) : 유전체의 절연내력 이상의 전압이 걸릴 때
　③ 금속층 용융 : Metal이 녹거나 Bond Wire가 이완될 때

3. 전자파 경로

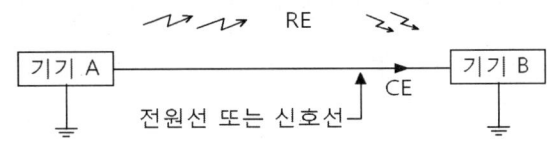

1) EMI

EMI는 크게 CE와 RE로 나눌 수 있음

(1) CE(Conducted Emission : 전도 방출) : 주로 30MHz 이하에서 발생
- 전자파가 신호선 또는 전원선 같은 매질을 통해서 전달되는 전자파
- 측정 장소 : Shield room

(2) RE(Radiated Emission : 방사 방출) : 주로 30MHz 이상에서 발생
- 전자파가 공기 중으로 방사되어 전달되는 전자파 잡음
- 측정장소 : Open Site, Semi-Anechoic(울림이 없는) room, Full-Anechoic room

2) EMS

EMS는 크게 RS, CS, ESD 등으로 나눌 수 있음

(1) CS (Conducted Susceptibility) : 전도내성

외부케이블, power cords, I/O interconnects 등을 통해서 들어오는 전자파 간섭에 견디어 정상적으로 작동하는 정도

(2) RS (Radiated Susceptibility/Immunity) : 방사내성

자유공간으로부터 전파되어 들어오는 전자파간섭에 견디어 정상적으로 작동하는 정도

> **4.9** 산업현장에서 사용하는 각종 기계기구의 안전을 인증하는 한국산업안전보건공단 S마크 인증기준에 따른 전자파 적합성(EMS) 시험대상에 대해 설명하시오.
>
> 안.96.1.9

1. 산업안전공단의 S마크란

1) S마크 안전인증은 산업현장에서 사용되는 각종 기계, 기구의 안전성을 향상시켜 산업재해를 예방하자는 취지의 제도다.
2) 산업현장에서 생산에 쓰이는 각종 기계의 안전성과 기계를 만드는 제조자의 품질관리능력을 종합적으로 심사해 기준에 적합한 경우 안전성을 상징하는 'S마크'를 제품에 표시토록 하고 있다.
3) 97년 7월부터 시행됐다.
4) 도면심사, 현장심사, 제품심사 등 3단계를 거쳐 인증서를 발급한다.

2. 전자파 적합성 시험

1) 전자파 장해시험 (2가지) : 전도 잡음시험, 방사 잡음시험
2) 전자파 내성시험(6가지) : 전도내성 시험, 방사내성 시험, 정전기 방전시험, 서지 시험, 전압변동 시험, 과도시험

3. 전자파 적합성 시험(EMC test)에 대한 항목

1) EMI : 2가지
   - 전자파장해 시험 : 전도잡음시험, 방사잡음시험
   - 해당 기기가 주변으로 방출하는 전자파의 영향을 측정
   - EMI에서는 통상 제품 본체와 제품의 라인(전원 등)에서 나오는 전자파의 양을 측정
   - 제품의 종류에 따라 달라진다. 무선기기, 유선통신기기에 따라 달라짐
   - 측정치가 법에서 규정하는 수치 이하로 나와야 인증이 가능함
   - 회로 불량, 저가 부품, 접지나 차폐 등이 소홀한 경우 수치가 높게 나와 인증이 어려움

2) EMS : 6가지
   - 전자파내성 시험 : 전도내성 시험, 방사내성 시험, 정전기방전시험, 서지시험, 전압변동시험, 과도시험
   - 위의 시험항목들에 대하여 제품이 일정치 이상의 등급까지 견디며 정상 동작을 해야 함
   - 주변의 전자파, 환경으로부터 해당기기가 가지는 내구성을 시험
   - 기기에 따라 시험조건이 달라진다.

4.10 최근 전력전자기기의 확대 보급에 따라, 비선형 부하가 증가하고 있다. 비선형 부하와 역률과의 상관관계를 설명하고, 또한 중성선의 과부하 현상에 대하여 설명하시오.

1. 비선형 부하 및 역률 정의

1) 비선형 부하
- 전압의 크기에 따라 저항값이 변하는 부하로서
- 반도체 스위칭 소자를 사용하는 정류기, 인버터, UPS 등과 철심을 사용하는 변압기, 전동기 등이 있고 고조파의 주 원인이 된다.

2) 역률

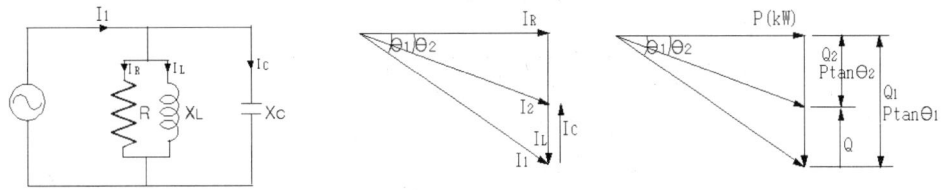

- 전압을 인가하면 부하전류 I_1는 유효전류 I_R과 무효전류 I_l(전압에 90° 지연)의 벡터합으로 표시된다.
- 역률이란 이 부하 전류와 유효전류 I_r 와의 위상각 θ의 여현 $\cos\theta$이다.

2. 비선형부하와 역률과의 상관관계

- 고조파가 많이 포함되면 고조파 전류는 무효분으로 동작하여 역률이 나빠진다.
- 위 벡터도에서 무효전력

$$피상전력(P_2) = \sqrt{유효전력(P)^2 + 무효전력(Q)^2 + 고조파분무효전력(H)^2}$$

역률 = 유효전력(P) / 피상전력(P2)

위에서 피상전력이 커지므로 역률 저하됨

$$\cos\theta = \frac{1}{\sqrt{1+THD^2}} \times \cos\theta_1$$

여기서, $\cos\theta_1$: 기본파 역률

3. 중성선의 과부하 현상

1) 고조파 전류 증가로 전력손실 증가
- 케이블의 전력손실은 I^2R로 표현된다.
- 고조파가 증가할 경우 전류 $I = \sqrt{\Sigma I^2_n} = \sqrt{I^2_1 + I^2_2 + \cdots I^2_n}$ 가 되고
- 교류저항은 직류저항값에 표피효과와 근접효과의 합에 의해 늘어난다.

2) 고조파 전류 증가로 송전 용량 감소
즉, 전선의 허용 전류가 감소함

3) 역률 저하로 손실 증가
- 역률은 피상전력에 대한 유효전력의 비이다.
- 고조파 전류가 늘어나면 기본파의 피상전력에 고조파분이 무효분으로 동작하여 무효분의 전력을 더욱 증가시킨다.
- 따라서 이 무효분에 의하여 전력 손실이 증가하게 된다.
- $\cos\theta = \dfrac{P}{Pa} = \dfrac{P}{\sqrt{P^2 + P^2_r + P^2_h}}$

  여기서, P : 유효전력
  P_r : 무효전력
  P_h : 고조파에 의한 전력

4) 케이블 중성선 과열
- 일반적으로 중성선의 굵기는 다른 상에 비하여 같거나 가늘게 선정하고 있는데 영상분 고조파에 의하여 중성선에 많은 전류가 흐르게 되면 케이블이 과열된다.
- 제3고조파는 기본파의 3배인 180Hz의 주파수 성분을 갖기 때문에 표피효과에 의해 케이블의 유효단면적을 감소시켜 과열현상은 더욱 크게 된다.
- 침투 깊이 $\delta = \dfrac{1}{\sqrt{\pi f \mu k}}$ (mm)

5) 중성선 대지전위 상승
중성선에 제3고조파 전류가 많이 흐르면 중성선과 대지 간의 전위차는 중성선 전류와 중성선 임피던스의 3배의 곱 $V_{N-G} = In \times (R + j3XL)$이 되어 큰 전위차를 갖게 된다.

4.11 전력계통 신뢰도를 표현하는 용어인 신뢰성(Reliability), 적정성(Adequacy), 안전성(Security)을 각각 간단히 설명하시오. 발.86.1.12.

인용 : 전력계통신뢰도 및 전기품질 유지기준

1. 개요
전력 계통의 신뢰도를 표현하는 방법에는 다음과 같이 신뢰성, 적정성, 안전성 등이 있다.

2. 신뢰성
예정된 기간 동안에 예상되는 운전 상태에서 전기설비가 적절한 성능을 발휘할 수 있는 확률을 말한다.

3. 적정성
수요를 충족할 수 있는 전력공급능력을 말하며 발전기, 송전선로, 배전선로 등 모든 전력설비가 검토 대상이 된다. 적정성은 동적특성, 과도특성이 고려되지 않은 정적상태에서 검토된다.

4. 안전성
전력계통에서 발생하는 왜란에 대하여 시스템이 응답하는 능력을 말하며 일부 또는 다수의 발전기나 송배전 설비 고장으로 인하여 발생할 수 있는 안정도의 문제가 포함된다.

> **4.12**
> - 전력계통 안정도 해석에서 정태, 동태, 과도 안정도의 차이점을 비교 설명하시오. 발.90.1.9.
> - 안정도의 정의와 위상각 안정도, 주파수 안정도, 전압 안정도를 설명하시오. 발.92.2.5
> - 전력계통의 안정도를 분류하고 안정도 향상대책에 대하여 설명하시오. 건.101.2.4

1. 안정도(stability)

- 전력계통에 연결된 발전기가 동기 운전을 하기 위해서는 모든 발전기가 같은 전기 속도로 회전해야 하며 어떤 원인으로 발전기의 회전자 위치가 처음 위치에서 앞서거나 또는 뒤졌을 경우 이것을 먼저 있는 위치로 회복시키는 힘이 작용하지 않으면 안 된다.
- 전력계통에서는 끊임없는 부하 변동이 발생하고 또는 전기 사고 등에 의하여 전력의 생산과 수요 간에 불균형이 발생하게 되어 이로 인하여 발전기 상차각이 변하게 되는데, 이의 상태변화 여하에 따라서는 동기운전이 깨어질 수도 있게 된다.
- 부하변동, 사고 등에 의해 교란(Disturbance)이 발생하면 각 설비들은 입력과 출력의 평형상태를 유지하지 못하고 동기발전기가 탈조하거나 계통이 붕괴될 수도 있다.
- 계통 내에서 각 구성요소(동기기들)가 교란에 대해 평형상태를 유지하는 능력을 안정도(Stability)라 하며 다음과 같은 종류가 있다.

1) 위상각 안정도(Rotor Angle Stability)

유효전력의 수급 불균형 때문에 송수전단간의 위상각이 동요하여 심할 경우 동기발전기가 탈조에 이르는 것이 위상각 안정도이고 발전기의 동기 운전 여부를 결정하는 데 쓰인다.

2) 전압 안정도(Voltage Stability)

장거리선로에서 수전단 전압의 이상 저하나 무효전력 부족에 기인하는 전압 불안정성 등이 원인이 되어 계통이 붕괴되는 현상이 발생하는데 이때 정상전압 유지능력을 전압안정도라 한다.

3) 주파수 안정도(Frequency Stability)

계통에서 기준 주파수에 대하여 벗어난 정도를 말한다.

2. 안정도 좌우 요인

1) 외란의 크기
2) 발전기, 송전선, 부하의 접속방법
3) 발전기 임피던스, 계통구성, 발전기 관성, 부하의 유효, 무효전력, AVR 및 조속기 등의 요인에 의해 좌우된다.

3. 안정도 종류

1) 정태 안정도(Steady State Stability)

전력계통의 교란이 미비한 경우 안정하게 송전(발전)할 수 있는 능력이다. 즉, 부하가 미소하게 변하는 상태에서 지속적으로 송(발)전할 수 있는 능력으로 이 경우의 안정범위 내의 최대전력을 정태 안정 극한전력(steady state power limit)이라 한다.

➲ 극한 전력(極限電力) : 어떤 조건하에서 송전 선로가 안정도를 유지하면서 보낼 수 있는 최대의 전력

2) 과도 안정도(Transient Stability)

부하가 갑자기 크게 변동한다든지, 계통에 사고가 발생하여 계통에 큰 충격이 주어진 경우에도 각 발전기가 동기를 유지해서 계속 운전이 가능한 정도를 말하며 이때의 극한 전력을 과도 안정 극한 전력이라 한다. 즉, 전력 계통에 발전기 탈조, 부하 급변, 지락(地絡), 단락(短絡) 따위의 급격한 움직임에 대하여 발전기가 안정상태를 유지하는 정도를 말한다.

3) 동태 안정도(Dynamic Stability)

입력의 변화 즉 자동전압조정기(AVR)나 조속기 등의 제어효과를 고려한 경우의 안정도이다. 최근에 와서 고성능의 AVR 및 Power Electronics 설비들의 고속 스위칭 작용을 이용한 FACTS (Flexible AC Transmission System) 기술이 이용되면서, 이들의 제어효과까지도 고려한 경우의 안정도를 동태 안정도라 한다.

4. 안정도 향상 대책

대책	내용
1. 직렬 리액턴스(X)를 작게 한다.	• 발전기나 변압기의 리액턴스를 작게 한다. 송전전력 $P = \dfrac{Vs\ Vr}{X} \sin\sigma$ • 선로의 병행 회전수를 늘리거나 복도체 또는 다도체 방식을 채용한다. • 직렬 콘덴서를 삽입하여 선로의 리액턴스를 보상한다.
2. 전압 변동을 작게 한다.	• 속응여자방식을 채용한다. • 계통을 연계한다.
3. 고장전류를 줄이고 고장구간을 신속 분리	• 적당한 중성점 접지방식을 채용하여 지락전류를 제한한다. • 고속도 계전기, 고속도 차단기 채용 • 고속도 재폐로 방식 채용
4. 고장 시 발전기 입출력을 작게 한다.	• 조속기의 동작을 빠르게 한다. • 고장 발생과 동시에 발전기 회로의 저항을 직렬 또는 병렬로 삽입하여 발전기 입출력의 불평형을 작게 한다.

4.13 순시과전압(Transient)과 서지(Surge)에 대하여 설명하시오. 안.92.1.7

1. Surge의 개요

Surge란 line 또는 회로를 따라서 전달되며, 급속히 증가하고 서서히 감소하는 특성을 지닌 전기적 전류, 전압 또는 전력의 과도파형이다.

비가 오고 번개가 치는 날이면 전기가 끊어지거나 전화가 불통되는 경우를 많이 겪게 되고, 전등이나 전기기기의 스위치를 켜는 경우 오디오의 음이 찌그러들거나, TV의 화면이 떨리는 것도 많이 경험하게 된다. 이러한 원인의 대부분은 Surge에 의한 것이다.

2. Surge의 종류

1) 발생 원인에 의한 분류

   (1) 자연현상에 의한 Surge

   ① 직격뢰(Direct Strike)

   보통 20kV 이상의 고압에 수kA~300kA의 과전류가 발생하여 접지를 통하여 절반 정도는 대지로 흡수되지만, 나머지는 전력선을 통하여 인입선으로 들어온다.

   ② 간접뢰

   송전선로 또는 통신선로에 뇌격하여 선로를 통하여 Surge가 전도되는 것으로 발생 빈도가 가장 많으며, 6,000V 이상의 매우 큰 에너지를 갖고 있어 이에 의한 피해가 가장 많고 크다.

   ③ 유도뢰(Indirect Lightning)

   낙뢰 지점에 근접한 대지에 매설된 전원선, 통신선, 접지, 수도 파이프 등 도체를 통하여 유도된 고압의 전류로 인하여 접지 전위의 급상승으로 Surge가 발생한다.

   ④ 방전(Bound Change)

   지상과 구름, 구름과 구름 사이의 방전으로 유도된 전하가 전력선, 금속체 또는 지표로 흘러 장비를 손상시킨다.

   (2) 개폐 및 기동에 의한 Surge

   (3) 정전기 의한 Surge : ESD(Electro-Shortic Discharge)

   (4) 핵에 의한 Surge : NEMP(Nuclear Eletro-Magnetic Pulse)

2) 전이 과정에 의한 분류

(1) 전도성 Surge : 도체를 통하여 유입되는 Surge를 말한다.

(2) 유도성 Surge : 갑작스런 전류의 변화로 인하여 인접회로에 유도되는 Surge로 대표적인 것으로 낙뢰시 전원 cable과 인접한 signal cable 사이에 발생하는 것이다.

(3) 전파성 Surge : 공중파의 형태로 회로에 유입되며 대표적인 것이 RFI(Radio Frequence Interferance)다.

(4) 복합성 Surge : 상기 3가지가 복합적으로 전이되는 것으로 대부분의 Surge가 이러한 형태를 취하고 있다.

3) Surge 형태에 의한 분류

(1) 전류성 Surge : 다량의 전류가 일시에 유입됨으로 인하여 열이 발생하고, 이로 인하여 IC impedance 회로에 많은 영향을 미친다.

(2) 전압형 Surge : 반도체 소자의 절연 내압보다 큰 Surge 전압이 침투하게 되면 절연파괴에 의해 기능을 상실하게 되며, MOS 소자가 손상을 입기 쉽다.

4) 전원선에 의한 분류

(1) Normal Mode Noise

전원선을 타고 들어오는 것으로서, 주로 Impulse 혹은 Surge 등으로 나타남

(2) Common Mode Noise

Hot Line이나 Neutral Line을 타고 들어온 뒤 Ground Line을 타고 나가거나 혹은 그 반대가 되는 등의 Noise

3. Transient의 구분

1) Impulse Transient

- 상승 시간이 매우 짧고, 급속히 하강하며, 높은 에너지를 함유하고 있다. 단극성(Unipolar)으로 수백 V에서 수천 V까지 전위가 올라간다.
- 지속시간은 수 msec부터 200msec까지다.
- Impulse Transient의 크기는 0V에서부터가 아니라 sine-wave상에서부터 측정된 수치다.
- Positive Impulse Transient는 "Spike"라 부르기도 하며, Negative Impulse Transient는 "Notch"라 부르기도 한다.

2) Oscillatory Transient or Ringwave Transient
- 상승 시간이 빠르고 수백Hz~수십MHz의 주파수로 oscillation을 하며, 지수 함수적으로 감쇄한다.
- Impulse Transient보다 낮은 energy를 함유(250~2500V)하며, 보통 1cycle 이상의 지속 시간(16.7msec)을 가진다.

4. Transient와 Surge의 비교

순시 과전압(Transient)과 서지(Surge)는 국제기구(IEEE, UL, NEC 등)에서는 구분하지 않으며, 일반적으로 같은 의미로 사용하고 있지만, General Semiconductor Industries에서는 Transient와 Surge의 특성을 다음과 같이 구분하고 있다.

1) Transient
- 지속시간이 $8.4\mu sec$보다 짧다.
- 정현파(sine wave)와 지수함수적인 파형이다.
- 일반적으로 high impedance source와 관계가 있다.
- 과도전압 level은 표준작업 환경하에서 수 nV에서 18,000V까지의 범위다.

2) Surge
- 지속시간이 $8.4\mu sec$보다 길다.
- 구형파와 지수함수적인 파형이 있다.
- 일반적으로 low impedance source와 관계가 있다.

4.14 100kHz 정도의 비전리 전자파가 인체에 미치는 영향에 대해 설명하시오.

안.96.1.10

1. 열작용

1) 생체작용

RF파 및 마이크로웨이브의 조직가열작용은 인체표면에 지각신경이 분포되어 있어서 체표면에 흡수된 라디오파 및 마이크로파가 조기에 온감을 불러일으키는 반면에, 심부에 흡수된 것은 그 효과가 늦게 나타나므로 불쾌감을 느낄 때 이미 장해가 일어났다고 볼 수 있다.

2) 제한치

보통의 환경조건에서 운동을 하지 않는 사람에게 SAR이 1[W/kg], 단시간 내에 4[W/kg] 이하일 경우 1℃ 정도의 신체온도 상승을 일으킨다. 따라서 충분한 Margin을 두어 사람의 전신 SAR을 0.4[W/kg] 이하로 제한할 것

2. 눈에 대한 작용

1) 눈의 수정체는 혈액을 잘 공급받지 않아 냉각능력이 부족하고, 파괴된 세포의 노폐물이 잘 축적되는 관계로 열에 민감하고 약하다.
2) 따라서 열작용이 강한 라디오파 및 마이크로파에 노출될 경우 수정체에 백내장을 유발할 가능성이 많다.
3) 특히 1~10[GHz]의 마이크로파는 백내장을 잘 일으킨다.

3. 중추신경에 대한 작용

1) 사람에게는 300~1,200[MHz]의 주파수 범위에서 가장 민감히 나타난다.
2) 중추신경계의 증상으로는 두통, 피로감, 지적능력 둔화, 기억력 감퇴, 성적흥분 감퇴, 불면, 정서 불안 등이 기록되었다.

4. 혈액의 변화

일부 연구결과에서 임파구 독소 감소, 호르몬, 효소, 면역요소 등의 변동이 나타나며, 백혈구의 증가, 망상 적혈구의 출현, 혈소판의 감소가 나타난다고 보고되어 있으나, 일반적인 공인을 받지 못하고 있다.

5. 유전 및 생식기능에 미치는 영향

1) 많은 동물실험결과 라디오파 및 마이크로파의 피폭은 돌연변이성이 아니어서 체세포의 돌연변이는 일으키지 않는다.
2) 따라서 발암의 가능성은 없다.
3) 그러나 생식기능상의 장해를 유발할 가능성이 보고되고 있다.
4) 특히 여성의 경우 이 가능성이 더욱 크다.
5) 고환도 열에 민감하다.
6) 고환의 온도는 체온보다 수 ℃ 낮아서, 온도가 높아질 경우 이 온도가 남성의 생식세포 특히 감수분열이 진행되는 생식세포에 나쁜 영향을 미친다고 알려져 있다.

4.15 고조파가 누전차단기의 동작특성에 미치는 영향에 대해 설명하시오.

안.96.2.5.

1. 누전차단기의 동작원리

1) 정상상태에서는 동작되지 않으나,
2) 이상 시에는 영상변류기(ZCT)의 유입 및 유출전류가 지락사고 전류만큼 달라져, 누전검출부가 이 차이를 검출하여 차단기를 차단시킴으로써, 인체가 감전되는 것을 방지하게 된다.

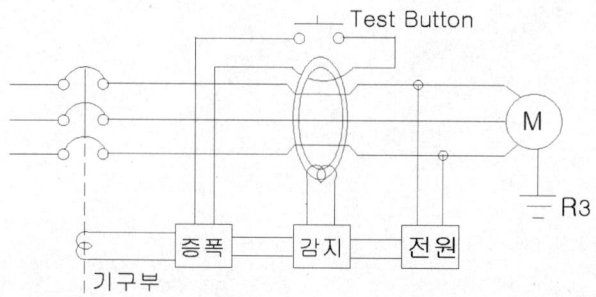

2. 누전차단기의 불필요 동작

1) 부적절한 감도전류에 의한 불필요 동작

   (1) 누전차단기의 감도전류가 회로가 정상인 누전전류에 비해 너무 예민할 경우에 동작하는 것으로 선정의 문제라도 할 수도 있다.
   (2) 회로의 누전전류는 전선의 대지정전용량에 의한 경우가 대부분이지만, 전기로나 히터 중에는 냉각 시, 충분한 절연저항이 있어도 고온 시에 절연저항이 저하하는 것이 있다.
   (3) 또, 회로의 누전전류로 주의를 요하는 것은 정상 시 누전전류만이 아니라 개폐 시나 시동 시 과도한 대지누전전류가 누전차단기를 동작시키는 경우도 있다.
   (4) 시동 시의 과도적 누전은 시동 시 권선의 전위분포가 운전 시와 다름으로써 권선의 프레임에 대한 정전용량을 통해 발생하는 것이다.
   (5) 부하기기나 배전선의 대지에 대한 정전용량이 클 때에는 정상이라 해도 상당히 큰 영상분 전류가 흐르고, 이것이 누전차단기의 정격 부동작 전류를 넘으면 누전차단기가 동작하는 경우가 있다.
   (6) 최근에는 인버터용 노이즈필터나 직류전원 등에 내장된 노이즈 필터로 대지정전용량이 증가하는 원인이 되고 있어, 감도전류의 선정에는 주의할 필요가 있다.

2) 서지에 의한 불필요 동작

(1) 배전선 유도뢰의 2차 이행에 따른 유도뢰 서지의 영향을 받으면 높은 전압이 전선로를 지나서 배전기기에 가해진다.
(2) 이때, 누전차단기의 전자회로가 오동작해서 누전차단기를 트립시키거나 혹은 전자부품의 파괴로 부동작이 되는 경우가 있다.

3) 고조파에 의한 영향으로 오동작

(1) 반도체 스위칭 기능을 이용해서 직류나 교류전원을 만드는 과정에서 광범위한 고조파나 고주파 노이즈가 발생한다.
(2) 이 고조파 성분이 대지정전용량에 따라 항상 흐르기 때문에 대지 정전 용량이 커지면 불필요 동작을 하는 경우가 있다

4) 분기회로 지락사고에 의한 건전회로의 불필요 동작

(1) 누전차단기 불필요 동작의 하나로 공통 임피던스가 있는데, 그 원인 규명이 매우 복잡하다.
(2) 중성점 설치회로 등에서 분기회로의 1선이 지락되면 지락을 일으킨 회로의 누전차단기만이 아니라 다른 계통의 건전회로에 설치된 누전차단기가 불필요 동작을 하는 경우가 있다.
(3) 이 건전회로의 불필요 동작은 전로의 대지정전용량과 대지의 공통 임피던스에 따른 것이기 때문에, 누전차단기의 감도전류를 대지 정전용량에 비해 너무 작게 했기 때문에 발생하는 것이다.

5) 전자유도에 의한 오동작

누전 차단기 주변에 전원회로가 존재하면 그 전원회로 전류에 의해 전자유도현상이 발생하는데 이때 누전차단기가 그 영향을 받아 오동작하는 경우가 발생한다.

6) 오접속으로 오동작

(1) 전원 측과 부하 측의 오접속
(2) 병렬회로에 누전차단기 적용 시
(3) 3상4선식 회로에 3극 제품 사용 시 부하단에서 중성선 사이에 부하를 연결시킨 경우
(4) ELB의 부하 측에서 중성선 접지선을 공동접지한 경우
(5) ELB를 설치한 회로의 접지를 ELB를 설치하지 않은 회로의 접지와 공통으로 한 경우

7) 진동 또는 충격

영상변류기의 구조상 아주 강한 충격은 그 성능을 크게 변화시켜 사용불능이 된다. 운반 등에 있어서도 충분히 유의해야 한다.

8) 습도가 적은 장소로 할 것

상대습도가 45~80% 사이 습기 찬 지하실, 터널 등에 오래 방치하면 반도체, 가동부분, 배선 등이 열화한다.

9) 전원전압의 변동에 유의할 것

ELB는 전원전압이 정격전압의 85~110% 사이에서 그 성능을 만족한다. 극단적인 전압강하, 상승은 성능 발휘에 문제임

3. 결론

전로의 대지 정전용량과 정격감도전류의 선정에 관해서는 설계단계에서 검토하는 것이 바람직하다.

4.16 전력계통 신뢰도 및 전기품질유지기준(지식경제부, 2009.12)

1. 개정 배경
- 최근 신재생에너지 등 비중앙급전발전기의 급속한 증가로 전력계통의 안정성과 전기품질의 저하가 우려되어 전기품질 유지 및 광역정전 사고예방을 위해(비중앙 급전발전기 : 20MW 이하 또는 계통운영자의 급전지시 및 통제를 받지 않은 발전기로서 '09년도 현재 전체 발전설비의 7.8% 점유)
- D-DOS 등 사이버 테러 발생 시 전력제어시스템의 마비로 인한 대규모 정전 가능성이 지속적으로 제기됨

2. 개정의 주요내용
1) 신재생 발전기의 전력계통 적정연계기준 신설
2) 비중앙 급전발전기의 발전기 운영정보 제공
3) 전력통신·제어설비의 사이버 해킹 대비 보안기준 마련

3. 제2장 전기품질

제4조(계통주파수 조정 및 유지범위)
　전기사업자는 전력거래소의 급전지시에 따라 발전력 조정 등의 방법으로 계통주파수를 평상시 60 ± 0.2Hz의 범위 이내로 유지하여야 한다. 다만, 비상 상황의 경우에는 62~57.5Hz 범위 내에서 유지할 수 있다.

제6조(전압유지범위)
1. 765kV : $765 \pm 5\%$(726~800kV)
2. 345kV : $345 \pm 5\%$(328~362kV)
3. 154kV : $154 \pm 10\%$(139~169kV)

제7조(고조파, 플리커 허용치 및 전압 불평형률)
1. 고조파와 플리커 허용치 : 전력계통이 안정적으로 유지될 수 있도록 합리적으로 설정하여 운영하여야 한다.
2. 송전용 전기설비 전압 불평형률 : 3% 이내 유지
3. 발전기 상간 전압 불평형률 : 1% 이하, 고조파 전압 왜형률 : 5% 이하

제4장 발전설비 신뢰도

제22조(발전기의 주파수 운전 기준)
1. 60 ± 1.5Hz 연속 운전
2. 58.5~57.5Hz 범위에서 최소한 20초 이상 운전상태 유지

제23조(발전기의 무효전력 출력)
　지상역률 0.9에서 진상역률 0.95 범위

제27조(자동전압조정장치)
정격 20MVA 이상의 동기발전기의 경우, 자동전압조정장치는 발전기의 전 운전범위에 걸쳐서 정상상태 단자전압을 설정치(Set Point)의 ±0.5% 이내로 유지할 수 있는 성능을 갖추어야 한다.

제29조(계통안정화장치)
전력시장에 신규로 진입하는 500MVA 이상의 동기발전기는 계통안정화장치를 구비하여야 한다.

제6장 배전설비 신뢰도

제40조(배전계통 운영)
① 배전사업자는 고압배전선로 고장 시 정전 구간을 최소화하고 부하 융통이 가능하도록 간선 간의 연계선로 구성 등 방안을 강구하여야 한다.
② 배전사업자는 배전선로와 기기의 보호, 재해방지 및 공급신뢰도 향상을 위하여 배전계통에 보호장치를 설치하여야 한다.

제41조(배전전압 품질)
배전사업자는 변전소 송출단 이후 배전선로의 전압을 다음 표에 의거 안정적으로 유지하여야 한다.

항목	표준	허용 오차	우리나라 현황
전압	110V 220V 380V	±6V ±13V ±38V	비교적 양호
주파수	60Hz	±0.2Hz	0.1Hz 정도

4. 제8장 신재생 발전설비 신뢰도

제46조(신재생발전기의 계통연계 등)
① 신재생발전사업자는 신재생발전기의 계통연계 또는 운전 시 전력 계통의 신뢰도 및 전기품질유지에 협조하여야 한다.
② 송·배전사업자는 신재생발전기의 적정 계통연계기준을 마련·운영하여야 한다. 다만, 그 기준의 수립에 관한 사항은 지식경제부 장관의 인가를 받아야 한다.
③ 신재생발전기 계통연계 기준의 적용 대상은 다음 각호의 1과 같다.
 1. 육지계통 : 전력계통에 신규로 접속되는 20MW 이상의 발전기
 2. 제주계통 : 배전계통에 전용선로로 연계되는 규모 이상의 발전기

제47조(신재생발전기의 주파수 운전기준)
신재생발전기의 주파수 운전기준은 제22조를 적용한다.

제48조(신재생발전기의 무효전력 출력)
① 신재생발전기의 무효전력제공 성능은 정격출력(MW) 기준으로 다음 각 호와 같다.
  1. 풍력발전기 : 지상 0.95~진상 0.95
  2. 조력발전기 : 지상 0.95~진상 0.95
  3. 부생가스, 매립지가스 발전기 : 지상 0.90~진상 0.95
② 발전기의 무효전력 출력은 전력거래소에 등록한 발전기별 특성범위 내에서 운영할 수 있어야 한다.

제49조(신재생발전기의 순시전압 저하 시 유지성능)
① 신재생발전기는 인근계통 고장 시 순시전압저하에도 연계운전을 유지할 수 있는 성능을 갖추어야 한다.
② 전력거래소는 계통검토 및 보호협조를 고려한 기준을 제시하여야 한다.

> **Reference** 한전 분산형 전원 배전 계통 연계 기술기준 건.107.1.3
>
> 1. 특고압 계통
>   분산형 전원의 연계로 인한 순시전압변동률은 발전원의 계통 투입·탈락 및 출력 변동 빈도에 따라 다음 표에서 정하는 허용 기준을 초과하지 않아야 한다. 단, 해당 분산형 전원의 변동 빈도를 정의하기 어렵다고 판단되는 경우에는 순시전압변동률 3%를 적용한다.
>
>   ▼ 순시전압변동률 허용기준
>
> | 발전원의 계통 투입·탈락 및 출력 변동 빈도 | 순시전압변동률 |
> | --- | --- |
> | 1시간에 2회 초과 10회 이하 | 3% |
> | 1일 4회 초과 1시간에 2회 이하 | 4% |
> | 1일에 4회 이하 | 5% |
>
> 2. 저압계통
>   계통 병입 시 돌입전류를 필요로 하는 발전원에 대해서 계통 병입에 의한 순시전압변동률이 6%를 초과하지 않아야 한다.

조명설비

CHAPTER 05

PROFESSIONAL ENGINEER BUILDING ELECTRICAL FACILITIES

5.1 조도 계산식을 쓰고, 각 변수에 대해 설명하시오.   건.78.1.5.

광속법은 평균 조도를 구하는 계산법으로 국내외적으로 널리 사용하는 방법이며, 비교적 계산 과정은 간단하나 정확도가 낮은 것이 단점이다.

1. 작업면의 평균 조도

$$E = \frac{FUN}{AD}(\text{lx})$$

여기서, F : 램프 1개당 광속(lm) U : 조명률
        N : 램프 개수 D : 감광 보상률
        A : 조명 면적(mm^2)

2. 평균 조도 계산 시 고려사항

1) 조명률

 • 광원의 전광속에 대한 작업면에 도달하는 유효광속의 비

$$\text{조명률 (U)} = \frac{\text{피조면에 입사한 광속(lm)}}{\text{램프로부터 방사되는 전 광속(lm)}}$$

 • 조명률은 실지수와 바닥면, 천정면, 벽면의 반사율을 조합하여 조명률 표에 의해 구한다.

2) 감광 보상률

 • 사용기간의 경과에 따라 기구의 오염 등으로 평균조도가 저하될 것을 미리 설계 시에 반영하여 여유값을 갖게 한다.
 • 조도의 감소 요인 : 램프 자체의 광속감소(필라멘트 증발, 흑화현상), 등기구 노화, 등기구, 천장, 벽 등의 색상변화, 먼지
 • 직접 조명의 경우 보통 다음 값을 반영
   − 깨끗한 사무실이나 공장 : 1.3
   − 보통의 장소 : 1.5
   − 먼지가 많은 장소 : 2.0

3) 실지수(R)

조명률을 구하기 위해 방의 형태 및 천장 높이에 따라 결정되는 계수

$$실지수(R) = \frac{X \cdot Y}{H(X+Y)}$$

여기서, H : 피조면에서 광원까지의 높이
X : 방의 너비
Y : 방의 길이

5.2 터널과 지하차도 조명설계 시 순응에 대하여 설명하시오. 건.87.3.1.

1. 개요
터널조명에서는 주간에 순응의 문제를 해결하는 것이 좋다. 일반적으로 터널 길이 25m 이하는 조명시설이 불필요하며 25~50m는 야간에만, 50m를 넘는 경우 주야 모두 조명을 한다.

2. 순응 현상

1) 진입 전 상황

조명이 충분하지 않은 터널입구는 블랙홀 현상(긴 터널), 짧은 터널의 경우 Dark Frame(어두운 틀)현상이 생긴다.

2) 진입 직후의 상황

밝은 도로에서 어두운 터널에 진입하면 일정한 시간이 경과할 때까지 터널의 내부 상태를 보지 못한다. 이것은 운전자의 눈이 급격한 변화에 순응하지 못함을 나타낸다.(4~5분간, 암순응)

3) 출구의 상황

긴 터널의 출구부분은 개구부에서 보는 외부가 고휘도이므로 화이트홀 현상이 생겨 불쾌글레어 현상 및 거리 착각현상이 나타난다.(1~2분간, 명순응)

3. 터널 시각 순응 시설
터널 입구에 전기적인 인공조명을 사용하지 않고 주광의 밝기를 적절하게 제어하는 설비

1) 방법
- 루버 사용
- 반투명 폴리카보네이트
- 불투명 마감재에 창문을 설치하는 방법

2) 효과
- 전력 에너지 절감
- 눈 등에 의한 입구부 미끄럼 방지
- 시각적인 미적 효과
- 터널의 바위 조각 등 낙하 시 보호 등

5.3 LED(Light Emitting Diode) 조명분야와 관련된 인증제도에 대하여 설명하시오.

건.93.1.5.

1. 녹색인증제도

1) 녹색인증제도란
 - 정부의 저탄소 녹색성장정책의 기반구축의 일환으로, 유망 녹색산업에 대한 민간투자 활성화를 위해 시행
 - 녹색기술 및 녹색사업인증, 녹색 전문기업 확인을 통해 녹색분야 기술발전을 견인하고 녹색성장정책의 실질적인 성과창출을 도모
 - 관련 근거 저탄소 녹색성장 기본법

2) 녹색인증대상

대분류	중분류
신재생에너지	태양광, 연료전지, 에너지 저장, 풍력, 청정연료, 해양에너지
탄소 저감	Non-CO_2, 온실가스 처리, 원자력
그린IT	LED, 스마트그리드
그린차량	그린카
첨단그린 주택·도시	U-City, ITS, GIS(공간정보), 저에너지 친환경주택

2. KS 인증

1) 2009. 02 LED 램프가 KS로 제정됨
 - KSC 7651 : 컨버터 내장형 LED 램프
 - KSC 7652 : 컨버터 외장형 LED 램프

2) 시험항목

절연저항, 전자기 적합성 등의 시험과 전등효율 등 전기적, 광학적, 기계적 시험 등을 통하여 KS로 인증

3. 고효율 에너지 기자재 인증

1) 제도 개요

- 고효율 기기 보급을 위한 자발적 인증제도
- 고효율에너지 기자재 지정 시험 기관에서 측정한 에너지 소비효율 및 품질시험 결과 전 항목을 만족하고, 에너지 관리공단에서 고효율 에너지 기자재로 인증받은 제품

2) 대상 품목

기자재	적용 범위
1. LED 교통신호등	역률이 90% 이상
2. LED 유도등	LED(Light Emitting Diode)를 광원으로 사용하는 유도등
3. 컨버터 외장형 LED램프	30W 이하의 일반 조명용 컨버터 외장형 LED 램프
4. 컨버터 내장형 LED램프	60W 이하의 일반 조명용 컨버터 내장형 LED 램프
5. 매입형 및 고정형 LED 등기구	AC 220V 일반 조명용 LED 등기구
6. LED 보안등기구	AC 220V LED 보안 등기구
7. LED 센서등기구	정격 30W 이하의 LED 센서등기구
8. LED용 컨버터	LED 모듈과 램프에 적용되는 전자 구동장치
9. PLS 등기구	1,000V 이하의 PLS방식의 무전극램프(700W, 1,000W)
10. LED 가로등기구	400W 이하의 일체형 또는 내장형 LED 가로등기구
11. LED 투광등기구	LED 소자를 광원으로 사용하는 400 W 이하의 LED 투광등기구
12. LED 터널등기구	도로터널에 사용되는 LED 터널등기구
13. 직관형 LED램프(컨버터 외장형)	램프전력이 22W 이하, 직관형 LED램프(컨버터 포함)

> **5.4** LED의 광발생과 관련된 직접천이형(direct transition) 반도체의 빛에너지와 발광 파장의 상관관계를 나타내고, 백색광을 출력하기 위한 각종 방안의 장단점을 설명하시오.
>
> 건.94.3.3.

1. 직접천이형과 간접천이형

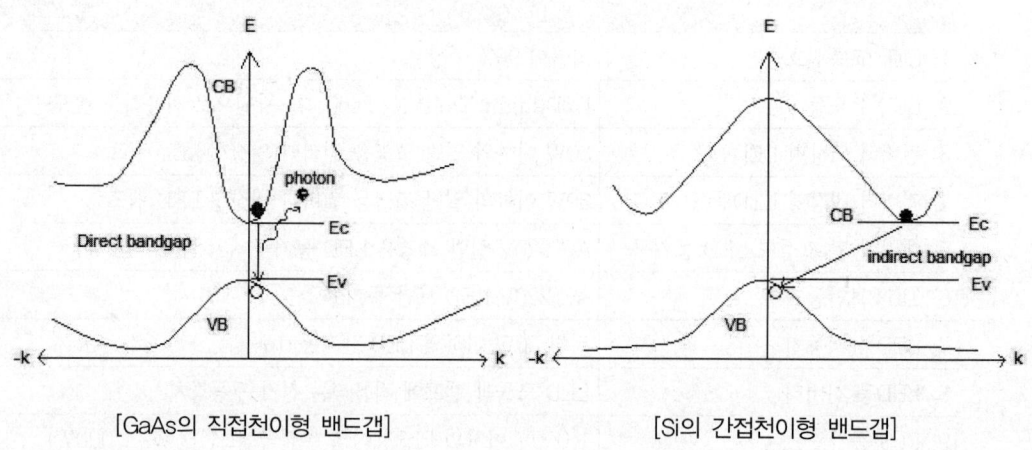

[GaAs의 직접천이형 밴드갭]　　　　　　[Si의 간접천이형 밴드갭]

LED의 재료는 직접전이형(direct transition)과 간접천이형(indirect transition) 반도체로서 구별할 수 있다.

1) 직접천이형

- 직접천이형은 모두 발광으로 이루어지기 때문에 LED 재료로서 좋은 것이라 할 수 있다.
- 일반적으로 직접천이형 반도체가 전자-정공 재결합 시 발광 효율이 더 우수하므로 현재 실용화 되고 있는 고효율 LED등의 기본 재료는 모두 직접 천이형 밴드 구조를 갖는다.
- 대표적으로 Ⅲ-Ⅴ족 반도체인 GaAs와 GaN는 직접 천이 밴드갭이어서 적색, 청색, 녹색의 빛을 내는 발광소자로 대부분이 적용되고 있다.

2) 간접천이형

- 간접천이형은 열과 진동으로서 수평천이가 포함되어 있어서 효율이 좋은 발광 천이(여기)를 이루기에는 부적당하다.
- 발광하고자 하는 영역에서 직접천이형 반도체 결정이 존재하지 않았던 LED 발전 초창기에는 간접천이형 반도체에 특별한 불순물을 첨가하여 발광 파장을 어느 정도 변화시켜 발광영역을 맞추어 왔다.

2. LED 색상

1) 적색 LED

GaAs와 AlAs의 혼합 결정인 GaAlAs, GaAs와 GaP의 혼합 결정인 GaAsP가 주로 사용되어 왔다.

2) 녹색 LED

AlP와 GaP가 가장 좋지만 간접천이형 반도체이기 때문에 발광효율을 비약적으로 향상시키기 어려웠다. 또한 순녹색의 발광도 얻어지지 않았으나 추후 InGaN의 박막 성장이 성공하게 됨에 따라 고휘도 녹색 LED의 구현이 가능하게 되었다.

3) 청색 LED

가장 실현하기 어려웠던 색으로 처음에는 SiC, ZnSe, GaN 등 세 가지 물질이 경합을 벌였다. GaN은 고휘도 청색 및 녹색 LED의 출현이 가능하게 되었다.

3. 백색 LED의 구현방법

1) 하나의 칩에 형광체를 접목시키는 방법

- 청색 LED를 광원으로 사용하고, 노란색(560nm)을 내는 형광물질을 통과시키는 형태의 백색 LED가 처음으로 등장하게 되었다.
- 백색 LED는 청색과 노란색의 파장 간격이 넓어서 색 분리로 인한 섬광효과를 일으키기 쉽다.
- UV LED가 여기광원으로 사용됨에 따라 단일 칩 방법으로 조명용 백색 LED 구현에 있어서 새로운 전기를 맞이하게 되었다.

2) 멀티 칩으로 백색 LED를 구현하는 방법

- RGB의 3개 칩을 조합하여 제작하는 것이다.
- 그러나 각각 칩마다 동작 전압의 불균일성, 주변 온도에 따라 각각의 칩의 출력이 변해 색 좌표가 달라지는 현상 등의 문제점을 보이고 있다.
- 따라서 백색 LED의 구현보다는 회로 구성을 통해 각각의 LED 밝기를 조절하여 다양한 색상의 연출을 필요로 하는 특수 조명 목적에 적합한 것으로 판단된다.

3) 보색 관계를 갖는 2개의 LED를 결합

- 주황색과 청 녹색을 4대 1의 비율로 섞으면 백색광이 되는데 주황색에서 적색까지의 발광색을 조절할 수 있는 InGaAlP LED의 경우 성능지수가 $100 lm/W$를 초과함에 따라 현재 조합된 백색 LED의 조명효율이 형광등과 가까운 정도이다.
- LED의 조명효율이 빠른 속도로 높아지고 있는 추세에 비추어 몇 년 후면 형광등보다 높은 LED 조명등이 출현할 것이라 전망된다.

5.5 건축물에서의 조명제어와 가로등에서의 조명제어시스템에 대하여 종류를 들고 설명하시오.

건.97.2.5.

1. 개요
- 최근 건물의 인텔리젠트화, 대형화에 따라 전등의 효율적 이용을 위한 조명 제어가 중요시 됨
- 건축물의 조명제어와 가로등 조명제어는 약간의 차이가 있으며 건축물은 실마다 다르게 조명제어를 하는 반면, 최근의 가로등 조명제어는 쌍방향 통신을 통한 조명제어가 개발되어 이용되고 있음

2. 건축물 조명 제어 방법

No	구분	방식
1	타임 스케줄제어	24시간을 프로그램에 의해 ON/OFF제어(예 점심시간 소등)
2	그룹/패턴제어	층별, 사무실별, 지역별로 그룹을 지어 단 한 번의 조작으로 일괄 제어할 수 있으며 정전 시, 청소 시, 회의 시 등의 패턴별 제어가 가능함
3	프로그램스위치에 의한 제어	프로그램 스위치를 필요한 장소에 설치하여 중앙감시반과 연계하여 중앙 제어 또는 현장 조작이 가능케 함
4	정전, 복전 제어	정전시 발전기 용량에 맞추어 순차 점등
5	주광 센서제어	창측과 건물 내부의 조도차를 고려 창측의 주명을 낮에 소등
6	재실자 감시제어	적외선 감지기등에 의해 실내 사람이 없을 때 자연 소등
7	인체감지센서제어	계단, 입구 등에 인체 감지 센서를 적용하여 점등

3. 조명 제어 기본 요소

1) 조명 콘솔(Lighting console)

조명장치를 제어하는 장치이다.

2) 조명 장치(Lighting device)

빛을 만들어내는 실제적인 기구

3) 통신(Communication)

조명 콘솔과 조명 장치를 연결하는 제어 계통

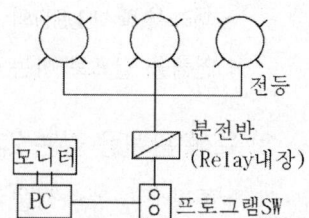

4. 가로등 조명제어 시스템

1) 형식 : 옥외형

2) 구조

 (1) 보호 등급

  • 물의 침투에 대한 보호 : IP X4

  • 외부 분진에 대한 보호 : IP 4X

 (2) Door

  전후면 개폐형으로서 이면에도 취부판을 설치하여 함 내부에 양방향 감시점멸기를 설치하는 구조로 한다.

 (3) FRAME

  요철이 있는 알루미늄 압출재로서 용접 구조로 하여 가볍고 견고하게 제작되어야 하고, 먼지나 소동물, 빗물의 침투를 방지하는 고무PACKING을 부착하여야 한다.

 (4) 침수 시 전원차단

  분전함은 배선공간에 침수상태를 감시하는 센서가 부착되어 분전함 침수 우려 시 전원을 차단하여 사고 파급을 방지하는 장치를 구비하여야 한다.

 (5) 접지

  • 외함의 내부에는 접지선을 접속할 수 있는 접속단자를 구비하여야 한다.

  • 문 등 기둥부와 분전함 본체는 14mm² 이상의 편조선에 의해 전기적으로 접속되어야 한다.

3) 주요기기 사양

 (1) 주 개폐기

  KS C 8321에 적합한 배선용 차단기를 사용

 (2) 분기 개폐기

  KS C 4613에 적합한 누전차단기로서 그 규격은 다음과 같다.

  • 극수 : 2P

  • 정격전압 : AC 220V

  • 정격감도전류 : 30mA

  • 동작시간 : 0.03sec

  • 정격차단용량 : 2.5KA

  • 보호기능 : 누전, 지락, 과부하, 단락보호 겸용

(3) 양방향 감시점멸기
- 함 내부에 양방향 감시점멸기를 설치하여야 한다.
- 가로등 점등, 소등 신호 수신 및 자동 ON, OFF제어가 가능하여야 한다.
- 각종 운용데이터 수신 및 자동 보정이 가능하여야 한다.
- 시간 자체 보정, 자동 점등, 소등이 가능하여야 한다.
- 분전함 양방향제어기 : 정전, 가로등주 동작상태, 분기선로 감시(누선, 단락, 단선) 및 통보가 가능하여야 한다.
  - 누전차단기 (ELB) 동작시, 즉시 원격통보가 가능하여야 한다.
  - 감시기 고장 여부 자기 진단이 가능하여야 한다.
- 분기별 정보(분기선로수, 분기별 램프 수)입력 및 확인이 가능하여야 한다.
- 가로등, 보안등의 원격제어, 현장 제어가 가능하여야 한다.
- 동작 및 고장 상태
  - 수신상태, 전원, 부하동작, 격등 및 심야설정, 누전, 램프 고장 표시가 가능하여야 한다.
  - One touch 버튼 동작으로 감시기 상태 모니터링, 현장조작이 가능하여야 한다.
- 관제 시스템과 분전함 양방향 제어기간의 양방향 통신을 이용한 데이터 전송이 가능하여야 한다.
- 개별등과의 감시 및 제어가 가능하여야 한다.

5.6 건축물 조명설계 시 보수율의 구성요인에 대하여 설명하시오. 건.98.1.11.

1. 개요

1) 보수율은 광손실률(LLF ; Light Loss Factor)과 같은 의미이며 감광보상률의 역수로서 서양의 구역공간법에서 적용하는 방법이다.
2) 조도 계산 결과를 실제 상황에 맞도록 보정하는 역할을 하며 회복 불가능한 요인과 회복 가능한 요인이 있다.
   ⇒ • 회복 불가능한 요인 : 조명기구 주위온도, 열방출 요인, 공급 전압, 안정기, 램프 광출력 요인(열화) 등
      • 회복 가능한 요인 : 조명기구 먼지, 실내의 먼지 등
3) 광손실률(LLF)=안정기 요인×램프 광출력 요인×조명기구 먼지 요인×실내의 먼지 요인

2. 보수율의 수식 설명

$$M = Ml \times Mf \times Md \times Me$$

1) $Ml = M_1 \times M_2$

   여기서, Ml : 램프 자체의 사용 시간에 따른 효율 저하
   M_1 : 램프 동정 특성을 고려한 보수율
   M_2 : 램프 교체방법을 고려한 보수율

2) $Mf : M_4$

   여기서, Mf : 안정기 사용시간에 따른 효율 저하
   M_4 : 안정기 효율 열화 특성을 고려한 보수율

3) $Md = M_3 \times M_4$

   여기서, Md : 램프 및 조명기구의 오손에 의한 효율 저하
   M_3 : 램프 오손 특성을 고려한 보수율
   M_4 : 조명기구 오손 특성을 고려한 보수율

4) Me : 실내 반사면의 오손을 고려한 보수율

> **5.7** 객석이 50,000석 이상의 국제경기를 할 수 있는 경기장을 건설하고자 한다. 이에 대한 야간조명설비, 객석음향설비 및 TV 중계설비에 대하여 기본계획을 수립하시오.
>
> 건.98.3.2.

가. 야간 조명 설비

1. 개요

옥외 경기장의 조명설계는 경기장의 종류(축구장, 야구장, 테니스장 등)에 따라 달라지며, 국내경기 및 국제 경기에 따라서도 조도의 기준이 다르기 때문에 이러한 점을 고려하여 설계해야 한다.

2. 경기장 조명 시설의 주안점

1) COLOR TV 및 HD TV 중계가 가능한 조도 확보
2) 경기 종류에 따른 효율적인 조명 제어
3) 조명기구 위치 및 경량의 조명기구 설치
4) 관중석 및 선수를 위한 안전 조명
5) 정전 시 비상전원 확보 및 무정전 시스템
6) 경기중 정전 시 즉시 재점등 가능한 등기구 채택(PLS 램프 또는 LED 투광등 선정)

3. 경기장 조명 요건

1) 조도

- KSA 3011에 의하면

종목	일반경기(lx)	공식경기(lx)
축구	150~300	300~600
야구(외야기준)	300~600	600~1,500
야구(내야기준)	600~1,500	1,500~3,000
테니스	300~600	600~1,500

- 관람석 : 30~60(lx)
- 수직면 조도도 함께 고려해야 함

2) 조도의 균일도(최소/평균)
- 넓은 경기장(축구, 야구) : 0.4 이상
- 좁은 경기장(농구, 테니스 등) : 0.5 이상
- 수직면 균제도(최소/최대) : 1/3 이상

3) 눈부심
- 선수와 관중의 시야를 확보하도록 Glare Zone(30°)을 피할 것
- 인근 도로의 운전자, 거주자의 눈부심 고려

4) 연색성(Ra) 과 색온도(K)

색온도가 낮으면(붉은색 계통) 따뜻한 느낌을 주고 색온도가 높으면 (푸른색 계통) 차가운 느낌을 줌

4. 조명기구 배치 예

1) 축구장

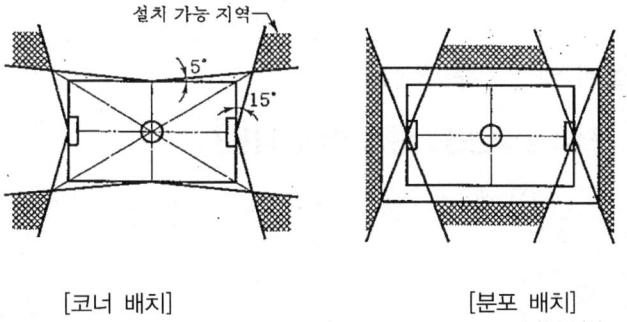

[코너 배치]   [분포 배치]

2) 야구장

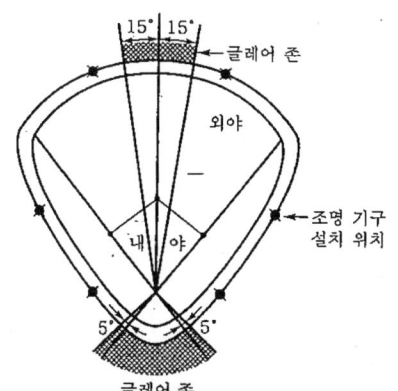

3) 테니스장

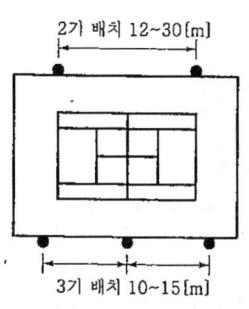

4. 기타 고려사항

1) 비상 조명
- 상용전원과 발전기 전원을 병렬운전하여 각각 50%씩 부하 분담하여 전원사고 시 고장에 대비
- 조명기구의 절반은 재점등 부가장치를 부착하여 전원 절체 시 점등 유지(75% 이상 조도 유지)

2) 조명 제어
- 단계별 점등(연습, 일반시합, 일반 TV, HD TV)
- 관중석 조명은 비상조명으로 즉시 재점등할 수 있는 램프 사용
- 중앙 통제소에서 일괄 제어

3) 유지 보수
- 1년에 1회 이상 정기적 유지 보수(광속저하 방지)
- 일정 기간 경과 후 일괄적으로 램프 교환하여 램프 간 광속차 줄임
- 램프 교환이 쉬운 기구 채택
- 고천정 또는 타워에 설치되므로 유지 보수용 Work Way 설치

나. 객석 음향 설비 및 TV 중계 설비

1. PA System 구성(음악방송, 비상 방송 겸용)

확성 설비는 마이크, CD플레이어, 테이프 레코더, 주 증폭기, 스피커 등으로 구성한다.

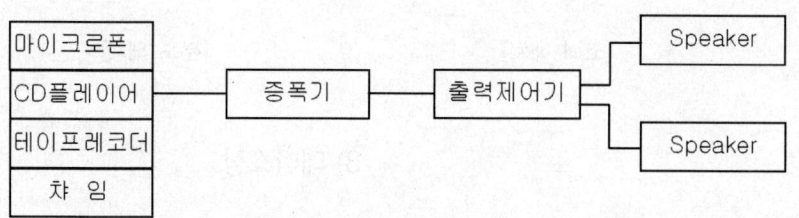

2. 사용기기 및 특성

1) AMP(전기 E 증폭)

(1) 증폭도 : 입력에 대한 출력의 비

$$증폭도 = 10 \log \frac{Pout}{Pin} (\text{dB})$$

(2) 주파수 특성
- 주파수에 따라 증폭도가 변화하는 비율
- 증폭도가 50~15,000Hz에서 균일하면 좋은 증폭기임

(3) 무왜 최대 출력

증폭기에서 파형의 찌그러짐이 없이 빼낼 수 있는 최대 출력

2) Speaker(전기 E → 음 E)

(1) 종류
- 콘 TYPE : 진동판을 직접 진동하여 음파 발생, 주파수 특성 우수(음악용)
- 혼 TYPE : 진동판과 공간파를 중개하는 기구(Horn)을 갖는다.
  ➔ 지향성 우수, 실외(체육관, 공연장, 집회용)

(2) 배치 방법
- 분산 배치 : 실내
- 집중 배치 : 집회
- 혼합 배치

3. 음향 설비 설계

1) 음향 출력
- 들을려는 범위(60~70dB)+(주위 소음+10~20dB)
- 음향 출력은 거리 제곱에 반비례하여 감소한다.

$$필요\ 음향\ 출력 = \frac{V(방의\ 용적\ m^3)}{280,000 \times 효율}(W)$$

- 청각 한도 : 최소 30~최대 130dB에서 3,000~4,000Hz가 가장 감도가 좋음

2) 스피커 개수 결정 및 배치
- 스피커, 마이크가 가까우면 하울링(Howling)이 발생한다.
- 스피커 배치는 마주보면 안 되고 각도를 주어야 한다. 사람의 뒤쪽에 설치 시 방향감을 잃는다. 스피커 분산하면 명료도가 저하되어 될 수 있는 대로 스테이지 방향의 상부, 좌우에 둔다.

3) 방송실 : 잡음 차단을 위해 독립설치, 온도조절장치, 내부 반향 방지 위해 방음, 유리창 설치

5.8 건축물에서 실내조명 설계 시 구역공간법(Zonal Cavity Method)으로 평균조도를 계산하기 위하여 적용하는 공간비율(CR ; Cavity Ratio)에 대하여 설명하시오.

건.103.1.5.

1. 3배광법과 ZCM법 비교

3배광법	ZCM법
1. 조도계산 평균 조도 $E = \dfrac{FUN}{AD}$ (lx) F : 램프 1개당 광속 U : 조명률 N : 램프 개수 A : 조명면적 D : 감광보상률	평균 조도 $E = \dfrac{FNCULLF}{A}$ (lx) F : 램프 1개당 광속 N : 램프 개수 CU : 이용률 LLF : 광손실률 A : 조명 면적
2. 조명률(U) $U = \dfrac{\text{피조면에 입사한 광속(lm)}}{\text{램프로부터 방사되는 전 광속(lm)}}$	이용률(CU) : 조명률과 같은 의미이나 방의 공간을 나타내는 공간 계수와 바닥면, 천정면, 벽면의 유효 반사율을 조합하여 계산

3. 감광보상률(D)
• 깨끗한 사무실이나 공장 : 1.3
• 보통의 장소 : 1.5
• 먼지가 많은 장소 : 2.0
	광 손실률(LLF) = 안정기 요인 × 램프 광출력 요인
	      × 조명기구 먼지요인
	      × 실내의 먼지요인
	(보통 0.6~0.8)

4. 실지수 : 1공간으로 계산 실지수 $K = \dfrac{X \cdot Y}{H(X+Y)}$ H : 피조면에서 광원까지의 높이 X : 방의 너비 Y : 방의 길이	• 공간계수(CR) : 천정, 바닥, 방 공간 • 공간계수 $CR = \dfrac{5h(a+b)}{a \times b}$
5. 정확도 : 낮음	우수함
6. 사용국가 : 한국, 일본, 독일, 프랑스	미국

2. 공간비율(계수)

3배광법의 실지수에 반비례하는 개념이며 공간계수는 다음과 같이 구분한다.

- 천정 공간 계수 $CRcc = \dfrac{5 \cdot h_{cc} \cdot (a+b)}{a \times b}$

- 방 공간 반사율 $CRrc = \dfrac{5 \cdot h_{rc} \cdot (a+b)}{a \times b}$

- 바닥 공간 반사율 $CR_{fc} = \dfrac{5 \cdot h_{fc} \cdot (a+b)}{a \times b}$

  여기서, h_{cc}, h_{rc}, h_{fc} : 천정, 방, 바닥 공간의 높이
  a, b : 방의 폭과 길이(m)

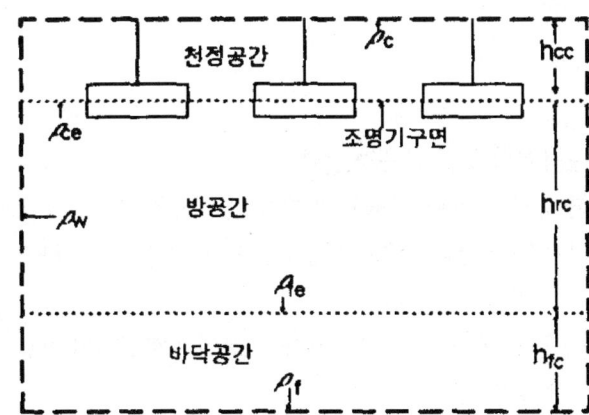

3. 각국의 평균조도 계산법

1) 국제조명위원회 : CIE 법
2) 미국구역공간법 : ZCM(Zonal Cavity Method)
3) 영국구역법 : BZM(British Zonal Method) 등

> **5.9** 옥외조명 계획을 할 때 "인공조명에 의한 빛공해 방지법" 관련하여 다음 내용을 설명하시오. 건.103.4.1.
> 가) 조명환경 관리구역의 분류기준
> 나) 조명기구의 범위 및 빛 방사 허용기준

1. 제1조(목적)

이 법은 인공조명으로부터 발생하는 과도한 빛 방사 등으로 인한 국민 건강 또는 환경에 대한 위해(危害)를 방지하고 인공조명을 환경친화적으로 관리하여 모든 국민이 건강하고 쾌적한 환경에서 생활할 수 있게 함을 목적으로 한다.

2. 제2조(정의)

이 법에서 사용하는 용어의 뜻은 다음과 같다.
1. "인공조명에 의한 빛공해"(이하 "빛공해"라 한다)란 인공조명의 부적절한 사용으로 인한 과도한 빛 또는 비추고자 하는 조명 영역 밖으로 누출되는 빛이 국민의 건강하고 쾌적한 생활을 방해하거나 환경에 피해를 주는 상태를 말한다.
2. "조명기구"란 공간을 밝게 하거나 광고, 장식 등을 위하여 설치된 발광기구 및 부속장치로서 대통령령으로 정하는 것을 말한다.

3. 제9조(조명환경 관리구역)

① 시·도지사는 빛공해가 발생하거나 발생할 우려가 있는 지역을 다음 각 호와 같이 구분하여 조명환경 관리구역으로 지정할 수 있다.
 1. 제1종 조명환경관리구역 : 과도한 인공조명이 자연환경에 부정적인 영향을 미치거나 미칠 우려가 있는 구역
 2. 제2종 조명환경관리구역 : 과도한 인공조명이 농림수산업의 영위 및 동물·식물의 생장에 부정적인 영향을 미치거나 미칠 우려가 있는 구역
 3. 제3종 조명환경관리구역 : 국민의 안전과 편의를 위하여 인공조명이 필요한 구역으로서 과도한 인공조명이 국민의 주거생활에 부정적인 영향을 미치거나 미칠 우려가 있는 구역
 4. 제4종 조명환경관리구역 : 상업활동을 위하여 일정 수준 이상의 인공조명이 필요한 구역으로서 과도한 인공조명이 국민의 쾌적하고 건강한 생활에 부정적인 영향을 미치거나 미칠 우려가 있는 구역

4. 시행령 제2조(조명기구의 범위)

「인공조명에 의한 빛공해 방지법」(이하 "법"이라 한다) 제2조 제2호에 따른 조명기구는 다음 각 호의 어느 하나에 해당하는 것으로 한다.

1. 안전하고 원활한 야간활동을 위하여 다음 각 목의 어느 하나에 해당하는 공간을 비추는 발광기구 및 부속장치
   - 가. 도로
   - 나. 보행자길
   - 다. 공원녹지
   - 라. 옥외 공간
2. 옥외광고물에 비추는 발광기구 및 부속장치
3. 다음 각 목의 건축물, 시설물, 조형물 또는 자연환경 등을 장식할 목적으로 그 외관에 설치하는 발광기구 및 부속장치
   - 가. 건축물 중 연면적이 2,000m2 이상이거나 5층 이상인 것
   - 나. 숙박시설 및 위락시설
   - 다. 교량
   - 라. 그 밖에 해당 시·도의 조례로 정하는 것

5. 빛방사 허용기준(제6조 제1항 관련)

1. 영 제2조 제1호의 조명기구

측정기준 \ 구분	적용시간	기준값	조명환경관리구역 제1종	제2종	제3종	제4종	단위
주거지 연직면 조도	해진 후 60분 ~ 해뜨기 전 60분	최대값		10 이하		25 이하	lx(lm/m^2)

2. 영 제2조 제2호의 조명기구

   가. 점멸 또는 동영상 변화가 있는 전광류 광고물

측정기준 \ 구분	적용시간	기준값	조명환경관리구역 제1종	제2종	제3종	제4종	단위
주거지 연직면 조도	해진 후 60분 ~ 해뜨기 전 60분	최대값		10 이하		25 이하	lx(lm/m^2)

3. 영 제2조제3호의 조명기구

측정기준 \ 구분	적용시간	기준값	조명환경관리구역 제1종	제2종	제3종	제4종	단위
발광표면 휘도	해진 후 60분 ~ 해뜨기 전 60분	평균값	5 이하		15 이하	25 이하	cd/m^2
		최대값	20 이하	60 이하	180 이하	300 이하	

5.10 최근의 LED(Light Emitting Diode) Dimming의 제어기술과 적용에 대하여 설명하시오.

건.104.2.4

1. LED 발광 원리 및 구조

1) LED램프는 갈륨(Ga), 알루미늄(Al), 인(P), 비소(As) 등을 화합시킨 반도체로 구성된다.
2) 기본원소 화학 결정에 특별한 화학적 불순물(Dopant)을 첨가할 경우 발광 스펙트럼이 좁은 특성을 갖는 다양한 발광 다이오드를 얻을 수 있다.
3) LED발광은 다이오드의 P-N접합부에 적당히 도포된 크리스탈 내에 직류 전류가 흐르면 전자발광현상에 의하여 빛을 발한다.

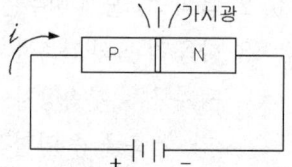

2. Dimming의 제어기술

1) 위상제어방식
   - 교류 상용전원의 일정부분을 잘라내어 광원에 감소된 에너지를 공급함으로써 광원의 밝기를 조절하는 것이다.
   - 기존에 백열등이나 할로겐 램프의 dimming을 위해 조광기(dimmer)가 많이 설치되었다.
   - 위상제어방식은 기술적으로는 TRIAC(Triode for Alternating Current)과 같은 반도체 스위치를 이용하여 구현되며 교류 전원 전압의 일부만을 통과시키는 방법으로 광원에서 사용되는 에너지 양을 변동시켜서 광출력을 조절하는 방식이다.

2) 직류 정전류 제어방식
   - PWM dimming과 달리 LED가 항상 도통상태로 동작되고 dimming을 위해서 직류 정전류를 제어하게 된다.
   - 이 LED dimming 방식은 보편화된 방식으로 일반 조명용으로는 가장 적합한 방식이다.
   - 이 방식은 가장 안정된 광출력을 보장하고 통상적으로 필요한 1~100%의 조광 구현이 가능하다.
   - 그러나 dimming시 분해능 능력에서는 PWM 방식보다 떨어지고, 매우 낮은 조광의 경우 전류의 변화로 색온도가 변화되는 현상이 있다는 것은 올바른 적용을 위해서는 미리 인지해야 한다.
   - 따라서 낮은 전류에서 정밀한 조광이 필요하거나 색온도 변화를 최소화하는 것이 중요한 경우는 PWM dimming 방식을 고려하는 것이 바람직하다.

3) PWM 제어방식

- PWM dimming 방식은 LED에 공급되는 직류 전압 또는 직류 전류를 PWM 파형으로 잘라서 공급하는 방식이다.
- 인간의 눈의 응답성이 순시적이지 않고 일정 시간 동안의 광의 평균치로 광의 밝기를 인식하는 것을 이용한 것이다.
- PWM dimming에서 실제 LED가 도통하는 순간의 경우는 정격전류가 흐르므로 색온도의 변화가 없게 된다.
- 따라서 LED TV 등 색온도가 중요시되는 백라이트 용도의 경우에 선호된다.
- PWM dimming 방식은 사무실 등 일반 조명용으로 사용하기에는 정전류 dimming 방식보다 적합한 방식은 아니다.
- 단점은 정전류 dimming 방식보다는 LED의 수명이 단축될 가능성이 발생한다는 것이다.
- PWM 파형으로 자를 수 있는 스위치의 성능에 따라 매우 정밀한 조광이 가능하고 다수의 LED를 사용해서 색 혼합을 하거나 정보를 표현할 때는 유효하게 사용된다.

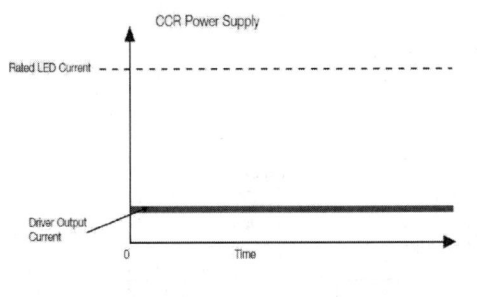

[LED 직류 정전류 제어 dimming]

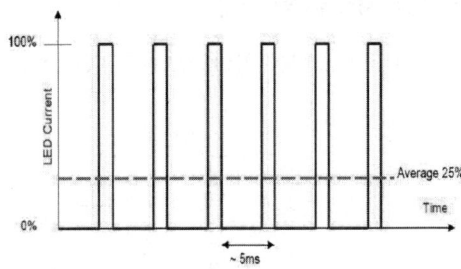

[LED PWM dimming]

5.11 DALI(Digital Addressable Lighting Interface) 프로토콜을 이용한 광원의 조광기술에 대하여 설명하시오.

건.105.4.3

1. 개요

최근에 스마트 빌딩과 관련해서 조명시스템의 지능적 제어에 관한 관심이 높아지고 있다. 조명 시스템의 지능제어는 궁극적으로 광원의 on/off 뿐만 아니라 조광제어를 포함하게 된다. 1990년대 말에 조광제어를 효과적으로 하기 위해서 DALI (Digital Addressable Lighting Interface)라는 프로토콜이 개발된 바 있으며 이때 DALI는 형광등을 그 대상으로 하였다. 그러나 최근에 LED 조명이 향후 새로운 주 조명이 되는 추세이고 LED의 경우 조광이 매우 쉽고 구현 가격도 낮기 때문에 DALI에 대한 관심 및 적용이 다시 증가하고 있다.

2. DALI 시스템의 구성

1) DALI 시스템은 일반적으로 [그림 1]과 같이 구성된다.

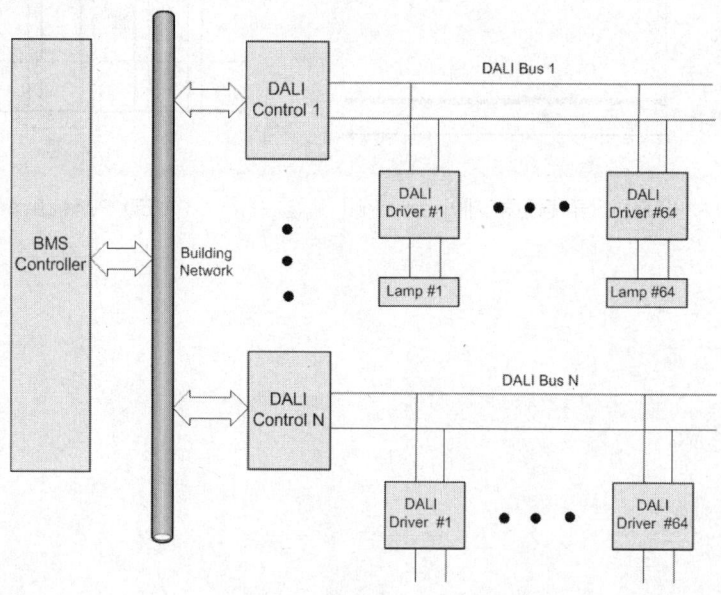

[그림 1. DALI 제어시스템의 구성]

2) 한 개의 DALI 제어기에 의해 구성되는 DALI loop 또는 bus를 통해서 최대 64개의 주소를 갖는 조명기구들을 독립적으로 제어할 수 있고 양방향 통신이 가능하다.
3) 조명기구들은 조합하여 그룹으로 제어할 경우 16 그룹으로 나누어서 동작시킬 수 있다.

4) DALI 제어기는 독립운전으로도 동작할 수 있고 gate way나 transmitter를 사용하여 건물의 네트워크에 연결하여 BMS(Building Management System)과 연계된 양방향 통신의 서브 시스템으로도 동작시킬 수 있다.
5) DALI Bus로 사용되는 도선은 특별하지 않고 일반적으로 사용되는 도선 twisted 또는 shielded cable을 사용할 수 있다.
6) 두 DALI 장치의 최대거리는 300m를 넘어갈 수 없다. DALI 시스템 간에는 전류를 2mA까지 허용하며 전압강하를 2V 이하로만 허용하며 한 개의 DALI loop에 흐를 수 있는 최대전류는 250mA이다.

3. DALI 드라이버

1) DALI 드라이버는 [그림2]와 같이 기존의 드라이버 구조에 DALI 제어가 가능하도록 구성된다.

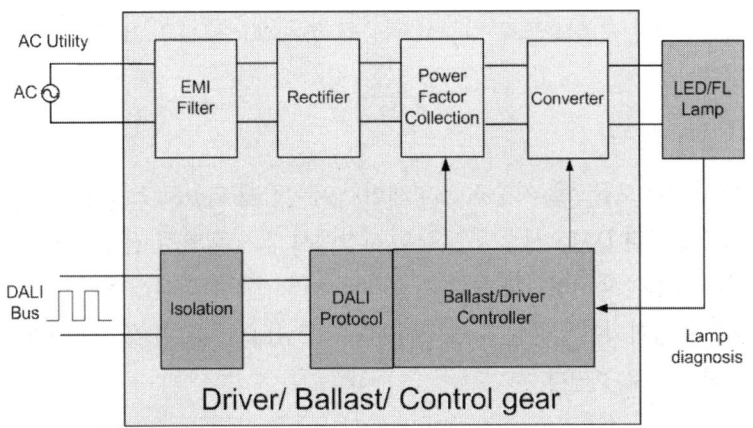

[그림 2. DALI 드라이버 안정기의 구조]

2) DALI 버스를 통해서 광원에 대한 제어명령을 받아서 수행하고 광원의 상태와 관련된 데이터를 bus로 넘겨서 DALI 제어기에 전달한다.
3) 각 데이터는 신호제어계와 전력제어계의 전기적 분리를 위해서 전기적으로 포토커플러나 트랜스포머에 의해서 절연된 신호로 통신되어야 한다.
4) DALI 제어기가 드라이버로부터 받는 정보는 현 조명상태와 광원의 출력레벨 그리고 램프와 안정기의 상태에 관한 것이다.
5) DALI 시스템하에서 조광의 범위는 0.1~100%로 설정이 가능하며 조광의 최소레벨값은 제품에 따라 달라질 수 있다.

4. DALI 특징 및 프로토콜

1) 처음 유럽의 조명회사들에게서 제안되었던 DALI는 현재 IEC 62386에 의한 개방형 표준의 조광 제어방식이며 이에 적합한 프로토콜을 사용한 경우 서로 다른 회사의 제품들도 상호 연계되어 동작할 수 있다.
2) 이것은 기본적으로 송신과 수신을 위한 디지털 통신 프로토콜에 의해서 동작되나 통신매체로는 단순한 2선 방식을 사용하여 간편한 설치를 지향하고 있다.
3) 조명제어의 경우 이더넷과 같이 많은 양의 데이터를 신속히 처리할 필요가 없기 때문에 데이터 전송률은 1초에 1,200bit로 늦어도 된다.
4) 작업공간의 변화에 대해 별도의 배선작업 없이 조명의 변경이 가능하다.
5) 양방향의 정보통신으로 안정기와 광원의 상태를 파악할 수 있기 때문에 유지보수에도 효과적이다.
6) 재실감지 조명, 스케줄 조명 그리고 수요 관리 측면에서의 피크 커트용 조명제어 등 여러 기법의 제어방식을 수행할 수 있으므로 적절히 적용될 경우 30~60%의 에너지 절약이 가능하다

5. 결론

1) 현재 LED 광원의 보급으로 지능적 조명제어가 용이하게 되었고 조광제어에 대한 구현 가격이 현저히 감소함에 따라 DALI 시스템은 향후 시장에서 크게 활용될 전망이다.
2) 동시에 여러 유무선 통신방식과 보다 지능화된 여러 건물 관리시스템 등과 연계되어 효과적인 조명 제어용으로 특화되어 활용될 수도 있기 때문에 DALI의 새로운 활용방법과 성능향상에 관한 연구는 지속될 것으로 보인다.

5.12 백색 LED 광원을 사용한 도광식 유도등에 대하여 설명하시오. 건.106.1.7

1. 개요

1) 백색 LED는 기존의 형광램프와는 달리, 수은을 포함하지 않기 때문에 환경에 친숙한 광원임과 동시에 깨지기 어려운 구조 및 소재이기 때문에 기존의 기구와 비교해 램프를 교환할 때의 Maintenance가 크게 향상되었다.

2) 백색 LED를 이용한 도광식 유도등은 표시면의 휘도 차이를 억제해, 유도등 기구 및 피난 유도 시스템용 장치기술 기준을 해결하는 높은 시인성도 확보해 유도등에 요구되는 기능을 충분히 만족하면서 여러 가지 공간에 Match할 수 있는 Clean하면서도 Smart한 디자인이다.

2. LED 발광 원리

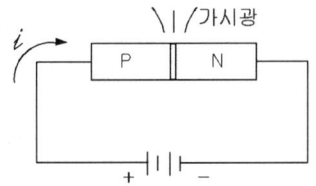

1) LED 램프는 갈륨(Ga), 알루미늄(Al), 인(P), 비소(As) 등을 화합시킨 반도체로 구성된다.
2) 기본원소 화학 결정에 특별한 화학적 불순물(Dopant)을 첨가할 경우 발광 스펙트럼이 좁은 특성을 갖는 다양한 발광 다이오드를 얻을 수 있다.
3) LED 발광은 다이오드의 P-N접합부에 적당히 도포된 크리스탈 내에 직류 전류가 흐르면 전자 발광 현상에 의하여 빛을 발한다.

3. LED 도광식 유도등의 장점

1) 소비전력 절감

LED유도등은 형광등을 내장한 기존 제품에 비해 80% 이상의 소비전력을 줄여주며, 재해 시 대피효율을 극대화시킬 수 있다는 장점을 가지고 있다.

2) 환경성 향상

수은을 사용하지 않음

3) 작업성 향상

형광 램프와 비교해 깨지지 않아 취급이 용이하다.

4) 안전성 향상

냉음극 램프와 비교해 2차 전압이 낮다.

5) 성능 향상

저온일 경우 시동 특성의 개선

5.13 주택에 적용되는 최근의 일괄소등 스위치와 융합기술에 대하여 설명하시오.

건.106.2.6

인용 : 조명학회지 2014. 5월호

1. 개요

'일괄소등스위치'는 층 및 구역 단위 또는 세대 단위로 설치되어 층별 또는 세대 내의 조명 등을 일괄적으로 켜고 끌 수 있는 스위치로 편리, 안전, 에너지 절감을 제공하는 대표적인 설비기술의 하나이며 그동안 여러 차례 융합기술을 통해 발전하고 있다.

2. 법 규정

국토교통부는 건물분야에서의 온실가스 절감을 위해 2025년까지 제로에너지 주택 건설을 목표로 하고 있으며, 이를 위한 수단으로 2009년 10월 20일 '친환경 주택의 건설기준 및 성능'을 고시하여 에너지 절감형 친환경 주택 건설을 추진하고 있다. 이 고시는 20세대 이상의 공동주택을 건설하는 경우에 해당되며, 일괄소등 스위치를 설치하도록 규정하고 있다.

3. 구성

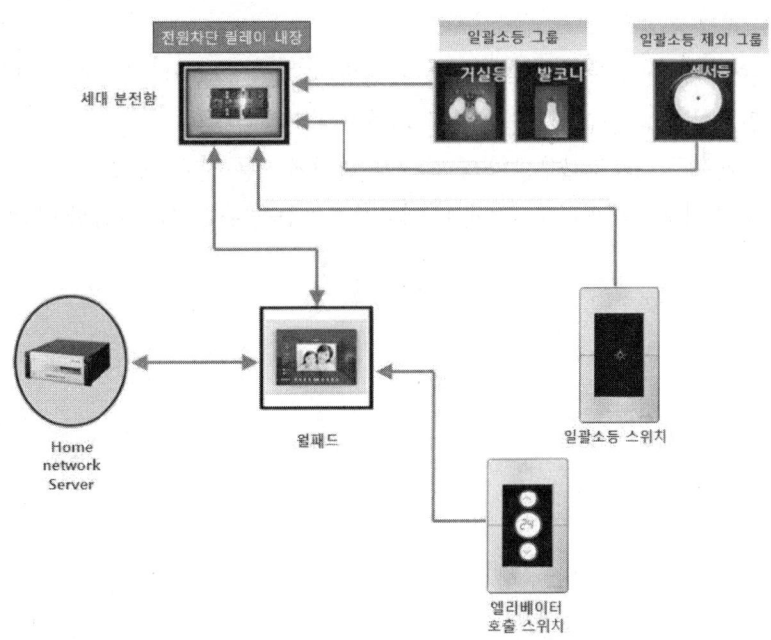

4. 특징

1) 주거부문에 홈네트워크 시스템이 도입되면서 세대 내에 설치되는 조명스위치, 난방온도조절기, 기타 정보 가전기기들의 통신이 가능해졌고 월패드를 통해 상태 정보를 확인하고 동작제어가 가능하게 되었다.
2) 일괄조명스위치가 홈네트워크 시스템에 연동되면서 조명 전원 사이에 연결된 스위치 ON/OFF 조작에서 세대분전반에 설치된 전원차단 릴레이와 네트워크 스위치의 신호에 의해 전원회로를 ON/OFF하는 조명 차단 방법도 사용되기 시작하였다.
3) 현관 입구라는 위치적인 편리성으로 인해 일부 건설사는 일괄 조명스위치와 별도로 엘리베이터 위치 확인 및 호출이 가능한 스위치와 가스밸브 차단스위치 등을 설치하여 홈 네트워크 시스템과 연동하기도 하였다.
4) 개별 설치되던 가스밸브 차단 스위치, 엘리베이터 호출 스위치, 대형 평형의 복도조명등 3로스위치 등은 일괄소등스위치와 융합된 스위치로 발전되기도 하였으며, 매입박스, 배관, 데이터배선 등을 공유하므로 추가적인 기능향상에도 불구하고 공사비 상승을 낮출 수 있었다.
5) 날씨 정보는 기상청의 정보를 제공받아 단지 서버에서 월패드로 전송하고 월패드에서 날씨 생활 정보기에 데이터를 전달한다.
6) 주차 위치는 주차 위치 서버의 주차 정보를 홈 네트워크 서버로 이동하여 텍스트 정보를 디스플레이로 제공한다.
7) 입주자 외출 시 날씨 정보를 음성 및 화면으로 표시한다.

5. 결론

1) 주거부문에 적용된 일괄소등스위치는 조명, 난방, 대기전력의 에너지를 절감하면서도 거주자에게 다양한 편리성, 안전성을 제공하는 주요 기기로 발전되고 있다.
2) 앞으로 주거부문 이외 건물부문의 층 및 구역 단위에 적용하는 일괄소등스위치도 공급자 중심의 설비가 아닌 사용자의 편리성, 안전성, 에너지절감 등을 위한 기술융합과 발전을 기대해 본다.

5.14 플라즈마 생성원리와 응용에 대하여 설명하시오.

응. 94.1.13.

1. 플라즈마

1) 물질은 온도에 의해 고체 → 액체 → 기체의 상태로 상태변화를 함
2) 기체가 계속하여 에너지를 받으면 분자들이 충돌하다가 분자 속에 포함된 전자들이 분자에서 분리되어 존재하게 됨
3) 이처럼 온도가 높아져 중성원자나 분자들에서 전자들이 떨어져 나와 전기를 띤 입자들로 구성된 물질의 상태를 플라즈마라 하고 물질의 제4의 상태라 하기도 함
4) 그러나 물질의 온도를 높이지 않고 고주파수 등으로 인위적인 이온화를 형성하는 방법을 저온 플라즈마라 하고, 온도를 높이는 방법을 고온 플라즈마라 함
5) 형광등, 네온사인, 번개불, 북극의 오로라 등이 플라즈마 상태임
6) TV의 PDP(Plasma Display Panel)도 플라즈마를 이용한 것임

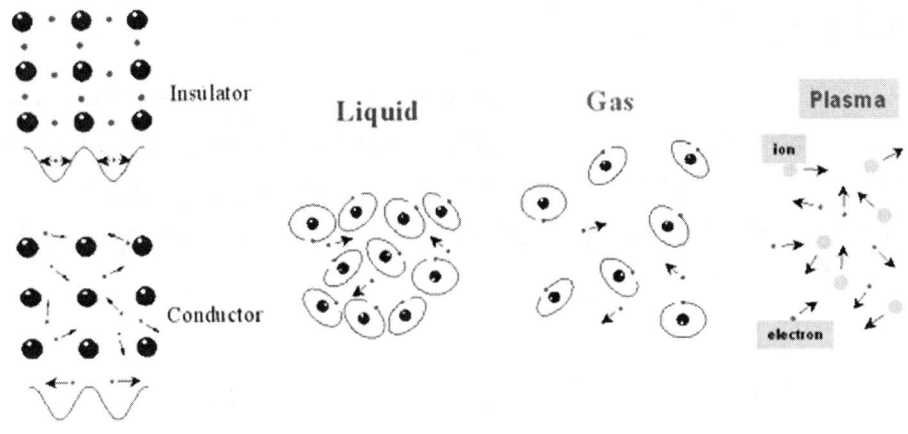

[4th State of Matter]

2. 응용 분야

1) 조명 : 네온사인, PLS
2) TV : PDP
3) 플라즈마 용접기 및 절단기

4) 플라즈마 핵융합

핵 융합은 태양과 같은 에너지원으로서, 같은 양의 원자 수를 비교하였을 때 화석연료가 방출하는 에너지의 약 100만 배에 해당하는 높은 에너지를 생산할 수 있으며, 핵융합을 위해서는 높은 에너지를 갖는 플라즈마를 이용하여 계속적으로 핵융합 반응이 일어나게 해주어야 한다.

5) 반도체 제작

플라즈마 내부는 항상 높은 전기 에너지를 가지므로 플라즈마 내부에 존재하는 이온은 기판에 도달할 때 이러한 전기장에 의해서 가속되게 되는데, 이때 기판 위에 존재하는 물질을 수직하게 증착할 수 있다. 이러한 특성들은 기존의 기체나 액체 공정으로는 얻을 수 없는 특성들로 반도체 공정에 필수적인 공정으로 현재 널리 쓰이고 있다.

6) 의료 분야

- 치아 충치 치료 : 조직을 다치게 하지 않으면서 치료
- 피부 치료 : 주름 및 검버섯, 잡티 등 난치성 색소질환 치료
- 지혈 : 레이저를 이용한 방법보다 조직을 파괴하는 깊이가 얕다.

7) 쓰레기 처리

기존 쓰레기 소각장이 처리할 수 없었던 금속물질이나 콘크리트와 같은 산업폐기물도 처리할 수 있고, 쓰레기가 용융되는 과정에서 발생하는 탄소가스와 수소가스를 저장하면 에너지원으로도 재활용할 수 있다는 장점이 있다. 뿐만 아니라 배출되는 공해물질이 기존 소각로의 1/7 정도에 불과하고 전체적인 쓰레기 소각장 규모를 획기적으로 소형화할 수 있다는 장점도 있다.

PROFESSIONAL ENGINEER BUILDING ELECTRICAL FACILITIES

동력설비

CHAPTER 06

6.1 유도전동기를 인버터로 가변속 운전하는 VVVF(Variable Voltage Variable Frequency) 보호에 대하여 설명하시오.　　건.74.3.3.

1. 개요

1) Variable Voltage Variable Frequency 즉, 가변 전압 가변 주파수의 교류전력을 출력하는 변환장치를 VVVF라 한다.

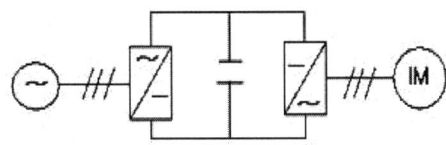

2) 보호기능은 운전 시 발생할 수 있는 인버터 및 모터의 정격 초과등을 방지하여 고장을 방지하는 기능으로 보호기능의 성능이 인버터의 수명을 연장하고 고장률을 줄일 수 있는 지표가 된다.

2. 인버터의 기본구조

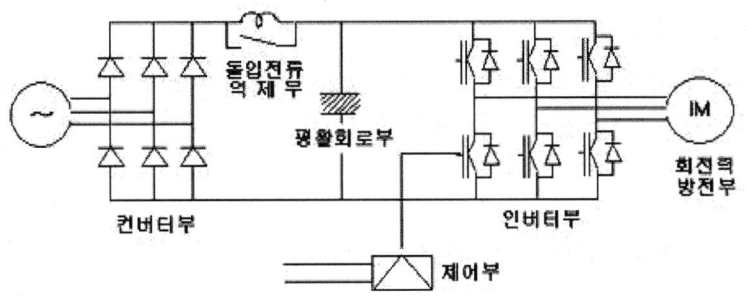

1) 주회로

　(1) 컨버터부
　(2) 돌입전류 억제부
　(3) 평활 콘덴서부
　(4) 인버터부
　(5) 회전력 방전부

2) 제어부

　　(1) 주회로 제어
　　(2) 보호회로 제어
　　(3) 보호기능

3. 대상별 보호기능

보호대상	보호기능
전원 측 고조파	ACL, DCL, 다상수 정류기
인버터	순간 과전류, 과부하, 과전압, 결상, 역상, 부족전압, 순간정전, 방열판 과열, Stall, 지락 등의 방지
유도전동기	과부하, 과주파수

1) 전원 측 고조파

　　(1) ACL : 돌입전류 제한
　　(2) DCL : 리플 방지
　　(3) 다상수 정류기

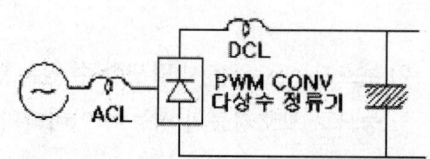

2) 인버터부

　　(1) 순간 과전류(Over Current)

　　　Power Tr이나 GTO는 퓨즈로 보호할 수 없기 때문에 전류의 피크치를 검출하여 전자적으로 전류를 순간적으로 차단시켜야 한다.

　　(2) 과부하(Over Load)

　　　정격 출력전류의 150%가 1분간 지속될 때 출력을 차단

　　(3) 과전압(Over Voltage)

　　　인버터의 스위칭 소자는 규정치 이상의 전압이 인가되면 파괴되므로 콘덴서 전압 상승을 감지하여 출력을 차단한다.

　　(4) 결상(Phase Failure)

　　　일반적으로 저전압 보호와 겸용으로 결상보호를 한다. 결상의 경우 약 50%의 부하에서 보호기능이 동작하고 그 이상에서는 지속운전

(5) 역상(Negative – Phase Sequence)

PWM인버터에서는 다이오드로 일단 직류로 변환하기 때문에 역상에서도 문제없이 운전이 가능하다.

(6) 순간정전(Instattaneous Power Failure)

수[ms] 이하의 순간 정전에 의해 트립되는 것을 방지해 주며 수십[ms] 순간정전에는 인버터를 정지시키는 기능이다.

(7) 방열판 과열

인버터의 스위칭 소자는 과열시 파괴되므로 방열판에 부착하여 냉각시켜 준다. 방열판이 과열되면 위험하므로 출력을 차단한다.

(8) STALL

Stall이란 운전 중인 전동기가 가속되지 않고 정지된 상태를 말한다. Stall 상태가 되면 과전류가 발생하기 때문에 보통 과전류 보호나 과부하 보호기능이 동작한다.

(9) 지락(Grounding)

지락보호 전용 CT 등에 의해 전류를 감시하여 지락 시 고속으로 출력을 차단한다.

3) 유도전동기

(1) 과부하

정격전류 이상의 과전류(125%, 150%)가 일정시간(1분) 이상 흐를 경우 과부하 보호를 한다.

(2) 과주파수(과속도) : 규정속도 초과 시 전동기 정지시킴

4. 결론

인버터를 사용하여 전동기를 제어하는 경우 보호기능은 운전 시 발생할 수 있는 인버터 및 모터의 정격 초과 등을 방지하여 고장을 방지하는 기능으로 보호기능의 성능이 인버터의 수명을 연장하고 고장률을 줄일 수 있는 지표가 된다. 아울러 인버터는 섬세한 전자부품으로 구성되어 있으므로 주위온도, 습도, 표고, 진동 등 환경적인 요소에도 주의하여야 한다.

6.2 동기기의 난조방지에 대하여 설명하시오.

1. 난조현상(Hunting)

동기 전동기가 부하각 δ로 정상운전 중 부하가 갑자기 변동하면 부하 토크와 전기자 토크와의 평형이 깨지고 새로운 부하각 δ_1으로 변화하려 하나, 회전자에는 관성이 있기 때문에 신 부하각 δ_1을 중심으로 그 전후에서 주기적으로 진동을 하는데 이를 난조(Hunting)라 한다.

2. 대책

1) 제동 권선 설치

자극의 면에 Slot를 파서 여기에 저항이 작은 단락권선(제동권선)을 설치한다.

2) Fly Wheel 설치

Fly Wheel을 설치하면 전동기의 자유 진동 주기가 길어지므로 난조의 발생을 억제하게 되지만, Fly Wheel의 크기와 무게를 잘못 선정하게 되면 자유진동주기와 강제진동주기가 서로 일치하여 난조가 더 심하게 되는 경우도 있으므로 주의가 요구된다.

3) 운전 시 부하의 급격한 변경 금지 등

> **6.3** 전동기의 속도제어 시스템에 대한 중요한 성능평가 지표에 대하여 설명하시오.
>
> 건.88.1.2.

전동기 속도제어 시스템의 성능평가 지표

1. 응답 속도
목표 값의 변경 설정에 대해 신속하게 추종해야 한다.

2. 제어편차
제어편차가 정상 편차 내에 있어야 한다.

3. 동적 특성
외란에 대한 적응성을 말하며, 외란이 있는 경우에 외란을 제거하고 제어량을 목표값으로 유지할 수 있는 성능을 말한다.

4. 토크 특성
속도 변화가 있어도 토크가 일정해야 한다.

5. 분해 특성
속도 제어가 단계적이지 않고 연속적으로 세밀하게 조정할 수 있어야 한다.

6. 과도 특성
목표값을 변화시켜 속도를 변화시킬 때 과도적인 과전압 또는 과전류가 발생하지 않아야 한다.

6.4 전기설비에서 사용되는 유도전동기의 단자전압이 정격전압보다 낮을 경우 발생하는 현상에 대하여 설명하시오.
건.104.1.5

1. 유도전동기의 정격전압 영향

전동기 명판에는 어떤 전압으로 사용해야 하는가 쓰여 있다. 이 전압이 정격전압이다. 이 값보다 높은 전압으로 사용하면 철손과 여자전류에 의한 동손이 증가하여 과열의 원인이 된다. 또 너무 낮은 전압에서 사용하면 힘이 약해져 같은 토크를 내는데 부하전류가 커져서 모두 좋지 않은 결과가 된다. 대부분의 전기기기는 허용전압을 ±10%로 하고 있지만 입력전압이 낮을 경우 전동기는 아래와 같은 영향이 있다.

- 1차 전류 : 전압이 감소하면 증가
- 기동 전류 : 비례하여 감소
- 기동 토오크 : 2승에 비례하여 감소
- 최대 토오크 : 2승에 비례하여 감소

$$T = \frac{V_1^2}{2\pi n_s} \times \frac{\frac{r_2'}{s}}{(r_1 + \frac{r_2'}{s})^2 + (x_1 + x_2')^2} = kV_1^2$$

- 효율 : 전압이 감소하면 저하
- 역률 : 전압이 감소하면 저하
- 슬립 : 2승에 반비례하여 증가
- 온도 상승 : 증가

2. 결론

회전력(토크)은 전압의 2승에 비례하므로 전압이 낮아지면 토크가 낮아져서 전동기의 기동시간이 길어지고 가속되지 못하면 전동기가 소손할 수도 있다.

6.5 2차 여자에 의한 권선형 유도전동기의 속도제어와 역률개선의 원리에 대하여 설명하시오.

건.101.1.6

1. 권선형 유도 전동기 구조와 원리
회전자 철심에 3상 권선을 감아 2차 권선으로 삼고 슬립링과 브러시를 통하여 2차 전류를 외부로 인출할 수 있도록 한 전동기로서 2차 저항기를 조정하여 토크와 속도를 제어할 수 있다.

2. 특성(비례추이 : 2차 저항과 Slip이 비례)
권선형 유도전동기는 회전자 권선(2차권선)의 저항 r, 토크 T로 운전하고 그때의 slip이 S라고 하면 2차 권선저항을 K배하여 Kr이 되었을 때 슬립이 Ks가 된다.

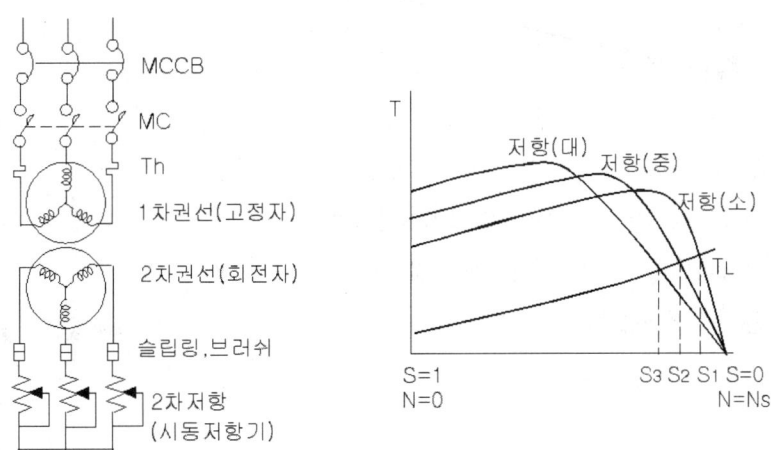

[비례추이 특성곡선]

이 모양을 나타낸 것이 그림과 같으며 이 특성을 비례추이(Proportional Shifting)라고 하고 이것이 권선형 유도전동기의 큰 특성이다.

$$\frac{r_1}{s_1} = \frac{r_2}{s_2} = \frac{r_n}{s_n}$$

3. 역률개선

- 그림에서 E_2 보다 앞선 위상의 기전력 E_c를 2차 권선에 공급하면 이때의 1차 공급 전압 V_1과 1차 전류 I_1 사의의 위상각 θ_1은 작게 되어 역률이 개선된다.
- 이렇게 되는 것은 ϕ를 생기게 하는 데 필요한 여자전류 I_o의 일부를 E_c가 보충해 주기 때문에, 1차 무효 전류가 감소하므로 역률이 개선되는 것이다.

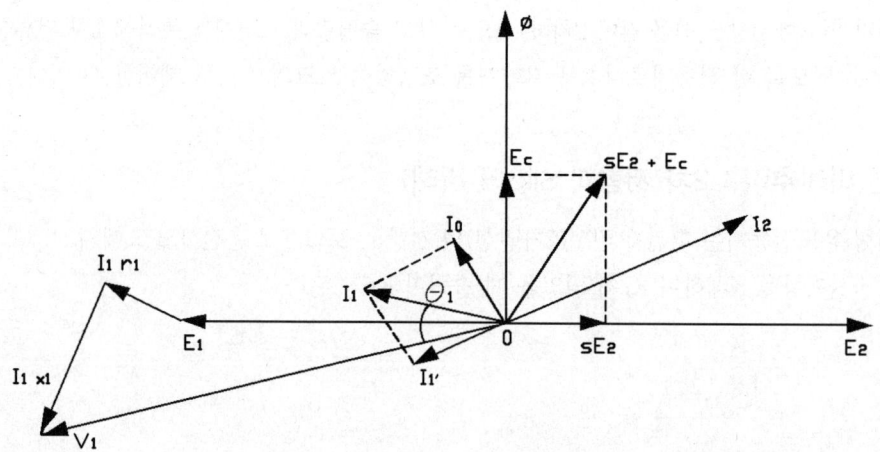

- 그러므로 오른쪽 그림과 같이 임의 위상 ϕ의 전압 E_c를 가하면 $E_c\cos\phi$는 2차 유기전압과 90°의 상차를 가지는 전압이므로 역률을 개선하게 되고, $E_c\cos\phi$의 전압은 속도제어에 도움을 준다.

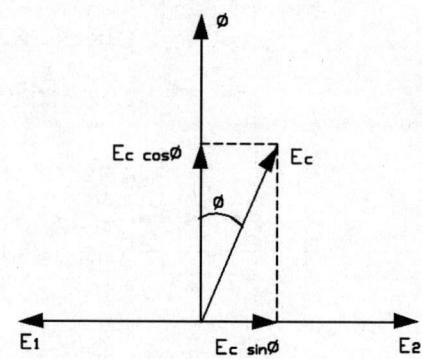

6.6 다음 전동기의 무부하전류에 대하여 설명하시오. 건.101.4.3
1) 유도 전동기   2) 직류 전동기   3) 동기 전동기

1. 개요
전동기의 명판에는 그 전동기의 특성, 사용법이 명시되어 있고 그 내용은 다음과 같다.

1) 정격 전압, 정격 출력, 정격 입력
2) 역률, 효율
3) 주파수, 극수, 회전속도
4) 기동전류, 기동 kVA
5) 토크, 기동토크, 최대토크, 최대출력
6) 무부하전류, 여자전류, 여자전압 등

2. 전동기 등가회로 및 벡터도

1) 등가회로

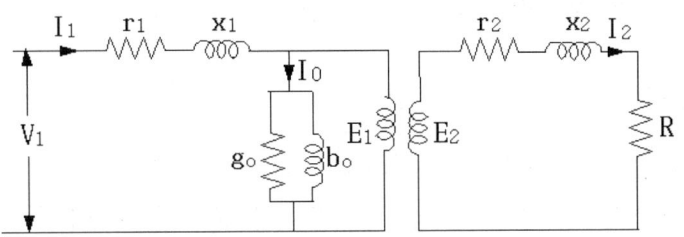

2) 벡터도

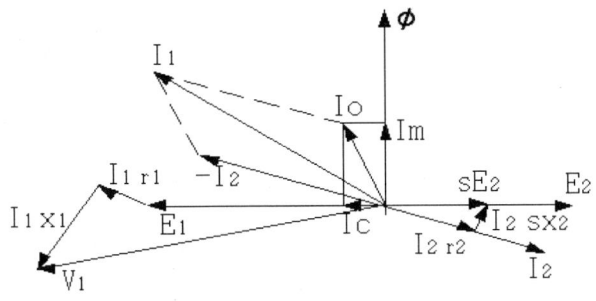

CHAPTER 06 동력설비 305

3. 무부하 전류

전동기를 무부하로 운전해도 전류는 흐른다. 그 크기는 전동기에 따라 다르다.

1) 유도 전동기

- 무부하에서도 전부하 전류의 1/2~1/4의 무부하전류가 흐른다.
- 이 전류는 전동기의 자속을 만들기 위한 전류(자화 전류)와 무부하 손실을 공급하는 전류(철손 전류)로 되어 있으나 전자의 인자가 크므로 역률은 '0'에 가까운 전류이다.

2) 직류 전동기

자화 전류는 필요없고 무부하 손실을 공급하기 위한 철손전류만 흐르므로 유도전동기에 비하면 무부하 전류가 훨씬 적어, 정격전류의 수(%)~십 수(%)이다.

3) 동기 전동기

- 입력 역률이 100(%)로 운전되도록 만들어진 전동기에서는 무부하 시의 전류는 손실 공급분에 가깝고 직류 전동기처럼 무부하 전류가 작다.
- 그러나 진상전류를 공급하도록 만들어진 전동기는 무부하에서도 진상 전류가 많이 흘러 진상 무효분 전류가 수십(%) 흐른다.
- 이 전류는 여자 전류를 줄임으로써 조정할 수 있고 무효분을 '0'으로 하여 손실분 전류 즉, 철손 전류만 흐르게 할 수도 있다.

4. 결론

- 무무하 전류가 가장 적은 전동기는 직류 전동기이며
- 무부하 전류가 가장 큰 전동기는 역률이 가장 나쁜 유도 전동기이다.

> **6.7** 전동기의 선정 및 정격에 대하여 설명하시오. 안.99.3.1
> 1) 전동기 선정 시 고려사항
> 2) 사용장소에 따른 보호방식
> 3) 운전정격의 종류
> 4) 전동기의 절연 등급

1. 개요

건축설비용 전동기는 비교적 좋은 환경조건에서 사용하는 관계로 개방형을 사용, 전동기를 합리적으로 사용하기 위해서는 용도 및 형식, 보호방식에 맞는 전동기를 선택하여 사용하여야 한다.

2. 전동기 선정 시 고려사항

1) 부하의 토크 및 속도에 적합한 특성일 것
2) 운전형식에 적당한 정격 또는 냉각방식에 따라 선정
3) 사용장소 상황에 알맞은 보호방식 선정
4) 용도에 적합한 기계적 형식을 선정
5) 가급적 표준 출력의 것을 선정
6) 부하기기의 특성에 적합할 것
7) 사용조건을 고려할 것
8) 환경조건을 고려할 것
9) 신뢰도 및 유지보수의 난이도에 따라 고려할 것

3. 사용장소에 따른 보호방식

1) 방수형 : 옥외형, 선박 갑판형 전동기
2) 방습형 : 지하실 등 습기가 많은 장소
3) 방폭형 : 탄광이나 화학공장 등 폭발사고 위험장소
4) 방식형 : 화학공장 등 부식성 가스가 많은 장소
5) 수중형 : 수중 펌프형, 선박용 등 수중 장소

4. 운전정격 종류

1) 연속 정격
지정조건하에서 연속 사용할 경우 규격에 정해져 있는 온도상승 기타의 제한을 초과하지 않은 정격

2) 단시간 정격
기기를 냉한 상태에서 시작하여 일정 단시간 지정 조건하에 사용할 경우 규격에 정해진 온도 상승 기타의 제한을 초과하지 않는 정격

3) 반복 정격
지정조건하에서 일정 부하와 정지를 주기적으로 반복하여 사용할 경우 규격에 정해진 온도상승, 기타의 제한을 초과하지 않는 정격

5. 전동기 절연 등급

절연 계급	절연물허용 최고온도(°C)	권선온도 상승한도(K)	절연 재료 및 방법	용도
Y종	90	–	면, 비단, 종이 등으로 절연한 것	저압기기
A종	105	60	면, 비단, 종이 등을 바니스로 함침시키거나 유중에 담근 것	유입 변압기
E종	120	75	에나멜선 사용	전동기
B종	130	80	석면, 유리섬유 등을 합성수지와 조합	몰드TR
F종	155	100	석면, 유리섬유 등을 내열성 합성수지와 조합한 것	몰드TR
H종	180	125	마이카, 석면, 유리 섬유 등을 실리콘 수지와 조합한 것	건식 변압기
200, 220, 250		135, 150	마이카, 자기, 유리 섬유 등을 시멘트와 같은 무기질 재료와 조합한 것	특수기기

6.8 전동기의 제동 및 역전에 관한 다음 사항에 대하여 설명하시오.

안.104.2.5

1) 역전제동(plugging), 발전제동(dynamic braking), 회생제동(regenerative braking)의 원리와 적용사례
2) 와전류 제동의 원리
3) 직류전동기 및 유도전동기의 역전법

1. 역전제동, 발전제동, 회생제동의 원리와 적용사례

1) 역전제동(Plugging)

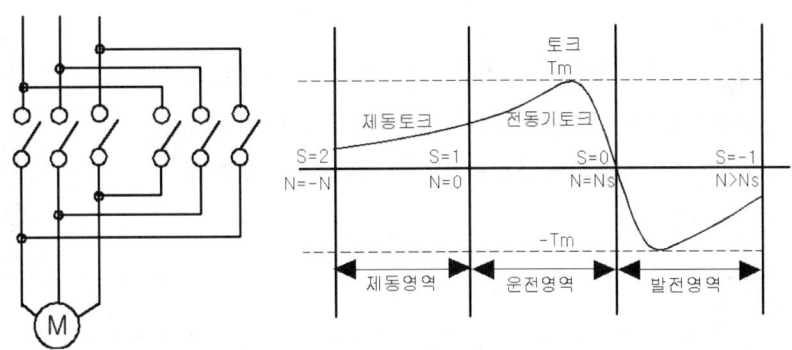

- 유도전동기 고정자 권선의 2상을 절환하여 회전자계의 방향을 뒤집어 역방향의 토크를 주어 제동하는 방식임
- 특징 : 제동 효과 우수, 역전 제동 중 대전류 주의

2) 발전 제동(Dynamic 제동, 저항제동)

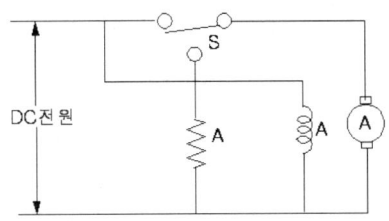
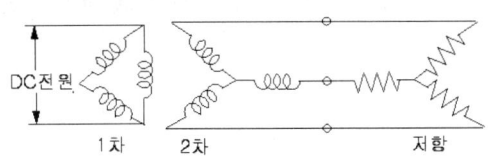

[직류전동기 발전제동]   [유도전동기 발전제동]

(1) 직류전동기 발전제동
- 전기자 권선만 전원에서 분리하여 발전제동용 저항기에 접속
- 전기자가 전동기에서 발전기로 작동하여 그 출력을 저항에서 소비하여 제동을 함

(2) 유도전동기 발전제동
- 1차측을 교류전원에서 분리하여 직류 전원에 접속하고
- 2차측은 발전제동용 저항에 접속하여 이 저항에서 전력을 흡수토록 함

(3) 발전제동 특징
- 접속하는 저항기 값에 의해서 제동 토크와 속도가 변화하고
- 흡수한 에너지는 저항기 안에서 열로 소비되기 때문에 주의가 필요하며 저항제동이라고도 함

3) 회생제동

(1) 원리

전동기에서 발생하는 역기전력을 전동기 단자전압보다 높게하여 발전기로서 동작시켜 회전부의 운동에너지가 전력에너지로 바뀌게 되어 전원 측으로 이 에너지를 되돌려 보내는 방법

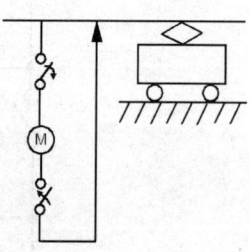

(2) 방법

중력부하를 하강시키는 경우 속도가 빠를 때, 전동기에서 발생하는 유기 기전력이 전원전압보다 높아지면 회생제동을 함

(3) 특징
- 제동 시 손실이 가장 적고
- 효율이 높은 제동법임

(4) 용도
- 권상기, 엘리베이터, 기중기 등으로 물건을 내릴 때
- 전차가 언덕을 내려갈 때 과속 방지 등

2. 와전류 제동의 원리

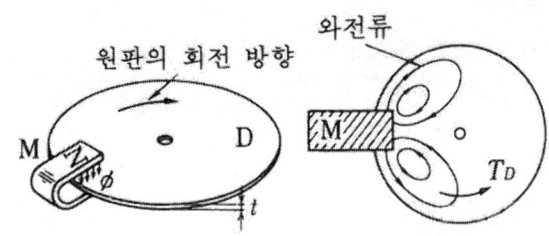

여기서, D : 금속 원판
M : 영구 자석
ϕ : 자속
t : 금속 원판의 두께
$T_D \propto \phi^2 \times t$: 금속 원판의 두께

- 와전류제동은 철도 차량에 이용되는 제동방식의 일종이다.
- 차축에 전자석을 수반한 금속제 디스크를 설치하여 제동 시에는 전자석으로부터 회전자기장을 발생시켜 와전류와 자기장이 작용함으로써 힘(플레밍의 왼손 법칙에 의한 전자력)을 얻는다.
- 힘의 방향을, 차륜의 회전을 방해하는 방향으로 향하게 하여 감속한다.

3. 직류전동기 및 유도전동기의 역전법

1) 직류 전동기 역전방법

계자 회로나 전기자 회로 중 한쪽의 접속을 바꾸면 됨

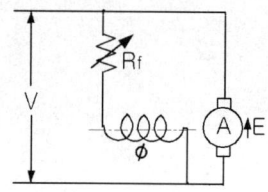

2) 3상 유도 전동기 역전방법

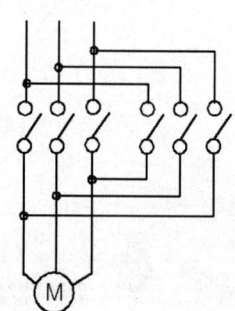

- 3상 중 2상을 바꾸면 역전이 가능하다.
- 비교적 역전이 쉬운 편이지만 역전 시 전류에 주의해야 한다.

3) 단상 유도전동기 역전방법

그림의 주 권선 W_M이나 기동권선 W_A 중 한쪽의 접속을 바꾸면 된다.

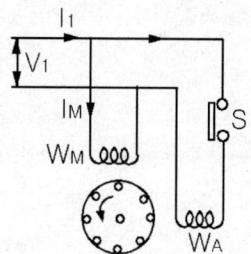

6.9 전동력 응용의 장단점을 각 5항목 이상 들고 설명하시오. 응. 91.1.1

1. 전동력 응용의 장점

1) 동력의 전달이 쉽고 경제적이다.
2) 개별, 집단운전, 복식운전 등이 쉽다.
3) 제어가 간단하고 확실성이 있어서 자동제어, 집중제어, 종합제어가 가능하다.
4) 전동기의 작업능률이 좋다.
5) 신뢰도와 안정도가 높다.
6) 효율이 좋고 경부하 시에도 효율의 저하가 적다.
7) 연료가 필요 없기 때문에 연료의 운반, 저장 등의 노력이 필요 없다.

2. 전동력응용의 단점

1) 고장이 발생된 곳을 발견하기 어렵다.
2) 단락사고 등에 의한 영향이 광범위하게 미치기 쉽다.
3) 전원의 전압, 주파수 변동에 의한 영향을 받는다.
4) 정전 시 예비전원이 있어야 한다.
5) 기동 시 전력 부하에 왜란현상을 준다.

6.10 유도전동기 기동 시 기동전류와 역률의 상관관계를 설명하시오.

응.100.1.7

1. 유도전동기의 2차 전류

1) 유도전동기의 2차 전류는 전동기가 정지한 상태에서는 변압기와 같다. 회전하고 있는 경우에도 1, 2차의 전류, 전압은 변압기와 거의 동일하다. 다른 점은 변압기는 정지기이기 때문에 2차 유기기전력이 항상 일정하지만 유도전동기는 회전기이기 때문에 슬립에 따라 2차 유기기전력과 2차 리액턴스가 변화한다는 점이다.

2) 전동기의 2차 저항을 r_2, 정지상태에서 2차 리액턴스를 x_2라고 하면, 슬립 s로 회전할 때의 2차 임피던스는 다음과 같이 표시된다.

$$x_2' = sx_2, \ Z_2 = r_2 + jsx_2$$

따라서 2차 전류는 다음 식으로 표시된다.

$$I_2 = \frac{E_2'}{Z_2} = \frac{sE_2}{\sqrt{r_2^2 + (sx_2)^2}} = \frac{E_2}{\sqrt{(\frac{r_2}{s})^2 + (x_2)^2}} \quad \cdots\cdots (1)$$

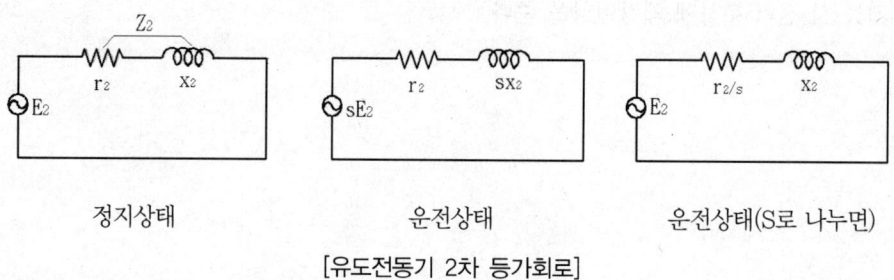

[유도전동기 2차 등가회로]

정지상태   운전상태   운전상태(S로 나누면)

2. 유도전동기의 기동 시 역률

1) 유도전동기 1차는 슬립에 관계없이 일정한 임피던스를 가지므로 슬립에 따라 역률이 변화하지 않으나, 2차 임피던스는 슬립에 따라 변화하는데 2차 임피던스는 (1)식에서 다음과 같이 된다.

$$Z_2 = \sqrt{(\frac{r_2}{s})^2 + (x_2)^2} = \frac{r_2}{s} + jx_2 \quad \cdots\cdots (2)$$

즉, 2차 임피던스는 슬립에 따라 변화한다.

2) 예를 들어 $E_2 = 100V$, $r_2 = 1\Omega$, $x_2 = 10\Omega$이라면 슬립이 1일 때(정지 시) 임피던스는

$Z_2 = r_2 + jx_2 = 1 + j10 = 10.05 \angle 84.29°$가 된다.

2차전류 $I_2 = \dfrac{100}{10.05 \angle 84.29} = 9.95 \angle -84.3°$가 되어

2차 역률은 $\cos 84.3° = 9.9\%$밖에 안 된다.

3. 운전 중 역률

유도전동기의 운전 중 슬립은 보통 5% 정도 되므로 슬립이 5%로 하여 역률을 구해본다.

$Z_2 = \dfrac{r_2}{s} + jx_2 = \dfrac{1}{0.05} + j10 = 20 + j10 = 22.36 \angle 26.56°$가 된다.

2차전류 $I_2 = \dfrac{100}{22.36 \angle 26.56} = 4.47 \angle -26.56°$가 되어

2차 역률은 $\cos 26.56° = 89\%$가 된다.

4. 결론

유도전동기의 역률은 기동 전류가 큰 기동 시에는 가장 나쁘고 정격속도로 운전 중에는 전류는 줄어들고 역률은 좋아진다. 즉, 기동 시 기동 전류와 역률은 반비례 관계이다.

CHAPTER 07 방재 · 반송설비

7.1 엘리베이터의 일주시간(RTT ; Round Trip Time)의 개념을 그림으로 설명하고 계산식을 기술하시오. 건.87.3.2.

1. 일주시간이란

엘리베이터가 승객이 가장 많은 시간에 기준층을 출발하여 원층으로 되돌아와 문을 열 때까지의 시간

평균 일주시간(T) = 승객 출입시간 + 문의 개폐시간 + 주행시간 + 손실시간

2. 일주시간 계산

1) 개념도

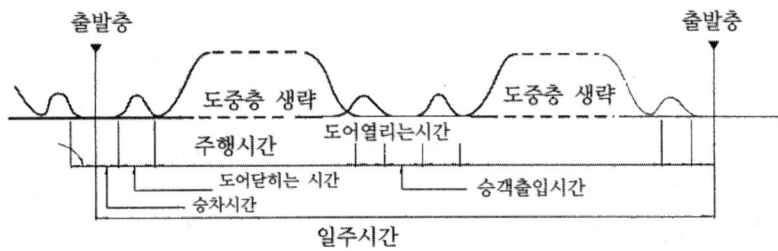

2) 계산식

$$RTT = \sum (Tr + Td + Tp + Tl)$$

여기서, RTT : 일주시간
Tr : 주행 시간
Td : 도어 개폐시간
Tp : 승객 출입 시간
Tl : 일주 중 손실시간($Td + Tp$의 10% 정도)

3) 주행시간

- 엘리베이터가 주행을 하는 시간의 합으로
- 주행시간 = 가속 주행시간 + 전속 주행시간 + 감속 주행시간

4) 도어 개폐 시간

$$Td = td \times F$$

여기서, Td : 일주 중 도어 개폐 총 시간
td : 1개층 도어 개폐 시간
F : 예상 정지 층수

5) 승객 출입 시간

$$Tp = td \times r$$

여기서, Tp : 일주 중 승객 출입시간 합계(S)
td : 승객 1인당 출입시간(S)
r : 엘리베이터 승객수(인)

6) 손실 시간

$$Tl = (Td + Tp) \times 10\%$$

여기서, Tl : 일주 중 손실시간(S)
Td : 도어 개폐시간(S)
Tp : 승객 출입 시간(S)

3. 운전간격과 평균 대기시간

1) 운전 간격 = $\dfrac{\text{평균 일주 시간}}{\text{운전 중의 대수}}$

2) 평균 대기시간 = 운전간격 × $\dfrac{1}{2}$

3) 운전간격
 - 30초 이하 : 양호
 - 40초 : 보통
 - 50초 이상 : 불량

7.2 수전실에서의 전기화재 예방대책에 대하여 설명하시오.   안. 95.1.3.

1. 기본방향

수전실의 화재에 따른 재해를 예방하기 위하여 기본적으로 건물의 각종 전기설비의 자동화, 밀폐화 및 내화구조를 선택하고 화재의 확산을 방지하기 위해 Unit별로 방재설비를 설치하여 연소 확대를 방지한다.

2. 건물의 밀폐화 및 내화구조

벽 바닥은 내열소재를 사용하며 내장재를 불연 또는 준불연재를 사용한다. 감시실 이외에는 무창문으로 하여 완전 밀폐하며 소방법에서 정한 방화구획의 시설(갑종방화문 또는 격벽시설)을 철저하게 한다. 또한 방화구역 내의 모든 시설은 원칙적으로 2시간 이상 내화구조가 되어야 한다.

3. 각종 방재설비의 연동구조화(자동화)

변압기실 등 일정구역에 화재가 발생하는 경우 각종 방재설비는 연동구조로 되어야 한다. 즉, 상하부 방화문 및 기기 반입셔터는 자동폐쇄되어야 하며 환기장치는 자동 정지되어야 한다.

4. 화재확산방지

수전실 내 방화구획된 각 실의 각종배관 및 케이블용 홀, 입상덕트, 바닥 관통부 등의 개구부는 Silicone Foam 등을 사용하여 철저하게 밀폐되어야 한다. 또한 각종 케이블을 통한 화재의 확산을 방지하기 위하여 일정거리별로 규정된 내화도료나 내화테이프를 시공하여야 한다. 방화구획 내 설치된 각종 통로는 화재 발생 시 자동패쇄되어야 한다.

5. 자동소화설비

하론가스실은 감시실과 동일층에 위치하고 별도 출입문을 설치하여 근무자가 수동조작 후 대피 가능토록 한다. 또한 하론가스 방출시험을 위하여 고정시험장치를 설치하고 질소가스를 이용하여 전체 방화 구역을 간단히 시험 가능하도록 한다.

6. 최근 동향

주로 청정소화약제를 사용함(NFSC 107A)

1) "청정"소화약제란 할로겐화합물 및 불활성기체로서 전기적으로 비전도성이며 휘발성이 있거나 증발 후 잔여물을 남기지 않는 소화약제를 말한다.
2) "할로겐화합물 청정소화약제"란 불소, 염소, 브롬 또는 요오드 중 하나 이상의 원소를 포함하고 있는 유기화합물을 기본성분으로 하는 소화약제를 말한다.
3) "불활성가스 청정소화약제"란 헬륨, 네온, 아르곤 또는 질소가스 중 하나 이상의 원소를 기본성분으로 하는 소화약제를 말한다.

7.3 유압식 엘리베이터의 특징과 적용에 대하여 설명하시오. 안.104.1.4

1. 개요
- 기름의 압력을 이용해 실린더를 밀어 오르내리는 엘리베이터를 유압식 엘리베이터라고 한다.
- 유압식 엘리베이터는 비교적 저렴한 비용으로 큰 힘을 낼 수 있기 때문에 화물용이나 자동차용 등 큰 용량이 필요한 곳에 주로 사용된다.
- 하지만 통상적으로 실린더의 길이와 굵기가 제한적이기 때문에 4층 이상의 건물이나 층고가 높은 건물에서는 사용이 어렵다는 단점이 있다.
- 또한 유압식 엘리베이터는 기계실 배치가 자유롭다는 장점이 있다.

2. 종류
1) 직접 유압식 : 플랜저와 케이지를 직결
2) 간접 유압식 : 로프를 이용
3) 팬터 그래프식

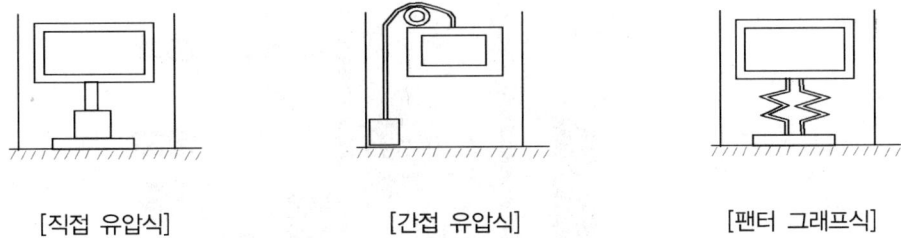

[직접 유압식] [간접 유압식] [팬터 그래프식]

3. 특징

1) 장점
- 기계실의 위치가 자유롭다.
- Over Head 공간이 작다.
- 균형추가 필요 없다.

2) 단점
- 속도가 60 m/min으로 저속
- 높이가 7층 정도가 한계이다.
- 기계실 소음이 크다.

4. 속도 제어

1) 유량제어에 의한 속도 제어
2) VVVF인버터에 의한 속도제어

5. 적용

1) 화물용이나 자동차용
2) 전철 등 층고가 낮은 건축물 등

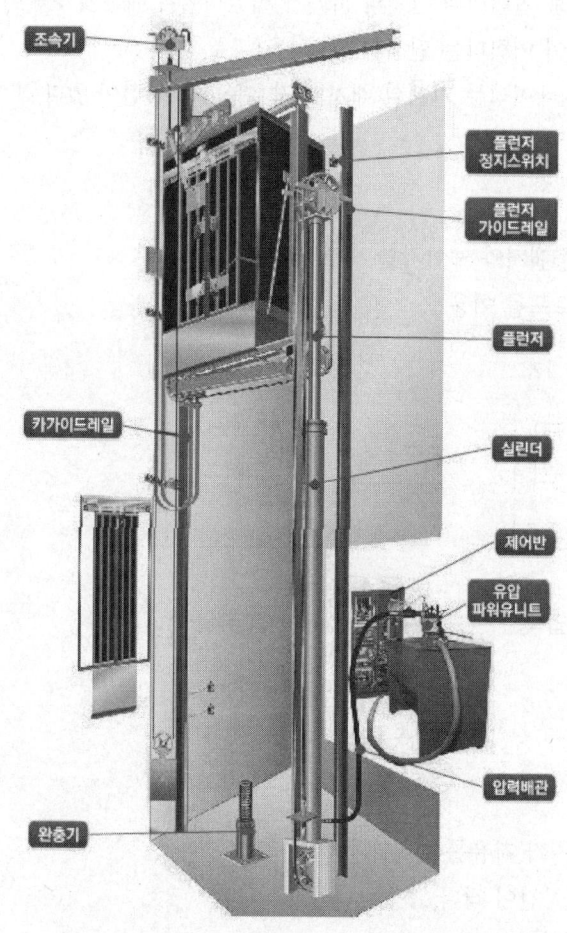

> **7.4** 최근 대형 화재가 많이 발생하고 있다. 대형 화재 시 필요한 방재센터의 설치 대상과 방재센터 위치 등에 대하여 설명하시오.

1. 개요

방재센터는 평상시에는 각종 방재시설 및 유관설비의 작동상황을 감시하고 해당 설비들의 기능을 유기적으로 제어 관리하여 방재관리 운영의 일원화를 도모하고 재해 발생 시 또는 비상시에는 그 상황을 정확히 파악하여 초기 소화활동이나 피난을 돕고 소방대가 도착해서는 화재진압 작전을 효율적으로 수행하는 장소로 활용되는 곳이다.

2. 방재센터 설치대상

1) 건물의 높이 31m 또는 11층을 초과하고 10,000m^2 이상의 건축물로서 비상엘리베이터의 설치가 의무화된 건물
2) 지하실의 바닥면적이 1,000m^{2}를 초과하는 것
3) 지상 5층 이상으로 20,000m^2 이상인 건물
4) 다중이 이용하는 시설인 백화점이나 전시장 등

3. 방재센터의 위치 및 구조

1) 화재 시 마지막까지 남아 진화작업을 진두지휘 통제하여야 하고 소방 관계자의 출입이 용이한 장소
2) 비상엘리베이터, 피난계단의 이용이 용이하고 가능한 한 피난층(지상 1층)이 직접 외부와 연결이 가능한 위치
3) 빌딩관리자 및 외부소방대의 접근이 용이하고 옥외 외부소방대와 연락 및 지휘통제가 용이한 장소
4) 방재센터 내부는 불연재료로 마감을 하여야 하며 외부와 통하는 출입문이 2개 이상을 갖는 구조
5) 근무자나 소방지휘의 원활한 소방진화작업을 위하여 방재센터 내 휴게실, 숙직실 등이 구비된 구조
6) 건물의 용도와 규모에 맞는 소방 진화 작업이 발휘될 수 있도록 기기 배치하고 24시간 동안 감시가 용이하여야 하며, 판단·조작 등이 손쉽도록 설계되어야 한다.

4. 방재센터의 감시 대상 설비

1) 소화설비

    (1) 소화전 설비
    (2) 스프링쿨러 설비
    (3) 물 분무 소화 설비
    (4) 탄산가스 소화 설비
    (5) 할론 소화 설비
    (6) 분말 소화 설비
    (7) 연결송수관 및 연결살수설비

2) 경보설비

    (1) 자동화재 탐지설비
    (2) 전기화재 경보기
    (3) 자동화재 속보설비
    (4) 비상방송 및 경보설비
    (5) 누전 경보기

3) 소화활동 설비

    (1) 배연구의 작동 표시
    (2) 방화문의 작동 표시
    (3) 각종 방화 댐퍼의 작동 표시
    (4) 비상 엘리베이터의 제어 및 작동표시

4) 설비관리

    (1) 외부 및 공용부 조명의 점멸표시
    (2) 일반 엘리베이터의 운전상황 표시
    (3) 공조설비의 동작상황 표시
    (4) 전원 및 동력설비의 이상 표시
    (5) 방범 및 CCTV설비
    (6) 항공장애등의 작동표시

7.5 지하구의 화재대책에 대하여 기술하시오.

1. 개요
지하구(지하 공동구)란 전력, 통신용의 전선이나 가스, 냉난방의 배관 또는 이와 비슷한 것을 수용하기 위하여 설치한 지하공작물로서 사람이 점검 또는 보수하기 위하여 출입이 가능한 것 중 폭이 1.8m 이상이고 높이가 2m 이상이며 길이가 50m(단, 전력 또는 통신용의 경우 500m) 이상인 것

2. 지하구화재의 발생원인

1) 내부 원인(케이블 자체의 발화)
   - 과전류 단락, 지락, 누전에 의한 발화
   - 접속부 과열에 의한 발화
   - 스파크등에 의한 발화
   - 절연열화 및 탄화에 의한 발화
   - 다회선 포설에 의한 허용전류 저감률 부족으로 온도상승에 의한 발화
   - 시공불량 등에 의한 온도상승으로 부분 발열발화

2) 외부원인(외부 발화원에 의한 발화)
   - 공사중 용접불꽃등에 의한 발화
   - 케이블 주위에서 기름 등의 가연물의 연소에 의한 발화
   - 케이블이 접속되어 있는 기기류의 과열에 의한 발화
   - 타구역에서 발생한 화재가 케이블로 연소확대에 따른 발화
   - 방화

3. 지하구 화재의 특성

1) 지하의 밀폐공간성
2) 연소확대의 위험성
3) 연소시 유독가스 및 연기 대량 발생

4. 지하구의 안전대책

1) 지하구 공간의 용적 확대 : 수요예측을 통한 중장기적인 계획

2) 장기적으로 보다 미래적인 지하구 설계지점의 개발
   - 내화성능 보유 : 통로 및 케이블 공간의 구획 설치
   - 소방, 방재시설의 구비 : 사고감지 및 대응체계 구축
   - 수용 케이블이나 난방관의 난연화 증진 : 지하구 내 연소가능한 물질의 저감
   - 관리용 시설의 개선 : 상시 점검이 가능한 시스템 구축
   - 배연, 환기시설의 개선

5. 소방시설의 종류

1) 자동화재탐지 설비

   (1) 지하구의 하나의 경계구역의 길이는 700m 이하로 할 것

   (2) 설치할 감지기의 종류
      ① 정온식 감지선형 감지기
      ② 주소형 감지기(아날로그감지기)

   (3) 정온식 감지선형감지기는 지하구 등에 지지물이 적당하지 않는 장소에서는 보조선을 설치하고, 그 보조선 위에 설치할 것

   (4) 지하구에 설치하는 감지기는 먼지, 습기 등의 영향을 받지 아니하고, 발화지점을 확인할 수 있는 감지기(주소형감지기)를 설치할 것

2) 통합감시시설 구축기준
   - 소방관서와 공동구의 통제실 간에 화재 등 소화활동에 관련된 정보를 상시 교환할 수 있는 정보통신망을 설치할 것
   - 정보통신망은 광케이블 또는 이와 유사한 성능을 가진 선로로서 원격제어가 가능할 것
   - 주수신기는 공동구의 통제실에, 보조수신기는 관할 소방관서에 설치하여야 하고 수신기는 원격제어가 가능할 것
   - 비상시에 대비하여 예비선로를 구축할 것

3) 무선통신보조설비

4) 연소방지설비

- 지하구 안에 설치된 케이블, 전선 등에는 연소방지용 도료를 도포
- 단, 케이블, 전선등이 옥내소화전설비의 화재안전기준에서 정한 내화배선방법으로 설치한 경우나 이와 동등 이상의 내화성능이 있는 경우에는 연소방지도료를 도포하지 않아도 된다.

5) 방화벽(전력 또는 통신산업용의 지하구에 한함)

- 내화구조로서 홀로 설 수 있는 구조로 할 것
- 방화벽에 출입문을 설치하는 경우에는 방화문으로 할 것
- 방화벽을 관통하는 케이블, 전선등에는 내화성이 있는 화재차단재 마감
- 방화벽의 위치는 분기구 및 환기구등의 구조를 고려하여 설치할 것

6) 소화기 등

7.6 공항등화시설에 대하여 10가지 이상 기술하시오.

1. 개요

1) 관련근거
   - 항공법, 령, 시행규칙
   - 국토교통부 고시 '항공등화 설치 및 기술기준'

2) 항공등화란 항행안전시설의 하나로서 야간 또는 저시정 시 항공기 조종사에게 시각적인 정보를 제공하는 시각보조시설이다.

2) 항공등화는 주위 밝기, 시정 및 운고(구름의 높이) 등에 따라 빛이나 색채를 이용하여 조종사에게 이착륙에 필요한 각종 시각정보를 제공한다.

3) 특히 최종 결심고도에서 조종사가 안전한 이착륙을 결정하는 요소로서 항공 등화시설의 역할은 대단히 중요하다. 그러므로 공항의 항공 등화시설에는 고도의 기술 집약적 최첨단 장비들을 사용하고 있다.

2. 공항의 등화시설

공항의 등화시설은 크게 진입조명, 활주로 조명, 유도로 조명 및 지시·신호조명 등으로 나뉜다.

1) 진입조명(Approach Lighting)

   진입조명의 종류로는 진입등, 진입각 지시등, 선회등이 있다.

   (1) 진입등(ALS ; Approach Lighting System)

   착륙하려는 항공기에 그 진입로를 알려주기 위하여 진입구역에 설치하는 등화를 말한다.

   (2) 진입각 지시등(PAPI ; Precision Approach Path Indicator)
   - 항공기의 착륙 시 진입각의 적정 여부를 알려주기 위하여 활주로의 외측에 설치하는 등화를 말한다.
   - 윗부분은 백색, 아랫부분은 적색의 빛을 발산하는데 조종사는 불빛의 색상을 통해 안전한 착륙각도(3도)를 알 수 있다.
   - 이 등은 활주로 말단에서 활주로 쪽으로 약 300미터 지점에 활주로 중심선과 수직으로 활주로 녹지대에 설치되어 있다.

- 만일 불빛의 색깔이 활주로에 가까운 쪽 2개가 적색, 먼 쪽 2개가 백색이라면 정상 활공각을 유지하고 있는 것이며, 백색이 3개 또는 4개이면 높은 활공각이다. 반대로 적색이 3 또는 4이면 낮은 활공각으로 접근하고 있는 것으로 조종사는 적절한 항공기 조작을 통해 정상 활공각을 유지할 수 있다.

(3) 선회등(Circling Guidance Lights)

체공 선회 중인 항공기가 기존의 진입등 시스템과 활주로등만으로는 활주로 또는 진입지역을 충분히 식별하지 못하는 경우에 선회비행을 안내하기 위하여 활주로의 외측에 설치하는 등화를 말한다.(김해공항)

2) 활주로 조명

활주로등, 활주로시단등, 활주로 중심선등, 활주로종단등, 접지구역등, 활주로거리등이 있다.

(1) 활주로등

이륙 또는 착륙하려는 항공기에 활주로를 알려주기 위하여 그 양측에 설치하는 등화를 말한다.

(2) 활주로 중심선등

이륙 또는 착륙하려는 항공기에 활주로의 중심선을 알려주기 위하여 그 중심선에 설치하는 등화를 말한다.

(3) 활주로 시단등

이륙 또는 착륙하려는 항공기에 활주로의 시단을 알려주기 위하여 활주로의 시작 지점에 설치하는 등화를 말한다.

(4) 활주로 종단등

이륙 또는 착륙하려는 항공기에 활주로의 종단을 알려주기 위하여 설치하는 등화를 말한다.

(5) 접지구역등

착륙하려는 항공기에 접지구역을 알려주기 위하여 접지구역에 설치하는 등화를 말한다.

(6) 활주로 거리등

활주로를 주행 중인 항공기에 전방의 활주로 종단까지의 잔여거리를 알려주기 위하여 설치하는 등화를 말한다.

3) 유도로의 조명

일반도로의 교통신호등 및 표지판과 같은 역할을 한다. 이 등은 항공기가 유도로로 주행할 때 안전하고 빠르게 지상 이동이 가능하도록 해준다.

유도로등, 유도로 중심선등, 정지선등, 유도안내등, 유도로 교차등, 활주로 경계등 등이 있다.

(1) 유도로등

지상주행 중인 항공기에 유도로·대기지역 또는 계류장 등의 가장자리를 알려주기 위하여 설치하는 등화를 말한다.

(2) 유도로 중심선등

지상주행 중인 항공기에 유도로의 중심 및 활주로 또는 계류장의 출입경로를 알려주기 위하여 설치하는 등화를 말한다.

(3) 정지선등

유도정지위치를 표시하기 위하여 유도로의 교차부분 또는 활주로 진입정지 위치에 설치하는 등화를 말한다.

(4) 유도 안내등

지상주행 중인 항공기에 행선지·경로 및 분기점을 알려주기 위하여 설치하는 등화를 말한다.

(5) 활주로 경계등

활주로에 진입하기 전에 멈추어야 할 위치를 알려주기 위하여 설치하는 등화를 말한다.

(6) 고속탈출 유도로 지시등

조종사에게 활주로에 가장 가까운 고속탈출 유도로의 정보를 제공하고, 활주로 가시범위 350m 미만의 조건 또는 교통밀도가 고밀도일 때 착륙 이후 활주로를 효율적으로 벗어날 수 있도록 도움을 주기 위해 설치하는 등화를 말한다.

4) 기타

이밖에도 공항에는 풍향등, 지향 신호등, 착륙 방향지시등과 같은 지시, 신호조명등이 있으며 비행장의 위치를 알려주는 비행장 등대와 같은 위치조명이 설치되어 있다.

3. 발전 동향

최근 기술의 발달로 인하여 개별등화 제어시스템을 한 단계 더 발전시킨 지상이동안내 및 관제시스템이 도입되고 있다. 이것은 항행안전시설(지상이동 감시 레이더, 항공기상 정보시스템)과 비행정보 시스템 등을 통합한 최상위 개념의 운영시스템으로 복잡한 공항에서 관제사의 업무를 획기적으로 향상시킬 뿐만 아니라 항공기 안전운항 확보에도 크게 이바지하고 있다.

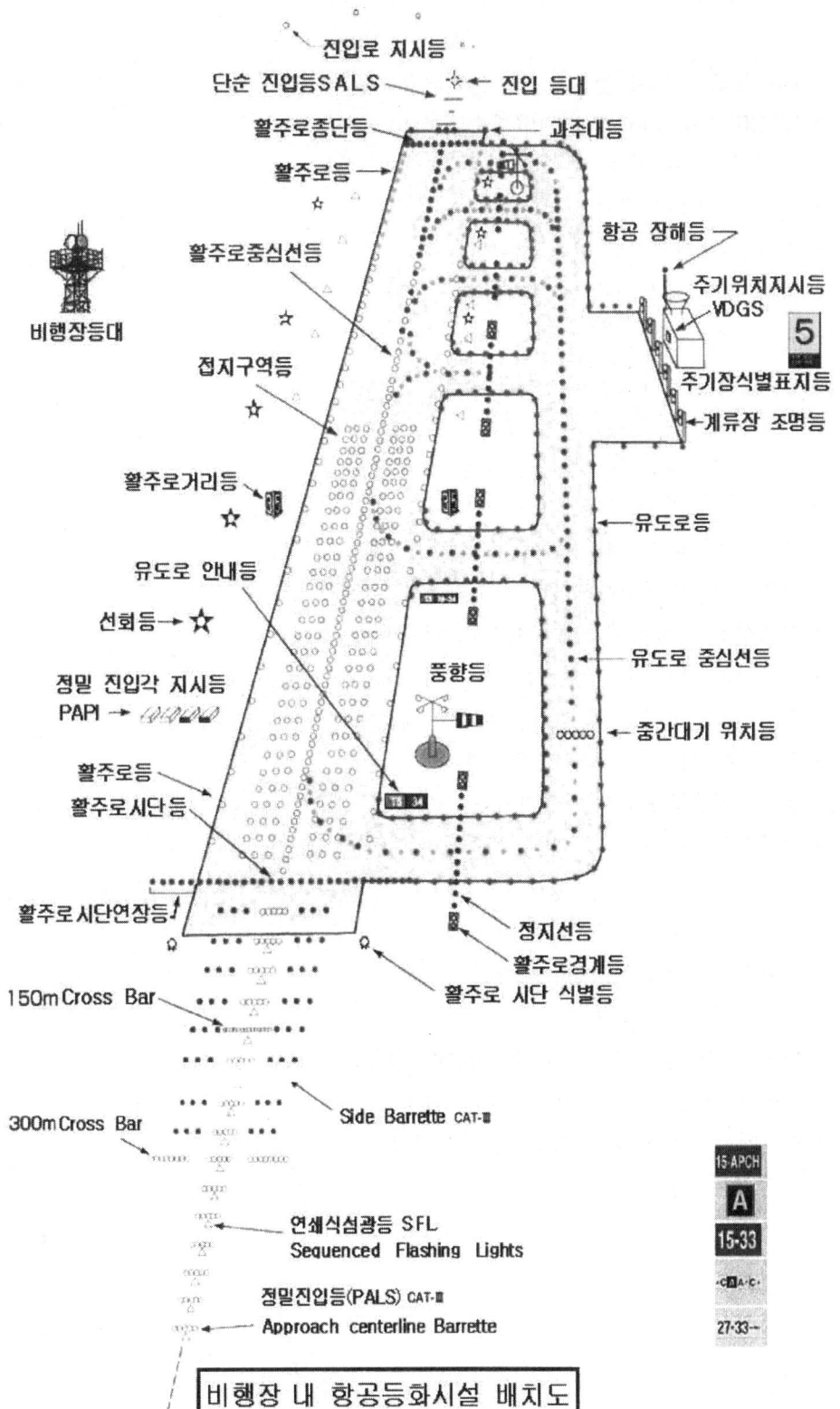

비행장 내 항공등화시설 배치도

참고문헌

- KSCIEC 60364 건축전기설비(기술표준원)
- KSCIEC 62305 피뢰설비(기술표준원)
- 전기설비 기술기준 및 판단기준(대한전기협회)
- 내선 규정(대한전기협회)
- 건축전기 설계기준(건설교통부)
- 기술 용어 해설집(한국전력공사)
- 전기설비 기술계산 핸드북(의제전기설비 연구소)
- 전기설비 총람 상, 하(의제전기설비 연구소)
- 전력시설물 설비 및 설계(성안당, 최홍규)
- 조명 설비 및 설계(성안당, 최홍규)
- 접지 설비 및 설계(성안당, 최홍규)
- 건축전기설비기술사 1~3권(성안당, 양재학 외)
- 건축전기설비기술사해설(동일출판사, 김세동)
- 전력설비 기술계산 해설(동일출판사, 김세동)
- 건축전기설비기술사 기출문제해설(1~5권)(NT미디어)
- 건축전기설비기술사 300선(상, 하)(예문사)
- 전기응용기술사(1~3권)(NT미디어)
- 전기감리실무교재(한국전력기술인협회)
- 저압전로 지락보호에 관한 기술지침(대한전기협회)
- 전기기기(동명사, 이윤종)
- 전력기술인(한국전기기술인협회)
- 조명전기설비(한국조명설비학회)
- 전기저널(대한전기협회)
- 공통·통합접지 검사업무처리방법(안전공사)
- Naver Cafe 지식 백과 및 지식 검색
- 전기기기 제작업체 카다록 및 기술자료
- 전기 신문 등

| 최신판 | PROFESSIONAL ENGINEER BUILDING ELECTRICAL FACILITIES |

건축전기설비기술사

예상문제풀이 II

건축전기설비기술사
전기응용기술사 | 김일기 저

PROFESSIONAL
ENGINEER

예문사

PREFACE

최근의 건축전기설비기술사 시험을 분석해 보면 건축전기설비기술사는 물론 발송배전기술사, 전기응용기술사, 전기안전기술사 등의 기출문제가 약 80% 정도 출제되고 나머지는 계산문제와 한국조명설비학회지를 비롯한 학술지 등에서 출제되고 있습니다.

본 교재는 건축전기설비기술사의 기본서로 이용할 수 있도록 필수문제를 중심으로 하여 최근 개정된 법규 관련 문제와 신기술인 LED 등을 조명설계 부문에 반영하여 보완하였습니다.

▣ 이 책의 특징

1. 최근 10여 년간 기출문제 중 출제 빈도가 높은 문제를 누구나 알기 쉽게 정리하였습니다.
2. 출제 예상 문제를 상당수 삽입하여 합격률을 높일 수 있도록 하였습니다.
3. 그림과 표를 최대한 삽입하여 누구나 쉽게 이해하고 많이 그려볼 수 있도록 하였습니다.
4. 중요한 내용은 암기 비법을 만들어 쉽게 암기하도록 하였습니다.

더불어 필자가 기술사 시험공부를 하면서 나름대로 터득한 다음의 공부방법을 참고해 활용해보기 바랍니다.

▣ 기술사 공부방법 10계명

1. **주변을 정리하고 애경사는 가족의 도움을 받으세요.**
   기술사는 많은 시간과 노력이 필요합니다. 보통 3,000시간 이상은 투자한다고 보면 될 것이며 집중을 안 하면 그 보다도 훨씬 더 많은 시간이 소요 된다고 보시면 됩니다. 기술사가 영어로는 Professional Engineer입니다. 즉 그 분야의 프로가 되어야 가능하다는 말이겠지요. 프로는 1등을 해야지 2등은 별 의미가 없지 않습니까?

2. **주변에 공부하는 것을 알리세요.**
   어느 분들은 공부하는 것을 알리지 않고 몰래 하던데 이는 만약 떨어지면 창피하다는 이유겠지요.
   그러면 중간에 그만 둘 수도 있다는 말이 아닙니까?
   그래서는 안 됩니다. 나는 죽어도 합격할 때까지 하겠다는 마음이 아니면 대부분 중간에 포기합니다. 주변 분들께 공부하는 것을 알리고 회식 등에서 빼달라고 솔직하게 이야기 하십시오. 그러면 좋은 결과가 있을 것입니다.

PREFACE

3. 좋은 강사와 좋은 교재를 선택하세요.
   공부하면서 제일 어려웠던 부분이 이 부분이었다면 이해가 되시겠지요?

4. 매일 3시간 이상 꾸준히 투자하세요.
   평일 근무시간 후 적어도 3시간씩은 투자하라고 권하고 싶습니다. 회식이 있어 늦게 귀가하여 책을 폈다 바로 덮는다 해도 마음가짐만은 하루 3시간입니다.

5. 휴가와 공휴일을 최대한 활용하세요.
   기술사 자격 취득하기까지 가족들의 양해를 구하고 휴가와 공휴일은 도서관으로 직행하세요.

6. 자기만의 Sub-Note를 만드시 만들고 암기비법을 개발하세요.
   PC가 아닌 손으로 직접 Sub-Note를 만들고 교재에 있는 암기비법을 참고하여 자신만의 암기비법 노트를 만드세요.

7. 짬을 최대한 이용하세요.
   출퇴근 시간이나 자투리 시간에 암기노트를 활용하고 회사에서도 최대한 짬을 만들어 보세요.

8. 기술 관련 매스컴, 정보 등을 가까이 하세요.
   전기신문 등을 수시로 보고 전기 관련 잡지 등과 가까이 하세요. 보물이 숨겨져 있을 수 있습니다.

9. 기본에 충실하고 이해를 한 다음 외우세요.
   기술사 시험은 기사와 달리 공부의 양이 방대하고 답안이 짜임새가 있도록 기술해야 합니다. 그러려면 기본에 충실해야 하고, 이해를 한 다음에는 열심히 외워야 시험장에서 답안 작성이 가능합니다.

10. 중간에 포기하지 마세요.
    전기 관련 기술사의 최근 합격률은 1~3% 정도로 결코 쉬운 시험이 아닙니다. 그러나 포기하지 않고 열심을 다 한다면 언젠가는 합격의 기쁨을 맛볼 수 있습니다.

아무쪼록 본서를 통해 기술사라는 관문을 통과하여 한 단계 Up-Grade된 인생을 살 수 있기를 바라고 하나님의 축복이 본서로 공부하는 모든 분들과 발간에 도움을 주신 여러분께 함께 하시길 기원합니다.

건축전기설비기술사 · 전기응용기술사
김일기

CONTENTS

Ⅰ권

제1장 전원설비
제2장 수변전설비
제3장 간선설비
제4장 전력품질
제5장 조명설비
제6장 동력설비
제7장 방재 · 반송설비

Ⅱ권

제8장 정보통신설비
제9장 접지피뢰설비
제10장 IEC60364.62305
제11장 판단기준, 내선규정, 설계기준
제12장 E. Saving, 신재생에너지
제13장 회로이론
제14장 기타

CHAPTER 08. 정보통신설비

- 8.1 상태감시 진단시스템 (건.90.4.6) ··· 3
- 8.2 배전 전력구 종합 감시 시스템 (건.93.1.4) ···························· 5
- 8.3 PCM(Puise Code Modulation)의 표본화 정리 (건.94.1.2) ········· 7
- 8.4 통합배선시스템 구축 시 검토사항 (건.95.2.1) ························ 9
- 8.5 실리콘 정류기의 냉각방식 (건.100.2.1) ······························ 12
- 8.6 근거리 통신망(LAN) Hardware와 Software (건.104.1.3) ········· 14
- 8.7 SMPS(Swiched Mode Power Supply) 종류 및 적용방법
  (건.106.1.13) ·· 16
- 8.8 IGBT 소자의 특징 (응.91.I.3) ·· 18
- 8.9 SCR 소자의 기본 구조와 특징 (응.91.2.2) ··························· 20
- 8.10 전기화학에서의 애노드(Anode) 및 캐소드(Cathode) (응.103.1.1) ····· 23
- 8.11 RFID(무선인식시스템) ·· 24
- 8.12 Internet과 Ethernet의 차이 ··· 28
- 8.13 초고속 정보통신 및 홈네트워크 건물 인증지침 ····················· 30
- 8.14 BEMS((Building Energy Management System) (건.109.2.3) ······ 35

CHAPTER 09. 접지피뢰설비

9.1	대지고유저항률 측정방법과 산출식 유도 (건.87.1.3) ························ 41
9.2	접지설비의 유지관리 보수점검 (건.87.2.4) ···································· 43
9.3	전위강하법의 오차가 최소가 되는 조건(61.8%) (건.92.4.1) ············· 44
9.4	IEEE std.80에 의한 접지설계 흐름도 (건.94.4.3), 망상(mesh)접지극 설계 시 도체의 굵기와 길이의 결정 요소 (건.103.3.1) ··· 47
9.5	변압기 2차측 중성점 접지선과 부하기기의 접지선 최소 굵기 (건.96.1.4) ·· 50
9.6	뇌격전류 파라미터의 정의와 뇌전류의 구성요소 (건.100.2.2) ········· 52
9.7	공용접지의 장점 및 전위 상승의 영향 (건.102.3.2) ························ 55
9.8	발열 용접과 압착 슬리브 접속방법 (건.105.1.10) ························· 57
9.9	전위강하법 3전극법과 Wenner의 4 전극법 비교 (건.106.4.1) ········ 59
9.10	감전재해 유형 및 예방대책 (안.93.1.7) ·· 63
9.11	공통 · 통합 접지저항 측정방법 (안.102.1.1) ································· 69
9.12	중성선과 접지선의 용도 (안.104.1.6) ·· 71
9.13	병원 수술실 Micro Shock 및 Macro Shock (안.107.4.5) ············· 73
9.14	전산기기 설비의 접지방식 (안.107.4.6) ······································· 76
9.15	정전기 완화를 위한 본딩(Bonding) 접지방법 (응.100.1.10) ·········· 78
9.16	보링(Boring)접지 (건.81.3.2) ··· 81
9.17	접지선 및 배선 굵기 핵심 정리 ··· 83

CHAPTER 10. IEC60364.62305

- 10.1 A형 접지극 및 B형 접지극 (건.72.2.6) ········· 87
- 10.2 뇌보호시스템 설계 및 시공단계에서 분야별 협의사항 (건.72.4.2) ······ 89
- 10.3 4심 케이블의 고조파전류 환산계수 (건.75.1.8) ········· 90
- 10.4 분진위험장소 전기배선, 개폐기, 콘센트, 과전류차단기 시설방법 (건.75.4.5) ········· 92
- 10.5 KSC IEC 62305 내부 피뢰 시스템(건.88.3.3) ········· 94
- 10.6 의료장소의 전기안전을 위한 보호방법 (건.89.3.1) (건.97.3.1) ········· 97
- 10.7 TN계통 전압종류별 최대 차단시간, 스트레스전압과 차단시간 (건.98.2.6) ········· 101
- 10.8 주택용 계통 연계형 태양광 발전설비의 시설기준 (건.99.2.4) ········· 106
- 10.9 공칭전압, 접촉전압, 예상접촉전압, 규약동작전류 (건.100.1.3) ········· 109
- 10.10 병렬도체의 과부하와 단락보호 방법 (건.101.1.12) (건.101.3.3) ········· 110
- 10.11 저압 전기설비의 직류 접지계통방식 (건.101.2.1) ········· 113
- 10.12 KSC IEC 62305 제4부 LEMP에 대한 기본보호대책(LPMS) (건.103.3.4) ········· 115
- 10.13 서지 보호기(SPD)의 에너지 협조 (건.104.1.10) ········· 119
- 10.14 교류 1kV 초과 (KSC IEC 61936-1) 접지시스템 안전기준 (건.106.4.2) ········· 121
- 10.15 KSC IEC 60364-5-54에 의한 PEN, PEL, PEM 도체 요건 (건.107.1.13) ········· 125
- 10.16 회전구체법을 결정하는 요인과 적용방법 (안.105.4.2) ········· 127
- 10.17 욕조 또는 샤워가 있는 장소 안전대책 (안.107.2.6) ········· 130
- 10.18 IP Code 방수·방진 시험등급 (안.107.4.2) ········· 132

10.19 TN과 TT 계통의 간접접촉에 의한 감전보호방법 (건.75.3.3) ············ 134
10.20 KSC IEC 60364-520 배선설비공사 ································· 138
10.21 KSC IEC 52 부속서(허용전류) ·· 142
10.22 KSC IEC 60364-555(2013) 저압발전설비 ························· 150
10.23 KSC IEC 60364-610 검사 ·· 154
10.24 KSC IEC 60364 제702절 수영장 및 기타 수조 ··················· 160
10.25 KSC IEC 60364-7-708 숙박차량, 정박지, 야영장 ·············· 164
10.26 KSC IEC 60364 제711절 전시회, 쇼, 공연장 전기설비 ········· 167
10.27 KSC IEC 60364 제714절 옥외조명용 전기설비 ·················· 169
10.28 TN방식의 개요와 특징 및 누전차단기를
      설치하지 않아도 되는 이유 ··· 171
10.29 TN 방식에서 누전차단기를 설치한 경우 접지선 시공방법 ·········· 172

CHAPTER 11. 판단기준, 내선규정, 설계기준

11.1 22kV 비접지계통, 22.9kV 다중접지계통 제2종 접지저항값
     (건.77.1.5) ·· 177
11.2 전기자동차 전원공급설비의 기술기준 (건.96.2.1) ··················· 179
11.3 콘센트 설계방법과 콘센트의 위치 및 설치방법 (건.97.3.6) ········ 181
11.4 케이블트레이 내측폭 선정 (건.98.4.6) ································ 183
11.5 실내음향설비에 대한 설계순서 (건.99.1.5)(건.102.1.10) ··········· 185
11.6 BGM(Back Ground Music) 방송 스피커 배치방법 (건.106.2.5) ······ 190
11.7 원격검침설비의 구성과 기능, 설계방법 (건.103.3.2) ··············· 194
11.8 염해를 받을 우려가 있는 장소 고려사항 (건.104.1.13) ············· 198

11.9 유도전동기 회로에 사용되는 배선용 차단기의 선정조건
 (건.107.1.9) ··· 199
11.10 건축전기설비 설계기준의 용어 (건.99.1.7) ······························ 201
11.11 전기설비기술기준의 판단기준에 따른 교통신호등의 시설
 (안.92.1.3) ·· 203
11.12 전기울타리 (판단기준 제231조, 내선규정 4110) ······················ 204
11.13 소세력 회로 (판단기준 제244조) ··· 207
11.14 전화설비 (건축전기설비 설계기준 제11장 제2절) ···················· 209
11.15 인터폰 설비(건축전기설비 설계기준 제11장 제4절) ··················· 212
11.16 방송공동수신설비 (건축전기설비 설계기준 제11장 제5절) ········· 214
11.17 전기시계설비(건축전기설비 설계기준 제11장 제6절) ················· 217
11.18 표시설비 (건축전기설비 설계기준 제11장 제7절) ······················ 220

CHAPTER 12. E. Saving, 신재생에너지

12.1 하절기 수요관리(DSM)를 위한 분산전원 5종류 (건.95.1.1) ········ 225
12.2 태양광 모듈의 특성 중 FF(Fill Factor) (건.95.1.2) ···················· 228
12.3 풍력발전설비의 TSR(Tip Speed Ratio) (건.95.1.3) ··················· 230
12.4 태양광전기(cell)의 간이등가회로 (건.95.2.5) ···························· 231
12.5 연료전지의 모노폴라 스택(Monopolar Stack) (건.95.3.2) ········· 233
12.6 Zero Energy Building의 실현을 위한 요건 3가지 (건.96.1.7) ···· 234
12.7 건축물의 에너지 절약 설계기준 (건.96.1.12) ···························· 236
12.8 태양광발전시스템의 어레이(Array) 설치방식 (건.96.3.5) ··········· 237
12.9 건물일체형 태양광발전시스템 등급별로 분류 (건.96.2.2) ·········· 240

12.10 풍력발전설비에서 출력제어방식 (건.97.1.8) ·· 242
12.11 TOE(Ton of Oil Equivalent) (건.97.1.11) ·· 244
12.12 에너지 저장장치(Energy Storage System) (건.98.2.3) (건.104.4.5)
　　　초고용량 커패시터(Super Capacitor) (건.105.4.6)
　　　리튬이온전지(Lithium Ion Battery) (응.94.1.8) ································ 245
12.13 태양광발전설비 설계절차 (건.102.3.3) ·· 250
12.14 다이오드와 블로킹 다이오드 비교 (건.106.1.9) ································ 254
12.15 스마트 에너지 관리시스템의 필요성 (건.99.1.2) ······························ 256
12.16 해상풍력 제어시스템의 제어요소 (건.99.3.5) ···································· 258
12.17 조력발전 원리, 특징 및 발전방식 (건.100.4.5) ································ 261
12.18 태양광 발전시스템 구성, 파워컨디셔너의 역할과 기능,
　　　방위각 및 경사각, 뇌서지대책 (안.104.4.1) ···································· 264
12.19 풍력발전시스템의 낙뢰피해와 피뢰대책 (응.97.4.4) ························ 268
12.20 알칼리 전해액 연료전지 (응.103.1.2) ·· 270
12.21 스마트미터링(Smart Metering) ·· 273
12.22 그린홈 100만호 보급사업 ·· 276
12.23 전기자동차 충전 인프라 ·· 280
12.24 공공기관 에너지 절약제도 ·· 284
12.25 석탄 가스화 복합발전(IGCC) ·· 287

CHAPTER 13. 회로이론

- 13.1 정전압원과 정전류원의 의미와 적용방법 (건.94.1.7) ……………… 291
- 13.2 순시전력의 총합은 항상 일정하며 유효전력과 동일
  (건.103.1.12) ……………………………………………………………… 292
- 13.3 정현파의 실효치와 평균치, 최대치와의 비율 (발.96.1.11) ……… 293
- 13.4 사이리스트 단상 전파 정류에서 저항부하 시의 전류맥동률
  (응.72.1.9) ………………………………………………………………… 295
- 13.5 3상 브리지 전파 정류 무부하 무제동 시의 직류출력전압
  (응.97.1.4) ………………………………………………………………… 297
- 13.6 단상 반파 및 전파 전압변동률, 맥동율, 정류효율, 최대역전압
  (응.94.4.3) ………………………………………………………………… 299
- 13.7 정류회로에서 발생하는 리플전압과 리플 백분율 (건.100.1.4) …… 302
- 13.8 전자유도 현상의 종류 (응.94.1.1) …………………………………… 303
- 13.9 정상·역상 원리 ………………………………………………………… 305

CHAPTER 14. 기타

- 14.1 광센서 중 포토커플러(Photo-Coupler)의 구조와 원리, 종류
  (건.80.3.4) ………………………………………………………………… 309
- 14.2 설계 감리원의 업무 (건.93.1.1) ……………………………………… 311
- 14.3 설계에 사용되는 상용 프로그램 3가지 이상을 제시 (건.93.1.4) …… 313

- 14.4 2개의 설비가 직렬·병렬로 접속되어 있는 경우 정전시간 (건.102.1.7) 수변전 설비의 공급 신뢰도 (건.106.1.10) ················· 314
- 14.5 책임감리원, 상주감리원, 승인, 검토, 확인, 지원업무담당자, 조정, 지시 등 용어 설명 (안.102.4.4) ················· 316
- 14.6 비상주 감리원의 수행업무 (안.93.1.11) ················· 319
- 14.7 TBM 및 CBM (응.94.1.9) ················· 320
- 14.8 SI의 개념과 기본단위, 보조단위, 유도단위 (안.92.4.5) ················· 322
- 14.9 석탄발전소의 온실가스를 포함한 환경 대응방안 (발.95.1.8) ················· 325
- 14.10 부하율의 정의와 부하율의 향상방안 (발.95.1.9) ················· 328
- 14.11 DSM의 의미를 설명하고 DSM을 수행하기 위한 구체적 방안 (발.99.4.2) ················· 330
- 14.12 정전이 산업현장에 미치는 영향과 정전손실 극소화 방안 (안.93.4.4) ················· 333
- 14.13 고령자를 배려한 주거시설의 전기설비 설계 시 고려사항 (건.100.3.6) ················· 335
- 14.14 예비전력의 단계별 구분 (발.98.3.2) ················· 337
- 14.15 BIM(건축물 정보 모델) (건.91.3.1) ················· 339
- 14.16 VE 정의, 특징, 적용대상, 추진단계, 시행효과 (응.103.3.4) ················· 341
- 14.17 리던던시, 디레이팅 및 페일세이프 (응.106.4.3) ················· 344
- 14.18 공공건설공사의 감리제도 ················· 347
- 14.19 전기설비 리모델링 ················· 351
- 14.20 정류기용 변압기와 정류기 용량이 다른 이유 (건.98.1.10) (응.100.2.6) ················· 355
- 14.21 전기가열방식 종류별 원리 및 용도, 특징 (건.77.2.6) ················· 357
- 14.22 자외선의 장단점 (응.97.1.2) ················· 360
- 14.23 냉동사이클 (열펌프사이클) 원리도 (응.97.1.5) ················· 361
- 14.24 열계와 전기계의 상호 대응관계 (응.97.1.11) ················· 363
- 14.25 유도가열 원리, 특징과 적용사례 (응.97.3.5) ················· 364

- 14.26 적외선 건조의 적용분야 및 특징 (응.100.1.11) ··········· 367
- 14.27 열전효과 (응.100.4.3)
  열전발전기의 원리, 구조, 활용전망 (발.99.2.4) ··········· 369
- 14.28 비상발전기 운전 시 과전압의 발생원인과 대책 (건.108.1.5) ······ 372
- 14.29 전기설비 설치공간 기준(건.108.1.8) ··········· 374
- 14.30 가용성, MTBF, MTTR (건.108.1.10) ··········· 375
- 14.31 연면적 10,000m^2 최소 태양광 설치용량(kW) (건.108.1.13) ······ 377
- 14.32 계통의 연계 보호장치 시설방법(건.108.2.5) ··········· 379
- 14.33 축전지의 메모리 효과(Memory Effect) (건.109.1.9) ··········· 381
- 14.34 저압 직류지락 차단장치의 구성방법과 동작원리 (건.109.1.12) ······ 382
- 14.35 수상태양광설비 구성요소, 계류장치, 특징 (건.109.4.1) ··········· 384
- 14.36 건축전기설비공사의 공사시방서 명기사항 (건.110.1.1) ··········· 387
- 14.37 BLDC(Brush Less DC) 모터 (건.110.1.7) ··········· 388
- 14.38 건축전기설비공사의 타 공정 협의사항 (건.110.3.1) ··········· 390
- 14.39 최대 수요 전력 제어 (건.110.4.6) ··········· 392
- 14.40 태양광 설치 높이, 경사각, 안전 공간, 설치면적, 이격 거리
  (안.110.3.2) ··········· 396
- 14.41 지하공동구 내진설계기준 (안.110.3.5) ··········· 400
- 14.42 건축전기설비의 내진등급 (안.110.4.3) ··········· 404
- 14.43 3상 단락전류 계산 (건.96.4.6) ··········· 408
- 14.44 변압기 1차측 단자 전압 및 선로 인입단 전압계산 (건.99.2.2) ······ 412
- 14.45 비율차동계전기 비율 TAP 정정 (건.89.4.2) ··········· 414

정보통신설비

CHAPTER 08

8.1 차세대 전력설비를 위한 상태감시 진단시스템(Condition Monitoring Diagnosis System)을 설계하고 기대효과를 설명하시오.

건.90.4.6.

1. 개요

1) 전력기기 상태감시진단 시스템은 상시 활선상태에서 실시간으로 전력설비의 상태를 진단함으로써 전기품질 향상과 에너지 절감을 동시에 이루고자 하는 시스템이다.
2) On-line으로 실시간 감시를 하기 위해서는 감시대상 설비에 각종 센서가 있어야 하고, Network가 구축되어야 하며, 진단 프로그램 등의 IT 기술이 필요하다.

2. 상태감시 진단시스템 설계

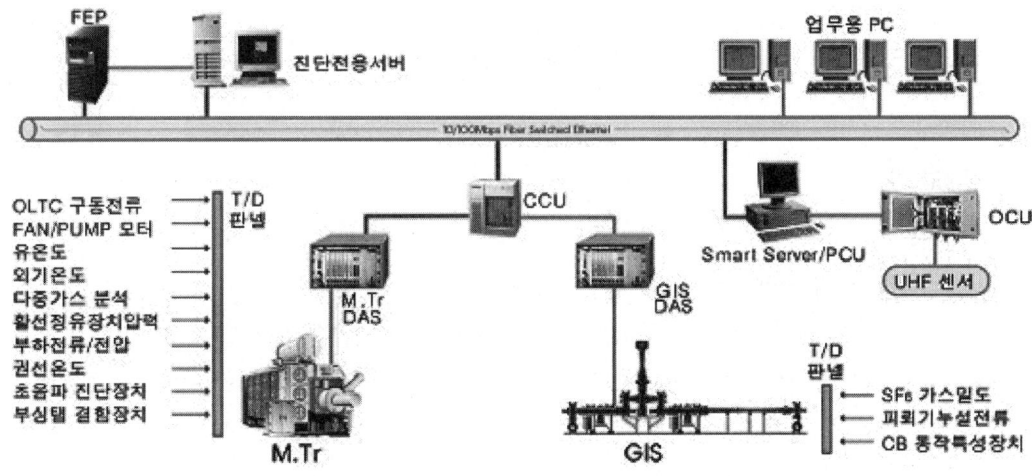

1) 감시 및 진단 대상 선정

변압기, 케이블, 간선, 차단기, 부하설비 등의 대상기기를 선정한다.

2) 감시 및 진단 항목 선정

온도, 절연상태, 부분방전, 가스성분, 누설전류, 고조파 등의 진단항목을 선정하고, 이러한 항목들을 선정한다.

3) 전송 매체 선정

각종 센서에서 검출한 데이터를 데이터 처리장치로 전송하기 위한 전송매체를 선정한다. 전송매체로는 광섬유케이블, UTP, STP 케이블, 무선통신방식 등이 있다.

4) 운영체제 선정

컴퓨터 운영체제로 Windows, Unix, Linux 등이 있다.

5) 하드웨어 시스템 선정

직접제어(DDC)로 할 것인지, 분산제어(DCS)를 결정한다.

> **Reference**
> 1) FEP(Front End Processor) : 전위 처리기
>   미리 Data를 처리하여 컴퓨터 처리시간을 단축시키는 기능임
> 2) DAS(Data Acquisition System) : 데이터 수집장치
> 3) CCU(Communication Control Unit) : 통신제어장치
> 4) PCU(Power Control Unit) : 전원제어장치(인버터, 컨버터 내장)

3. 기대효과

1) 설비의 신뢰성을 향상시킬 수 있다.
2) 관리 인원이 감소되어 유지보수비가 절감된다.
3) 전력설비의 상태에 대한 정확한 정보를 상시 실시간으로 알 수 있다.
4) 사고를 초기단계에서 검출하여 사고가 발생하기 전에 미리 조치를 취할 수 있다.
5) 모든 데이터가 기록·저장되므로 설비 이력에 대한 자료관리가 용이하다.
6) 정전시키지 않고도 설비상태를 점검하는 것이 가능하다.

8.2 배전 전력구 종합 감시 시스템의 1) 개요, 2) 주요설비 및 기능, 3) 주요 관리항목, 4) 기대효과에 대하여 설명하시오.

건.93.1.4.

1. 개요

최근의 전력구는 전기, 통신, 수도, 가스등 사회의 기반시설을 모두 수용함으로써 도시 미관 및 교통 상황 등을 개선할 수 있다. 또한 전력구 화재 시에는 그 피해가 막대하며 복구에 장시간이 필요하다.

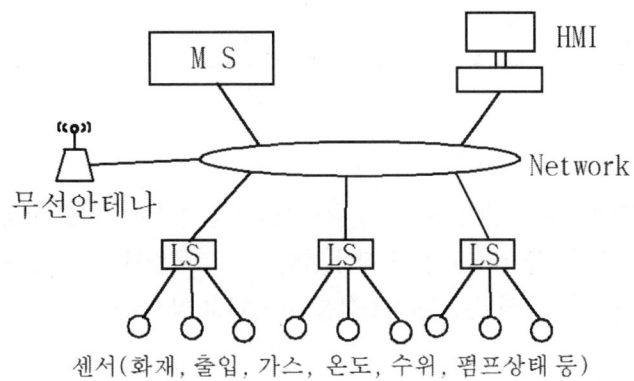

2. 주요 설비 및 기능

1) MS(Master Station)

   H/W, S/W 탑재 원격 감시, 제어, 진단, 경보, 기록 등

2) LS(Local Station)

   센서 인근 현장의 독자적인 감시, 제어

3) Sensor

   화재, 출입, 수위, 가스등 감지

4) HUB 및 Network

   비상통신망 구성 2중 구조

3. 주요 관리항목

항목	기능
1. 화재 감시	전력구 내 화재감시 및 화재 위치 추적, 화재 시 초기 대응
2. 출입자 감시	전력구 내 외부인 출입에 의한 사고 방지
3. 전력구 상황(CCTV)	사고 사전 예방 및 사고 시 대처
4. 가스	CO, CO_2, CH_4
5. 수위	침수 등에 대한 시설물 보호
6. 유면, 유압	Oil 누유로 화재등 사고 2차 확산 방지
7. 시스템 고장	자기 진단
8. Fan, Pump, 냉각장치	설비 예방 보전 기능

4. 기대효과

전력구는 소요기간과 자본이 많이 투입되는 주요 사회기반시설로서 사고 발생 시 송·배전 설비의 손실이 막대해진다. 그러므로 전력구 감시 제어 설비는 사고 예방과 사고 시 신속 대응할 수 있는 체계를 구축하여 인명과 재산상의 손실을 최소화할 수 있다고 할 수 있다.

8.3 PCM(Pulse Code Modulation)의 표본화 정리에 대하여 설명하시오.

건.94.1.2.

1. PCM(Pulse Code Modulation)

1) 아날로그 신호를 디지털 신호로 바꿔주는 것으로
2) 아날로그 신호를 그대로 전기적 신호로 전달하면 전기적 소모도 많고 대역폭의 낭비가 심해지므로 디지털 신호로 전환하여 전달한다.
3) PCM 과정

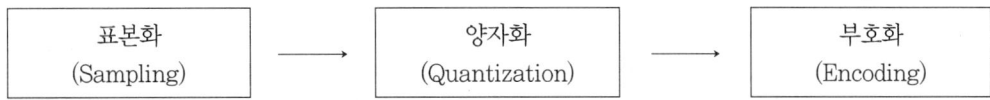

2. 표본화(Seampling) 정리

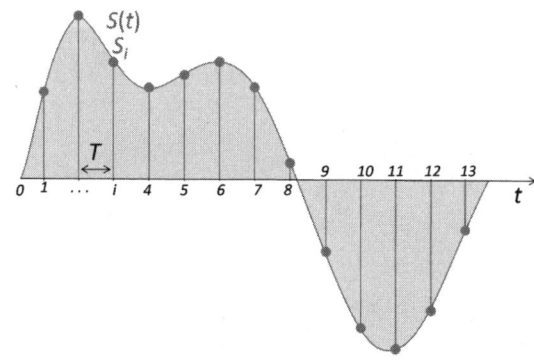

1) 필요한 정보를 취하기 위해 음성 또는 영상과 같은 연속적인 아날로그 신호를 불연속적인 디지털 신호로 바꾸는 과정이며, 원 신호를 시간축 상에서 일정한 주기로 추출하는 것을 말한다.
2) 제출된 신호의 진폭을 표본값이라 하며, 이 표본값은 일정한 간격으로 추출되는데, 이 간격을 프레임(Frame) 또는 표본 간격(Sampling Interval)이라 한다.
3) 이렇게 표본값으로 이루어진 펄스 열(列)을 펄스 진폭 변조(PAM ; Pulse Amplitude Modulation)라 한다.
4) 그런데 연속적인 아날로그 신호를 불연속적인 디지털 신호로 바꾸면서 그 특성을 잃어버리지 않게 하려고 하는 것이 표본화이다.

3. 양자화(정량화, Quantization)

표본화된 수치를 반올림하여 정수화하는 것으로 데이터의 양을 줄이기 위한 것

예 3.23232 → 3.0, 5.8521 → 6.0

4. 부호화(Encoding)

PCM에서 디지털 신호를 만들기 위한 마지막 단계로서 양자화된 신호의 표본값을 2진법으로 표현한 것

예 1 → 0001, 2 → 0010, 3 → 0011

8.4 통합배선시스템 구축 시 검토사항에 대하여 설명하시오. 건.95.2.1.

1. 통합 배선 시스템[Structured Cabling System, 統合配線 System] 개요

1) 오늘날 사무환경과 주거환경은 Computer와 High Tech. 산업의 발달과 더불어 다양한 정보기기 및 통신기기의 도입이 급증하고 있으며, 건축물의 인텔리전트화가 발달될수록 Multi-Media화가 필연적이기 때문에 배선량과 종류가 방대하게 요구된다.

2) 또한 서로 각기 다른 기기 배선의 관리가 곤란한 실정에 이르고 있어 Lay-Out 변경과 정보통신 시스템의 이동 확장에 따른 중복 배선, 재배선으로 인한 경제적 손실과 인력 낭비를 야기시키고 있다.

3) 통합 배선 시스템은 건물 내부와 건물 간에서 요구되는 각종 통신망을 일원화시킨 것으로 위에서 언급된 문제들을 해결하고자 설치 운영하는 시스템이다.

4) 음성, 데이터, 비디오, 정보처리, 통신장비, 건물 관리에 필요한 다양한 정보 관리 시스템뿐만 아니라 외부의 통신 시스템을 통합적으로 지원하므로, 어떠한 정보 통신기기에도 자유롭게 접속될 수 있도록 구성된 배선시스템이다.

5) 이렇듯 효율적이고 안정적인 통합배선 솔루션의 구축이 건물의 경쟁력을 높이는 가장 확실한 방법이며, 통합배선 시스템은 현재의 통신 환경은 물론 앞으로 다가올 통신환경을 고려하여 설계 시공되어야 한다.

2. 통합배선 시스템의 구성

1) 주배선반(MDF)

   시스템과 건물 내의 모든 배선의 집합체로 배선의 분배, 집결, 관리하는 기능을 가지고 있다.

2) 구내 간선계통

   구내에서 외부배선망을 구성하는 배선망으로 국선 단자함에서 각 건물 각 동의 동단자함을 연결하는 배선체계이다.

3) 건물 간선계통

   동단자함에서 각층 단자함까지를 연결하는 개선체계이다.

4) 중간 배선반(IDF)

   각층 구내 통신실에 설치되는 것으로 건물 간선계통과 수평 배선 계통을 연결해 주는 것이다.

5) 수평배선계통

각층 단자함(IDF)에서 인출구까지를 연결하는 배선체계이다.

6) 인출구

수구 또는 Outlet이라고도 하며 통신 포트를 제공하며, 사용자의 기기와 접속이 가능하도록 해준다.

3. 통합배선시스템 구축 시 검토사항

1) 향후 사무기기 재배치에 대한 고려

2) 유지보수에 대한 고려

3) 향후 기술발전에 대한 고려

4) 케이블에 대한 고려

통합배선에 사용되는 케이블은 주로 UTP(Unshielded Twisted Pair Cable)과 광섬유케이블(Optical Fiber Cable)이다. 이들 중 광섬유케이블은 주배선반에서 각 동의 동단자함 사이에 주로 사용되고, UTP는 건물 내의 입상선과 수평배선에 많이 사용된다.

5) 배선방식에 대한 고려

전선관에 수납하고 전선관을 콘크리트에 매입할 것인지, 노출배관으로 할 것인지, Access Floor(간이 2중 바닥방식) 또는 Raised Floor System(2중 바닥방식)을 사용해서 배선할 것인지 등을 고려한다.

6) 경제성에 대한 고려

LCC(Life Cycle Cost)의 개념에서 시공단계에서의 비용뿐만 아니라 설계단계에서부터 설비의 폐기시점까지 설비의 전 수명기간 동안 소요되는 비용이 최소가 되도록 고려한다.

4. 설치 예

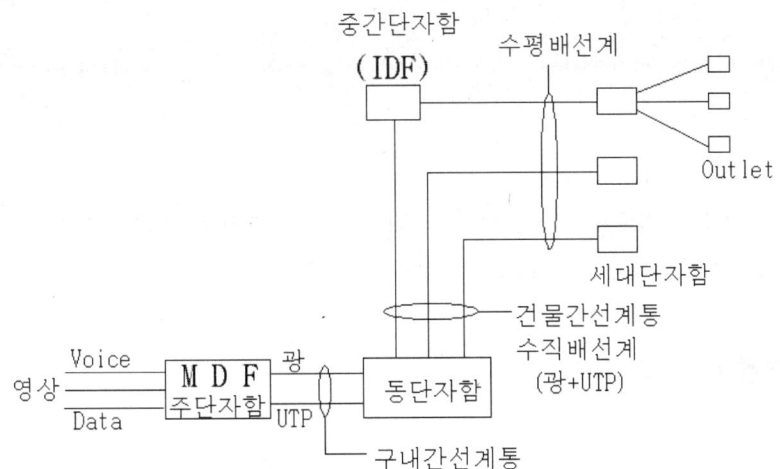

8.5 실리콘 정류기의 냉각방식을 분류하고 장단점을 설명하시오.

건.100.2.1.

1. 개요
직류전원에 사용되는 반도체 소자는 사이리스터, 실리콘 정류소자, 셀렌 정류 소자, 트랜지스터 등이 있으며 실리콘 정류소자는 다음과 같은 특징이 있다.

2. 실리콘 정류기 구조

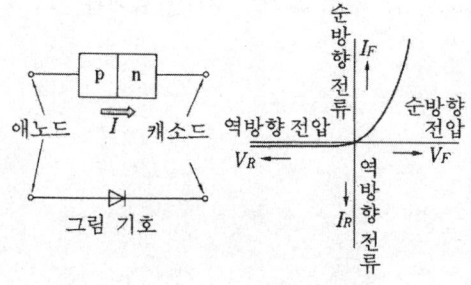

1) p형과 n형의 실리콘 반도체를 접합해서 만든 정류용 다이오드이다. 이 접합면에는 각각의 반도체의 에너지준위 구조 차이에 기인한 전기적 2중층이 나타나며, 그것이 전류에 대한 장벽으로서 작용한다.
2) p형에 전압을 걸면(순방향) 장벽의 높이가 낮아지므로 전류가 흐르고 반대방향으로 걸면 장벽이 높아지므로 전류가 억제되어 정류성이 나타난다.
3) 구조는 실리콘과 용기의 열팽창계수의 차이에서 생기는 기계 변형을 줄이는 동시에 방열을 원활히 한다는 면 등이 고려되어 있으며 허용 동작온도는 접합부에서 150℃ 정도이다.
4) 실리콘 정류기에는 실리콘 정류소자를 보호하기 위하여 과부하 보호협조회로와 서지 보호회로가 장치되어 있다.

3. 실리콘 정류기 특징
1) 소자 단독의 전력변환효율이 높다(고전압에서).
2) 역방향 전류가 극히 적다.
3) 내열성이 높다.
4) 수명이 길다.

5) 소형이며 경량이다.
6) 보수가 용이하다.

4. 실리콘 정류기 냉각방식

실리콘 정류소자는 허용온도 약 150[℃](주위온도 40[℃] 경우, 허용온도 상승 110[℃])이며, 효율을 높이기 위해 열을 발산해야 한다.

1) 풍냉식

   (1) 냉각방법 : 정류기가 있는 큐비클 안에 바람통을 만들고 운전 중 송풍으로 냉각한다.

   (2) 장단점 : 오손에 약해 청소가 필요하고, 운전 중 반드시 송풍으로 한다.

2) 유냉식

   (1) 냉각방법 : 절연유를 펌프로 강제 순환하여 라디에이터에서 냉각한다.

   (2) 장단점
- 보수가 양호(송유펌프만 보수하면 됨)
- 절연유의 화재대책이 필요

3) 가스식

   (1) 냉각방법 : 정류기를 넣은 밀폐용기에 후레온 가스를 넣은 자냉식임

   (2) 장단점 : 불연성, 무독성이고, 공기 중의 오존파괴로 대체 물질이 필요

4) 비등냉각식

   (1) 냉각방법
- 냉각매체로 후레온 대신에 불화탄소를 냉매로 사용하고, 열교환작용을 이용한다.
- 통전으로 열이 발생하면 냉매용액이 비등하여 기화하면서 정류스택의 열을 빼앗는다. 기화가스는 응축기로 냉각하고 액화 후 탱크로 되돌려지는 사이클이다.
- 구조 : 밀폐탱크, 응축기, 하부박스
- 비등냉각의 열전도율 : 강제풍냉식의 100~200배, 유냉식의 10~20배

   (2) 장단점
- 소형·경량이며, 불연성이고, 소음이 없으며, 유지 보수성이 좋다.
- 옥·내외 모두 사용한다.

8.6 근거리 통신망(LAN)의 구성을 Hardware와 Software로 구분하여 설명하시오.

건.104.1.3.

인용 : 건축전기설비 설계기준 제11장 정보통신 및 약전설비

1. 장비 및 기기(Hardware)

1) 랜 카드(LAN Card)

   네트워크 스테이션 과 네트워크 간의 연결장치로서, 자료(Data) 송수신의 핵심장비이며, 인터페이스 기능을 위한 기기와 소프트웨어로 구성한다.

2) 허브(HUB)

   여러 대의 PC, 주변기기를 연결하는 장비로서 단순히 연결기능의 더미(Dummy) 허브, 네트워크 관리기능의 인텔리전트(Intelligent) 허브, 멀티미디어에 대응하는 엔터프라이즈(Enterprise) 허브 등을 사용한다.

3) 스위치(Switch)

   허브와는 다른 용도로서 전송받은 프레임의 MAC 주소를 읽고 수신한 데이터 프레임을 목적지로 전달하는 경로 및 회선을 선택하는 데 사용한다.

4) 리피터(Repeater)

   케이블이 가지고 있는 물리적인 한계를 극복하기 위하여 데이터를 멀리 보낼 수 있도록 수신하고 증폭하여 다음 구간으로 재전송하는 장비로 설치한다.

5) 브리지(Bridge)

   신호를 선택적으로 전송할 수 있는 기능을 가진 리피터를 말하며, 하나의 랜을 같은 프로토콜을 쓰는 다른 랜과 접속 가능하게 하는 용도에 사용한다.

6) 라우터(Router)

   같은 프로토콜을 쓰는 다른 랜의 계층 간을 서로 연결하거나 랜을 외부 네트워크로 연결할 때 사용한다.

7) 게이트웨이(Gate Way)
- 한 네트워크에서 다른 네트워크로 들어가는 입구 역할을 하는 장치
- 근거리통신망(LAN)과 같은 하나의 네트워크를 다른 네트워크와 연결할 때 사용된다.
- 게이트웨이가 필요한 것은 네트워크마다 데이터를 전송하는 방식이 다르기 때문이다.
- 다시 말해 각각의 네트워크는 다른 네트워크와 구별되는 프로토콜(데이터를 처리하는 방식으로 미리 정해 놓은 약속)로 데이터를 전송한다.

2. 소프트웨어(Soft Ware)

1) NOS(Network Operating System)

여러 개의 어플리케이션이 동시에 서비스를 요청할 때 효율적 지원이 가능하도록 보안기능, 관리기능을 갖도록 서버에 설치한다.

2) NMS(Network Management System)

네트워크의 개선 및 유지관리에 핵심적인 소프트웨어로서, 모든 기기, 장비의 기능적 이상 유무를 파악하고 대처하도록 한다.

8.7 SMPS(Swiched Mode Power Supply) 종류 및 적용방법에 대하여 설명하시오.

건.106.1.13.

1. 개요

1) SMPS ; Switching Mode Power Supply의 약자
2) 전력용 MOSFET 등 반도체 소자를 스위치로 사용하여
3) 교류 입력 전압을 일단 구형파 형태의 전압으로 변환한 후
4) 필터를 통하여 제어된 직류 출력 전압을 얻는 장치임

2. 입출력 특성

일반적으로 많이 사용하는 휴대폰 충전기와 같이 1차는 Free Voltage이며 2차는 정전압인 제품이 많음

- 1차 전압 : AC 90~260V
- 1차 주파수 : 47~63Hz
- 2차 출력 : DC 5V, 12V, 24V가 대표적임. AC 용도 가능

3. 구성

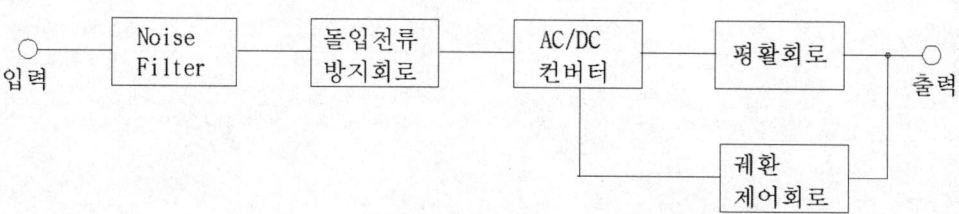

1) 노이즈 필터

   외부로부터 입력되는 전원 전압에 포함된 Noise를 제거

2) 돌입전류 방지회로

   외부로부터 입력되는 전원 전압의 돌입전류로부터 회로 보호

3) AC · DC 컨버터

   다이오드를 이용하여 AC를 DC로 정류

4) 평활회로

   L-C 필터 등으로 구성되어 DC 전류의 평활화

5) 궤환 제어 회로

   출력 전압의 오차를 줄이기 위한 회로

4. 특징

   1) 장점
      - 종래의 리니어식인 변압기 방식에 비해 효율이 높고
      - 내구성이 강하며
      - 소형, 경량화
      - 가격 저렴

   2) 단점
      - 스위칭에 의한 손실, 인덕터 손실 등 전력 손실이 증대
      - 스위칭에 의해 발생하는 서지, 노이즈 발생

5. 용도

   - 휴대폰 충전기, 면도기
   - PC, OA 기기, 가전기기
   - 통신용과 산업용 등
   - LED Lamp 등

8.8 IGBT 소자의 기호를 그리고 특징에 대하여 설명하시오.

1. 정의
Insulated Gate Bi-Polar Transistor(절연 게이트 바이폴라 트랜지스터)의 약자로서 전력용 반도체의 일종으로 고출력 스위칭용 반도체임

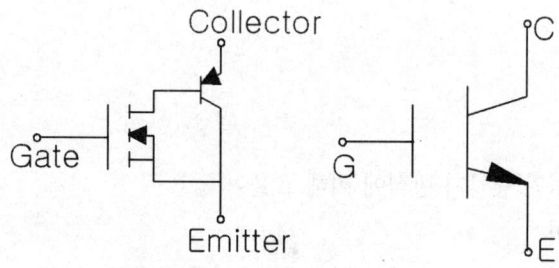

2. Symbol 및 내부 구조
1) IGBT는 입력은 MOSFET(Metal Oxide Semiconductor Field Effect Transistor)처럼 만들고 출력은 TR(BJT ; Bipolar Junction Transistor)로 만든 것이다. 즉, MOSFET와 TR의 장점만 따서 만든 소자가 IGBT이다.
2) 그래서 기호도 입력은 MOSFET처럼 생겼고, 출력은 TR처럼 생겼다.
3) IGBT의 MOSFET는 전압으로 제어하고, BJT는 전류로 제어한다.

3. IGBT의 특징
1) 전압 구동이기 때문에 구동회로의 소형화, 경량화, 에너지 절약화가 실현될 수 있어 현재 많은 전력 전자 기계에 이용되고 있다.
2) 고속 스위칭 특성을 갖추고 있기 때문에 고주파 동작이 가능하다.
3) 바이폴라 트랜지스터 및 GTO 사이리스터와 비교했을 때 콜렉터, 에미터 간 전압의 고내압화가 가능하다.
4) GTO 사이리스터와 비교했을 때 스너버 회로가 생략되어 소형화가 가능하다.
5) GTO 사이리스터와 비교했을 때 전류 제한용 리액터가 불필요하다.
6) 고효율 고속의 전력시스템에 사용한다.

7) IGBT는 출력 특성 면에서는 바이폴라 트랜지스터 이상의 전류능력을 가지고 있고, 입력 특성면에서는 MOSFET와 같이 게이트 구동 특성을 갖고 있다.
8) 따라서 IGBT는 MOSFET와 바이폴러 트랜지스터의 대체 소자로서 뿐만 아니라 새로운 분야도 점차 사용되고 있다.
9) 바이폴라 트랜지스터의 일종이지만 바이폴라 트랜지스터가 베이스 전류를 통해 콜렉터 전류를 제어하는 전류구동형 소자인 데 비해 IGBT는 게이트 전압을 통해 콜랙터 전류를 제어하는 전압 구동형 소자이다.
10) 게이트가 얇은 산화 실리콘 막으로 격리(절연)되어 있어서 게이트에 전류를 흘려서 On-Off하는 대신 전압을 가해서 제어한다.
11) IGBT는 BJT와 MOSFET 의 장점을 조합한 트랜지스터이다.
   ① Junction Transistor는 베이스가 2개 또는 그 이상의 접합 전극에 의해서 샌드위치 모양으로 사이에 끼워진 구조의 트랜지스터를 말한다.
   ② Bipolar Transistor는 양 또는 음 2종류의 전하 운반체(전자 또는 정공)를 사용하여 동작하는 트랜지스터를 말한다. 이에 비해 전자 또는 정공 어느 하나만으로 동작하는 트랜지스터를 Uni-polar Transistor라고 한다.
12) 전력설비 면에서 고내압화의 진행에 따라 GTO 사이리스터가 사용되고 있는 설비를 점차 대체하는 것이 가능해졌다.
   예 무효전력의 처리기능을 가진 SVG, 대용량 액티브 필터에 고주파 동작 특성을 가진 IGBT를 사용하여 기기의 성능을 향상시키는 것을 기대할 수 있다.

8.9 SCR 소자의 기본 구조와 특징에 대하여 설명하시오.

응.91.2.2.

1. 개요

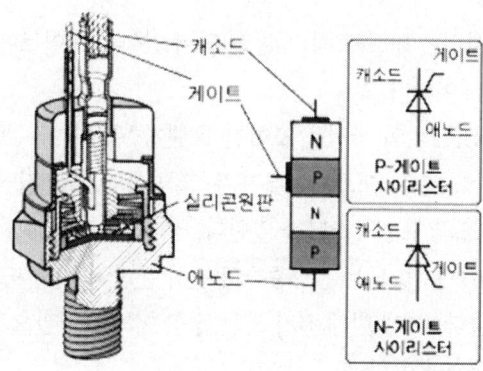

1) 가장 잘 알려진 4층 반도체 소자가 사이리스터(Thyristor)이다. 흔히 이를 실리콘 제어 정류기(SCR ; Silicon Controlled Rectifier)라고도 한다.
2) 주 전극은 캐소드(K ; Cathode)와 애노드(A ; Anode)이고, P-게이트 사이리스터와 N-게이트 사이리스터로 분류한다.

2. 사이리스터의 동작원리

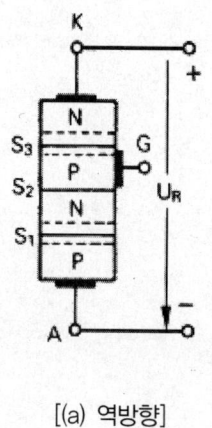
[(a) 역방향]

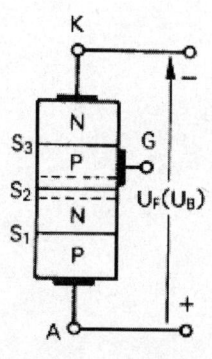
[(b) 순방향]

1) 실질적으로 많이 사용하는 P-게이트 사이리스터를 예로 들어 설명하기로 한다.
2) 사이리스터에 역방향전압 즉, 캐소드(K)에 (+), 애노드(A)에 (-)를 연결하면, 외측 N형층의 전자는 전원의 (+)전압에 의해 캐소드 쪽으로 끌리고, 외측 P형층의 정공은 애노드 쪽으로 밀려가므로, PN접합 S1과 S3에는 전하가 결핍되어 공핍층이 형성되어 전류가 흐를 수 없다. 즉, 사이리스터에 역방향 전압이 공급되면 역방향 전압(UR)은 전류를 흐르지 못하게 한다.
3) 캐소드에 (-), 애노드에 (+)로 순방향으로 전압을 인가하면, 캐소드의 전자는 P형으로 밀려나고, 애노드의 정공은 N형으로 밀려나게 된다. 이 순방향 상태에서 게이트(G)와 캐소드(K) 간에 순방향 전압을 인가하면 사이리스터는 도통된다.

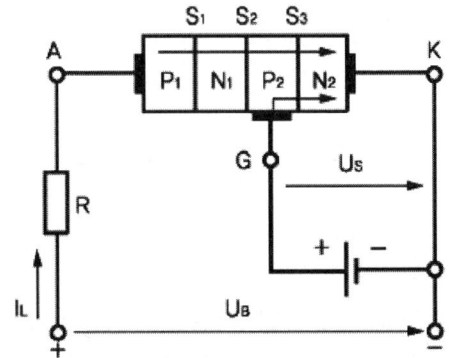

4) 한번 도통상태가 되면 게이트의 제어능력이 상실되므로, 애노드의 전압을 0V로 하던가, 극성을 바꾸어 A↔K 간의 전류를 거의 0(=유지전류(Hold Current) 이하)으로 감소시켜 주지 않는 한, 사이리스터는 계속 도통상태를 유지한다.

3. 사이리스터의 특성곡선

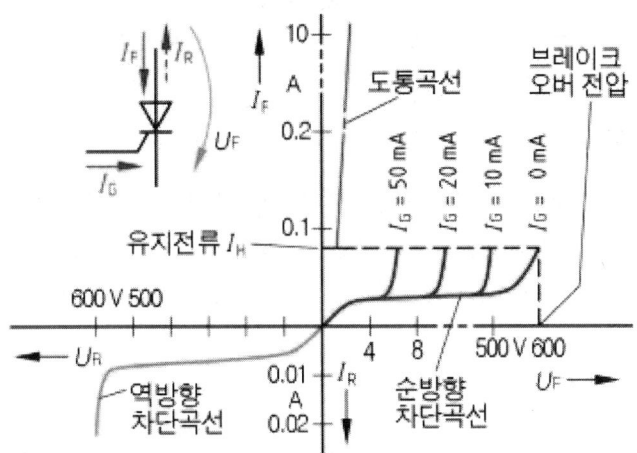

1) 특성곡선을 살펴보면, 사이리스터는 게이트 전압이 작용하지 않아도 애노드(A)와 캐소드(K) 간의 순방향 전압이 브레이크－오버 전압(Break Over Voltage) 즉, 내압을 초과하면 도통됨을 알 수 있다.
2) 그러나 이와 같이 작동시키면 출력손실이 너무 많기 때문에 브레이크－오버 전압의 2/3 정도를 동작전압으로 설정하고, 게이트 전류로 제어한다.
3) 게이트 전류가 흐르는 상태에서는 게이트 전류가 흐르지 않을 때에 비해, 브레이크－오버 전압이 현저하게 낮아진다.

그리고 애노드 전압이 상승함에 따라 게이트 전류는 낮출 수 있다.
역방향으로는 아주 적은 역전류(IR)가 흐른다. 어떤 경우에도 항복전압 이상으로 역방향전압(UR)을 가해서는 안 된다.

4. 사이리스터의 장단점

1) 장점
- 고전압 대 전류의 제어에 용이함
- 제어이득이 높고 또한 Gate 신호 소멸되어도 ON 상태가 가능하다.
- 수명은 반영구적으로 신뢰성이 높다.
- 서지전압, 전류에도 강하다.
- 소형 경량으로 기기 등에 설치가 용이하다.

2) 단점
- 반도체 소자는 고장 시 전문가의 도움이 요구된다.
- 반도체 소자의 급속 발전으로 부품 조달의 애로사항이 있다.
- 온·습도에 민감하므로 배기, 환기 등에 주의한다.
- 자기 소호가 안 되어 인위적으로 Turn－off가 가능하도록 별도의 회로를 구성하여야 한다.

5. 사이리스터의 응용

사이리스터는 근본적으로 부하전류를 'ON/OFF'시킬 수 있는 스위치 소자이다.
주로 대전력 제어, 고속 스위칭, 전동기, 전열기, 온도 조절기 등의 제어소자로 사용된다.
자동차에서는 고전압 축전기 점화장치와 교류발전기의 과전압보호장치 등에 사용된다.

8.10 전기화학에서의 애노드(Anode) 및 캐소드(Cathode)에 대하여 설명하시오.

응.103.1.1.

1. 전기화학이란

1) 전기화학(電氣化學, Electro Chemistry)은 물질 간의 전자의 이동과 그것들에 의한 여러 현상을 취급하는 화학의 한 분야이다. 물리화학, 분석화학, 화학공학 등과의 연관이 깊다.
2) 전기화학에서 취급되는 주요 내용은 다음과 같다.
   - 전기화학 반응 : 물질 간의 전자 이동에 의한 산화·환원 반응과 그것들에 의한 여러 가지 현상 (예 : 물의 전기 분해 등)
   - 에너지 변환 : 화학에너지와 전기에너지, 빛에너지 등의 상호변환·전지 등
   - 전기화학 측정 : 전도성과 전기용량 등의 거시적인 성질로부터 산화·환원 전위와 전자 이동 속도 등의 미시적인 성질까지 여러 가지 물질의 측정. 유도성 고분자 등
   - 전기화학 분석 : 전기화학적인 반응과 특성을 이용하여 분석하는 방법. pH 센서 등
   - 전기화학 공업 : 전극반응을 이용한 공업. 알루미늄과 구리의 제련 등

2. 전기화학의 역사

1) 화학과 전기의 관련성을 발견한 것은 이탈리아인인 알렉산드로 볼타였다.
2) 1799년 볼타는 볼타전지를 발명하고 전기가 이온화 경향이 다른 두 개의 전극(반드시 금속일 필요는 없다)과 전해질로 만들어진 전지에 의해 만들어지는 것을 증명하였다.
3) 전기화학반응이 전극의 산화와 환원 경향과 전해질에 관련되어 있다는 것은 그 뒤의 연구로 명확해지고 많은 수의 전지가 개발되었다.
4) 그러면서 마이클 패러데이가 패러데이의 전기분해 법칙을 발견한다. 이 발견으로 물질량은 전기량과 밀접한 관계를 가지고 있는 것이 밝혀지고 화학반응의 이해에 큰 기여를 하게 되었다.

3. 애노드(Anode) 및 캐소드(Cathode)

1) 화학전지는 산화·환원반응의 원리를 이용한다.
2) 산화반응이 일어나는 전극을 아노드(+)라 한다.
3) 환원반응이 일어나는 전극을 캐소드(-)라 한다.
4) 이 둘 전극 사이에는 이온 도전체인 전해질이 존재한다.
5) 화학전지의 아노드 재료는 비금속이다.
6) 화학전지의 Cathode 재료는 금속이다.

8.11 RFID(무선인식시스템)에 대하여 설명하시오.

1. 개요
- RFID(Radio Frequincy Identification)란 Tag에 부착된 IC칩에 저장되어 있는 고유 정보(Data)를 무선 주파수를 이용하여 비접촉식방법으로 판독하여 식별하는 방법이다.
- RFID이 실생활에 적용되면 특히 할인마트 등에서 카트에 있는 물건을 계산대에 꺼내지 않고 계산대를 통과만 해도 전자 시스템에 의해 자동적으로 계산이 되어 편리한 시스템이다.

2. 구성 및 작동 원리
1) 구성도

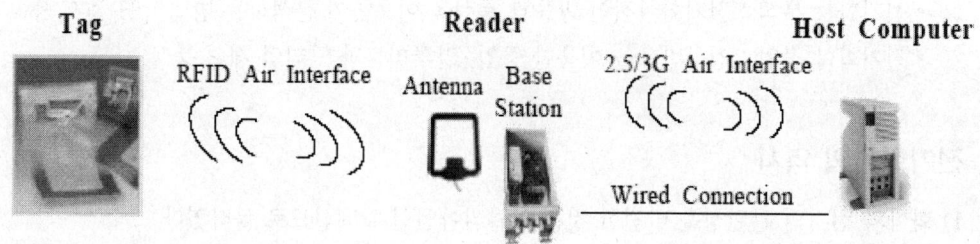

(1) RFID 판독기(Reader/Writer) : 초당 일백~수백개 RF 태그 인식

(2) RFID 태그(Transponder) : 수동형 태그, 능동형 태그 등

(3) 데이터 처리 장치 : 판독기를 지원하는 Host 등

(4) 접촉방식 : 기존 바코드 방식 또는 적외선과는 달리 비접촉식

(5) 저장능력 : 바코드에 비해 비교적 많은 양의 정보를 저장

(6) 무선접속방식
- 상호 유도 방식 : 근거리용(1m 이내, 수동형, 코일 Ant 사용)
- 전자기파 방식 : 중장거리용, 태그에 전원 필요, 고주파 안테나 사용

2) 작동 원리

   (1) RFID 리더에서 RF Field의 안테나를 통해 무선 신호를 보냄
   (2) RF Field를 통과하는 태그에 무선신호가 전달됨
   (3) 태그의 자체 안테나에서 신호 수신
   (4) 태그의 칩은 에너지를 공급받고 사전 프로그램된 데이터를 전송
   (5) RF Field의 안테나를 통해 데이터를 리더로 보냄
   (6) 리더는 데이터를 읽고 호스트 컴퓨터와 서버에 보냄

3. RFID 특징(요구 조건)

  1) 기입 또는 읽기가 가능할 것
  2) 동시에 복수 해독을 할 수 있을 것
  3) RF 태그가 밀봉 상태에 있어도 사용 가능할 것

4. RFID 효과

  1) 효율적 공급망 운영 및 계획 수립
  2) Real Time으로 제공되는 정보를 통해 전체 재고 보유량 감축
  3) 배송시간 예측 및 배송지연 제거
  4) 계산 과정에서 신속성 및 인건비 절감
  5) 도난방지, 위변조방지 등 보안효과 상승
  6) 물류 흐름을 확실히 하여 책임 소재를 명확히 함
  7) 동물용 : 동물들의 이력 및 건강관리

5. RFID 용도

RF-ID는 자산추적·관리, 출입통제·보완, 교통 등의 분야에서 널리 적용되고 있다. 기술의 발달로 인한 태그의 가격하락으로 적용분야가 점차 확대되고 있는 추세이다.

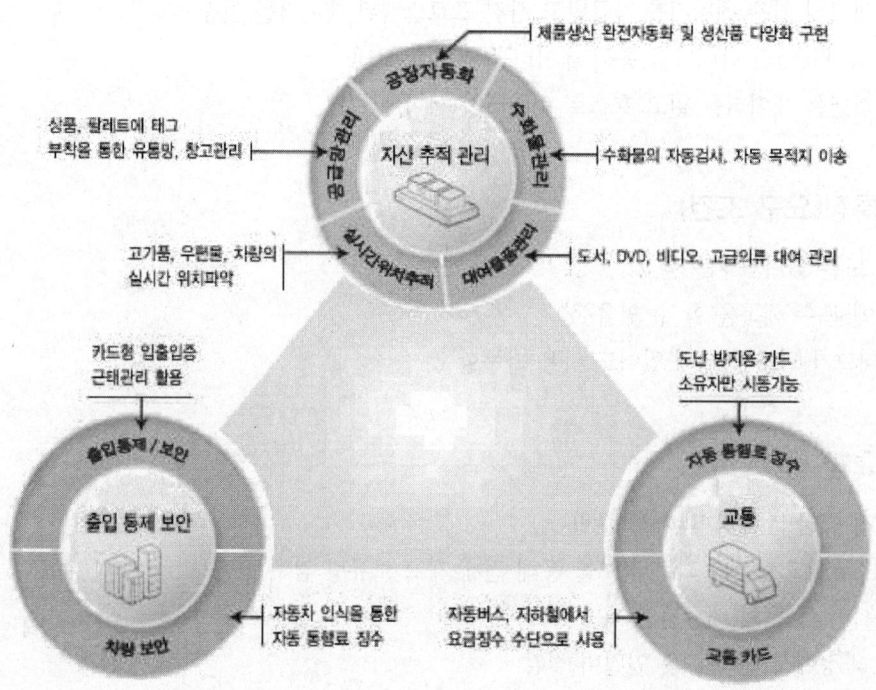

6. 문제점

1) 태그 가격 고가

바코드가 개당 10원 정도인 것에 비해 RFID는 현재 개당 300~500원 정도로 비싸서 보급이 어려운 형편이다. 최소한 개당 가격이 100원대 이하가 되어야 수요가 있을 것으로 예상된다.

2) 태그를 액체, 금속류에 부착 시 인식률이 현저히 저하됨

인식률을 높이는 기술이 필요하다.

3) 과대한 초기 투자비

RFID의 장비가 국산화율이 미약하고 수입품으로 가격이 고가이다.

7. 결론

1) RFID는 무선 태그에 미세한 무선칩을 내장하고, 무선으로 Data를 송수신하여 정보를 추적, 활용, 관리할 수 있는 무선 주파수 신원 인식 기술로서 향후 RFID의 기술 발전에 따라 시장에서의 적용이 확산되면서 단계적으로 발전할 것으로 예상한다.

2) RFID 태그 가격의 저가화가 실현되면서 물류, 유통, 환경, 재해예방, 의료관리, 식품관리 등 실생활에서 활용이 확대될 것으로 전망된다.

8.12 Internet과 Ethernet의 차이에 대하여 설명하시오.

1. 인터넷(Internet)

1) 구성도

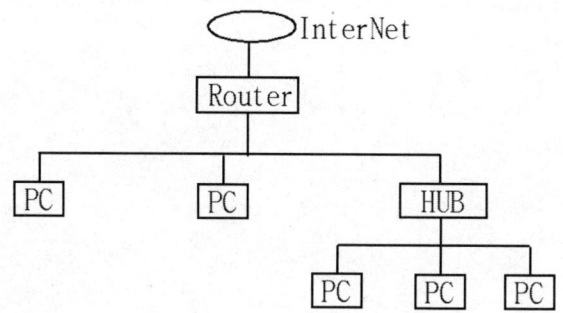

2) 개발 과정

(1) 인터넷은 전 세계적인 컴퓨터 네트워크 시스템으로서 사용자가 어떤 컴퓨터에 있든지 간에 그가 사용권한을 가지고 있다면 그 어떤 다른 컴퓨터에도 접속해서 정보를 얻을 수 있는 네트워크이다.

(2) 인터넷은 1969년에 미국 정부에 의해 태동되었다. 인터넷의 원래 목표는 한 대학에 있는 연구용 컴퓨터의 사용자가 다른 대학에 있는 연구용 컴퓨터의 사용자와 "대화할 수 있는" 네트워크을 만드는 것이었다.

(3) 메시지가 한 방향 이상으로 나뉘어 전달되거나 또는 다른 길로 전달될 수 있기 때문에, 적의 군사공격이나 기타 다른 재해로 인해 네트웍의 일부가 파괴된 경우에도 제 기능을 발휘할 수 있다.

(4) 오늘날 인터넷은 전 세계의 수십 억 인구가 액세스할 수 있는 대중 전체를 위한, 협동적이며, 스스로 유지되는 자립 설비이다.

(5) 인터넷은 물리적으로 기존의 공중 전화망의 전체 자원의 일부를 활용하고 있으며, 기술적으로는 TCP/IP라고 불리는 일련의 프로토콜들을 사용함으로써 다른 것들과 구별된다.

3) 최근 동향

(1) 많은 인터넷 사용자들을 위하여, 전자우편이 짧은 편지의 처리를 위한 우편서비스를 실용적으로 대체하고 있다. 전자우편은 인터넷에서 가장 널리 사용되는 응용프로그램이다.

(2) 사용자는 또한 다른 컴퓨터의 사용자와 실시간으로 채팅을 할 수 있다. 최근에는 인터넷 전화 설비 및 소프트웨어를 이용하여 실시간으로 영상 통화까지 가능하게 되었다.

(3) 인터넷에서 가장 널리 사용되는 서비스 중의 하나가 월드 와이드 웹이다. 웹의 가장 두드러진 특성은 즉시 상호 참조를 할 수 있게 해주는 방법인 하이퍼텍스트인데, 대부분의 웹 사이트들에서 텍스트 내에 다른 색으로 표시되어 있거나 또는 밑줄로 표시되어 있는 단어나 문장이 바로 그 것이다. 사용자가 이러한 단어나 구절을 선택하면, 이것과 관련 있는 사이트나 페이지로 전환된다.

(4) 때로는 이러한 링크는 클릭이 가능하도록 만들어진 이미지(또는 이미지의 일부)에도 숨겨져 있을 수 있다. 마우스의 포인터를 하이퍼텍스트 링크에 갖다 대면, 포인터의 모양이 화살표에서 손 모양으로 바뀌는데, 이것은 다른 사이트나 페이지로 전환하기 위해 클릭할 수 있다는 것을 가리킨다.

2. 이더넷(Ethernet)

- 이더넷은 가장 광범위하게 설치된 근거리통신망 기술이다.
- 이제는 IEEE 802.3에 표준으로 정의되어 있지만, 이더넷은 원래 제록스에 의해 개발되었으며, 제록스와 인텔 등에 의해 발전되었다.
- 이더넷 랜은 일반적으로 동축케이블 또는 특별한 등급이 매겨진 비차폐 연선을 사용한다.
- 가장 보편적으로 설치된 이더넷 시스템은 10BASE-T이라고 불리며, 10Mbps의 전송속도를 제공한다.
- 모든 장치들은 케이블에 접속되며, CSMA/CD 프로토콜을 이용하여 경쟁적으로 액세스한다.
- 고속 이더넷이나 100BASE-T 등은 전송속도가 최고 100Mbps까지 제공되며, 일반적으로 10BASE-T 카드가 장착된 워크스테이션들을 지원하기 위한 근거리통신망의 백본으로 많이 사용된다.
- 기가비트 이더넷은 1,000Mbps 정도로서 보다 높은 수준의 백본(Backbone) 속도를 지원한다.

8.13 초고속 정보통신 및 홈네트워크 건물 인증지침에 대하여 기술하시오.

제1조(목적)

이 지침은 다양한 정보통신서비스를 편리하게 이용할 수 있는 구내정보 통신설비의 설치를 촉진하기 위해 초고속 정보통신 건물 및 홈 네트워크 건물의 인증에 관한 사항과 그 시행에 관하여 필요한 사항을 규정함을 목적으로 한다.

제2조(적용대상)

① 초고속 정보통신건물 인증대상 : 공동 주택 중 20세대 이상의 건축물 또는 업무시설 중 연면적 3,300m² 이상인 건축물
② 홈 네트워크 건물 인증대상 : 공동 주택 중 20세대 이상의 건축물

제3조(용어의 정의)

1. "초고속 정보통신 건물"이라 함은 초고속 정보통신 서비스를 편리하게 이용할 수 있도록 일정 기준 이상의 구내정보통신 설비를 갖춘 건축물을 말한다.
2. "홈 네트워크 건물"이라 함은 원격에서 조명, 난방, 출입통제 등의 홈 네트워크 서비스를 제공할 수 있도록 일정 기준 이상의 홈 네트워크용 배관, 배선 등을 갖춘 건축물을 말한다.
3. "예비인증"이라 함은 건축허가를 받은 건축물의 구내통신설비의 설계도면을 심사하여 부여하는 인증을 말한다.
5. "본인증"이라 함은 완공된 건축물의 구내통신설비를 심사하여 부여하는 인증을 말한다.
6. "인증기관" : 해당 건물의 주소지 관할 전파관리소장 및 중앙 전파 관리소장
7. "심사기관" : 한국정보통신산업협회

제4조(인증종류) 인증은 예비인증과 본인증으로 구분한다.

제5조(인증등급)

① 초고속 정보통신 건물 인증 등급 : 특등급, 1등급, 2등급
② 홈 네트워크 건물 인증 등급 : AA등급, A등급, 준A 등급

제8조(신청시기)

① 예비인증은 건축허가를 받은 후에 신청할 수 있다.

② 본인증
  1. 예비인증을 받은 경우에는 예비인증 신청서의 건축물 준공 예정일 이내
  2. 예비인증을 받지 아니한 경우에는 해당 구내통신설비 등 해당 설비 설치 이후

제11조(인증기준)

① 초고속 정보통신 건물 인증은 심사기준의 해당 등급 심사항목별 요건을 모두 충족하여야 한다.

② 홈 네트워크 건물 인증은 초고속 정보통신 건물 1등급 이상의 등급을 인증받아야 하고, 심사기준의 등급 구분 기준을 충족하여야 한다.

제12조(서류심사 및 현장실사)

① 심사기관은 예비인증 신청 건축물에 대해 신청인이 제출한 설계도면 등에 대한 서류 확인을 통해 심사한다.

② 심사기관은 본인증을 신청한 건축물에 대해 건축물 현장을 방문하여 심사기준에 적합 여부를 다음 각 호의 검사방법에 따라 심사한다.
  1. 육안검사항목은 해당 설비와 설계도면의 일치 여부 확인
  2. 공동주택의 구내배선 성능시험은 건축물의 각 동별로 4개소 이상 측정
     다만, 광케이블이 설치된 구내 간선계는 동별 1개소 이상 선별 측정
  3. 홈 네트워크 건물 등급의 심사항목은 건축물의 전용면적별로 1세대 이상 측정
     단, 차량 출입통제기 및 주동현관통제기의 심사 구간은 1개소 이상

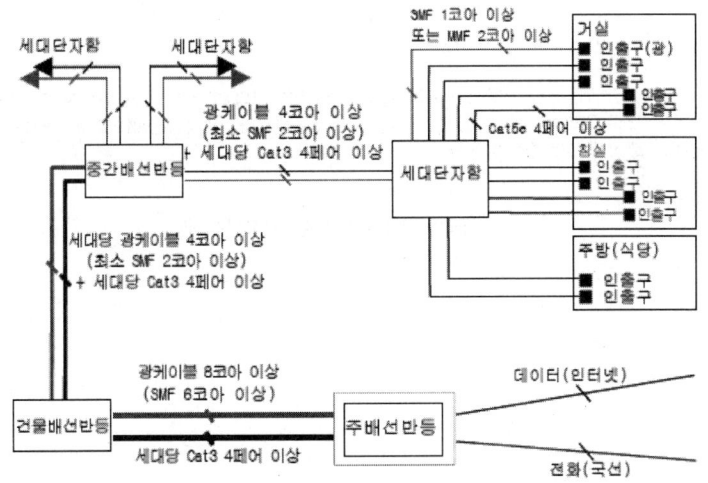

[초고속 정보통신 공동주택 특등급 배선시스템 예]

4. 업무시설 및 오피스텔의 구내배선 성능시험은 각 동별로 20개소 이상 측정
   다만, 광케이블이 설치된 구내 간선계는 동별 2개소 이상 선별 측정
5. 육안검사 및 측정장비로 확인이 부적절한 심사항목은 설계도면 및 자재 사용 내역 확인
6. 최종 설계도면과 실제 시공결과는 동일하여야 한다.

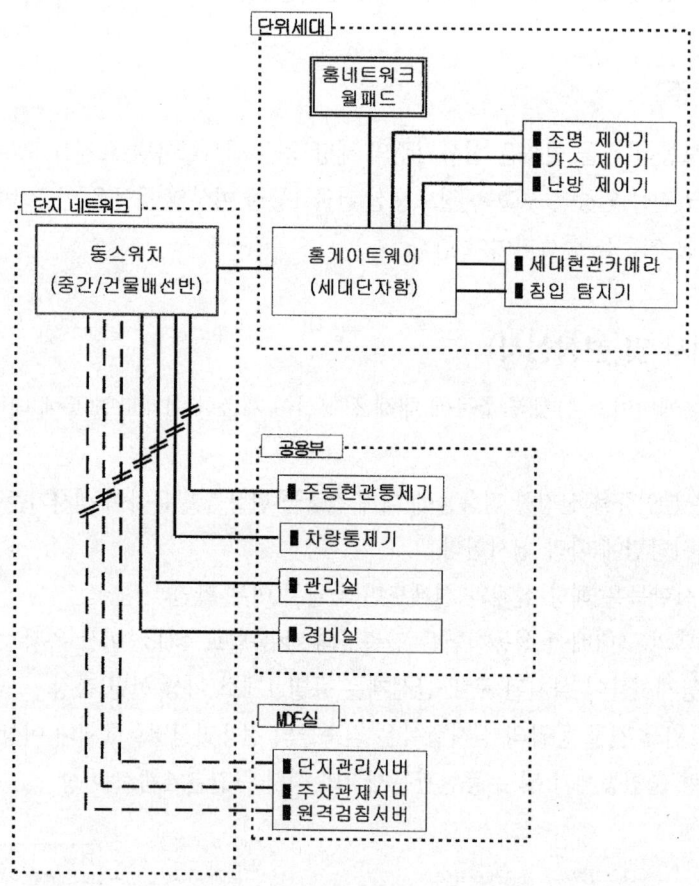

주) 상기 예시도는 인증심사기준이 아니며, 민원인의 이해를 돕기 위하여 작성된 것으로 경비실, CCTV, 단지관리서버, 주차관제서버, 원격검침서버와 동 스위치와의 배선은 심사항목이 아님

[공동주택 홈네트워크 배선 예]

▼ 별표1. 초고속 정보통신 건물 심사기준

구 분		특등급	1등급	2등급
인증마크		★★★★ 초고속정보통신 특등급	★★★ 초고속정보통신 1등급	★★ 초고속정보통신 2등급
구내 간선계 (MDF → 동단자함)		광 8코어+CAT 3 4 Pair	광 4코어+CAT 3	광 4코어+CAT 3
건물 간선계 동 → 중간단자함		광 4코어+CAT3 4 Pair	CAT 5e×2	CAT 5e
수평 배선계 (중간 → 세대단자함)		광 4코어+CAT3 4 Pair	CAT 5e	CAT 5e
세대 단자함 → 인출구		CAT 5e 4 Pair	CAT 5e	CAT 5e
인출구 설치대상		침실, 거실, 주방	→	→
실별 인출구 설치수		4개(2개×2)	2개	1개
구내 통신실 면적 (m²)	~300세대	12	10	10
	~600세대	18	15	10
	~1,000세대	22	20	15
	~1,500세대	28	25	20
	1501~	34	30	25
출입문		폭 0.9m, 높이 2m 이상의 잠금 장치가 있는 방화문 설치		

▼ 별표2. 홈 네트워크 건물 심사기준

심사항목			요 건		
			AA 등급	A 등급	준A 등급
등급 구분 기준			심사항목(1)+심사항목(2) 중 9개 이상	심사항목(1)+심사항목(2) 중 6개 이상	심사항목(2) 중 6개 이상
심사 항목 (1)	1.배선	세대단자함과 월패드 간	Cat5e 4페어 이상	—	
	2.예비 배관	세대단자함과 월패드 간	16C 이상	—	
	3.설치 공간	블로킹 필터	3상 4선식 : 150mm×200mm×60mm 단상2선식 : 70mm×160mm×60mm	—	
	4.면적	집중구내통신실 면적	2m²	—	

항목		배 선	기 기
심사 항목 (1)	5. 가스밸브제어기	UTP CAT5e 4페어 이상	가스감지기, 가스제어기
	6. 조명제어기	UTP CAT5e 4페어 이상	조명제어 스위치
	7. 난방제어기	UTP CAT5e 4페어 이상	난방 제어기
	8. 현관방범감지기	UTP CAT5e 4페어 이상	방범 감지기
	9. 주동현관통제기	UTP CAT5e 4페어 이상	자동문, 인터폰
	10. 원격 검침 전송장치	UTP CAT5e 4페어 이상	원격검침 계량기
	11. TPS	출입문 : 폭0.7M, 높이 1.8m 이상 잠금장치부 출입문 설치	
	12. 단지서버실	별도의 공간 겨우 : 3m² 이상. 이중바닥. 잠금장치문	
	13. CCTV	UTP CAT5e 4페어 이상	DVR, Web 변환기, 사용자ID
심사 항목 (2)	1. 침입감지기	UTP CAT5e 4페어 이상	침입감지기
	2. 차량통제기	UTP CAT5e 4페어 이상	차 통제기, 주차서버
	3. 현관도어카메라, 홈뷰어카메라	UTP CAT5e 4페어 이상	세대 안과 밖에 카메라 설치
	4. 환경감지기	UTP CAT5e 4페어 이상	세대 내 1종 이상
	5. 전자 경비 시스템	UTP CAT5e 4페어 이상	경비실 또는 관리실에 설치
	6. 무인택배 시스템	UTP CAT5e 4페어 이상	공용부에 서버, 월패드에 택배 도착 알림
	7. 욕실 폰 제어	UTP CAT5e 4페어 이상	1개 이상
	8. 주방 TV	UTP CAT5e 4페어 이상	주방에 모니터 포함
	9. 에어컨 제어	UTP CAT5e 4페어 이상	월패드에 에어컨 제어용 ID
	10. 일괄 소등 제어	UTP CAT5e 4페어 이상	세대 현관 출입구나 세대분전 반에 일괄소등 릴레이 설치
	11. 디지털 도어락	UTP CAT5e 4페어 이상	무선 또는 유선 방식
	12. 엘리베이터 호출 연동제어	UTP CAT5e 4페어 이상	월패드에 설치
심사 항목 (2)	13. 예비전원	UPS, 발전기 설치하여 홈네트워크 장비 공급	
	14. 대기전력 차단장치	세대 내 대기전력 차단 콘센트 및 스위치 설치	
	15. 홈 분전반	월패드와 데이터 통신 가능	

8.14 BEMS(Building Energy Management System)에 대하여 설명하시오.

건.109.2.3.

1. BEMS 정의

- 컴퓨터를 사용하여 건물관리자가 합리적인 에너지 이용이 가능하게 하고 쾌적하고 기능적인 업무환경을 효율적으로 유지·관리하기 위한 제어·관리·경영시스템
- 건물 내 에너지 사용기기(조명, 냉·난방설비, 환기설비, 콘센트 등)에 센서 및 계측장비를 설치하고 통신망으로 연계하여
- 에너지원별(전력·가스·연료 등) 사용량을 실시간으로 모니터링하고,
- 수집된 에너지 사용 정보를 최적화 분석 S/W를 통해 가장 효율적인 관리방안으로 자동제어하는 시스템이다.

2. BEMS 시스템 구성도

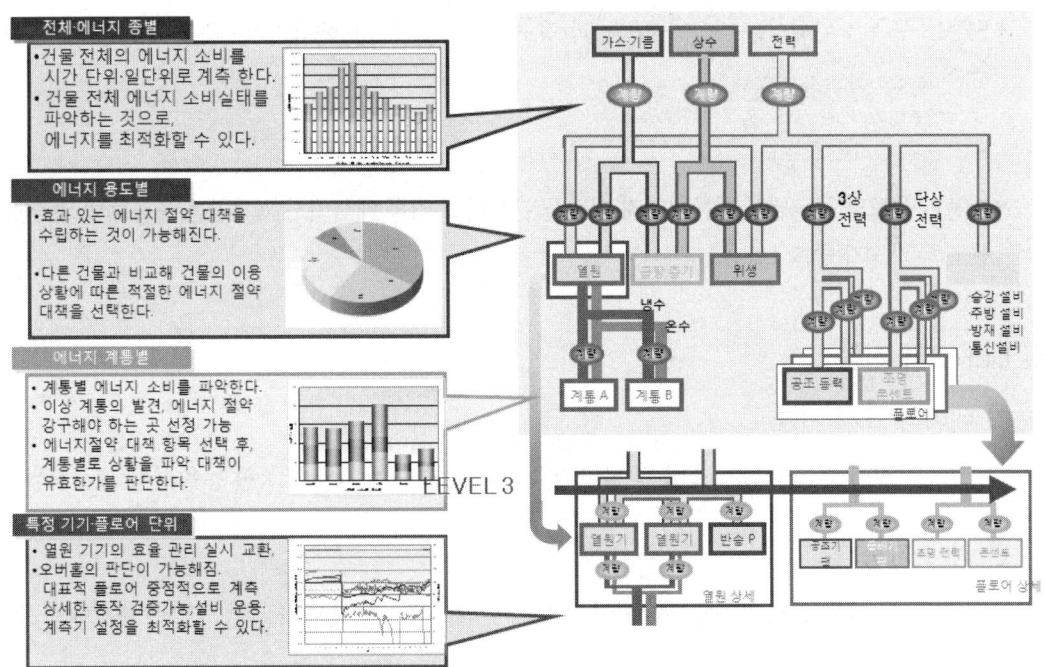

3. 필요성

- (시장규모) 2010년 20억 달러에서 2016년 60억 달러로 시장 성장(미국), 전 세계적으로는 2015년 700억 달러로 성장되어 각국이 도입을 적극 추진 중
- 각 국의 온실가스 감축 등 환경규제 및 에너지 위기에 능동적으로 대처하고, 고부가가치 신성장 사업으로 육성 필요

4. 주요 특성

- 기존의 유사한 건물관리시스템은 각종 설비기기에 대한 단순한 상태감시(정상가동 유무 등)와 단편적인 자동 또는 수동제어 중심임
- 건물자동화시스템(BAS) : 설비기기 상태 감시 및 중앙관제
- 시설관리시스템(FMS) : 건축물정보, 자재, 장비, 작업, 인력, 도면 등 관리
- 지능형건축물시스템(IBS) : 설비, 조명, 엘리베이터, 방재 등 건축물 내 시스템
- BEMS는 에너지사용정보를 수집·분석하여 건축물 특성에 따라 최적화된 개선방안을 제시하고, 이에 따라 자동제어하여 건물이 상시 최적가동상태를 유지되도록 하는 첨단시스템으로
- 건축·기계·전기·신재생 등 건물 에너지와 관련된 고도의 전문지식에 정보통신기술을 접목시킨다는 점에서 기존시스템과 차별화됨
- BEMS 구축을 위해서는 건설기술(CT)과 정보통신기술(IT) 및 에너지기술(ET)의 융합이 필요하며

* CT : Construction Technology
IT : Information Technology
ET : Energy Technology

- 더불어 용도와 규모별로 건물에너지 패턴을 분석하고 이를 해석해서 최적안을 도출해낼 수 있는 전문인력 확보가 중요

5. BEMS의 기능

1) 데이터 표시 기능

획득 수집한 건물 에너지 소비 및 관련 데이터를 알기 쉽게 컴퓨터 화면 등을 통해 표시하는 기능

2) 감시 기능

입력값과 실제 운영 결과를 비교하여 운전 범위나 기준값을 벗어나는 경우 운영자에게 알려주는 기능

3) 데이터 및 정보 조회 기능

운영자가 원하는 기간 동안의 건물 에너지 소비 및 관련 데이터의 정보를 표시 또는 그래프로 제공

4) 건물에너지 소비현황 분석기능

운영자가 건물 에너지 소비현황을 쉽게 파악할 수 있도록 다음과 같은 항목에 대한 분석 기능을 제공한다.
- 에너지원별 소비량
- 용도별 소비량
- 수요처별 소비량
- 이산화탄소 배출량
- 최대 수요 전력
- 건물 에너지 효율 수준
- 에너지 소비 절감량 및 절감률
- 에너지 소비 원단위 : 단위 면적당 소비되는 에너지의 양
- 석유 환산톤으로 환산한 1차 에너지 소비량

　　* 석유 환산톤 : 원유 1톤을 연소할 때 발생하는 열량을 말하며 단위는 TOE를 사용
　　* 1차 에너지 소비량 : 소비된 모든 종류의 에너지양을 천연상태에서 얻을 수 있는 형태로 환산한 에너지양

5) 설비의 성능 및 효율 분석기능

건물에서 운용되는 각종 설비의 운전상태와 성능을 쉽게 파악할 수 있도록 분석기능을 제공한다.

6) 실내·외 환경정보 제공기능

- 외기의 온도와 습도
- 실내공기의 온도와 습도
- 실내공기 중 CO_2 농도
- 실내 조도

7) 에너지 소비량 예측기능

에너지를 절약하고 건물과 설비의 계획적인 운영에 도움을 주기 위하여 건물의 에너지 소비량을 예측하는 기능을 제공

8) 에너지 비용 분석기능

- 기간별 에너지 비용 조회
- 예상 에너지 비용 조회

9) 제어시스템 연동기능

자체적으로 제어기능을 수행하거나 그렇지 못한 경우에는 건물자동화 시스템과 연동해서 자동으로 제어하는 기능

6. 데이터 처리절차

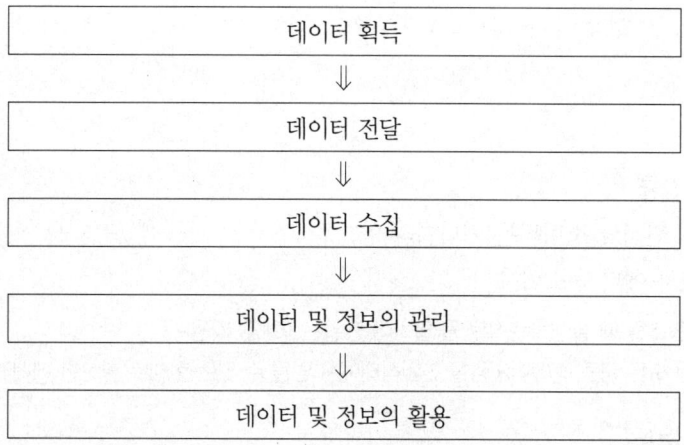

7. 기대효과

건물에서 소비되는 에너지 절감(일본, 평균 11.1%)과 최적의 운영환경 조성으로 운영·관리비 절감 등 에너지 이용효율 향상

접지피뢰설비

CHAPTER 09

9.1 대지고유저항률 측정방법과 산출식을 유도하시오. 건.87.1.3.

1. 대지고유저항률 측정방법

- 표면에서 깊은 심층까지 동일한 토질로 이루어진 단층 구조의 대지는 거의 없으며, 다양한 지층 및 지형으로 이루어진 경우가 허다하므로 대지표면에서 심층까지 대지저항률을 정확하게 측정할 필요가 있다.
- 대지저항 측정방법에는 4전극법, 2전극법, Schumberger법 등 다수가 있으나 대부분 Wenner의 4전극법을 이용하고 있다.

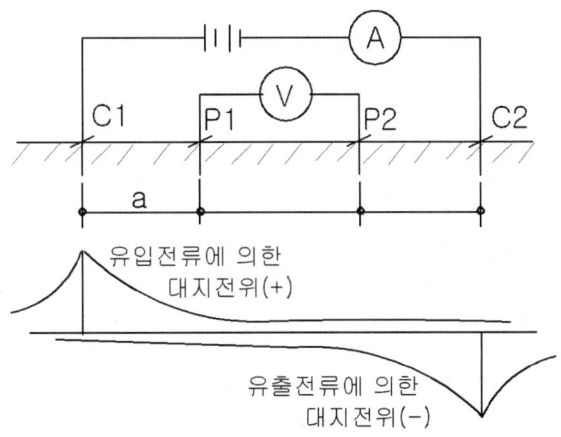

1) 그림과 같이 전극을 배치하여 C1과 C2 사이에 전원을 접속하여 대지에 전류를 흘린다.
2) P1과 P2 사이에 생긴 전위차를 측정하여 그 때의 통전 전류값으로 나누면 접지저항 $R(\Omega)$을 구한다.
3) 전극 간격을 $a(\mathrm{m})$라 하면 대지저항률 $\rho(\Omega \cdot \mathrm{m})$은 다음과 같다.

   접지저항 $R = \dfrac{\rho}{2\pi a}$

   $\therefore$ 대지저항률 $\rho = 2\pi a R(\Omega \cdot \mathrm{m})$ ·· ①

2. 산출식

1) 대지 저항률 ρ인 대지의 접지 전극에 전류 I가 유입되면 전극에서 주위의 대지로 방사모양으로 전류가 퍼져나간다.

   이때 전압 : $V = \dfrac{\rho}{2\pi a} \cdot I$ ·· ②

2) 전극 1에서 유출되는 전류 I에 의한 전극 2와 전극 3의 전위는

   $V_{12} = \dfrac{\rho}{2\pi a} I$ 　　　　　$V_{13} = \dfrac{\rho}{4\pi a} I$ 이므로

3) 따라서 전극 2와 3 사이의 전위차는

   $V_{23} = \dfrac{\rho}{2\pi a} I - \dfrac{\rho}{4\pi a} I = \dfrac{\rho}{4\pi a} I$ ·· ③

4) 한편 전극 4로 유출되는 전류 I에 의한 전극 3과 2의 전위는

   $V_{43} = \dfrac{-\rho}{2\pi a} I$ 　　　　$V_{42} = \dfrac{-\rho}{4\pi a} I$ 이므로

5) 따라서 전극 2와 3 사이의 전위차는

   $V_{23} = V_{42} - V_{43} = \dfrac{-\rho}{4\pi a} I - \dfrac{-\rho}{2\pi a} I = \dfrac{\rho}{4\pi a} I$ ······································ ④

6) 위의 ③과 ④를 더하면

   $V_{23} = \dfrac{\rho}{4\pi a} I + \dfrac{\rho}{4\pi a} I = \dfrac{\rho}{2\pi a} I$ ·· ⑤

7) ⑤에서 접지저항은 $R = \dfrac{\rho}{2\pi a}$

   따라서 대지 고유저항 $\rho = 2\pi a R$이 된다.

   여기서 접지저항 R은 전압계와 전류계로부터 $R = \dfrac{V}{I}$로 구할 수 있다.

3. 결론

접지 저항은 위 그림의 전압계의 눈금을 전류계 눈금으로 나누면 되고 대지 저항률은 접지저항으로부터 공식에 의해 구할 수 있다.

9.2 건축물에 시공된 접지설비의 유지관리 보수점검에 대하여 설명하시오.

건.87.2.4.

인용 : 접지설비 계획 및 유지관리에 관한 기술지침(한국산업안전공단)

제4장 접지설비의 유지관리

1. 접지저항값의 측정관리

(1) 다음의 경우에는 접지설비의 저항값이 규정치 이하인가를 준공 시는 물론 그 후에도 정기적으로 측정 확인하여 기록하여야 한다.
- 전기설비의 준공 시 사용하기 전
- 점검 주기에 따른 정기적인 측정
- 기기의 이동이나 증설, 개보수의 확인 등 필요시
- 기기 사용 중에 전격 등과 같은 이상 요인이 감지된 경우

(2) 접지저항은 접지개소의 상태 또는 주위 여건에 따라, 장마 전 또는 동절기 전에 각각 1회씩 연 2회 이상 측정하여, 접지저항 값의 변화추이 및 규정치 내의 적합 여부를 판정하여 부적합 시 등 필요한 경우에는 보수하거나 재시공 등의 적절한 조치를 취하여야 한다. 접지저항 값이 아주 양호하고 그 관리가 적절하게 유지되는 경우에는 접지 저항의 측정주기는 연 1회로 할 수 있다.

2. 접지극의 유지관리

매설된 접지극 및 접속개소는 다음 사항을 참조하여 정기적으로 점검한다.

부위별	점검사항	점검결과
접지극 매설부분	• 굴착작업 또는 지형변경작업 유무 • 접지극 또는 접지선 연결부의 부식 • 접지극 또는 접지선 연결부의 절단 • 접지극 위치 표시판의 설치 유무 • 동판 및 단자의 부식 유무 • 접속부 연결 상태(이완해체) 등 • 접지선의 오손, 단선 유무	
접속 및 접지 개소	• 연결부 조임 상태 • 접지 개소의 부식, 접촉부 상태 • 접지선의 유지관리 상태	

9.3 전위강하법을 이용한 접지저항 측정에서 측정값의 오차가 최소가 되는 조건(61.8%)에 대하여 설명하시오.

건.92.4.1.

우리가 일반적으로 접지저항을 측정할 때 접지저항계의 사용설명서에 따라 접지측정 대상 전극(E)에서 직선으로 전류보조전극(C)은 20m, 전위 보조전극(P)은 10m 거리에 각각 보조접지 전극(PC)을 박아서 접지측정을 하고 있는데 이러한 측정방법을 전위강하법에 의한 측정이라 한다. 이에 따른 이론적 근거는 다음과 같다.

1. 조건

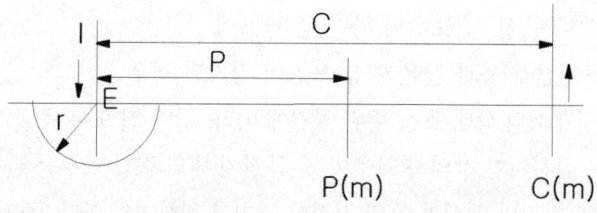

1) E전극으로 전류 I가 유입하고 C전극에서 전류 I가 유출한다.

2) 반지름 $r[m]$인 반구 모양 접지전극저항

$$R = \frac{\rho}{2\pi r}(\Omega)$$

여기서, E : 접지측정 대상 전극
P : 전위 보조전극
C : 전류 보조전극
ρ : 대지저항률

2. E 전극에 전류 I가 유입하면 E전극 전위 V_{EE}는

전극 E의 저항은 위 조건 2)와 같이 반지름 $r[m]$인 반구모양으로 $R = \frac{\rho}{2\pi r}(\Omega)$이다.

$V = IR$에서 $V_{EE} = \frac{\rho}{2\pi r}I[V]$ ·· ①

3. E전극에 유입하는 전류 I에 의한 P점의 전위상승

E전극에서 P점까지 거리 P[m]이므로 ①식에 적용하면 P점의 전위 V_{EP}는

$$V_{EP} = \frac{\rho I}{2\pi P} \quad \cdots \cdots ②$$

따라서 E전극에 유입되는 전류 I에 의한 EP간의 전위차 V_1은

E전극 전위 V_{EE}에서 P전극 V_{EP}를 빼면 된다.

$$V_1 = V_{EE} \cdot V_{EP} = \frac{\rho I}{2\pi r} - \frac{\rho I}{2\pi P} = \frac{\rho I}{2\pi}\left(\frac{1}{r} - \frac{1}{P}\right) \quad \cdots \cdots ③$$

4. 전극 C에서 유출하는 전류 I에 의한 EP 간의 전위차 V_2는

1) C전극에서 유출하는 전류 I에 의한 전극E의 전위상승 V_{CE}는 ①식을 적용하여

$$V_{CE} = -\frac{\rho I}{2\pi C} \quad \cdots \cdots ④$$

전류방향이 반대이므로 $(-)$.

2) C전극에서 유출하는 전류 I에 의한 전극P의 전위상승 V_{CP}는 ①식을 적용하여

$$V_{CP} = -\frac{\rho I}{2\pi(C-P)} \quad \cdots \cdots ⑤$$

따라서 C전극에서 유출하는 전류 I에 의한 EP 간의 전위차 V_2는

$$V_2 = V_{CE} - V_{CP} = -\frac{\rho I}{2\pi C} - \left\{-\frac{\rho I}{2\pi(C-P)}\right\} = -\frac{\rho I}{2\pi}\left(\frac{1}{C} - \frac{1}{C-P}\right) \quad \cdots \cdots ⑥$$

EP간에는 V_1과 V_2라는 2개의 전위차가 가해지므로 EP 간의 전위차 V는

③식+⑥식으로 표현된다.

$$V = V_1 + V_2 = \frac{\rho I}{2\pi}\left(\frac{1}{r} - \frac{1}{P} - \frac{1}{C} + \frac{1}{C-P}\right) \quad \cdots \cdots ⑦$$

식 ⑦을 전류 I로 나누면 접지저항 측정값 R을 구할 수 있다.

$$R = \frac{V}{I} = \frac{\rho}{2\pi}\left(\frac{1}{r} - \frac{1}{P} - \frac{1}{C} + \frac{1}{C-P}\right) = \frac{\rho}{2\pi r}\left(1 - \frac{1}{p} - \frac{1}{c} + \frac{1}{c-p}\right) \quad \cdots \cdots ⑧$$

단, $p = \dfrac{P}{r}$ $\quad\quad c = \dfrac{C}{r}$

5. 반경 r[m]인 반구모양 접지전극 저항 참값은 $R = \dfrac{\rho}{2\pi r}$(Ω)이므로 접지저항 측정값은 ⑧식에서

$$R = \dfrac{\rho}{2\pi r}\left\{1 - \left(\dfrac{1}{p} + \dfrac{1}{c} - \dfrac{1}{c-p}\right)\right\} \quad \cdots\cdots\cdots\cdots\cdots\cdots\cdots\cdots ⑨$$

{ } 안의 제2항은 오차항이 되는데 이것이 0이 될 때에 측정값은 참값이 된다.

$$\dfrac{1}{p} + \dfrac{1}{c} - \dfrac{1}{c-p} = 0$$

$$\dfrac{c+p}{pc} = \dfrac{1}{c-p}$$

$$(c+p)(c-p) = pc$$

$c^2 - p^2 - pc = 0$ 에서 부호를 바꾸면

$p^2 + cp - c^2 = 0$이 된다.

p를 변수로 해서 2차 방정식을 풀면

$p = 0.618c$ $\quad p = -1.618c$

2개의 값이 나오나 p, c 모두 +값이어야 하므로 $p = 0.618c$를 적용하여

$\dfrac{p}{c} = 0.618$이다.

> **Reference** 근의 공식
>
> $ax^2 + bx + c = 0$에서
>
> 근의 공식 $x = \dfrac{-b \pm \sqrt{b^2 - 4ac}}{2a}$
>
> $p = \dfrac{-c \pm \sqrt{c^2 + 4c^2}}{2} = \dfrac{-c \pm \sqrt{5c^2}}{2} = \dfrac{-c \pm 2.24c}{2} = \dfrac{1.14c}{2} = 0.618c$
>
> $\therefore \dfrac{p}{c} = 0.618$

6. 그림과 같이 E, C간 거리의 61.8%의 곳에 전위전극 P를 박아서 측정하면 정확한 접지 저항값을 얻을 수 있다는 의미이다. 이것을 61.8% 법칙이라 하며 전위강하법의 이론적 근거이다.

> **9.4**
> - IEEE std.80에 의한 접지설계 흐름도를 제시하고 설명하시오.
>
>   건.94.4.3.
>
> - 망상(Mesh) 접지극 설계 시 도체의 굵기와 길이의 결정 요소에 대하여 설명하시오.
>
>   건.103.3.1.

1. IEEE std.80 접지설계

최대허용 보폭전압 및 최대허용 접촉전압의 한계를 결정한 후 다음과 같은 순서로 접지계통을 설계한다.

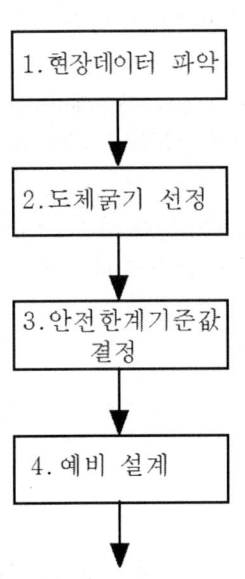

1) Step 1 : 현장 데이터 정보 파악
   접지 포설 면적 $A(m^2)$와 대지 고유 저항률 $\rho(\Omega.m)$을 조사한다.
2) Step 2 : 접지도체의 굵기 선정. 접지도체의 굵기는 고장전류의 크기, 고장 지속시간, 온도, 재료의 특성 등을 적용하여 구한다.
   - 고장전류 크기
   $$I_F = 3I_o = \frac{3E}{(R_1+R_2+R_0)+3R_f+j(X_1+X_2+X_0)}$$
3) Step 3 : 감전방지를 위한 안전한계의 기준값 결정
   $$E_{touch} = I_B\left(R_H+R_B+\frac{R_F}{2}\right) = \left(R_H+R_B+\frac{R_F}{2}\right) \cdot \frac{0.165}{\sqrt{T}}\ (V)$$
   $$E_{step} = I_B(R_B+2R_F) = (R_B+2R_F) \cdot \frac{0.165}{\sqrt{T}}\ (V)$$
4) Step 4 : 예비설계
   - 접지망의 매설깊이 결정
   - 접지망 Grid 간격, 도체수, 도체 총 길이 결정

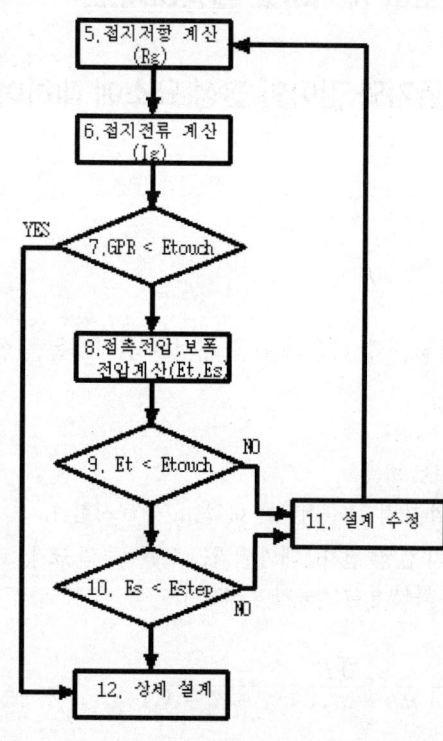

5) Step 5 : 접지저항(Rg) 계산
6) Step 6 : 접지전류(Ig) 계산
7) Step 7 : GPR(Ig·Rg)과 최대허용 접촉전압(Etouch)의 크기를 비교, 판정GPR(Ig · Rg) < 최대허용 접촉전압(Etouch)이어야 한다.
　GPR : Ground Potential Rise(대지 전위 상승)
8) Step 8 : 위험전압 결정
　① 최대예상 접촉전압(Et) 계산 Mesh 전극의 중심부와 4개의 모서리 사이에 전위차가 발생하며, 최대접지 전위 상승에서 Mesh 전위를 뺀 것으로 표현된다.
　② 최대예상 보폭전압(Es) 계산 매설깊이가 깊을수록 보폭 전압이 낮아진다.
9) Step 9 : 최대예상 접촉전압(Et)과 최대허용 접촉전압(Etouch) 비교 최대예상 접촉전압(Et) < 최대허용 접촉전압(Etouch)이어야 한다.
10) Step 10 : 최대예상 보폭전압(Es)과 최대허용 보폭전압(Estep) 비교 최대예상 보폭전압(Es) < 최대허용 보폭전압(Estep)이어야 한다.
11) Step 11 : Step 9, 10에서 기준값을 만족하지 못하는 경우, 설계를 수정하고 Step 5 이하를 다시 검토한다.
12) Step 12 : 설계 완료

2. 도체 굵기 선정

1) IEEE Std-80 적용

위 플로우 차트의 Step 2의 접지도체의 굵기는 고장전류의 크기, 고장 지속시간, 온도, 재료의 특성 등을 적용하여 구한다. 따라서 충분한 전류 용량의 도체 굵기는 다음과 같은 IEEE 표준식을 이용하여 구한다.

$$\text{도체 굵기 } A = I \sqrt{\frac{t_c \, \alpha_r \, \rho_r \times 10^4}{TCAP \ln\left[1 + \left(\frac{Tm - Ta}{Ko + Ta}\right)\right]}}$$

여기서, A : 도체단면적[mm²]
　　　　I : 접지선에 흐르는 전류[kA]
　　　　t_c : 통전시간[S]
　　　　α_r : T_r일 때 도체의 열 저항률
　　　　Tr : 기준온도[℃]

ρ_r : T_r일 때 도체의 저항률[$\mu\Omega/\text{cm}^2$]
$TCAP$: 열용량 계수[$J/\text{cm}^3 \cdot \text{℃}$]
Tm : 최대허용온도[℃]
Ta : 주위온도[℃]
K_0 : $1/\alpha_o$
α_o : 0[℃]일 때 도체의 열 저항률

2) IEC 60364에 의한 접지선 굵기

접지선 굵기 $A = \dfrac{\sqrt{Is^2 \cdot t}}{k}$

상기 식에 Is : 20In

$\theta(k)$: 130℃

t : 0.1초(6Cycle)를 대입하면

접지선 굵기 $A = 0.0496\text{In}(\text{mm}^2)$이 된다.

3. 도체 길이 선정

위 플로우 차트의 Step 4의 예비설계에서는 접지망의 포설면적을 결정한 후 접지망의 매설깊이, 접지망 Grid 간격, 도체수 및 도체 총 길이를 다음 공식을 적용하여 결정한다.

$L_p = (a+b) \times 2 [\text{m}]$

$L_t = (a \times n) \times 2 [\text{m}]$

여기서 n : 1변의 도체 개수
L_p : 도체 외곽 길이[m]
L_t : 접지망 총 길이[m]
a, b : 도체 가로, 세로 외곽 길이[m]

4. 접지저항 계산

위 플로우 차트의 Step 5의 접지저항은 아래 공식에 의해 구한다.

접지 저항 $Rg = \rho \left[\dfrac{1}{L_t} + \dfrac{1}{\sqrt{20 \cdot A}} \left(1 + \dfrac{1}{1 + h\sqrt{\dfrac{20}{A}}} \right) \right]$

여기서 ρ : 대지 저항률
L_t : 접지망 총길이[m]
A : 포설 면적[mm^2]
h : 매설 깊이[m]

9.5 접지선 굵기 산정기초를 적용하여 아래 그림에서 변압기 2차측 중성점 접지선과 부하기기의 접지선 최소 굵기를 산정하시오.   건.96.1.4.

```
                     4P 600A
     22.9kV/380V-220V  ┌──┐
        3Φ 1500kVA     │부하│
  ┌─┐  ╱╲  ╱╲  ┌──┐    └──┘
  │ │──╲╱──╲╱──│    │
  └─┘            └──┘
                 4p 3000A
```

1. 접지선 굵기(IEC 60364)

1) 기술 기준

$$A = \frac{\sqrt{Is^2 \cdot t}}{k}$$

2) 상기 식에 Is : 20In(In : 차단기 정격전류)

θ (k) : 130℃

t : 0.1초(6Cycle)를 대입하면

3) 접지선 굵기 $A = 0.0496 \text{In}(\text{mm}^2)$ 이 된다.

2. 변압기 중성선 굵기

1) 변압기 2차 정격전류

$$I_{2n} = \frac{P}{\sqrt{3} \times V \times \cos\theta} = \frac{1{,}500 \times 10^3}{\sqrt{3} \times 380 \times 0.9} = 2{,}532(A)$$

2) 접지선 굵기

$A = 0.0496\text{In} = 0.0496 \times 3{,}000 ≒ 150(\text{mm}^2)$

변압기 2차측 정격전류가 차단기 용량보다 작으므로 차단기 정격전류 대입함

3. 부하기기의 접지선

1) $A = 0.0496\text{In} = 0.0496 \times 600 = 29.76 ≒ 35(\text{mm}^2)$

2) 내선규정(1445)에서도 35(mm²)임

4. 참고 : 내선규정 1445(2013년 개정)

접지선 굵기(내선규정 1445)					
제1종		제2종		제3종	
최대인입선 사이즈(mm²)	접지도체 (동)(mm²)	변압기용량 1상220V(kVA)	접지도체 (동)(mm²)	전기기기 차단기정격(A)	접지도체 (동)(mm²)
35	10	10	6	15	2.5
50	16	20	6	20	2.5
70	25	30	10	30	2.5
75 초과 185 이하	35	40	10	40	2.5
185 초과 300 이하	50	60	16	50	4
300 초과 500 이하	70	80	25	100	6
630 이상	95	100	25	200	16
		150	50	300	16
		200	50	400	25
		300	95	500	35
		400	95	600	35
		500	120	800	50
		600	150	1,000	70
		800	240	1,200	70
		1,000	240	1,600	95
				2,000	120
				2,500	150
				3,000	185

9.6 뇌방전 형태를 분류하고 뇌격전류 파라미터의 정의와 뇌전류의 구성요소를 설명하시오.

건.100.2.2.

1. 뇌방전 형태

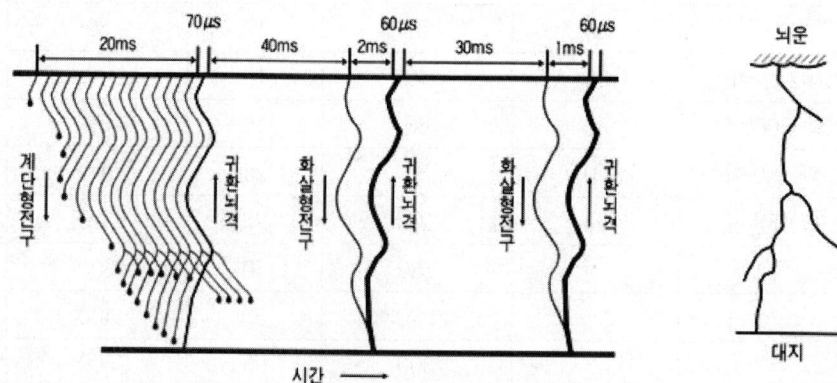

[대지 뇌격 낙뢰의 진행과정]

- 번개가 대기 중의 방전현상(放電現象)이라는 것은 1752년 5월 미국의 B. 프랭클린의 실험에 의해서 확인되었다.
- 모래폭풍 · 화산폭발 · 대형화재 등 여러 종류에 의하여 뇌가 발생하지만 보통의 뇌운은 상층대기와 하층대기가 불안정한 성층을 구성하고 있는 경우에 발생하는 적난운이다.
- 즉, 하층의 공기가 너무 가볍거나 상층의 공기가 너무 무거운 경우 그 수직 불안정도를 해소하기 위해 강한 상승기류가 발생한다.
- 상승기류에 동반하여 단열 팽창된 공기는 온도가 저하하고, 함유된 증기의 응결 및 빙결이 일어나기 때문에 다량의 잠열이 방출되고 상승에 따른 온도 저하율이 적게 되며 대류권 성층 가까운 곳까지 도달하게 된다.
- 이러한 구름이 뇌를 발생하게 되며, 이에 따라 뇌운을 다음과 같이 분류한다.

열뢰(熱雷)	여름철의 강한 일사에 의해 지표 부근의 공기가 열을 받아 상승하는 기류에 의해 발생하는 뇌. 열뢰가 산복에서 발생하는 뇌를 산뢰라 한다.
계뢰(界雷)	온난기류가 서로 만나는 지점에서 발생하는 상승기류에 의한 뇌로 전선뇌라고도 한다.
저기압성뢰	태풍이나 저기압의 기류 때문에 생기는 상승기류에 의해 발생 하는 뇌

2. 뇌격전류 파라미터의 정의

자연적으로 발생하는 뇌 방전을 초과하지 않는 최대 그리고 최소 설계값에 대한 확률로서 KSCIEC 62305에서는 다음과 같이 규정하고 있다.

1) 뇌격전류 파라미터의 최대값

뇌격전류 파라미터 최대값에는 최초 단시간 뇌격, 후속 단시간 뇌격, 장시간 뇌격, 뇌방전이 있으며 여기에서는 장시간 뇌격에 대하여만 기술한다.

장시간 뇌격			피뢰 레벨(LPL)			
전류파라미터	기호	단위	I	II	III	IV
전하량	Q_{long}	C	200	150	100	
시간파라미터	T_{long}	S	0.5			

2) 뇌격전류 파라미터 최소값과 회전구체 반지름

피뢰기준			피뢰 레벨(LPL)			
	기호	단위	I	II	III	IV
최소 피크전류	I	kA	3	5	10	16
회전구체 반지름	r	m	20	30	45	60

3. 뇌전류의 구성요소

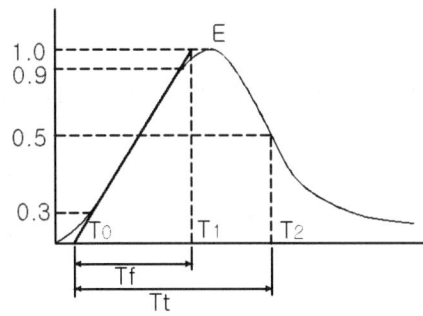

여기서, E : 전압 파고치
I : 전류 파고치
t_0 : 규약 원점

[충격 전압파]

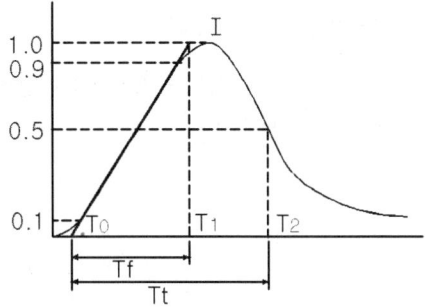

T_f : 규약 파두장(t1 - t0)
T_t : 규약 파미장(t2 - t0)
E/T_f : 규약 파두준도

[충격 전류파]

1) 전압 요소(Open-Circuit Voltage)
   - 전압파형의 경우 유도된 임펄스(Impulse)가 상승하기 시작부터 그 당시 유도된 최고치의 10%에서 90%까지 올라가는데 $1.2\mu s$ 시간이 걸리고, 하강할 때 50%까지 도달되는 시간이 $50\mu s$ 가 소요된다.
   - 전압파형은 전류파형에 비해 상승시간은 짧은 편이나 지속되는 시간은 전류에 비해 두 배 이상 지속된다.

2) 전류 요소(Short-Circuit Current)

   전류파형은 상승곡선 10%에서 최대 전류치의 90%까지 소요시간은 $8\mu s$, 하강 곡선의 50%까지 떨어지기까지는 $20\mu s$ 가 소요된다.

3) 뇌전류 종류

   (1) 직격뢰(Direct Strike)

   낙뢰가 구조물, 장비, 전력선 등에 직접 뇌격하는 것으로 약 20kV 이상의 전압과 수 kA~200kA 이상의 과전류가 발생한다.

   (2) 간접뢰(정전현상)

   송전, 통신선로에 뇌격하여 선로를 통하여 전도되는 것으로 발생빈도가 가장 높다.

   (3) 유도뢰(Indirect Strike)

   낙뢰지점 인근 대지에 매설된 전원선, 통신선, 금속 파이프 등 도체를 통하여 유도되는 고전압 고전류의 유입으로 인하여 접지전위의 급상승으로 Surge가 발생한다.

   (4) 방전(Bound Charge)

   지상과 구름, 구름과 구름 사이의 방전으로 유도된 전하가 전력선, 금속체 또는 지표로 흘러 장비를 손상시킨다.

> **9.7** 공간적 효율을 위한 다목적 건축물의 접지방식으로 사용되는 공용접지의 장점을 설명하고, 큐비클식 고압수전설비에서 전위 상승의 영향을 설명하시오.
>
> 건.102.3.2.

1. 개요

기존 건축물의 접지 형태는 보호용, 기능용, 뇌 보호용의 접지를 분리한 이른바 독립 접지를 한 건축물이 많다. 건물의 부지 면적이 한정되어 있는 상황에서 독립 접지는 전위 간섭의 영향을 받기 쉽고 접지 기능을 충족시키지 못하는 경우가 많다. 그러나 공용 접지는 접지 계통의 전위가 같고 전위 간섭 등의 영향이 적다.

2. 공용 접지

공용 접지는 판단기준에서는 공통 접지와 통합접지로 구분되어 있어 이 두 가지에 대하여 설명하기로 한다.

1) 공통 접지(Common Earthing System)

고압 및 특고압과 저압 전기설비의 접지극이 서로 근접하여 시설되어 있는 변전소 또는 이와 유사한 곳에서는 다음 각 호에 적합하게 공통 접지공사를 할 수 있다.
저압 접지극이 고압 및 특고압 접지극의 접지저항 형성 영역에 완전히 포함되어 있다면 위험전압이 발생하지 않도록 이들 접지극을 상호 접속하여야 한다.
즉, 전력계통의 접지를 공통으로 하는 것을 말한다.

2) 통합 접지(Global Earthing System)

전기설비의 접지계통과 건축물의 피뢰설비 및 통신설비 등의 접지극을 공용하는 통합접지(국부접지계통의 상호접속으로 구성되는 그 국부접지계통의 근접구역에서는 위험한 접촉전압이 발생하지 않도록 하는 등가 접지계통)공사를 할 수 있다.
즉, 전력계통, 통신계통, 피뢰계통까지 공동으로 하는 접지를 말한다.
이 경우 낙뢰 등에 의한 과전압으로부터 전기설비 등을 보호하기 위해 서지보호장치(SPD)를 설치하여야 한다.

3. 공용 접지의 장단점

1) 장점
- 장비 간에 전위차가 발생하지 않는다.
- 접지계통이 단순하여 유지보수가 용이하다.
- 합성저항의 저감효과가 크다.
- 경제적이다.

2) 단점
- 뇌격 등에 의해 전기기기 등에 이상전압이 발생할 수 있다.
- 계통 접지에 이상전압 발생 시 타 기기에 영향을 줄 수 있다.

4. 큐비클식 고압수전설비에서 전위 상승

1) **영향** : 공통 접지공사를 하는 경우 고압 및 특고압 계통의 지락사고로 인해 저압계통에 스트레스 전압이 발생하여 기기의 절연이 파괴될 수 있고 때로는 감전사고 등의 피해를 볼 수 있다.

2) **전위 상승 제한** : 판단기준에 의하면 고압 측의 지락에 의한 저압 설비의 스트레스 전압(상용주파 과전압)은 다음 표에서 정한 값을 초과해서는 안 된다.

고압계통에서 지락고장시간(초)	저압설비의 허용 상용주파 과전압(V)
>5	$U_o + 250$
≤5	$U_o + 1,200$

중성선 도체가 없는 계통에서 U_o는 선간전압을 말한다.

5. 기타 설치 시 주의사항

1) 통합 접지는 대부분 철골, 철근 등을 접지 전극으로 활용하여 접지하는데 이 경우 대지와의 사이에 전기저항치가 2Ω 이하여야 한다.
2) 철골, 철근 등을 접지 전극으로 활용하는 데 문제점 고려
   (1) 접지 도선을 통해 많은 노이즈와 서지 전류 유입
   (2) 철골 구조 하부에 전식
   (3) 콘크리트 균열에 의한 안전성 등
3) 특히 IEC 60364와 62305 도입에 따라 통합접지(등 전위 접지)를 하기 위해서는 반드시 철골 등 건축물의 모든 금속부분을 등 전위 본딩을 해야 한다.

9.8 접지시스템의 접속방법 중 발열 용접과 압착 슬리브 접속방법에 대하여 설명하시오.

건.105.1.10.

1. 발열 용접(Exothermic Welding)

발열용접방식은 외부로부터의 어떠한 힘이나 압력을 가하지 않은 상태에서 금속 간의 열을 이용하여 접속하는 방식으로 구리와 구리, 쇠와 구리 등을 열적으로 용융시켜 분자적으로 연결하는 방식이다.

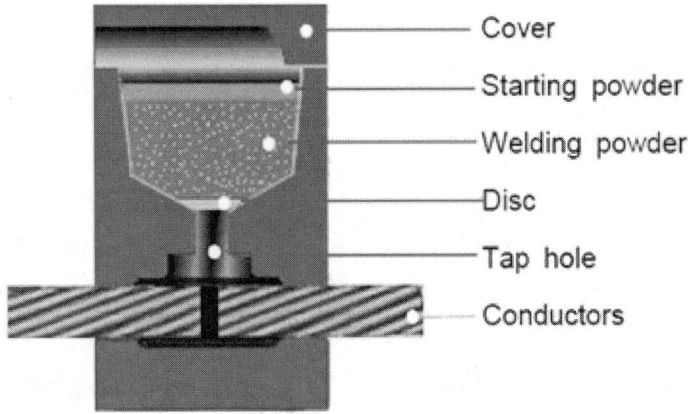

그림과 같이 탄소로 된 주물(Mold) 내에 동선과 접지봉 혹은 연결금속을 넣고 Welding 재료를 이용하여 발열용접을 한다. 몰드형태는 나동선 및 연결금속의 크기와 형태에 따라 매우 다양한 종류가 있으며 사용 조건에 맞는 몰드를 선택하여 사용할 수 있다.

[몰드의 기본 구조]

2. 압착 슬리브 접속방법

압착 슬리브 접합에 사용되는 슬리브는 기본적으로 C-형 슬리브, 압착 단자, 원형 압착 슬리브 등이 있다. 이러한 압착 슬리브는 유압식 압착기를 이용하여 압착 접속한다. 가장 일반적으로 사용되는 압착 슬리브의 모델을 살펴보면 다음과 같다.

1) C-형 슬리브

접지선의 분기 혹은 도선 간의 접속이나 도선의 분기에 주로 사용한다.

2) 압착 단자(Teminal)

접지선이나 도선이 접지반이나 장비에 접속되기 위해 도선의 끝 부분에 압착하게 된다. 압착단자는 구멍이 한 개(One-Hole) 혹은 두 개(Two-Hole)인 동관 단자가 대부분이며, 이 구멍에 황동 볼트와 너트를 넣어 단단하게 조여서 연결한다.

3) 원형 압착 슬리브

도선 간의 접속에 주로 사용한다. 접지선이나 도선 상에 접속점이 전기적으로 문제가 될 때 접속점을 보다 확실히 연결하기 위해 사용한다. 도선 간의 연결은 굴곡이 없이 직선 형태로 접속하게 된다.

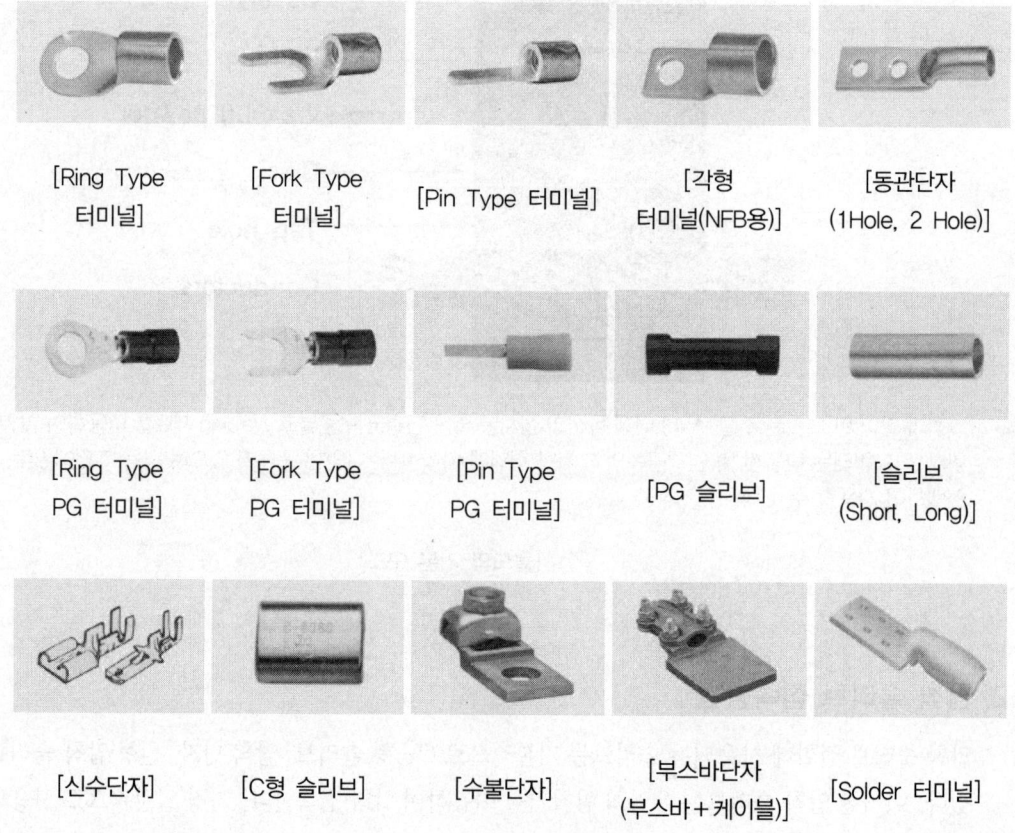

[Ring Type 터미널] [Fork Type 터미널] [Pin Type 터미널] [각형 터미널(NFB용)] [동관단자 (1Hole, 2Hole)]

[Ring Type PG 터미널] [Fork Type PG 터미널] [Pin Type PG 터미널] [PG 슬리브] [슬리브 (Short, Long)]

[신수단자] [C형 슬리브] [수불단자] [부스바단자 (부스바+케이블)] [Solder 터미널]

9.9 대지저항률 측정에 사용하는 전위강하법 기반 3전극법과 Wenner의 4전극법을 비교 설명하시오.

건.106.4.1.

참고 : 조명학회지 2013. 2월호

1. 개요

1) 접지시스템의 성능에 가장 크게 영향을 미치는 요인이 대지 저항률이므로 접지의 설계와 시공에 있어서 대지 저항률을 정확하게 파악하는 것은 매우 중요하다.
2) 대지 저항률을 측정하는 방법에는 여러 가지가 있으며 일반적으로 흔히 사용되는 대지 저항률의 측정법은 4전극법과 전위강하법을 기반으로 하는 3전극법이다.

2. 3전극법

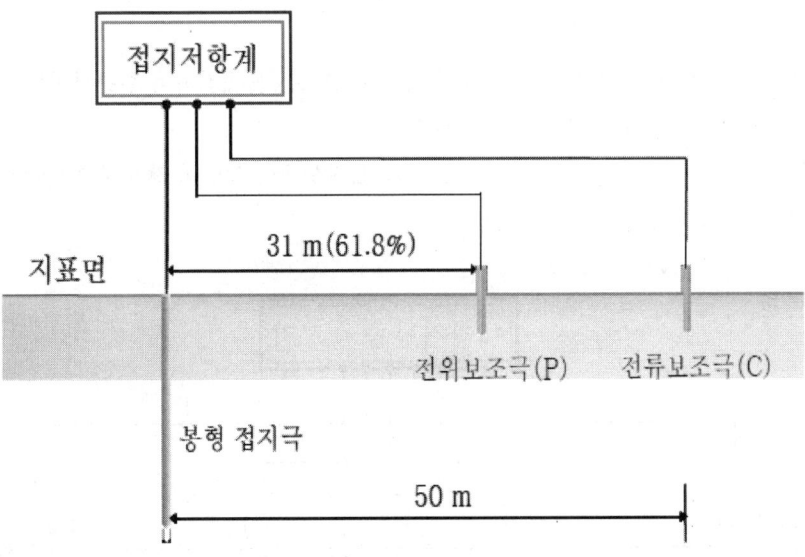

1) 3전극법은 측정하고자 하는 장소에 봉형 접지극을 수직으로 설치하고 접지극의 접지저항을 측정한 후 이론식을 적용하여 대지 저항률을 산출하는 방법이다.
2) 봉형 접지극의 상단이 대지의 지표면에 위치하도록 설치한 경우 접지저항은 이론적으로 다음과 같다.

$$R = \frac{\rho}{2\pi l} \ln \frac{2l}{a} \quad \cdots\cdots\cdots\cdots\cdots\cdots\cdots\cdots\cdots\cdots\cdots\cdots\cdots\cdots\cdots\cdots ①$$

여기서, R : 접지저항 ρ : 대지저항률
l : 봉형 접지극의 매입깊이 a : 봉형 접지극의 반경

3) 따라서 식 ①로부터 대지저항률은 다음과 같이 산출된다.

$$\rho = \frac{2\pi l R}{\ln \frac{2l}{a}} \quad \cdots\cdots\cdots\cdots\cdots\cdots\cdots\cdots\cdots\cdots\cdots\cdots\cdots\cdots\cdots\cdots\cdots\cdots\cdots\cdots\cdots ②$$

4) 이 방법은 측정하고자 하는 깊이까지 측정전류가 흐르도록 접지극의 길이를 길게 하여 측정하므로 깊이 변경법(Variation-of-depth Method)이라고도 하며 접지극 근방 토양의 특성에 관한 정보를 얻을 수 있다.

3. 4전극법

1) 4전극법은 측정용 전류보조극과 전위보조극을 배치하는 방법에 따라 Wenner법, Schlumberger-Palmer법 등으로 분류된다.
2) 보조전극을 동일한 간격으로 배치하는 Wenner 4전극법이 가장 널리 이용되고 있으며 대지구조가 균질이거나 잘 정리된 경우 정확도가 우수하다. 그러나 대지저항률은 대지 표면상태에 함유되어있는 화학성분, 대지 구조 등 여러 가지 요인에 의존적이므로 측정에서도 세심한 고려가 필요하다.
3) 통상 접지극을 설치하고자 하는 장소의 실제 대지구조는 불규칙하며 주변시설물과 조건이 다르며 계절 또는 날씨에 따라 표면 상태도 다르다.
4) 접지극을 설치하고자 하는 장소의 주변조건과 표면상태의 영향이 작은 측정방법으로 대지저항률을 평가할 필요가 있다.

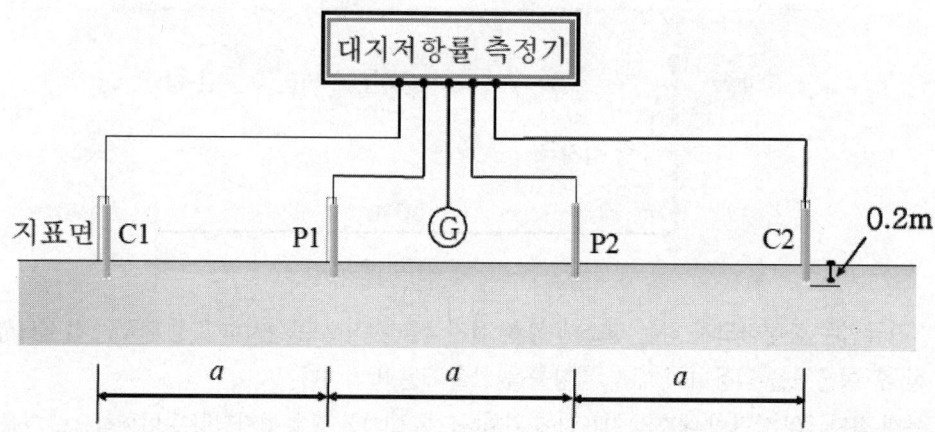

5) Wenner 4 전극법은 4개의 측정용 전극을 직선상의 동일한 간격으로 배치하는 방법으로 위 그림과 같이 4개의 전극을 대지에 설치하고 바깥쪽 전극 간(C1-C2)에 흐르는 전류와 안쪽 전극 간(P1-P2)에 유도되는 전압을 측정하여 대지저항률을 산출하는 방법이다.

6) 외측의 두 전극 C1과 C2 사이에 전원을 공급하여 대지에 전류를 흘리고 이때 안쪽의 두 전극 P1과 P2 사이의 전위차를 측정하여 접지저항을 구한다.
7) 또한 전극 간격을 a라 하면 대지 저항률은 식 ③으로부터 산출되며 대략 깊이 a까지의 평균 대지 저항률을 나타낸다.

$$\rho = 2\pi a R \quad \cdots\cdots\cdots ③$$

4. $\rho - a$ 곡선 해석

1) 대지 구조 예

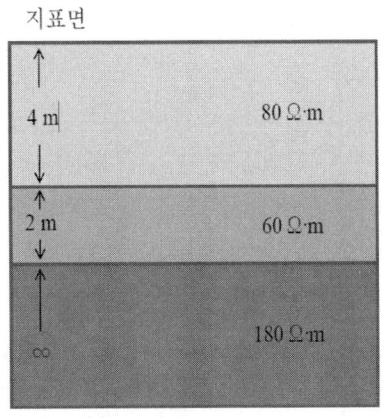

2) $\rho - a$ 곡선 비교

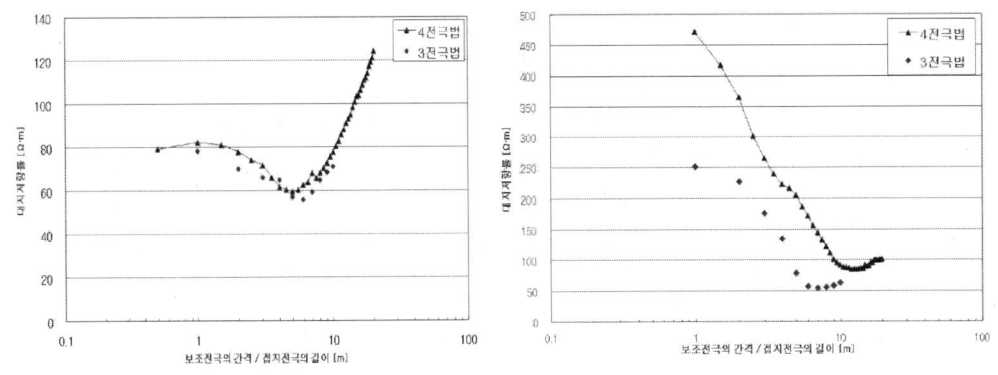

[정형화된 대지에서 3전극법과 Wenner 4전극법으로 측정한 결과의 비교]

[대지표면이 결빙된 상태]

5. 3전극법과 Wenner 4전극법 비교

1) 대지표면이 건조하고 안정화된 대지구조일 경우 Wenner 4전극법으로 측정한 $\rho-a$ 곡선과 3전극법으로 측정한 $\rho-a$ 곡선은 비교적 잘 일치한다.

2) 대지표면이 습한 상태 또는 결빙 상태이거나 주변에 시설물이 있는 경우 Wenner 4전극법의 $\rho-a$ 곡선과 3 전극법의 $\rho-a$ 곡선은 큰 차이가 있다.

    Wenner 4전극법으로 측정한 $\rho-a$ 곡선은 3전극법으로 측정한 $\rho-a$ 곡선에 비하여 대지 표면 상태에 의한 영향이 보다 현저하다.

9.10 감전재해 유형 및 예방대책에 대하여 설명하시오.

안.93.1.7.

1. 감전사고의 발생 유형(원인)

1) 전로 상호 간에 직접접촉

인체가 전로 상호 간 충전부에 직접접촉되면 전격을 받게 된다.

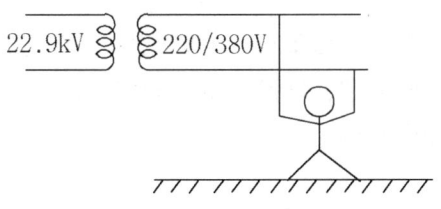

[전로 상호 간에 인체가 접촉]

2) 대지에서 충전부에 직접접촉

인체가 대지에 서 있는 상태에서 인체의 어느 한 부분이 충전부에 직접 접촉되면 전격을 받게 된다.

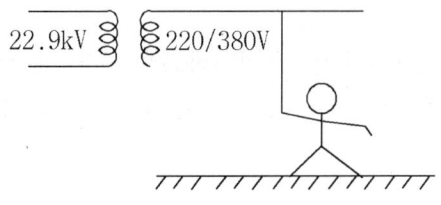

[전로와 대지 간에 접촉]

그림과는 달리 제2종접지가 되어 있는 측의 전로에 인체가 접촉 되면 감전사고를 일으키는 전류는 적게 흘러 안전한 편이다.

3) 누전상태의 기기 외함에 접촉(간접접촉)

전기기기를 장기간 사용하여 절연재가 열화되거나 물기에 의하여 흡습상태가 심하면 전류가 외함으로 새어 나오게 되며 이를 누전이라고 한다. 누전이 발생하면 외함이 철재로 되어 있기 때문에 기기 내부의 전선에서 외함으로 전류가 흐르게 된다.

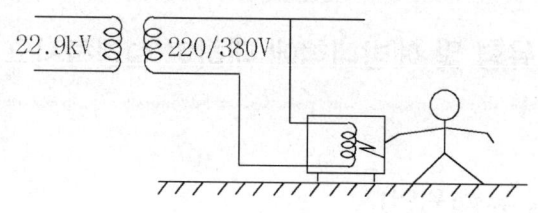

[누전상태 기기외함에 접촉]

4) 공기의 절연파괴(섬락)

인체가 고전압 전로에 너무 가깝게 접근하게 되면 공기의 절연파괴 현상이 발생하여 감전사고를 당하게 된다. 공기의 절연파괴는 30kV/cm 정도이므로 전압이 높을수록 공기의 절연파괴에 의한 감전사고의 발생위험이 커진다.

5) 정전유도

정전유도는 인체가 절연이 어느 정도 유지되는 신발을 신은 상태에서 초고압 선로에 근접하면 인체에 전하가 서서히 충전된다. 이러한 상태에서 접지도체 등에 인체가 접촉하게 되면 인체에 유도되어 남아 있는 전하가 접지된 물체를 통하여 일시에 방전되므로 충격을 받게 되어 전도, 추락 등의 사고를 당하게 될 수 있다.

6) 잔류전하

선로가 긴 전선로나 콘덴서의 전원을 개방하고 나서 바로 충전부에 접촉하면 전선로에 남아있는 잔류전하에 의한 전격을 받아 전도, 추락 등의 사고를 당할 수 있다.

7) 낙뢰

낙뢰의 주 방전 경로에 인체가 노출되어 있으면 화상 또는 사망사고를 당할 수 있다.

8) 보폭 전압

다리 사이의 전위 경도차에 의해 감전이 될 수도 있다.

9) 역 송전

정전작업 시 오조작

2. 감전사고 방지대책

1) 직접접촉 방지

- 충전부가 노출되지 않도록 폐쇄형 외함 구조일 것
- 충전부에 방호망 또는 절연 덮개를 설치할 것
- 충전부 전체를 절연
- 설치장소의 제한 : 별도의 실내 또는 울타리를 설치한 지역으로 평소에 자물쇠가 잠겨 있어야 한다.
- 작업장 주위의 바닥이나 기타 도전성 물체를 절연물로 도포하고 작업자는 절연화, 절연공구 등 보호장구를 사용

2) 이격거리 확보

전류가 흐르고 있는 회로를 공기 중에서 열거나 닫으면 그 곳에서 전기불꽃이 발생한다. 아크의 온도는 아주 높기 때문에 화상 등의 우려가 크다.

3) 비충전부 간접접촉에 대한 방지대책

(1) 보호절연

통전 경로를 절연시킴으로써 인체에 흐르는 통전전류를 안전한계 이하로 낮추는 방법

① 작업장소 및 기기를 절연한다.

사용전압	접지종류	절연저항(MΩ)
1. 대지전압 150V 이하	제3종	0.1 MΩ 이상
2. 대지전압 300V 이하	제3종	0.2 MΩ 이상
3. 대지전압 400V 미만	제3종	0.3 MΩ 이상
4. 대지전압 400V 이상	특3종	0.4 MΩ 이상

② 고저항 절연화 착용
③ 이중 절연기기 사용

전동 드릴과 같은 이동용 공기기기는 기능 절연을 한 다음 기능 절연의 파괴에 의한 감전을 예방하기 위하여 추가로 절연을 하는 것을 말한다. 기술기준에서 2중 절연기기를 사용하면 접지를 생략하여도 가능하도록 되어 있다. 그러나 이 경우도 접지를 생략하지 않음이 좋다.

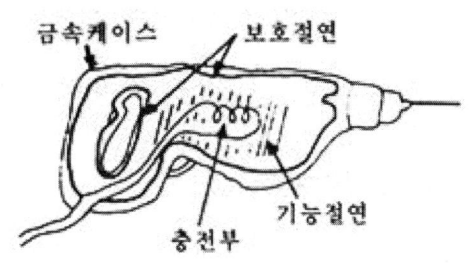

(2) 보호접지

금속제 외함을 저 저항값으로 접지하여 지락 시 접촉전압을 허용치 이하로 억제하는 방법

종류	허용접촉전압(V)	보호접지 저항(Ω)
제1종	2.5	$r \leq \dfrac{2.5}{E-2.5} \cdot R_2$
제2종	25	$r \leq \dfrac{25}{E-25} \cdot R_2$
제3종	50	$r \leq \dfrac{50}{E-50} \cdot R_2$
제4종	제한없음	$r \leq 100$

4) 등전위 접지

등전위 접지는 감전사고를 예방하기 위한 조치로 접지를 필요로 하는 지역 내의 전위차를 없애기 위한 접지시설을 말하며 노출도전성 부분의 등전위화 즉 접지대상 기기간의 전위차가 없도록 한 것으로 마이크로 쇼크에 의한 사고를 방지하기 위한 것이다. 등전위 접지는 접지대상 금속체 간을 10[mV] 이내의 전위차가 유지되도록 하는 것이 관건이다.

5) 안전전압 이하의 전원 사용

전기기계구에 공급하는 전압을 30V 이하의 낮은 전압으로 설계하거나 24V 등의 낮은 전압으로 조작하도록 하여 안전을 확보하는 방법이 있다.

6) 잔류전하 방전

전선로에 충전상태로 남아있는 잔류전하에 의한 충격으로 사고를 당할 수 있다. 이 경우 가공전선로보다는 지중전선로 등 케이블을 사용할 때가 심하게 나타난다.

7) 사고회로의 신속차단(과전류 차단방식, MCCB)

주로 TN방식에서 MCCB 사용하여 보호

8) 누전차단기 설치(누전차단방식)

9) 누전경보방식

10) 비접지 전로의 채용

- 변압기 2차측 이후의 전로가 대지에 접지되지 않는 방식
- 비접지전로에 인체가 접촉하게 되면 대지정전용량을 경유하여 인체에 약간의 누설전류가 흐르므로 감전사고가 일어나지 않는다.
- 비접지방식에는 혼촉 방지판부 변압기방식과 절연변압기 방식이 있다.

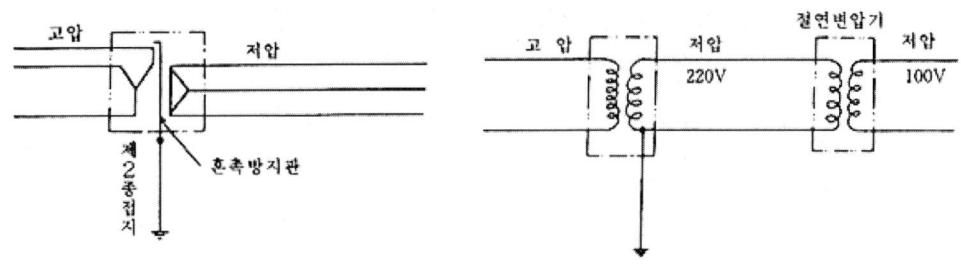

[(a) 혼촉방지판이 부착된 절연변압기의 사용]　　　[(b) 절연변압기의 이중사용]

11) 배선 등에 의한 감전방지

(1) 배선 등의 절연피복 및 접속

절연전선은 규격에 적합한 전선을 사용하게 되어 있다. 전선을 서로 접속하는 경우에는 당해 전선의 절연성능 이상으로 절연될 수 있도록 충분히 피복하거나 적합한 접속기구를 사용하여야 한다.

(2) 습기가 많은 장소의 배선

습기가 많은 장소의 배선은 가능한 피하되 부득이한 경우에는 다음 사항에 유의하여 시설한다.
- 전선의 접속개소는 가능한 적게
- 접속부분의 테이프 처리 등 절연처리에 특히 유의하여 시설한다.
- 점멸기, 콘센트, 개폐기 또는 차단기 등을 가능한 시설하지 않되 부득이한 경우에는 방수구조의 것이나 습기나 물기가 내부에 들어갈 우려가 없는 장치의 것을 사용한다.

12) 설치상 안전대책

- 전기기기의 구조는 그 사용 장소의 환경에 적합한 형식을 사용(방수, 옥내, 옥외, 방폭형 등)
- 운전, 보수 등을 위한 충분한 작업공간을 확보할 것
- 리드선의 접속은 기계적 진동 등에 의한 스트레스를 받지 않도록 할 것
- 원격제어, 자동제어에 의한 운전의 자동화·무인화 도입

13) GFCI, AFCI 사용

(1) GFCI(Ground Fault Circuit Interrupter)
- 누전이 발생하면 전원을 자동 차단하는 콘센트
- 미국에서는 수영장 등 바닥이 젖은 장소에 6mA의 GFCI 설치가 의무화됨

(2) AFCI(Arc Fault Circuit Interrupter)
- 아크가 발생하면 전원을 차단하여 화재를 방지하는 콘센트로서
- 미국에서는 침실의 콘센트에 설치하도록 규정하고 있다.

(3) GFCI, AFCI 사용 이유
미국에서는 TN-C방식을 적용하므로 누전차단기를 사용하지 못하여 GFCI이나 AFCI를 사용하고 있다.

9.11 공통·통합 접지저항 측정방법과 접지저항값의 인정범위에 대하여 설명하시오.

안.102.1.1.

인용 : 안전공사 공통·통합접지 검사업무처리방법

1. 공통·통합 접지저항 측정방법

1) 보조극을 일직선으로 배치하여 측정하는 방법

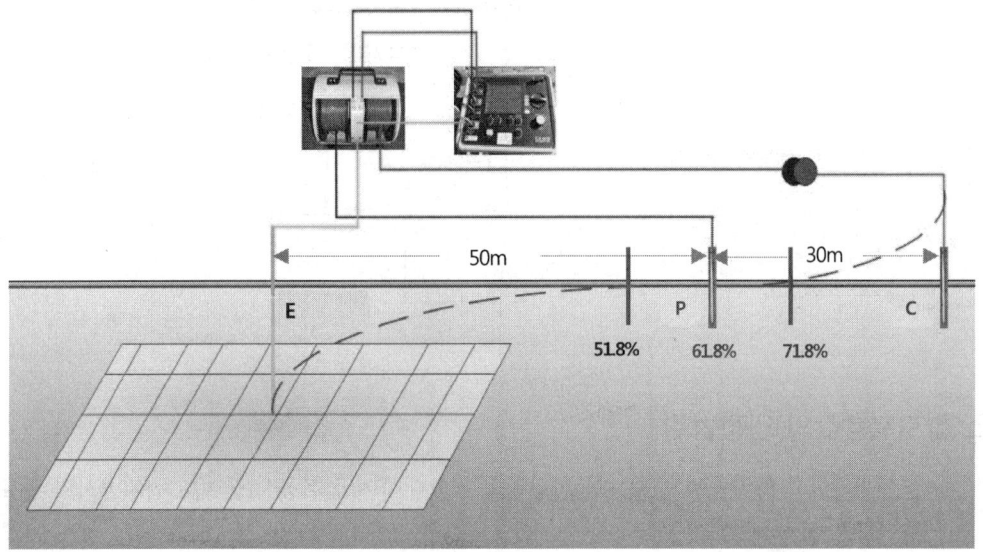

① 보조극은 저항구역이 중첩되지 않도록 접지극 규모의 6.5배 이격하거나, 접지극과 전류보조극 간 80m 이상 이격하여 측정
② P위치는 전위변화가 적은 E, C 간 일직선상 61.8% 지점에 설치
③ 접지극의 저항이 참값인가를 확인하기 위해서는 P를 C의 61.8% 지점, 71.8% 지점 및 51.8% 지점에 설치하여 세 측정값을 취함
④ 세 측정값의 오차가 ±5% 이하이면 세 측정값의 평균을 E의 접지저항값으로 함
⑤ 세 측정값의 오차가 ±5% 초과하면 E와 C 간의 거리를 늘려 시험을 반복함

2) 보조극을 90~180° 배치하여 측정하는 방법

① 300ft×300ft(91.44m×91.44m) 규모의 접지극은 보조극과의 이격거리가 750~1,000ft (228.6~304.8m)로 약 2.5배 이상 되어야 함
② C와 P를 연결하여 측정한 값과 결선을 반대로 하여 측정한 두 측정값을 취함

③ 각각의 방법으로 측정한 저항값의 차이가 15[%] 이하이면 두 측정값의 평균을 E의 접지 저항 값으로 함

④ 두 측정값의 오차가 ±15% 초과하면 E와 C 간의 거리를 늘려 시험을 반복함

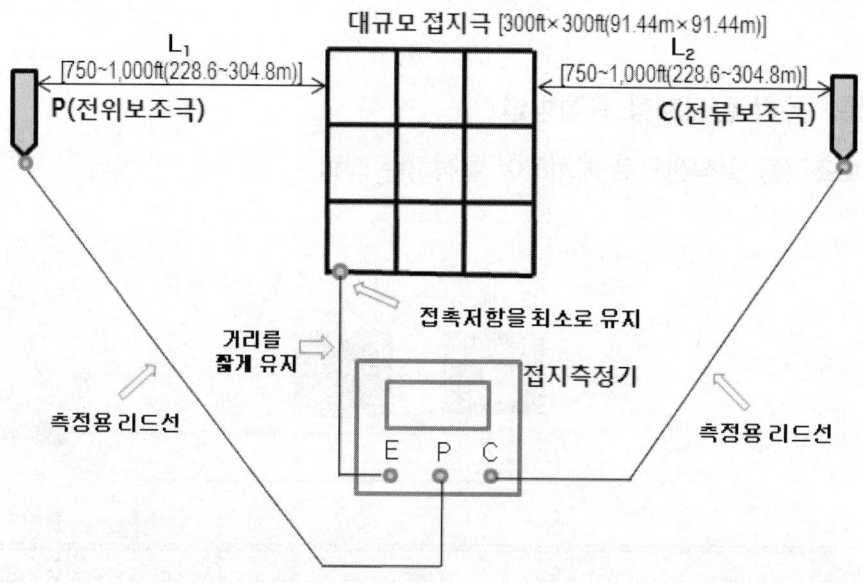

2. 접지저항값의 인정범위

1) 공사계획신고 확인증에 공통 · 통합 접지공사에 대하여 접지공사 중이나 접지공사가 완료된 때 부분검사를 신청하도록 안내
2) 부분검사(공통 · 통합 접지공사에 대한 중간검사)는 접지저항을 측정하고 공통 · 통합 접지공사가 신고한 공사계획에 적합한 지 확인
3) 부분검사를 받지 않고 전기수용설비 전체공사가 완료된 후에 사용전검사를 신청하여 주변여건으로 접지저항 측정이 어려운 경우에는 감리자료(접지저항 측정값, 대지저항률 측정값, 접지극 재료, 형상, 접속방법, 깊이 등)와 사진 등 증빙자료를 제출받아 접지저항 측정검사 갈음
4) 공사계획신고 설계도서(접지계산서 및 설계도)의 접지저항 값이 다음 중 어느 하나에 해당되는 경우에는 공통 · 통합 접지저항 값으로 인정
    - 특고압 계통지락 사고 시 발생하는 고장전압이 저압기기에 인가되어도 인체 안전에 영향을 미치지 않는 인체 허용접촉 전압값 이하가 되도록 한 접지저항값인 경우
    - 통합접지방식으로 모든 도전부가 등 전위를 형성하고 접지저항값이 10Ω 이하인 경우

9.12 중성선과 접지선의 용도 및 차이점에 대하여 설명하시오. 안.104.1.6.

1. 중성선의 용도

1) 0전위화
중성선은 3상 평형일 경우는 0전위가 되지만 불평형일 경우는 전위를 갖게 된다. 이런 경우 중성선을 사람이 만지게 되면 감전의 우려가 있다. 따라서 중성점의 전위를 0전위로 하기 위하여 접지선과 함께 대지에 접지를 하게 되면 이론상으로는 0전위를 만들 수 있어 안전하다.

2) 계전기 동작
직접 접지나 저항접지의 경우 중성선을 접지하게 되는데 이 중성선에 CT를 삽입하든지, CT 2차의 잔류회로를 이용하여 OCGR의 동작을 하기 위함

3) 전기회로로 사용됨
전기공급방식이 3상4선식, 단상2선식 등에서 접지선과 달리 전기회로를 구성하여 부하에 전류를 공급함. 부하계통에서는 선간전압 이외에 상선(R, S, T 또는 A, B, C 등)과 중성선 사이의 전압, 즉 상전압의 사용이 가능하며 선간전압은 동력용으로 사용하고, 상전압은 전등용으로 하는 것이 보통이다.

4) 불평형회로의 통로로 이용
중성선에는 상전류의 30~40% 이상의 전류가 흐르지 않도록 하고 있다고 하지만 이는 불평형 전류만을 고려한 값이며 비선형부하(정류기, 인버터, UPS, 컴퓨터, 모니터, 복사기 등)나 전기로, 용접기 등에서 발생하는 고조파를 발생하는 부하가 있을 경우는 다르다.
이 경우 $\sqrt{불평형전류^2 + 상고조파전류합성^2}$ 에 해당하는 전류가 중성선에 흐르게 된다.

2. 접지선의 용도

1) 계통접지
① 고·저압 혼촉에 의한 감전이나 화재를 방지하기 위한 접지
② 제2종 접지 특별고압전로 또는 고압전로와 저압전로를 결합하는 변압기 저압 측 중성점 또는 1단자 접지 실시
③ KSC IEC 60364에서는 TN, TT, IT 방식으로 분류함

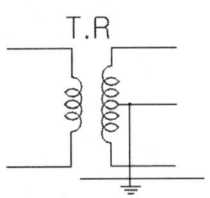

2) 보호 접지

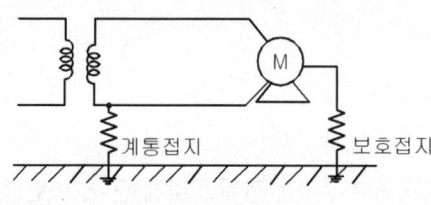

감전방지가 주목적이며 기계기구 외함 및 철대 등을 저 저항값으로 접지하여 지락 시 접촉전압을 허용치 이하로 억제한다.

기계기구 사용전압	접지공사 종류	접지저항치
400V 미만 저압용	제3종	100Ω 이하
400V 이상 저압용	특별제3종	10Ω 이하
고압 및 특별고압용	제1종	10Ω 이하

3) 뇌해 방지용 접지

- 뇌격전류를 안전하게 대지로 흘려보내기 위한 접지
- 피뢰기, 피뢰침, 가공지선 등

4) 정전기장해 방지용 접지

정전기가 축적되어 각종 장해를 일으키지 않도록 하기 위하여 정전기를 원활하게 대지로 방류하기 위한 접지

5) 등전위화 접지

병원에서 시설하는 것이 대표적인 예이었으나 최근에는 KSCIEC 60364가 제정되어 많은 접지방식이 공통접지형식의 등 전위접지로 공법이 바뀌어가고 있다.
등전위 접지는 건물 구조체 및 건물 내 가스배관, 수도배관 등 모든 금속체와 보호용 접지, 기능용 접지 등을 일괄하여 등전위화하는 방식이다.

6) 노이즈 방지용 접지

노이즈에 의한 전자장치의 파괴나 오동작방지를 위한 접지

7) 기능용 접지

컴퓨터 등의 기준전위 확보용 접지로
- 컴퓨터 설비 접지
- 통신용 접지
- 신호용 접지
- 방식용 접지
- 보호계전기동작 등이 있다.

> **9.13** 병원 수술실에 인접한 다른 방에서 누설된 고장접지전류 1[A]가 접지선을 타고 수술실로 흐르고 있을 때 접지저항을 측정한 결과가 0.05[Ω]이었다. 다음 각 물음에 답하시오.
> 안.107.4.5.
> - 수술실 환자의 인체저항을 1,000[Ω]으로 가정한 경우 인체 위험성을 Micro Shock 및 Macro Shock와 비교하여 설명하시오.
> - 의료용 전자기기(M.E)의 경우 등전위 접지공사가 필요한 이유와 감전사고 방지대책을 설명하시오.

1. Micro Shock 및 Macro Shock의 비교

   1) 병원 감전의 종류

마이크로 쇼크 Micro Shock	• 최소감지전류 : $10\mu A$ 정도 • 전류 : 심장 또는 심장과 가까운 곳 → 신체 일부 → 도전성 부분을 통하여 접지로 흐름 • 발생원인 : 의료기기의 누설전류와 기기 외함에서 발생하는 전위차 • 대책 : 등전위 접지(전위차를 0으로 만듦)
매크로 쇼크 Macro Shock	• 최소 감지 전류 : $100\mu A$ • 전류 : 도전성 부분 → 팔 → 신체 내부 → 다리를 통하여 접지로 흐름 • 발생원인 : 누전 상태에 있는 기기에 접촉 • 대책 : 보호 접지(기기 외함 접지)
정전용량에 의한 감전	• 전기기기와 외함 간의 절연 임피던스에 의한 정전용량 발생으로 누설 전류가 발생(전기기기의 미접지 시 또는 접지선 단선 시 감전사고 발생)
정전기에 의한 감전	• 수술대의 마찰 등으로 정전기가 축적되면, 축적된 정전기가 인체를 통하여 방전될 때 쇼크를 일으킨다.

   2) 인체 접촉 전압 및 인체 통전 전류

      (1) 인체의 접촉 전압

      $V_t =$ 누설전류$(A) \times$ 접촉저항$(\Omega) = 1 \times 0.05 = 0.05(V)$

      (2) 인체 통전 전류

      $I_B = \dfrac{접촉전압(V_t)}{인체저항(R)} = \dfrac{0.05}{1,000} = 50(\mu A)$

3) 인체 위험성 비교

  (1) 마이크로 쇼크

    최소 감지 전류 이상이 되므로 위험할 것으로 생각하기 쉽지만 외부에서 유입되는 전류이므로 심장을 통하기보다는 손이나 팔다리를 통하여 대지로 흘러들어가기 때문에 감전 가능성은 적다.

  (2) 매크로 쇼크

    인체 통전 전류값이 최소 감지 전류 이하이므로 감전 우려가 적다.

2. 의료용 전자기기(M.E)의 경우 등전위 접지공사가 필요한 이유

1) 환자 주위의 금속부와 금속부 사이, 금속부와 ME 기기 사이에 전위차가 있는 경우에도 환자에 전류가 흘러 위험하게 될 우려가 있다.
2) 한사람의 환자에 여러 대의 ME 기기를 접속하여 사용 시 각 ME 기기는 전위차가 발생하여 환자에게 위험을 초래할 수 있다.
3) 환자의 심장에 접속하는 ME 기기의 경우 마이크로 쇼크가 문제가 되어 작은 전위차에도 위험이 있으며, 각각의 접지 접 전위가 다르면 그 전위차 때문에 기기 간에 전류가 흘러 위험할 수 있다.
4) 마이크로 쇼크에 대하여 안전전류는 불과 $10[\mu A]$ 정도이므로 인체의 저항을 $1,000[\Omega]$으로 하면 인체에 걸리는 전압은 $10[\mu A] \times 1,000[\Omega] = 10[mV]$가 된다. 즉, $10[mV]$ 이상의 전위차가 발생되지 않도록 조치가 필요하다.

3. 의료용 감전사고 방지대책(전기설비 판단기준 제249조)

1) 안전을 위한 보호설비

  (1) 그룹 1 및 그룹 2의 의료 IT 계통은 다음과 같이 시설할 것

- 전원 측에 이중 또는 강화 절연을 한 의료용 절연변압기를 설치하고 그 2차 측 전로는 접지하지 말 것
- 의료용 절연변압기는 함 속에 설치하여 충전부가 노출되지 않도록 하고 의료 장소의 내부 또는 가까운 외부에 설치할 것
- 의료용 절연변압기의 2차측 정격전압은 교류 250V 이하로 하며 단상 2선식 10kVA 이하로 할 것
- 의료용 절연변압기의 과부하 및 온도를 지속적으로 감시하는 장치를 적절한 장소에 설치할 것
- 의료 IT 계통의 절연상태를 지속적으로 계측, 감시하는 장치를 할 것
- 의료 IT 계통의 분전반은 의료장소의 내부 혹은 가까운 외부에 설치할 것

- 의료 IT 계통에 접속되는 콘센트는 TT 계통 또는 TN 계통에 접속되는 콘센트와 혼용됨을 방지하기 위하여 적절하게 구분 표시할 것

(2) 그룹 1과 그룹 2의 의료장소에서 교류 125V 이하 콘센트를 사용하는 경우에는 의료용 콘센트를 사용할 것. 플러그가 빠지지 않는 구조의 콘센트가 필요한 경우에는 잠금형을 사용한다.

(3) 그룹 1과 그룹 2의 의료장소에 무영등 등을 위한 특별저압(SELV 또는 PELV)회로를 시설하는 경우, 사용전압은 교류 실효값 25V 또는 직류 비맥동 60V 이하로 할 것

(4) 의료장소의 전로에는 정격 감도전류 30mA 이하, 동작시간 0.03초 이내의 누전차단기를 설치할 것

2) 접지설비

(1) 접지설비란 접지극, 접지도체, 기준접지 바(bar), 보호도체, 등전위 본딩 도체를 말한다.

(2) 의료장소마다 그 내부 또는 근처에 기준접지 바를 설치할 것. 다만, 인접하는 의료장소와의 바닥면적 합계가 50m^2 이하인 경우에는 기준접지 바를 공용할 수 있다.

(3) 의료장소 내에서 사용하는 모든 전기설비 및 의료용 전기기기의 노출 도전부는 보호도체에 의하여 기준접지 바에 각각 접속되도록 할 것. 콘센트 및 접지단자의 보호도체는 기준접지 바에 직접 접속할 것

(4) 그룹 2의 의료장소에서 환자환경(환자가 점유하는 장소로부터 수평방향 2.5m, 의료장소의 바닥으로부터 2.5m 높이 이내의 범위) 내에 있는 계통 외 도전부와 전기설비 및 의료용 전기기기의 노출 도전부, 전자기장해(EMI) 차폐선, 도전성 바닥 등은 등전위본딩을 시행할 것

(5) 접지도체는 다음과 같이 시설할 것
- 접지도체의 공칭단면적은 기준접지 바에 접속된 보호도체 중 가장 큰 것 이상으로 할 것.
- 철골, 철근 콘크리트 건물에서는 철골 또는 2조 이상의 주철근을 접지도체의 일부분으로 활용할 수 있다.

(6) 보호도체, 등전위 본딩 도체 및 접지도체의 종류는 450/750V 일반용 단심 비닐 절연전선으로서 절연체의 색이 녹/황의 줄무늬이거나 녹색인 것을 사용할 것

9.14 전산기기 설비의 접지방식에 대하여 종류와 시공원칙을 기술하고 고층빌딩에서의 유의사항을 설명하시오.
안.107.4.6.

1. 접지방식의 종류

1) **독립접지** : 독립접지는 전기설비, 피뢰설비, 통신설비 등 접지대상별 접지극을 별도로 하는 접지시스템으로 각 접지극 사이를 충분히 이격하여 다른 접지극과의 전위간섭이 없도록 시설하며 다음과 같은 특징이 있다.

   (1) 접지시설의 유지관리가 어렵다.
   (2) 각각의 소요 접지저항을 얻기 어렵다.

2) **공통접지** : 고압 및 특고압과 저압전기 설비의 극을 상호 간 접속하는 접지공사로 접지극이 서로 근접하여 시설되어 있는 경우 이들 접지극을 상호 간 접속한다.

   (1) 접지극에 고장 전류 유입 시 다른 설비에 대한 전위상승은 있으나 전위차가 없으므로 전위상승에 의한 영향이 거의 없다.
   (2) 독립접지에 비해 공사비가 절감된다.

3) **통합접지** : 전기, 피뢰, 통신설비 등 여러 설비를 하나의 접지극으로 구성한다.

   (1) 접지극에 고장전류 유입 시 다른 설비에 대한 전위 상승은 있으나 전위차가 없으므로 전위상승에 의한 영향이 거의 없다.
   (2) 낮은 접지저항을 얻기 용이하다.
   (3) 독립접지에 비하여 접지설비의 시설면적이 작아지는 장점이 있는 반면
   (4) 낙뢰에 의한 서지 대책으로 서지보호장치(SPD)를 설치하여야 한다.

2. 전산기기 설비접지의 시공원칙

1) **독립접지** : 전산기기 설비의 접지는 독립접지를 원칙으로 한다. 그 이유는 전력계통과 공유할 경우 노이즈 발생의 원인이 되기 때문이다.

2) 전산설비 본체, 보조기기 등은 그림과 같이 기기 간 등 전위를 유지하도록 공통으로 접지하고 접지극에는 1점 접지방식으로 접속한다.

3) 회로의 접지저항은 10(Ω) 이하로 하고 프레임 외함 등은 100(Ω) 이하로 하여도 된다. 전산기기용 접지 극은 타 접지극과 10m 이상 떨어진 장소에 부설하는 것이 좋다.
4) 계산기와 주변 기기 간을 1점 접속하였을 경우 1점 접지선 단선에 의해 주변기기의 Interface 부품소자를 파괴하는 경우가 생기므로 접지선의 단선 및 인위적 착탈 시에는 전원 측이 개로되도록 고려한다.

3. 고층빌딩에서의 유의사항

고층빌딩의 높은 층에서 전산기기 등을 단독접지로 하는 경우 타 회로에 의한 유도가 발생하여 접지선에 의한 노이즈가 발생할 수 있다. 이러한 경우에는 구조체를 이용한 공통접지와 등전위본딩을 함이 바람직하다.

- 공통접지 : 등전위가 형성되도록 고압 및 특고압 접지계통과 저압 접지계통을 공통으로 접지하는 방식
- 통합접지 : 전기, 통신, 피뢰설비 등 모든 접지를 통합하여 접지하는 방식을 말하며, 건물 내의 사람이 접촉할 수 있는 모든 도전부가 등전위를 형성하여야 한다.

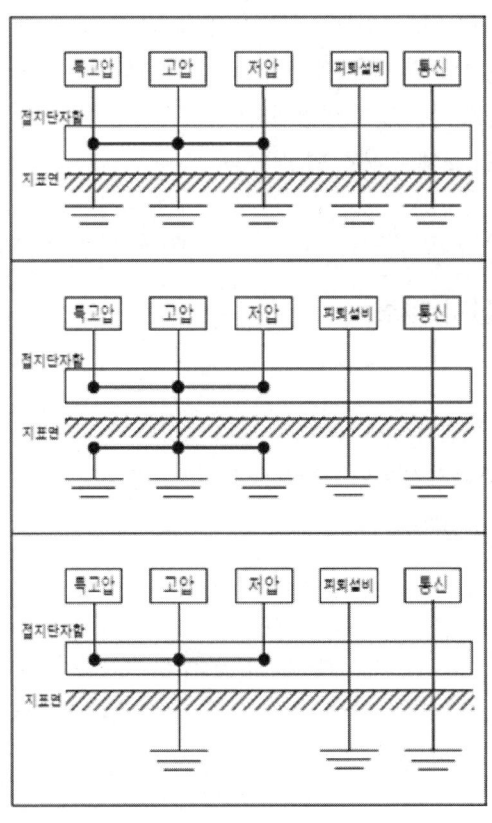

[공통접지 예]

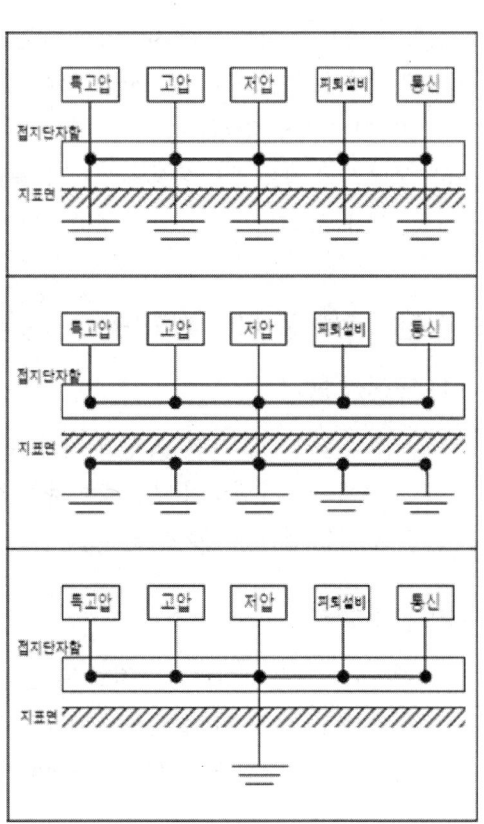

[통합접지 예]

9.15 정전기 완화를 위한 본딩(Bonding) 접지방법에 대하여 설명하시오.

응.100.1.10.

1. 인용 규격

정전기 재해예방에 관한 기술지침
제정 1993. 6.19(노동부고시 제1993-22호)

2. 용어 정의

1) "정전기 대전"이라 함은, 물체와 물체 사이의 접촉 또는 분리·마찰·충격·유동 및 분사 등으로 에너지 불균형이 발생하여 전하가 축적된 상태를 말한다.
2) "고유저항률"이라 함은, 한 변의 길이가 1m인 정육면체의 대향면 간의 저항을 말한다. 단위는 옴 -미터($\Omega-m$)로 표시한다.
3) "도전율"이라 함은, 고유저항의 역수치를 말하며, 단위는 지멘스/미터(S/m)로 표시한다.
4) "정전기적 접지"(이하 "접지"라 한다)라 함은 대지에 대한 저항이 $1M\Omega$ 이하인 것을 말한다. 접지설비의 관리상 필요한 경우 $1,000\Omega$ 이하로 하는 것이 바람직하다.
5) "본딩"이라 함은, 2개 이상의 도전성 물체를 도체로 상호 연결하는 것을 말한다.

3. 정전기 완화를 위한 본딩(Bonding) 접지 개소

1) 도전성 용기

도전성 용기가 고무타이어 등에 의해 대지와 절연되어 있는 탱크로리의 경우, 용기에 대전된 전하로 인해 정전기 불꽃이 발생되는 것을 방지하기 위하여, 주입 전에 접지·본딩시키고 주입 완료 후에 이를 철거하여야 한다.

2) 금속부분

계량도구 등은 비도전성 물질로 된 것을 사용하는 것이 원칙이며, 부득이 도전성 재질을 사용할 경우에는 금속부분과 도전성 물질을 직접 접촉시켜야 하며, 만약 이것이 곤란할 경우에는 금속부분과 도전성 물질을 본딩시키는 등의 조치를 취해야 한다.

3) 배관계통

- 폭발 위험분위기가 조성되어 있는 폭발위험장소 내에, 전기적으로 격리·설치되어 있는 금속배관은 타 배관계통에 본딩 또는 접지시켜야 한다.
- 유연성(Flexible)의 금속배관이나 금속 스윙 조인트(Swing Joint) 부분에서의 본딩은 필요하지 않으나 결합부분이 비금속성의 절연물질로 연결되는 경우에는 본딩을 실시하여야 한다.

4) 고무타이어가 있는 운반차량

- 운반체와 주입배관 간에는 전위차가 발생하지 않도록 상호 본딩을 하여야 한다.
- 주입배관의 모든 금속제 부분은 전기적으로 연속성이 있어야 하며, 플랜지 접속부분이 있을 경우에는 플랜지 좌우배관을 본딩한다.
- 본딩되지 않은 금속체는 탱크 내에 들어가지 않도록 하여야 하며, 주입 전에 탱크 내부를 점검하여 본딩되지 않은 금속체가 탱크 내에 있는지를 확인하여야 한다.
- 대전방지제를 사용할 때에는 유속제한 등의 정전기 제한을 두지 않아도 좋으나 본딩 및 접지는 실시하여야 한다.

5) 기타 접지를 요구하는 설비

- 용기·대차 등은 가급적 도전성 재료로 된 것을 사용하고 이를 접지시켜야 한다.
- 컨베이어 벨트, 벨트 지지대, 풀리 등
- 금속성 풀리(Pulley)가 대지로부터 전기적으로 분리되어 있을 경우
- 도전성을 갖고 있는 베어링
- 스프레이 부스·배기덕트·배관 등 인화성 액체가 이송되는 모든 금속체
- 스프레이 건(Spray Gun)
- 전기적으로 분리된 배관 이음부 및 기기의 접속부 등
- 인화성 액체가 전달되는 모든 계통은 용기와 상호 본딩하고 접지
- 본딩 및 접지에 사용되는 도체는 내부식성이고 기계적 강도가 충분한 $6.0mm^2$ 이상의 굵기를 갖는 전선을 사용한다.

4. 본딩 접지 방법

1) 본딩 방법

(1) 본딩은 개구부를 열기 전에 하고 개구부를 닫고 나서 제거하여야 한다.
(2) 본딩용 전선은 한쪽 끝을 주입배관, 또는 그와 전기적으로 연결된 금속체나 기타 접지된 금속체에 고정 접속한다.
(3) 접지클램프는 운반체가 움직일 경우에도 손상되지 않는 구조이어야 한다.

2) 다음의 경우에는 본딩을 생략할 수 있다.

　　(1) 원유나 아스팔트와 같이 정전기가 발생되기 어려운 액체를 취급하는 경우
　　(2) 인화성이 거의 없는 액체를 취급하는 경우

5. 작업자의 정전기 대전방지

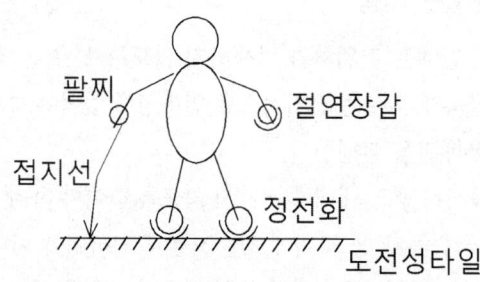

1) 작업공정상 지장을 초래하지 않는 범위 내에서 가습 등의 방법을 이용하여 작업장 내의 상대습도를 높이도록 한다.
2) 작업자는 정전기 대전방지 성능이 있는 작업복이나 제전복 등을 착용한다.
3) 작업장에게 정전기 대전방지용 안전화를 착용시키거나 도전성이 있는 손목접지대(Wrist Strap)를 착용하도록 한다. 단, 손목접지대에는 감전사고를 방지하기 위해 1MΩ 정도의 직렬저항이 접지선 사이에 연결되어 있어야 한다.
4) 정전기의 축적이 우려되는 모든 도전체는 접지한다.
5) 바닥에 카페트를 깔아야 할 경우에는 정전기 대전방지용 카펫을 사용해야 한다.
6) 바닥 위의 모든 금속체는 접지한다.

9.16 보링접지(심매설 접지 : Deep-Well-Grounding)시설의 설계, 시공 절차, 시공 시 고려사항 등에 대하여 설명하시오.

건.81.3.2.

1. 개요

1) 접지저항 저감법에는 물리적 방법과 화학적 방법이 있으며, 물리적 방법에는 수직공법과 수평공법이 있다.
2) 보링 접지는 이 방법 중 수직 공법 중 하나이며 접지저감효과가 크고 연속성이 뛰어나 혁신적인 접지공법이라 할 수 있다.

2. 설계 시 고려사항

1) 흙의 종류 : 늪지·진흙, 점토질, 모래질, 사암, 암반 지대 순으로
2) 수분 함유량 : 수분을 많이 함유할수록 접지 저항값이 낮아진다.
3) 화학물질 : 토양 속에 전해질의 화학물질이 있으면 저항률이 크게 감소한다.
4) 해수 및 암석 영향 등

3. 보링 접지 구조

1) 봉의 내부에 강전해질 물질인 Calsolyte를 채우고
2) 접지봉의 외부에는 고전도성 광물성분인 천연 진흙의 Lynconite를 채움으로써 접지봉과 토양의 접촉저항을 낮추고
3) 배수구멍을 통해 전해질 용액을 주위 토양에 공급함으로써 접지 성능을 극대화시키는 차세대 접지시스템이다.
4) 고전도성의 전해질 수분 생성작용을 통해 전해질 뿌리를 자라게 하여 주위 토양에 전해질 수분의 공급을 확대함으로써 접지저항을 개선하고 성능을 더욱 높이게 된다.
5) 전해질 수분은 pH10 이상의 강알칼리성 수분으로 접지봉 주위의 토양을 알칼리성으로 변화시켜 접지봉을 보호해 준다.

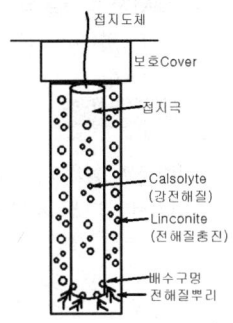

4. 특징

1) 토양의 종류, 수분의 함유 상태 및 계절적인 변화에 영향이 적다. 특히 암반, 마사토 등에 유리
2) 토양 내로부터 전해질 수분을 흡수하여 접지성능이 높다.
3) 장기간(약 30년 이상)의 접지 수명을 확보
4) 환경에 무해하고 친환경적이다.

5. 시공절차 및 주의사항

1) **천공기 설치** : 보링 로드의 높이에 케이블 등 장애물이 없는지 확인

2) **천공 작업**
   - 지하에 매설물이 없는지 선행 조사 후 실시
   - 천공 시 지반이 무너지지 않도록 주의

3) **접지 전극 설치** : 접지 전선 인출 시 손상 주의

4) **그라우팅**
   - 접지 전극 설치 후 주위의 구멍을 메꾸는 작업
   - 공기 등으로 내부 공극이 발생하지 않도록 주의

5) **접지저항 측정**

> **Reference** $\rho-\alpha$ 곡선에 의한 대지 구조 해석
>
> 보링 접지 설계 시 내부 구조를 $\rho-\alpha$ 곡선에 의하여 사전 구조 해석한다.
> (여기서 ρ : 대지저항률, α : 깊이)

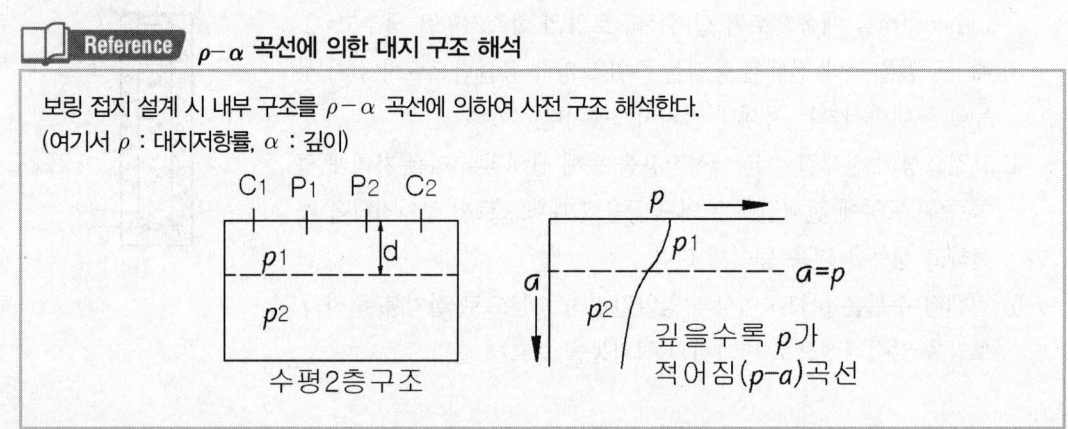

9.17 접지선 및 배선 굵기 핵심 정리

건.93.1.4.

규격번호	제 목	내 용	
판단기준 제19조	접지선 굵기	접지공사 종류	접지선의 굵기
		제1종 접지공사	공칭단면적 6mm² 이상의 연동선
		제2종 접지공사	공칭단면적 16mm² 이상의 연동선(고압전로 또는 특고압 가공전선로의 전로와 저압 전로를 변압기에 의하여 결합하는 경우에는 공칭단면적 6mm² 이상의 연동선)
		제3종 접지공사 및 특별 제3종	공칭단면적 2.5mm² 이상의 연동선
	보호도체 굵기	상도체의 단면적 S(mm²)	대응하는 보호도체의 최소 단면적(mm²) 보호도체의 재질이 상도체와 같은 경우
		S ≤ 16	S
		16 < S ≤ 35	16mm²
		S > 35	$\dfrac{S}{2}$
판단기준 제22-2조	중성선 겸용 보호도체(PEN)	• 구리는 10mm² 이상 • 알루미늄은 16mm² 이상	
판단기준 제27조	중성점 접지	• 공칭단면적 16mm² 이상의 연동선 • 저압 : 공칭단면적 6mm² 이상의 연동선	
IEC60364 542.3	접지도체 (접지선)	• 구리 : 6mm² 이상 철 : 50mm² 이상(알루미늄은 접지도체로 사용해서는 안 됨) • 단, 피뢰시스템이 접지도체에 접속된 때는 구리(Cu) : 16mm² 이상 또는 철(Fe) 50mm² 이상	
IEC60364 543.1	보호도체	• 기계적 손상에 대한 보호가 된 것은 구리 2.5mm², 알루미늄 16mm² 이상 • 기계적 손상에 대한 보호가 되지 않은 것은 구리 4mm², 알루미늄 16mm²	
IEC62305	본딩용 도체	• 본딩바 상호간 : 16mm² 이상 • 본딩용 보호도체 : 6mm² 이상 • 본딩바 : 50mm² 이상	

규격번호	제 목	내 용
IEC60364 542.2 중성선 굵기	중성선을 상도체보다 작게 할 수 있는 경우	• 고조파가 15%를 넘지 않는 경우 • 다상회로 선도체가 구리 16mm², 알루미늄 : 25mm² 초과하는 경우 중성선은 상도체의 50% 이상으로 할 수 있다. 이때 중성선 단면적 : 구리 16mm², 알루미늄 : 25mm² 이상
	중성선을 상도체와 동일하게 하는 경우	• 고조파가 15~33%인 경우
	중성선을 상도체보다 크게 해야 하는 경우	• 고조파가 33% 초과하는 경우
판단기준 제168조	저압 옥내배선	• 단면적이 2.5mm² 이상의 연동선, 단면적이 1.0mm² 이상의 미네럴 인슈레이션 케이블 • 전광표시장치, 출퇴표시등, 제어회로 : 1.5mm² 이상 연동선 전광표시장치, 출퇴표시등, 제어회로 : 0.75mm² 이상 케이블
IEC60364 542.1	도체 단면적	• 전력, 조명회로 : 구리 1.5mm², 알루미늄 : 2.5mm² 이상 • 신호, 제어 회로 : 구리 0.5mm² 이상
IEC62305	피뢰도선	• 수뢰부 : 50mm² 이상 • 인하도선 : 50mm² 이상 • 접지선 : 50mm² 이상

PROFESSIONAL ENGINEER BUILDING ELECTRICAL FACILITIES

IEC60364, 62305

CHAPTER 10

10.1 한국산업규격(KS)에서 정한 접지설비에 관한 사항 중에 다음을 설명하시오.
건.72.2.6.
- A형 접지극 및 B형 접지극
- 접지극의 재질 및 형태에 따른 시공 시 유의하여야 할 점
- 접지선의 도체재질과 부식 및 기계적 보호 여부에 따른 최소 단면적

1. A형 접지극 및 B형 접지극(KSC IEC 62305)

1) A형 접지극 : 판상 접지극, 수직 접지극, 방사형 접지극 등

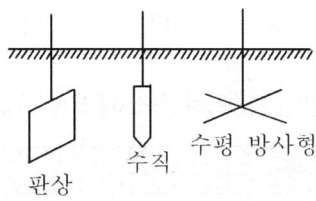

2) B형 접지극 : 환상 접지극, 망상 접지극 또는 기초 접지극

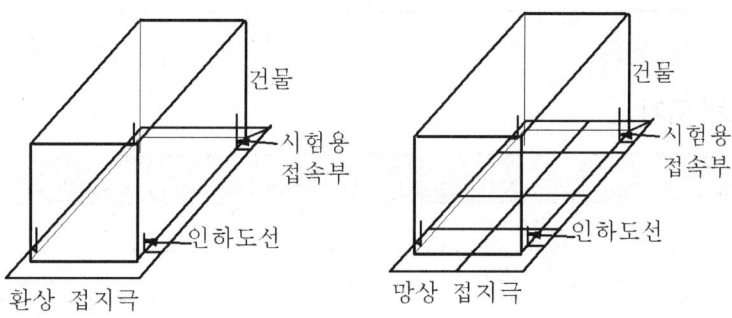

2. 접지극의 재질 및 형태에 따른 시공 시 유의하여야 할 점

1) 접지극은 지하 75cm 이하에 매설(동절기 유의)
2) 접지선은 지하 75cm로부터 지상 2m까지 합성 수지관 또는 이와 동등 이상의 절연, 강도가 있는 것으로 덮을 것
3) 사람이 접촉할 우려가 있는 금속제와 접지선은 1m 이상 이격할 것

4) 부식이 일어나지 않을 장소에 시공할 것

5) 수도사업 당국의 동의를 얻은 경우는 금속제 수도관을 접지극으로 사용할 수 있다. 단, 가연성 액체가 흐르는 설비는 접지 극으로 사용하지 말 것

3. 접지선의 도체재질과 부식 및 기계적 보호 여부에 따른 최소 단면적

1) 접지선 굵기

기술 기준 : $A = \dfrac{\sqrt{Is^2 \cdot t}}{k}$

상기식에 Is : 20In

$\theta(K)$: 130℃

t : 0.1초(6cycle)를 대입하면

접지선 굵기 $A = 0.0496 In \,(mm^2)$이 된다.

2) 전기설비 기술기준 및 판단기준 제19조에 의한 접지선 최소 굵기

분류	접지저항값	접지선 최소 굵기	적용
제1종	10Ω	공칭단면적 6mm² 이상	피뢰침, 피뢰기, SA, 고압 및 특고 외함
제2종	150/Ig, 300/Ig	공칭단면적 16mm² 이상	고저압 혼촉방지, TR2차
제3종	100Ω	공칭단면적 2.5mm² 이상	사용전압 400V 미만 기기 외함
특별 3종	10Ω	공칭단면적 2.5mm² 이상	" " 이상 기기 외함

2010년 접지선 최소 굵기 개정됨

3) 보호도체 굵기

상도체의 단면적 S(mm²)	보호도체의 최소 단면적(mm²)
S ≤ 16	S
16 < S ≤ 35	16mm²
S > 35	$\dfrac{S}{2}$

4) 부식 및 기계적 보호 여부에 따른 보호 도체 최소 단면적(IEC 60364.543.1)

• 기계적 손상에 대한 보호가 된 것 : 구리 2.5mm², 알루미늄 16mm² 이상

• 기계적 손상에 대한 보호되지 않은 것 : 구리 4mm², 알루미늄 16mm²

> **10.2** 뇌보호시스템(Lightning Protection System)의 설계 및 시공단계에서 다음의 분야별 담당자와 협의하여야 할 사항들을 상세히 기술하시오.
>
> 건.72.4.2.

1. 건축 · 토목 분야의 설계자 및 시공자(5점)

1) 건축물이 위치하게 될 지역적 환경 확인
2) 토목 시추 지질자료 협조 → 대지 파라미터 활용
3) 최상층 구조 확인 → 피뢰침 설계 및 건축물 상징성 훼손 여부
4) 피뢰침 설치 시 수뢰부 및 인하도선 마감 협의
5) 피뢰침 유지 보수용 점검 사다리 설계 여부
6) 토목 기초 시 접지 시공 협조
7) 철근 및 철골을 기초 접지극으로 이용 시 문제점 확인
8) 보링 접지 시 지하 매설물 확인

2. 소방 · 안전 분야의 설계자 및 시공자(5점)

1) 연료 탱크 위험물 저장소 위치 확인
2) 발전기 연도 위치 확인 → 피뢰설비 부식 방지
3) 피뢰침 지지 안전도 협의

3. 정보통신설비의 설계자 및 시공자(5점)

1) 최상층 안테나 설치 위치 피뢰침과 간섭 여부 및 안테나 높이에 따른 보호 여부
2) 통신선과 피뢰도선 이격거리 확인 : 1.5m 이상 이격
3) 접지망 통합 접지 또는 단독 접지 여부 확인 및 접지저항 협의
   통합 접지 시 서지 유입 경로 확인 및 SPD 등 보호대책 수립

4. 기계 설비 분야의 설계자 및 시공자(5점)

1) 설비 배관 및 연도 등 이격거리 확인
2) 옥상에 굴뚝 설치 및 보호 여부 확인
3) 옥상 쿨링 타워 피뢰보호 여부 확인
4) 쿨링타워 물방울에 의한 피뢰설비 부식 등 확인

5. 전력 · 통신 · 가스 · 상하수도 등의 공공사업자(5점)

1) 접지극 시공 시 전력선, 통신선, 가스배관, 상하수도 간섭 여부 확인
2) 인하도선 시공 시 전력선, 통신선, 가스배관, 상하수도 간섭 여부 확인

10.3 3상 평형배선에서 4심 케이블의 고조파전류 환산계수에 대하여 설명하시오.

건.75.1.8.

관련 규정 : IEC60364 제5장 배선설비 부속서 D. 내선규정

1. 고조파 전류 영향

1) 3상평형 배선의 중성점에 전류가 흐르는 것은 고조파 성분을 가지는 상전류 때문이다. 중성전류에서 상쇄되지 않는 가장 큰 고조파 성분은 제3고조파 성분이다. 이 경우 중성전류는 회로 내 케이블의 허용전류에 상당한 영향을 미치게 된다.
2) 여기에서 제시하는 환산계수는 3상 평형회로에 적용된다. 3상 중 2상에만 부하가 걸린 경우에는 부담이 더 커지게 된다. 이 경우 중성선은 비평형전류와 더불어 고조파전류가 흐르게 되며 이로 인해 중성선에 과부하가 걸릴 수도 있다.
3) 형광등이나 컴퓨터 등의 직류전원 등은 상당한 고조파전류를 발생시킬 수 있는 장치이다.

▼ 4심 및 5심 케이블 고조파 전류의 환산계수

상전류의 제3고조파 성분(%)	환산계수	
	상전류를 고려한 규격결정	중성전류를 고려한 규격결정
0-15	1.0	-
15-33	0.86	-
33-45	-	0.86
>45	-	1.0

4) 위 표에 제시된 환산계수는 4심 또는 5심 케이블의 중성선으로 상 전선과 소재와 단면적이 동일한 경우에만 적용된다. 환산계수는 제3고조파 전류를 기준으로 계산한 것이다.
5) 중성전류가 상전류보다 높을 것으로 생각되는 경우 중성전류를 고려하여 케이블의 규격을 정하여야 한다.

2. 고조파 전류에 대한 환산계수의 적용(예)

39A의 부하가 걸리도록 설계된 3상 회로를 4심 PVC 절연케이블을 이용하여 벽에 설치한다고 가정하자. $6mm^2$ 동선 케이블의 허용전류는 41A이므로 회로에 고조파 성분이 없다면 이 케이블로 충분하다.

1) 제3고조파 성분이 20%라면 환산계수 0.86이 적용되므로
   설계부하는 39/0.86 = 45A이므로
   따라서 $10mm^2$ 케이블을 사용해야 한다.

2) 제3고조파 성분이 40%라면 중성전류는
   39×0.4×3=46.8A이고 환산계수는 0.86이 적용되므로
   설계부하는 46.8/0.86=54.4A
   따라서 10mm² 케이블을 사용해야 한다.

3) 제3고조파 성분이 50%라면 중성전류는
   39×0.5×3=58.5A이고, 환산계수 1이 적용되므로
   16mm² 케이블을 사용해야 한다.

10.4 분진위험장소에 시설하는 전기배선 및 개폐기, 콘센트, 과전류차단기 등의 시설방법을 설명하시오.

건.75.4.5.

1. 관련 규격

1) 전기설비 판단기준 199조
2) 내선규정 4215-1
3) 분진 위험 장소란 폭발성 분진, 도전성 분진, 가연성 분진, 또는 타기 쉬운 분진 등을 분쇄하는 장소, 분리하는 장소, 옮기는 장소 및 저장하는 장소를 말함

2. 배선

1) 폭발성 분진이 있는 위험장소

   배선은 금속관 배선 또는 케이블 배선에 의할 것

   (1) 금속관 배선
   - 후강 전선관 또는 이와 동등 이상의 강도가 있는 것을 사용할 것
   - 박스 기타 부속품은 패킹을 사용하여 분진이 내부로 침입하지 않도록
   - 관과 박스 등의 접속은 5턱 이상의 나사 조임으로 견고히 하고 내부에 먼지가 침입하지 않도록 접속할 것
   - 전동기 등 짧은 부분의 접속 시 가요성 부분은 분진 방폭형 플렉시블을 사용

   (2) 케이블 배선
   - 케이블은 고무나 플라스틱 외장 또는 금속제 외장을 한 것으로 사용 장소에 적합한 것을 사용할 것
   - 케이블은 강대 외장 케이블을 제외하고는 강제 전선관 등의 보호관에 넣고, 접속부에 분진이 침입하지 않도록 할 것
   - 전기기기 등에 인입하는 경우 패킹 등을 이용하여 분진이 침입하지 않도록 하고 인입부분의 손상이 없도록 할 것
   - 케이블의 접속은 원칙적으로 하지 않는 것으로 한다.
     접속 시에는 접속함을 이용하고 분진방폭 특수구조를 갖출 것

2) 폭발성 분진 이외의 분진이 있는 위험장소

배선은 금속관 배선, 합성수지관 배선, 케이블 배선 또는 캡타이어 케이블 배선에 의할 것

(1) 금속관 배선

위와 동일

(2) 합성수지관 배선
- 합성수지관 기타 부속품은 손상되지 않도록 할 것
- 기타는 금속관 배선과 동일

(3) 케이블 배선 및 캡타이어 케이블 배선

1)의 (2) 케이블 배선과 동일

(4) 이동전선

폭발성 분진이 있는 위험장소에서 이동 전선은 손상될 우려가 없도록 시설하고 가능한 사용하지 않는 것이 좋다.

3. 개폐기, 과전류 차단기, 콘센트 등

구분	폭발성 위험이 있는 장소	폭발성 위험 이외의 분진이 있는 장소
개폐기, 과전류 차단기, 제어기, 계전기, 배전반, 분전반	분진방폭 특수 방진구조	분진방폭 보통 방진구조
전등		
전동기 및 기타 전력장치		
콘센트 및 플러그	시설하지 말 것	분진방폭 보통 방진구조

4. 접지

기계기구의 철대, 금속제 외함 등은 다음과 같이 접지를 해야 한다.
- 400V 미만 저압용 : 제3종 접지
- 400V 이상 저압용 : 특별 제3종 접지
- 고압 및 특별고압용 : 제1종 접지

10.5 KSC IEC 62305 규정에 준한 내부 피뢰 시스템에 대하여 설명하시오.

건.88.3.3.

1. 일반사항

1) 내부피뢰시스템은 외부 피뢰시스템 혹은 피보호 구조물의 도전성 부분을 통하여 흐르는 뇌격전류에 의해 피보호 구조물의 내부에서 위험한 불꽃 방전의 발생을 방지하도록 시설한다.
2) 위험한 불꽃방전은 다음과 같은 구성요소 사이에서 발생할 수 있다.
   - 금속제 설비
   - 내부시스템
   - 피보호 구조물에 접속된 외부 도전성 부분과 선로

2. 피뢰 등전위 본딩

1) 일반사항

   (1) 등전위화는 다음과 같은 피뢰시스템을 서로 접속함으로써 등전위화를 이룰 수 있다.
      - 구조물 금속 부분
      - 금속제 설비
      - 내부시스템
      - 구조물에 접속된 외부 도전성 부분과 선로

   (2) 피뢰 등전위 본딩을 내부시스템에 시설할 때, 뇌격전류 일부가 내부 시스템에 흐를 수 있으므로 이의 영향을 고려해야 한다.

   (3) 상호 간의 접속은 다음과 같은 방법으로 할 수 있다.
      - 자연적 구성부재를 통한 본딩
      - 본딩 도체로 직접 접속할 수 없는 장소의 경우는 SPD를 설치한다.

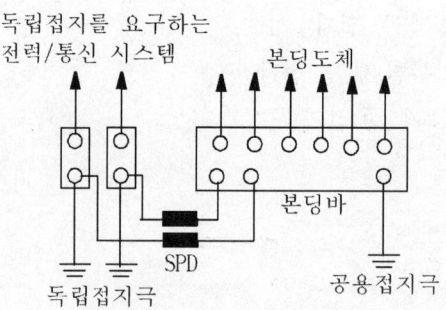

(4) 피뢰등전위본딩을 시설하는 방법은 중요하여 통신기술자, 전기기술자, 기타 관련 기술자, 기관의 당국자와 협의해야 한다.
(5) 서지보호장치는 점검할 수 있는 방법으로 설치해야 한다.

2) 금속제 설비에 대한 피뢰 등전위본딩 시설방법

본딩도체는 그것을 통과하는 뇌격전류에 견딜 수 있도록 한다.

▼ 본딩 바 상호 또는 본딩 바를 접지시스템에 접속하는 도체의 최소단면적

피뢰레벨	재료	단면적(mm^2)
I ~ IV	구리	16
	알루미늄	22
	강철	50

▼ 내부 금속설비를 본딩 바에 접속하는 도체의 최소단면적

피뢰레벨	재료	단면적(mm^2)
I ~ IV	구리	6
	알루미늄	8
	강철	16

- 본딩용 도체는 쉽게 점검할 수 있도록 설치하고 본딩용 바에 접속하여야 한다.
- 본딩용 바는 접지시스템에 접속되어야 한다.
- 대형 건축물(일반적으로 높이 20m 이상)에서는 두 개 이상의 본딩용 바를 설치하고, 상호 접속해야 한다.
- 피뢰 등전위본딩 접속은 가능한 한 똑바르고 곧게 연결해야 한다.
- 구조물의 도전성 부분을 피뢰 등전위 본딩으로 하면 뇌격전류의 일부가 구조물에 흐를 수도 있으므로 이 영향을 고려하는 것이 좋다.

3) 외부 도전성 부분에 대한 피뢰등전위 본딩

- 외부 도전성 부분이란 뇌격 전류가 흐를 수 있는 배관, 케이블 금속요소, 금속덕트 등의 금속물체를 말하며
- 가능한 한 피보호 구조물 가까이에서 등전위 본딩을 실시한다.
- 외부 도전성 부분에 흐를 수 있는 뇌격전류에 견딜 수 있는 굵기이어야 한다.
- 직접 본딩할 수 없는 경우는 서지 보호장치를 사용해야 한다.

4) 내부시스템에 대한 피뢰 등전위본딩

- 내부 시스템이란 구조물 내부의 전기전자시스템을 말하며 피뢰 등전위 본딩은 반드시 2)절에 따라 시설한다.
- 만약 내부시스템 도체가 차폐되어 있거나 금속관 내에 배선되어 있으면 차폐층과 금속관을 본딩하는 것으로 충분하다.
- 내부시스템 도체가 차폐되지도 않고, 금속관 내에 배선되지 않은 경우는 내부시스템 도체는 서지 보호장치를 설치해야 한다.
- 내부시스템에 서지에 대한 보호가 요구되는 경우 SPD를 설치한다.
- TN계통에서 보호도체(PE)와 중성선 겸용 보호도체(PEN)는 직접 또는 서지보호장치를 통하여 본딩 바에 접속한다.

5) 피보호 대상물에 접속된 선로에 대한 피뢰등전위 본딩

- 각 선의 도체는 직접 또는 서지보호장치를 적용하여 본딩한다.
- 전원선이나 통신선이 차폐되어 있거나 금속관 내에 배선되어 있으면, 차폐층과 금속관을 본딩해야 한다.
- 케이블 차폐층과 금속관의 등전위 본딩은 구조물 인입점 근방에서 해야 한다.

> **10.6**
> - 의료장소의 전기안전을 위한 보호방법 및 기기의 선정과 시공에 대하여 설명하시오. 건.89.3.1.
> - 의료장소(종합병원)의 전기설비 시설기준(KSC IEC 60364)에 대하여 특별히 고려할 사항을 설명하시오. 건.97.3.1.

1. 의료장소 구분

GROUP	의료 장소
0	일반병실, 진찰실, 검사실, 처치실, 재활치료실 등 장착부를 사용하지 않는 의료장소
1	분만실, MRI실, X선 검사실, 회복실, 구급처치실, 인공투석실, 내시경실 등 장착부를 환자의 신체 외부 또는 심장 부위를 제외한 환자의 신체 내부에 삽입시켜 사용하는 의료장소
2	관상동맥질환 처치실(심장카테터실), 심혈관조영실, 중환자실(집중치료실), 마취실, 수술실, 회복실 등 장착부를 환자의 심장 부위에 삽입 또는 접촉시켜 사용하는 의료장소

2. 의료장소별 접지계통

1) 그룹 0 : TT 계통 또는 TN 계통
2) 그룹 1 : TT 계통 또는 TN 계통. 다만, 전원자동차단에 의한 보호가 의료행위에 중대한 지장을 초래할 우려가 있는 회로에는 의료 IT 계통을 적용할 수 있다.
3) 그룹 2 : 의료 IT 계통. 다만, 이동식 X-레이장치, 정격출력이 5kVA 이상인 대형 기기용 회로, 생명유지장치가 아닌 일반 의료용 전기기기에 전력을 공급하는 회로 등에는 TT 계통 또는 TN 계통을 적용할 수 있다.

3. 안전 보호설비

1) 그룹 1 및 그룹 2의 의료 IT계통

   (1) 전원 측에 이중 또는 강화절연을 한 의료용 절연변압기를 설치하고 그 2차측 전로는 접지하지 말 것
   (2) 의료용 절연변압기는 함 속에 설치하여 충전부가 노출되지 않도록 하고 의료장소의 내부 또는 가까운 외부에 설치할 것
   (3) 의료용 절연변압기의 2차측 정격전압은 교류 250V 이하로 하며 공급방식 및 정격출력은 단상 2선식, 10kVA 이하로 할 것
   (4) 3상 부하에 대한 전력공급이 요구되는 경우 의료용 3상 절연변압기를 사용할 것

(5) 의료용 절연변압기의 과부하 및 온도를 지속적으로 감시하는 장치를 적절한 장소에 설치할 것
(6) 의료 IT 계통의 절연상태를 지속적으로 계측, 감시하는 장치를 다음과 같이 설치할 것
- IT 계통의 절연저항을 계측, 지시하는 절연감시장치를 설치하여 절연저항이 50kΩ까지 감소하면 표시설비 및 음향설비로 경보를 발하도록 할 것
- 누설전류가 5mA에 도달하면 표시설비 및 음향설비로 경보를 발하도록 할 것
- (1), (2)의 표시설비 및 음향설비를 적절한 장소에 배치하여 의료진에 의하여 지속적으로 감시될 수 있도록 할 것
- 표시설비는 의료 IT 계통이 정상일 때에는 녹색으로 표시되고 이상 시에는 황색 또는 적색으로 표시되도록 할 것. 또한 각 표시들은 정지시키거나 차단시키는 것이 불가능한 구조일 것
- 수술실 등의 내부에 설치되는 음향설비가 의료행위에 지장을 줄 우려가 있는 경우에는 기능을 정지시킬 수 있는 구조일 것
(7) 의료 IT 계통의 분전반은 의료장소의 내부 혹은 가까운 외부에 설치할 것
(8) 의료 IT 계통에 접속되는 콘센트는 TT 계통 또는 TN 계통에 접속되는 콘센트와 혼용됨을 방지하기 위하여 적절하게 구분 표시할 것

2) 그룹 1과 그룹 2에서 교류 125V 이하 콘센트를 사용하는 경우

의료용 콘센트를 사용할 것. 다만, 플러그가 빠지지 않는 구조의 콘센트가 필요한 경우에는 잠금형을 사용한다.

3) 그룹 1과 그룹 2에 무영등 등을 위한 특별저압을 시설하는 경우

사용전압은 교류 실효값 25V 또는 직류 비 맥동 60V 이하로 할 것

4) 의료장소의 전로에는 정격 감도전류 30mA 이하, 동작시간 0.03초 이내의 누전차단기를 설치할 것. 다만, 다음의 경우는 그러하지 아니하다.
- 의료 IT 계통의 전로
- TT 계통 또는 TN 계통에서 전원자동차단에 의한 보호가 의료행위에 중대한 지장을 초래할 우려가 있는 회로에 누전경보기를 시설하는 경우
- 의료장소의 바닥으로부터 2.5m를 초과하는 높이에 설치된 조명기구의 전원
- 건조한 장소에 설치하는 의료용 전기기기의 전원회로

4. 접지설비

1) 접지설비란 접지극, 접지도체, 기준 접지 바, 보호도체, 등전위 본딩 도체를 말한다.
2) 의료장소마다 그 내부 또는 근처에 기준접지 바를 설치할 것. 다만, 인접하는 의료장소와의 바닥면적 합계가 50m² 이하인 경우에는 기준접지 바를 공용할 수 있다.

3) 의료장소 내에서 사용하는 모든 전기설비 및 의료용 전기기기의 노출 도전부는 보호도체에 의하여 기준접지 바에 각각 접속되도록 할 것
   - 콘센트 및 접지단자의 보호도체는 기준접지 바에 직접 접속할 것
   - 보호도체의 공칭 단면적은 다음에 따라 선정할 것

상도체의 단면적 S(mm^2)	대응하는 보호도체의 최소 단면적(mm^2) (보호도체의 재질이 상도체과 같은 경우)
S ≤ 16	S
16 < S ≤ 35	16mm^2
S > 35	$\frac{S}{2}$

4) 그룹 2의 의료장소에서 환자환경(환자가 점유하는 장소로부터 수평방향 2.5m, 의료장소의 바닥으로부터 2.5m 높이 이내의 범위) 내에 있는 계통 외 도전부와 전기설비 및 의료용 전기기기의 노출 도전부, 전자기장해(EMI) 차폐선, 도전성 바닥 등은 등전위 본딩을 시행할 것
   - 계통외도전부와 전기설비 및 의료용 전기기기의 노출 도전부 상호 간을 접속한 후 이를 기준접지 바에 각각 접속할 것
   - 한 명의 환자에게는 동일한 기준접지 바를 사용하여 등전위 본딩을 시행할 것

5) 접지도체
   - 접지도체의 공칭단면적 : 기준접지 바에 접속된 보호도체 중 가장 큰 것 이상으로 할 것
   - 철골 철근 콘크리트 건물에서는 철골 또는 2조 이상의 주철근을 접지도체의 일부분으로 활용할 수 있다.

6) 보호도체, 등전위 본딩 도체 및 접지도체 종류

   450/750V 일반용 단심 비닐 절연전선으로서 절연체의 색이 녹/황의 줄무늬이거나 녹색인 것을 사용할 것

5. 비상전원

1) 절환시간 0.5초 이내에 비상전원을 공급하는 장치 또는 기기
   - 0.5초 이내에 전력공급이 필요한 생명 유지 장치
   - 그룹 1 또는 그룹 2의 의료장소의 수술 등, 내시경, 수술실 테이블, 기타 필수 조명

2) 절환시간 15초 이내에 비상전원을 공급하는 장치 또는 기기
   - 15초 이내에 전력공급이 필요한 생명 유지 장치
   - 그룹 2의 의료장소에 최소 50%의 조명, 그룹 1의 의료장소에 최소 1개의 조명

3) 절환시간 15초를 초과하여 비상전원을 공급하는 장치 또는 기기
- 병원기능을 유지하기 위한 기본작업에 필요한 조명
- 그 밖의 병원기능을 유지하기 위하여 중요한 기기 또는 설비

> **10.7**
> - KSC에서 규정하는 TN계통(저압)의 아래 사항을 설명하시오.
>   1) 간접접촉보호를 위한 전압종류별 최대 차단시간   건.98.2.6.
>   2) 저압기기 허용 스트레스전압과 차단시간
>   3) 접지계통 종류별 고장전압과 스트레스 전압 현황(U_f, $U_1 U_2$)
> - 폭발의 우려가 있는 장소의 고압계통에서 1선 지락 시 저압 측 보호를 위한 저압접지 계통(접지방식)을 선정하고 수식으로 그 이유를 설명하시오.   건.100.1.10.

1. 개요

1) 적용 규격

내선규정 5220-1, KSC IEC 60364-442

2) 목적

고압 및 저압 계통에 공급하는 변전설비의 고압 계통 지락사고 시에 인체 저압계통 기기의 안전을 도모하기 위한 목적임

2. 간접접촉보호를 위한 전압종류별 최대 차단시간

▼ 최대 차단시간

계통	$50V < U_0 \leq 120V$ s		$120V < U_0 \leq 230V$ s		$230V < U_0 \leq 400V$ s		$U_0 > 400V$ s	
	교류	직류	교류	직류	교류	직류	교류	직류
TN	0.8	비고 1	0.4	5	0.2	0.4	0.1	0.1
TT	0.3	비고 1	0.2	0.4	0.07	0.2	0.04	0.1

3. 저압기기 허용 스트레스 전압과 차단시간

1) 고장 전압

저압 계통에 공급하는 변전설비의 고압 계통 1선 지락사고로 인하여 저압 계통 설비의 노출 도전성 부분과 대지 간에 발생하는 전압(U_f)

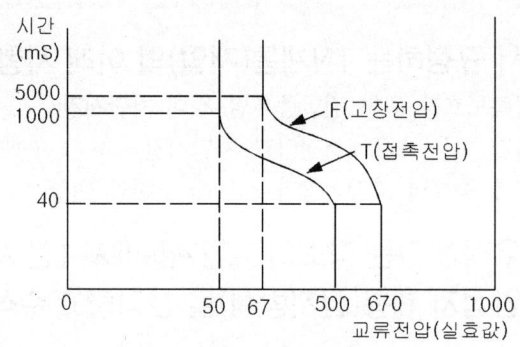

2) 스트레스 전압

저압 계통에 공급하는 변전설비의 고압 계통 1선 지락사고로 인하여 저압 계통 설비의 노출 도전성 부분과 전로 간에 발생하는 전압

- U_1 : 변전설비와 저압 전로 간에 발생하는 전압
- U_2 : 저압 계통 노출 도전성 부분과 전로 간에 발생하는 전압
- 허용 스트레스 전압

고압 계통의 지락사고에 의한 수용가 설비의 저압 기기에 가해지는 스트레스 전압의 크기와 지속 시간은 다음 값을 초과해서는 안 됨

차단시간(S)	저압 설비의 기기 허용 교류 스트레스 전압(V)
>5	$U_0 + 250$
≤5	$U_0 + 1,200$

1. U_0 : 저압 계통의 상 전압
2. 위행은 소호 리액터 접지와 같이 차단시간이 긴 경우 적용
3. 아래행은 직접접지 계통과 같이 차단시간이 짧은 경우 적용

3) 판단기준에 따른 스트레스 전압

우리나라 전기설비 기술기준의 판단기준 제18조에 따른 스트레스 전압의 크기와 지속시간은 다음 값을 초과해서는 안 됨

차단시간(S)	저압 설비의 기기 허용 교류 스트레스 전압(V)
$t > 2$	$U_0 + 150$
$1 < t \leq 2$	$U_0 + 300$
$t \leq 1$	$U_0 + 600$

1. U_0 : 저압 계통의 상 전압

4. 접지계통 종류별 고장전압과 스트레스 전압 현황(U_f, $U_1 U_2$)

1) TN 계통

(1) 고장 전압

- TN-a : $U_f = R \times Im$ (위 그래프의 시간 내 차단될 것)
- TN-b : $U_f = 0$

(2) 스트레스 전압

- TN-a : $U_1 = U_0$, $U_2 = U_0$
- TN-b : $U_1 = R \times Im + U_0$, $U_2 = U_0$

여기서, Im : 고압계통 지락전류
R : 고압계통 노출도전성 부분의 접지극 접지저항
U_0 : 저압계통의 상전압
U_f : 저압계통 노출도전성 부분의 고장 전압
U_1 : 고압계통 스트레스 전압
U_2 : 저압계통 스트레스 전압

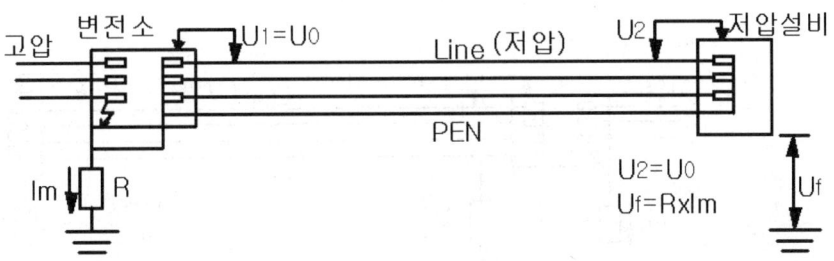

[TN-a]

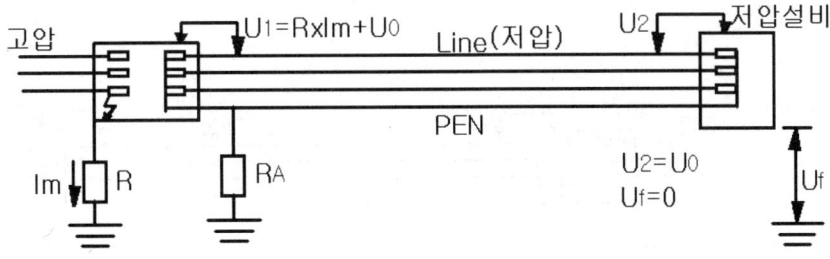

[TN-b]

2) TT 계통

(1) 고장 전압

- TT−a : $U_f = 0$
- TT−b : $U_f = 0$

(2) 스트레스 전압

- TT−a : $U_1 = U_0, \ U_2 = R \times Im + U_0$
- TT−b : $U_1 = R \times Im + U_0, \ U_2 = U_0$

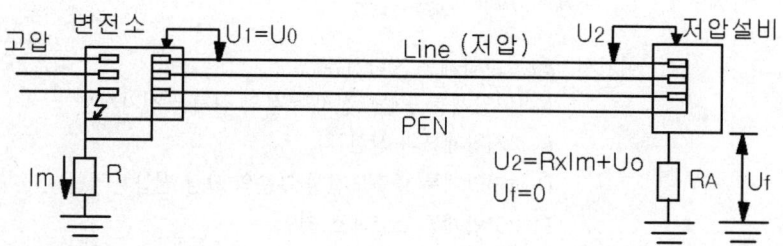

[TT−a]

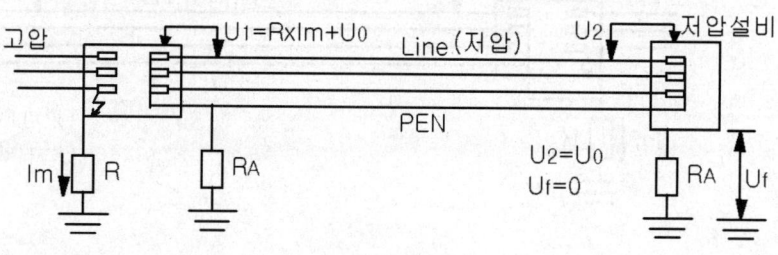

[TT−b]

3) IT 계통

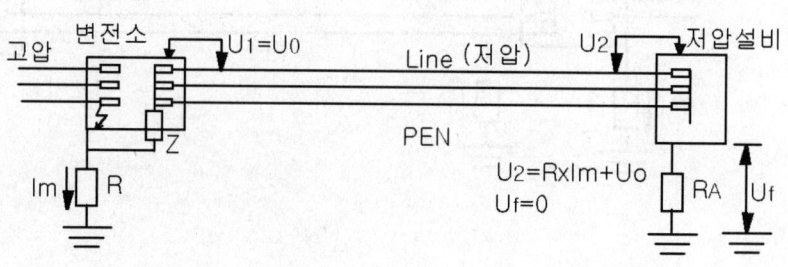

[IT−a]

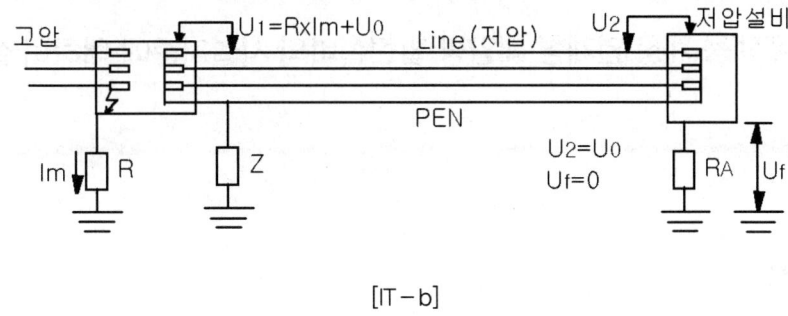

[IT-b]

5. 고장 전압과 스트레스 전압 결과

구 분		TN계통	TT계통	IT계통	비 고
공통 접지 시	U_1	U_0	U_0	U_0	지락에 의한 전위가 저압 측에 인가되어 위험함
	U_2	U_0	$R \times Im + U_0$	$R \times Im + U_0$	
	U_f	$R \times Im$	0	0	
단독 접지 시	U_1	$R \times Im + U_0$	$R \times Im + U_0$	$R \times Im + U_0$	지락에 의한 전위가 고압 측에 인가되어 저압 측이 덜 위험함
	U_2	U_0	U_0	U_0	
	U_f	0	0	0	

10.8 주택용 계통 연계형 태양광 발전설비의 시설기준에 대하여 설명하시오.

건.99.2.4.

인용 : 내선규정 4142

1. 적용 범위

주택용 계통 연계형 태양광 발전설비는 태양전지 모듈로부터 중간단자함, 어레이, 배선 등의 설비까지로 주택에 설치하는 태양전지 출력 20kW 이하에 적용한다.

2. 사용 전압 및 옥내 배선

1) 전로 및 기기의 사용 전압

   400V 이하

2) 부하 측의 옥내배선은

   - 지락 발생 시 자동 전로 차단 장치 시설
   - 사람이 접촉하지 않는 은폐장소에 금속관 배선, 합성 수지관 배선, 케이블 배선

3. 태양광 발전 설비 배선

1) 케이블 배선을 원칙으로 하나 시설 장소 및 배선방법에 따라서는 다음과 같은 방법을 적용할 수 있다.

배선 방법	노출장소		은폐장소		옥외
	건조	습기, 물기	건조	습기, 물기	
애자 사용 공사	○	○	○	○	×
금속관, 합성수지관, 2종가요관	○	○	○	○	○
케이블공사, 케이블트레이					
금속덕트, 버스덕트공사	○	×	○	×	×
금속, 합성수지 몰드공사, 1종 가요관					

○ : 시설 가능, × : 시설 불가능

2) 직류 회로

단락보호용 과전류 차단기 설치(단, 해당 전로가 단락 전류에 충분히 견디는 경우는 제외)

3) 교류 회로

   배선을 전용 회로로 하고 전로 보호용 과전류 차단기 설치

4) 태양광 발전설비 회로 및 차단기

   식별이 가능토록 표시

5) 단상 3선식

   불평형 회로에는 3극 과전류 차단기 설치

4. 각종 장치의 시설

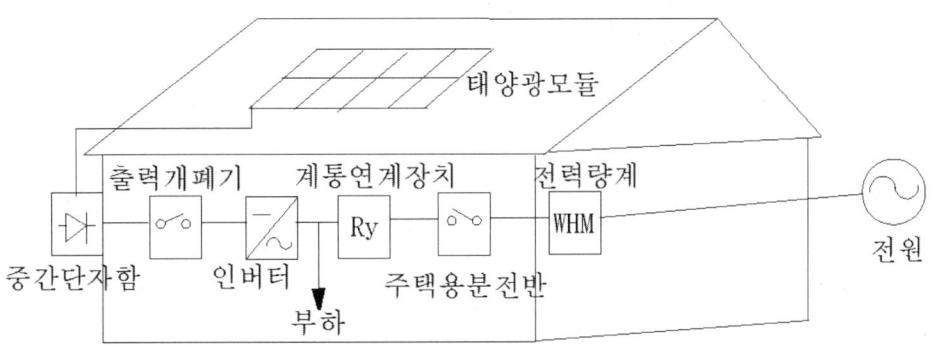

1) 중간 단자함

   (1) 점검이 가능한 은폐 장소 또는 전개된 장소에 시설
   (2) 내부에 결로가 발생하지 않는 구조 또는 방수형
   (3) 외함 구조 : 함 내 기기의 최고 허용온도를 초과하지 않는 구조
   (4) 필요시 피뢰소자 내장

2) 어레이 출력 개폐기

   (1) 점검이나 조작이 가능한 처마 밑 또는 벽에 설치
   (2) 내부의 기능에 지장이 없도록 결로가 발생하지 않는 구조 또는 방수형

3) 전력 변환 장치

   (1) 인버터, 계통 연계 보호장치, 절연 변압기 등으로 구성
   (2) 점검이 가능한 장소에 시설

5. 접지

1) 기계기구 철대, 외함 등

　제3종 접지

2) 접지선

　2.5mm² 이상의 450/750V 일반용 단심 절연전선 또는 CV 케이블

6. 기타

1) 전기사업자와 협의 후 시행
2) 전력 품질 등이 분산형 설계기준 및 전기 공급 약관에 적합해야 함

10.9 KSC IEC 60364의 규정에 따른 다음 용어를 설명하시오. 건.100.1.3.
(1) 공칭전압 (2) 접촉전압
(3) 예상접촉전압 (4) 규약동작전류
(5) 규약접촉전압한계

1. KSC IEC 60364 적용범위

1) 공칭전압 교류 1,000V 또는 직류 1,500V 이하의 저압전기설비
2) 주택, 상업, 산업, 농업, 이동주택, 건축현장, 선착장 등에 적용
3) 전기철도용, 자동차용, 전기사업자의 배전계통이나 발전, 송전은 제외(단, 배전계통이나 발전, 송전 중 공중에게 보급하는 설비는 적용 가능)

2. 용어 정의

1) **공칭전압** : 그 전선로를 대표하는 선간전압을 말한다. 공칭전압은 설비의 전체 또는 그 일부에서 규정되고 있는 전압을 말한다.

2) **접촉전압** : 사람이나 동물 등이 도전부에 접촉할 경우 작용하는 전압을 말한다. 이 용어는 간접접촉에 대한 보호와 관련하여 주로 사용한다.

3) **예상접촉전압** : 도전부들이 사람이나 동물에 의해 접촉할 수 있는 도전부 사이의 전압을 말한다.

4) **규약동작전류** : 보호장치의 규약동작전류란 보호기가 지정된 규약시간에 동작하기 위한 전류값을 말한다. 규약동작전류는 정격전류 또는 보호장치의 정정 전류값보다 크다. 퓨즈에서는 '규약용단전류'라고 하고 차단기에서는 '규약동작전류'라 부른다.

5) **규약접촉전압한계** : 특정한 외적 영향의 조건하에서 무한히 계속되는 것이 허용되는 접촉전압의 최대값을 말한다.

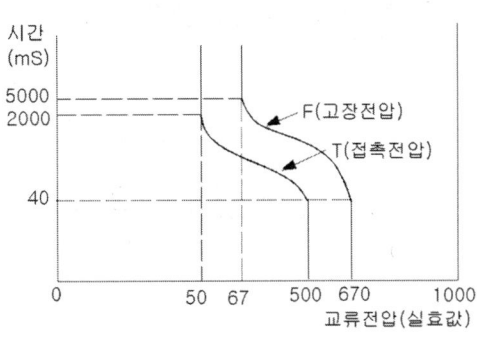

10.10
- 병렬도체의 과부하와 단락보호 방법에 대하여 설명하시오.
건.101.1.12.
- 저압계통 과부하에 대한 보호장치의 시설위치, 협조, 생략할 수 있는 경우에 대하여 설명하시오.
건.101.3.3.

인용 : KSCIEC 60364-433, 2013

1. 병렬도체의 과부하 보호

하나의 보호장치가 여러 개의 병렬도체를 보호할 경우 병렬도체에 분기회로 분리 또는 개폐장치를 사용할 수 없다.

1) 병렬도체 간 전류의 균등 분담

하나의 보호장치가 전류를 균등하게 분담하는 병렬도체를 보호할 경우 연속 허용전류(I_z) 값은 여러 도체의 허용전류의 합이 된다. 즉, 전류 균일 시는 1개의 보호기로 보호가능

2) 도체 간 전류의 불균등 분담

- 상마다 단일 도체의 사용이 불가능하고 병렬도체의 전류가 불균등할 경우에는 각 도체의 과부하 보호를 위한 설계전류 및 요건을 개별적으로 고려하여야 한다. 즉, 전류 불균일 시는 병렬도체 보호기로 각각 보호
- 병렬도체의 전류는 전류차가 각 도체의 설계 전류값의 10(%)를 초과할 경우 불균등한 것으로 간주한다.

3) 시설 위치

전선의 단면적, 종류에 따라 허용 전류가 감소하는 위치에 시설. 다만, 전선의 길이가 3m 이하이고 부근에 가연성 물질이 없는 경우는 부하 측의 어느 부분에라도 설치할 수 있다.

4) 전선과 보호장치의 협조

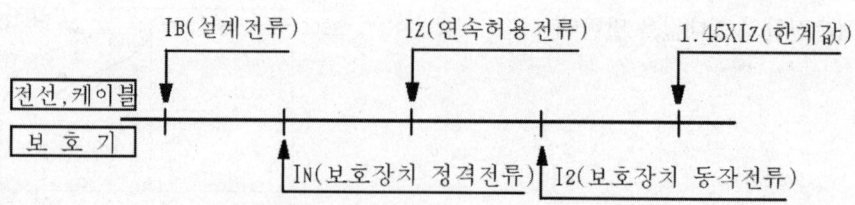

- $I_B \leq I_N \leq I_Z$
- $I_2 \leq 1.45 \times I_Z$

여기서 I_B : 회로의 설계 전류
I_N : 보호장치의 정격 전류
I_Z : 전선의 연속 허용 전류
I_2 : 보호장치 동작 전류

2. 병렬도체의 단락보호

1) 시설 위치 및 특성

(1) 전선의 단면적, 종류에 따라 허용 전류가 감소하는 위치에 시설
배선은 가연성 물질에 근접하여 시설하지 말 것
(2) 전선 및 접속부에 열적, 기계적으로 위험한 영향을 주기 전에 차단할 것
(3) 보호장치의 정격 차단전류는 사고 지점의 예상 단락전류 이상일 것
(4) 보호장치는 해당전선이 단시간 허용온도를 초과하기 전에 차단할 것

단시간 허용온도에 도달하는 시간 $\sqrt{t} = k \dfrac{S}{I_s}$ 임

여기서, k : 전선의 온도계수

2) 기타 조치

하나의 보호장치 동작이 단락 보호에 효과적이지 못할 경우에는 다음 중 하나 이상의 조치를 취해야 한다.
(1) 배선은 기계적인 손상 보호와 같은 방법으로 병렬도체에서의 단락위험을 최소화할 수 있는 방법으로 수행하고, 화재 위험성 또는 인체에 대한 위험을 최소화할 수 있는 방법으로 전선을 설치한다.
(2) 병렬도체가 2개인 경우에는 단락보호장치를 각 병렬도체의 전원 측에 설치해야 한다.
(3) 병렬도체가 3개 이상인 경우 단락보호장치를 각 병렬도체의 전원 측과 부하 측에 설치해야 한다.

3. 회로 종류에 따른 요구사항

1) 상전선 보호

과전류 검출 : 모든 상 전선에 실시

2) 중성선 보호

(1) TT 및 TN 계통
- 중성선의 단면적 ≥ 상전선의 경우 : 중성선에 과전류 검출기 또는 차단기가 필요 없음
- 중성선의 단면적 < 상전선의 경우 : 중성선의 면적에 맞는 과전류 검출기를 설치하여 상 전선을 차단할 것

(2) IT 계통
- IT 계통에서는 중성선을 시설하지 말 것
- 다만 다음의 경우는 시설 가능
  중성선에 과전류 검출 기능을 갖추고 중성선을 포함한 회로 전체를 차단하는 경우

3) 중성선 차단 및 재폐로
- 차단 : 중성선은 상전선 차단하기 전에 차단하지 말 것
- 재폐로 : 중성선은 상 전선과 동시 또는 그 이전에 재폐로할 것

10.11 저압 전기설비의 직류 접지계통방식에 대하여 설명하시오. 건.101.2.1.

인용 : 전기설비 판단기준

제3절 저압 옥내직류 전기설비(2013년 추가)

제287조(저압 옥내직류 전기설비의 시설)
여기에서 정하지 않은 저압 옥내직류 전기설비는 각 관련 판단기준을 준용해 시설하여야 한다.

제288조(전기품질)
① 저압 옥내직류 전로에 교류를 직류로 변환하여 공급하는 경우 직류는 KS C IEC 60364-4-41에 따른 리플프리 직류이어야 한다.

> **Reference** 리플프리
>
> 리플 성분이 10%(실효값) 이하인 전압을 말한다.

제289조(저압 옥내직류 전기설비의 접지)
① 저압 옥내직류 전기설비는 전로보호장치의 확실한 동작의 확보, 이상전압 및 대지전압의 억제를 위하여 직류 2선식의 임의의 한 점 또는 변환장치의 직류 측 중간점, 태양전지의 중간점 등을 접지하여야 한다. 다만, 직류 2선식을 다음 각 호에 의하여 시설하는 경우는 그러하지 아니하다.
 1. 사용전압이 60V 이하인 경우
 2. 접지검출기를 설치하고 특정구역 내의 산업용 기계기구에만 공급하는 경우
 3. 교류계통으로부터 공급을 받는 정류기에서 인출되는 직류계통
 4. 최대전류 30mA 이하의 직류화재 경보회로

② 제1항의 접지공사는 제21조, 제22조, 제22조의2 및 제27조제2항을 준용하여 접지하여야 한다.
③ 직류전기설비의 접지시설을 양(+)도체를 접지하는 경우는 감전에 대한 보호를 하여야 한다.
④ 직류전기설비의 접지시설을 음(-)도체를 접지하는 경우는 전기부식방지를 하여야 한다.
⑤ 직류접지계통은 교류접지계통과 같은 방법으로 금속제 외함, 교류접지선 등과 본딩하여야 하며 교류접지가 피뢰설비, 통신접지 등과 통합 접지되어 있는 경우는 SPD를 시설하여야 한다.

제290조(저압 직류 과전류 차단장치)

① 직류전로에 과전류차단기를 설치하는 경우 직류단락전류를 차단하는 능력을 가지는 것이어야 하고 "직류용" 표시를 하여야 한다.
② 다중전원전로의 과전류차단기는 모든 전원을 차단할 수 있도록 시설하여야 한다.

제291조(저압 직류 지락 차단장치)

직류전로에는 지락이 생겼을 때에 자동으로 전로를 차단하는 장치를 시설하여야 하며, "직류용" 표시를 하여야 한다.

제292조(저압 직류 개폐장치)

① 직류전로에 사용하는 개폐기는 직류전로 개폐 시 발생하는 아크에 견디는 구조이어야 한다.
② 다중전원전로의 개폐기는 개폐할 때 모든 전원이 개폐될 수 있도록 시설하여야 한다.

제293조(저압 직류 전기설비의 전기부식 방지)

직류전로를 접지하는 경우는 직류누설전류의 전기부식작용으로 다른 금속체에 손상의 위험이 없도록 시설하여야 한다. 다만, 직류 지락 차단장치를 시설한 경우는 그러하지 아니하다.

제294조(축전지실 등의 시설)

① 30V를 초과하는 축전지는 비접지측 도체에 쉽게 차단할 수 있는 곳에 개폐기를 시설하여야 한다.
② 옥내전로에 연계되는 축전지는 비접지측 도체에 과전류보호장치를 시설하여야 한다.
③ 축전지실 등은 폭발성의 가스가 축적되지 않도록 환기장치 등을 시설하여야 한다.

> **10.12** KSC IEC 62305 제4부 구조물 내부의 전기전자 시스템에서 말하는 LEMP에 대한 기본보호대책(LPMS ; LEMP Protection Measures System)의 주요 내용을 서술하고, 그 중 본딩망(Bonding Network)에 대하여 상세히 설명하시오.   건.103.3.4.

인용 : KSC IEC 62305 제4부 구조물 내부의 전기전자시스템

1. 용어 설명

1) LEMP(Lightning Electromagnetic Impulse) : 뇌전자 임펄스

   방사 임펄스는 물론 전도성 서지도 포함된다.

2) LPMS(Lemp Protection Measures System) : LEMP에 대한 보호시스템

   뇌전자 임펄스에 대한 내부시스템 보호를 위한 모든 시스템

2. LPMS 기본보호대책

1) 접지와 본딩
   - 접지시스템은 뇌격전류를 대지로 흘리고 분산시킨다.
   - 본딩 망은 전위차를 최소화하고, 자계를 감소시킨다.

2) 차폐
   - 공간 차폐물은 구조물 또는 구조물 근처의 직격뢰에 의해 발생하는 자계를 감쇄시키고 내부 서지를 감소시킨다.
   - 차폐 케이블이나 케이블 덕트를 이용한 내부 배선의 차폐는 내부유도서지를 최소화시킨다.
   - 구조물 인입선의 차폐는 내부시스템으로 전도되는 서지를 감소시킨다.

3) SPD 보호
   - SPD 보호는 내부서지와 외부서지의 영향을 줄인다.
   - 본딩은 구조물의 인입점에서 SPD를 통해서나 또는 직접 모든 도전성 인입설비에서 확실하게 한다.
   - 피뢰등전위본딩은 단지 위험한 불꽃방전에 대해서 보호한다.
   - 서지에 대한 내부시스템의 보호는 SPD 보호가 필요하다.
   - LEMP 보호대책은 단독 또는 조합으로 이용할 수 있다.

- LEMP 보호대책은 설치장소에 예상되는 운전상의 스트레스(예 온도, 습도, 부식성 대기, 진동, 전압과 전류의 스트레스)에 견디어야 한다.

3. 접지와 본딩

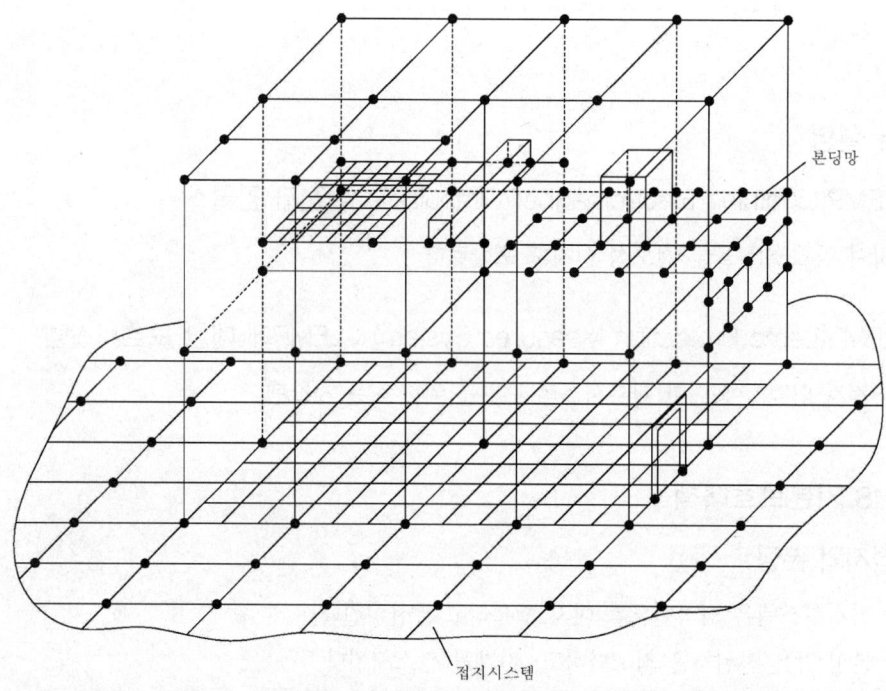

[그림 1. 접지시스템에 상호 접속된 본딩망으로 구성된 3차원 접지시스템의 예]

적절한 접지와 본딩은 다음의 사항이 조합된 전체 접지시스템을 기본으로 하고 있다.(그림 1 참조).
- 접지시스템(뇌격전류를 대지로 분산시킨다.)
- 본딩망(전위차를 최소화하고 자계를 감소시킨다.)

※ 비고
  모든 접속점은 본딩접속점 또는 구조물 금속요소에 본딩한다. 그들 중 일부는 대지로 뇌격전류를 분산시키게 된다.

1) 접지시스템(Earth Termination System)

- 전기시스템만이 설치되는 구조물에서는 A형 접지극을 사용해도 되지만 B형의 접지극을 사용하는 것이 더 바람직하다.
- 전자시스템이 시설된 구조물에서는 B형 접지극이 바람직하다.
- 환상 접지극은 전형적으로 5m의 폭을 갖는 구조물 주변 및 지하의 메시망과 통합해야 한다. 이것은 접지시스템의 성능을 크게 향상시킨다.

- 만약 기초철근콘크리트의 바닥이 상호 잘 접속된 메시를 형성하거나 접지시스템에 매 5 m마다 접속되면 접지시스템으로 적합하다. 공장의 메시 접지 시스템의 예는 [그림 2]에 나타내었다.

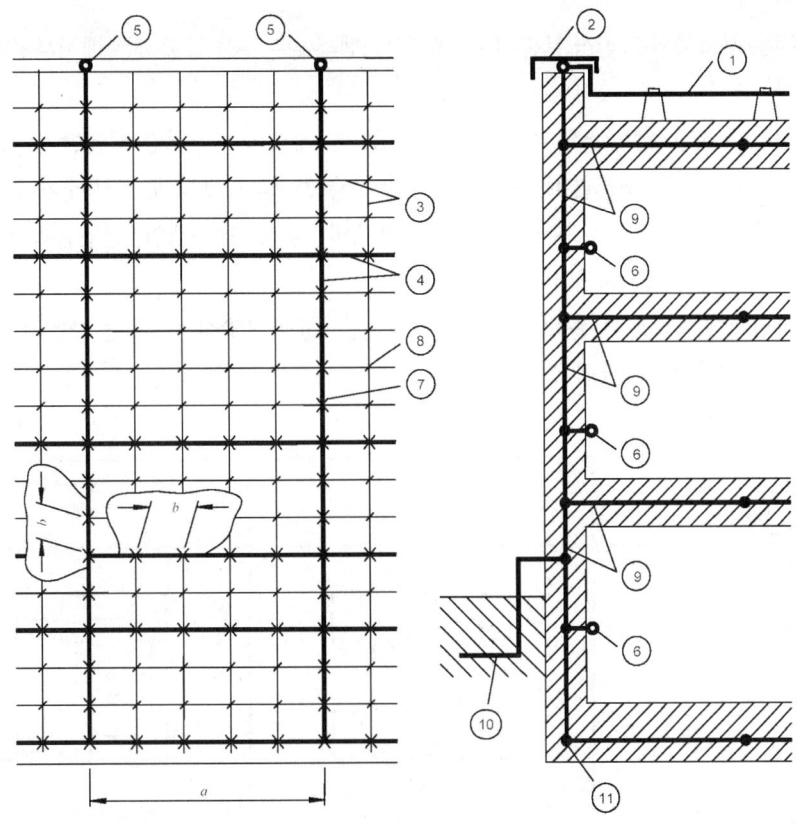

[그림 2. 등전위 본딩을 위한 구조물 보강봉의 이용]

1. 수뢰도체
2. 지붕 난간의 금속 덮개
3. 강철 보강봉
4. 보강용 철근에 중첩시킨 메시도체
5. 메시도체의 접속
6. 내부 본딩 바에 대한 접속
7. 용접과 죔쇠에 의한 접속
8. 단독 접속
9. 콘크리트 내의 강철 보강재(메시도체에 중첩)
10. 환상 접지극
11. 기초 접지극
    a. 메시도체를 중첩시키는 5m의 전형적인 거리
    b. 메시도체를 보강재에 접속하는 1m의 전형적인 거리

2) 본딩망

- LPZ 내부에 있는 모든 장비 사이의 위험한 전위차를 피하기 낮은 임피던스의 본딩망이 필요하다.
- 이것은 구조물의 도전성 부분 또는 내부시스템의 일부분을 통합하는 메시본딩망으로 실현될 수 있다.
- 본딩망은 전형적인 5m의 메시폭을 가진 3차원 메시 구조물처럼 배열할 수 있다.
- 이것은 구조물과 구조물 내부에 있는 금속 부분(콘크리트보강재, 엘리베이터 레일, 크레인, 금속 지붕, 금속 외장, 창문이나 문의 금속프레임, 금속바닥프레임, 인입금속관과 케이블트레이 등)의 다중 접속을 요구한다.
- 내부시스템의 도전성 부분(캐비닛, 외함, 선반 등)과 보호접지도체는 다음의 형상으로 본딩 망에 접속해야 한다.(그림 3 참조)

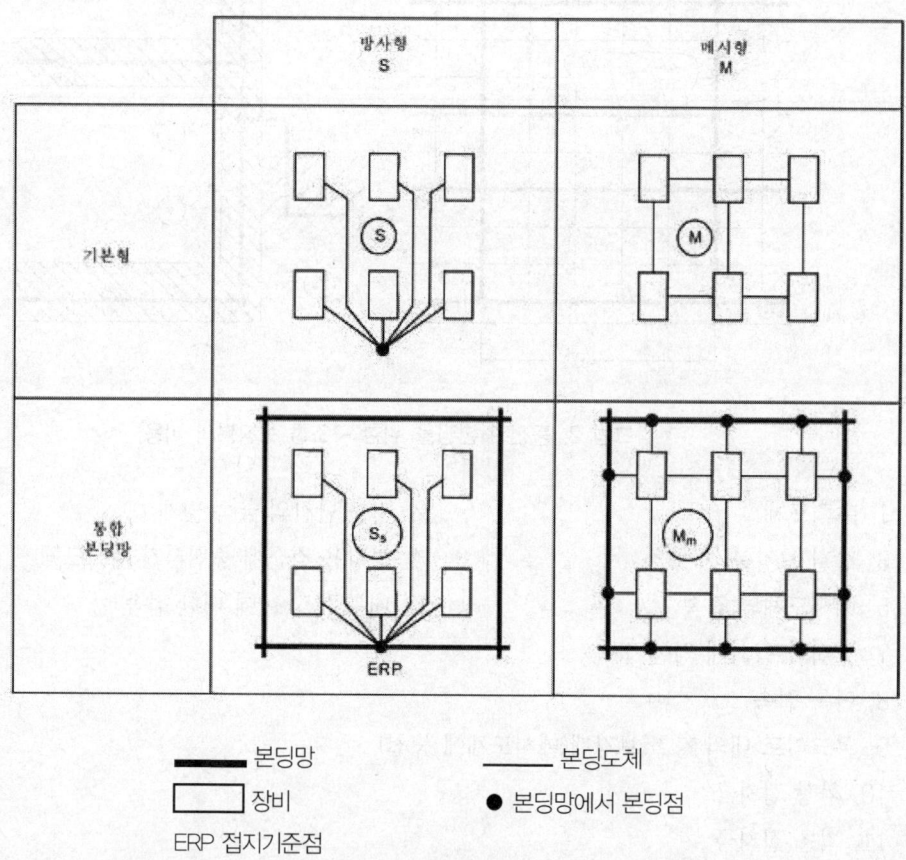

[그림 3. 전기시스템 본딩망]

10.13 서지 보호기(SPD ; Surge Protective Device)의 에너지 협조에 대하여 설명하시오.

건.104.1.10.

1. 옥내 배전계통의 과전압 Catagory

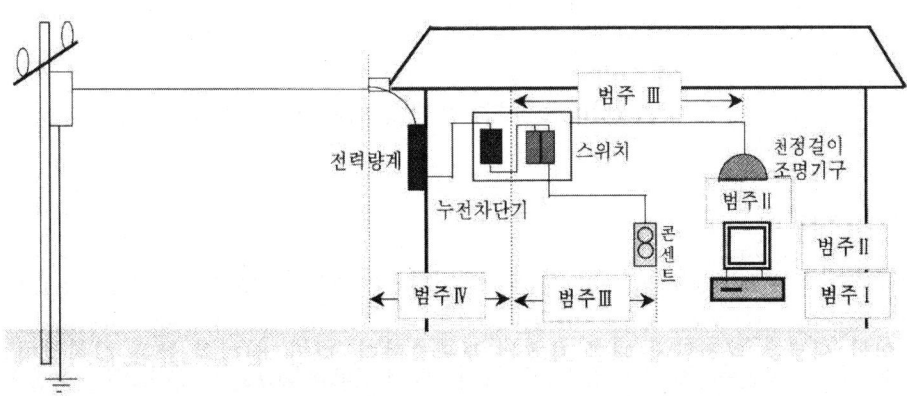

범주 Ⅳ	범주 Ⅲ	범주 Ⅱ	범주 Ⅰ
전력량계 누전차단기 인입용전선	주택분전반 배선용 차단기(분기) 콘센트 스위치 조광스위치 펜던트 조명기구 실내배선용전선	조명기구 냉장고 · 에어컨 세탁기 · 전자레인지 TV · 비디오 다기능전화기 FAX 컴퓨터	전자기기 기기내부

[주택의 옥내 배전계통과 과전압 범주]

2. SPD 형식

형식	설치 위치 및 보호대상	시험 항목
Class Ⅰ	인입구 부근, 직격뢰 보호	Iimp
Class Ⅱ	인입구 부근, 유도뢰 보호	IMAX
Class Ⅲ	기기 부근, 유도뢰 보호	Uoc

3. 서지 보호기(SPD)의 에너지 협조

1) 계통도

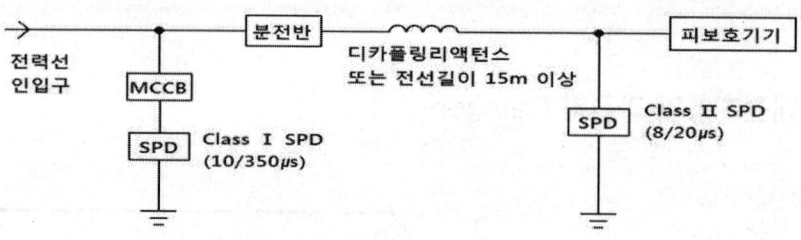

[Class I SPD(10/350μs)와 Class II SPD(8/20μs) 에너지 협조]

2) 에너지 협조

인입구의 SPD(10/350μs)는 제한전압(Up)이 4kV 이하이고 피보호기기 직전의 SPD(8/20μs)의 제한전압은 1.5kV 이하이다. 2개가 병렬로 접속되어 있다면 뇌 서지가 침입했을 경우 먼저 SPD(8/20μs)가 동작해 뇌 전류가 전부 통과하면서 SPD(8/20μs)가 열적으로 장해를 받을 가능성이 크다. 이 문제 때문에 양 SPD 간에 직렬로 디카플링 리액턴스(Coil)를 삽입한다. 이렇게 하면 SPD(8/20μs)가 동작하면서 발생한 제한전압과 리액턴스의 전압강하($L\frac{di}{dt}$)와 합해져서 SPD(10/350μs)를 동작시킨다. 이것은 거의 동시에 이루어져서 대부분의 뇌전류가 SPD(10/350μs)를 통과해 SPD(8/20μs)는 열적 스트레스를 받지 않는다. 이것을 SPD 간의 에너지 협조라 한다. 여기서 디카플링 인덕턴스는 약 15μH로 양자 간에 15m 이상 떨어져 있으면 이 코일은 취부할 필요가 없다.

4. 서지 보호기(SPD)의 설치방법

1) 디카플링 리액턴스(감결합소자)는 Coil 대신에 전선 1m당 1μH로 보고 15m 정도가 되도록 전선을 둥글게 감아 L분을 증가시켜 사용해도 된다.
2) 인입구에 설치한 SPD로부터 10m 이상 떨어진 곳에서 전자기기를 보호하기 위해서는 추가로 SPD를 설치해야 한다.
3) 10m 이내이면서 인입구 SPD로 피보호기기의 과전압내력(임펄스 내전압)이 충분하면 추가의 SPD는 필요치 않다.
4) 기기 내부에 SPD가 설치된 경우는 추가의 SPD는 설치할 필요가 없으나 기기 내부의 서지용 부품이 에너지 협조가 안 되어 소손될 수 있다.

10.14 교류 1kV 초과 전력설비의 공통규정(KSC IEC 61936-1)에서 접지시스템 안전기준에 대하여 설명하시오.

건.106.4.2.

1. 접촉전압 허용값의 근거

1) 인체의 전기적 위험은 심실세동을 일으키는 전류가 심장부위를 통하여 흐르는 정도에 달려 있다.
2) 인체 임피던스값은 건조상태에서 경로가 손-손일 때 0.1초 동안 통전 시를 나타낸 [표 1] 참조
3) 고장 지속시간에 대한 허용 인체 전류 값은 [표 2]를 기초로 한다.
4) 이런 가정에 의해 전류경로가 손-양발인 경우 인체 내부 임피던스 계수 0.75를 적용하여 식 (1)에 따라 계산한 허용 접촉전압은 [그림 2]의 곡선과 같다.

$$U_{TP} = I_B(t_f) \cdot \frac{1}{HF} \cdot Z_T(U_T) \cdot BF \quad \cdots\cdots (1)$$

여기서, U_{TP} : 허용접촉전압
$I_B(t_f)$: 인체전류제한.(그림 1 및 표 1에서 c2로서 심실세동의 가능성이 5% 미만인 경우에 대한 것임. I_B는 고장 지속시간에 의함)
t_f : 고장지속시간
HF : 심장전류계수(왼손에서 발은 1.0 적용, 오른손에서 발은 0.8 적용, 한쪽 손에서 다른 쪽 손은 0.4 적용)
$Z_T(U_T)$: 인체임피던스
U_T : 접촉전압
BF : 인체계수(손에서 양발은 0.75 적용, 양손에서 발까지는 0.5 적용)

5) [그림 2]에 나타난 바와 같이 전류가 흐르는 시간이 10초 이상 지속되는 경우의 허용 접촉전압은 80V, 1초일 때는 100V, 0.5초일 때는 230V가 된다.

▼ 표 1. 전류경로가 손-손인 접촉전압 U_T에 관한 총 인체 임피던스 Z_T

접촉전압 U_t(V)	인체 총임피던스 $Z_t(\Omega)$		
	5%의 인구	50%의 인구	95%의 인구
25	1,750	3,250	6,100
50	1,375	2,500	4,600
75	1,125	2,000	3,600
100	990	1,725	3,125
125	900	1,550	2,675
150	850	1,400	2,350
175	825	1,325	2,175
200	800	1,275	2,050

접촉전압 U_t(V)	인체 총임피던스 Z_t(Ω)		
	5%의 인구	50%의 인구	95%의 인구
225	775	1,225	1,900
400	700	950	1,275
500	625	850	1,150
700	575	775	1,050
1,000	575	775	1,050

▼ 표 2. 고장지속시간에 따른 허용 인체전류

고장 지속시간(S)	인체 전류 mA
0.05	900
0.10	750
0.20	600
0.50	200
1.00	80
2.00	60
5.00	51
10.00	50

2. 허용접촉 전압의 적용

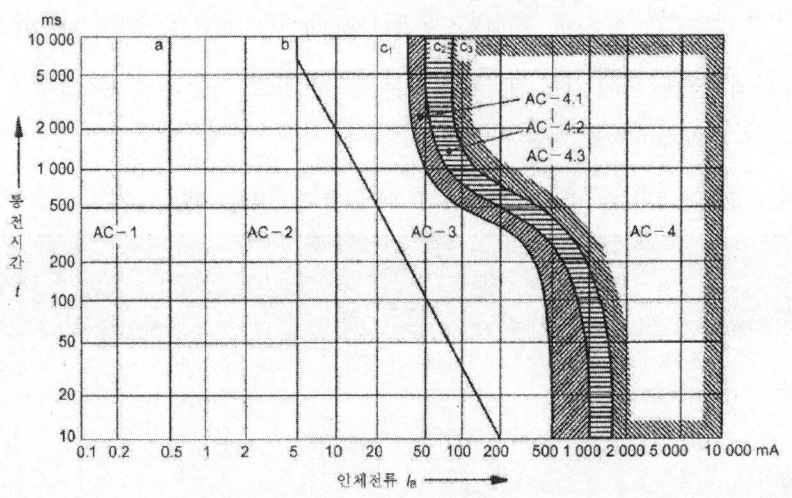

[그림 1. 전류경로가 왼손-양발일 때 사람에 대한 교류전류(15Hz~100Hz) 영향의 시간/전류 영역]

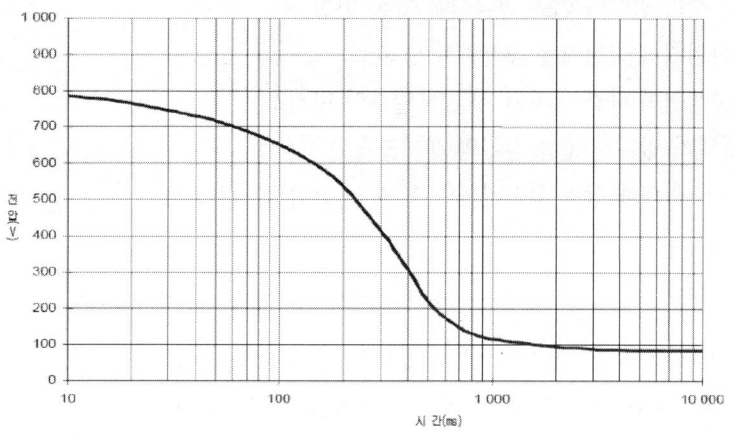

[그림 2. 허용접촉전압]

1) 고압계통 전기설비의 접지시스템을 설계할 때 그림 1, 2의 접촉전압한계 곡선이 사용될 수 있다.
2) 보폭전압 한계는 접촉전압한계보다 훨씬 크기 때문에 일반적으로 접촉전압요건을 충족하면 보폭전압 요건도 충족하는 것으로 본다.
3) 허용접촉전압(U_{TP}) 기준은 고장 지속시간에 따라 그림 2를 적용한다.
4) 1kV를 초과하는 고압설비의 허용접촉전압은 그림 1의 c2 곡선에 근거한 그림 2를 채택하고 있으나 공공장소에서는 안전성이 강화된 c1 곡선에 근거하여 허용접촉전압을 검토하는 것이 필요하다.

3. 글로벌 접지 시스템(GES)

1) GES는 하나의 영역에서 전위차가 없거나 거의 발생하지 않는다는 사실에 근거한다.
2) 일반적으로 낮은 총 저항은 도움이 되나 보증되지는 않는다. 그러므로 표준에서는 저항에 근거한 최소요건을 기술하지 않는다.

3) GES의 실현방법

안전요건을 충족하기 위해 사용할 수 있는 다양한 대책이 있으며 이를 검증하기 위한 방법은 측정 또는 계산을 기반으로 수행할 수 있다. 다음과 같은 경우가 GES가 존재하는 전형적인 경우이다.

- 기초접지극을 갖는 건축물로 둘러싸인 변전소
- 저압 보호 접지도체로 상호 접속된 접지시스템
- 저압계통의 보호접지 도체에 의해 상호 접속된 접지극이 많이 분포된 교외지역에 전기를 공급하는 변전소
- 인근에 일정한 수의 변전소를 가진 변전소

- 일정한 수와 길이의 인출 접지극을 갖는 변전소
- 넓은 산업지역에 전기를 공급하는 변전소
- 고압 중성선이 다중 접지된 계통의 일부인 변전소
- 접지효과가 있는 충분한 길이의 케이블
- 보호도체에 의해 상호 접속된 충분한 수의 고압 접지시스템

4. 결론

1) 국내의 도심지 건축물에서 22.9kV 중성선 다중 접지 배전계통의 중성선에 수용가 수전설비의 접지선을 접속한 경우는 일반적으로 GES로 판단할 수 있다.
2) 실제로 GES를 적용하기 위해서는 지역 또는 단지의 접지시스템의 상호 접속 여부, 건축물의 메시 접지, 기초 접지극 등의 접지시스템, 중성선 다중 접지 배전선로, 지중선로 등 배전선로의 구성 등에 따라 추가적인 연구와 기술적 근거를 바탕으로 국내 실정에 적절한 보다 신뢰성 있는 GES의 판단기준을 정립할 필요가 있다.

> **10.15** KSC IEC 60364 – 5 – 54에 의한 PEN, PEL, PEM 도체의 요건에 대하여 설명하시오.
> 건.107.1.13.

543.4 PEN, PEL 또는 PEM 도체

이러한 도체는 보호도체(PE)로서의 기능과 중성선(N), 선도체(L), 중간선(M) 중의 어느 하나와 2가지 기능을 수행하므로 해당 기능에 대한 모든 적용 가능한 요건을 고려한다.

1. PEN, PEL 또는 PEM 도체는 고정 전기설비에서만 사용할 수 있고 기계적인 이유로 그 단면적은 구리 10mm² 또는 알루미늄 16mm² 이상이어야 한다. 폭발성 분위기에서의 PEN, PEL 또는 PEM 도체는 사용을 금지한다.

2. PEN, PEL 또는 PEM 도체는 선 도체의 정격전압에 대해 절연하여야 한다. 배선설비의 금속 외함은 규격에 적합한 것 이외에는 PEN, PEL 또는 PEM 도체로 사용될 수 없다. PEN, PEL 또는 PEM 도체로부터 기기 안으로 유도되는 EMI의 영향을 고려한다.

3. 계통외 도전부는 PEN, PEL 또는 PEM 도체로 사용해서는 안 된다.

543.5 보호 및 기능 접지 도체의 겸용

보호 및 기능접지 도체를 겸하여 사용할 경우 보호도체에 대한 요건을 충족해야 한다. 또한 관련 기능 요건에도 적합하여야 한다.

543.6 보호접지 도체의 전류

- 보호 접지도체는 정상 작동상태에서 전류의 전도성 경로로 사용되지 않아야 한다.
- 또한 정상적인 운전상태에서 전류가 10mA를 초과하면 증강된 보호도체를 사용한다.

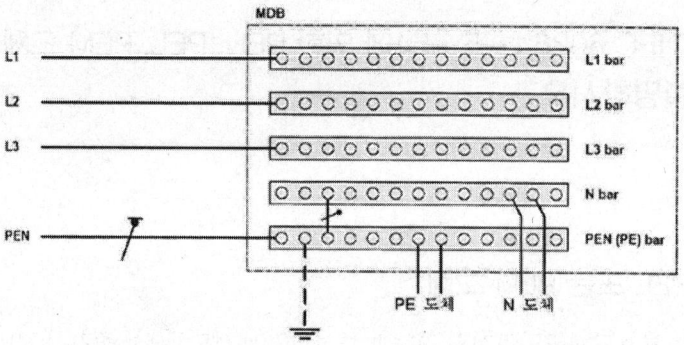

[54.1a - 예 1]

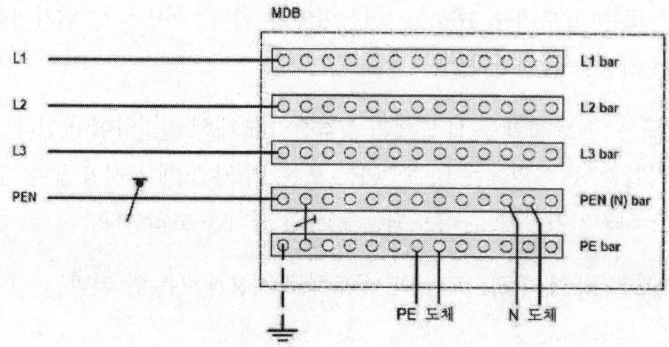

[54.1b - 예 2]

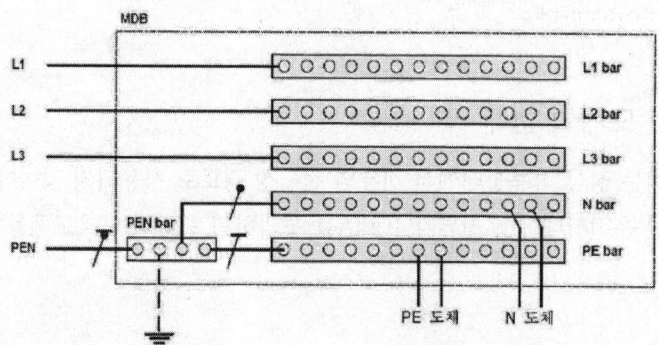

[54.1c - 예 3]

[54.1 - PEN 도체 접속의 예]

10.16 정유공장의 위험물 저장소의 피뢰설비에서 회전구체법을 결정하는 요인과 적용방법에 대하여 설명하시오. 안.105.4.2.

1. 적용 범위
- 회전구체법은 보호각법의 사용이 제외된 구조물의 일부와 영역의 보호공간을 확인하는 데 사용한다.
- 이 방법을 적용할 때, 반경이 r인 회전구체를 구조체의 상부, 둘레, 대지상에 모든 방향으로 굴렸을 때 보호공간의 어느 점과도 만나지 않을 경우 수뢰부 시스템의 배치는 적절하다.
- 그러므로 회전구체는 단지 대지와(또는) 수뢰부 시스템만 닿아야 한다.

2. 회전구체법을 결정하는 요인

1) 건물의 중요도
낙뢰 시 건물의 파괴 등을 동반하기 때문에 건물의 중요도를 감안하여 회전구체법을 결정하는 요인이 될 수 있다.

2) 건물의 높이
건물의 높이에 따라 측격뢰에 대한 보호가 달라지기 때문에 건물의 높이도 회전구체법을 결정하는 요인이 된다.

3) 위험물의 종류
위험물의 종류별 발화점 등이 달라지고 낙뢰에 따른 영향이 달라지기 때문에 위험물의 종류가 회전구체법을 결정하는 하나의 요인이 된다.

4) 위험물의 지정수량
위험물의 지정수량에 따라 위험도가 달라지기 때문에 위험물의 지정수량은 회전구체법을 결정하는 요인이 될 수 있다.

3. 적용 방법

1) 피뢰레벨에 따라 정해지는 반경인 구체를 구조물의 상부와 둘레에 걸쳐 모든 방향으로 굴렸을 때 피보호 구조물의 어느 점에도 닿지 않을 경우, 이 회전 구체법을 적용해 수뢰부 시스템 위치를 정하는 것이 적절하다.
2) 회전구체법을 적용하여 보호범위를 산정하는 경우 회전구체가 접촉하는 부분에 수뢰부를 설치해야 하며, 그림과 같이 보호반경에 해당되는 구체를 회전시켰을 때 구체에 의해 가려지는 부분이 보호범위이다.
3) 회전구체의 반경을 60m 이내로 해야 되며, 건축기준법상 20m를 넘는 부분에만 수뢰장치를 설치하면 된다.
4) 높이 60m 이상 구조물의 특히 뾰족한 점, 모퉁이, 모서리에 측뢰의 입사가 가능하다.
   수뢰부 시스템의 시설은 건물 상층부(높이 최상부 20% 이상), 또는 120m를 넘는 모든 부분에 설치하여야 한다.

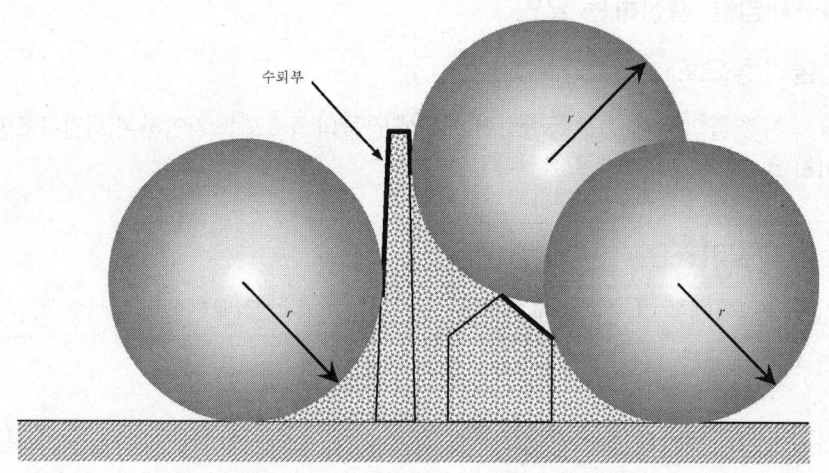

5) 회전구체의 반경 r은 피뢰시스템의 보호레벨에 의존한다(표 1 참조).

▼ 피뢰시스템의 레벨별 회전구체 반경, 메시치수와 보호각의 최대값

피뢰시스템의 레벨	보호법		보호각
	회전구체 반경(m)	메시치수(m)	
I	20	5×5	아래 그림 참조
II	30	10×10	
III	45	15×15	
IV	60	20×20	

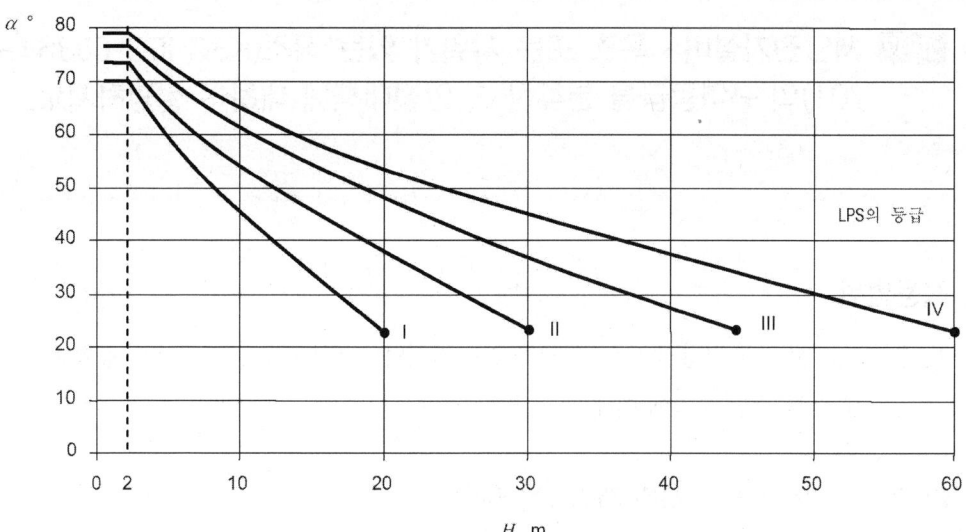

10.17 저압전기설비 – 욕조 또는 샤워가 있는 장소(KSC IEC 60364-7-701)의 구역등급을 분류하고, 안전대책에 대하여 설명하시오.

안.107.2.6.

1. 적용범위

1) 평상 사용 시 인체 저항의 감소, 인체와 대지 전위와의 접촉으로 감전 위험이 증가하는 욕조, 샤워 욕조 및 이들 주위 구역에 대해 적용한다.

2) 바구니형의 조립식 샤워 캐비닛은 제외

구역 0	• 욕조 또는 샤워 욕조 내부
구역 1	• 욕조 또는 샤워 욕조를 둘러싼 수직면 • 욕조가 없는 샤워대에서는 샤워 헤드로부터 0.6m 떨어진 수직면과 바닥면 및 바닥위 2.25m 인 수평으로 구획되어 있는 구역
구역 2	• 구역 1에서 0.6m 떨어진 수직면 • 바닥면과 바닥위 2.25m인 수평면으로 구획되는 구역

2. 구역의 등급

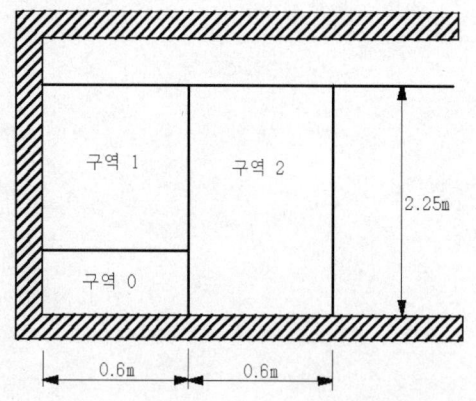 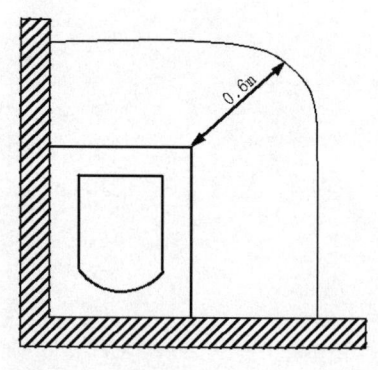

3. 안전 보호

1) **직접 접촉 보호** : 안전 특별 저압을 사용하는 경우에는 해당 공칭전압과는 상관없이 다음 중 하나로 직접 접촉 보호를 해야 한다.
   - 보호 등급 IP 2X 이상의 격벽 또는 폐쇄함
   - 시험 전압 500V로 1분간 견딜 수 있는 절연

2) **보조 등전위 본딩** : 구역 1, 2 내의 모든 계통 외 도전성 부분과 해당 구역에 있는 모든 노출 도전성 부분의 보호도체를 보조 등전위 본딩으로 접속해야 한다.

3) 구역 0에서는 공칭전압 12V 이하의 안전 특별 저압에 의해 보호해야 하고 안전 전원은 해당 구역 밖에 시설해야 한다.

4) 다음과 같은 보호 수단을 사용해서는 안 된다.
   - 장애물 설치 및 암즈리치 밖에 두는 보호 수단
   - 비도전성 장소 및 비 접지 등전위 본딩에 의한 보호 수단

4. 전기기기의 선정 및 시공

1) **전기기기** : 다음 보호 등급 이상의 것이어야 한다.
   - 구역 0 내 : IP X7(침수 시 보호)
   - 구역 1 내 : IP X4(분사하는 물에 대한 보호)
   - 구역 2 내 : IP X4(분사하는 물에 대한 보호)
   - 단, 공중 목욕탕은 IP X5

2) **배선 설비** : 다음 규정은 노출 배선 및 깊이가 5cm 이하의 벽 매입 배선에 적용
   - 배선 설비는 금속제 피복을 입히지 않고 2종 기기 및 이와 동등한 절연을 갖춰야 한다.
   - 예 : 절연성 전선관에 수납된 단심 케이블 또는 절연성 외장을 갖춘 다심 케이블 등
   - 구역 0, 1, 2에서 배선설비는 해당 구역 내 시설한 가전 기기의 전원공급에 필요한 배선 설비만으로 제한한다.
   - 구역 0, 1, 2 내에 접속함을 설치해서는 안 된다.

3) Switch Gear 및 Control Gear

   (1) 구역 0, 1에는 Switch Gear 및 배선기구류를 시설해서는 안 된다.
   (2) 모든 개폐기와 콘센트는 조립식 샤워캐비닛의 개구부로부터 0.6m 이상 떨어진 위치에 설치해야 한다.

> **10.18** KSC IEC 60529규격에 의한 IP Code 방수방진 시험등급에 대한 다음 사항을 설명하시오.
> 안.107.4.2.
> 1) IP ① ② ③에서 ①, ②, ③번째 숫자표기 의미
> 2) 분진방폭구조 IP Code 적용 등급

1. IP ① ② ③에서 ①, ②, ③번째 숫자표기 의미

1) 표기 방법

IP-○○의 첫 글자는 고형 물체의 침투 및 접촉에 대한 보호등급이고
두 번째 글자는 물의 침투에 대한 보호등급이다.
보호등급 중 한 가지만 규제하려고 할 때는 빈 자리는 X로 표시한다.

예 외부 물질의 규제만 할 때는 IP-2X
물에 대한 규제만 할 때는 IP-X5 등으로 표시한다.

IEC 60529 : Degrees of Protection provided by Enclosure
　　　　　　IP : International Protection

2) 보호 등급

(1) 제1숫자 : 고형 물체의 침투 및 접촉에 대한 보호등급

첫 숫자	보호등급	
	개 요	설 명
0	무보호	무보호
1	직경 50mm 이상 물체보호	손과 같이 큰 물체, 직경 50mm 이상 물체에 대한 보호
2	직경 12.5mm 이상 물체보호	손가락, 또는 이와 유사한 물체, 직경 12.5mm 이상 물체에 대한 보호
3	직경 2.5mm 이상 물체보호	전선, 공구 또는 이와 유사한 물체, 직경 2.5mm 이상 물체에 대한 보호
4	직경 1.0mm 이상 물체보호	가는 전선 또는 이와 유사한 물체, 직경 1.0mm 이상 물체에 대한 보호
5	방진 구조	먼지의 침입을 완전히 방지하지는 못하나 기기의 운전에 영향을 줄 양의 먼지가 침입하지 않을 것
6	내진 구조	먼지의 침입이 없을 것

(2) 제2숫자 : 물의 침투에 대한 보호등급

둘째 숫자	보호등급	
	개요	설명
0	무보호	무보호
1	물방울에 대한 보호	수직으로 떨어지는 물방울의 영향을 받지 말 것
2	15° 각도에서 떨어지는 물방울에 대한 보호	외함을 어떤 방향이라도 15° 각도로 기울여 수직으로 떨어지는 물방울의 영향을 받지 말 것
3	물 분사에 대한 보호	수직으로부터 60° 각도에서 분사하는 물의 영향을 받지 말 것
4		외함의 어느 방향에서 분사하는 물에 대하여 영향을 받지 말 것
5		외함의 어느 방향에서 노즐로 뿜어지는 물에 대하여 영향을 받지 말 것
6	넘치는 바닷물에 대한 보호	넘치는 바닷물 또는 강력한 Water Jet로 뿜어대는 물에 대하여 영향을 받지 말 것
7	침수 보호	외함이 침수 되었을 때 규정된 수압과 시간 조건 하에서 물의 침입이 없을 것
8	수중 보호	수중에서 연속사용에 적합할 것

(3) 제3문자 : 추가문자로 표시되는 위험한 부분으로의 접근에 대한 보호등급

추가문자	보호 등급	
A	손등 접근에 대한 보호	지름 50mm인 구모양 접근 프로브는 위험한 부분과 적당한 거리를 두어야 한다.
B	손가락 접근에 대한 보호	지름 12mm, 길이 80mm의 접속시험용 핑거는 위험한 부분과 적당한 거리를 두어야 한다.
C	공구 접근에 대한 보호	지름 2.5mm, 길이 100mm의 접근 프로브는 위험한 부분과 적당한 거리를 두어야 한다.
D	전선 접근에 대한 보호	지름 1.0mm, 길이 100mm의 접근 프로브는 위험한 부분과 적당한 거리를 두어야 한다.

2. 분진방폭구조 IP Code 적용 등급

분진방폭구조는 분진이 기기의 내부로 들어갈 수 없어야 하므로 방진구조여야 한다. 따라서 분진방폭구조의 IP 등급은 약간의 먼지 침투를 허용하는 IP 5X보다는 먼지의 침투를 허용하지 않는 IP 6X로 하는 것이 바람직하다. 제2문자는 물에 대한 별도 요구사항이 없으므로 × 또는 O으로 한다.

10.19 KSC IEC 60364-413 간접접촉보호 저압전선로에서 TN과 TT 계통의 간접접촉에 의한 감전보호방법을 설명하시오.

1. KSC IEC 60364-413 간접접촉보호 계통체계

1) 자동 전원 차단(TN, TT, IT 계통)
2) 2종기기 사용 및 이와 동등한 절연
3) 절연장소(비도전성 장소)에 의한 보호
4) 비접지 국부 등 전위 접속에 의한 보호
5) 전기적 이격

2. TN 보호 : 위 체계의 자동 전원차단 중 TN 계통에 대한 설명이다.

1) TN 계통의 고장 루프

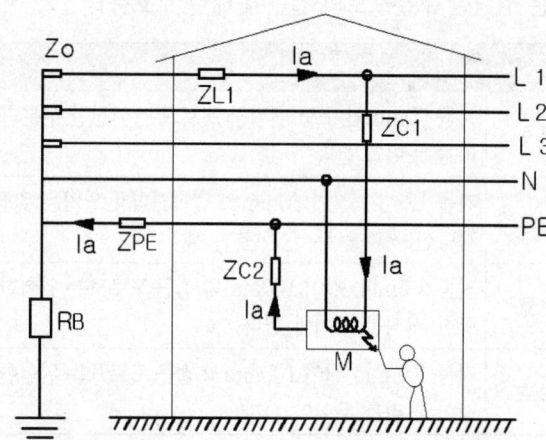

$L1, L2, L3$: 상도체
PE : 보호도체
M : 노출도전성 부분
I_a : 고장전류
R_B : 전원 중성점 접지저항
Z_o : 전원 변압기 임피던스
$Z_{L1} + Z_{C1}$: 상도체 임피던스
$Z_{PE} + Z_{C2}$: 보호도체 임피던스

2) 보호방식

(1) 설비의 노출 도전성 부분은 계통의 접지선(중성선) 접속

(2) 상도체 누전사고 시 자동 차단 조건

$Z_s \times I_a \leq U_o$

여기서, Z_s : 고장 루프 임피던스(Ω), I_a : 자동차단 전류(A), U_o : 공칭 대지 전압(V)

(3) TN 계통의 최대 차단 시간

공칭대지전압(U_o)	120	230	400	400 초과
최대차단시간(초)	0.8	0.4	0.2	0.1

(4) 단, 다음 조건을 만족 시 차단시간 5초 이하에서 허용

배전반과 보호선 사이의 임피던스가 다음 값을 초과하지 않을 때

$$Z = \frac{50}{U_o} Z_s (\Omega)$$

3) 보호장치

(1) 과전류 차단기 : 차단 특성에는 순시 차단 특성과 한시 차단 특성이 있음

(2) 누전 차단기
- TN-C 계통에서는 사용할 수 없음
- TN-C-S 계통에서 누전차단기를 사용하기 위해서는 보호선과 PEN 선의 접속을 누전차단기의 전원 측에서 해야 함

3. TT 계통

위 체계의 자동 전원차단 중 TT 계통에 대한 설명임

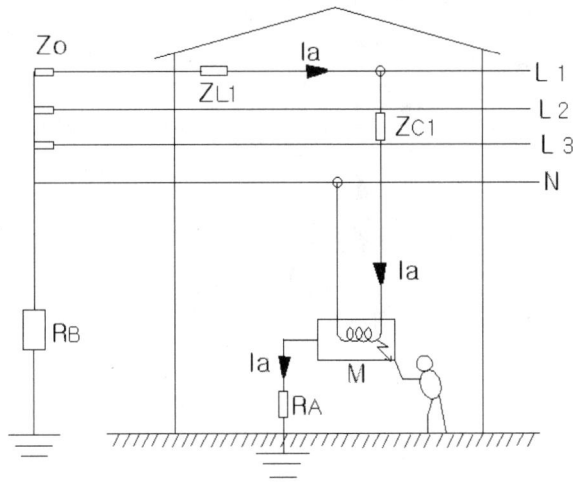

$L1, L2, L3$: 상도체
N : 중성선 도체
M : 노출도전성 부분
I_a : 고장전류
R_A : 기기의 접지저항
R_B : 전원 중성점 접지저항
Z_o : 전원 변압기 임피던스
$Z_{L1} + Z_{C1}$: 상도체 임피던스

1) TT 계통의 고장 루프

2) 보호방식

   (1) 설비의 모든 노출 도전성 부분은 공통의 접지 전극에 접속

   (2) 사고 시 다음 조건을 만족시켜야 함

$$R_A \times I_a \leq 50\,V$$

      여기서, R_A : 접지전극 및 보호선 저항의 합(Ω)

             I_a : 자동차단 전류(A)

3) 보호장치

   (1) 과전류 차단기

   (2) 누전 차단기

     I_a : 5초 이내 자동차단이 가능한 전류나 순시 트립 특성을 가질 것

4) 노출 도전성 부분의 접지

   모든 노출 도전성 부분은 동일 접지 극에 접속해야 함

4. IT 계통

1) 고장 전류 루프

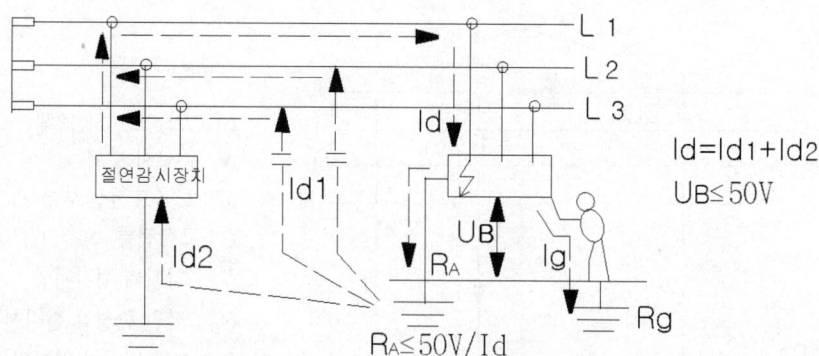

2) 보호방식

- IT 계통은 대지로부터 절연 또는 고저항접지 계통을 말함
- 설비의 충전 부분을 대지에 직접 접속하면 안 됨
- 노출 도전성 부분은 각각, 그룹별, 집합적으로 접지시켜야 함
- 사고 시 다음 조건을 만족시켜야 함

$$R_A \times I_d \leq 50\,V$$

여기서, R_A : 노출 도전부의 접지전극 저항(Ω)
I_d : 자동차단 전류(A)

▼ IT 계통의 최대 차단시간

공칭대지전압(U_0)		120~240	230/400	400/690	580/1,000
차단시간(초)	중성선 없는 경우	0.8	0.4	0.2	0.1
	중성선 있는 경우	5	0.8	0.4	0.2

3) 보호장치

(1) 누전차단기
(2) 절연 모니터링 장치
- 전원의 연속성을 위해 설치해야 한다.
- 음향 및 시각 신호를 낼 수 있어야 하며
- 음향 신호는 정지해도 좋으나 시각 경보는 계속되어야 함

10.20 KSC IEC 60364-520 배선설비공사

1. 적용
저압(AC 1,000V 이하), 절연전선, 케이블 공사에 적용한다.

2. 배선방식

방 식	전선관	케이블 덕트	케이블 트레이	애자 공사
나전선	×	×	×	○
절연전선	○	○	×	○
케이블	○	○	○	△

○ : 적용 가능   × : 적용 불가능   △ : 일반적으로 사용 안 함

3. 설치 시 고려해야 할 외적 영향

1) 주위온도
   - 시설장소의 최고 주위 온도에 대해 적절한 것으로 해야 한다.
   - 주위 온도가 30℃ 이외인 경우 보정 계수(표 52-9)

주위온도	10	20	30	40	50	60	70
PVC	1.22	1.12	1.0	0.87	0.71	0.5	–
XLPE	1.15	1.08	1.0	0.91	0.83	0.71	0.58

   전선 최고 허용 온도(PVC : 70℃, XLPE : 90℃)

2) 외부 열원으로부터 보호
   - 차폐하여 열전도 방지할 것
   - 이격
   - 절연재료 보강
   - 외부 열원 : Plant, 조명기구, 태양열, 온수 시스템 등

3) 물의 존재
   - 배선설비는 물의 침입에 손상이 없도록 선정과 공사를 해야 한다.

- 완성한 설비는 각각의 장소와 관련된 보호등급 IP에 적합해야 한다.
- 배선 설비 내에 물이 고이거나 응결하지 않아야 한다.
- 파도에 노출될 경우 충격, 진동, 기계적 응력에 대한 조치가 있어야 한다.

4) 침입 고형물의 존재
- 배선설비는 각 장소와 관련된 보호 등급에 적합해야 한다.
- 먼지가 많은 장소는 먼지가 퇴적되지 않도록 해야 한다.

5) 부식 및 오염물질에 대한 보호

6) 충격에 대한 보호

7) 진동에 대한 보호

8) 기계적 응력에 대한 보호

9) 식물, 곰팡이에 대한 보호

10) 동물에 대한 보호

11) 태양 방사에 대한 보호

12) 지진에 대한 보호

13) 바람에 대한 보호

14) 장시간 보관에 대한 보호

4. 허용전류

1) 주위온도 : 30℃

   보정 계수 : 3항 1) 참조

2) 허용온도(최고 사용온도)

- 염화비닐(PVC) : 70℃
- 가교 폴리에틸렌(XLPE) : 90℃

3) 복수회로 보정계수

구 분	1	2	3	4	5	10
전선관	1.0	0.8	0.7	0.65	0.6	0.5
천정 내(노출)	1.01	0.8	0.7	0.7	0.65	0.6

4) 병렬회로

- 같은 재질, 같은 단면적, 같은 길이일 것
- 중간에 분기를 하지 말 것

5. 도체 단면적

교류회로 및 직류회로 단면적

1) 전력, 조명회로

- 절연전선 또는 케이블 동재질인 경우 : $1.5mm^2$
- 절연전선 또는 케이블 알루미늄인 경우 : $10mm^2$

2) 중성선

- 상전선이 동 $16mm^2$, 알루미늄 $25mm^2$ 이하인 경우 : 상과 동일하게
- 상전선이 동 $16mm^2$, 알루미늄 $25mm^2$ 초과 : 적게 할 수 있음
  (단, 50% 미만은 하지 말 것)

6. 전압강하

- 설비인입구부터 기기까지 다음 값을 초과하지 말 것

구 분	조 명	기 타
저압 수전시	3%	5%
자가용	6%	8%

- 기동전류나 돌입전류에 대하여는 더 큰 전압강하를 수용할 수 있다.
- 과도 전압 등 일시적인 조건은 배제한다.

7. 화재 확대 최소화 대책
- 난연성 케이블 사용
- 관통부 : 내화등급에 따라 밀봉

8. 기타 설비와의 접근
- 전압밴드 I, II와 동일 전선관에 수납하지 말 것
- 열, 증기, 연기 발생설비와 이격, 분리할 것
- 물 등 응결의 영향을 받지 말 것

10.21 KSC IEC 52 부속서(허용전류)

[부속서 C : 허용전류 구하는 방식]

허용전류 $I = A \times S^m - B \times S^n (A)$

여기서, S : 도체의 공칭 단면적(mm^2), A, B : 케이블 종류와 설치방법에 따른 계수
m, n : 케이블 종류와 설치방법에 따른 지수

대개의 경우 첫 번째 항만 적용하면 되고, 두 번째 항은 대형 단심 케이블을 사용하는 경우에만 적용하면 된다.

▼ 표 C.52-1 계수와 치수 표

허용 전류표	구분	구리 도체 A	구리 도체 m	알루미늄 도체 A	알루미늄 도체 m
A.52-2	2	11.2	0.6118	8.61	0.616
	3 ≤ 120mm²	10.8	0.6015	8.361	0.6025
	3 > 120mm²	10.19	0.6118	7.84	0.616
	4	13.5	0.625	10.51	0.6254
	5	13.1	0.600	10.24	0.5994
	6 ≤ 16mm²	15.0	0.625	11.6	0.625
	6 > 16mm²	15.0	0.625	10.55	0.640
	7	17.6	0.551	13.5	0.551
A.52-3	2	14.9	0.611	11.6	0.615
	3 ≤ 120mm²	14.46	0.598	11.26	0.602
	3 > 120mm²	13.56	0.611	10.56	0.615
	4	17.76	0.6250	13.95	0.627
	5	17.25	0.600	13.5	0.603
	6 ≤ 16mm²	18.17	0.628	14.8	0.625
	6 > 16mm²	17.0	0.650	12.6	0.648
	7	20.8	0.548	15.8	0.550
A.52-4	2	10.4	0.605	7.94	0.612
	3 ≤ 120mm²	10.1	0.592	7.712	0.5984
	3 > 120mm²	9.462	0.605	7.225	0.612
	4	11.84	0.628	9.265	0.627
	5	11.65	0.6005	9.03	0.601
	6 ≤ 16mm²	13.5	0.625	10.5	0.625
	6 > 16mm²	12.4	0.635	9.536	0.6324
	7	14.6	0.550	11.3	0.550

허용 전류표	구분	구리 도체		알루미늄 도체	
		A	m	A	m
A.52-5	2	13.34	0.611	10.9	0.605
	$3 \leq 120mm^2$	12.95	0.598	10.58	0.592
	$3 > 120mm^2$	12.14	0.611	9.92	0.605
	4	15.62	0.6252	12.3	0.630
	5	12.17	0.60	11.95	0.605
	$6 \leq 16mm^2$	17.0	0.623	13.5	0.625
	$6 > 16mm^2$	15.4	0.635	11.5	0.639
	7	17.3	0.549	13.3	0.551

▼ 표 A.52.1 허용전류 표의 기초가 되는 참조 설치방법

설치방법			표와 세로줄					
			단일 회로에 대한 허용전류 용량				주위 온도 계수	집합 저감 계수
			열가소성 절연물질		열경화성 물질절연		무기질 절연물		
			심 개수						
			2	3	2	3	2, 3		
단열벽 속의 전선관에 설치한 절연전선(단심 케이블)		A1	B.52.2 Col.2	B.52.4 Col.2	B.52.3 Col.2	B.52.5 Col.2	–	B.52.14	B.52.17
단열벽 속의 전선관에 설치한 다심 케이블		A2	B.52.2 Col.3	B.52.4 Col.3	B.52.3 Col.3	B.52.5 Col.3	–	B.52.14	B.52.17 D 제외 (표 B.52.19 적용)
목재 벽면의 전선관에 설치한 절연도체(단심 케이블)		B1	B.52.2 Col.4	B.52.4 Col.4	B.52.3 Col.4	B.52.5 Col.4	–	B.52.14	B.52.17
목재 벽면의 전선관 설치한 다심 케이블		B2	B.52.2 Col.5	B.52.4 Col.5	B.52.3 Col.5	B.52.5 Col.5	–	B.52.14	B.52.17
목재 벽면의 단심 또는 다심 케이블		C	B.52.2 Col.6	B.52.4 Col.6	B.52.3 Col.6	B.52.5 Col.6	70℃ 시스 B.52.6 105℃ 시스 B.52.7	B.52.14	B.52.17
지중의 덕트 내에 설치한 다심 케이블		D1	B.52.2 Col.7	B.52.4 Col.7	B.52.3 Col.7	B.52.5 Col.7	–	B.52.15	B.52.19

▼ 표 A.52.2 표 A.52.1의 설치방법의 허용전류(A), PVC 절연, 2개 부하 도체, 구리 또는 알루미늄, 도체 온도 : 70℃, 주위온도 : 기중 30℃, 지중 20℃

도체의 공칭 단면적 mm²	표 A.52.1의 설치방법					
	A1	A2	B1	B2	C	D
1	2	3	4	5	6	7
구리						
1.5	14.5	14	17.5	16.5	19.5	22
2.5	19.5	18.5	24	23	27	29
4	26	25	32	30	36	37
6	34	32	41	38	46	46
10	46	43	57	52	63	60
16	61	57	76	69	85	78
25	80	75	101	90	112	99
35	99	92	125	111	138	119
50	119	110	151	133	168	140
70	151	139	192	168	213	173
95	182	167	232	201	258	204
120	210	192	269	232	299	231
150	240	219	300	258	344	261
185	273	248	341	294	392	292
240	321	291	400	344	461	336
300	367	334	458	394	530	379

▼ 표 A.52.3 표 A.52.1의 설치방법의 허용전류(A), XLPE 또는 EPR 절연, 2개 부하 도체, 구리 또는 알루미늄, 도체 온도 : 90℃, 주위온도 : 기중 30℃, 지중 20℃

도체의 공칭 단면적 mm²	표 A.52.1의 설치방법					
	A1	A2	B1	B2	C	D
1	2	3	4	5	6	7
구리						
1.5	19	18.5	23	22	24	25
2.5	26	25	31	30	33	33
4	35	33	42	40	45	43
6	45	42	54	51	58	53
10	61	57	75	69	80	71
16	81	76	100	91	107	91
25	106	99	133	119	138	116
35	131	121	164	146	171	139
50	158	145	198	175	209	164
70	200	183	253	221	269	203
95	241	220	306	265	328	239
120	278	253	354	305	382	271
150	318	290	393	334	441	306
185	362	329	449	384	506	343
240	424	386	528	459	599	395
300	486	442	603	532	693	446

▼ 표 A.52.4 표 A.52.1의 설치방법의 허용전류(A), PVC 절연, 3개 부하 도체, 구리 또는 알루미늄, 도체 온도 : 70℃, 주위온도 : 기중 30℃, 지중 20℃

도체의 공칭 단면적 mm²	표 A.52.1의 설치방법					
	A1	A2	B1	B2	C	D
1	2	3	4	5	6	7
구리						
1.5	13.5	13	15.5	15	17.5	18
2.5	18	17.5	21	20	24	24
4	24	23	28	27	32	30
6	31	29	36	34	41	38
10	42	39	50	46	57	50
16	56	52	68	62	76	64
25	73	68	89	80	96	82
35	89	83	110	99	119	98
50	108	99	134	118	144	116
70	136	125	171	149	184	143
95	164	150	207	179	223	169
120	188	172	239	206	259	192
150	216	196	262	225	299	217
185	245	223	296	255	341	243
240	286	261	346	297	403	280
300	328	298	394	339	464	316

▼ 표 A.52.5 표 A.52.1의 설치방법의 허용전류(A), XLPE 또는 EPR 절연, 3개 부하 도체, 구리 또는 알루미늄, 도체 온도 : 90℃, 주위온도 : 기중 30℃, 지중 20℃

도체의 공칭 단면적 mm²	표 A.52.1의 설치방법					
	A1	A2	B1	B2	C	D
1	2	3	4	5	6	7
구리						
1.5	17	16.5	20	19.5	22	21
2.5	23	22	28	26	30	28
4	31	30	37	35	40	36
6	40	38	48	44	52	44
10	54	51	66	60	71	58
16	73	68	88	80	96	75
25	95	89	117	105	119	96
35	117	109	144	128	147	115
50	141	130	175	154	179	135
70	179	164	222	194	229	167
95	216	197	269	233	278	197
120	249	227	312	268	322	223
150	285	259	342	300	371	251
185	324	295	384	340	424	281
240	380	346	450	398	500	324
300	435	396	514	455	576	365

▼ 표 A.52-14(52-D1) 주위의 대기온도가 30℃ 이외인 경우의 보정계수
기중 케이블의 허용전류에 적용한다.

주위온도(α) ℃	절연체			
	PVC	XLPE 또는 EPR	무기	
			PVC 피복 또는 노출로 접촉할 우려가 있는 것(70℃)	노출로 접촉할 우려가 없는 것(105℃)
10	1.22	1.15	1.28	1.14
15	1.17	1.12	1.20	1.11
20	1.12	1.08	1.14	1.07
25	1.06	1.04	1.07	1.04
35	0.94	0.96	0.93	0.96
40	0.87	0.91	0.85	0.92
45	0.79	0.87	0.87	0.88
50	0.71	0.82	0.67	0.84
55	0.61	0.76	0.57	0.80
60	0.50	0.71	0.45	0.75
65	–	0.65	–	0.70
70	–	0.58	–	0.65
75	–	0.50	–	0.60
80	–	0.41	–	0.54
85	–	–	–	0.47
90	–	–	–	0.40
95	–	–	–	0.32

▼ 표 A.52-15(52-D2) 주위의 지중온도가 20℃ 이외인 경우의 보정계수 지중 케이블 허용전류에 적용한다.

지중온도[℃]	절연체	
	PVC	XLPE 또는 EPR
10	1.10	1.07
15	1.05	1.04
25	0.95	0.96
30	0.89	0.93
35	0.84	0.89
40	0.77	0.85
45	0.71	0.80
50	0.63	0.76
55	0.55	0.71
60	0.45	0.65
65	-	0.60
70	-	0.53
75	-	0.46
~80	-	0.38

▼ 표 A.52-17(52-E1) 복수회로 또는 다심 케이블 복수의 집합에 대한 감소계수
A52-2(52-C1)-A52-13(52-C12)의 허용전류를 이용

항	배치 (케이블 밀착)	회로 또는 다심 케이블의 수												허용 전류를 이용
		1	2	3	4	5	6	7	8	9	12	16	20	
1	기중이나 벽면에 묶거나 매설 또는 수납	1.00	0.80	0.70	0.65	0.60	0.57	0.54	0.52	0.50	0.45	0.41	0.38	A.52-2 ~A.52-13 방법 A~F

10.22 KSC IEC 60364-555(2013) 저압발전설비

1. 적용범위

본 절은 전기설비 전체 또는 일부에 연속적 또는 간헐적으로 전기를 공급할 목적으로 다음과 같은 설비를 포함한다.
- 상용 전원에 접속하지 않고 전기를 공급하는 설비
- 상용전원에서 절환하여 전기를 공급하는 설비
- 상용 전원과 병렬로 전기를 공급하는 설비
- 위의 것을 적절히 조합한 설비

2. 용어 정의

1) 자기 충전식 축전지 설비(Self-contained Battery Unit)

   축전지 충전기 및 시험장치로 구성되는 설비

2) 비상용 모드(Non-maintained Mode)

   정상전원 공급이 이루어지지 않을 경우에만 작동하는 안전설비에 필수적인 전기기기의 운전방식

3) 상용 모드(Maintained Mode)

   항상 작동하며 안전설비에 필수적인 전기기기의 운전방식

4) 안전설비(Safety Services)

   사람의 안전을 위한 설비로서 다음과 같은 것이 있다.
   - 비상(탈출) 조명
   - 소방용 펌프
   - 소방용 승강기
   - 화재 경보, 연기 경보, 일산화탄소 경보, 침입 경보 등과 같은 경보 시스템
   - 피난설비 및 배연설비
   - 중요 의료 기기

3. 발전장치의 구성

- 내연기관
- 터빈
- 전동기
- 태양전지
- 전기화학적 축전지
- 그 밖의 적절한 동력

4. 발전장치 종류

- 주 여자(Mains · Excited) 및 타 여자(Separately Excited) 동기 발전기
- 주 여자 및 자 여자(Self-Excited) 비동기 발전기
- 우회장치가 있거나 또는 없는 정지형 컨버터
- 그 밖에 적절한 전기적 특성을 갖는 발전장치

5. 요구사항

1) 일반사항

- 여자기와 정류장치는 용도에 맞아야 한다.
- 다른 전원의 기능 및 안전에 손상을 입히지 않아야 한다.
- 추정 단락전류 및 추정 지락 전류는 개별 전원 및 조합 운전을 고려하여 계산하여야 한다.
- 상용 전원과 접속 시 또는 분리 시 전압과 주파수가 기기에 적합해야 하며 발전장치의 용량을 초과하여 접속 시에는 자동 차단되어야 한다.
- 기동 전류등 각 부하의 크기에 주의해야 한다.

2) 보호기능

(1) 특별 저압 시스템 보호

- 특별저압 시스템(SELV 및 PELV)이 복수의 전원으로부터 전원을 공급받는 경우에는 KSC IEC 60364-411의 특별 저압 안전보호에 적합해야 한다.
- 한 개 이상의 전원이 접지되어 있는 경우에는 PELV를 적용한다.
- 한 개 이상의 전원이 위 요구사항을 만족하지 않을 때는 FELV 시스템을 적용한다.
- 한 개 이상의 전원의 상실 시 특별 저압 시스템의 전원공급이 필요한 때는 개별 운전 또는 조합 운전으로 특별저압 계통에 전원을 공급할 수 있어야 한다.

(2) 간접 접촉 보호

　개별 운전 또는 조합 운전 시에는 간접 접촉 보호에 대한 조치를 해야 한다.

(3) 전원의 자동 차단

　접촉전압 및 그 지속시간이 인체에 위험이 있다면 전원을 자동 차단해야 한다.

3) 기타

(1) 별도의 접지극 설치

　발전기를 TN 시스템으로 운전하는 경우에 접지극은 상용 전원과 분리하여 별도 설치해야 한다.

(2) 정지형 인버터 조합 설비

　정지형 인버터를 조합한 발전설비는 노출 도전성 부분과 계통 외 도전성 부분 사이에 보조 등전위 본딩을 설치해야 하고 그 본딩 도체의 저항은 아래 값을 만족해야 한다.

$$R \leq \frac{50}{I_a}$$

　I_a : 최장 5초간 인버터가 단독으로 공급할 수 있는 최대 지락 전류

(3) 이동형 또는 임시 발전설비 보호

- 독립된 각각의 기기간의 보호도체는 KSC IEC 60364의 54장 접지설비에 적합해야 한다.
- TN, TT, IT의 각 계통에 30mA 이하의 정격 감도전류의 누전 차단기를 자동 차단용으로 설치해야 한다.(IT 계통에서는 누전차단기가 동작하지 않을 수 있으므로 주의)

4) 과전류 보호

(1) 과전류 감지장치는 가능한 발전기 단자 근처에 설치해야 한다.
(2) 상용 전원 조합운전 또는 병렬 운전 시에는 도체의 온도 정격을 초과하지 않도록 귀환 고조파 전류를 제한해야 한다.

(3) 고조파 전류 억제 대책

- 보상 권선을 갖춘 발전 장치 선정
- 발전기의 중성점에 적절한 임피던스 접속
- 귀환회로 차단 개폐기 설치
- 필터 설치등

5) 상용 전원과 절환 운전하는 계통

   (1) 발전기가 상용 전원과 병렬운전이 되지 않도록 다음 단로 장치 구비
   - 전기적 또는 기계적 인터록 장치
   - 단일 절환 키를 갖춘 시건 장치
   - On, Off, Stand-By의 3단계 절환 스위치
   - 자동 절환 개폐기 등

   (2) TN-S 계통에서 누전차단기는 오동작을 피할 수 있는 위치에 설치
   (3) TN 계통에서 중성점은 유도뢰 등을 피하기 위하여 분리하는 것이 바람직함

6) 상용 전원과 병렬운전하는 계통

   (1) 전압 변동, 역률, 고조파 왜율, 불평형, 기동, 동기, 플리커 등 상용 전원회로 및 기타 설비에 악영향을 미치지 않도록 주의
   (2) 전기사업자와 시스템을 협의해야 한다.
   (3) 동기화가 필요한 경우 주파수, 위상, 전압을 자동 조정하는 자동동기장치를 설치하는 것이 바람직함
   (4) 상용 전원과 분리 또는 접속 시 필요한 보호장치를 설치하되 전기 사업자와 협의해야 한다.

7) 보조회로
   - 보조회로의 교류/직류 전원은 그 기능에 따라 주 회로에 종속될 수도 있고 독립적인 것일 수도 있다.
   - 광범위한 설비에는 직류 보조 전원을 사용하는 것이 바람직할 수 있다.
   - 주회로에 종속된 보조회로의 전원 공급 방법

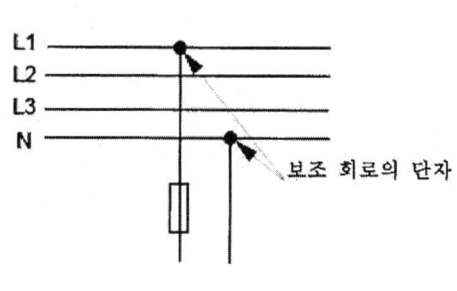

[그림 1. 주 회로에서 직접 전원이 공급된 보조회로]

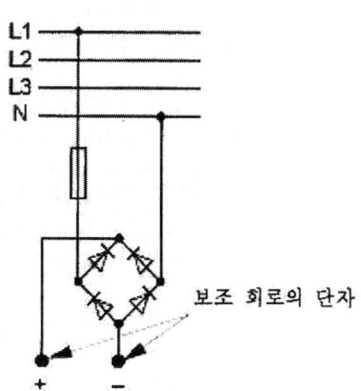

[그림 2. 주 회로에서 정류기를 통해 전원이 공급된 보조회로]

10.23 KSC IEC 60364-610 검사

1. 개요

1) 이 규격은 사용자가 시공 중 또는 완성 시에 가능한 육안검사 및 시험에 대하여 적용한다.
2) 검사와 시험 중 인체의 위험, 재산 및 기기의 손상을 피하기 위한 예방조치를 취해야 한다.
3) 검사는 검사에 적합한 숙련자가 실시해야 하고, 완료 시에는 보고서를 작성해야 한다.

2. 검사 종류

1) 준공검사 : 건축 전기 설비를 시공 중 또는 완성 시에 실시한다.

2) 정기검사
　(1) 최초 검사 후 설비의 종류, 환경 등 특성에 맞게 최소 간격으로 실시
　(2) 간격은 3년 정도이나 위험이 높은 다음 설비는 이보다 짧게 한다.
　　• 열화, 화재 또는 폭발의 위험성이 있는 장소
　　• 건설 현장 등
　(3) 주택은 이보다 긴 주기를 적용해도 됨

3. 검사 항목

	항 목	비고
육안검사	1. 전기기기 확인	
	2. 감전 보호의 종류 확인	
	3. 방화벽의 존재 및 열 영향에 대한 보호	
	4. 허용 전류 및 전압강하	
	5. 보호장치 및 감시장치	
	6. 단로장치 및 개폐장치	
	7. 외적 영향	
	8. 중성선 및 보호 도체 식별	
	9. 도체 접속의 적정성	
	10. 조작 및 보수의 편리성(접근 가능성)	
	11. 접지 계통, 종류, 시공 확인	

항 목		비고
시험	1. 보호도체의 연속성	
	2. 절연저항	
	3. 회로 분리	
	4. 절연성 바닥과 벽의 절연저항	
	5. 전원의 자동 차단에 의한 보호조건	
	6. 접지극의 저항 측정	
	7. 내전압 시험	
	8. 기능 시험	

4. 육안 검사 방법

1) 전기 기기 확인

- 전기 기기 및 전선이 IEC 규격에 맞는지 확인
- 안전을 저해하는 손상이 없는지 확인

2) 감전보호의 종류 확인

다음 중 어떤 종류의 감전보호를 실시하는지 확인

(1) 직접 접촉 보호
- 충전부 절연에 의한 보호
- 격벽 또는 외함에 의한 보호
- 장애물에 의한 보호
- 손의 접근 외측에 의한 보호
- 누전 차단기에 의한 보호

(2) 간접 접촉 보호
- 전원의 자동 차단에 의한 보호
- 2종기기 사용에 의한 보호
- 비도전성 장소에 의한 보호
- 등전위 접속에 의한 보호
- 전기적 분리에 의한 보호

(3) 특별 저압에 의한 보호
- SELV(비접지 회로)
- PELV(접지 회로)
- FELV에 의한 보호

3) 방화벽의 존재 및 열 영향에 대한 보호

전기기기가 발생하는 열에 의한 유해한 영향이 없는지 확인

4) 허용전류 및 전압강하

(1) 과부하 보호장치 : 전기기기에 유해한 온도 상승을 발생시키기 전에 과전류를 차단하도록 시설되었는지 확인

(2) 단락보호장치

(3) 전압강하 : 수용가 인입구에서 기기까지 공칭전압의 4% 이하가 바람직함

5) 보호장치 및 감시장치

(1) 과전류 보호기, 단로기, 개폐기 등은 적정한 것이 선정되었는지 확인

(2) TN 계통
- 누전 차단기 : TN-C 계통에서는 사용하지 말 것
- TN-C-S계통에서 PEN 도체를 부하 측에 사용하지 말 것
- 보호 도체와 PEN 도체와의 접속은 누전차단기 전원 측에서 실시

(3) IT계통 : 전원의 계속성을 필요로 하는 계통에서는 절연감시장치를 시설

6) 단로 장치 및 개폐 장치

- 모든 회로(보호 도체 제외)는 각 충전 전선을 단로할 수 있는지 확인
- 단, TN-C 계통에서는 PEN 도체를 단로 또는 개폐하여서는 안 됨

7) 외적 영향

(1) 주위온도, 물의 존재, 침입 고형물의 존재 등 외적 영향은 KSC IEC 60364-520(배선설비)에 적합하게 시공되어야 한다.

(2) 만약 외적 영향의 특성을 갖고 있지 않은 경우에는 적절한 보호가 추가로 되어 있어야 하고, 이 보호는 기기의 동작에 악 영향을 미쳐서는 안 된다.

8) 중성선 및 보호 도체 식별

- 절연한 PEN 도체 : 녹색 / 노란색, 끝단에 청록색 표시
- 또는 전체에 걸쳐 청록색, 끝단에 녹색 / 노란색 표시

9) 도체 접속의 적정성

- 도체 상호 간 및 도체와 다른 기기와의 접속은 전기적 연속성이 갖고 기계적 강도 및 기계적 보호를 갖추고 있을 것
- 접속부는 매입 케이블 등을 제외하고는 검사, 시험 및 보수를 위하여 접근할 수 있도록 시설할 것

10) 조작 및 보수의 편리성(접근 가능성)

11) 접지 계통, 종류 확인 : 교류 접지 계통은 다음 중 어떤 종류를 적용하고 있는지 확인한다.

 (1) TN 계통   (2) TT 계통   (3) IT 계통

12) 접지 설비의 시공 확인

 (1) 주 접지 단자 : 등 전위 접속용 도체의 접속 여부 확인

 (2) 보호 도체
- TT 계통 : 모든 노출 도전성 부분이 동일 접지극에 접속되어 있는지 확인
- TN 계통 : 모든 노출 도전성 부분이 그 설비에 관계가 있는 변압기 또는 발전기의 접지에 접속되어 있는지 확인(PEN 도체 : 동 10mm^2 및 알루미늄 16mm^2 이상 확인)
- IT 계통 : 대지로부터 절연되어 있을 것
  설비의 노출 도전성 부위는 보호 도체로 접지하였는지 확인

 (3) 기타 : 주 등전위 본딩, 보조 등전위 본딩, 접지선, 접지극 등 확인

5. 시험 방법

시험은 다음 순서에 의해 하는 것이 바람직하다.

1) 보호 도체의 연속성

 (1) 시험 방법
- 교류 또는 직류 4~24V 전원을 사용하여 다음 부분의 최소전류는 0.2A로 실시하는 것이 바람직하다.
- 주 접지 단자와 계통 외 도전성 부분
- 노출 도전성 부분 간
- 노출 도전성 부분과 계통 외 도전성 부분 간

 (2) 판정 기준
- 저항 값 : 일반적으로는 1Ω 이하일 것
- 유효성이 의심되는 경우는 다음 값을 충족시켜야 한다.

$$R \leq \frac{50}{I_a}$$

  여기서, I_a : 보호기의 동작전류

2) 절연 저항

   (1) 측정 방법

   • 충전용 도체 간
   • 충전용 도체와 대지 간

   (2) 판정 기준

공칭전압(V)	시험전압(V)	절연저항(MΩ)
특별 저압	DC 250	0.5 이상
500V 이하	DC 500	1.0 이상
500V 초과	DC 1,000	1.0 이상

3) 회로 분리 : 분리한 회로의 충전부가 다른 회로와 접속되어 있지 않는지 절연저항계로 측정

4) 절연성 바닥과 벽의 절연저항

   (1) 측정방법

   • 비도전성 장소에 의한 보호가 이루어져 있는 경우에 최소한 같은 장소에서 3회 실시하되
   • 1회는 그 장소의 모든 곳에서 접근 가능한 계통 외 도전성 부분으로부터 1m 위치에서 실시
   • 2회는 그보다 먼 곳에서 실시한다.

   (2) 판정기준

   • 설비 공칭 전압 500V 이하 : 50kΩ 이상
   • 설비 공칭 전압 500V 초과 : 100kΩ 이상

5) 전원의 자동 차단에 의한 보호조건

   (1) TN 계통 : 고장 루프 임피던스를 측정하여 다음 식을 만족시키는지 확인

   $Z_s \times I_a \leq U_o$

   여기서, Z_s : 고장 루프 임피던스
   I_a : 규약시간 5초 내 보호기를 동작시킬 수 있는 전류
   U_o : 공칭 대지 전압(교류 실효 값)

   (2) TT 계통

   $R_a \times I_a \leq 50\,V$

   여기서, R_a : 보호도체 저항과 접지극 접지저항 합계
   I_a : 보호기를 자동적으로 동작시키는 전류(누전 차단기의 경우는 정격 감도 전류 적용)

(3) IT 계통

$$R_A \times I_d \leq 50\,V$$

여기서, R_a : 보호도체 저항과 접지극 접지 저항 합계
I_d : 보호기를 자동적으로 동작시키는 전류

6) 접지극의 저항 측정

(1) TN 계통

$$R_B \leq \frac{50}{U_o - 50} \times R_E$$

여기서, R_B : 계통 외 도전성 부분의 대지 접촉 저항 최소값
U_o : 공칭 대지 전압(교류 실효 값)
R_E : 접지극의 접지저항

(2) TT 계통

$$R_a \leq \frac{50}{I_a}$$

여기서, I_a : 보호기의 동작전류
R_a : 보호도체 저항과 접지극 접지저항 합계

(3) IT 계통

TT 계통과 같음

7) 내전압 시험

개보수한 전기기기에 대하여 적용한다.

8) 기능 시험

스위치 기어, 컨트롤 기어, 구동장치, 제어장치, 연동장치와 같은 조립품은 기능을 확인하기 위하여 기능 시험을 실시해야 한다.

10.24 KSC IEC 60364 제702절 수영장 및 기타 수조

1. 적용범위

평상시 인체 저항의 감소, 인체와 대지 전위와의 접촉으로 감전 위험이 증가하는 수영장의 수조, 분수 연못, 유희용 수영장의 수조 및 수조 주위에 적용

2. 구역의 등급

구역 0	• 수조의 벽 혹은 바닥의 움푹 패인 수조 및 발 세척용 수조나 분수류	
구역 1	• 구역 0 • 사람이 들어갈 바닥면 또는 시설면	• 수조의 가장자리로부터 2m 떨어진 수직면 • 바닥면 상부로 2.5m 수평면
구역 2	• 구역 1로부터 1.5m 떨어져 그 면과 평행한 면 • 사람이 들어가는 바닥면 또는 그 바닥면 위 2.5m 수평면	

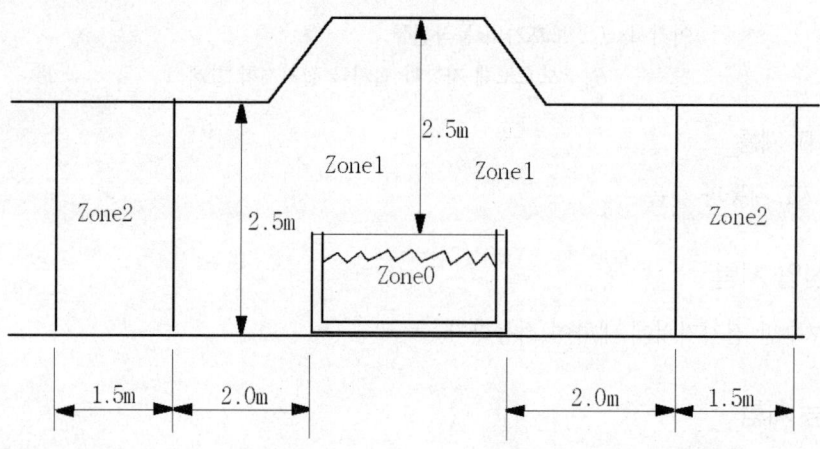

3. 안전 보호

1) 직접 접촉 보호

안전 특별 저압(SELV)을 사용하는 경우에는 해당 공칭전압과는 상관없이 다음 중 하나로 직접 접촉 보호를 해야 한다.
- 보호 등급 IP 2X 이상의 격벽 또는 폐쇄함
- 시험 전압 500V로 1분간 견딜 수 있는 절연

2) 보조 등전위 본딩

구역 0, 1, 2 내의 모든 계통 외 도전성 부분과 해당 구역에 있는 모든 노출 도전성 부분의 보호도체를 보조 등전위 본딩으로 접속해야 한다.

3) 구역 0, 1에서는 공칭전압 교류 12V 이하이거나 직류 30V 이하인 SELV에 의한 보호에 한해 사용하고 안전 전원은 구역 0, 1, 2 밖에 시설해야 한다.

4) 구역 0 및 1에서의 보호 수단 : 아래 모두 적용
   - SELV. 단, 안전 전원은 구역 0, 1의 외측에 설치
   - 정격 감도전류 30mA 이하인 누전차단기로 전원을 자동 차단
   - 전기적 분리
     전원은 1개의 기기에만 공급하고 구역 0의 외측에 설치

5) 구역 2에서의 보호 수단 : 아래 중 1개 이상 적용
   - SELV. 단, 안전 전원은 구역 0, 1, 2의 외측에 설치
   - 정격 감도전류 30mA 이하인 누전차단기로 전원을 자동 차단
   - 전기적 분리
     전원은 1개의 기기에만 공급하고 구역 0, 1, 2의 외측에 설치

6) 다음과 같은 보호 수단을 사용해서는 안 된다.
   - 장애물 설치 및 암즈리치 밖에 두는 보호 수단
   - 비도전성 장소 및 비접지 등전위 본딩에 의한 보호 수단

4. 전기기기의 선정 및 시공

1) 전기기기 : 다음 보호 등급 이상의 것이어야 한다.

구역	옥 외		옥 내	
	청소중 분사수 사용함	청소중 분사수 사용 안함	청소 중 분사수 사용함	청소 중 분사수 사용 안함
0	IP X8	IP X8	IP X8	IP X8
1	IP X5	IP X4	IP X5	IP X4
2	IP X5	IP X4	IP X5	IP X2

2) 배선 설비

다음 규정은 노출 배선 및 깊이가 5cm 이하의 벽 매입 배선에 적용
- 배선 설비는 금속제 피복을 입히지 않은 것으로 해야 한다.
- 접근 불가능한 금속제 피복은 보조 등전위 본딩에 접속한다.
- 케이블은 절연제 전선관 내에 시설하는 것이 바람직함
- 구역 0, 1에서 배선설비는 해당 구역 내 시설한 가전 기기의 전원공급에 필요한 배선 설비만으로 제한한다.
- 구역 0, 1 내에 접속 관을 설치해서는 안 된다.

3) Switch Gear 및 Control Gear

(1) 구역 0, 1에는 Switch gear 및 배선 기구류를 시설해서는 안 된다.

(2) 구역 2 내에서 다음 중 하나인 경우 콘센트를 시설할 수 있다.
- 절연 변압기로부터 개별적으로 전원을 공급받을 경우
- 안전 특별 저압으로부터 전원을 공급받을 경우
- 정격 감도전류 30mA 이하인 누전차단기로 보호하는 경우

4) 기타 전기 기기

(1) 수영장 전류 사용기기

① 구역 0, 1에는 수영장 전용의 고정형 전기기기에 한해 시설이 가능
② 바닥 매입 난방 발열체는 다음 중 하나인 경우 시설 가능
- SELV로 보호하고 안전 전원은 구역 0, 1, 2의 외측에 설치
- 정격 감도전류 30mA 이하인 누전차단기로 추가 보호하고 바닥에 매설한 금속제 격자 또는 금속제 외장을 등전위 본딩에 접속한 경우

(2) 수영장 수중 조명

① 수중 조명등은 IEC 60598-2-18(수중 조명등 개별 요구사항)에 적합해야 한다.
② 내수창의 후면에 설치하고 수중 조명등 기구의 노출 도전성 부분과 창의 도전성 부분과의 사이에 도전성 접속이 발생하지 않도록 시설해야 한다.

(3) 분수의 전기기기

① 구역 0, 1 내의 전기기기는 공구를 사용해야만 제거 가능한 망 유리나 격자를 사용하여 접근이 불가능하도록 해야 한다.
② 구역 0, 1 내의 전기기기는 고정시켜야 함
③ 공칭전압 교류 12V 이하이거나 직류 30V 이하인 SELV 특별저압 사용

④ 이외의 저압으로 공급하는 수영장 및 기타 수조 전용 고정형 전기기기(예 여과기, 분수류기)는 다음 요구사항 모두 적합한 경우 구역 1에 사용할 수 있음
- 기계적 충격 AG2(중간 정도의 충격)를 갖춘 용기에 수납
- 열쇠 또는 공구를 이용해 해치(빗장)를 열었을 때만 접근 가능
- 정격 감도전류 30mA 이하인 누전차단기로 보호
- 전기적 분리하고 전원은 구역 0, 1, 2의 외측에 설치

10.25 KSC IEC 60364-7-708 숙박차량, 정박지, 야영장

1. 적용범위
이 표준은 레저용 숙박차량, 이동식 숙박차량, 정박장의 이동식 주택, 야영장 및 이와 유사한 장소에 전원을 공급하기 위한 회로에만 적용한다.

2. 용어 정의

1) 레저용 숙박차량
일시적 또는 계절적으로만 사용되는 주거 숙박설비로서 도로 차량용 구조와 용도의 요건에 적합한 것

2) 이동식 숙박차량
여행에 사용되는 견인식 레저용 숙박차량으로서 도로 차량용 구조와 용도의 요건에 적합한 것

3. 전원 공급
공칭전압은 단상 230V, 3상 400V를 초과해서는 안 된다.

4. 감전에 대한 보호
- 장애물에 의한 보호는 사용 되어서는 안 된다.
- 암즈리치 밖에 두는 것에 의한 보호는 사용되어서는 안 된다.
- 비도전성 장소에 의한 보호는 사용되어서는 안 된다.
- 비접지 등 전위 본딩에 의한 보호는 사용해서는 안 된다.

5. 전기기기의 선정 및 설치

1) 외적 영향

(1) 물의 존재

이동식 숙박차량 정박장에서의 기기는 물 튀김에 대한 보호를 위하여 적어도 IP X4의 보호 등급으로 선정되어야 한다.

(2) 외부 고형물의 존재

이동식 숙박차량 정박구획 또는 텐트구획에서 설치되는 기기는 아주 작은 물체의 침입에 대한 보호가 되도록 선정되거나 적어도 IP 4X의 보호등급의 기기가 제공되어야 한다.

(3) 충격

이동식 숙박차량 정박구획에 설치되는 기기는 기계적 손상에 대해 보호되어야 하고 다음의 하나 또는 그 이상에 방법에 의해 보호되어야 한다.
① 위치는 합리적으로 예상할 수 있는 충격에 의한 손상을 피하도록 선정되어야 한다.
② 기기는 외부의 기계적 충격에 대한 최소한의 보호등급으로서 IK 07(최대 2J의 에너지 충격에 노출되는 환경)에 적합한 것으로 설치되어야 한다.

2) 배선방식

다음 배선 계통은 이동식 숙박차량 정박구획 또는 텐트 구획의 전기공급 기기에 급전하는 배전 회로에 적절하다.

(1) 지중 케이블
- 고정 말뚝, 지면 고정앵커 또는 차량의 이동에 의한 손상을 피하도록 적정한 깊이에 매설하여야 한다.
- 최소 깊이로 0.5m의 깊이가 고려된다.
- 대안으로서 케이블을 구획의 바깥 또는 텐트 고정말뚝이나 지면 고정 앵커가 박힐 수 있는 곳 외의 다른 장소에 설치할 수도 있다.

(2) 가공케이블 또는 가공절연전선
- 모든 가공 전선은 절연되어야 한다.
- 가공배선을 위한 전주 또는 다른 지지물은 차량의 이동에 의해 손상을 받지 않는 장소에 설치되거나 손상을 받지 않도록 보호되어야 한다.
- 모든 가공전선은 차량이 이동하는 모든 지역에서 지표상 6m, 다른 모든 지역에서는 3.5m 이상의 높이로 시설하여야 한다.

3) 고장보호장치

(1) 잔류전류 보호장치(RCD ; Residual Current Device)

모든 콘센트는 정격 작동 잔류전류가 30mA를 초과하지 않는 RCD에 의하여 개별적으로 보호되어야 한다. 이들 잔류전류 보호장치는 중성선을 포함한 모든 극이 차단되어야 한다.

(2) 과전류에 대한 보호장치

　　모든 콘센트는 과전류 보호장치로 개별적으로 보호되어야 한다.

4) 단로 및 개폐
- 각 배전반에는 적어도 하나의 단로장치가 설치되어야 한다.
- 이 장치는 중성 선을 포함하여 모든 충전 도체를 차단하여야 한다.

5) 콘센트
- 모든 콘센트는 적어도 IP 44의 보호등급을 충족시켜야 한다.
- 모든 콘센트는 이동식 숙박차량의 정박구획 또는 텐트구획에 가까운 위치에서 공급되어야 한다.
- 모든 콘센트는 배전반 내에 또는 분리된 외함 내에 설치되어야 한다.
- 긴 연결 코드로 인한 위험을 피하기 위하여 하나의 외함 안에는 4구 이하의 콘센트가 조합 비치되어야 한다.
- 모든 이동식 숙박차량의 정박구획 또는 텐트구획은 적어도 하나의 콘센트가 공급되어야 한다.
- 일반적으로 정격전압이 200V~250V이고 정격전류가 16A인 단상콘센트가 제공되어야 한다.
- 보다 큰 수요가 예상되는 경우에는 더 높은 정격의 콘센트가 제공될 수 있다.
- 콘센트의 하단은 대지로부터 0.5m~1.5m 높이에 위치되어야 한다.
- 침수의 위험 등 가혹한 환경조건에 따른 특별한 경우 정해진 최대높이 1.5m를 초과하는 것이 허용된다.
- 이러한 경우 플러그의 안전한 삽입 및 제거가 보증되는 특별한 조치가 취해져야 한다.

10.26 KSC IEC 60364 제711절 전시회, 쇼, 공연장 전기설비

1. 적용범위

이 규격은 전시회, 무대 및 공연장(전시물 및 이동형 기기 포함)의 가설 전기 설비에 대해 사용자를 보호하기 위하여 적용한다. 단, 출전품에는 적용하지 아니한다.

2. 일반 특성

1) 공칭 전압 : 교류 230/400 이하
2) 외적 영향 : 물의 존재, 기계적 응력 등 적용

3. 안전 보호

1) 감전 보호

　(1) 간접 접촉 보호

　　• 전원 자동 차단 : TN-S로 해야 한다.
　　• 동물 사육 장소의 규약 전압 한계 : 교류 25V, 직류 60V
　　• 조명용 분기회로 및 콘센트용 분기회로 : 정격 감도 전류 30mA 이하의 누전 차단기로 추가 보호

　(2) 보조 등 전위 본딩

　　다음의 장소는 모든 노출 도전성 부분, 계통외 도전성 부분, 보호 도체를 보조 등전위 본딩에 접속해야 하고 도체의 단면적은 $4mm^2$ 이상(구리선)이어야 한다.
　　• 동물용으로 사용하는 장소
　　• 차, 마차 이동식 숙박 차량, 컨테이너

2) 화재에 대한 보호

　• 백열전구, Spot Light, 투광기 등 표면이 고온이 되는 기기는 가연성 기기에 접촉하지 않도록 충분히 이격한다.
　• 진열용 유리상자 등은 충분한 내열성, 기계적 강도, 전기적 절연성을 갖춘 재료로 만들고 가연성을 고려해 환기설비를 시설해야 한다.
　• 화재의 위험성을 고려해 IP 4X(1mm) 이상의 보호 등급의 격벽을 갖출 것

3) 단로(개폐)장치 : 접근하기 쉬운 장소에 설치할 것

4) 감전 보호 수단 예외

장애물 설치, 암즈리치 밖 설치에 대한 보호 및 비도전성 장소에 의한 방법을 이용한 보호는 안 됨

4. 전기기기의 선정 및 시공

1) 전기기기

(1) 조명 기구 : 견고하고 적절한 방법으로 고정하여 인체에 위험을 주지 않도록

(2) 방전등(공칭 전압이 230/400V 이상)

암즈리치 밖에 시설 또는 인체의 위험을 줄일 수 있도록 적절한 보호

(3) 전동기 : 전동기 근처의 모든 극에 단로장치 설치

(4) 꽂음 접속기(콘센트)

① 우발적인 물의 침입으로부터 보호
② 이동형 멀티 탭 시설
- 고정 콘센트 1개당 1개
- 플러그부터 멀티탭까지의 코드 최대 길이 : 2m
- 삽입식 멀티 어댑터는 사용해서는 안 됨

(5) 저압 발전 장치

계통 중성선 또는 발전기의 중성선은 발전기의 노출 도전성 부분에 접속시키지 말 것

2) 배선 설비

- 기계적 손상의 위험이 있는 경우에는 외장 케이블 또는 기계적 손상에 대한 보호를 실시한 케이블을 사용해야 한다.
- 전선 : 난연성 케이블 $1.5mm^2$ 이상
  이동형 코드 길이 : 2m 이하
- 전기적 접속 : 특별한 경우 외에는 접속점이 없어야 하고 접속을 하는 경우는 규격에 맞는 접속기를 사용하여야 한다.

3) 제어용 및 보호용 Switchgear

열쇠 또는 공구를 사용하는 캐비닛에 설치해야 한다.

10.27 KSC IEC 60364 제714절 옥외 조명용 전기설비

1. 적용범위

- 본 규격은 고정형 옥외조명 설비, 배선설비, 배선기구류에 대하여 적용한다.
- 적용 : 도로, 공원, 공공장소, 운동장, 기념물의 투광 조명, 공중전화박스, 버스 정류소, 광고패널, 시가안내도, 도로표지등
- 적용 제외 : 장식용 임시조명, 교통 신호조명, 수영장, 분수용 조명등

2. 일반 특성

1) 주위 온도 : $-40℃ \sim +40℃$

2) 상대 습도 : $5 \sim 100\%$

3) 물에 대한 보호 : AD3(60° 각도의 살수에 대한 보호)

4) 침입 고형물 : AE2(2.5mm 고형물에 대한 보호)

3. 안전(감전) 보호

1) 직접 접촉 보호

- 전기기기의 모든 충전부 : 격벽이나 폐쇄함으로써 보호
- 접근 가능한 충전부 캐비닛 : 열쇠 또는 공구로 잠글 것
- 문을 열었을 때의 보호 등급 : IP 2X(12.5mm)
- 조명기구 높이 2.8m 미만 : 공구 사용이 필요한 외함 내 설치

2) 간접 접촉 보호

(1) 전원의 자동 차단에 의한 보호

- TT계통 : 낮은 접지 극을 갖추고 퓨즈나 차단기에 의한 보호
- 설비의 주 차단기 : 누전 차단기 설치하지 말 것(전체 정전방지)
- 분기 : 정격 감도 전류 30mA 이하의 누전차단기로 보호

(2) 2종 기기에 의한 보호

4. 전기기기의 선정과 시공

1) 구조

(1) 보호 등급 IP 33 이상일 것

단, 조명 기구가 2.5m 이상 설치 시 : IP 23
- 3X : 직경 2.5mm 이상 물체보호
- 2X : 직경 12.5mm 이상 물체보호
- X3 : 수직으로부터 60° 각도에서 분사하는 물의 영향을 받지 말 것

10.28 IEC60364의 TN 방식의 개요와 특징을 이해하고, 누전차단기를 설치하지 않아도 되는 이유를 말하시오.

1. TN 방식 개요

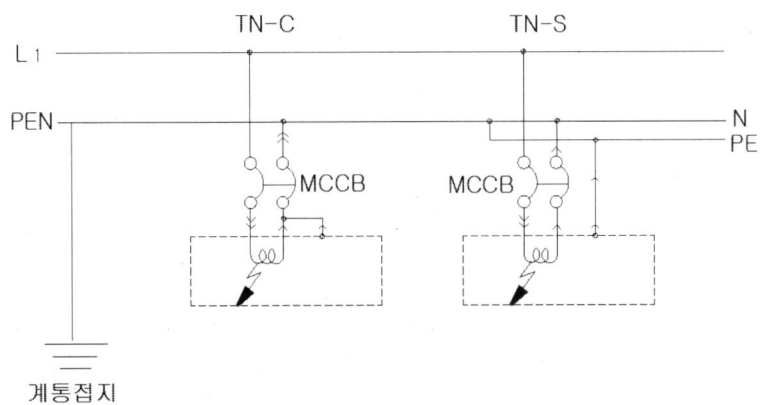

계통접지

1) 직접접지방식(TN방식)은 전력계통의 접지방식의 하나로, 전원 측(변압기)의 저압측 중성점 또는 1단자를 대지에 직접 접지하고
2) 수용장소에서 전기 기계 기구의 금속제 외함의 접지는 전원측 접지극(계통접지)에 보호 접지선으로 접속한 방식을 말한다.
3) 즉, TN방식의 T는 변압기 2차측 1점(T)을 대지에 직접 접속하는 2종 접지공사를 의미하며, 두 번째 N은 수요 장소에 설치하는 전기 기계기구의 금속제 외함을 보호도체(PE)로 중성선(N)에 직접 접속한다는 의미이다.
4) 여기에서 중성선(N) 과 보호도체(PE)를 겸용하기 때문에 PEN으로 표시한다.

2. PN 방식의 특징

1) PN 방식의 특징은 지락 시에 대 전류가 흘러 접지 보호를 과전류 보호장치로 대용할 수 있는 것이다. 또한 인체에 대한 감전대책은 전기 기계 기구의 금속제 외함 및 건조물 등의 금속부를 중성선에 직접 접속함으로써 접지 시에 인체 접촉전압을 작게 할 수 있다 .
2) TN-C 방식을 채택할 경우 비용 부담이 크게 증가되지 않으며, 누전경로를 현행 기기 접지선에서 중성선이나 보호 도체 선으로 전환시켜 누전 시 중성선을 통해 배선용 차단기가 작동되게 함으로써 누전차단기를 생략할 수 있다.

10.29 IEC60364의 TN 방식에서 누전차단기를 설치한 경우 접지선 시공방법에 대하여 설명하시오.

1. 회로도

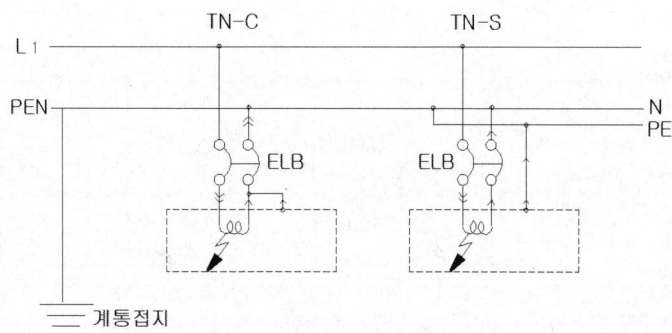

2. TN방식 접지방법

1) TN-C 방식

TN 방식에 누전차단기를 설치하는 경우 위 그림 TN-C 방식에서처럼 기기 접지선을 누전차단기 2차 측에 설치해야 TN-C 방식이 된다. 그러나 이때 지락 전용 누전차단기라면 인입 전류와 인출 전류의 크기가 같아 지락 검출이 안 된다.

2) TN-S 방식

TN 방식에 누전차단기를 설치하는 경우 위 그림 TN-S 방식에서처럼 기기 접지선을 누전차단기 1차 측에 설치해야 해야 TN-S 방식이 된다. 이때 지락 전용 누전차단기라도 인입 전류와 인출 전류의 크기가 달라 지락 검출이 용이하다.

3. 접지방식에 따른 보호기 구분

구 분	TN-C	TN-S	TT	IT
MCCB	○	○	○	×
ELB	×	○ 전원 측에 접지	○	○
절연모니터링	×	×	×	○

1) TN-C : 지락 전용 ELB는 사용 못함(과전류 기능이 있는 ELB는 사용 가능)
2) TN-S : ELB 사용 시 ELB 1차측에 접지선 접속
3) IT : MCCB 사용하지 못함

CHAPTER 11

판단기준, 내선규정, 설계기준

> **11.1** 최근 개정된 전기설비 기술기준 제41조 규정에 의한 지락차단 등의 기술기준에서 보호접지저항 값에 의한 전기설비 기술기준 제41조 1항의 지락차단장치 생략조건을 간단하게 기술하고 고압 비접지계통(3.3kV, 6.6kV), 22kV 비접지계통, 22.9kV 다중접지계통의 제2종 접지저항 값을 기술하시오.
>
> 건.77.1.5.

1. 지락차단장치 생략조건

1) 기계기구를 발전소, 변전소, 개폐소 또는 이에 준하는 곳에 시설하는 경우
2) 기계기구를 건조한 장소에 시설하는 경우
3) 대지 전압이 150V 이하인 기계 기구를 물기가 있는 곳 이외의 곳에 시설하는 경우
4) 2중 절연기구를 시설하는 경우
5) 전로의 전원 측 2차 전압이 300V 이하인 절연변압기를 시설하고 그 절연 변압기의 부하 측의 전로를 접지하지 아니하는 경우
6) 기계기구가 고무, 합성수지 기타 절연물로 피복된 경우
7) 기계기구가 유도전동기의 2차측 전로에 접속되는 경우
8) 전기 울타리, 전기 부식 방지용, 전기철도 등
   전로의 일부를 대지로부터 절연하지 아니하고 전기를 사용하는 것
9) 누전차단기를 시설하고 기계기구의 전원선이 손상을 받을 우려가 없도록 시설하는 경우 등

2. 고압비접지계통(3.3kV, 6.6kV), 22kV 비접지계통, 22.9kV 다중접지계통의 제2종 접지저항값

1) 전기설비 판단기준 제18조에 의하여

2) $R_2 = \dfrac{150}{\text{변압기 고압측 전로의 1선 지락 전류}} (\Omega)$

3) 사용 전압 35,000V 이하의 특별 고압측 전로가 저압측 전로와 혼촉하여 저압측 전로의 대지전압이 150V를 초과하는 경우에
   - 1초를 초과 2초 이내에 1차 측을 차단하는 장치를 설치할 때는 300
   - 1초 이내 1차 측을 차단하는 장치를 설치할 때는 600으로 함

4) 지락 전류값(판단기준 18조 ③항)

   (1) 중성점 비접지식 고압전로(제2호에 규정하는 것을 제외한다.)

① 전선에 케이블 이외의 것을 사용하는 전로

$$I_1 = 1 + \frac{\frac{V}{3}L - 100}{150}$$

우변의 제2항의 값은 소수점 이하는 절상한다. I_1이 2 미만으로 되는 경우에는 2로 한다.

② 케이블을 사용하는 전로

$$I_1 = 1 + \frac{\frac{V}{3}L' - 1}{2}$$

우변의 제2항의 값은 소수점 이하는 절상한다. I_1이 2 미만으로 되는 경우에는 2로 한다.

③ 전선에 케이블 이외의 것을 사용하는 전로와 전선에 케이블을 사용하는 전로

$$I_1 = 1 + \frac{\frac{V}{3}L - 100}{150} + \frac{\frac{V}{3}L' - 1}{2}$$

우변의 제2항 및 제3항의 값은 각각의 값이 마이너스로 되는 경우에는 0으로 한다.
- I_1의 값은 소수점 이하는 절상한다.
- I_1이 2 미만으로 되는 경우에는 2로 한다.

　　　　　여기서, I_1 : 1선 지락 전류(A를 단위로 한다.)
　　　　　　　　　V : 전로의 공칭전압을 1.1로 나눈 전압(kV를 단위로 한다.)
　　　　　　　　　L : 동일 모선에 접속되는 고압전로(전선에 케이블을 사용하는 것을 제외한다.)의 전선연장(km를 단위로 한다.)
　　　　　　　　　L' : 동일 모선에 접속되는 고압전로(전선에 케이블을 사용하는 것에 한한다.)의 선로연장(km를 단위로 한다.)

(2) 중성점 접지식 고압전로

$$I_2 = \sqrt{I_1^2 + \frac{V^2}{3R^2} \times 10^6} \quad \text{(소수점 이하는 절상한다.)}$$

　　　　　여기서, I_2 : 1선 지락 전류(A를 단위로 한다.)
　　　　　　　　　I_1 : 제1호에 의하여 계산한 1선 지락 전류
　　　　　　　　　V : 전로의 공칭전압(kV를 단위로 한다.)
　　　　　　　　　R : 중성점에 사용하는 저항기의 전기저항 값(중성점의 접지공사의 접지저항 값을 포함하는 것으로 하며 Ω을 단위로 한다.)

11.2 전기자동차 전원공급설비의 기술기준에 대하여 설명하시오. 건.96.2.1.

1. 제정 배경
- 전기자동차의 개발과 보급에 따라 충전인프라를 위한 기술기준 제정이 시급
- 안정된 전력계통의 유지와 사용자의 안전을 고려한 시설기준의 정립이 요구됨
- 전기자동차 전원공급설비에 대한 기술기준, 판단기준, 내선규정의 제정이 필요

2. 제정 목표
- 전기자동차 전원 공급설비의 안전 관련 국제표준 현황 분석
- 전기설비기술기준에 전기안전을 위한 기본요건 규정
- 전기설비기술기준의 판단기준에 시설기준을 규정
- 시설기준의 세부사항에 대한 내선규정 및 지침 제정
- 전기자동차 전원 공급설비 제정 조항 해설 및 지침서 작성

3. 기대 효과
- 전기자동차 충전인프라와 관련된 기술기준의 제정으로 관련 산업의 활성화에 기여
- 기본요건 규정 및 시설기준의 재정으로 설비의 전기안전 확보
- 국제 표준 등의 반영을 통한 무역장벽의 해소 및 관련기업의 경쟁력 강화

4. 전기설비기술기준 개정(2011년 제정)

제53조의2(전기자동차 전원공급설비의 시설)

전기자동차(도로 운행용 자동차로서 재충전이 가능한 축전지, 연료전지, 광전지 또는 그 밖의 전원장치에서 전류를 공급받는 전동기에 의해 구동되는 것을 말한다.)에 전기를 공급하기 위한 전기설비는 감전, 화재 그 밖에 사람에게 위해를 주거나 물건에 손상을 줄 우려가 없도록 시설하여야 한다.

5. 전기설비 판단기준 개정(2011년 제정)

제286조(전기자동차 충전 설비의 시설)

① 전기자동차를 충전하기 위한 저압전로는 다음 각 호에 따라 시설하여야 한다.
    1. 전용의 개폐기 및 과전류차단기를 각 극(과전류차단기는 다선식 전로의 중성극을 제외한다.)에 시설하고 또한 전로에 지락이 생겼을 때 자동적으로 그 전로를 차단하는 장치를 시설할 것

2. 배선기구는 제170조 및 제221조에 따라 시설할 것

② 전기자동차 충전장치는 다음 각 호에서 정하는 바에 따라 시설하여야 한다.
  1. 충전부분이 노출되지 않도록 시설하고, 외함은 제33조에 따라 접지공사를 할 것
  2. 외부의 기계적 충격에 대한 충분한 기계적 강도(IK 07 이상)를 갖는 구조일 것
  3. 침수 등의 위험이 있는 곳에 시설하지 말아야 하며, 옥외에 설치 시 강우, 강설에 대하여 충분한 방수 보호등급(IP X4 이상)을 갖는 것일 것
  4. 분진이 많은 장소, 가연성 가스나 부식성 가스 또는 위험물 등이 있는 장소에 시설하는 경우에는 통상의 사용 상태에서 부식이나 감전, 화재, 폭발의 위험이 없도록 제199조부터 제202조까지의 규정에 따라 시설할 것
  5. 충전장치에는 전기자동차 전용임을 나타내는 표지를 쉽게 보이는 곳에 설치할 것

③ 충전 케이블 및 부속품(플러그와 커플러를 말한다.)은 다음 각 호에 따라 시설하여야 한다.
  1. 충전장치와 전기자동차의 접속에는 연장코드를 사용하지 말 것
  2. 충전 케이블은 유연성이 있는 것으로서 통상의 충전전류를 흘릴 수 있는 충분한 굵기의 것일 것
  3. 커플러는 다음 각 목에 적합할 것
      가. 다른 배선기구와 대체 불가능한 구조로서 극성의 구분이 되고 접지극이 있는 것일 것
      나. 접지극은 투입 시 먼저 접속되고, 차단 시 나중에 분리되는 구조일 것
      다. 의도하지 않은 부하의 차단을 방지하기 위해 잠금 또는 탈부착을 위한 기계적 장치가 있는 것일 것
      라. 커넥터(충전 케이블에 부착되어 있으며, 전기자동차 접속구에 접속하기 위한 장치를 말한다)가 전기자동차 접속구로부터 분리될 때 충전 케이블의 전원공급을 중단시키는 인터록 기능이 있는 것일 것
  4. 커넥터 및 플러그(충전 케이블에 부착되어 있으며, 전원 측에 접속하기 위한 장치를 말한다.)는 낙하 충격 및 눌림에 대한 충분한 기계적 강도를 가진 것일 것

④ 충전장치의 부대설비는 다음 각 호에 따라 시설하여야 한다.
  1. 충전 중 차량의 유동을 방지하기 위한 장치를 갖추어야 하며, 자동차 등에 의한 물리적 충격의 우려가 있는 경우에는 이를 방호하는 장치를 시설할 것
  2. 충전 중 환기가 필요한 경우에는 충분한 환기설비를 갖추어야 하며, 환기 설비임을 나타내는 표지를 쉽게 보이는 곳에 설치할 것
  3. 충전 중에는 충전상태를 확인할 수 있는 표시장치를 쉽게 보이는 곳에 설치할 것
  4. 충전 중 안전과 편리를 위하여 적절한 밝기의 조명 설비를 설치할 것

⑤ 그 밖에 전기자동차 전원공급설비와 관련된 사항은 KSC IEC 61851-1, KS C IEC 61851-21 및 KS C IEC 61851-22(전기자동차 충전 시스템) 표준을 참조한다.

11.3 건축물에서의 콘센트 설계방법과 콘센트의 위치 및 설치방법에 대하여 설명하시오.

건.97.3.6.

1. 개요
콘센트 시설에 대하여는 내선규정 제 3310-10에 규정되어 있고 그 정격전압은 사용 전압과 동등 이상의 것으로 다음 각 호에 의하여야 한다.

2. 시설기준
1) 콘센트는 꽂음형 또는 걸림형의 것을 사용할 것
2) 노출형 콘센트는 내구성이 있는 조영재에 견고하게 부착할 것
3) 콘센트를 조영재에 매입할 때는 견고한 금속제 또는 난연성 박스에 시설할 것
4) 박스의 매입 깊이(벽 표면과 박스 전면의 차)가 10mm 이상일 경우는 박스에 이음틀을 부착하거나 플레이트가 직접 벽판에 눌리지 않도록 시설할 것
5) 박스 사용을 생략할 경우 벽판의 두께 : 3.5mm 이상이 바람직하고 벽판 두께가 그 이하일 경우는 보조 금구 등으로 견고하게 시공할 것

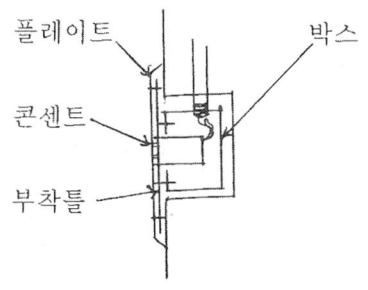

[박스 사용의 예]
(부착틀을 박스에 견고하게 밀착시켜 부착할 것)

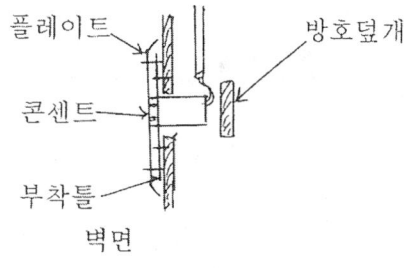

[박스 생략의 예]
(부착틀을 벽판에 견고하게 밀착시켜 부착할 것)

6) 콘센트를 바닥에 시설할 경우는 방수 구조의 플로어박스에 설치할 것
7) 콘센트를 옥외에 시설할 경우는 지상 1.5m 이상 높이에 시설하고 방수함 속에 넣을 것
8) 욕실 내에는 콘센트를 시설하지 말 것. 단, 방수형의 환기용 환풍기를 사람이 쉽게 접촉하지 아니하는 위치에 설치할 경우와 양식 욕실 내에 다음 각 호에 의해 시설하는 경우는 가능하다.
   (1) 감전 보호용 누전차단기(정격감도전류 15mA 이하, 동작시간 0.03초) 또는 절연 변압기(정격 용량 3kVA 이하)로 보호된 회로

(2) 접지극이 있는 방적형 콘센트 사용

   (3) 설치 위치는 바닥면상 80cm 이상으로 하고 욕조에서 가급적 이격

9) 접지극 또는 접지용 단자를 시설해야 하는 장소

   (1) 습기가 많은 장소 또는 수분이 있는 장소

   (2) 전기세탁기용, 전자렌지용 및 온수 세정식 좌변기용 콘센트

   (3) 의료용 전기 기계기구용 콘센트

   (4) 주택의 옥내 전로

   (5) 200V 이상의 콘센트

10) 용도가 다른 콘센트

   • 동일구내에 전기방식(전압, 직류, 교류 등)이 다른 회로는 서로 다른 구조의 콘센트를 시설할 것
   • 또는 색별 표시등으로 오용을 방지할 것

11.4 전기설비 기술기준의 판단기준에 의한 케이블트레이의 공사기준에 대하여 설명하고 다음과 같은 조건에서 케이블트레이 내측폭을 선정하시오.
건.98.4.6.
- 케이블 트레이 종류 : 사다리형 케이블 트레이
- $120mm^2$ 이상과 $120mm^2$ 미만의 다심 케이블을 동일 케이블트레이에 시설할 경우
- CV Cable $35mm^2$ / 3C×10조 d=25mm
- CV Cable $50mm^2$ / 3C×8조 d=29mm
- CV Cable $120mm^2$ / 3C×5조 d=41mm
- CV Cable $150mm^2$ / 3C×1조 d=46mm
- CV Cable $240mm^2$ / 3C×2조 d=57mm
- d : 케이블 완성품의 바깥지름(케이블의 지름)

1. 관련 규격(전기설비 판단기준 제194조(케이블 트레이 공사))

1) 모든 케이블이 공칭단면적 $120mm^2$ 미만의 케이블인 경우에는 이들 케이블의 단면적의 합계는 표 194-1에 표시하는 최대허용 케이블 점유면적 이하로 할 것

▼ [표 194-1] 최대허용 케이블 점유면적

트레이 내측폭[mm]	150	200	300	400	500
점유면적[mm^2]	4,500	6,000	9,000	12,000	15,000
트레이 내측폭[mm]	600	700	800	900	1,000
점유면적[mm^2]	18,000	21,000	24,000	27,000	30,000

2) 단면적 $120mm^2$ 이상의 케이블, 단면적 $120mm^2$ 미만의 케이블과 함께 동일 케이블 트레이 안에 시설하는 경우에는 단면적 $120mm^2$ 미만의 케이블들의 단면적의 합계는 표 194-2에 표시하는 계산식에 의하여 구한 최대허용 케이블 점유면적 이하로 하여야 하며 단면적 $120mm^2$ 이상의 케이블은 단층으로 시설하고 그 위에 다른 케이블을 얹지 말 것

▼ [표 194-2] 최대허용 케이블 점유면적

트레이 내측폭[mm]	150	200	300	400	500
점유면적[mm^2]	$4,500-30 \times sd$	$6,000-30 \times sd$	$9,000-30 \times sd$	$12,000-30 \times sd$	$15,000-30 \times sd$

트레이 내측폭[mm]	600	700	800	900	1,000
점유면적[mm^2]	18,000−30 ×sd	21,000−30 ×sd	24,000−30 ×sd	27,000−30 ×sd	30,000−30 ×sd

여기서, sd는 120mm^2 이상인 다심케이블의 바깥지름의 합계치를 말한다.

2. 케이블 트레이 내측 폭

120mm^2 미만을 2층 배열하는 경우

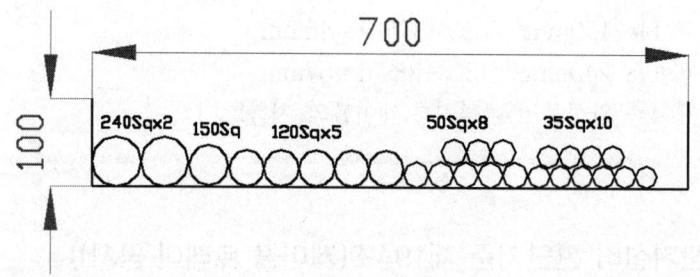

> **11.5**
> - 국토교통부 건축전기설비 설계기준에서 정의된 실내음향설비에 대한 설계순서를 6단계로 나누어 간략히 기술하시오. 건.99.1.5.
> - 음향설비 설계 시 잔향에 대한 고려사항에 대하여 설명하시오.
> 건.102.1.10.

1. 관련 규정

건축전기설비설계기준(국토교통부) 제12장

2. 전기음향설비의 종류

전기음향설비	실내음향설비	구내 방송설비
		강당 음향설비
		공연장 음향설비
		동시통역설비
		실내경기장 음향설비
		기타
	실외음향설비	실외 방송설비
		실외경기장 음향설비
		기타
	특수음향설비	방송국 음향설비
		기타

3. 실내 음향설비

1) 설계 시 고려사항

   (1) 방해하는 소음을 제어한다.
   (2) 말은 명쾌하게 들을 수 있어야 한다.
   (3) 음악은 아름답고 풍요롭게 울려야 한다.
   (4) 음향 분포가 좋아야 한다.
   (5) 반향 등의 잔향이 없어야 한다.
   (6) 실내에서 소리의 크기는 고유주파수가 퇴화되지 않고 균등 분포되도록 해야 한다.
   (7) 벽면 형과 음의 반사는 매우 밀접한 관계로 가능한 한 오목한 곡면을 사용하지 말아야 한다.

(8) 모서리 부분이 직교하면 음향의 반사에 대한 반향의 우려가 크므로 검토해야 한다. 다음 그림(플러터가 생기지 않는 예)을 참조한다.

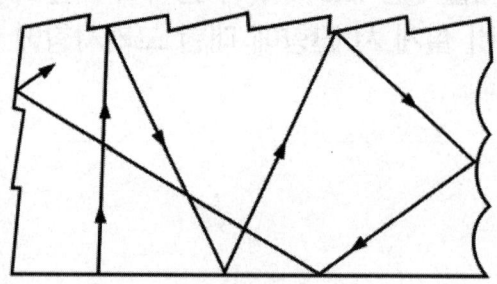

2) 설계순서

(1) 음향설비의 대상, 범위설정, 실내음향 대상별 특징에 따른 검토 시행
(2) 대상 실내의 검토
(3) 실내 음향기기의 선정 및 배치
(4) 잔향에 대한 계획
(5) 모형실험 또는 컴퓨터 시뮬레이션
(6) 배선설계

3. 실내음향 대상의 각 부분에 대한 검토

1) 단면의 형태

(1) 천장에서 반사음은 무대부에서 먼 후방부분이 중요하며 볼록 곡면으로 한다. 이때 뒷벽의 모서리는 반향이 없는 구조로 한다. 다만, 천장 면이 구형으로 되는 경우에는 곡률 반경을 천장 높이의 2배 이상으로 한다.
(2) 바닥은 좌석의 흡음률에 영향이 크며 직접 음은 매우 크게 감쇄하므로 이를 방지하기 위해서는 앞의 좌석에 의해 직접 음이 차단되지 않도록 해야 한다.

2) 반사판

(1) 흡음력이 큰 무대의 뒷공간에서 흡음되는 에너지를 반사해서 유효한 반사음을 보내는 설비이다.
(2) 반사판은 반사음의 지연시간을 줄이는 목적이며 반사 특성을 검토한다.

3) 확산체

(1) 실내음의 확산을 보강할 목적으로 설치하며 벽이나 천장에 설치한다.
(2) 확산체는 불규칙성이 있을수록 좋으며 넓은 주파수 범위의 확산이 되도록 한다.

4. 실내 음향의 특징

1) 학교 교실
(1) 학생의 수가 100인 이하인 경우는 직사각형 실모양이 되지만, 100인이 넘으면 홀의 형태로 한다.
(2) 제1회 반사음이 도달하면 음향설비를 하지 않아도 되지만, 시청각 설비가 설치된 경우에는 뒷벽은 흡음처리해야 한다.

2) 실내 체육관
(1) 실내 부피가 매우 크고 객석 수가 많으므로 잔향시간이 매우 길어져서 건축적인 흡음설비로 잔향시간을 단축시켜야 한다.
(2) 실내 면들의 형태는 평행면과 구형을 피하고 반향을 고려한 형태로 한다.

3) 극장
(1) 공연의 종류나 연출에 따라 종류가 많지만 시각적인 요구가 음향적 요구보다는 크다.
(2) 육성에 의한 대사의 명료도, 효과 음향, 음악적 요소도 중요하여 잔향시간을 검토한다.
(3) 전기음향설비는 존재에 대한 은폐 여부를 검토한다.

4) 콘서트 홀
(1) 콘서트 홀은 무대가 객석 전면에 있거나 객석의 중앙에 있는 등 여러 가지가 있다.
(2) 무대의 음향에 대한 건축적인 단면, 평면, 확산체, 반사판을 검토해야 하며 객석에서 무대로 전해지는 소음에 대해서도 검토해야 한다.

5) 다목적 홀
(1) 공중파 방송, 공연, 콘서트, 연회 등의 다목적으로 사용되는 홀은 사용의 빈도에 따라 설계한다.
(2) 공중파 방송을 목적으로 하는 경우에는 잔향시간을 단축해야 한다.

5. 잔향 설계

1) 최적 잔향시간의 결정

실내의 체적과 용도에 따라 정해지며 일반적으로 그림과 같다.

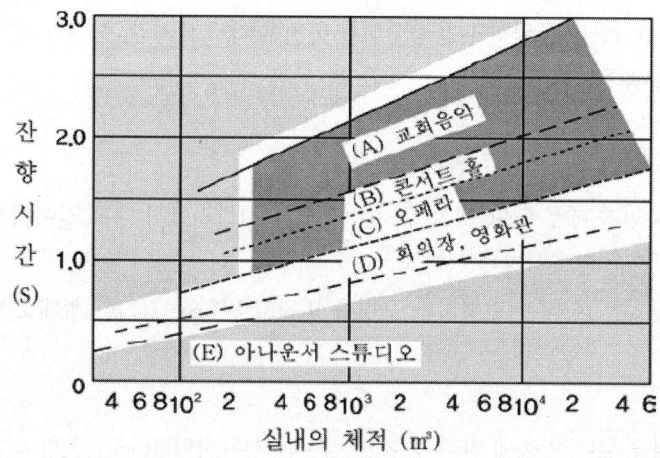

2) 실내 체적의 산정

(1) 잔향시간은 실내의 체적에 비례하며, 실내 흡음력에 반비례한다.

(2) 실내의 흡음력은 객석 인원의 흡음력에 좌우되므로 1인당 체적이 적당해야 잔향시간이 적당해진다. 이때 객석 1개당 점유면적은 통로 포함 $0.6m^2$ 정도이다.

6. 흡음설계

1) 필요한 흡음력을 잔향시간과 실내 체적에 의해 정한다.

2) 사람에 의한 흡음력이 매우 크므로 만원의 경우와 공실의 경우를 산정하여, 그 차이를 작게 한다. 이때 사람의 흡음력에 가까운 의자를 사용한다.

3) 흡음력의 배치

(1) 반향 방지를 위해 흡음처리 부분의 흡음률과 흡음력을 정한다.

(2) 마이크로폰을 사용하는 경우 주변은 가능한 한 흡음성으로 한다.

(3) 흡음재료는 일반적으로 큰 면적을 집중하는 것보다 파장 정도의 크기로 분할하여 불규칙적으로 배치하는 것이 면적효과에 의해 흡음력이 커진다.

7. 모형실험 또는 컴퓨터 시뮬레이션

1) 모형실험

(1) 수평파법은 1/50 정도의 모형을 사용하며 2차원적 파동상황에 한정되어 사용성이 제한된다.

(2) 광선법은 1/50~1/200 정도의 모형을 사용하며 소리 대신 빛을 이용한다.

(3) 초음파법은 1/8~1/30 정도의 입체모형을 사용하며 음압분포, 반향, 잔향 파형을 선정해 실내 형태를 검토한다.

2) 컴퓨터 시뮬레이션

(1) 기하학적 수치 계산에 의한 설계지원 시스템은 음선법(Ray Tracing)과 영상법(Image Method)으로 구분하여 사용한다.

(2) 파동론에 의한 음향 해석은 복잡한 유한 요소나 경계적분방정식을 사용해서 큰 공간의 해석에 사용한다.

11.6 구내방송설비에서 스피커의 종류별 적용과 BGM(Back Ground Music) 방송 수신기준의 사무실 스피커 배치방법에 대하여 설명하시오.

건.106.2.5.

1. 관련 규정
건축전기설비설계기준(국토교통부) 제12장 제3절

2. 일반사항
1) 방송설비는 증폭장치, 입력장치(마이크로폰, CD 플레이어, 레코드플레이어, 라디오튜너 등), 출력장치(스피커)와 배선으로 구성한다.
2) 방송설비 설계 시 주변소음에 대하여 확성음의 음압 레벨이 높도록 해야 하며, 이 차이는 안내방송과 같은 경우에는 5~10dB, 음악 감상의 경우는 15~20dB, 환경음악(BGM) 방송의 경우는 3~5dB 정도 높게 한다.
3) 비상방송이 요구되는 경우에는 일반적으로 방송설비의 구성을 일반방송과 비상방송 겸용으로 사용할 수 있도록 한다.

3. 입력장치
1) 입력 장치로 사용되는 기기는 마이크로폰, CD 플레이어, 레코드플레이어, 라디오 튜너 등이며, 기능에 따라 선별하여 사용한다.
2) 마이크로폰은 소리의 진동을 전기신호로 변환하는 방식에 따라 일반적으로 다이내믹형, 콘덴서형, 일렉트렛형 중 특성에 따라 선정한다.
   (1) 다이내믹 마이크로폰은 전원이 필요 없고, 튼튼하며, 온도, 습도의 영향이 적고, 동작이 안정되어 건축물 내·외부에 사용한다.
   (2) 콘덴서 마이크로폰은 주파수 특성이 좋아서 고품질 음향이 요구되는 스튜디오, 녹음 및 측정용으로 사용한다.
   (3) 일렉트렛 마이크로폰은 콘덴서형의 일종으로 진동판으로 고분자 화합물(테프론 등)을 사용한 것이다. 이것은 소형으로 경제적이며 특성이 좋아서 일반적 마이크로폰 등으로 사용한다.
3) 시작과 종료를 알리도록 전자 차임이나 아나운스 멘트 또는 환경 음악(BGM) 등을 시계와 기계적으로 연동하거나 마이크로프로세서에 의해 프로그램적으로 연동시킨다.

4) 믹서(믹싱 콘솔)는 여러 가지로 입력된 신호를 출력레벨 주파수 특성에 따라 조정하고 혼합하여 증폭기로 보낸다.

4. 증폭장치(AMP)

1) 증폭기는 전력증폭기(파워앰프)와 전압증폭기가 있으며, 전력증폭기는 스피커나 안테나 등에 전력을 보내기 위한 것이고, 전압증폭기는 전력 증폭기 앞에 설치하며 입력장치에 따라 설계한다.
2) 증폭기 출력계산은 다음 식을 참조하고 실내의 체적(m^3)에 대한 전력 증폭기의 출력의 관계는 다음 그림을 참조한다.

$$P_E \geq \sum P_S$$

여기서, P_E : 증폭기 출력(W) P_S : 스피커 각각의 입력합계(W)

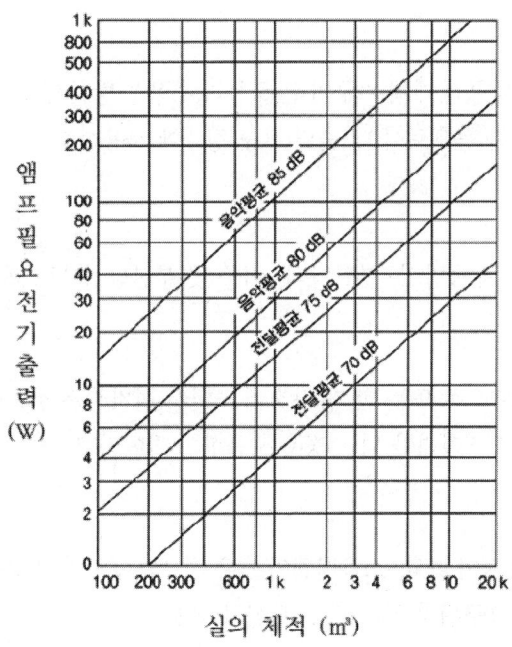

주 : 일반적으로 콘형 스피커에 적용된다.

3) 증폭기용 전원용량 계산은 다음 식을 참조한다.

$$P_A = k \times P_E$$

여기서, P_A : 증폭기의 소비전력(W) P_E : 증폭기 출력(W)
k : 소비전력 계수(일반적으로 3)

4) 증폭기는 설치형식상 탁상형, 랙(캐비닛)형, 데스크형으로 구분하며, 일반적으로 소규모일 경우는 탁상형, 대규모설비일 경우는 랙형과 데스크형의 조합으로 설계한다.

5. 스피커 종류 및 배치방법

1) 스피커 종류

스피커는 전기에너지를 음에너지로 바꾸는 것으로 콘형 스피커와 혼형 스피커를 사용한다.

(1) 콘형 스피커

진동판이 직접 진동하여 음을 반사시키는 형태로서 단일형, 콘형 스피커 몇 개를 직선 배열한 컬럼형, 음향용으로 복수배치 형태인 프로시니엄형(Proscenium) 스피커를 사용하고 주로 옥내에 사용한다.

(2) 혼형 스피커

진동판의 진동이 공간 매개 기구인 혼을 통하여 음을 방사시키는 형태로서 효율이 높으며, 주로 옥외와 체육관 등으로서 대 출력 요구 장소에 사용한다.

2) 스피커 배치방법

설치개소 수에 따라 집중방식, 분산방식, 집중 및 분산방식으로 배치한다.

(1) 집중방식

스피커를 한 방향으로 또는 한 개 장소에 모아서 설치하는 것으로서 원음의 방향과 같으므로 방향성이 좋지만 원거리가 되는 경우는 음향이 작아지고 잔향이 많으면 명료도가 떨어진다.

(2) 분산방식

천장이 낮고, 면적이 넓고, 소음레벨이 높은 경우와 집중배치로 음향전달이 어려운 경우와 방향성이 특별히 요구되지 않은 경우에 설치한다.

(3) 집중 및 분산방식

방향성 효과는 집중방식으로 얻게 하고 원거리가 되는 장소와 음압이 작은 장소는 분산배치 방식으로 한다. 다만, 먼 곳의 분산배치 스피커의 음향이 집중배치 스피커의 음향보다 빨라지게 되어 음의 방향성과 이중성이 나타날 우려가 있는 경우는 시간지연장치를 사용한다.

3) 사무실에서의 스피커 배치(BGM 방송 수신기준)

(1) 콘형 스피커의 음향커버범위(반정각 60° 기준) 이내에 사람의 귀 높이를 1m 정도로 하여 배치 간격을 산정한다. 스피커 배치는 다음을 참고한다.

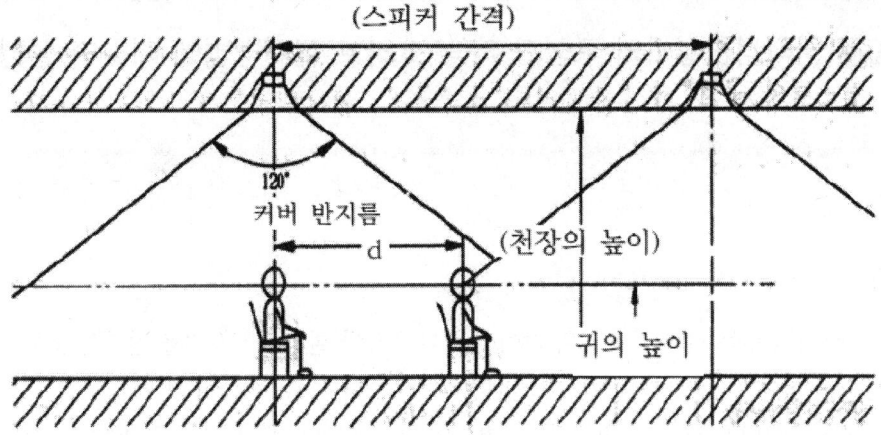

(2) 사무실의 벽으로부터 1m까지는 음향 담당(커버) 범위에서 제외한다.

(3) 일반 안내방송의 경우처럼 짧은 방송인 경우는 음량을 높일 수 있으므로 간격을 넓혀서 설치한다.

4) 공연장, 강당, 체육관의 스피커 배치

(1) 집중배치를 기준하여 스피커 성능, 설치위치에 따른 잔향시간, 소음레벨 등을 고려한다.

(2) 스피커 배치는 일반적으로 주 음향장치로서 무대전면 상부의 프로시니엄 스피커, 무대 측면의 스테이지 사이드 스피커가 사용되며, 보조음향장치로서 무대 전면 좌석 커버를 위한 스테이지 프론트 스피커와 공연자를 위한 스테이지 모니터 스피커를 설치한다.

(3) 중앙에 무대나 경기장이 있는 경우는 일반적으로 천장 중앙에 애리너형 스피커를 설치한다.

(4) 대형 스피커가 설치되는 경우는 충분한 건축물 구조적인 검토와 설치하는 구조물과 와이어로프의 하중 검토를 해야 한다.

11.7 원격검침설비의 구성과 기능 그리고 설계방법에 대하여 설명하시오.

건.103.3.2.

인용 : 건축전기설비 설계기준 11장 정보통신 및 약전설비

1. 개요

1) 원격검침설비는 전기 및 수도와 같이 검침이 필요한 설비의 사용량을 전기와 통신선로를 이용 자동 검침하여 요금정산 및 청구서 발행업무 등을 자동으로 전산 처리한다.
2) 원격검침설비는 계량기, 원격검침장치, 전송선로, 중앙처리장치로 구성하여 설계한다.

2. 구성

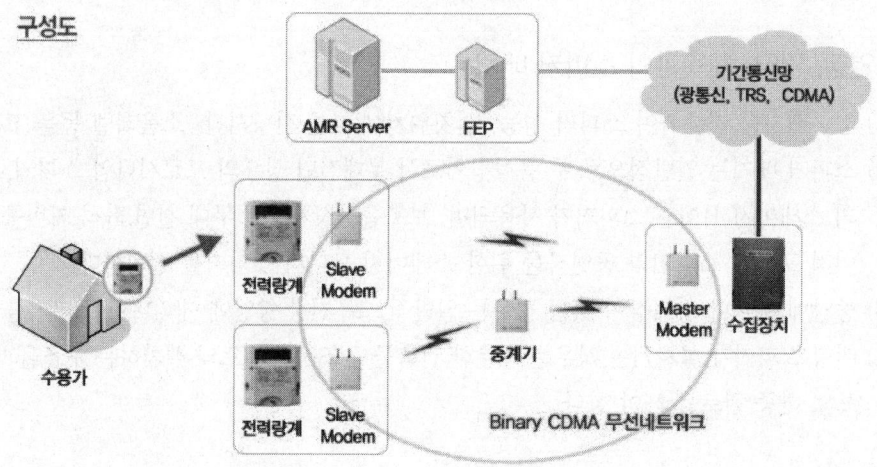

1) 원격식 계량기

전기, 수도, 가스, 열량, 온수 등의 사용량을 표시하고, 일반적으로 사용량에 비례하는 펄스신호를 발생하여 세대원격장치로 송출한다.

2) 세대 원격검침장치(Home Control Unit)

각 계량기(전기, 가스, 수도, 온수, 난방)의 모든 데이터 값을 디지털 또는 펄스 신호로 받아 적산하여 사용량을 표시하고, 일반적으로 사용량 데이터를 저장하여 중앙관제장치에 전송하며 다음과 같은 기능을 갖는 기기로 구성된다.

(1) 단독형 구성 기기

원격검침장치 단독으로 구성되어 원격검침장치의 기능을 수행하며, 분전반, 전기계량기함, 통신 단자함, 전용 단자함 등에 설치한다.

(2) 전력량계와 일체형 구성 기기

전자식 전력량계와 일체로 구성되어 원격검침장치의 기능을 수행하며, 전력량계함에 설치한다.

(3) 비디오폰 겸용기기

홈 오토메이션설비, 비디오폰 등과 일체로 구성되어 원격검침장치의 기능을 수행한다.

3) 중계장치(Distribution Control Unit)

각 세대 원격장치로부터 중앙관제장치에 송출되는 사용량 데이터 신호를 받아서 중계한다.

4) 주 제어장치(Master Control Unit)

세대 각 유닛으로부터 전송된 데이터 신호를 종합 처리하여 중앙관제장치로 송출한다.

5) 원격 자동검침 서버

세대 각 유닛으로부터 전송된 데이터를 분석 연산하여 사용량의 적산, 청구서 발행 등의 업무를 자동 전산처리하고, 데이터를 분석하여 검침 오류, 계통 이상 등 관련설비 이상 유·무를 확인하며, 시설물 관리에 필요한 각종 데이터를 기록 보관하는 역할을 수행할 수 있도록 일반적으로 다음과 같이 구성된다.

(1) 중앙처리장치(CPU)
(2) 모니터(VDT, 예 CRT, LCD, PDP, LED 패널 등)
(3) 프린터
(4) 소프트웨어

3. 기능

1) 원격검침 시스템

- 사용 현황 실시간 조회
- 사용량 추이 그래프 조회
- 시스템 보안기능
- 보고서 및 요금고지서 출력

2) RPU(Remote Processing Unit)

- 검침데이터 수집 및 공급량 계산
- 전원 공급 상태 감시
- Battery 상태 감시(Battery Low, Charge, Discharge)
- 전원 단절시 최소 48시간 이상 동작
- 자기 복구 기능

3) FEP(Front End Processor)

- 각 현장 RTU로부터 실시간 데이터 수집
- 유/무선 데이터 통신

4. 설계 방법

1) 설계 순서

(1) 원격검침 대상과 범위 선정
(2) 시스템과 전송방식 결정
(3) 원격검침장치 위치와 설치방법 결정
(4) 중앙관제장치 조작 장소 및 정보서비스 연계성 결정
(5) 기기배치 및 배선설계

2) 설계

(1) 전송선로

① 통신망 이용방식 : 구내 통신망으로 구성된 근거리 통신망(LAN)을 이용 세대 원격장치에서 중앙 관제장치까지 신호를 전송하는 방식
② 전력선 이용방식 : 기존 전력선과 전력선 정합장치를 이용하여 신호전송의 일부 구간 또는 전부를 담당하는 방식
③ 전용선 이용방식 : 원격검침 전용 전송선로를 구성하는 방식

(2) 배선

- 기기의 배관·배선 및 기기 설치는 전기 및 정보 통신에 관련한 규정을 참조한다.
- 케이블은 트위스트 페어선이나 실드선을 사용하여 전자유도 장해를 방지한다.

5. 적용효과

1) 관리의 효율성

검침 데이터를 통해 고지서 및 영수증 발행이 자동으로 이루어지며 업무 효율과 관리효율을 높임

2) 신뢰성 확보

기존의 수동 검침과 공용부 요금 재분배 과정에서 발생했던 오류를 없애 입주자나 관리자 간의 신뢰성 확보

3) 인건비 절감

원격지(관리 사무실)에서 검침된 데이터를 통해 고지서 발행이 자동으로 이루어짐으로써 최소의 관리 인원으로 적극적인 관리가 가능

4) 방범효과

검침원을 가장한 범죄를 예방하여 범죄로부터 입주자 보호

11.8 염해를 받을 우려가 있는 장소의 전기설비 공사 시 고려사항을 설명하시오.

건.104.1.13.

인용 : 내선규정 제4245절 염해를 받을 우려가 있는 장소

1. 기자재의 선정 및 시설

전기설비로서 염해로 인하여 전기안전에 지장을 초래할 우려가 있는 것은 기자재의 선정 및 시설에 충분한 주의를 하여야 한다.

1) 염해를 받을 우려가 있는 지역은 보수 면에서 충분히 주의할 필요가 있다.
2) 전기설비에 내염공사를 시행할 것인가 아닌가에 대하여는 그 설비의 시설자가 전기사업자와 협의하여 결정하도록 하는 것이 바람직하다.
3) 해안선에서 멀리 떨어져 상시 해풍의 영향이 거의 없다고 생각되는 지역에서도 기상 조건에 따라 염해로 인한 사고가 발생될 수 있다는 점에 주의할 것

2. 저압 옥외 전기설비의 내염공사

저압 옥외 전기설비의 시설은 원칙적으로 다음 각 호에 의하여야 한다.

1) 바인드 선은 철재의 것을 사용하지 말 것
2) 계량기함 등은 금속제의 것을 피할 것
3) 철제류는 아연도금 또는 방청도장을 할 것
4) 나사못류는 동합금(놋쇠)제의 것 또는 아연 도금한 것을 사용할 것

3. 고압 또는 특고압 옥외 전기설비의 내염공사

고압 또는 특고압 옥외전기설비의 시설은 다음 각 호에 의하여야 한다.

1) 바인드 선은 철제의 것을 사용하지 말 것
2) 애자는 내염애자를 사용하거나 또는 이와 동등 이상의 것을 사용할 것
3) 컷아웃 스위치, 피뢰기 등은 내염형의 것을 사용할 것
4) 주상변압기 등은 부싱이 내염구조로 된 것을 사용하고, 인하용 고압 절연 전선 등은 부틸고무 또는 에틸렌 프론필렌 고무절연 등 염해에 강한 전선을 사용할 것
5) 금구류는 아연도금 또는 방청도장을 실시할 것
6) 케이블공사에서 단말처리 등의 내염공사는 특히 주의하여 시공할 것

11.9 유도전동기 회로에 사용되는 배선용 차단기의 선정조건에 대하여 설명하시오.

건.107.1.9.

인용 : 내선규정 3115-3 분기개폐기 및 분기 과전류차단기의 시설

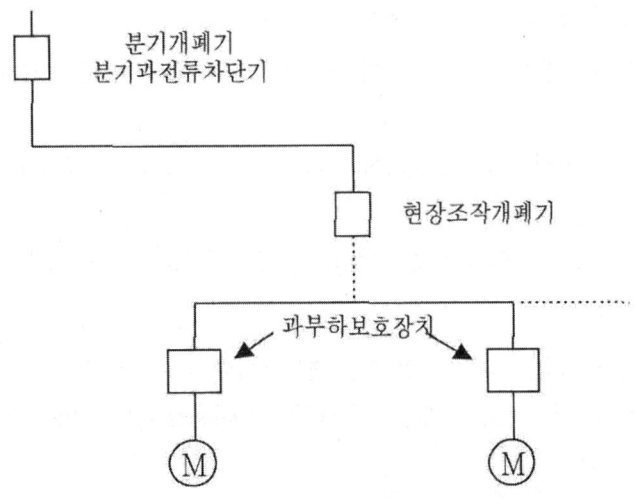

2대 이상의 전동기에 각각 과부하 보호장치를 설치하였을 경우(예)

1. 전동기에 전기를 공급하는 분기회로에는 3315-3(분기회로 개폐기 및 과전류차단기의 시설) 제1항의 규정에 따라 개폐기 및 과전류차단기를 시설하여야 한다.
2. 전동기에 전기를 공급하는 분기회로에 시설하는 분기 개폐기의 정격전류는 과전류차단기의 정격전류 이상이어야 한다.
3. 전동기에 전기를 공급하는 분기회로에 시설하는 과전류차단기의 선정은 다음 각 호에 의하여야 한다.
   ① 과전류차단기의 정격전류는 해당 전동기의 정격전류의 3배(전동기의 정격전류가 50A를 초과하는 경우는 2.75배)에 다른 전기사용 기계기구의 정격전류의 합계를 합산한 값 이하로 전동기의 기동전류에 의하여 동작하지 않는 정격의 것
   ② 다만 전동기의 과부하 보호장치와 보호협조가 잘 되어 있을 경우는 해당 분기회로에 사용하는 전선의 허용전류의 2.5배 이하로 할 수 있다(판단기준176).
4. 전동기에만 전기를 공급하는 분기회로의 과전류차단기에 1470-4(과부하 보호장치와 단락보호 전용차단기 또는 단락보호 전용퓨즈를 조합한 장치의 규격 및 사용의 제한)에 적합한 것을 사용하는 경우는 전 항의 규정에 관계없이 그 정격전류를 분기회로에 사용하는 전선의 허용전류 이하로 하여야 한다.(판단기준176)

3115-4 전동기용 분기회로의 전선 굵기

전동기에 공급하는 분기회로의 전선은 과전류차단기의 정격전류의 40% 이상의 허용전류인 것으로, 다음 각 호에 적합한 것이어야 한다.(판단기준 176)

① 연속 운전하는 전동기에 대한 전선은 다음에 표시하는 굵기의 어느 하나를 사용하여야 한다.(판단기준 176)
    가. 단독의 전동기 등에 전기를 공급하는 부분은 다음에 의할 것
        (1) 전동기 등의 정격전류가 50A 이하일 경우는 그 정격전류의 1.25배 이상의 허용전류를 가지는 것
        (2) 전동기 등의 정격전류가 50A를 초과할 경우는 그 정격전류의 1.1배 이상의 허용전류를 갖는 것
    나. 2대 이상의 전동기 등에 전기를 공급하는 부분은 3115-6(전동기용 간선의 굵기) 제1항의 규정에 따를 것

② 단시간 사용, 단속 사용, 주기적 사용 또는 변동부하에 사용하는 전동기에 대한 전선의 굵기는 전동기의 정격전류에 따르지 않고 배선의 온도상승을 허용값 이하로 하는 열적으로 등가한 전류 값으로 결정할 수 있다.

3115-6 전동기용 간선의 굵기

1. 전동기에 공급하는 간선의 굵기는 제1415절 전압강하 및 제1435절 허용전류의 규정에 따르고 또한 다음의 값 이상의 허용전류를 갖는 전선을 사용하여야 한다.(판단기준 175)
   ① 그 간선에 접속하는 전동기의 정격전류의 합계가 50A 이하일 경우는 그 정격전류 합계의 1.25배
   ② 그 간선에 접속하는 전동기의 정격전류의 합계가 50A를 초과하는 경우는 그 정격전류 합계의 1.1배
2. 제1항의 경우에서 수용률, 역률 등을 추정할 수 있는 경우는 이들에 의하여 적절히 산출된 부하 전류값 이상의 허용전류를 가지는 전선을 사용할 수 있다.(판단기준 175)

> **11.10** 건축전기설비 설계기준의 용어이다. 다음 제시된 용어에 대하여 설명하시오.   건.99.1.7.
> (1) 대지전압(Voltage to Ground)
> (2) 방우형(Rain-proof-type)
> (3) 내우형(Rain-tight-type)
> (4) 내후형(Weather-proof-type)
> (5) 초고층 건축물

1. 개요

적용 : 건축전기설계기준 제1장 총칙 3. 용어의 정의

2. 용어 정의

1) 대지전압(Voltage to Ground)

접지된 회로에서는 접지된 회로의 개소와 어느 도체의 전위차, 접지되지 않은 회로에서는 어느 도체와 회로 중의 다른 도체와의 전위차의 최대값

2) 방우형(Rain-proof Type)

특정 시험조건에서 장치의 정상적인 동작을 비가 방해하지 않도록 시설되고 보호되며 취급하는 것

3) 내우형(Rain-tight Type)

특정 조건에서 강한 비를 맞아도 빗물이 침입하지 않도록 구축되고 보호되어 있는 것

4) 내후성(Weather-proof Type)

풍우에 노출되어도 정상적인 운전에 방해를 받지 않는 구조로 하던지 또는 보호대책을 한 것

5) 초고층 건축물

건축물의 층수가 50층 이상 또는 높이가 200m 이상인 건축물

6) 기타

(1) 방진형(Dust-proof Type)

분진이 적정한 작동에 장해가 되지 않도록 구성 또는 보호된 형태

(2) 내진형(Dust-tight Type)

　　내부로 분진이 침입하지 못하는 구조의 밀폐함

(3) 방수형(Water-proof Type)

　　규정조건으로 주수하여도 정상적인 운전에 지장이 없는 구조

(4) 내수형(Water-tight Type)

　　습기가 외피 안으로 들어가지 못하도록 만들어진 것

11.11 전기설비기술기준의 판단기준에 따른 교통신호등의 시설에 대하여 설명하시오.
안.92.1.3.

1. **정의** : 교통신호등 회로의 사용전압은 300V 이하이어야 한다.

2. **교통신호등 회로**
   1) 케이블인 경우 이외는 공칭단면적 2.5mm² 연동선과 동등 이상의 굵기의 450/750V 일반용 단심 비닐절연전선 또는 450/750V 내열성 에틸렌 아세테이트 고무 절연 전선일 것
   2) 전선이 450/750V 일반용 단심 비닐절연전선 또는 450/750V 내열성 에틸렌 아세테이트 고무 절연 전선인 경우에는 이를 인장강도 3.7kN의 금속선 또는 지름 4mm 이상의 철선을 2가닥 이상을 꼰 금속선에 매달 것
   3) 전선을 매다는 금속선에는 지지점 또는 이에 근접하는 곳에 애자를 삽입할 것
   4) 전선이 케이블인 경우에는 저압케이블 공사의 규정에 준하여 시설할 것

3. **인하선**
   1) 전선의 지표상의 높이는 2.5m 이상일 것. 다만, 전선을 금속관 공사 또는 케이블 공사에 의하여 시설하는 경우에는 그러하지 아니하다.
   2) 전선을 애자 사용 공사에 의하여 시설하는 경우에는 전선을 적당한 간격마다 묶을 것

4. **감전보호**
   1) 교통신호등 제어장치의 전원 측에는 전용 개폐기 및 과전류 차단기를 각 극에 시설하여야 하며
   2) 교통신호등 회로의 사용전압이 150V를 초과하는 경우에는 전로에 지락이 생겼을 때에 자동적으로 전로를 차단하는 장치를 시설할 것
   3) 교통신호등 제어장치의 금속제 외함에는 제3종 접지공사를 하여야 한다.
   4) 교통신호등 회로의 배선이 건조물, 도로 횡단 보도교, 철도 · 궤도 · 삭도, 가공 약전류 전선, 안테나, 가공 전선 등의 시설물과 접근하거나 교차하는 경우에는 이들과의 이격거리는 60cm 이상이어야 한다.(교통신호등 회로의 배선이 케이블인 경우에는 30cm)

5. **신호등 광원**
   LED를 광원으로 사용하는 교통신호등의 설치는 KS C 7528 "LED 교통신호등"에 적합할 것

11.12 전기울타리(판단기준 제231조 내선규정 4110)

1. 적용 범위

전기울타리는 목장·논·밭 등 옥외에서 가축의 탈출 또는 야수의 침입을 방지하기 위하여 시설하는 경우를 제외하고는 시설하여서는 안 된다.

2. 사용전압

전기울타리용 전원장치에 공급하는 전로의 사용전압은 400V 미만이어야 한다.

3. 전기울타리의 시설

전기울타리는 다음 각 호에 의하고 또한 견고하게 시설하여야 한다.
1) 전기울타리는 사람이 쉽게 접촉되지 않는 장소에 시설할 것
2) 전선은 인장강도 1.38kN 이상의 것 또는 지름 2mm 이상의 경동선일 것
3) 전선은 적당한 애자에 의하여 이를 지지하는 지주와 2.5cm 이상 이격할 것
   지주의 간격은 5~10m로 하는 것이 바람직하다.
4) 전선과 기타 시설물 또는 수목과의 이격거리는 30cm 이상으로 할 것

4. 전력 공급 시설

1) 2차측 배선

   전기울타리용 전원장치에서 전기울타리에 이르는 2차 측 배선은 다음 각 호에 의하여 시설하여야 한다.
   ① 옥외에 시설하는 부분은 제21장 전선로의 규정에 따라 시설할 것
   ② 옥내 및 옥측에 시설하는 부분은 절연전선 또는 이와 동등 이상의 절연효력이 있는 전선을 사용하고 제22장 배선설비의 규정에 따라 시설할 것
   ③ 옥내의 인출구 가까이에서 쉽게 개폐할 수 있는 장소에 전용의 개폐기를 설치할 것

2) 현장조작 개폐기

   전기울타리용 전원장치의 1차 측은 쉽게 개폐할 수 있는 장소에 전용의 개폐기 또는 콘센트 등을 전로의 각 극에 시설하여야 한다.

3) 전파 장해 방지

전기울타리용 전원장치 중 충격전류를 반복하여 발생하는 것은 그 장치 및 이에 접속된 전로에서 발생하는 전파 또는 고주파전류가 무선설비의 기능에 계속적이고 또한 중대한 장해를 줄 우려가 있는 장소는 시설하여서는 안 된다.

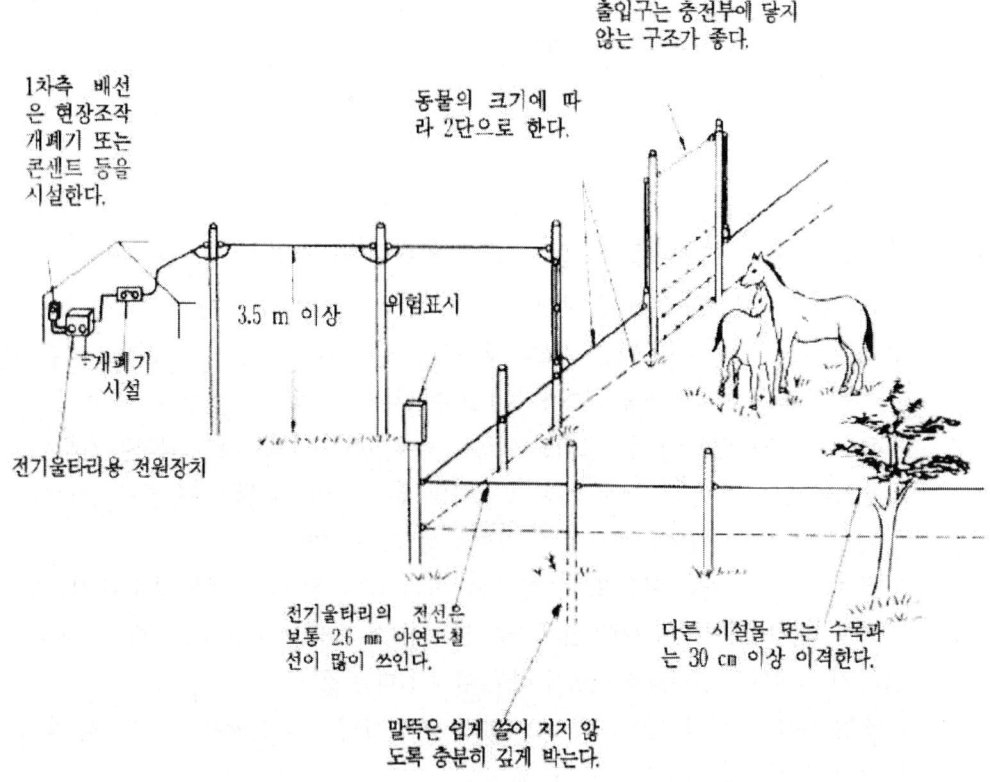

4) 위험 표시

전기울타리를 시설할 경우는 사람이 보기 쉽도록 적당한 간격의 주의표시판 등으로 위험하다는 표시를 하여야 한다.

5) 접지

전기울타리 전원장치의 외함 및 변압기의 철심은 제3종 접지공사로 접지하여야 한다.

5. 전기울타리용 전원장치

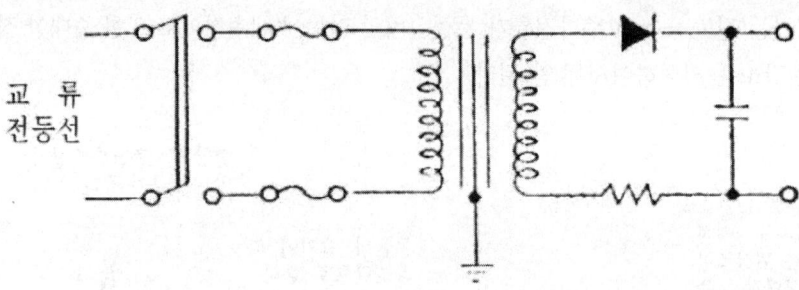

1) 전기울타리의 전원장치는 다음 각 호에 적합하여야 한다.
   ① 견고한 금속제의 외함에 넣을 것
   ② 내부구조는 쉽게 열 수 없는 구조의 것. 쉽게 열수 없는 구조란 리벳 고정 또는 특수한 장치를 하는 등으로 파괴적 조작을 가하여야 열 수 있는 구조인 것을 말한다.
   ③ 외부에 접지용 단자 및 쉽게 조작할 수 있는 곳에 입력 측의 각 극을 개폐하는 개폐기를 설치할 것
   ④ 장치의 입력 측 회로는 정격전류 1A 이하의 퓨즈나 기타 과전류차단기를 각 극에 장치할 것. 다만, 전지를 전원으로 하는 것은 이것을 생략할 수 있다.
   ⑤ 변압기는 절연변압기이고 또한 변압기의 1차권선과 다른 권선, 철심 및 외함 사이에 1,000V의 교류전압을, 변압기의 2차권선과 다른 권선, 철심 및 외함 사이에 1,500V의 교류전압을 연속 1분간 가하여 절연내력을 시험할 경우 이에 견디는 것
   ⑥ 전원장치는 출력 측 단자에 방전 Gap 등 습뢰 시의 위험을 방지하는 장치를 할 것
   ⑦ 다음 사항을 보기 쉬운 곳에 표시할 것
      가. 충격전류를 반복하여 발생하는지의 여부
      나. 정격 1차전압 및 2차 최고 전압
      다. 정격 입력
      라. 옥내용 옥외용의 구별
      마. 제작자명

2) 충격전류를 반복하여 발생하지 않는 전원장치는 전 항 이외에 다음 각 호에 적합하여야 한다.
   ① 출력 측 단자 간의 사용전압은 1,000V 이하일 것
   ② 충격전류를 발생하기 위하여 사용하는 콘덴서 용량은 $4\mu F$ 이하일 것
   ③ 출력 측 단자 간을 단락하고 통전한 경우에 출력 측 단자 간을 흐르는 전류는 3.5mA 이하일 것

11.13 소세력 회로(판단기준 제244조)

[판단기준 제244조(소세력 회로의 시설)]

① 전자 개폐기의 조작회로 또는 초인벨·경보벨 등에 접속하는 전로로서 최대 사용전압이 60V 이하인 것

- 최대 사용전류 : 최대 사용전압이 15V 이하인 것은 5A 이하
- 최대 사용전압이 15V를 초과하고 30V 이하인 것은 3A 이하
- 최대 사용전압이 30V를 초과하는 것은 1.5A 이하인 것으로 대지전압이 300V 이하인 강 전류 전기의 전송에 사용하는 전로와 변압기로 결합되는 것은 다음 각 호에 따라 시설하여야 한다.
  1. 소세력 회로에 전기를 공급하기 위한 변압기는 절연변압기일 것
  2. 제1호의 절연변압기의 2차 단락전류는 표 244-1에서 정한 값 이하의 것일 것. 다만, 그 변압기의 2차측 전로에 표 244-1에서 정한 값 이하의 과전류 차단기를 시설하는 경우에는 그러하지 아니하다.

▼ [표 244-1]

소세력 회로의 최대 사용전압의 구분	2차 단락전류	과전류 차단기의 정격전류
15V 이하	8A	5A
15V 초과 30V 이하	5A	3A
30V 초과 60V 이하	3A	1.5A

  3. 조영재에 붙여 시설하는 경우
     - 전선은 공칭단면적 $1.0mm^2$ 이상의 연동선
     - 전선은 코드·캡타이어 케이블 또는 케이블일 것
     - 전선이 손상을 받을 우려가 있는 곳에 시설하는 경우에는 적절한 방호장치
     - 애자로 지지하고 조영재 사이의 이격거리를 6mm 이상으로 할 것
     - 전선은 금속제의 수도관·가스관 또는 이와 유사한 것과 접촉하지 아니하도록 시설할 것
  4. 지중에 시설하는 경우
     - 전선은 450/750V 일반용 단심 비닐절연전선·캡타이어 케이블 또는 케이블일 것
     - 전선을 차량 기타 중량물의 압력에 견디는 견고한 관·트라프 기타의 방호장치에 넣어 시설하는 경우 이외에는 매설깊이는 30cm(차량 기타의 중량물이 압력을 받을 우려가 있는 곳에 시설하는 경우에는 1.2m) 이상

5. 지상에 시설하는 경우

   전선을 견고한 트라프 또는 개거에 넣어 시설할 것

6. 가공으로 시설하는 경우

   1) 지름 1.2mm 경동선일 것
   2) 전선의 높이는 다음에 의할 것

      (1) 도로를 횡단하는 경우에는 지표상 6m 이상

      (2) 철도 또는 궤도를 횡단하는 경우에는 레일면상 6.5m 이상

      (3) (1) 및 (2) 이외의 경우에는 지표상 4m 이상

         다만, 전선을 도로 이외의 곳에 시설하는 경우에는 지표상 2.5m까지로 감할 수 있다.

   3) 전선의 지지물의 풍압하중에 견디는 강도를 가질 것

11.14 전화설비(건축전기설비설계기준 제11장 제2절)

1. 관련 규정
건축전기설비설계기준(국토교통부) 제11장 제2절

2. 일반사항
1) 정보통신 및 약전설비의 일반적인 구성은 다음 표를 참조한다.

정보통신 및 약전설비	약전설비		표시설비
			주차관제설비
			전기음향설비
			전기방재설비
			감시제어설비
	통신설비	음성통신설비	전화설비
			인터폰설비
			구내방송(PA) 설비
			무선통신설비
			기타
		영상통신설비	TV 공청설비(CATV 포함)
			화상회의설비
			기타
	정보설비	시간정보설비	전기시계설비
		데이터통신설비	근거리통신망(LAN) 설비
			홈 네트워크설비
		계측설비	원격검침설비
	기타	유비쿼터스도시(U-city) 시스템	
		뉴미디어시스템 선로구성 등	

2) 전화설비는 국선 인입용 관로, 통신실[주배선반(MDF), 국선용 단자함, 초고속 통신망 장비 등 설치], 구내배선 및 단자함 설치와 교환대설비로 구성한다.
3) 전화설비 단말장치는 음성계통과 데이터 계통으로 구분한다.

4) 전화설비 설계사항

- 사설 교환대(PBX ; Private Branch Exchange) 설치방식은 전화 인입배관, 주배선반(MDF), 단자함, 전화용 아웃렛을 설치하고, 이들 각 기기 간의 연결 배선을 실시하며, 사설교환대를 설치하여 건물 내 전화기에 전체 또는 부분적인 서비스를 하는 방식으로 한다.
- 일반적으로 디지털교환대(DPBX)를 설치하여 전화교환 이외에 LAN 구성이 가능하도록 설치한다.

3. 회선수 산출

1) 구내통신선로 설비에는 구내로 인입되는 국선의 수용, 구내회선의 구성, 단말장치 등은 증설을 고려하여 산출한다.
2) 구내통신 회선 수는 다음 표를 참고한다.

건축물의 종류	회선 수 확보 / 기준	비고
주거용 건축물	단위세대 당 1회선 이상	여기서 1회선은 4쌍 꼬임케이블을 기준으로 한다.
업무용 건축물	각 업무구역 당 1회선 이상	

※ 주1) 업무용 건축물의 각 업무구역은 10m²를 기준으로 한다.
　 2) 이외의 건축물은 건축물의 용도를 감안하여 신축적으로 적용한다.

3) 국선 인입

(1) 국선 인입에 사용할 배관의 설치로서 공중통신사업자의 지중함(맨홀, 핸드홀)로부터 인입부지 내 지중함 등의 설치를 포함하는 국선용 단자함까지의 배관을 설치한다.
(2) 지중 배관이 건물을 관통하는 경우는 물이 건물 내로 침입하지 않도록 하는 방법으로 배관하고 인입배선이 완료된 후에는 침수방지 조치(Seal : 밀봉)를 한다.

4. 배선방법

1) 배선에 사용하는 케이블은 일반적으로 광케이블, 동축케이블, 꼬임케이블 및 기타 통신선 중 용도를 참조하여 선정한다.
2) 배선방식(구내 간선계, 건물 간선계, 수평 배선계에 대한 것)은 확보된 건축적 루트, 통신용 ES(TPS) 상태, 여유성 및 경제성을 고려한다.

3) 선행배선

- 사무용 건축물에서 선행배선은 업무환경 변화에 따른 배치(레이아웃) 변경과 정보통신환경의 발전·도입에 대응하기 위하여 각종 통신기기에 사용되는 배선을 통합하여 사용이 가능토록 선정한다.
- 배선방식은 변경·증설에 대비하고 관리성능 향상을 위해 다음의 시스템을 참조하여 설계한다.

(1) 수평 배선

정보통신용 IDF에서 단말기까지의 배선으로 일반적으로 4쌍 꼬임 케이블(4P 트위스트 페어 케이블)을 사용한다.

(2) 수직 배선

집중구내 통신실로부터 각층 IDF까지의 간선 배선을 하는 것으로 음성·데이터 등의 서비스 종류에 따라 설치하며, 일반적으로 4쌍 꼬임 케이블 또는 광케이블을 사용한다.

(3) 기타

각 배선의 설비 규모에 따라 단말기 설치, 단자함 설치, 패치코드 연결 등을 포함한다.

11.15 인터폰 설비(건축전기설비설계기준 제11장 제4절)

1. 관련 규정
건축전기설비설계기준(국토교통부) 제11장 제4절

2. 인터폰설비 구분
1) 통화망 구성 방식은 모자식, 상호식 및 복합식 등을 사용한다.
2) 통화방식에 따른 종류는 동시통화방식을 사용한다.
3) 통화기의 형태는 전화형, 스피커형, 전화스피커형 등을 사용한다.
4) 용도별 구분은 주택용, 사무용, 산업용, 방재용, 병원용, 기타 관리용 등으로 구분한다.

3. 설계순서
1) 대상 및 장소선정 : 건축계획에 의해 인터폰 설치 필요 장소와 용도의 구분
2) 통화방식, 통화망 구성방식 선정
3) 통화기 형태에 따른 기종 선정
4) 기기 배치 및 배선설계

4. 통화망 구성방식

1) 모자식 인터폰
   (1) 직통식과 다국 방식이 있으며, 직통식은 1대의 모기와 1대의 자기로 이루지는 구성이고, 다국 방식은 1대의 모기와 다수의 자기로 이루어지는 일반적인 모자식 인터폰의 구성이다.
   (2) 설비 관리실(ES, AHU실 등)용으로 시설하여 자기의 사용빈도가 적은 경우에는 인터폰용 잭을 설치하고 사용 시 핸드 셋의 플러그를 삽입하여 통화하는 형식으로 한다.

2) 상호식 인터폰
   (1) 설치되는 인터폰 모두가 구조, 사용법이 같고 동일한 등급이다.
   (2) 어떤 기기에서도 임의의 기기에 호출통화가 가능하게 한다.
   (3) 상호식 인터폰 사용은 동등한 위치(예 중앙감시실, 방재센터, 주차관제실, 방송실, 전기실, 기계실 및 기타 관리실 등)에서 통화하여야 하는 장소의 연결에 사용한다.

(4) 상호식 인터폰은 개별 호출키 방식 또는 텐키(Tenkey) 방식을 사용하되, 기기의 수량이 많은 경우는 전자식 텐키 방식 채택을 검토한다.

3) 복합식 인터폰

복합식 인터폰은 모자식 인터폰 그룹 간의 연락이 필요한 경우, 각각 모기 사이를 상호식 인터폰 개념으로 호출통화하는 것이다.

5. 용도별 인터폰 설치

1) 주택용 인터폰

(1) 주택용 인터폰의 기본은 도어폰으로 현관(또는 대문) 외부와 내부와의 호출과 통화용으로 설치한다.
(2) 공동주택에서는 외부와의 통화, 세대와 경비실 간의 통화, 세대와 세대 간의 통화의 목적으로 도어폰과 모자식 인터폰의 결합 형태로 설치하고, 경비실 간은 상호식으로 구성하는 복합식의 형태를 검토한다.
(3) 공동주택 인터폰은 인터폰 기능 이외에 방범과 방재(Home Security) 기능으로도 사용한다.

2) 오피스용 인터폰

(1) 오피스용 인터폰은 일반적으로 관리 연락용 및 유지보수용으로 설치한다.
(2) 관리 연락용은 동일등급 계통실의 연락이므로 상호식을 설치한다.
(3) 유지보수용은 유지와 보수의 중심이 되는 감시실, 전기실, 기계실 등과 건축물 각 부분의 대상실(ES, AHU실, 열교환실 등)과의 연결로서, 모자식을 설치하며 자기를 설치하지 않고 핸드셋 연결용 잭을 설치한다.

3) 산업용 인터폰

산업용 인터폰은 산업설비의 프로세스에 따라 상호식, 모자식, 복합식을 설치하며, 주변이 시끄럽거나 넓은 장소인 경우에는 인터폰으로 스피커를 구동하여 호출하고 통화하는 방식(페이징 시스템)을 사용한다.

4) 병원용 인터폰 설비

(1) 병원에서의 인터폰은 업무용과 관련한 경우는 오피스용 인터폰과 같다.
(2) 환자와 너스 스테이션 간의 연락설비로서 너스콜 인터폰시스템을 구성하며 환자의 호출에 즉시 응하도록 하여야 하고 너스콜 인터폰 설비와 함께 화장실과 욕실에서의 긴급호출과 병용한 너스콜 시스템으로 한다.

11.16 방송공동수신설비(건축전기설비설계기준 제11장 제5절)

1. 관련 규정
건축전기설비설계기준(국토교통부) 제11장 제5절

2. 일반사항

1) 방송공동수신설비(이하 TV공청설비)는 1조의 안테나로 지상 TV 공중파를 수신하여 증폭기를 통하거나 직접 TV 수상기로 배분하는 것으로 디지털 방송수신을 포함한다.

2) TV 공청설비 구분

　(1) TV 공청설비는 규모에 따라 주택용 TV 공청, 공동주택 TV 공청, 빌딩 TV 공청, 수신장애(빌딩그늘 및 반사) 해소용 TV 공청, 난시청 지구용, 마을공청설비와 시내케이블 TV(CATV) 시스템이다.

　(2) TV 공청설비에서 고려하는 공중파 방송은 일반적으로 VHF, UHF 및 위성방송용 SHF를 수신한다.

3. 설계순서

1) 설치 목적으로서 공청수신, 주변 난시청해소, 자주방송, 쌍방향 CATV, 위성방송 수신 등을 검토한다.
2) 대상선정으로 대상지역, 단말기 수량을 정한다.
3) 서비스채널 선정으로 수신방송국, 전파의 종류, 채널 수량을 정한다.

평점	평가 척도	평가 기준
5	우수	장애가 없음
4	양호	장애가 있지만 걱정이 없음
3	가능	장애가 걱정되지만 문제시되지는 않음
2	불가능	장애가 심해 문제가 됨
1	수신불능	불가능

4) 서비스 그레이드를 결정하며 설계 시에는 화질평가 기준에 따라 일반적인 평가는 다음 표를 참조한다.
5) 경제성으로서 예산과 일치하는지를 판단한다.

6) 입지조건은 지형, 기후, 주변에 대한 상황, 지역의 직접파의 전계강도와 수신상태, 채널별 전파방향, 반사파의 유무를 판단한다.
7) 배선설계는 구성기기의 배치, 배선로 설비 등을 구성하고 각 분기, 분배점 및 전선로에서의 감쇄량과 증폭기의 이득을 계산하여 모든 단말 정합기(Unit)에서의 출력레벨이 70dB 이상 80dB 이하로 한다.

4. 구성기기

1) 안테나
   (1) 수신대상 공중파에 대응하는 안테나를 선정하고, 종류는 VHF 대역용, UHF 대역용, 위성방송 수신용 등이다.
   (2) 수신 안테나는 모든 채널의 신호를 수신할 수 있는 광대역 안테나를 조합하여 설치한다. 다만 방송의 수신이 불량한 경우에는 채널전용 안테나를 사용한다.

2) 혼합기(Mixer)
   (1) 서로 다른 주파수대의 전파를 간섭이 없도록 한 개의 전송선으로 모으는 장치로 설치한다.
   (2) 일반적으로 U/V 혼합기를 사용한다.

3) 컨버터
   (1) SHF로 수신된 신호를 UHF로 변환할 때 다운 컨버터를 사용한다.
   (2) UHF 신호를 SHF로 변환하고자 할 때는 업 컨버터를 사용한다.

4) 증폭기(Booster)
   (1) 수신점의 전계강도가 낮은 경우에 설치하고 배선, 분기기, 분배기, 직렬유닛에서의 감쇄 신호 레벨을 보상한다.
   (2) 증폭기는 단말 TV 수상기 입력(단말유닛출력)이 70dB 이상 80dB 이하가 되도록 수신 레벨을 검토하여 설치한다.

5) 선로기기
   (1) 분기기는 신호레벨이 강한 간선에서 필요한 세기의 신호로 분기하는 경우 사용한다.
   (2) 분배기는 입력된 신호를 균등하게 분할하여 임피던스 정합을 시키는 경우 사용한다.
   (3) 직렬유닛은 분기, 분배기능과 정합기능을 정리한 것으로서 유닛연결의 중간 또는 말단에 사용하여 TV수상기를 연결 시 사용한다.
   (4) 분파기는 한 개의 입력신호를 주파수가 다른 신호로서 각 각 선별하여 주파수를 선택하는 경우 사용한다.

6) 전송선

(1) 안테나로 수신된 전파를 각 기기에 연결하는 것으로 TV 수상기까지 전달하는 것을 말한다.
(2) 전송선은 동축케이블을 사용한다.

5. TV 단말기 수신레벨의 계산

TV 단말기 수신레벨은 단말정합기(유닛) 출력레벨이며, 이것은 전송로 내 총 이득에서 총 손실을 제외한 것으로 산출된다.

$$U = G_T - L_T$$

여기서, U : 단말정합기 출력레벨(dB)
G_T : 총 이득(안테나, 증폭기)
L_T : 손실합계(선로, 분기기, 분배기, 직렬유닛 등에서의 손실)

11.17 전기시계설비(건축전기설비설계기준 제11장 제6절)

1. 관련 규정
건축전기설비설계기준(국토교통부) 제11장 제6절

2. 일반사항
1) 전기시계설비는 일반적으로 모자식 전기시계를 말한다.

2) 모시계 및 자시계

   (1) 모시계는 수정식을 사용한다.
   (2) 자시계는 일반적으로 유극식을 사용한다.

3. 설계 순서
1) 자시계의 설치장소, 수량에 대한 검토
2) 모시계 설치에 대한 검토
3) 회선 수(모시계의 모니터 수) 산정
4) 배선설계

4. 모시계
1) 모시계 형식

   (1) 탁상형 및 벽걸이형은 소규모 모시계로 자시계 회로수가 3회로 이내인 경우 사용한다.
   (2) 자립형 모시계는 회로수가 3회로 이상인 경우 사용한다.

2) 설치장소

   (1) 온도의 변화, 습기, 먼지, 진동이 많은 장소는 피한다.
   (2) 건축물에서는 일반적으로 중앙감시실(방재센터), 관리소, 경비실, 전화교환실 등에 설치한다.

3) 모시계 회선수 산출은 다음 식을 참조한다.

$$Mm \geqq N/20$$

여기서, Mm : 모시계 예상 회선수
N : 자시계 수량(개)

5. 자시계

1) 자시계의 일반적 형태

(1) 벽걸이형은 일반사무실에 사용한다.
(2) 반매립형은 임원실, 식당, 카페테리어 등 건축적 의장이 고려되는 곳에 사용한다.
(3) 매립형은 현관, 로비, 엘리베이터 홀 등의 내구성 벽 부분에 사용한다.

2) 자시계의 설치수량은 다음 표를 참조한다.

건물별	실명	각 실별 설치개수
병원	진료실, 약국, 접수처, 사무실	100m²마다
	치료실, 의원, 원장, 간호 숙소, 수술실, 물리치료실 등	200m²마다
	큰 병실	1~2
	병실 앞 복도	1~2
	관리부문, 공용부분	1
극장	장내	1~2
	관리부문, 사무실, 입장권 발매장, 공용부분	1
호텔	객실, 관리부문, 사무실, 프론트, 매점, 식당, 공용부분	1
은행	관리부문, 사무실, 업무실, 대기실, 접수처, 공용부분	100m²마다
사무실	비교적 작은 방이 많은 빌딩	60m²마다
	비교적 큰 방이 많은 빌딩	100m²마다
	300m² 정도의 큰 방이 많은 빌딩	150m²마다
	관리부문, 공용부분	1
공장	접수처, 식당, 현장사무실, 관리부문, 공용부분	1
	사무실	사무실 기준

3) 강당, 공연장, 대회의실 등에 설치하는 자시계는 주시(식별 가능) 거리로서 크기와 수량을 정하며, 문자판 크기와 주시 가능거리의 관계는 다음의 그래프를 참조한다.

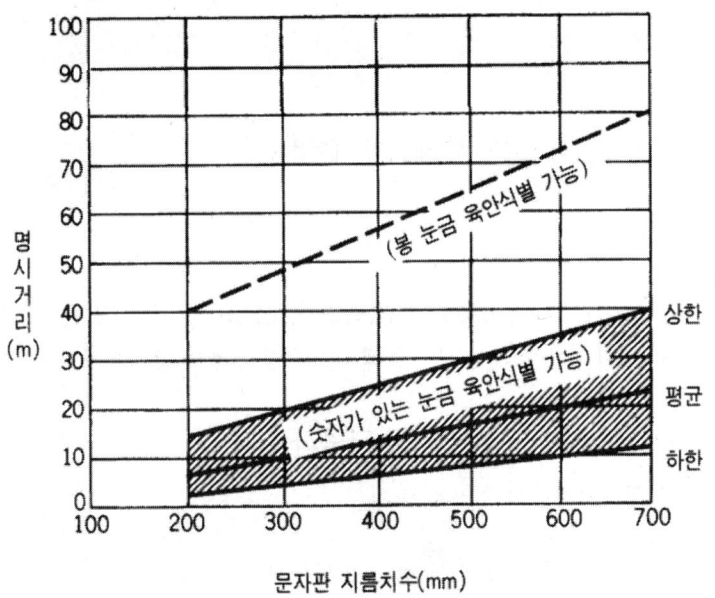

4) 자시계의 설치높이는 하단부가 2m 이상으로 한다.
5) 자시계 배치는 벽면의 중앙에 설치하고 칸막이 가능성이 있는 위치는 피한다.

6. 배선

1) 같은 회선이 복수 층에 미치지 않도록 한다. 다만, 엘리베이터 홀이나 사무실 기준층과 같이 동일한 위치의 구조체에 설치되는 경우는 경제성을 고려하여 수직회로로 구성하다.
2) 배선은 비닐절연전선이나 통신용 비닐절연전선을 사용하여 전선관으로 보호하거나 케이블을 사용한다.
3) 배선의 전압강하는 10% 이하가 되도록 한다.

11.18 표시설비(건축전기설비설계기준 제11장 제7절)

1. 관련 규정
건축전기설비설계기준(국토교통부) 제11장 제7절

2. 일반 사항

1) 표시 설비는 전기에너지를 사용한 광원(백열등, LED) 및 VDT(CRT, LCD, PDP 등)로 문자, 도형, 영상으로 나타내어 안내, 표시, 중계, 연락 및 호출의 용도로 사용한다.

2) 일반적으로 설치하는 표시 설비는 다음과 같다.

   (1) 회사 및 관공서 : 출퇴근 표시 장치

   (2) 병원 : 투약 표시장치, 간호사 호출 표시장치

   (3) 경기장 : 기록 표시장치, 영상 디스플레이 장치

   (4) 교통기관 청사 · 대합실 : 발착 표시, 행선지 안내 표시, 운항 표시

   (5) 기타 : 안내용 디스플레이 설비

3. 설계 순서(출퇴근 표시장치 기준)

1) 대상 및 장소 선정으로 표시반 형식, 설치장소 및 수량을 정한다.
2) 제어방식은 제어기 형식 및 방법(집중식, 개별식)을 정한다.

4. 출퇴근(재실) 표시설비

1) 표시반

   (1) 표시반은 일반적으로 램프식과 발광 다이오드(LED) 방식을 사용한다.
   (2) 표시창의 표시방법은 램프 식으로는 직접표시, 양각표시, 난반사 표시 방식을 사용하고 LED 방식을 검토한다.
   (3) 일반적인 표시반의 형식은 벽걸이형, 매입형, 반매입형, 현수형, 탁상형, 탁상 매입형 등으로 한다.

2) 제어기
- (1) 제어기는 표시반의 표시상태(램프점멸 등)를 표시하는 것으로 중앙 제어기와 개별 제어기를 설치한다.
- (2) 개별제어기는 표시반 표시 대상자 각 실에 설치하고, 중앙제어기는 일정장소(경비실, 접수대, 현관 등)에 설치한다.
- (3) 제어기의 형식은 개별제어기인 경우 벽 매입형, 중앙제어기의 경우는 탁상형(또는 매입형)을 설치한다.
- (4) 제어 스위치는 개별제어기인 경우 누름버튼(또는 토글)스위치를 사용하고, 중앙제어기인 경우 누름버튼스위치 또는 텐키(Tenkey) 방식으로 한다.

5. 간호사 호출 표시설비(너스콜 시스템)

1) 호출설비
- (1) 간호사 호출설비는 환자용 거실(침대, 화장실, 목욕실 등)과 간호사 대기장소(너스 스테이션) 간의 연락설비로서 환자 호출에 따라 간호사 대기소에서 호출위치를 확실히 알 수 있도록 한다.
- (2) 환자용 호출설비는 침대에서는 베드콘솔과 일체형 또는 별도(누름 버튼)형을 설치하고 욕실 및 화장실에서는 풀스위치 식으로 한다.

2) 너스 스테이션 주장치
- (1) 환자의 호출장소를 정확히 알 수 있도록 한다.
- (2) 벨 또는 차임의 소리로 호출한다.

3) 복도표시등

간호사가 호출장소를 복도에서 알아볼 수 있도록 호출장소의 복도부분에 복도표시등을 설치한다.

4) 간호사 호출 표시설비는 모자식 인터폰을 겸용하여 시설한다.

CHAPTER 12
E. Saving, 신재생에너지

12.1 하절기 수요관리(DSM)를 위한 분산전원 5종류를 들고 설명하시오.

건.95.1.1.

1. 개요

1) 전력예비율

$$전력예비율 = \frac{총\ 전력\ 공급\ 능력 - 최대\ 전력\ 수요}{최대\ 전력\ 수요} \times 100\,(\%)$$

(1) 공급예비율과 설비예비율로 파악하는데 공급예비율은 발전소에서 실제로 생산한 전력 중 남아 있는 것의 비율이며 설비예비율은 가동하지 않는 발전소의 공급능력까지 더하여 산출한 비율이다.

(2) 수치가 높으면 공급량이 충분하여 전기를 여유 있게 사용할 수 있으나 낮을 경우에는 여름과 겨울 등 전력 성수기에 문제가 발생될 수 있다. 전력은 저장을 할 수 없으므로 수치가 너무 높을 경우 에너지를 낭비하고, 전기요금 부담도 커지는 등 경제적 손실을 초래한다.

(3) 따라서 적정수준을 유지하는 것이 필요한데, 대체로 15% 내외가 적당하고 최근에는 발전소 건설을 많이 확충하여 예비율에 여유가 좀 생기게 되었다.

2. 최대 전력수요 갱신 이유

1) 전력 사용량 증가

(1) 하절기
- 업무시설, 상업시설 등의 대형화에 따라 냉방 부하 급증
- 생활수준 향상으로 냉방 부하 급증
- 지구온난화에 따른 지구 온도 상승 등

(2) 동절기
- 상업시설, 업무시설 등의 대형화에 따라 난방 부하 급증
- 고유가에 따른 대체 에너지로 전기 사용량 증가
- 원 적외선 히터, 옥매트 전기장판 등 전기제품 보급
- 2010년에는 겨울철 최대 전력이 여름의 최대전력을 역전시킴

3. 수요관리를 위한 분산전원

1) 태양광 발전설비

(1) 원리

태양광 발전 시스템은 태양으로부터 지상에 내리 쪼이는 방사에너지를 태양 전지를 이용해 직접 전기로 변환해서 출력을 얻는 발전 방식임

(2) 장단점

장 점	단 점
• 에너지원이 청정하고 무제한 • 필요한 장소에서 필요한 양만 발전 가능 • 유지보수가 용이하고 무인화 가능 • 20년 이상의 장수명	• 저효율(12% 정도) • 전력생산이 지역별 일사량에 의존되고 일사량 변동에 따른 출력이 불안정함 • 에너지 밀도가 낮아 큰 설치면적 필요 • 설치장소가 한정적이고 시스템 비용이 고가임 • 투자비와 발전단가 높음 • 직류 → 교류 변환 시 고조파 발생

2) 풍력 발전설비

(1) 원리

풍력 발전은 풍차의 기계적 에너지를 발전기를 이용하여 전기에너지로 변환시키는 것으로서 풍력에너지 E는 다음 식으로 주어진다.

$$E = \frac{1}{2}\rho A V^3 \text{(W)}$$

여기서, ρ : 공기의 밀도(kg/m³)
A : 공기 흐름의 단면적(m²)
V : 공기의 평균 풍속(m/s)

(2) 장단점

장 점	단 점
• 재생 가능하고 무한정한 에너지 • 대기오염이나 온실효과가 없는 청정 E • 화석연료의 고갈에 대비한 대체에너지 • 산정이나 바닷가 등을 활용함으로써 토지이용률의 증대 • 석유, 석탄 수입이 줄어들어 무역수지 개선효과	• 초기투자비 과다 • 회전날개로 인한 소음 발생 • 조망권 침해 또는 시각적인 장애 발생 • 풍력단지와 전력이 필요한 도시와 거리가 멀다. • 대규모 풍력단지의 경우 생태환경피해 • 간헐적인 바람으로 인해 발전 중단 • 바람을 저장할 수 없다.

3) 연료 전지

(1) 원리 및 구성
- 연료 개질 장치 : 수소를 함유한 일반 연료(LPG, LNG, 메탄, 석탄가스 메탄올 등)로부터 연료 전지가 요구하는 수소를 제조하는 장치
- 연료 전지 본체 : 연료 개질 장치에서 들어오는 수소와 공기 중의 산소로 직류 전기와 물 및 부산물인 열을 발생
- 전력 변환 장치 : 연료 전지에서 나오는 직류를 교류로 변환

(2) 연료 전지의 특징
- 고효율(60~65%)
- 저공해
- 연료의 다양성
- 부지선정의 용이성
- 저소음, 저진동

4) 조력 발전설비

조석 간만의 차를 이용해 발전을 할 수 있는 방식으로 최근 시화 조력발전이 상업 운전에 들어갔으며 여러 가지 장점이 있지만 다음과 같은 문제점이 있다.

- 대규모 댐 시설 필요로 높은 시설비 과다
- 갯벌의 황폐화 등 해양환경의 악영향
- 제한적인 발전 주기
- 해상교통의 단절 및 막대한 초기 투자비용, 환경의 악영향

5) 열병합 발전

열병합 발전 시스템은 전기와 열을 동시에 생산하는 종합 에너지 시스템(Total Energy System)이다. 종래 발전소의 35%의 효율에 비해 열병합 발전은 80% 이상의 높은 에너지 이용 효율을 가지고 있다.

6) 수력발전소

수력발전은 강 또는 하천의 낙차를 이용하여 발전을 하는 방식으로 다음과 같은 특징이 있다.
- 부존 자원을 활용하여 전력 생산
- 수량에 따라 운전시간이 좌우되며 계절 영향을 크게 받음
- 타 신재생 에너지에 비해 에너지 밀도가 높은 편임
- 수차, 발전기, 전력 변환장치 등으로 구성됨

12.2 태양광 모듈의 특성 중 FF(Fill Factor)를 설명하시오.

건.95.1.2.

1. 태양광 발전원리

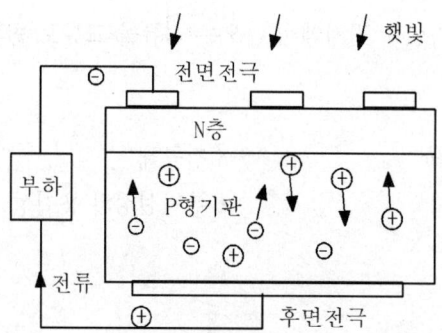

1) 태양광 발전 시스템은 태양으로부터 지상에 내리쪼이는 방사에너지를 태양전지를 이용해 직접 전기로 변환해서 출력을 얻는 발전 방식이다.
2) 위의 그림과 같이 P형과 N형을 접합한 실리콘 반도체에 태양광 에너지를 입사시키면 부(−)의 전기와 정(+)의 전기가 발생하고, 부의 전기는 N형 실리콘으로, 정의 전기는 P형 실리콘으로 분리되어 전극에 전압이 발생한다.

2. Fill factor(FF)

1) 태양전지의 효율을 특징 지어주는 변수로는 Open−circuit Voltage(Voc), Short−circuit Current(Isc), Fill Factor(FF) 등이 있다.
2) Open−circuit Voltage(Voc)는 회로가 개방된 상태, 즉 무한대의 임피던스가 걸린 상태에서 빛을 받았을 때 태양전지의 양단에 형성되는 전위차이다.
3) Short−circuit Current(Isc)는 회로가 단락된 상태, 즉 외부저항이 없는 상태에서 빛을 받았을 때 나타나는 역방향(음의 값)의 전류밀도이다.
4) Fill factor(FF)는 최대전력점에서의 전류밀도와 전압값의 곱($Imp \times Vmp$)을 Voc와 Isc의 곱으로 나눈 값이다.

즉, $FF = \dfrac{Imp \times Vmp}{Isc \times Voc}$

따라서, Fill Factor는 빛이 가해진 상태에서 I−V 곡선의 모양이 사각형에 얼마나 가까운가를 나타내는 지표이다.

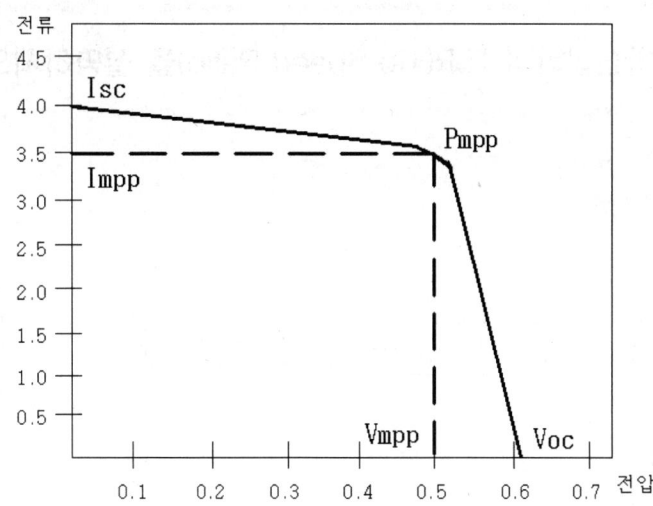

[결정질 실리콘 태양전지 전류 / 전압 곡선]

12.3 풍력발전설비의 TSR(Tip Speed Ratio)을 설명하시오. 건.95.1.3.

1. 풍력발전기 구성

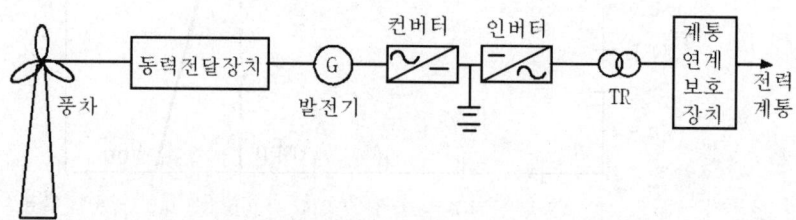

풍력발전기는 철탑, 풍차(프로펠러), 바람 에너지를 기계 에너지로 변환하는 회전자와 동력전달장치, Gear Box, 발전기, 축전지, 전력선 등으로 구성되어 있으며 풍차는 다음과 같은 종류가 있다.
- 수평축형과 수직축형으로 분류된다.
- 현재 수평축 프로펠러형, 3 Blade형이 대부분이다.

2. TSR(Tip Speed Ratio) : 주속비

1) 정의

풍차 날개(Blade)의 끝단 속도와 유입 풍속의 비

$$TSR = \frac{날개(선) \ 속도}{유입 풍속}$$

2) 종류

저속형 : TSR = 1~4
고속형 : TSR = 5~7임

12.4 태양광전기(Cell)의 간이등가회로를 구성하고 전류 – 전압 곡선을 설명하시오.

건.95.2.5.

1. 개요

최근에는 석유의 자원 부족 및 고갈에 따른 고유가 시대에 접어들고 있으며 특히 화석연료는 향후 수십 년밖에 사용할 수 없는 유한자원이므로 태양광을 비롯한 신재생 에너지의 개발 및 보급이 아주 절실한 현실이다. 태양광발전시스템은 신재생 에너지 중 효율이 높고 기술개발이 상당히 앞서가는 부분으로 우리나라에서도 상당히 활발하게 설치 보급되고 있다.

2. 태양광발전 설비 원리

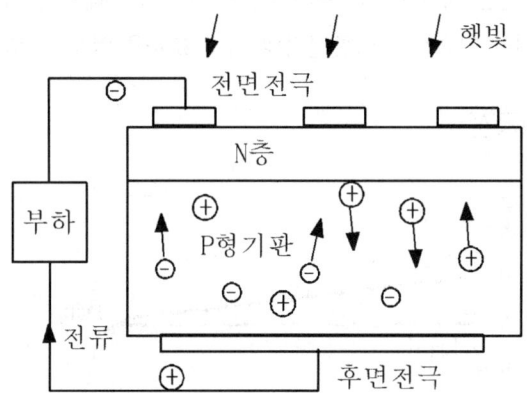

1) 태양광발전 시스템은 태양으로부터 지상에 내리 쪼이는 방사 에너지를 태양 전지를 이용해 직접 전기로 변환해서 출력을 얻는 발전 방식이다.
2) 위의 그림과 같이 P형과 N형을 접합한 실리콘 반도체에 태양광 에너지를 입사시키면 부(-)의 전기와 정(+)의 전기가 발생하고, 부의 전기는 N형 실리콘으로, 정의 전기는 P형 실리콘으로 분리되어 전극에 전압이 발생한다.

3. 태양광전기(Cell)의 간이등가회로

1) 태양전지의 특성을 모델링하기 위하여 다양한 등가모델이 연구되고 있다.
2) 그 중에도 직·병렬저항, 다이오드 및 전류원으로 구성되는 등가회로가 많이 사용되고 있으며 다음 그림과 같이 표현되고 있다.

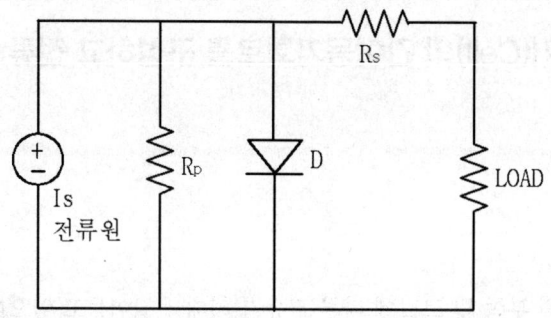

위에서 R_s, R_p : 직렬 및 병렬저항
       D : 다이오드임
       I_s : 태양전지 전류원으로 표시

4. 태양광전기(cell)의 전류 – 전압 곡선

1) 전류 – 전압 특성곡선은 태양전지의 변환효율을 나타내는 데 이용된다.
2) 따라서 이 특성곡선을 이용하여 태양전지의 최대 효율을 얻을 수 있다.
3) 전류 – 전압 특성곡선

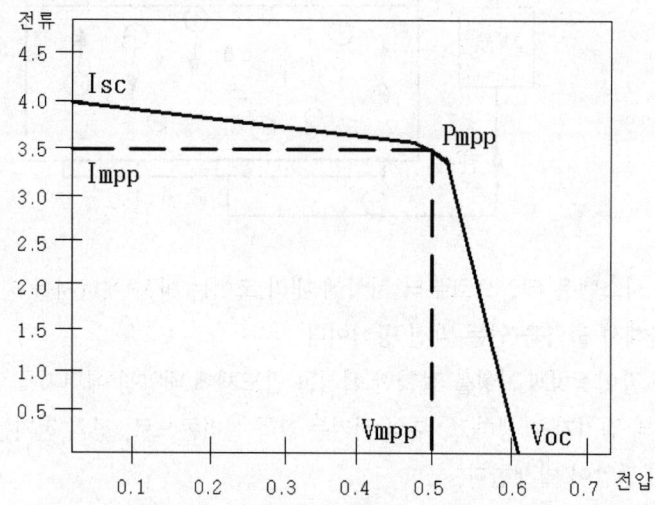

[결정질 실리콘 태양전지 전류 / 전압 곡선]

12.5 연료전지의 스택(Stack)에서 모노폴라 스택(Monopolar Stack)을 설명하시오.

건.95.3.2.

1. 개요

1) 연료전지는 연료(수소)와 공기(산소)를 직접 전기화학 반응시켜 전기를 생산하는 차세대 청정 발전시스템으로
2) IT · 휴대용(수W~수십 W급), 가정 · 산업용(수 kW~수십 kW급), 수송용(수십 kW급), 발전용(수백 kW~수 MW급)으로 구분된다.
3) 타 연료전지보다 전기효율이 50~60%(복합 발전 시 70%)로서 높은 편이며, CO_2, NO_x, SO_x 및 소음이 거의 없는 친환경 미래 발전시스템임

2. 모노폴라 스택(Monopolar Stack)

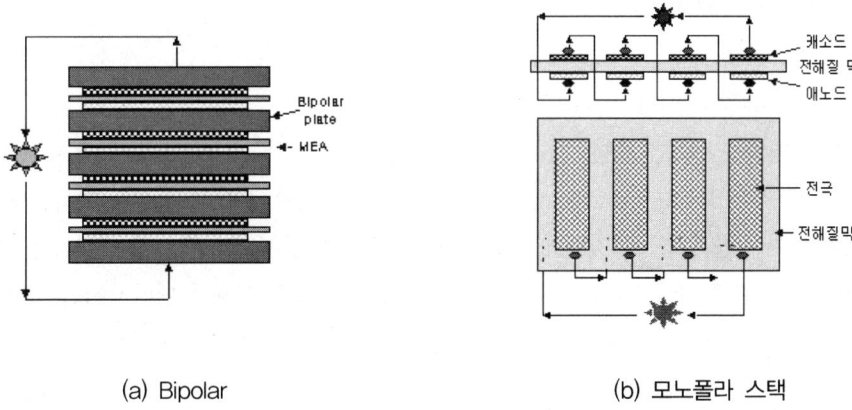

(a) Bipolar   (b) 모노폴라 스택

위 그림과 같이 연료전지의 단위전지를 직렬로 구성하는 방법에는 2가지가 있다.

1) 바이폴라 스택
 - 연료전지의 단위 전지로 직렬회로를 구성하는 방식에 겹치는 방식을 적용
 - 수 와트 이하의 소 용량에서 주로 사용

2) 모노폴라 스택
 - 연료전지의 직렬회로를 만드는 과정에 겹치는 형식이 아니고 그림과 같이 (+) 와 (−)를 같은 방향으로 놓고 Wire로 직렬회로를 구성하는 방식임
 - 수십 와트 이상의 대용량에서 사용

12.6 Zero Energy Building의 실현을 위한 요건 중에서 3가지를 설명하시오.

건.96.1.7.

1. 개요
- 21세기 인류가 해결해야 할 가장 중요한 것은 환경친화적이고, 지속가능한 개발을 추구하는 것이며, 전 세계 주요 선진국에서는 지금까지와 같은 자원과 에너지의 무분별한 사용을 전제로 하는 개발이 계속된다면 심각한 환경오염이 초래되어 인류의 미래는 지속이 가능하지 않다는 인식 아래 21세기 문명의 새로운 패러다임을 모색하고 있다.
- 특히, 세계기후변화협약(UNFCCC)에 따른 온실가스 배출량 감축 의무화는 전 세계의 산업구조에 획기적인 변화를 가져올 전망이며, 이에 따라 우리나라의 건축계에서도 지속 가능한 건축에 대한 논의가 진행되고 있다.

2. Zero Energy Building
1) 에너지절약 건축(Energy Use)
2) 자원절약 건축(Materials and Water)
3) 건강한 실내환경 건축(Health and Well-being)
4) 자연 친화 건축(Ecology and Land Use) 등을 합리적으로 통합한 건축을 의미한다.
   - 이를 위하여 장기적으로 기술개발 전략의 필요성에 따라 이산화탄소의 발생이 전혀 없는 풍력, 태양광, 태양열, 조력, 연료전지 등과 같은 대체에너지 및 신재생 에너지원의 개발이 필요하며
   - 이를 통해 ZEB(Zero Energy Building) 및 저탄소 녹색도시를 구현하는 지속가능한 건축도시를 만들어 나가야 할 것이다.

3. Zero Energy Building 실현을 위한 요건
1) 에너지 유출 최소화
   - 지붕, 벽, 창문 등 단열
   - 채광이 가능한 건물 디자인
   - 최소 환기 유지
   - 건설 폐기물 최소화 및 재활용 가능 자재 재활용
   - 우수, 중수 재활용, 절수기기 사용

2) 에너지 소비 최소화

- 고효율기기 사용 : 조명기구, 가전제품, 냉난방 기기 등
- 적정 조도 및 온도 유지
- 열 교환기 사용
- EMS 등 통합 감시 시스템 적용

3) 신재생 에너지 활용 최대화

태양광, 태양열, 지열, 풍력, 바이오 등

◆ ZEB (Zero Energy Building)

건물 에너지소비량(또는 CO_2 배출량)을, 건축물·설비의 에너지절약성능 향상과 재생가능에너지의 활용 등에 의해 삭감하여, 연간 에너지소비량(또는 CO_2 배출량)이 제로가 되는 건축물

에너지소비량 - 에너지생산량 ≤ 0

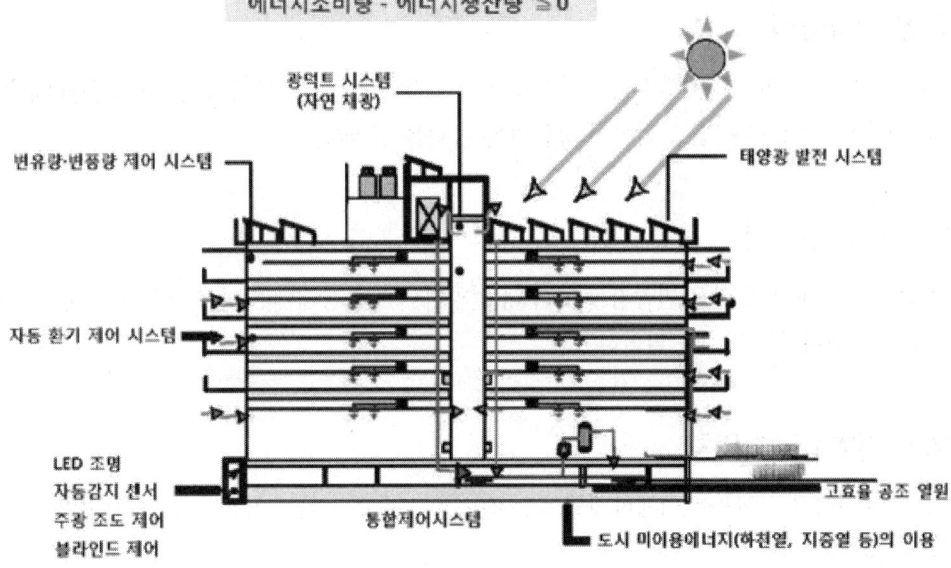

> **12.7** 건축물의 에너지 절약 설계기준에 따른 다음 용어를 설명하시오.
> 1. 고효율 조명기기
> 2. 직접 강압방식
> 3. 변압기 대수제어
> 4. 대기전력 차단스위치
> 5. 일괄소등스위치
>
> 건.96.1.12.

1. 고효율 조명기기

1) "고효율 에너지 기자재 인증제품"이라 함은 "고효율 에너지 보급촉진에 관한 규정"에서 정한 기준을 만족하여 에너지 관리공단에서 인증서를 교부받은 제품을 말한다.
2) "고효율 조명기기"라 함은 광원, 안정기, 반사갓, 기타 조명기기로서 고효율 인증제품 말한다.

2. 직접 강압방식

"직접 강압방식"이라 함은 수전된 특별고압 또는 고압전력을 건축물의 조명, 동력 등의 해당 부하설비에 적합한 전압으로 직접 변압하여 공급하는 방식을 말한다.

3. 변압기 대수제어

"변압기 대수제어"라 함은 변압기를 여러 대 설치하여 부하상태에 따라 필요한 운전대수를 자동 또는 수동으로 제어하는 방식을 말한다.

4. 대기전력 차단스위치

Off 상태에서 가전제품에 미세하게 흐르는 전력을 자동으로 완전 차단해 주는 스위치로서 에너지 절감의 효과가 있다.

5. 일괄소등스위치

1) 버튼 하나로 간편하게 주택의 모든 전등을 일괄 소등할 수 있는 스위치로서 조작이 간편하고 에너지 절약을 할 수 있으며 화재 안전사고 예방, 불필요한 시간낭비를 절약할 수 있다.
2) 센서등, 홈 네트워크와 연동되는 네트워크 스위치 등은 이 회로에서 제외시킨다.
3) 최근에는 가스 차단 스위치, 엘리베이터 호출스위치도 일괄 소등 스위치와 같이 설치하여 더욱 편리성을 추구하고 있다.

12.8 태양광 발전시스템의 어레이(Array) 설치방식별 종류 및 특징에 대하여 설명하시오.

건.96.3.5.

1. 개요

1) 대부분의 빌딩 표면들은 태양광 발전장치들의 설치에 적합하다.
2) 경사진 지붕과 평지붕, 건물의 파사드(정면) 설치법과 일체형 설치법으로 구별할 수 있다.
3) 또한 옥외형으로는 가로등형, 정원등형, 발전용과 같은 Field형 등이 있다.

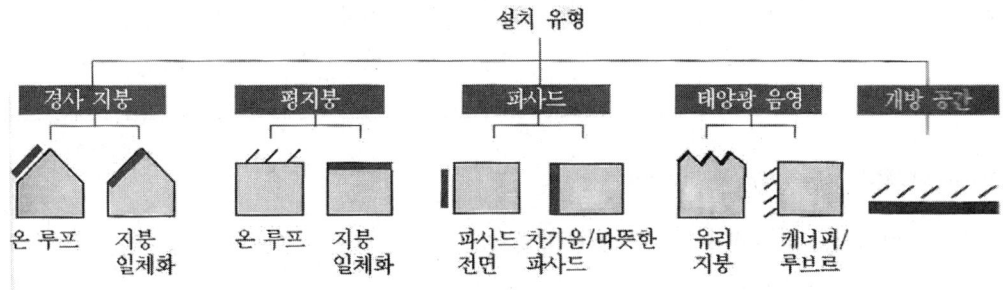

2. 설치방식별 특징

1) 경사 지붕형(On – Roof 시스템)

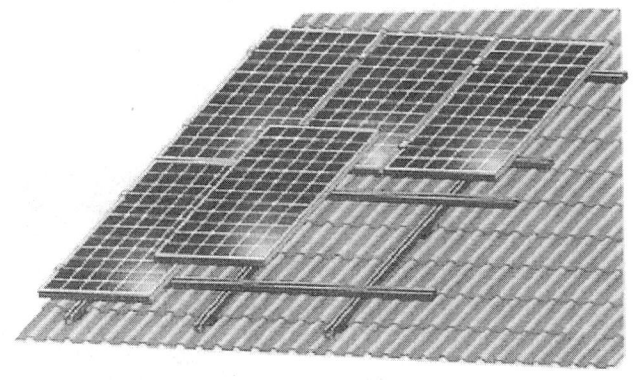

(1) 지붕의 각도
- 약한 경사 : 5~22°
- 보통 경사 : 22~45°
- 가파른 경사 : 45°보다 큰 경사

(2) 시공방식

① 고리 시공형 : 고리를 직접 지붕에 고정하고 Array를 위에 얹어놓는 형식으로 다음과 같은 특징이 있다.

장 점	단 점
1. 시공이 간단하다.	1. 지붕의 방수가 어렵다.
2. 시설비가 저렴하다.	2. 소형이다.

② 레일형 : 레일을 이용하여 Array를 지지하는 방법으로 가장 많이 사용하는 보편화된 방법이다.

장 점	단 점
1. 대형화가 가능하다.	1. 시설비가 어느 정도 고가이다.
2. 조립이 쉽고 빠르다.	2. 레일의 부식이 발생한다.
3. 유지보수가 쉽다.	

2) 경사지붕형(In-Roof 시스템)

지붕 커버링을 대체하여 모듈로 덮는 방법

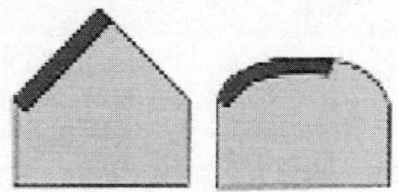

3) 평지붕용 On-Roof 시스템

지붕에 설치대를 조립하고 그 위에 설치하는 방식으로 옥상을 갖춘 건축물에 적용

장 점	단 점
1. 대형화가 가능하다. 2. 유지보수가 쉽다.	1. 시설비가 고가이다. 2. 레일의 부식이 발생한다.

4) 결정질 파사드형

건출물의 외벽에 결정질의 모듈을 설치방식으로 건축물의 옥상이 부족할 때 이용하는 방식으로 설치비가 많이 들고 유지보수가 어렵다.

5) 박막 필름형 파사드형

유리나 벽에 박막 필름형의 모듈을 설치하는 방식이며 설치공간이 부족한 경우 유리 등을 이용하기 때문에 건물의 이용도가 높다.

6) 유기 염료형 파사드형

건물일체형(BIPV)에 많이 사용하는 방식으로 유기 염료셀을 이용하기 때문에 필름의 색상을 이용하여 아름다움을 추구할 수 있고, 곡선부위도 처리할 수 있는 차세대형 태양광 시스템이다.

3. 결론

1) 위의 방식 외에 가로등형, 정원등형, Field형 등이 있으나 설치 장소만 다르고 설치방법은 비슷하다.
2) 또한 위에는 고정형에 대해서만 언급하였지만 경사각도를 조절할 수 있는 추적형이 있다.
3) 추적형은 대부분 대형 발전용에 이용하지만 효율이 30~40% 좋아지는 반면에 설치비가 고가이므로 현재는 많이 사용하지 않는 방식이다. 그러나 신재생 에너지의 설치 비중이 커진다면 점차 추적형으로 설치될 것으로 예상한다.

> **12.9** 건물일체형 태양광발전(Building Integrated Photovoltaic) 시스템을 등급별로 분류하고, 특징과 설계 및 시공 시 고려사항에 대하여 설명하시오.
>
> 건.96.2.2.

1. BIPV 시스템

- BIPV란 태양광 전지판을 건축 외장재화하여 건물의 외피를 구성하는 건물 일체형 태양광 발전 시스템이다.
- BIPV는 창호나 벽면, 발코니 등 외관에 BIPV 모듈을 장착해 자체적으로 전기를 생산, 활용할 수 있는 시스템이다.

2. BIPV의 장단점

장 점	단 점
1. 여름철 냉방부하 등의 피크 제어 가능	1. 방향, 설치각도, 음영에서 불리
2. 별도의 설치부지 불필요	2. 시공 조건의 난이도가 높다.
3. 전력의 생산지와 소비지가 동일하여 송전 등으로 인한 전력소모를 최소화	3. 유지보수가 어렵다.
4. 건물의 외장재로 사용하여 건축비 절감	4. 설치비가 고가이다.
5. 건물의 가치 향상 및 홍보 효과	

3. BIPV의 분류 및 특징

1) 지붕경사형 BIPV

- 경사 지붕과 자연스럽게 모듈 설치가 가능
- 일사량 면에서 최적의 발전효율이 가능
- 기존의 건물에 적용이 가능

2) 천창형 BIPV

지붕을 통한 자연채광이 가능

3) 벽부형 BIPV

- BIPV를 건물 외장재로 활용
- 건물 부지를 최대한 이용할 수 있고 다양한 사이즈, 형태, 색상이 가능함
- 단점 : 수직 취부로 인해 발전효율 저하

4) 벽면 채광형(창호형)
- BIPV를 창호로 이용함
- 건물 외부를 아름답게 구현시킬 수 있음
- 단점 : 시공과 청소가 어려움

5) 차양형
- BIPV를 건물 차양으로 활용
- 가변형과 고정형이 가능하여 모듈의 경사각 조절이 가능

4. BIPV의 설계 및 시공 시 고려사항

- 대지 및 건물의 미적 형상 고려
- 건축물 자재로서 수밀성, 기밀성, 단열성 등의 성능 확인
- 설치 하중에 따른 건물 구조 내력 확인
- 빌딩풍에 따른 풍하중 계산
- 입사각에 따른 일사량 조사
- 태양전지 온도상승에 따른 발전효율 검토
- 건물 부하와의 연동
- 고조파 발생에 따른 전력품질 영향
- 기존 전력 계통과의 연계운전 등

12.10 풍력발전설비에서 출력제어방식의 종류를 들고 설명하시오. 건.97.1.8.

1. 풍력 발전설비의 원리 및 구성

1) 원리

풍력 발전은 풍차의 기계적 에너지를 발전기를 이용하여 전기에너지로 변환시키는 것으로서 풍력 에너지 E는 다음 식으로 주어진다.

$$E = \frac{1}{2}\rho A V^3 (\text{W})$$

여기서, ρ : 공기의 밀도(kg/m³)
A : 공기 흐름의 단면적(m²)
V : 공기의 평균 풍속(m/s)

위의 식에서 알 수 있듯이 풍력발전시스템은 풍속의 3승에 비례하기 때문에 상당히 불안정한 발전 시스템이라 할 수 있다. 또한 출력을 크게 하기 위해서는 날개를 크게 해야 하므로 탑의 높이도 높아져야 한다.

2) 구성

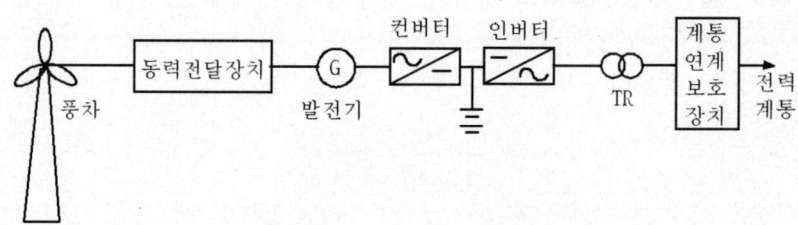

풍력 발전기는 철탑, 풍차(프로펠러), 바람 에너지를 기계 에너지로 변환하는 회전자와 동력전달장치, Gear Box, 발전기, 축전지, 전력선 등으로 구성되어 있으며 풍차는 다음과 같은 종류가 있다.

- 수평축형과 수직축형으로 분류된다.
- 현재 수평축 프로펠러형, 3 Blade형이 대부분이다.

2. 풍력발전의 분류

1) 구조상 분류
- 수평축 풍력 시스템(HAWT)
- 프로펠러형 수직축 풍력 시스템(VAWT)

2) 운전 방식
- 정속 운전(통상 Gear형)
- 가변속 운전(통상 Gealess형)

3) 출력 제어 방식
- Pitch(날개각) Control
- Stall Control

3. 출력 제어 방식

풍력 발전의 출력 제어 방식으로는 Blade를 조절하는 방법과 인버터를 이용하는 방법이 있다.

1) Pitch(날개각) Control
날개의 경사각(Pitch) 조절로 출력을 능동적으로 제어하는 방식

2) Stall(失速) Control
한계 풍속 이상이 되었을 때 양력이 회전날개에 작용하지 못하도록 날개의 공기역학적 형상에 의한 제어 방식

3) 인버터 제어
인버터를 이용하여 풍속에 관계없이 일정 출력을 얻을 수 있는 장점이 있다.

12.11 TOE(Ton of Oil Equivalent)에 대하여 설명하시오.

건.97.1.11.

1. TOE란

1) TOE란 Ton of Oil Equivalent의 약자로서
2) 열량의 비교를 위한 것으로 타 연료의 열량을 원유 기준으로 환산한 양이며
3) 이 단위는 무게가 환산 기준이므로 통상 부피로 계량하는 석유제품, 도시 가스 등은 부피를 무게로 환산하는 과정이 선행되어야 한다.

4) 예
   - 휘발유 1(l) = 원유 0.83kg
   - 벙카C유 1(kl) = 0.99TOE
   - 전기 1MW = 0.25TOE에 해당한다.

2. TOE 적용

1) VA(Voluntary Agreement)
   - 에너지를 생산, 공급, 소비하는 기업과 정부가 상호 신뢰를 바탕으로 에너지 절약 및 온실가스 배출 감축을 하기 위한 협약으로서
   - 기업은 실정에 맞는 목표를 설정하여 이행하고
   - 정부는 기업의 목표 이행을 위한 자금과 세제지원, 인센티브 등을 제공하여 기업의 노력을 적극 지원하는 자발적 협약제도임

2) 협약대상의 범위
   1. 연간 연료 사용량이 500toe(석유환산톤) 이상인 자로 연간 에너지 사용이 2,000toe 이상인 자
   2. 연간 연료사용량과 관계없이 연간 에너지 사용량이 5,000toe 이상인 자
   3. 건물부문 에너지 사용자로서 연간 에너지 사용량이 2,000toe 이상인 자
   4. 기타 정부 또는 지방자치단체(이하 "정부"라 한다)가 필요하다고 인정하는 자

> **12.12**
> - 신재생에너지의 효율을 극대화할 수 있는 에너지 저장장치(Energy Storage System)에 대하여 설명하시오. 건.98.2.3.
> - 전기저장장치(ESS ; Electrical Energy Storage System)에 적용되는 전지의 원리와 장단점을 설명하시오. 건.104.4.5.
> - 에너지 저장시스템(ESS)의 종류인 초고용량 커패시터(Super Capacitor)에 대하여 설명하시오. 건.105.4.6.
> - 에너지저장장치(ESS ; Energy Storage System) 에 대한 주요 적용대상과 기술에 대하여 설명하시오. 안.102.4.6.
>   (1) 주요적용대상   (2) ESS 기술
> - 전기 2중층 캐패시터(Capacitor)에 대하여 설명하시오. 응.94.1.7.
> - 리튬이온전지(Lithium Ion Battery)에 대하여 설명하시오. 응.94.1.8.
> - 전력저장을 위한 최신기술을 나열하고 기본 원리와 특징을 설명하시오. 발.90.3.2.

1. 개요

이차 전지는 원료에 따라 납축전지, 리튬 이차전지, NaS 전지 및 레독스 플로우 전지(RFB ; Redox Flow Battery), 초고용량 커패시터(Super Capacitor) 등으로 나누어진다.

2. 차세대 2차 전지

1) 리튬 이온 전지

   (1) 구조 및 원리

   - 그림은 리튬이온 전지의 원리를 나타낸 것으로서 전지가 충전될 때 리튬이온은 분리막을 통해 양극에서 음극으로 이동하며 이때 충전전류가 흐른다.
   - 반대로 방전될 때 리튬이온은 음극에서 양극으로 이동하며 방전전류가 흐른다.

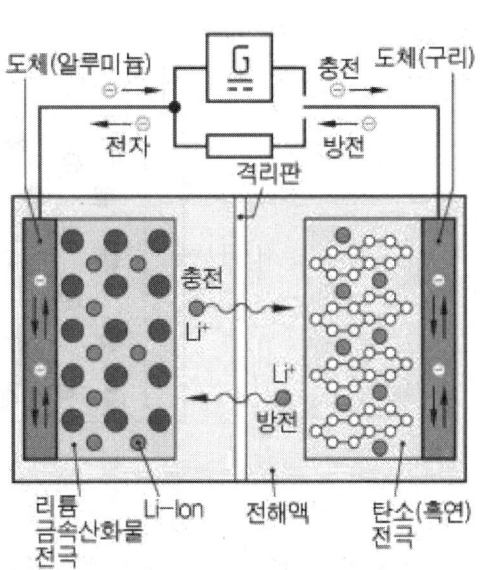

(2) 특징

- 상용 리튬이온 전지는 니켈(Ni), 코발트(Co) 또는 망간(Mn)의 산화물을 기본으로 하는 양극재료를 사용하며, 탄소를 음극재료로 사용하여 평균 전위차가 3.6V로 높은 전지 전압을 나타낸다.
- 리튬이온 전지는 충·방전에 따른 재료의 용적 변화가 적은 층간 화합물을 사용하기 때문에 납(Pb)이나 카드뮴(Cd) 등을 사용하는 전지에 비해 수명 특성이 현저히 개선된 전지이다.
- 리튬이온 전지의 무게당 에너지 밀도는 1992년 당시에는 75Wh/kg이었으나 현재는 약 150Wh/kg에 이르는 등 대폭적인 성능 향상을 가져왔다.

2) NaS(나트륨 유황) 전지

(1) 구조 및 원리

- (+)전극은 액상의 유황, (-)전극은 액체 나트륨이다. 전해질로는 내부에는 나트륨이, 외부는 유황으로 포위된 원통형의 세라믹 통이 사용된다.
- 이 구조는 유황과 나트륨이 액체 상태를 유지하기 위해서는 전지를 약 300℃로 가열해야만 하는 문제점이 있다.

(2) 특징

- 납축전지의 약 3배인 고에너지 밀도이기 때문에 콤팩트한 설치가 가능하다.
- 충방전효율이 높고 자기방전이 없기 때문에 장시간 저장이 가능하다.
- 충방전횟수 2,250회 이상의 장기 내구성이 있다.

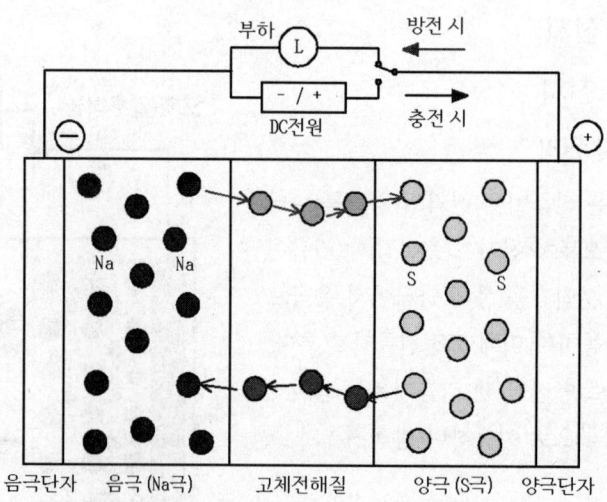

- 고가의 재료를 사용하지 않으므로 코스트 다운이 기대된다.
- 펌프나 밸브와 같은 가동부품이 필요 없기 때문에 보수가 용이하다.

(3) 개발 현황
- 포스코가 2012년 국내 최초로 2차전지 시장의 주력 모델인 리튬이온전지를 대체할 수 있는 나트륨 유황(NaS)전지 개발에 성공했다.
- NaS 전지가 기존 전지에 비해 에너지 밀도가 3배 이상 높고 수명이 15년 이상으로 대용량 전력 저장용으로 적합하다.

3) 레독스 플로우 전지

(1) 구조 및 원리

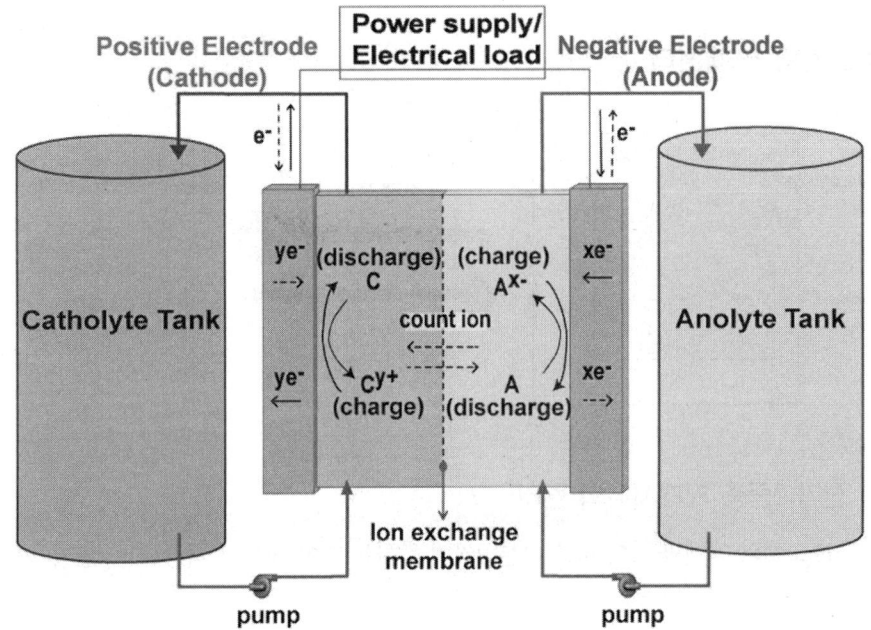

- 레독스 플로우 전지의 구조는 그림과 같으며 구성 요소는 산화상태가 각각 다른 활물질이 저장되어 있는 탱크와 충방전 시 활물질을 순환시키는 펌프, 그리고 이온교환막으로 분리되어 있는 셀이 있다.
- 활물질로는 Vanadium을 강산 수용액에 용해하여 제조한 전해질을 사용한다.
- 제조한 전해질은 셀 내에 저장되어 있지 않고, 외부의 탱크에 액체 상태로 저장되어 있으며 충방전 과정 중에 펌프를 통하여 셀 내부로 공급되는 플로우 전지이다.

(2) 특징
- 수명이 길다.
- 설치장소에 제한도 적은 편이다.
- 상온 작동형이고 전해액으로 위험물 등이 사용되지 않아 보수 관리도 용이하다.

- CO_2 등의 배기가스를 발생하지 않는다.
- 전해액 중의 바나듐은 반영구적으로 리사이클이 가능하여 자원을 효과적으로 활용할 수 있는 특징이 있다.

(3) 개발 현황
- (주)뉴웰은 2012년 한국에너지기술연구원과 함께 제주 글로벌 연구센터에 200kW급 RFB ESS 장치를 실증한 바 있다.
- 현재는 KIER, SK E&S, 현대중공업 등과 MW급 대용량 장치 설치를 계획 중이며 RFB 관련한 다양한 재료들을 공급하고 있다.

3. 초고용량 커패시터

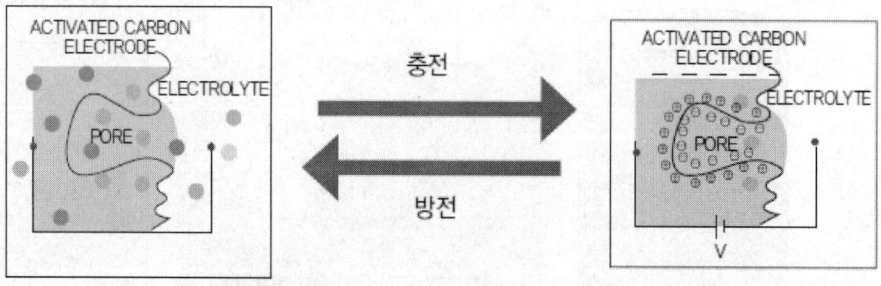

1) 전기 2중층 캐패시터의 원리
(1) 고체와 액체와 같이 서로 다른 2쌍이 접하는 면에 전기가 저장되는 "전기 2중층" 현상을 이용한다.
(2) 위 그림과 같이 이온성 용액 중에 한 쌍의 전극을 담그고, 전기분해가 발생하지 않는 정도의 전압을 인가하면(전기분해가 일어나면 콘덴서의 역할이 없어짐)
(3) 각각의 전극 표면에 이온이 흡착되어 +와 -의 전기가 저장된다.
(4) 전기 2중층 캐패시터(Capacitor)는 기존 납축전지의 대체용으로 각광을 받고 있다. 이 중에 리튬 이온 캐패시터(LIC ; Lithium Ion Capacitor)가 대표적이다.

2) 특징

(1) 장점
① 순시 대용량의 전지를 저장 또는 방출이 가능(따라서 하이브리드 자동차의 핵심 부품임)
② 소형이면서 "F : Farad" 단위의 정전용량을 가진다.
③ 특별한 충전회로 및 방전회로가 필요없다.
④ 환경성이 우수한 Clean Energy이다.

(2) 단점

① 사용조건에 따라 액이 새어나올 수 있음

② 알칼리 콘덴서와 비교하여 내부저항이 높아서 교류에는 사용할 수 없음

4. ESS 적용 대상

1) 배전용 변전소용

- 변전소 대규모 10MWh급 부하평준화용(전력회사 배전용)
- Feeder 또는 지역별 부하 규제용(Area Regulation)
- 에너지 비용 절감용
- 비상시 변전소 제어전원 공급
- 신재생 발전단지 단기 / 장기 출력안정화

2) 고압수용가

- 수백 kWh~수 MWh 부하 평준화용
- 전력품질 보상용(공장, 호텔 병원 등)

3) 주택용 : 소용량 수십 kWh 심야전력 이용(Time Shifting 용)

4) 신재생 발전단지

- 저장 장치용
- 신재생에너지 출력 안정화용

5) 전력 다소비 수용가 : 전력 피크의 주요 요인이 되는 상가건물 등

5. ESS 적용효과

1) 신재생에너지의 급격한 출력 변동을 완충할 수 있음
2) 전력 품질 개선 및 피크부하 기여
3) 발전용으로서의 효과 : 즉각적인 전력 투입 가능
4) 무정전 전원장치로서의 효과(UPS)
5) 주파수를 조정하여 계통 안정화에 기여
6) 발전소의 추가 건설 억제
7) 잉여전력이나 저가 전력을 저장하여 최대 수요나 집중 수요 시간대에 활용
8) 지구 온난화의 주범인 온실가스의 배출 경감

12.13 태양광발전설비 설계절차를 작성하고 조사자료 항목과 고려사항에 대하여 설명하시오.

건.102.3.3.

1. 개요
1) 태양광발전설비는 건축물 구내, 옥상 및 벽면 등에 설치한 태양광 전지에 의해 발전하고, 부하에 전력을 공급하는 장치의 설계에 관하여 적용한다.
2) BIPV(Building Integrated Photovoltaic System)을 포함한다.
3) 인용 : 건축전기설비 설계기준(국토교통부) 제14장 신 전기설비

2. 설계절차 및 조사자료 항목

구 분	조사 자료 항목
설치 위치	• 양호한 일사 조건
설치 방법	• 태양광 발전과 건물과의 통합 수준 • BIPV 설치 위치별 배선방법 검토 • 시공방법 및 유지 보수 적절성
디자인	• 경사각, 방위각 결정 • 구조안정성 검토
모듈 선정	• 설치 형태에 적합한 모듈 선정 • 제작 가능성
설치 면적	• 모듈 크기에 따른 설치면적 결정
시스템 구성	• 최적 시스템 구성(성능 및 효율) • 실시 설계(어레이 구성 및 결선 방법 결정) • 사후 관리
어레이	• 고정 또는 가변 • 경제성 • 설치장소에 따른 어레이 방식
설계	• 최대 발전 추종 제어 • 역전류 방지 • 최소 전압 강하 • 보호방식

3. 태양발전설비 선정 시 고려사항

1) 효율

변환효율은 단위면적당 들어오는 태양광에너지가 얼마만큼 전기에너지로 변환되는 효율을 말하며, 일반적으로 다음 식으로 표시한다.

$$변환효율 = \frac{P_{\max}}{A_t \times G} \times 100 = \frac{P_{\max}}{A_t \times 1,000[\text{W/m}^2]} \times 100\,(\%)$$

여기서, A_t : 모듈전면적(m^2)
G : 방사속도(W/m^2)
$P_{\max}$: 최대출력(W)

2) Power Tolerance

(1) Power Tolerance(다수의 셀을 직렬 또는 병렬로 연결한 경우 각 모듈의 최대출력이 이론상의 출력과 차이가 발생하게 되는 차이)를 검토한다.
(2) 모듈을 직렬로 구성할 경우 가장 낮은 전압이 발전되는 스트링(String)이 다른 높은 전압을 발생하는 스트링에 영향을 미쳐 전체적으로 발전전압이 낮아지므로 이를 검토한다.

3) 신뢰성

모듈은 설치 후 내용 수명 동안 사용이 가능토록 기계적, 전기적, 환경적으로 뛰어난 신뢰성을 갖추어야 한다.

4) 인증

국내의 공인인증기관에서 인증받은 모듈을 사용하고, 결정계 및 박막계는 한국산업표준에 적합해야 한다.

5) 설치 분류

건축물에 설치하는 태양전지 모듈은 설치 부위, 설치 방식, 부가 기능 등의 차이에 의해 분류되며, 건축물의 설치여건을 고려하여 선정한다.

4. 태양광 발전설비 구성

1) 태양광 전지판

(1) 설치용량은 사업계획서상에 제시된 설계용량 이상으로 한다.
(2) 방위각은 그림자의 영향을 받지 않는 곳에 정남향에 설치한다. 다만, 건축물의 디자인 등에 부합되도록 현장 여건에 따라 설치한다.

(3) 경사각은 현장 여건에 따라 조정하여 설치토록 한다.

(4) 모듈 전면에는 일사량을 저해하는 장해물로 인한 음영이 없어야 한다. 다만, 효율의 감소가 미미한 경우 허용한다.

(5) 건축물일체형 태양광발전(BIPV) 설치 시 방열에 대한 조치를 해야 한다.

2) 인버터

(1) 인버터의 정격용량은 설계용량 이상이어야 하고, 인버터에 연결된 모듈의 정격용량은 인버터 용량 105% 이내로 한다. 또한 각 직렬군의 태양광전지 개방전압은 인버터 입력전압 범위로 한다.

(2) 옥내, 옥외용을 구분하여 설치하여야 한다.

(3) 입력단(모듈출력) 전압, 전류, 전력과 출력단(인버터 출력)의 전압, 전류, 전력, 역률, 누적발전량 및 설치 후 최대출력량(Peak)을 표시한다.

3) 지지대 및 부속자재

(1) 태양전지 패널의 지지물은 자중, 적재하중, 적설 또는 풍압 및 지진 기타의 진동과 충격에 대하여 안전한 구조의 것으로 하고, 건축물의 방수 등에 문제가 없도록 한다.

(2) 태양광 전지판 지지대 제작 시 형강류 및 기초 지지대에 포함된 철판부위와 절단 가공 및 용접부위는 녹 방지 사항을 검토한다.

4) 배선, 접속함

(1) 태양광 전지에서 옥내에 이르는 배선에 사용하는 전선은 모듈 전용선 또는 TRF-XLPE 전선을 사용하여야 하며, 전선이 지면을 통과하는 경우에는 피복에 손상이 발생되지 않는 공법을 사용한다.

(2) 태양광 전지 각 직렬군은 동일한 단락전류를 가진 모듈로 구성하고, 1대의 인버터에 연결된 태양광 전지 직렬군이 2병렬 이상일 경우에는 각 직렬군의 출력전압이 동일하게 한다.

5) 역전류방지 다이오드

(1) 1대의 인버터에 연결된 태양광전지 직렬군이 2병렬 이상일 경우에는 각 직렬군에 역전류방지 다이오드를 별도의 접속함에 설치하여야 하며, 접속함은 발생하는 열을 외부에 방출할 수 있도록 환기구 또는 방열판 등을 갖춘다.

(2) 용량은 모듈 단락전류의 2배 이상이어야 한다.

6) 접속반

각 회로에서 퓨즈가 단락되어 전류차가 발생할 경우 LED 조명등 표시등의 경보장치를 설치한다. 이때, 태양광 전지판에서 인버터 입력단 사이 및 인버터 출력단과 계통 연계점 사이의 전압강하는 각 3% 미만으로 한다. 다만, 전선 길이가 60m를 초과하는 경우에는 다음의 표에 따른다.

전선 길이	전압 강하
120m 이하	5%
200m 이하	6%
200m 초과	7%

12.14 태양전지 모듈에 설치하는 다이오드와 블로킹 다이오드(Blocking Diode)의 역할에 대하여 설명하시오.

건.106.1.9.

1. 태양전지 설치도

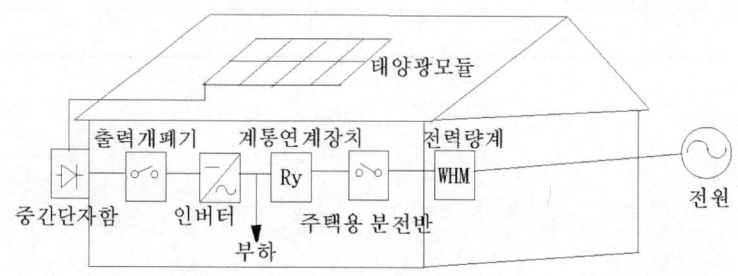

2. 다이오드(Diode)

1) 전류를 한 방향으로만 흐르게 하고, 그 역방향으로 흐르지 못하게 하는 정류를 하는 반도체 소자로 교류를 직류로 변환할 때 쓰인다.
2) 다이오드에는 이 정류용 다이오드가 흔히 쓰이지만 그 밖에도 여러 가지 용도가 있다. 예를 들면, 논리회로를 구성하는 소자 등의 Switching에도 다이오드가 많이 사용된다. 또, 다이오드에는 많은 종류가 있으며 특성이 다양하다. 예를 들어, 빛을 내는 발광 다이오드나 전압에 의하여 정전 용량이 바뀌는 가변 용량 다이오드 등이 있다.

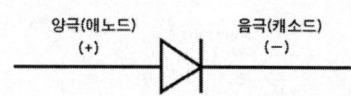

3. Blocking Diode

1) 원명 : 역저지 다이오드 사이리스터(Reverse-blocking Diode-thyristor)
2) (+)의 전압은 스위칭을 하고, (-)의 전압에 대해서는 역저지 상태가 되는 2단자 사이리스터임
3) 블로킹 다이오드는 일반 다이오드와 다른 것이 아니고, 역전류 방지로 사용하는 다이오드를 블로킹 다이오드라고 부른다.

4. 태양전지 계통

1) 태양전지 간의 전압이 다른 경우

- 태양전지는 같은 곳에서 생산되더라도 각 제품별 출력전압이 약간씩 다르게 출력된다. 또한 먼지나 새똥 등으로 오염된 태양전지는 다른 태양전지들보다 현격히 낮은 전압을 출력하게 된다.
- 이때 별도의 조치를 취하지 않으면 불량(낮은 전압을 출력하는 태양전지) 모듈로 다른 모듈로 전력이 쏠리게 된다.
- 계통 예

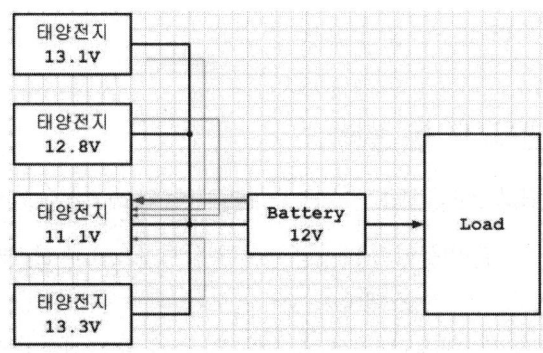

2) 블로킹 다이오드 설치 예

역류방지 다이오드만 각 태양전지마다 달아주면 불량, 저출력, 밤이나 흐린 날씨로 인한 출력저하 등의 상황에서도 다른 태양전지에서 발생하거나 배터리가 가진 전력 등이 불량한 모듈로 흘러들어가는 일이 원천으로 봉쇄되게 된다.

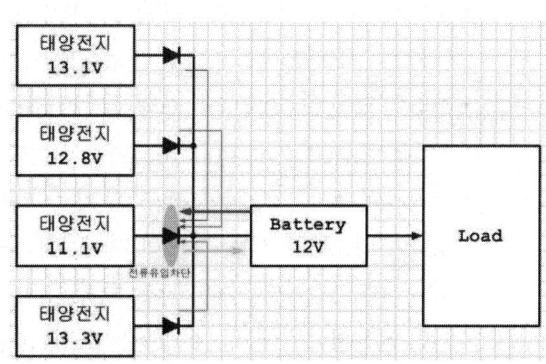

3) 블로킹 다이오드 원리

12.15 스마트 에너지 관리시스템의 필요성에 대하여 설명하시오.

1. 스마트 에너지 관리시스템의 필요성

최근 전력위기로 인한 에너지관리 시스템의 필요성이 더욱 고조되고 있다. 전력 위기는 하절기뿐 아니라 동절기에도 문제가 되고 있으며 전력수요에 대한 범국민적 관심이 높아지고 있는 가운데 에너지 절감이 필요하게 되었다. 스마트 에너지 관리 시스템은 건물에너지관리시스템(BEMS), AMI(스마트 분전반), 지능형 수요관리(DR) 등이 있다.

2. 스마트 에너지 관리시스템 종류

1) 건물에너지 관리시스템(BEMS ; Building Energy Management System)

- 건물 내의 에너지 관리 설비의 다양한 정보를 실시간으로 수집, 분석하여 에너지를 효율적으로 관리할 수 있도록 돕는 시스템이다.
- 건물에너지 관리시스템(BEMS)은 에너지 사용량과 탄소 배출량을 절감할 수 있도록 건물을 관리해 주며, 건물의 실내 환경과 설비운전 현황을 관리하기 때문에 스마트그리드에서 꼭 필요한 시스템이라 할 수 있다.
- 국토교통부와 에너지 관리공단도 '2012 건물에너지 관리시스템 시범 보급 사업'을 실시하는 등 건물에너지 관리시스템의 확대를 하고 있다.
- 이러한 건물에너지 관리시스템이 갖춰진 건물을 스마트 빌딩(Smart Building) 또는 인텔리전트 빌딩(Intelligent Building)이라고 한다.
- 한편 정부에서는 2014년 8월 건물에너지 관리시스템(BEMS)의 국가표준(KSF1800 – 1)을 제정하여 BEMS의 기능, 데이터 처리절차 등에 대하여 규정하였다.
- 여기서 스마트빌딩(인텔리전트 빌딩)이란 건물의 자동제어, 근거리 통신망, 사무자동화 등 최첨단 전자시설로 관리·운영되는 빌딩이다.
- 따라서 스마트 빌딩에서는 에너지의 효율적인 관리가 가능하고, 편리하고 쾌적한 실내 환경을 만들어 사무 능률을 극대화시킬 수 있는 환경이 조성된다.

2) AMI(스마트 분전반, Advanced Metering Infrastructure)

AMI는 수요정보 인프라 개념으로 수요반응(DR ; Demand Response)까지를 할 수 있는 수요정보 시스템으로 차세대 전력망인 스마트그리드에 연계해 가정에 전력 사용량과 요금정보를 보여주고 전력사용을 자동으로 최적화해주는 첨단 분전반이다.

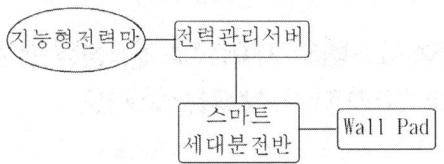

3) 지능형 수요 반응(DR ; Demand Response)

전력의 수급 균형을 위협하는 Critical Peak에서의 수요억제와 전반적인 전력 사용 절감을 위해 수요반응(Demand Response) 시스템이 최근 급속히 확산되고 있다.

(1) 직접 부하제어(DSM)
- 과거의 공급자 측면에서의 제어로서 발전력의 증대가 어려워 수요를 관리하는 시스템으로
- DSM(Demand Side Management)으로서 도입되었던 DLC(Direct Load Control) 또는 시간대별 요금제(TOU)가 사용자의 외면으로 실효를 얻지 못하였다.

(2) DR(Demand Response)
- 특정 시간대에 전력요금을 차별적으로 높게 함으로써 수요자의 자발적인 전력 사용 절감을 유도하는 시스템으로 부하의 제어권을 전력회사가 가진 DLC 방식에 비하여 큰 효과를 기대함
- 그러기 위해서는 Smart Metering / AMI 시스템과 실시간 요금 정보를 제공할 수 있는 In-Home Display가 필수적으로 갖추어져야 함
- 전력요금이 비싼 시간대를 수용가가 실시간으로 확인하여 전기히터나 오븐 등 전력을 많이 소비하면서 긴급하지 않은 부하를 Off하여 전력수요를 줄일 수 있음
- 전력회사와 계약에 의해 부하 제어에 따른 인센티브를 지급받을 수도 있음
- 그러기 위해서는 전력회사와 수요자 간에 실시간으로 Data를 주고받을 수 있는 양방향 전송방식과 AMI는 필수조건이 된다.

12.16 해상풍력 제어시스템의 제어요소 중 정상한계 내에서 통제하고 유지해야 할 항목을 10가지 이상 기술하시오. 건.99.3.5.

1. 개요

풍력 발전은 에너지 고갈과 지구환경 문제에 대한 의식이 높아진 1980년대 초 미국 캘리포니아에서 출발하여 덴마크, 스웨덴, 영국 등에서 활발하며 독일, 일본, 중국, 남미에서 관심이 높아져 세계적인 증가 추세는 계속될 것으로 예상된다.

2. 원리 및 구성

1) 원리

풍력 발전은 풍차의 기계적 에너지를 발전기를 이용하여 전기에너지로 변환시키는 것으로서 풍력 에너지 E는 다음 식으로 주어진다.

$$E = \frac{1}{2}\rho A V^3 (\text{W})$$

여기서, ρ : 공기의 밀도(kg/m³)
A : 공기 흐름의 단면적(m²)
V : 공기의 평균 풍속(m/s)

위의 식에서 알 수 있듯이 풍력발전시스템은 풍속의 3승에 비례하기 때문에 상당히 불안정한 발전시스템이라 할 수 있다. 또한 출력을 크게 하기 위해서는 회전자를 크게 해야 하므로 탑의 높이도 높아져야 한다.

2) 구성

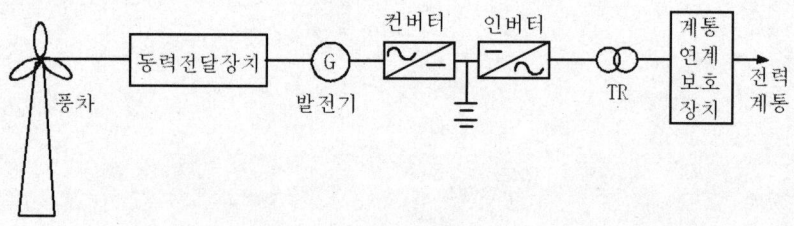

풍력 발전기는 철탑, 풍차(프로펠러), 바람 에너지를 기계 에너지로 변환하는 회전자와 동력 전달 장치, Gear Box, 발전기, 축전지, 전력선 등으로 구성되어 있으며 풍차는 다음과 같은 종류가 있다.

- 수평축형과 수직축형으로 분류된다.
- 현재 수평축 프로펠러형, 3 Blade형이 대부분이다.

3. 해상풍력 제어시스템의 제어요소

1) 출력 특성

원하는 출력이 충분히 나오는지 분석한다. 목표한 만큼 출력이 나오지 않으면 블레이드, 기어 박스, 발전기, 컨버터를 조절하는 프로그램의 입력 값을 조절하여 효율이 좋아지는지 평가한다.

2) 전압 특성

계통과 연계하기 위해 전압을 제어해야 한다.

3) 주파수 특성

계통과 연계하기 위해 주파수를 제어해야 한다.

4) 전력품질

우수한 전력품질을 위해 필터 등이 잘 작동되고 있는지 파악한다.

5) 최대효율 특성

Blade의 날개각도 등을 조절하여 최대효율을 얻을 수 있도록 제어한다.

6) 소음특성

규정치 이하에서 소음이 관리되는지 파악한다.

7) 기계적 특성

마찰이 생기는 부분에 적절하게 윤활유가 공급됨으로써 유지보수 시간을 얼마나 절약할 수 있는지 분석한다. 기어에 전달되는 충격량을 측정하여 기본 값과 비교하고 충격량이 크면 설계기술자에게 알려 다른 기어방식을 사용하도록 한다.

8) Pitch(날개각) Control

날개의 경사각(Pitch) 조절로 출력을 능동적으로 제어하는 방식

9) Stall(失速) Control

한계풍속 이상이 되었을 때 양력이 회전날개에 작용하지 못하도록 날개의 공기 역학적 형상에 의한 제어방식

10) 인버터 제어

인버터를 이용하여 풍속에 관계없이 일정 출력을 얻을 수 있는 장점이 있다.

> **Reference** 전기설비기술기준 제6장 발전용 풍력설비
>
> **제168조(안전조치)**
> 풍력터빈 주위에는 위험하다는 표시를 하여야 하며 또한 취급자가 아닌 사람이 쉽게 접근할 수 없도록 적절한 조치를 하여야 한다.
>
> **제169조(풍력 터빈의 구조)**
> 풍력 터빈은 다음 각 호에 따라 시설하여야 한다.
> 1. 부하를 차단하였을 때에도 최대 속도에 대하여 구조상 안전할 것
> 2. 풍압에 대하여 구조상 안전할 것
> 3. 운전 중 풍력 터빈에 손상을 주는 진동이 없도록 할 것
> 4. 설계허용 최대 풍속에 있어서 취급자의 의도와 다르게 풍력터빈이 기동하지 않도록 할 것
> 5. 운전 중에 다른 시설물, 식물 등에 접촉하지 않도록 할 것
> 6. 풍력터빈의 점검 또는 수리를 위하여 회전부의 정지 및 고정할 수 있는 구조일 것
> 7. 한랭지에 시설하는 경우 눈·비에 의한 착빙을 고려할 것
> 8. 분진 등을 고려할 것
> 9. 지진에 대하여 안전할 것
> 10. 해상 및 해안가에 시설하는 경우 염분 및 파랑 하중에 대한 영향을 고려할 것
>
> **제170조(풍력 터빈의 정지 장치)**
> 풍력 터빈은 다음 각 호의 경우에 자동적으로 정지하거나 위험 속도 이하로 유지할 수 있는 장치를 하여야 한다.
> 1. 회전수가 비정상적으로 상승한 경우
> 2. 풍력 터빈의 제어장치의 기능이 비정상적으로 저하한 경우
> 3. 풍력 터빈을 수동으로 긴급정지하고자 할 경우
>
> **제171조(압유장치 및 압축공기장치)**
> 풍력터빈에 사용되는 압유장치 및 압축공기장치는 다음 각 호에 따라 시설하여야 한다.
> 1. 기름 탱크 및 공기탱크의 재료 및 구조는 최고 사용압력에 대해 충분히 견디고 또한 안전할 것
> 2. 기름 탱크 및 공기탱크는 내식성을 가질 것
> 3. 압력이 상승하는 경우에는 해당 압력이 최고 사용 압력에 도달하기 이전에 해당 압력을 저하시키는 기능을 가질 것
> 4. 기름 탱크 또는 공기탱크의 압력이 저하하는 경우에 압력을 자동적으로 회복시키는 기능을 가질 것
> 5. 이상 압력을 조기에 감지할 수 있는 기능을 가질 것
>
> **제172조(풍력 터빈을 지지하는 구조물)**
> 풍력 터빈을 지지하는 구조물은 자중, 적재하중, 적설, 풍압, 지진, 진동 및 충격에 대해 구조상 안전하여야 한다.
>
> **제173조(소음 환경 기준)**
> 풍력 터빈을 시설하는 자는 「소음·진동규제법」 등에서 규정하는 기준을 준용하여야 한다.
>
> **제174조(제어 및 보호장치)**
> 풍력 터빈에는 설비의 정상운전 한계를 유지하도록 능동적 또는 수동적 방법으로 풍력 터빈을 제어 및 보호하는 장치를 시설하여야 한다.

12.17 신재생에너지 중 조력발전(潮力發電)의 원리, 특징 및 발전방식을 설명하시오.

건.100.4.5.

[조력발전]

1) 원리

조력발전은 밀물과 썰물의 물높이 차를 이용한 댐식 발전이다. 바다에 저수공간을 만들어 바닷물을 가두었다가 댐의 수문을 열어 수력발전과 같은 원리로 전기를 생산한다.

2) 특징

- 연료가 따로 필요 없고
- 밀물 썰물은 매일 일어나기 때문에 발전소가 멈출 일이 없다. 즉, 무한 에너지라고 볼 수 있다.
- 온실가스가 배출되지 않기 때문에 청정이라고도 할 수 있다.(환경문제)
- 조력발전소는 주로 갯벌에 짓는다. 조수간만의 차가 큰 곳엔 대부분 갯벌이 존재하는데 조력발전소가 생기면 자연히 갯벌은 파괴된다.
- 많은 갯벌은 철새 도래지이기도 해서 만약 갯벌이 파괴된다면 철새들이 머무를 공간이 사라질 것이다.

3) 발전 방식

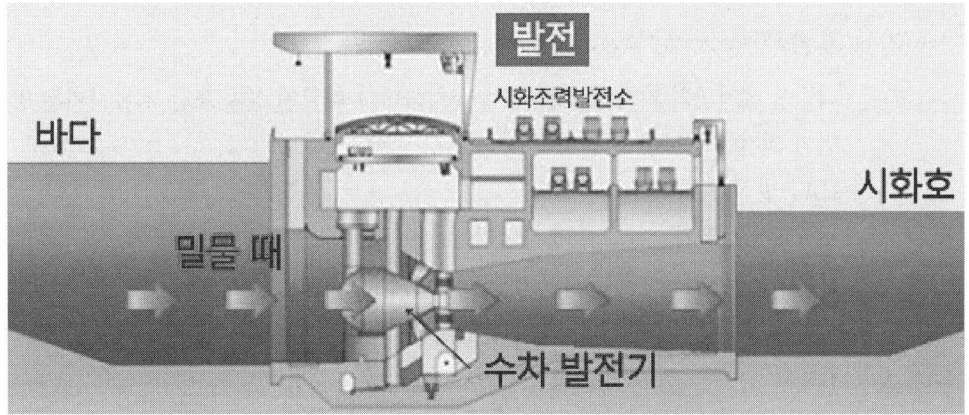

(1) 단류 창조식

- 바닷물이 들어오는 밀물 시 외해와 담수호의 수위차를 이용하여 발전을 하는 방식으로 시화 조력발전이 이 방식이다.
- 시화조력발전소 아래의 바다 깊이 22.5m에는 지름 7.5m, 무게 약 800톤에 달하는 거대한 수차 발전기 10기가 나란히 설치되어 있다.
- 하루 두 차례 일어나는 밀물 때 4시간 25분 동안 발전을 한다.
- 발전기 1기당 1초에 500톤에 이르는 바닷물이 쏟아져 그 힘으로 시간당 254,000kW의 전기를 만든다.

(2) 단류 낙조식

밀물 시 담수호에 물을 채운 후 바닷물이 빠지는 썰물 때 담수호와 외해의 수위차를 이용하여 발전하는 방식

(3) 복류식

밀물 시와 썰물 시 양방향 모두 발전을 하는 방식

4) 터빈 방식

(1) VAT 방식(Vertical Axis Turbine), 수직축 터빈

① 터빈의 회전축과 해류 방향이 수직인 방식으로 일본에서 많이 연구가 되고 있는 터빈이다.
② VAT 방식은 낮은 유속에서 성능의 저하, Cavitation에 의한 구조적 불안정, 해양 환경의 영향, 유지·보수의 난점, HAT 방식에 비해 높은 시설비 등으로 국내 남서해안의 환경에는 적합하지 않은 방식이다.

(2) HAT 방식(Horizontal Axis Turbine), 수평축 터빈

① 터빈을 해저면의 지지 구조물 위에 설치하거나 파일에 설치 또는 계류시키는 방식으로 터빈의 회전축과 해류의 방향이 평행인 방식이다.
② HAT 방식의 특징
- 구조적으로 간단하고 안정적이며 효율이 높다.
- 풍력발전 및 선박의 프로펠러 기술을 응용할 수 있다.
- 수심이 낮은 지역에 적합하며 발전비용이 저렴하다.
- 보수·유지·관리가 수월하다.

5) 수차발전기 구조

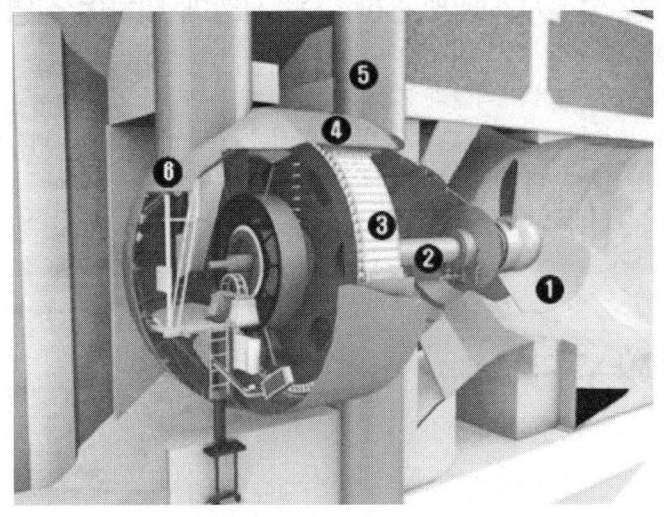

① 러너 : 바닷물이 통과하면서 회전력을 발생시키는 장치
② 터빈축 : 러너의 회전력을 회전차에 전달하는 장치
③ 회전차 : 1초당 약 1바퀴(1Hz의 회전수)를 돌며 전기를 생산하는 장치
④ 고정자 : 유도전기가 발생되도록 고정되어 있는 부분
⑤ 벌브케이스 : 수차발전기 자체 무게를 지지하고 수차를 점검하는 공간
⑥ 벌브노우즈 : 발전기를 점검하는 공간

6) 후보지

시화호(상업 운전 중), 인천만, 강화, 서산 가로림만, 태안 천수만 등

12.18 태양광 발전시스템에 관한 다음 사항에 대하여 설명하시오. 안.104.4.1.
1) 태양광 발전시스템의 구성
2) 파워컨디셔너의 역할과 기능
3) 태양전지 어레이의 방위각 및 경사각 개념과 설치 시 고려사항
4) 태양전지 어레이용 가대의 조건과 상정하중
5) 뇌서지 대책

1. 태양광 발전시스템의 구성

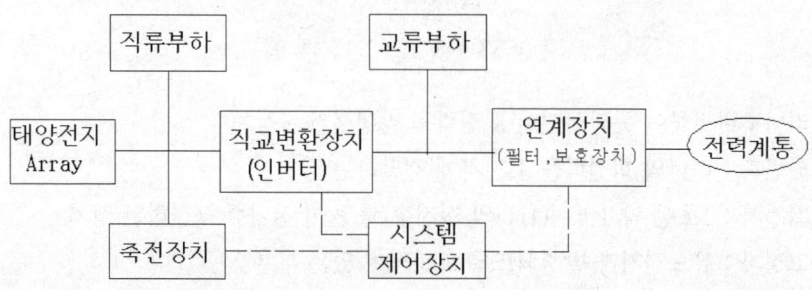

1) 태양전지(Cell)

   (1) 결정질 실리콘 태양전지
   - 실리콘 덩어리를 얇은 기판으로 절단하여 제작
   - 실리콘 덩어리의 제조방법에 따라 단결정과 다결정으로 구분
   - 전체 태양전지 시장의 95% 이상을 차지

   (2) 박막 태양전지
   - 얇은 플라스틱이나 유리 기판에 막을 입히는 방식
   - 비결정질 실리콘 태양전지, CIS 태양전지, CdTe 태양전지 등으로 분류

   (3) 염료 감응형 태양전지
   - 광합성 원리와 비슷한 원리를 이용하는 것으로
   - 염료가 여기되어 전자가 발생하여 나노 분말(TiO_2)에 주입되고 이 나노 분말이 투명전극(N형 반도체)을 통해 외부회로를 통해 상대전극으로 흐르게 한 전지임

2) 태양전지 모듈

- 한 개의 태양전지는 0.6V 전압과 3A 이상의 전류를 생성
- 적절한 전압과 전류를 생성하기 위하여 여러 개의 태양전지를 서로 연결
- 보호를 위하여 충진재, 유리 등과 함께 압축한 것이 모듈

3) 태양전지 어레이

- 여러 개의 모듈을 연결하여 직류 발전하는 것
- 설치되는 곳의 필요 용량에 따라 적절한 수의 태양전지 모듈을 연결

4) 인버터 : 태양광 발전의 직류 출력을 교류로 전환

5) 연계보호장치 : 다른 계통과 연계(인버터에 내장 가능) 사용

2. 파워컨디셔너의 역할과 기능

1) 역할과 기능

- 태양전지에서 출력된 직류전력을 교류전력으로 변환
- 한전의 전력계통(22.9kV 또는 380/220V)에 역 송전
- 태양전지의 성능을 최대한으로 하는 설비
- 이상 시나 고장 시 보호기능 등을 종합적으로 갖춤

2) 회로방식

Power Conditioner의 회로방식에는 여러 가지가 있으나 크게 나누어 상용주파 변압기 절연방식, 고주파 변압기 절연방식, Transless 방식 등이 있음

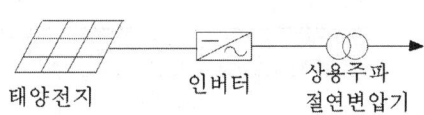

3. 태양전지 어레이의 방위각 및 경사각 개념과 설치 시 고려사항

1) 방위각

태양광 어레이가 남향과 이루는 각(정남향 0도)으로 그림자의 영향을 받지 않는 곳에 정남향으로 하고, 현장여건에 따라 정남을 기준으로 동·서로 45도의 범위 내에서 설치하여야 하며 고려사항은 다음과 같다.

- 남향
- 옥상 및 토지의 방위각
- 건물 및 산의 그림자를 피할 수 있는 각도
- 낮 최대 부하 시의 각도

2) 경사각

태양광 어레이와 지면과의 각(지면 0도)으로 발전전력량이 연간 최대가 되는 연간 최적 경사각을 선정하며, 경사진 기존의 지붕을 이용할 경우에는 지붕의 경사각을 따르며 고려사항은 다음과 같다.
- 연간 최적 경사각
- 옥상의 경사각
- 눈을 고려한 경사각
- 부하전력과 발전전력량에 따른 태양광 어레이의 용량을 최소로 하는 경사각

4. 태양전지 어레이용 가대의 조건과 상정하중

1) 가대의 조건

(1) 가대 재질

환경 조건과 설계 내용 연수에 따라 선택 결정한다.

(2) 가대 강도
- 자중에 풍 압력을 가미한 하중을 견디어야 한다.
- 상정 하중은 고정 하중, 풍압 하중, 적설 하중, 지진 하중 등이 있다.

(3) 가대 내용 연수

내용 연수를 몇 년으로 설정할지, 유지보수는 어느 정도 실시할지 등에 따라 재질을 선택한다.

2) 상정 하중

구분		내용
수직하중	고정하중	어레이, 프레임, 서포트 하중
	적설하중	경사계수 및 눈의 단위 질량 고려
	활하중	건축물 및 공작물 점유 시 발생하중
수평하중	풍하중	어레이에 의한 풍압과 지지물에 가한 풍압하중, 풍력계수, 환경계수 고려
	지진하중	지지층의 전단력 계수 고려

5. 뇌서지 대책

1) 태양광 발전(PV)설비는 직격뢰뿐만 아니라 근접 뇌격에 의해서도 위험에 노출된다. 유도전자계에 의해 고전압과 대전류가 발생된다.
2) 태양광 및 태양열 발전설비에 대한 뇌보호 등급III을 적용한 뇌보호 시스템은 특수한 경우 KS C IEC 62305-2에 따른 부가적인 보호수단을 추가한다.
3) 건물 위에 설치된 태양광 및 태양열 발전설비는 기존의 외부 뇌보호 시설물에 방해되지 않도록 한다.
4) 태양광 및 태양열 발전설비들은 KS C IEC 62305-3 5.2항, 3항에 따라서 직격뢰를 보호하기 위하여 독립된 피뢰침들에 의해 보호되어야 한다.

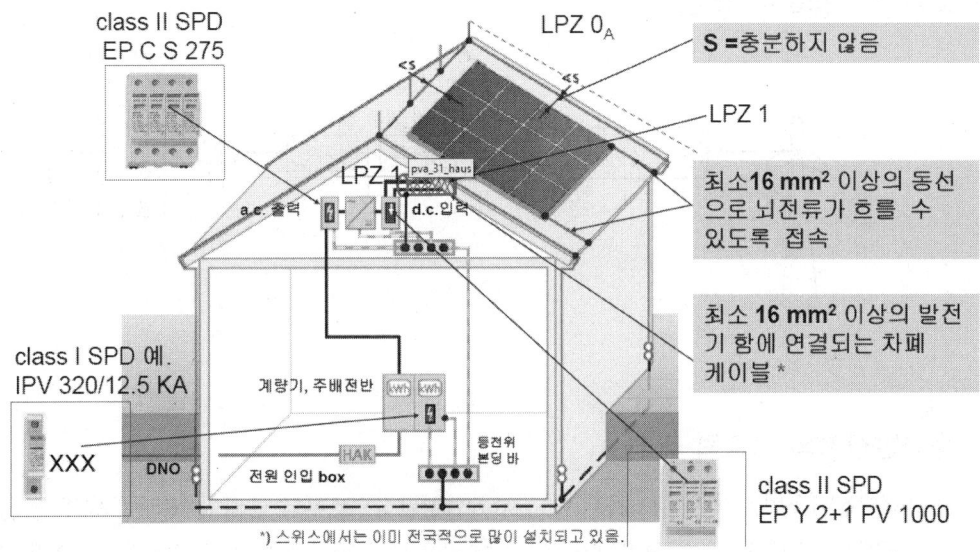

5) 태양광 및 태양열 발전설비는 각각의 피뢰침에 의하여 직격뢰로부터 보호되어야 한다.
6) 만약 직격뢰로부터 보호할 수 없는 경우에는 뇌전류의 일부가 건물 내에 침입하는 것에 대한 대책을 고려하여야 한다.
7) 뇌격 시 빌딩 내의 전기와 정보통신 시스템들은 KS C IEC 62305-3항에 따라 등전위가 이루어져야 한다.
8) 뇌 전류에 의한 유도 과전압을 감소시키기 위하여 발전기에 연결되는 주 전원선은 차폐케이블을 사용하여야 한다.
9) 태양광 발전설비와 외부 피뢰설비가 이격거리가 충분하지 않을 경우에는 부분 뇌전류를 흘릴 수 있도록 충분한 크기의 차폐 케이블을 사용하여야 한다.
10) 주 전원회로는 뇌전류가 충분히 흐를 수 있는 단면적을 가져야 한다.

12.19 풍력발전시스템의 낙뢰피해와 피뢰대책에 대하여 설명하시오.

응.97.4.4.

1. 개요

풍력발전설비는 넓은 면적과 주로 옥외에 설치되고 있기 때문에 뇌에 의한 이상전압의 영향을 받기 쉬워, 풍력 발전설비를 설치하는 지역이나 그 중요도에 맞도록 뇌에 대한 대책을 세워야 한다.

2. 풍력발전 설비 구성도

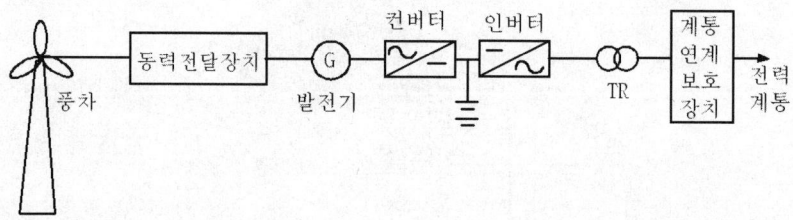

3. 풍력발전기의 직격뢰 대책

1) 풍력발전시스템은 높은 구조물은 아니지만 설치환경으로부터 낙뢰의 표적이 되기 쉽다.
2) 풍력발전시스템에서는 낙뢰피해가 빈발하여 비용 대 효과의 균형이 무너져 설비 운영을 계속할 수 없게 된 사례가 여러 개 존재한다.
3) 풍력발전시스템에서의 낙뢰 피해로 가장 심각한 것은 고가인 블레이드 파손이다. 블레이드 파손에 의해 장기간 발전이 정지하는 것에 의한 손실도 적지 않다.

4) 피뢰대책

- 피뢰탑 병설
- 블레이드 표면에 설치되어 있는 리셉터를 개량
- 블레이드 내부의 피뢰도선을 굵게 하여 전류 용량을 크게 하는 등 대책이 있다.

4. 풍력발전소의 유도뢰 대책

1) 일반적인 풍력발전시스템의 내부에는 전력선이나 풍력발전시스템의 운전상황을 제어·감시하기 위한 통신선 등이 설치되어 있다.
2) 풍력발전시스템에 설치된 통신회선은 광케이블을 이용한 것이 많아지고 있지만 메탈 케이블이 이용되는 경우도 적지 않다.
3) 풍력발전시스템에 낙뢰가 있었을 경우 접지 전위가 상승하여 외부로 설치된 도체가 접속되고 있는 기기에 과전압이 가해진다.

4) 피뢰대책

구 분		보호 소자	저감 대책
고압 및 대전류	뇌서지	• Gap Type 피뢰기 • Gapless Type 피뢰기	• 중성점 접지 • 등전위 본딩 • 콘덴서 설치
	개폐서지	• Gas Tube • S.A	

저압 및 제어회로		1. 전압 스위칭형
		  • 에어 Gap
		  • 사이리스터형
		2. 전압 제한(LIMIT) 형
		  • 배리스터
		  • 억제형 다이오드
		  • SCR
		  • Spark Killer
		3. 복합형
			• 접지극의 임피던스 저감
			• 절연 변압기 설치
			• Line Filter 설치
			• 정전 실드
			• 배선 분리 등

12.20 알칼리 전해액 연료전지에 대하여 설명하시오.

1. 연료전지 발전원리

1) 연료전지는 연료 중 수소와 공기 중 산소의 전기화학반응으로 생기는 화학에너지를 직접 전기에너지로 변환시키는 발전시스템임

$$H_2 + \frac{1}{2}O_2 \rightarrow H_2O + 전기$$

① 연료극(양극)에 공급된 수소는 수소이온과 전자로 분리
② 수소이온은 전해질층을 통해 공기극으로 이동하고 전자는 외부회로를 통해 공기극으로 이동
③ 공기극(음극) 쪽에서 산소이온과 수소이온이 만나 반응생성물(물)을 생성 ⇒ 최종적인 반응은 수소와 산소가 결합하여 전기, 물 및 열 생성

2) 발전효율 30~40%, 열효율 40% 이상으로 총 70~80%의 효율을 갖는 신기술임

2. 연료전지의 종류(전해질 종류에 따라 연료전지 구분)

구분	알칼리형 (AFC)	인산형 (PAFC)	용융탄산염형 (MCFC)	고체 산화물형 (SOFC)	고분자 전해질형 (PEMFC)	직접 메탄올형 (DMFC)
전해질	알칼리	인산염	탄산염	세라믹	이온교환막	이온교환막
동작온도(℃)	100 이하	220 이하	650 이하	1,200 이하	80 이하	80 이하
효율(%)	85	70	80	85	75	40
용도	특수용	중형건물 (200kW)	중·대형건물 (100kW~MW)	소·중·대용량 발전(1kW~MW)	가정·상업용 (1~10kW)	소형 이동 (1kW 이하)
선진수준	우주선	200kW	MW 이상	MW 이상	1~10kW 보급 중	500W
국내수준	–	50kW	250kW	1kW	3kW	50W

* AFC(Alkali Fuel Cell), PAFC(Phosphoric Acid FC), MCFC(Molten Carbonate), SOFC(Solid Oxide), PEMFC(Polymer Electrolyte Membrane), DMFC(Direct Methanol) → 순서대로 기술발전 단계임

3. 연료전지 발전과정

1) 알칼리형(AFC ; Alkaline Fuel Cell)

- 1960년대 군사용(우주선 : 아폴로11호)으로 개발
- 순수소 및 순산소를 사용

2) 인산형(PAFC ; Phosphoric Acid Fuel Cell)

- 1970년대 민간 차원에서 처음으로 기술 개발된 1세대 연료전지로 병원, 호텔, 건물 등 분산형 전원으로 이용
- 현재 가장 앞선 기술로 미국, 일본에서 실용화 단계에 있음

3) 용융탄산염형(MCFC ; Molten Carbonate Fuel Cell)

- 1980년대에 기술 개발된 2세대 연료전지로 대형발전소, 아파트단지, 대형건물의 분산형 전원으로 이용
- 미국, 일본에서 기술개발을 완료하고 성능평가 진행 중(250kW 상용화, 2MW 실증)

4) 고체 산화물형(SOFC ; Solid Oxide Fuel Cell)

- 1980년대에 본격적으로 기술 개발된 3세대로서, MCFC보다 효율이 우수한 연료전지로 대형발전소, 아파트단지 및 대형건물의 분산형 전원으로 이용
- 최근 선진국에서는 가정용, 자동차용 등으로도 연구를 진행하고 있으나 우리나라는 다른 연료전지에 비해 기술력이 가장 낮음

5) 고분자 전해질형(PEMFC ; Polymer Electrolyte Membrane Fuel Cell)

- 1990년대에 기술 개발된 4세대 연료전지로 가정용, 자동차용, 이동용 전원으로 이용
- 가장 활발하게 연구되는 분야이며, 실용화 및 상용화가 타 연료전지보다 빠르게 진행되고 있음
- 자동차용, 이동용, 가정용, 분산전원용 등으로 이용범위가 광범위하여 향후 가장 먼저 실용화가 예상되는 분야로 최근에 선진국에서 집중투자

6) 직접 메탄올 연료전지(DMFC ; Direct Methanol Fuel Cell)

- 1990년대 말부터 기술 개발된 연료전지로 이동용(핸드폰, 노트북 등) 전원으로 이용
- 고분자 전해질형 연료전지와 함께 가장 활발하게 연구되는 분야임
- 수십 W급이 개발되어 핸드폰, 노트북 등에 실증 연구 중
- 국내는 5W급 핸드폰용, 50W급 노트북용 개발 중

4. 향후 계획

1) 용융탄산염형

- 대형 발전소, 대형 건물 및 아파트의 분산전원용으로 이용
- 2009년까지 250kW급을 모듈화하여 MW급 시스템을 개발할 수 있는 여건 조성을 하여 실제 MW급 시스템 제작 및 운영은 발전회사에서 추진하도록 함

2) 고체 산화물형

- 효율이 가장 우수한 연료전지로, 최근에 소·중·대형으로 모든 분야에 이용 가능한 것으로 알려져 있으나 다른 연료전지에 비해 기술이 뒤쳐짐
- 1kW급이 개발(전력연구원) 중이며, 2006년부터 5kW급을 기술개발하여 가정용으로 실용화 모색 및 용량 확대를 통하여 대형 발전용으로 연구 추진

3) 고분자 전해질형

- 가정용, 이동용, 자동차용 등으로 이용하며, 최근에 가장 진보된 기술로 가정용으로 기술 개발하여 보급
- 1~3kW급 모니터링 사업 및 보급을 통하여 상용화를 위한 저가격화 실현 및 부품의 국산화율을 증대시켜 관련 산업 육성
- 80kW 및 200kW급 승용차, 버스의 모니터링 사업 및 보급을 통하여 상용화를 위한 저가격화 실현 및 부품의 국산화율을 높여 관련 산업 육성

4) 직접 메탄올형

- 최근 가장 연구 활동이 이루어지는 분야로 이동용(휴대용)으로 개발 중
- 우리나라는 IT 기술 강국 면모를 살려 핸드폰, 노트북 등에 적용할 1~100W급 이동용 전원 기술개발 및 실용화 추진

12.21 스마트미터링(Smart Metering)
AMI ; Advanced Metering Infrastructure

1. 개요

1) 국내의 전력량계 중 고압 전력량계는 거의 전자식화가 완료되었으며 저압 전력량계는 향후 수년 내에 전자식화를 완료할 예정임

2) 국내 전력량계 기술 분야는 단순한 전자식의 틀을 벗어나 국가적 스마트 그리드와 연계하여 지능화된 스마트 전력계량 시스템으로 진보하고 있다.

3) 최근의 전자식 계량기 발전동향
   - 정밀등급의 상향
   - 자동원격 검침기술 향상
   - 효율적 수요관리 시행
   - 기타 부가 서비스 등

2. 전자식 계량기 발전

1) AMR(Automated Meter Reading System) 자동검침 시스템
   - 사람이 검침하던 전력량을 자동화한 것으로서
   - 검침업무만을 자동화한 시스템임(1985~1995)

2) AMM(Advanced Meter Management)
   - 전력량계의 Data를 가지고 다양한 분야에 유용한 정보를 추출함
   - 고속 통신 및 양방향 통신, 시간대별 전력사용량 검침, 실시간 데이터 전송 등(1996~2005)

3) AMI(Advanced Metering Infrastructure)

   자동 검침 기능 외에 양방향 고객 정보 서비스 등의 기능을 부여한 미래지향적인 시스템임(2006~현재)

3. AMI(Advanced Metering Infrastructure)

AMI는 수요정보 인프라 개념으로 수요반응(DR ; Demand Response)까지 할 수 있는 수요 정보 시스템임

1) AMI 시스템 구성
   - 지능형 전력량계
   - 홈 네트워크
   - 광역 통신 인프라
   - 게이트웨이 등

2) AMI 시스템 기본기능 및 부가서비스(VAS) 기능

항목	적 용 사 항
1. 전력량 측정	• 송전 및 수전 전력량 양방향 계량 • 현재, 누적 유효 및 무효 전력량 LCD 정보 제공 • 시간대별, 일자별 전력 사용량 측정 정보 제공 • TOU ; Time of Use(시간대별 요금제) • CPP ; Critical Peak Pricing(선택형 Peak 요금제)
2. 전력 품질 정보 제공	• 시간대별 전압 변동 제공 • 고압/저압 역률 측정 제공 • 일시 정전, 정전 지속시간, Swell 등 정보 제공 • 종합 전압 왜형률 및 전류 왜형률 측정
3. 원격 부하 제어	• 특정 수용가 전원 원격 차단 및 투입 • 수용가 내 특정 부하 원격 On/Off 제어 • 계획 공급 용량 초과 시 전원 차단
4. 기타 기능	• 원격에서 Meter 내부의 프로그램을 Up-Grade • 자기 진단 기능 • 내부 데이터 접근을 제한하는 보안기능 • 자동시각 동기화 기능 • 통신 기능 • 전력량계 조작 금지 기능 등

* VAS ; Value Added Services

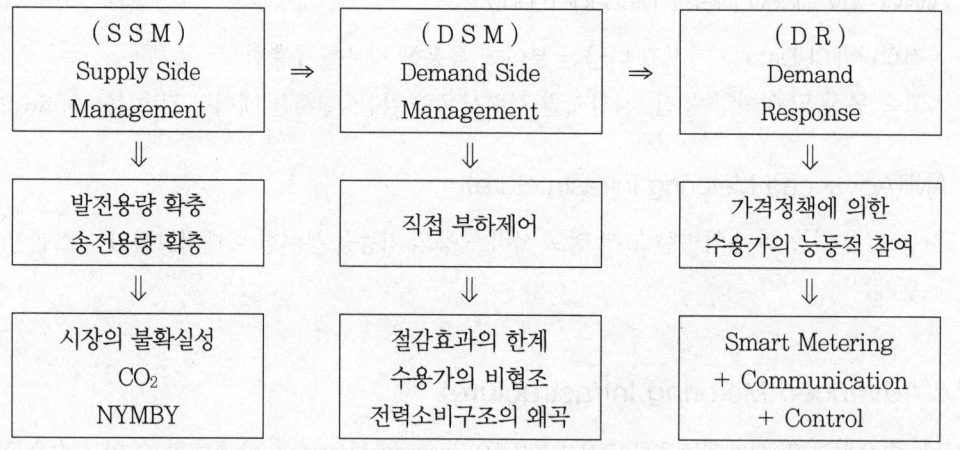

4. 수요반응(DR ; Demand Response)

전력의 수급 균형을 위협하는 Critical Peak에서의 수요억제와 전반적인 전력 사용 절감을 위해 수요반응(Demand Response) 시스템이 최근 급속히 확산되고 있다.

1) 직접 부하제어(DSM)

- 과거의 공급자 측면에서의 제어로서 발전력의 증대가 어려워 수요를 관리하는 시스템으로
- DSM(Demand Side Management)으로서 도입되었던 DLC(Direct Load Control) 또는 시간대별 요금제(TOU)가 사용자의 외면으로 실효를 얻지 못하였다.

2) DR(Demand Response)

- 특정 시간대에 전력요금을 차별적으로 높게 함으로써 수요자의 자발적인 전력 사용 절감을 유도하는 시스템
- 부하의 제어권을 전력회사가 가진 DLC 방식에 비하여 큰 효과를 기대함
- 그러기 위해서는 Smart Metering/AMI 시스템과 실시간 요금 정보를 제공할 수 있는 In-Home Display가 필수적으로 갖추어져야 함
- 전력요금이 비싼 시간대를 수용가가 실시간으로 확인하여 전기히터나 오븐 등 전력을 많이 소비하면서 긴급하지 않은 부하를 Off하여 전력 수요를 줄일 수 있음
- 전력회사와 계약에 의해 부하 제어에 따른 인센티브를 지급받을 수도 있음
- 그러기 위해서는 전력회사와 수요자 간에 실시간으로 Data를 주고받을 수 있는 양방향 전송방식과 AMI는 필수조건이 된다.

Reference

1. 전기공사협회 전기설비 2008. 10월호
2. 한국형 스마트 전력량계 부가서비스 적용방안 연구 논문(김석곤 외)

12.22 그린홈 100만 호 보급사업

1. 개요

1) 그린홈 100만 호 보급사업이란

2020년까지 신·재생 에너지 주택(Green Home) 100만 호 보급을 목표로 태양광, 태양열, 지열, 소형풍력, 연료전지 등의 신·재생 에너지원을 주택에 설치할 경우 설치비의 일부를 정부가 보조 지원하는 사업

2) Green Village

- 마을 단위(10가구 이상, 아파트 등 공동주택 포함)에 신·재생 에너지원을 설치하는 경우 설치비의 일부를 보조 지원하는 사업
- 그린 빌리지 추진 시 마을회관, 경로당, 노인정 등 주민편의시설의 신청 가능자는 마을(공동주택) 대표, 주택 및 건물 소유자, 기타 법인 등임

2. 지원 대상

구분	지원자격
대상주택	건물등기부 또는 건축물대장의 용도가 건축법에서 규정한 단독주택 및 공동주택
단독주택	단독주택 소유자 또는 소유예정자로서 기존 및 신축 주택에 모두 가능
공동주택	1. 기존의 공동주택 입주자의 동의 후 신청이 가능하며, 신청자는 입주자대표 등으로 하여야 함 2. 건축 중인 공동주택 연 내에 준공이 가능한 공동주택을 대상으로 하며, 신청자는 건축 중인 공동주택의 시공사, 시행사 대표 또는 입주자 대표 등으로 하여야 함

3. 지원 규모

분야	지원 규모	지원 비율
태양광	3kW 이하 / 호	최대 50% 이내
태양열	30m^2 이하 / 호	최대 50% 이내
지열	17.5kW 이하 / 호	최대 50% 이내
소형 풍력	3kW 이하 / 호	최대 50% 이내
연료 전지	1kW 이하 / 호	최대 80% 이내

4. 태양광 주택

1) 태양광 주택이란

태양 에너지를 직접 전기로 변환시키는 태양광 모듈을 지붕이나, 옥상, 창호 등에 설치하고, 여기서 발생하는 전기를 직접 이용하는 주택을 말한다. 가구당 지원규모는 3kW 이하이며 약 $23m^2$의 설치면적이 필요하다.

2) 설치효과

- 태양광발전은 모듈이 그림자의 영향을 받지 않는 정남향으로 설치되었을 경우 가장 좋은 효율을 나타낸다.
- 또한 주택용(저압) 전력은 누진제이므로 전력사용량이 많은 가정일수록 그 효과는 커지게 된다.
- 분전반과 상계용 전력량계를 주택에 설치함. 상계용 전력량계는 발전을 시작하면 눈금이 반대방향으로 회전한다.
- 부족전력은 한국전력으로 부터 구입하고 잉여전력은 익월 소비전력에서 차감하게 된다.

월 사용량	설치 전	설치 후	절감 금액
400kWh	약 75,000원	약 10,000원	약 65,000원
600kWh	약 190,000원	약 40,000원	약 150,000원

5. 태양열 주택

1) 태양열 주택이란

- 태양열 설비인 집열기를 지붕이나 옥상 등에 설치하고 이를 통해 얻은 열량을 이용하여 온수를 우선 사용하며 보조적으로 난방에도 이용하는 주택이다.
- 지원규모는 30m² 이하이며 약 35m²의 설치면적이 필요하다.

2) 설치 효과

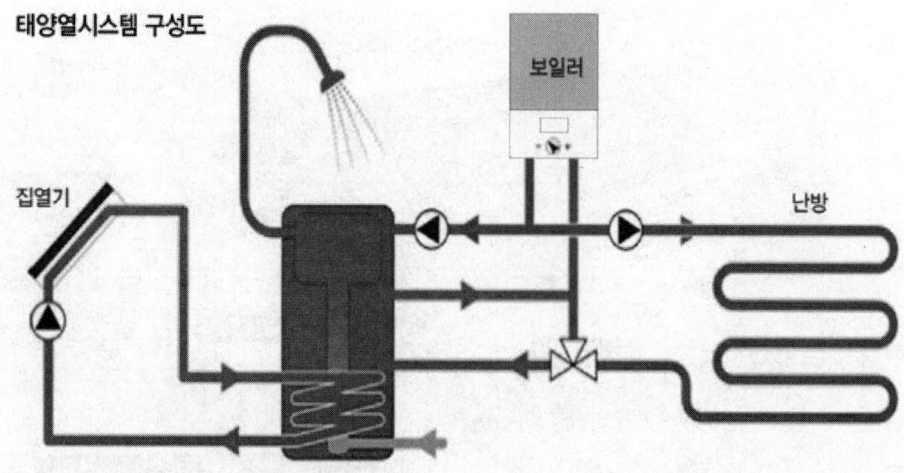

- 태양열 설비의 집열량은 집열판이 그림자의 영향을 받지 않는 정남향으로 설치되었을 경우 효율이 가장 좋으며, 건축물의 구조 및 단열조건, 지역별 일사조건, 사용 부하량 등의 조건에 따라 차이가 발생한다.
- 지붕이나 옥상에 설치한 집열기를 통해 얻어진 열량이 실내의 온수와 난방에 사용된다.
- 연료가 도시가스인 주택의 경우 연간 절감액이 약 일백만 원이다. 연료가 보일러 등유인 주택의 경우 연간 절감액은 약 일백팔십만 원이다.
- 절감액은 발열량, 효율, 연료가격 등의 조건 변화에 따라 달라질 수 있다.

6. 지열주택

1) 지열주택이란

- 연중 약 15℃로 일정한 지하의 온도를 히트펌프로 변화시켜 가정의 난방과 냉방에 이용하는 주택이다.
- 가구당 지원규모는 17.5kW 이하이며 일반적으로 지중 열교환기를 위해 50m², 기계실을 위해 6.6m²의 설치면적이 필요하다.

2) 설치효과

지열설비는 연중 일정한 지중의 열을 이용하므로 타 에너지원에 비하여 외부환경의 영향을 크게 받지 않으며 유지비가 비교적 저렴한 장점이 있다. 월간 냉·난방비용이 약 30만 원인 경우(난방 시 등유 보일러, 냉방 시 에어컨 사용, 17.5kW 설치 시) 연간 절감액이 약 170만 원 정도임

7. 소형 풍력

1) 소형 풍력 주택이란

- 바람의 운동에너지를 풍차의 회전에너지로 변환시켜 발전기를 돌려 전기를 생산·이용하는 주택이다.
- 가구당 지원규모는 3kW 이하이며, 소형 풍력기 설치를 위해 약 9m^2의 실외 바닥 면적, 인버터 설치를 위해 실내에 1m^2의 면적이 필요하다.

2) 설치효과(연간)

월 사용량	설치 전	설치 후	절감 금액
450kWh	약 1,150,000원	약 150,000원	약 1,000,000원
650kWh	약 3,000,000원	약 600,000원	약 2,400,000원

8. 연료전지 주택

1) 연료전지 주택이란

- 연료용 가스에 포함되어 있는 수소와 대기 중의 산소를 반응시켜 전기와 열을 생산해내는 연료전지를 이용하여 전기뿐만 아니라 급탕과 난방에도 이용하는 주택
- 가구당 지원규모는 1kW 이하이며 약 2m^2의 설치면적이 필요하다.

12.23 전기자동차 충전 인프라

1. 개요
1) 전기자동차 충전 인프라 구축은 스마트 그리드사업과 연계하여 Smart Transportation(스마트 수송)이라는 새로운 사업모델로 활발히 추진되고 있다.
2) 충전 인프라 구축은 전력망, 운영시스템, 과금 및 정산 시스템과 급속충전기로 구성된다.

2. 전기자동차 필요성
1) 스마트그리드에서 전기자동차는 심야의 남는 전력을 낮 시간의 피크 전력 시간대로 이동시킬 수 있으며, 전기자동차의 저장에너지를 전력망으로 역송전하여 에너지 효율화를 이룰 수 있다.
2) 그러기 위해서는 실시간 요금제와 같은 차등요금제도를 도입하여 소비자가 요금에 따라 충전과 방전을 할 수 있어야 한다.
3) 그러나 급속충전설비처럼 대용량으로 충전하는 설비가 많아지면 전력망의 효율적인 운영이 어려워지므로 전력망이 받는 부담을 최소화하기 위해서 충전용량을 적절히 작게 하고 충전시간을 길게 하는 것이 유리하다고 볼 수 있다.
4) 반면 전기자동차의 제조회사나 전기자동차를 소유한 소비자 입장에서는 내연기관 자동차처럼 언제든지 필요하면 짧은 시간 내에 충전받기를 원하고, 시간대에 따른 제한된 충전서비스를 받는 것을 원하지 않는다.
5) 또한 소비자의 차량에 저장된 에너지에 대해 재판매를 유도하기 위해서는 배터리 수명 단축 등을 고려하여 매우 높은 수준의 차익을 지불하지 않으면 반응하지 않을 가능성도 높다고 볼 수 있다.
6) 그럼에도 불구하고 전기자동차의 보급을 위해서는 일반 국민인 소비자가 불편하지 않아야 한다는 데 어려움이 있다. 따라서 전력분야에 종사하는 전문가들은 이와 같은 문제들을 어떻게 해결하여, 소비자의 요구를 충족시킬 것인지를 지속적으로 고민하고 연구할 필요가 있다.

3. 전기자동차 충전설비의 종류
전기자동차 충전인프라는 충전장소에 따라 구성과 기능이 다르며, 현재 언급되고 있는 충전설비는 [그림 1]과 같이 크게 주택용 충전설비, 주차장용 충전스탠드, 충전소용 충전설비, 배터리교환소의 4가지 정도로 구분할 수 있다.

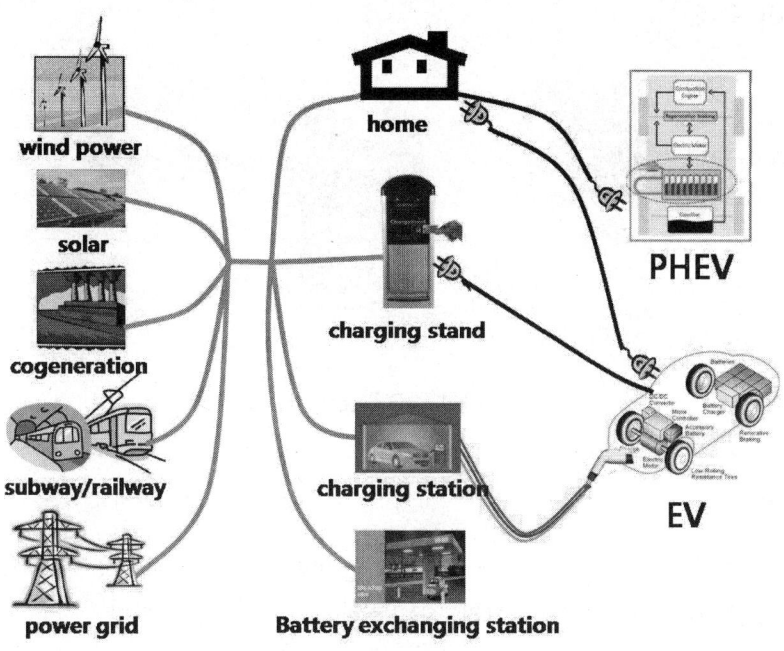

[그림 1. 충전설비]

1) 주택용 충전설비

    차고에서 직접 충방전

2) 주차장용 충전설비(공동주택용 포함)

    주차장에 충전스탠드의 충전설비를 갖추고 교류전원을 EV 차량에 공급하면 차량 내의 On-Board Charger에서 AC/DC 변환하여 배터리에 전원을 공급하는 시스템임. 안전장치, 통신, 과금 등을 위한 장치 필요

3) 충전소용 급속충전설비

    단시간에 대전력을 차량에 공급하기 때문에 차량과의 통신이 필수적이며, 주로 급속 충전설비에서 AC/DC 변환하여 차량에 DC로 공급하는 방식을 채택

4) 배터리 교환소

    배터리 부착위치와 형상 및 크기를 표준화하고 배터리를 임대 또는 공유한다는 개념으로서 EV 차량 운전자는 주행거리에 따라 요금을 지불하는 시스템이다. 차량 제조회사, 운영회사, 표준화 등의 이해관계와 배터리 노화에 대한 책임문제 등 현실적인 어려움이 많다.

4. 충전설비 구조

[그림 2 충전 인프라 시스템]

1) 전력망

급속충전기에 안정된 전력을 공급하기 위한 전력망은 AC전력망과 DC 전력망으로 크게 나뉘어 질 수 있으며 AC는 3상 380V 그리고 DC는 600V를 공급할 수 있다.

2) 급속 충전기

사용자 편의제공을 위하여 대형 터치스크린을 통한 HMI을 제공해야 하며 TCP/IP 통신 등 각종 통신사양을 만족할 수 있는 기반을 가지도록 설계한다. 주요 구성 부품으로는 전력량계, 비상스위치, 과전압, 과전류, 저전압, 단락 등의 보호를 위한 장비를 갖추고 있어야 한다.

3) 충전 알고리즘과 HMI

짧은 시간 안에 효율적인 충전을 할 수 있는 빠른 충전, 충전금액, 충전량 선택모드를 제공해야 한다. 충전 중에도 언제든지 충전 중지를 할 수 있으며 시스템 이상 시에는 자동으로 충전 중지 후 결재 시스템으로 이동하도록 되어있다.

4) 과금 및 정산 System

기본적인 충전 역할은 전기자동차의 BMS와 충전기 내 Power Stack과의 CAN(Controller Area Network) 통신을 통하여 이루어진다.
충전되는 전력량을 실시간 계량하여 사용자에게 충전상태 정보를 제공하여, 신용카드를 통한 과금 및 정산이 이루어지게 한다.
실시간 전기요금은 운영시스템을 통하여 제공되며 충전소 운영에 대한 정보는 다시 운영시스템으로 전송되어 통합운영될 수 있도록 한다.

5. 표준화 동향

1) 전기자동차 충전인프라에 대한 표준으로는 미국 중심의 SAE(북미자동차협회)와 IEEE(미국전기전자학회)가 있고, 유럽 중심의 IEC(국제전기위원회) 규격과 일본 JEVS(일본 전기자동차 협회 규격) 등이 있으며,
2) 자동차 시장의 규모로 볼 때 SAE를 중심으로 국내 규격이 정해질 가능성이 높을 것으로 예상된다.
3) 국내에서도 충전인프라 관련 표준을 정하기 위해 각종 위원회가 구성되어 활발히 진행되고 있다.
4) 외국 표준을 중심으로 국내 표준이 제정될 필요가 있다. 이를 위해 현재 기술표준원, 스마트그리드 협회, 한국자동차공학회, 제주도 실증단지 추진위원회 등에서 여러 형태로 위원회가 구성되어 국내 표준을 위해 작업을 진행하고 있는 상태이다.

6. 보급 및 촉진을 위한 정책

1) 전기자동차 및 충전인프라의 보급을 위해서는 제도적인 뒷받침을 통해 정부차원의 지원정책을 조기에 가시화함으로써 관련사업자들의 투자를 유도할 필요가 있다.
2) 각 지방자치단체에서도 적극적인 도입의지 및 인센티브 제도를 검토하여 보급 확산에 기여할 필요가 있다.
3) 전기자동차 충전을 위한 사업자에게도 각종 인센티브를 적용하여 많은 사업자가 참여하여 인프라를 구축할 수 있도록 정부 차원에서 로드맵을 제시할 필요가 있다.

12.24 공공기관 에너지 절약제도

1. 개요
1) UN 기후변화협약에 의한 세계 주변국 환경의 변화와 에너지 고갈에 따른 고유가 시대에 대비하여 건축물의 에너지절약을 위한 효율강화의 역할이 필요하다.
2) 국가 및 공공기관의 대단위 사업에 대한 에너지 절약제도와 에너지 사용기기에 대한 에너지 소비 효율제도가 국가 에너지절약의 중심을 차지한다.

2. 에너지 절약의 필요성
1) 온실가스 저감으로 지구환경 보전
2) 국가 및 기업 경쟁력 강화
3) 에너지 수급개선 및 에너지 효율 향상
4) 화석연료 고갈에 대비

3. 공공기관 에너지 절약제도
1) 에너지 절약 설계기준

　(1) 적용대상
　　• 냉난방을 하는 연면적의 합계가 500m² 이상인 경우에는 건축물의 용도에 관계없이 에너지 절약 계획서를 첨부하여야 한다.
　　• 건축허가 신청 시 제출 의무사항임

　(2) 전기설비 대상 항목

항 목	의무 사항	권장 사항
수변전 설비	○	○
간선 및 동력 설비	○	○
조명 설비	○	○
대기 전력	○	○
제어 설비	○	×

2) 공공기관 신재생에너지 설치 의무화 제도

(1) 대상
공공기관이 신·증·개축하는 연면적 1,000m^2 이상의 건축물에 대하여 예상 에너지 사용량의 일정량 이상을 신·재생 에너지 설비 설치에 투자하도록 의무화하는 제도

(2) 설치의무 대상기관(법 제12조 제2항)
- 국가기관 및 지방자치단체
- 정부투자기관, 정부출연기관, 정부출자기업체
- 지방자치단체 및 정부투자기관·정부출연기관·정부출자기업체에서 납입 자본금의 100분의 50 이상 또는 50억 원 이상을 출자한 법인
- 특별법에 의하여 설립된 법인

(3) 공공기관 신재생에너지 공급의무 비율

연도	'15	'16	'17	'18	'19	'20
의무비율(%)	15	18	21	24	27	30

3) 공공기관 에너지이용합리화 추진에 관한 규정

(1) 신축건물의 에너지이용 효율화
① 연면적이 3,000m^2 이상 업무시설을 신축하거나 별동으로 증축하는 경우에는 건물 에너지 효율 1등급을 취득하여야 한다.
② 공공기관에서 공동주택(기숙사는 제외)을 신축하거나 별동으로 증축하는 경우에는 건물 에너지 효율 2등급 이상의 인증을 의무적으로 취득하여야 한다.
③ 공공기관에서 연면적 10,000m^2 이상의 건축물을 신축하는 경우에는 건물 에너지 이용 효율화를 위해 건물 에너지 관리시스템(BEMS)을 구축하여 운영하도록 노력하여야 한다.

(2) 에너지진단
건축 연면적이 3,000m^2 이상인 건물을 소유한 공공기관은 5년마다 에너지 진단 전문기관으로부터 에너지 진단을 받아야 한다.

(3) 고효율 에너지 기자재 사용
① 고효율 에너지 기자재 인증제품 또는 에너지 소비효율 1등급 제품을 우선 구매하여야 한다.
② 공공기관은 해당 기관이 소유한 조명기기를 [별표6] 연도별 보급목표에 따라 LED제품으로 교체 또는 설치하여야 하며, 지하주차장을 우선적으로 검토하여야 한다.

별표 6	'15	'17	'20
신축 건축물(설치비율)	60%	100%	-
기존 건축물(교체비율)	60%	80%	100%

4) 에너지 소비 효율등급 표시제도

(1) 제도 개요

- 에너지 소비 효율 증대를 위한 의무적 제도이다.
- 에너지 소비 효율 등급 표시
  1등급부터 5등급까지 구분하여 표시함으로써, 소비자들이 효율이 높은 에너지 절약형 제품을 손쉽게 판단하여 구입할 수 있도록 한다.

(2) 대상 품목 : 20여 품목

냉장고, 냉동고, 세탁기, 에어컨, 가정용 가스보일러, 형광등, 자동차등

5) 고효율 에너지 기자재 인증제도

(1) 제도 개요

- 고효율 기기 보급을 위한 자발적 인증제도
- 고효율 에너지 기자재 지정 시험기관에서 측정한 에너지 소비효율 및 품질시험 결과 전 항목을 만족하고, 에너지 관리 공단에서 고효율에너지 기자재로 인증 받은 제품

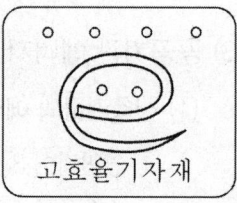

(2) 대상 품목 : 40여 품목

LED 램프, LED 보안등, LED 컨버터, LED 투광등, ESS, 고조도 반사갓, 유도 전동기, UPS, M.H 안정기, 고효율 인버터, 복합지능형 수배전반 등

6) 절전형 사무가전기기 보급제도

(1) 제도 개요

- 대기 전력 감소를 위한 자발적(VA) 제도
- 실제로 사용하지 않는 대기상태에서 소비되는 전력이 복사기와 같은 기기는 전체 소비 전력의 80% 정도를 차지하여 이를 줄이기 위한 제도이다.

(2) 대상 품목 : 20여 품목

컴퓨터, 모니터, 프린터, 스캐너, 복사기, 팩시밀리 등

12.25 석탄 가스화 복합발전(IGCC)

1. 개요

IGCC(Integrated Gasification Combined Cycle)란 '석탄 가스화 복합 발전'을 의미하며 석탄을 수증기 및 공기와 함께 고온 고압으로 가스화시켜 일산화탄소와 수소가 주성분인 합성가스를 제조, 정제해 가스터빈을 구동하고, 배열로 증기터빈을 구동하는 차세대 청정에너지 발전기술이다.

효율이 높고 공해가 거의 없으며 온실가스 주범인 이산화탄소 배출이 적어 환경 보전성이 매우 우수한 장점이 있다.

2. IGCC 계통도 및 원리

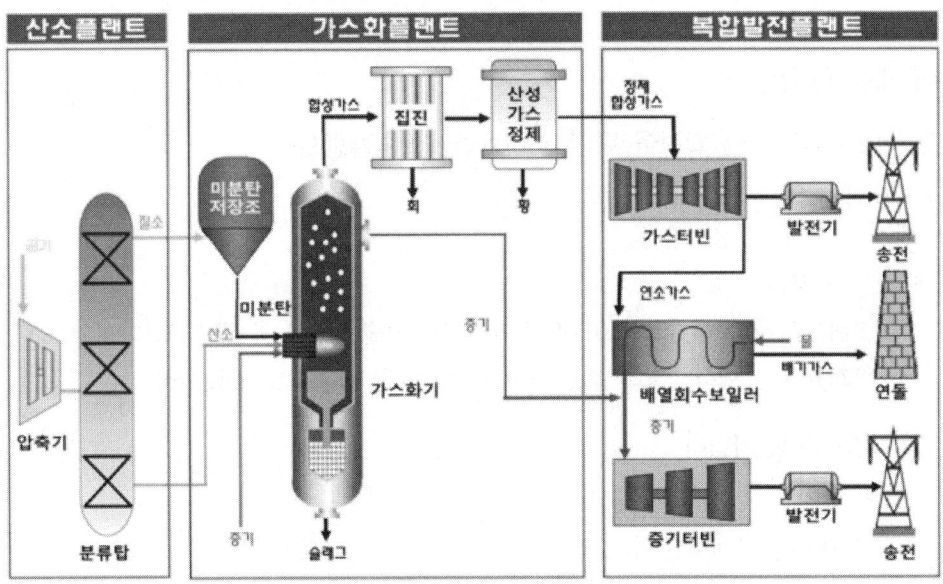

1) 기존 화력 발전소는 석탄을 직접 태워 발생하는 열로 증기를 발생시켜 증기 터빈을 돌려 전기를 생산하지만
2) IGCC는 석탄을 고온에서 산소와 물을 넣고 가스화시켜 일산화탄소 50%와 수소 30%로 이뤄진 합성가스를 만든 뒤 이 가스로 가스터빈을 돌려 1차 발전을 하고
3) 가스터빈에서 방출되는 배기가스의 열을 모아 증기터빈을 돌려 한 번 더 전기를 생산한다.

3. 특징

1) IGCC는 현재 30%대의 석탄화력 발전의 열효율을 40%대로 끌어올릴 수 있다.
2) 이산화탄소를 35%, 황화합물을 99%까지 줄일 수 있다.
3) 석탄 액화 기술을 사용하면 합성가스에서 석유를 뽑아낼 수 있다. 석탄을 가스화한 뒤 주성분인 일산화탄소와 수소를 코발트 또는 철을 촉매로 사용해 반응을 시키면 디젤이나 가솔린 같은 다양한 석유 제품을 추출할 수 있다.
4) 석탄의 매장량이 풍부하여 차세대 발전시스템이며 석탄 화력의 단점인 재처리도 크게 문제가 되지 않는다.

4. 사업효과

- 안정적인 국가 에너지원 확보 및 국내산업 육성
- 청정에너지원 확보로 온실가스 배출 저감에 기여
- 신재생에너지 보급 확대로 저탄소 녹색성장 선도

5. 국내 개발 현황

1) 한국형 IGCC 기술 확보를 위한 300MW급 실증플랜트

   (1) 위치 : 남해군(한국 서부발전)

   (2) 개발 목표
   - 설계기술 자립 및 한국형 표준모델 개발(설계기술 자립도 및 설비 국산화율 90% 이상 달성)
   - 열효율 42% 이상, 질소산화물 30ppm 이하, 황산화물 15ppm 이하

   (3) 사업기간 및 사업비
   - 사업 기간 : 2006.12~2016.7
   - 사업비 : 약 1조 5천 억

2) 태안 IGCC 실증 플랜트 건설 추진

   [사업 개요]
   - 위치 : 태안군(태안 발전본부 부지 내)
   - 설비용량 : 380MW급 석탄화력(송전단 : 300MW×1기)
   - 공사기간 : 2011.11~2015.11
   - 총투자비 : 약 1조 4,000억 원

PROFESSIONAL ENGINEER BUILDING ELECTRICAL FACILITIES

CHAPTER 13

회로이론

13.1 정전압원과 정전류원의 의미와 적용방법을 설명하시오. 건.94.1.7.

1. 정전압원
- 정전압원은 외부회로의 구성에 관계없이 일정한 전압을 출력하는 기능을 가지고 있다.
- 만약 전압 V를 내는 정 전압원의 내부저항이 0이 아니고 Ri라는 값을 가진다면, 외부 회로에 아무 것도 연결되지 않을 때에는 V의 전압이 출력되지만
- 외부회로에 R이라는 저항이 걸린다면 출력 단자의 전압은 $V \times \dfrac{R}{Ri + R}$ 라는 전압이 출력되어 V와는 다른 값이 측정된다. 따라서 정전압원이 되지 않는다.
- 따라서, 정전압원의 내부 저항은 그 값을 되도록 작게 만들어 주어야 하며, 회로 해석 시 사용되는 이상적인 전압원의 내부 저항을 0으로 두는 것은 그것이 "이상적"이기 때문이다.
- 정전압원을 단락시키면 전류가 무한대가 된다. 정전압원의 내부저항은 영이다. 즉, 저항이 영이므로 전압/0=무한대(A)가 된다.

2. 정전류원
- 정전류원의 내부저항은 전류원에 저항이 병렬로 연결되어 있으므로 그 내부저항으로 전류가 흐르지 않기 위해서는 내부저항이 무한대가 되어야 합니다.
- 정전류원을 개방하면 양단전압은 무한대가 된다. 정전류원의 내부저항은 무한대이다.
  즉, 저항이 무한대이므로 전류×무한대=무한대(V)가 된다.

3. 테브난의 정리 및 노튼의 정리와의 관계

1) 정전압원의 내부저항은 Thevenin의 등가회로를 생각하면 됨

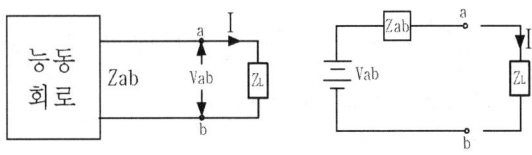

2) 정전류원의 내부저항은 Norton의 등가회로를 생각하면 됨

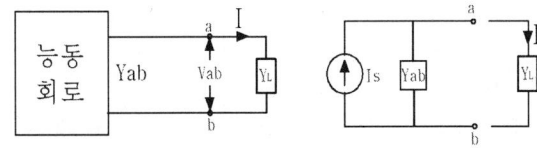

13.2 교류 평형 임피던스 회로에서 순시전력의 총합이 항상 일정하며 유효전력과 동일함을 설명하시오.

건.103.1.12.

1. 순시전력

- 전압 v와 전류 i는 시간에 따라 변하는 양, 즉 시변수이다.
  이때 전원에서 부하에 전달하는 전력 $p = v \cdot i (W)$이고
  전달전력 p도 시변수로 시간에 따라 변한다.
- 어느 순간에는 부하에서 전원으로 전력이 흐를 수도 있는데, 전원에서 공급받은 전력을 부하에서 자기 에너지 또는 정전 에너지로 저장하였다가 전원으로 전력을 되돌려 주기 때문이다.

2. 순시전력과 유효전력

- 전압 v가 공급한 전력 $p = v \cdot i (W)$이며
  전력 p는 시간의 함수가 되고 이를 순시전력이라 한다.

$$p = v \cdot i = (\sqrt{2}\,V\sin\omega t) \cdot (\sqrt{2}\,I\sin(\omega t - \theta))$$
$$= 2VI\sin\omega t \cdot \sin(\omega t - \theta)$$
$$= 2VI\left[-\frac{1}{2}\cos(\omega t + \omega t - \theta) + \frac{1}{2}\cos(\omega t - \omega t + \theta)\right]$$
$$= VI\cos\theta - VI\cos(2\omega t - \theta)(W)$$

  상기 식에서 $VI\cos\theta(W)$는 시간 t가 없으므로 크기가 일정하고

- $VI\cos(2\omega t - \theta)(W)$는 각속도(주파수)가 전압 전류의 두 배가 되는 정현파이다.
- $VI\cos(2\omega t - \theta)(W)$는 정현파이므로 1주기 동안의 평균은 0이다.
  따라서 순시전력 p의 한 주기 동안의 평균전력

$$P = \frac{1}{T}\int_0^T p\,dt = \frac{1}{T}\int_0^T v\,i\,dt = VI\cos\theta\,(W) \text{이다.}$$

- 따라서 순시전력도 유효전력과 동일하게 된다.

> **Reference** 삼각함수 곱셈공식
>
> $\cos\alpha \cdot \cos\beta = \frac{1}{2}[\cos(\alpha+\beta) + \cos(\alpha-\beta)]$
>
> $\sin\alpha \cdot \sin\beta = -\frac{1}{2}[\cos(\alpha+\beta) - \cos(\alpha-\beta)]$

13.3 정현파의 실효치와 평균치 의미를 설명하고, 최대치와의 비율을 수식으로 설명하시오.

발.96.1.11.

1. 정현파

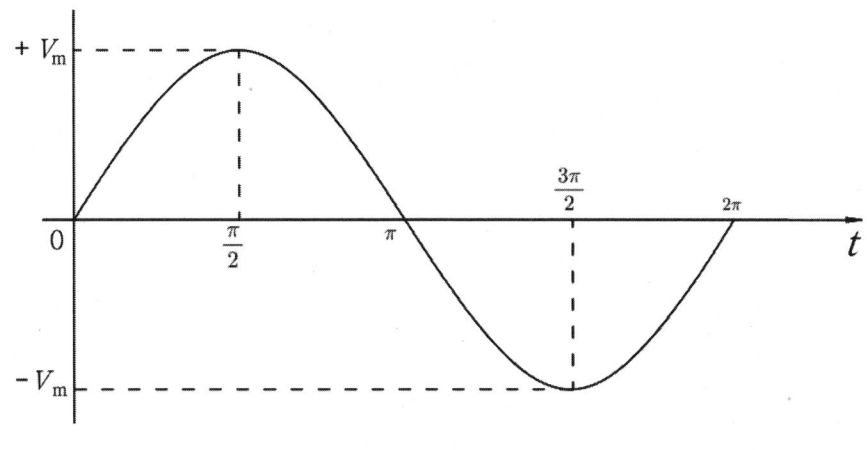

[정현파의 파형]

$$v(t) = V_m \sin wt = V_m 2\pi ft [\text{V}] \quad \cdots\cdots (1)$$

위 식에서 V_m을 최대치 또는 파고치라 부르며 $w = 2\pi f$를 각 주파수 또는 각속도라 부른다. 이는 전력을 생산하는 발전기가 일정한 각속도로 회전하여야 일정한 주파수를 유지함을 의미한다. 여기서 순시치는 시간이 변함에 따라 sin 함수로 변하며, 이를 sin파 또는 정현파라 부른다.

2. 실효치(Effective Value)

앞에서 전압의 순시 값이 수시로 변화하므로 최대치를 제외하고는 정량화할 수 없다. 또한 일을 하는 양도 수시로 변한다. 따라서, 실제로 일을 하는 양의 크기로 표현하는 것이 실효값이며 Rms(Root Mean Square)라 부른다.

$$I = \sqrt{\frac{1}{T}\int_0^T i^2(t)\,dt} = \sqrt{\frac{1}{\pi}\int_0^\pi i^2\,d\theta}$$

$$= \sqrt{\frac{1}{\pi}\int_0^\pi (Im\sin\theta)^2 d\theta} = \sqrt{\frac{1}{\pi}Im^2 \cdot \frac{\pi}{2}} = \frac{Im}{\sqrt{2}} = 0.707 Im$$

3. 평균치(Effective Value)

교류 정현파는 상하가 서로 대칭이므로 1주기 값을 평균하면 0이 된다. 따라서, 평균값은 반주기 동안을 평균하면 된다.

$$Iav = \frac{1}{T}\sqrt{\int_0^T i(t)^2\,dt} = \frac{1}{\pi}\int_0^\pi i\,d\theta$$

$$= \frac{1}{\pi}\int_0^\pi Im\sin\theta\,d\theta = \frac{Im}{\pi}[-\cos\theta]_0^\pi = \frac{2Im}{\pi} = 0.637Im = 0.9I$$

즉, 교류 최대치의 63.7[%]가 평균치가 된다.

13.4 사이리스트(Thyristor) 단상 전파 정류에서 저항부하 시의 전류맥동률 $\left(\sqrt{\dfrac{I_s^2-I_{av}^2}{I_{av}}}\times 100\%\right)$은 몇 [%]인가?

응.72.1.9

1. 맥동률 정의

정류된 직류 전압에 포함된 교류 성분을 평가하는 파라미터로 정류된 직류 출력에 포함되어 있는 교류분의 정도

$$\text{맥동률 } r = \frac{\text{출력 전압(전류)에 포함된 교류 성분의 실효값}}{\text{출력 전압(전류)의 직류평균값}} = \frac{\sqrt{I_s^2-I_{av}^2}}{I_{av}}$$

2. 전류회로의 맥동률

항 목	단상전파정류, 정현파	단상반파정류 (전파×반파계수)	반파계수
최대값(Im)	1	1	1
실효값	$\dfrac{Im}{\sqrt{2}} = 0.707\,Im$	$\dfrac{Im}{2} = 0.5\,Im$	$\dfrac{1}{\sqrt{2}}$
평균값	$\dfrac{2Im}{\pi} = 0.637\,Im$	$\dfrac{Im}{\pi} = 0.32\,Im$	$\dfrac{1}{2}$

항 목	전파정류, 정현파	반파정류
파고율 = $\dfrac{\text{최대값}}{\text{실효값}}$	$\sqrt{2}$	2
파형률 = $\dfrac{\text{실효값}}{\text{평균값}}$	$\dfrac{\pi}{2\sqrt{2}}$	$\dfrac{\pi}{2}$
맥동률	0.482	1.21

3. 단상 전파 정류에서 전류맥동률

$$r = \frac{\sqrt{I_s^2-I_{av}^2}}{I_{av}}\times 100 = \frac{\sqrt{\left(\dfrac{Im}{\sqrt{2}}\right)^2-\left(\dfrac{2Im}{\pi}\right)^2}}{\dfrac{2Im}{\pi}}\times 100 = 48.2\,(\%)$$

4. 실효치 및 평균치

1) 정현파 및 전파 정류

(1) 실효치

$$I = \sqrt{\frac{1}{T}\int_0^T i^2(t)\,dt} = \sqrt{\frac{1}{\pi}\int_0^\pi i^2\,d\theta}$$

$$= \sqrt{\frac{1}{\pi}\int_0^\pi (Im\sin\theta)^2 d\theta} = \sqrt{\frac{1}{\pi}Im^2 \cdot \frac{\pi}{2}} = \frac{Im}{\sqrt{2}} = 0.707\,Im$$

(2) 평균치

$$Iav = \frac{1}{T}\sqrt{\int_0^T i(t)^2\,dt} = \frac{1}{\pi}\int_0^\pi i\,d\theta$$

$$= \frac{1}{\pi}\int_0^\pi Im\sin\theta\,d\theta = \frac{Im}{\pi}[-\cos\theta]_0^\pi = \frac{2Im}{\pi} = 0.637\,Im = 0.9\,I$$

(3) 파형률 $= \dfrac{실효치}{평균치} = \dfrac{\frac{Im}{\sqrt{2}}}{\frac{2Im}{\pi}} = \dfrac{\pi}{2\sqrt{2}} = 1.11$

2) 반파 정류

(1) 실효치

$$I = \sqrt{\frac{1}{T}\int_0^T i^2(t)\,dt} = \sqrt{\frac{1}{2\pi}\int_0^\pi i^2\,d\theta}$$

$$= \sqrt{\frac{1}{2\pi}(Im\sin\theta)^2 d\theta} = \sqrt{\frac{Im^2}{2\pi}\cdot\frac{\pi}{2}} = \frac{Im}{2} = 0.5\,Im$$

(2) 평균치

$$Iav = \frac{1}{T}\sqrt{\int_0^T i(t)^2\,dt} = \frac{1}{2\pi}\int_0^\pi i\,d\theta$$

$$= \frac{1}{2\pi}\int_0^\pi Im\sin\theta\,d\theta = \frac{Im}{2\pi}[-\cos\theta]_0^\pi = \frac{Im}{\pi} = 0.32\,Im = 0.45\,I$$

(3) 파형률 $= \dfrac{실효치}{평균치} = \dfrac{\frac{Im}{2}}{\frac{Im}{\pi}} = \dfrac{\pi}{2} = 1.57$

> **13.5** 전동기 제어에 사이리스터를 사용한 정류기가 많이 사용된다. 그중 3상 브리지 전파 정류 결선도를 그리고, 무부하 무제동 시의 직류출력전압(Edo)를 구하시오.(단, E : 교류선간전압실효치, Edo : 직류출력전압 평균치)
>
> 응.97.1.4.

1. 삼상 전파 정류회로

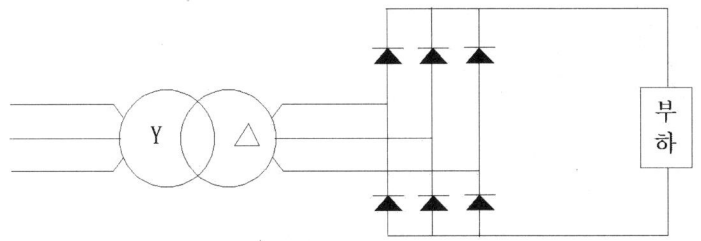

2. 정류 파형

▼ 사인파 정류파형의 평균치(전압)

항목	단상전파정류	3상전파정류
파형	(0.637 V_m)	(0.9549 V_m)
면적	$2V_m$	V_m
평균치(직류전압)	$\dfrac{2V_m}{\pi} = 0.637 V_m = 0.9 V$	$\dfrac{V_m}{\pi/3} = 0.9549 V_m = 1.35 V$

3. 3상 전파 정류 전압비

1) 제1방법

맥동파는 사인파 교류의 파고치 V_m을 중심으로 1파의 1/3만을 나타내고 있음으로, 맥동전압의 평균치는 이 사인파 사이의 면적 즉, 그림의 음영 표시된 부분의 평균 높이와 같은 값이 된다.

음영 표시된 부분의 면적 S는

$$S = \int_{\frac{\pi}{3}}^{\frac{2\pi}{3}} Vm \sin\theta \, d\theta = Vm \left[-\cos\theta\right]_{\frac{\pi}{3}}^{\frac{2\pi}{3}} = Vm$$

직류 전압(맥동전압)의 평균값

$$E_D = \frac{S}{\text{아랫변의 길이 (주기)}} = \frac{V_m}{\frac{\pi}{3}} = \frac{3 V_m}{\pi} = 0.95 V_m$$

실효값으로 나타내면 $0.95 V_m \times \sqrt{2} = 1.35 V$

2) 제2방법

$$E_d = \frac{1}{\frac{\pi}{3}} \int_{\frac{\pi}{3}}^{\frac{2\pi}{3}} \sqrt{2} E \sin\theta \, d\theta = \frac{1}{\frac{\pi}{3}} \sqrt{2} E \left[-\cos\right]_{\frac{\pi}{3}}^{\frac{2\pi}{3}} = \frac{3}{\pi} \sqrt{2} E = 1.35 E$$

4. 참고

> **Reference** 3상 반파 정류 전압비
>
> $$E_D = \frac{3}{2\pi} \int_{\frac{\pi}{6}}^{\frac{5\pi}{6}} V_m \sin\theta d\theta = \frac{3}{2\pi} V_m [-\cos\theta]_{\frac{\pi}{6}}^{\frac{5\pi}{6}} = \frac{3\sqrt{3}}{2\pi} V_m = 0.827 V_m$$
>
> 실효값으로 나타내면 $0.827 V_m \times \sqrt{2} = 1.17 V$

13.6 단상 반파 및 전파 정류회로에서 전압변동률, 맥동률, 정류효율, 최대 역전압(PIV)에 대하여 설명하시오.

응.94.4.3.

1. 개요

1) 정류기는 AC를 DC로 변환하는 장치로 주로 Diode를 이용하고 순방향일 때는 흐르고 역방향일 때는 흐르지 못하는 특성을 이용
2) 정류회로에는 단상(반파, 전파, 브리지, 배전압), 3상(브리지), 6상(성형, 12Pulse) 등이 있음

2. 단상 반파 정류와 전파 종류 비교

1) 단상 반파 정류회로

다이오드 등의 정류 소자를 사용하여 교류의 + 또는 -의 반 사이클만 전류를 흘려서 부하에 직류를 흘리도록 한 회로

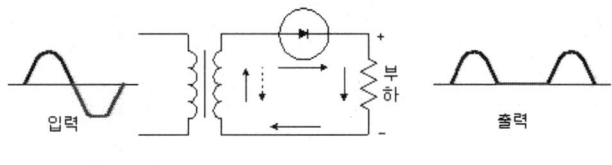

반파 정류회로

2) 단상 전파 정류회로

- 다이오드를 사용하여 교류의 +, - 모두 정류를 하고 부하에 직류 전류를 흘리도록 한 회로
- 중간 탭이 있는 트랜스 필요

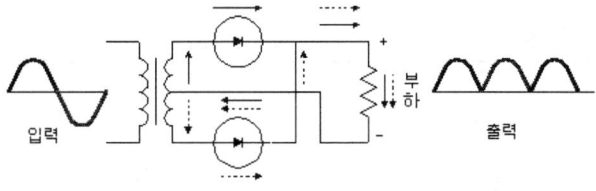

전파 정류회로

3. 용어 설명

1) 전압 변동률

$$\alpha = \frac{V_o - V}{V} \times 100(\%)$$

여기서 V_o : 무부하 시 출력전압
V : 전부하 시 출력전압

전압 변동률은 실효값으로 나타내며 전파 정류가 반파 정류에 비해 정류가 더 많이 되므로 전압 변동률이 적다.

2) 맥동률

정류된 직류 전압에 포함된 교류 성분을 평가하는 파라미터로 정류된 직류 출력에 포함되어 있는 교류분의 정도

$$\text{맥동률 } r = \frac{\text{출력 전압(전류)에 포함된 교류성분의 실효값}}{\text{출력 전압(전류)의 직류평균값}} = \frac{\sqrt{I_s^2 - I_{av}^2}}{I_{av}}$$

항 목	전파정류, 정현파	단상반파정류 (전파×반파계수)	반파계수
최대값	1	1	1
실효값	$\frac{Im}{\sqrt{2}} = 0.707\,Im$	$\frac{Im}{2} = 0.5\,Im$	$\frac{1}{\sqrt{2}}$
평균값	$\frac{2Im}{\pi} = 0.637\,Im$	$\frac{Im}{\pi} = 0.32\,Im$	$\frac{1}{2}$

항 목	전파정류, 정현파	반파정류
파고율 = $\frac{최대값}{실효값}$	$\sqrt{2}$	2
파형률 = $\frac{실효값}{평균값}$	$\frac{\pi}{2\sqrt{2}}$	$\frac{\pi}{2}$
맥동률	0.482	1.21

3) 정류 효율

• 정류 효율 $\eta = \frac{\text{직류 출력 전력}}{\text{교류 입력 전력}} \times 100(\%)$

즉, 교류 입력 전력에 대한 직류 출력의 백분율임

• 반파 전류 효율 : 40.6(%)
  전파 전류 효율 : 81.2(%)

4) 최대 역전압(Peak Inverse Voltage)

- 다이오드가 역방향 바이어스되었을 때 입력 반주기의 첨두에서 나타난다.
  즉, 다이오드에 걸리는 역방향 전압의 최대값임
- PIV는 입력 전압의 첨두값과 같으며 다이오드는 반복되는 최대 역전압에 견디어야 한다.
- 반파 PIV : $2V_m = 2\sqrt{2}\,V$

  전파 PIV : $V_m = \sqrt{2}\,V$

> **Reference** 다이오드의 PIV
>
> 첨두 역전압(Peak-Inverse-Voltage, 피크 역내압)의 의미이다.
>
> 1) 반파정류기
>   다이오드의 PIV는 입력전압의 $2\sqrt{2}$ 배이다.
>   예를 들자면 입력전압이 100V라면
> $100 \times 2 \times \sqrt{2} = 100 \times 2 \times 1.414 = 282.8[V]$
>   따라서 300V 이상의 내압을 갖는 다이오드를 사용해야 한다.
>   반파정류기의 경우는 정류되어서 평활콘덴서에 충전되어있던 141.4[V] + 역으로 걸린 141.4[V]가 직렬이 되므로 282.8[V]가 정류다이오드에 역으로 걸린다.
>
> 2) 전파정류기
>   다이오드의 PIV는 입력전압의 $\sqrt{2}$ 배이다.
>   예를 들자면 입력전압이 100V라면 $100 \times \sqrt{2} = 100 \times 1.414 = 141.4[V]$
>   따라서 150V 이상의 내압을 갖는 다이오드를 사용해야 한다.
>   전파정류기의 경우는 브리지 정류이므로 141.4[V]만 역으로 걸린다.

13.7 교류를 직류로 변환하는 정류회로에서 발생하는 리플전압과 리플 백분율에 대하여 설명하시오.

건.100.1.4.

1. 리플전압

일반적으로 리플이라 함은 교류전원을 정류하여 직류로 만들 때 완벽하게 직류가 되지 않고 교류신호가 일부 남아 있는데 이 신호를 리플전압이라 한다. 교류분의 실효값으로 나타내는 경우도 있으나 일반적으로 교류분의 피크전압으로 나타낸다.

2. 리플 백분율(= 맥동률)

정류된 직류 전압에 포함된 교류 성분을 평가하는 파라미터로 정류된 직류 출력에 포함되어 있는 교류분의 정도

$$\text{맥동률 } r = \frac{\text{출력 전압(전류)에 포함된 교류성분의 실효값}}{\text{출력 전압(전류)의 직류평균값}} = \frac{\sqrt{I_s^2 - I_{av}^2}}{I_{av}}$$

3. 맥동률 비교표

항 목	전파정류, 정현파	반파정류
실효값	$\frac{Im}{\sqrt{2}} = 0.707\, Im$	$\frac{Im}{2} = 0.5\, Im$
평균값	$\frac{2Im}{\pi} = 0.637\, Im$	$\frac{Im}{\pi} = 0.32\, Im$
맥동률	0.482	1.21

13.8 전자유도 현상의 종류를 들고 설명하시오.

응.94.1.1.

1. **전자유도(Electromagnetic Induction) 현상**

   1) 코일 속을 통과하는 자속이 변하면, 코일에 기전력이 생기는 현상

   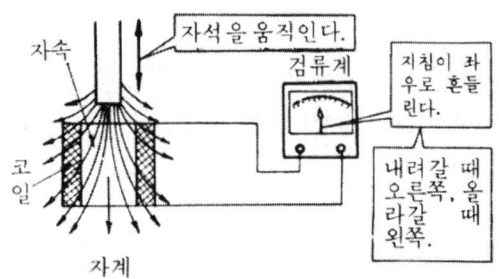

   자석을 상·하로 움직이면 코일을 통과하는 자속의 변화로 전자유도에 의해 기전력이 발생한다. 기전력의 크기는 자속의 시간적 변화 $\Delta\phi/\Delta t$에 비례한다.

   $$e = -n\frac{d\phi}{dt}\ (V)$$

   2) 도체가 자속을 끊었을 때, 도체에 기전력이 생기는 현상

   예 코일을 진동시키면 코일이 자속을 끊어 기전력이 생긴다.
   [기전력의 크기] $e = vBl\sin\theta(V)$

   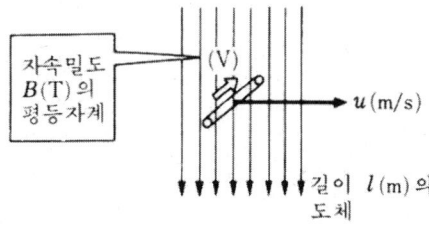

2. 전자유도 현상의 종류

1) 자기(自己) 유도

코일에 흐르는 전류가 변화하면 그에 따라 자속이 변화하므로 전자유도에 의해 코일 내에 유도 기전력이 발생하는 현상

$$\text{유도 기전력 } e = -L\frac{di}{dt} = -n\frac{d\phi}{dt}(\text{V})$$

2) 상호 유도

유도적으로 결합되어 있는 두 개의 회로에서 제1회로에 흐르는 전류가 변화하면 다른 회로에 쇄교하는 자속수가 변화하므로, 제2회로에 유도전류가 흐르는 현상으로 이때 결합 계수의 크기에 따라 유도 전류의 크기가 달라진다.

$$k = \frac{M}{\sqrt{L_1 L_2}}$$

여기서, M : 상호 인덕턴스
L_1, L_2 : 회로 1, 2의 자기 인덕턴스

13.9 정상·역상 원리

1. 교류계통에 발생하는 고조파의 차수와 상회전 방향

1) 정상 전류(mP+1) : 1, 4, 7, 10조파 전류, 시계방향으로 회전
2) 역상 전류(mP-1) : 2, 5, 8, 11조파 전류, 반시계방향으로 회전
3) 영상 전류(mP) : 3, 6, 9, 12조파 전류, 각상이 동상

여기서 m : 상수, P : Pulse수

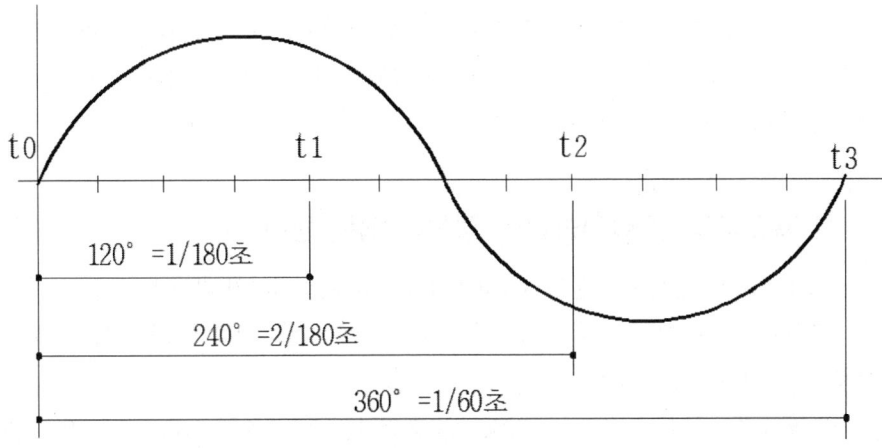

2. 회전각 속도와 시간

60Hz 정현파에서 각속도와 시간을 고찰해 보면 그림과 같이 120°=1/180초, 240°=2/180초, 360°=1/60초가 된다.

3. mP-1차 고조파의 상회전 방향이 역상이 되는 원리

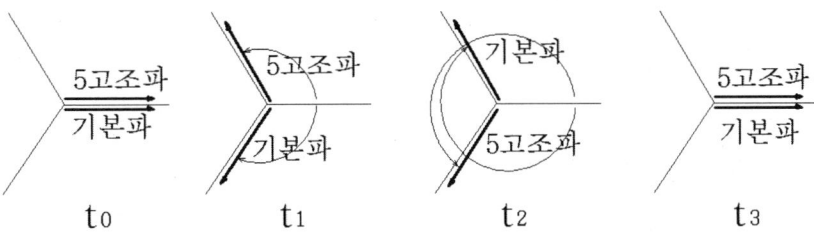

1) t_0의 순간에는 기본파나 5고조파나 모두 그림과 같이 기준벡터의 위치에 있다가
2) 1/180초 후에 기본파는 시계방향으로 120° 회전해서 t_1의 위치로 오지만, 5고조파는 120°×5 = 600°를 회전하여 600° − 360 = 240°가 되어 시계방향으로 240° 위치로 온다. 이 결과는 1/180초 후에 기본파는 시계방향으로 120° 회전하고, 5고조파는 반시계방향으로 120° 회전한 것과 같다.
3) 2/180초 후에 기본파는 시계방향으로 240° 회전해서 t_2의 위치에 오겠으나 5고조파는 240°×5 = 1,200°의 위치로 오는데 1,200° − 360×3 = 120°가 되어 시계방향으로 120° 위치로 온다. 이 결과는 기본파가 시계방향으로 240° 회전할 때 5고조파는 반시계방향으로 240°를 회전한 결과이다.
4) 3/180초 후에 기본파는 360° 회전해서 t_3과 같이 다시 기준벡터의 위치로 오고, 5고조파는 360°×5 = 1,800을 회전해서 1,800° − 360×5 = 0°가 되어 기준벡터의 위치로 온다.
5) 이상의 결과를 보면 1사이클 동안 기본파는 시계방향으로 한 바퀴를 돌고, 5고조파는 반시계방향으로 한 바퀴를 돈 것이므로 5고조파의 상 회전방향을 역상이라고 하는 것이다. 그리고 전동기에 5고조파와 같은 역상 전류가 흐르면 이 전류에 의해서 전동기에 발생하는 토크는 전동기를 반대방향으로 돌리려는 토크가 발생한다.

4. mP+1차 고조파의 상 회전방향이 정상이 되는 원리

1) 이 경우도 $t = 0$의 순간에는 기본파나 7고조파나 모두 기준벡터의 위치에 있지만, 1/180초가 지난 후에 7고조파는 120×7 = 840° 회전하는데 840° − 360×2 = 120°가 되어 기본파와 같이 시계방향으로 120° 회전한 결과가 된다.
2) 2/180초 후에 7고조파는 240×7 = 1,680°를 회전하는데 1,680° − 360×4 = 240°가 되어 역시 기본파와 같이 시계방향으로 240° 회전한 결과가 되고,
3) 3/180초 = 1/60초 후에는 360×7 = 2,520°가 되는데 2,520° − 360×7 = 0°가 되므로 이때도 역시 기본파와 같이 기준벡터의 위치로 온다.
4) 따라서 7고조파는 상회전방향이 기본파와 같이 정상이 된다.

PROFESSIONAL ENGINEER BUILDING ELECTRICAL FACILITIES

CHAPTER 14

기타

14.1 광센서 중 포토커플러(Photo-Coupler)의 구조와 원리, 종류에 대하여 기술하시오.

건.80.3.4.

1. 포토 커플러란
발광 소자와 수광 소자를 하나의 Package에 결합하여 입출력 간을 전기적으로 절연시켜 신호를 전달하는 광결합 소자임

2. 구조 및 원리

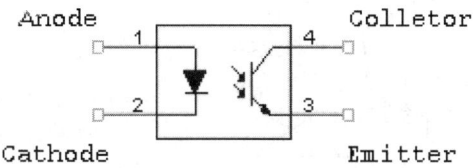

- 포토 커플러는 갈륨 비소를 재료로 한 고출력 적외선 발광다이오드와 고감도의 실리콘 포토 TR가 서로 마주보게 하고
- 발광 다이오드에서 나온 빛이 포토 TR에 전달될 수 있도록 투명 실리콘이나 광섬유로 그 사이를 채우고 흰색이나 흑색 플라스틱으로 몰딩한 구조이다.
- 이렇게 하여 발광 다이오드에 전압을 가하면 빛은 잘 통과하지만 전압은 투명한 재질의 공간을 통과할 수 없는 구조가 됨
- 이런 구조에서 전기적으로는 발광다이오드와 포토 TR이 전혀 연결되어 있지 않지만
- 발광다이오드에 전류를 흘려서 다이오드로부터 빛이 나오도록 하면 그 빛은 다른 곳으로 세지 않고 맞은편 포토 TR 측에 닿아 포토 TR가 전기적으로는 발광다이오드와 아무런 연결도 안 되어 있지만 빛으로 연결되어 발광다이오의 신호에 따라 동작하게 될 수 있다.

3. 종류

1) Photo Isolator

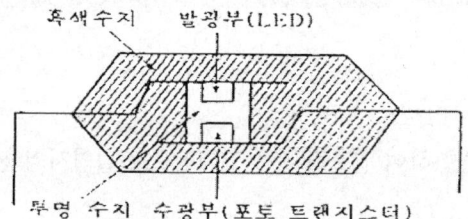

그림과 같이 LED와 Si의 수광 소자를 대향해서 배치하여 사이를 투명 수지로 채우고 그 주변을 불투명 수지로 감싼 구조

2) Photo Interrupter

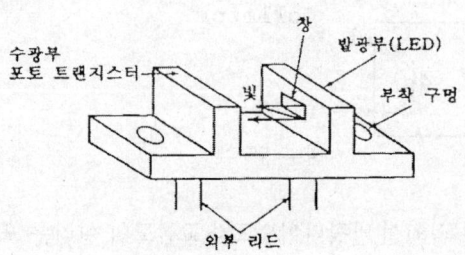

그림과 같이 발광부와 수광부가 대향 배치되어 있어 이 사이에 물체가 들어가면 빛이 차단되고 수광부의 광전류가 차단되어 물체의 유무를 확인할 수 있음

14.2 전력기술 관리법의 설계 감리업무 수행지침에 의한 설계 감리원의 업무에 대하여 설명하시오.

건.93.1.1.

1. 관련법령
1) 전력기술관리법 제11조 4항
2) 전력기술관리법 시행령 제18조

2. 설계 감리를 받아야 하는 전력시설물(전력기술관리법 시행령 제18조)
1. 용량 80만 킬로와트 이상의 발전설비
2. 전압 30만 볼트 이상의 송전 · 변전설비
3. 전압 10만 볼트 이상의 수전설비 · 구내배전설비 · 전력사용설비
4. 전기철도의 수전설비 · 철도신호설비 · 구내배전설비 · 전차선설비 · 전력사용설비
5. 국제공항의 수전설비 · 구내배전설비 · 전력사용설비
6. 21층 이상이거나 연면적 5만 제곱미터 이상인 건축물의 전력시설물
    다만, 「주택법」 제2조 제2호에 따른 공동주택의 전력시설물은 제외한다.

3. 설계감리원의 업무(설계감리업무 수행지침 제4조)
(전력기술관리법 시행령 제18조 제6항에 의거)
1. 주요 설계용역 업무에 대한 기술자문
2. 사업기획 및 타당성조사 등 전 단계 용역 수행 내용의 검토
3. 시공성 및 유지 관리의 용이성 검토
4. 설계도서의 누락, 오류, 불명확한 부분에 대한 추가 및 정정 지시 및 확인
5. 설계업무의 공정 및 기성관리의 검토 · 확인
6. 설계감리 결과보고서의 작성
7. 그 밖에 계약문서에 명시된 사항

4. 설계용역 성과 검토(설계감리업무 수행지침 제10조)

① 설계 감리원은 설계자가 작성한 전력시설물공사의 설계 설명서가 다음 각 호의 사항이 적정하게 반영되어 작성되었는지 여부를 검토하여야 한다.
   1. 공사의 특수성, 지역여건 및 공사방법 등을 고려하여 설계도면에 구체적으로 표시할 수 없는 내용
   2. 자재의 성능·규격 및 공법, 품질시험 및 검사 등 품질관리, 안전관리 및 환경관리 등에 관한 사항
   3. 그 밖에 공사의 안전성 및 원활한 수행을 위하여 필요하다고 인정되는 사항

② 설계 감리원은 설계도면의 적정성을 검토함에 있어 다음 각 호의 사항을 확인하여야 한다.
   1. 도면작성이 의도하는 대로 경제성, 정확성 및 적정성 등을 가졌는지 여부
   2. 설계 입력 자료가 도면에 맞게 표시되었는지 여부
   3. 설계결과물(도면)이 입력 자료와 비교해서 합리적으로 되었는지 여부
   4. 관련 도면들과 다른 관련 문서들의 관계가 명확하게 표시되었는지 여부
   5. 도면이 적정하게, 해석 가능하게, 실시 가능하며 지속성 있게 표현되었는지 여부
   6. 도면상에 사업명을 부여했는지 여부

③ 설계 감리원은 설계용역 성과 검토를 통한 검토 업무를 수행하기 위해 세부 검토 사항 및 근거를 포함한 설계 감리 검토 목록(Check List)을 작성하여 관리하여야 한다.

④ 설계 감리원은 제1항부터 제3항까지의 검토 결과 설계도서의 누락, 오류, 부적정한 부분에 대하여 설계자와 설계 감리원 간에 이견이 발생하였을 경우에는 발주자에게 보고하여 승인을 받은 후 설계자에게 수정, 보완하도록 지시하고 그 이행 여부를 확인하여야 한다.

> **14.3** 최근의 IT(Information Technology) 기술이 전력계통에 접목되어 설계기술이 정확도가 크게 개선되고, 설계시간의 단축에 크게 기여하고 있다. 설계에 사용되는 상용 프로그램 3가지 이상을 제시하고, 사용가능한 기능들을 설명하시오.
>
> 건.93.1.4.

1. 개요

도면 작성용 설계 프로그램에는 Auto CAD를 비롯한 다음의 몇 종류가 있지만 국가별, 회사별로는 다른 많은 종류들을 이용하기도 한다.

2. 설계에 사용되는 상용 프로그램

1) 설계용

Auto CAD : 주로 평면도면 작성 시 이용

2) 3D 모델링(입체 도면 작성용)

- 맥스 : 예전부터 많이 사용하다 보니 각종 데이터와 자료들이 많아 편리함
- 스케치 업 : 쉽고 빠르다.
- 라이노 : 유선형 작업 시 매우 유용

3) 리터칭

- 포토샵 : 3D 모델링으로 뽑아낸 것들을 보정해야 하는데 그때 많이 사용 판넬이나 기타 다이어그램 작업 시에도 많이 사용
- 일러스트 : 포토샵과 일러스트는 벡터 방식과 픽셀 방식의 차이로 일러스트는 확대, 축소 시 파일들이 깨지지 않는다. 그렇기 때문에 다이어그램이나 판넬 작업 시 많이 사용한다. 하지만 포토샵만큼의 다양한 리터칭 기능은 없다. 그렇기에 포토샵과 일러스트를 혼용해서 사용하면 편리하다.

4) BIM

BIM은 Building Information Modeling의 약자로서 건물의 모든 정보를 담고 있기 때문에 최근에 각광을 받고 있다. 3차원 모델이며 도면작성, 구조계산, 공정관리, 내역서 산출 등이 연계되어 있는 프로그램이다.

14.4
- 수전설비에서 각 구성설비의 사고발생률(λ), 평균정전시간(S)을 사용하여 2개의 설비가 직렬로 접속되어 있는 경우와 병렬로 접속되어 있는 경우의 사고로 인한 정전시간을 구하시오. 건.102.1.7.
- 수변전 설비의 공급 신뢰도에 대한 다음 사항을 설명하시오.
  1) 사고확률   2) 신뢰도 계산   건.106.1.10.

1. 사고 발생률

1) 사고 확률

운전 상태 확률 : p

사고정지 상태 확률 : q

운전시간의 누계 : R

사고 정지시간의 누계 : S라 하면

$p = \dfrac{R}{R+S}$, $q = \dfrac{S}{R+S}$, $p+q = 1$이 되고 여기서 q를 사고 확률이라 한다.

2) 사고 발생률

각 설비는 대상 기간 중에 운전-사고, 정지-운전을 반복하므로 1회당의 평균운전 계속시간 마다 사고를 일으킨다고 볼 수 있다. 따라서 운전단위시간당의 사고 발생 횟수는 다음 식으로 표시되고 이를 사고 발생률이라 한다.

사고 발생률 $\lambda = \dfrac{1}{R}$

2. 사고에 의한 정전시간 계산

1) 각 설비가 직렬로 구성되어 있는 경우

공급 신뢰도를 계산하려면 기본 데이터로서 각 구성 설비의 사고 발생률(λ)와 평균 정전시간(S)를 이용하여 다음과 같이 구한다.

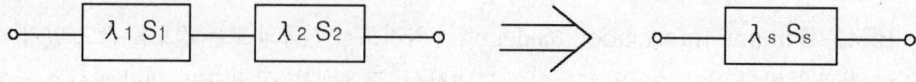

$\lambda_S = \lambda_1 + \lambda_2$

$$l\lambda_S S_S = \lambda_1 S_1 + \lambda_2 S_2$$
$$S_S = \frac{\lambda_1 S_1 + \lambda_2 S_2}{\lambda_1 + \lambda_2}$$

2) 각 설비가 병렬로 접속되어 있는 경우

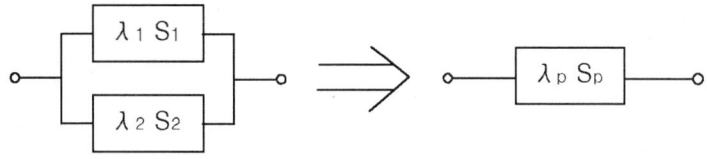

$$\lambda_p = \lambda_1 \lambda_2 \cdot (S_1 + S_2)$$
$$\lambda_p S_p = (\lambda_1 S_1) \cdot (\lambda_2 S_2)$$
$$S_p = \frac{S_1 S_2}{S_1 + S_2} \text{이고 } S_1 = S_2 \text{라면}$$
$$S_p = \frac{S_1}{2} \text{가 된다.}$$

3. 신뢰도(Reliability)

$$R(t) = e^{t/t_0}$$

여기서, t_0 : 각 기기의 우발 고장 평균 사고시간
 t : 고장을 일으키지 않을 시간

신뢰도란 위 공식과 같이 각 기기의 우발 고장평균 사고시간에 대한 고장을 일으키지 않을 시간의 확률로서, 신뢰도가 높을수록 고장을 발생시키지 않을 확률이 높아짐을 의미한다.

4. 결론

사고로 인한 정전시간은 각 설비가 직렬로 접속되어 있는 경우보다는 병렬로 되어 있는 경우가 짧기 때문에 수변전 설비도 병렬로 한 2중화로 구성한다면 공급 신뢰도가 향상된다.

> **14.5** 전력시설물 공사감리 업무수행 지침에서 정하는 다음 용어에 대하여 설명하시오.
>
> 안.102.4.4.
>
> 가. 책임 감리원 나. 상주 감리원
> 다. 승인 라. 검토
> 마. 확인 바. 지원업무담당자
> 사. 조정 아. 지시

제3조(정의)

이 지침에서 사용하는 용어의 뜻은 다음 각 호와 같다.

1. "공사감리"란 법 제2조제4호에 따라 공사에 대하여 발주자의 위탁을 받은 감리업자가 설계도서, 그 밖의 관계 서류의 내용대로 시공되는지 여부를 확인하고, 품질관리·공사관리 및 안전관리 등에 대한 기술 지도를 하며, 관계 법령에 따라 발주자의 권한을 대행하는 것을 말한다(이하 "감리"라 한다).
2. "발주자"란 법 제12조제1항에 따라 공사를 발주하는 자를 말한다.
3. "감리업자"란 법 제14조에 따라 시·도지사에게 등록한 자를 말한다.
4. "공사업자"란 「전기공사업법」 제2조제3호에 따른 자를 말한다.
5. "감리원"이란 법 제2조제5호에 따라 감리업체에 종사하면서 감리업무를 수행하는 사람으로서 상주 감리원과 비상주 감리원을 말한다.
6. "책임 감리원"이란 영 제22조제1항에 따른 사람으로서 감리업자를 대표하여 현장에 상주하면서 해당 공사 전반에 관하여 책임감리 등의 업무를 총괄하는 사람을 말한다.
7. "보조 감리원"이란 책임감리원을 보좌하는 사람으로서 담당 감리업무를 책임감리원과 연대하여 책임지는 사람을 말한다.
8. "상주 감리원"이란 현장에 상주하면서 감리업무를 수행하는 사람으로서 책임감리원과 보조감리원을 말한다.
9. "비상주 감리원"이란 감리업체에 근무하면서 상주감리원의 업무를 기술적·행정적으로 지원하는 사람을 말한다.
10. "지원업무 담당자"란 감리업무 수행에 따른 업무 연락 및 문제점 파악, 민원해결, 용지보상 지원 그 밖에 필요한 업무를 수행하게 하기 위하여 발주자가 지정한 발주자의 소속 직원을 말한다.
11. "공사 계약문서"란 계약서, 설계도서, 공사입찰 유의서, 공사계약 일반조건, 공사계약 특수조건 및 산출내역서 등으로 구성되며 상호 보완의 효력을 가진 문서를 말한다.

12. "감리용역 계약문서"란 계약서, 기술용역 입찰유의서, 기술용역 계약 일반조건, 감리용역계약 특수조건, 과업지시서, 감리비 산출내역서 등으로 구성되며 상호 보완의 효력을 가진 문서를 말한다.
13. "감리기간"이란 감리용역 계약서에 표기된 계약기간을 말하며, 공사업자 또는 발주자의 사유 등으로 인하여 공사기간이 연장된 경우의 감리기간은 연장된 공사기간을 포함하여 감리용역 변경계약서에 표기된 기간을 말한다.
14. "검토"란 공사업자가 수행하는 중요 사항과 해당 공사와 관련한 발주자의 요구사항에 대하여 공사업자가 제출한 서류, 현장실정 등을 고려하여 감리원의 경험과 기술을 바탕으로 타당성 여부를 확인하는 것을 말한다.
15. "확인"이란 공사업자가 공사를 공사계약 문서대로 실시하고 있는지 여부 또는 지시·조정·승인·검사 이후 실행한 결과에 대하여 발주자 또는 감리원이 원래의 의도와 규정대로 시행되었는지를 확인하는 것을 말한다.
16. "검토·확인"이란 공사의 품질을 확보하기 위하여 기술적인 검토뿐만 아니라 그 실행 결과를 확인하는 일련의 과정을 말하며 검토·확인자는 검토·확인사항에 대하여 책임을 진다.
17. "지시"란 발주자가 감리원 또는 감리원이 공사업자에게 발주자의 발의나 기술적·행정적 소관 업무에 관한 계획, 방침, 기준, 지침, 조정 등에 대하여 기술지도를 하고, 실시하게 하는 것을 말한다. 다만, 지시사항은 계약문서에 나타난 지시 및 이행사항에 해당하는 것을 원칙으로 하며, 구두 또는 서면으로 지시할 수 있으나 지시내용과 그 처리 결과는 반드시 확인하여 문서로 기록·비치하여야 한다.
18. "요구"란 계약당사자들이 계약조건에 나타난 자신의 업무에 충실하고 정당한 계약이행을 위하여 상대방에게 검토, 조사, 지원, 승인, 협조 등 적합한 조치를 취하도록 의사를 밝히는 것으로, 요구사항을 접수한 자는 반드시 이에 대한 적절한 답변을 하여야 한다.
19. "승인"이란 발주자 또는 감리원이 공사 또는 감리업무와 관련하여, 이 지침에 나타난 승인사항에 대하여 감리원 또는 공사업자의 요구에 따라 그 내용을 서면으로 동의하는 것을 말하며, 발주자 또는 감리원의 승인 없이는 다음 단계의 업무를 수행할 수 없다.
20. "조정"이란 공사 또는 감리업무가 원활하게 이루어지도록 하기 위하여 감리원, 발주자, 공사업자가 사전에 충분한 검토와 협의를 통하여 관련자 모두가 동의하는 조치가 이루어지도록 하는 것을 말하며, 조정결과가 기존의 계약내용과의 차이가 있을 때에는 계약변경 사항의 근거가 된다.
21. "작성"이란 공사 또는 감리에 관한 각종 서류, 변경 설계도서, 계획서, 보고서 및 관련 도서를 양식에 맞게 제작, 검토, 관리하는 것을 말한다. 각 설계도서 및 서류별로 작성주체·소요비용에 관하여 계약할 때 명시하거나 사전에 협의하는 것을 원칙으로 하여 업무의 혼란이 없도록 한다.
22. "검사"란 공사계약문서에 나타난 공사 등의 단계 또는 자재 등에 대한 공정과 완성품의 품질을 확보하기 위하여 감리원 또는 검사원이 시공상태 또는 완성품 등의 품질, 규격, 수량 등을 확인하는 것을 말한다. 이 경우 공사업자가 실시한 확인 결과 중 대표가 되는 부분을 추출하여 실시할 수 있으며, 공사에 대한 합격 판정은 검사원이 한다.

23. "제3자"란 감리업무 수행과 관련한 감리업자 및 감리원을 제외한 모든 자
24. "보고"란 감리업무 수행에 관한 내용이나 결과를 말이나 글로 알리는 것
25. "협의"란 여러 사람이 모여 서로의 의견을 의논하는 것을 말한다.
26. "요구"란 어떤 행위를 할 것을 청하는 것을 말한다.
27. "작성"이란 서류, 계획 등을 만드는 것을 말한다.

14.6 전력기술관리법 시행령(제23조 제2항)에 따른 비상주 감리원이 수행할 업무를 설명하시오.

안.93.1.11.

인용 : 전기공사 감리업무 수행지침 제5조. 감리원의 근무수칙

1. 설계도서 등의 검토
2. 상주감리원이 수행하지 못하는 현장 조사분석 및 시공상의 문제점에 대한 기술검토와 민원사항에 대한 현지조사 및 해결방안 검토
3. 중요한 설계변경에 대한 기술검토
4. 설계변경 및 계약금액 조정의 심사
5. 기성 및 준공검사
6. 정기적(분기 또는 월별)으로 현장 시공상태를 종합적으로 점검 · 확인 · 평가하고 기술지도
7. 공사와 관련하여 발주자(지원업무수행자 포함)가 요구한 기술적 사항 등에 대한 검토
8. 그 밖에 감리업무 추진에 필요한 기술지원 업무

14.7 TBM(Time Based Maintenance) 및 CBM(Condition Based Maintenance)에 대하여 설명하시오.

응.94.1.9.

1. 개요
- 사람이 정기적으로 건강검진을 받는 사람이 있는 반면, 아파도 병원을 찾지 않아 병을 키우는 사람도 있다.
- 또한 건강해 보이는 사람도 쉽게 운명을 달리하기도 한다. 이는 평소 자신의 건강상태를 제대로 알지 못했기 때문이다.
- 전기설비 역시 마찬가지다. 전기설비의 안정적 운영을 위해서는 평상시 상태의 정확한 진단과 분석이 이뤄져야 하며, 그 결과를 바탕으로 점검과 정비가 이뤄져야 한다.

2. TBM(Time Based Maintenance) : 주기 정비제도(시간기준 정비)
- 일반적으로 전기설비는 정비경험 등을 반영하여 일정한 등급을 정해두고 등급별 주기와 기간에 정비해야 하는 기기를 미리 선정하여 일괄 정비하는 시스템으로
- 이 TBM은 기술적 한계로 정확한 기기별 상태분석과 정비 시점을 예측할 수 없어 설비 특성에 맞는 정비계획을 수립하여 시행할 수 없었다.

3. CBM(Condition Based Maintenance) : 상태기준 정비제도
- 위의 문제점을 보완하여 보다 경제적으로 정비 업무를 수행하면서 설비 신뢰도를 향상시키기 위한 방법이 CBM 정비제도이다.
- CBM을 한 마디로 정의하자면 디지털 기술을 이용, 설비의 문제점을 예측 관리한다.
- CBM은 설비별 정비이력과 운전 상태를 실시간 분석하여 이상이 있는 설비들을 사전에 미리 정비하는 선택정비방식으로
- TBM에 비해 정비 대상기기와 기기별 주기를 탄력적으로 운영할 수 있으며 정비 비용 또한 경제적으로 집행할 수 있다.
- 그뿐 아니라 불시정지를 방지할 수 있도록 사전에 설비 상태를 지속적으로 추적 관리해주기 때문에 운전 신뢰도를 높일 수 있다.
- 상대적으로 정비비용이 적을 뿐 아니라, 사고를 미연에 방지할 수 있도록 정비 대상기기와 기기별 주기가 탄력적으로 운영된다는 것이 장점이다.

4. TBM 및 CBM 비교

구 분	TBM	CBM
정비주기	시간기준(예방정비)	상태기준(예측정비)
정비비용	상대적 정비비용 증가	최적 정비비용 소요
효과적 적용설비	마모 진행형 설비	열화 진행형 설비

14.8 SI(The International System of Units)의 개념과 기본단위, 보조단위, 유도단위 및 국제단위계의 특징을 설명하시오.

안.92.4.5.

1. 개념

- "SI"란 The International System of Units의 약어로 현재 세계 대부분의 국가에서 채택하여 공동으로 사용하고 있는 "국제단위계"를 말한다.
- 국제단위계(SI)는 기본단위, 보조단위, 유도단위로 형성되어 있다.
- '기본단위'는 가장 기본이 되는 7개의 단위로서 독립적인 차원을 갖도록 정의되어 있다.
- '유도단위'는 기본단위를 물리법칙에 의해 대수적인 관계식으로 결합하여 나타내는 것이다.

2. SI 기본단위

단위	이름	기호
길이(Length)	미터(Meter)	m
질량(Mass)	킬로그램(Kilogram)	kg
시간(Time)	초(Second)	s
전류(Electric Current)	암페어(Amphere)	A
온도(Thermodynamic Temperature)	캘빈(Kelvin)	K
물질의 양(Amount of Substance)	몰(Mole)	mol
광도(Luminous Intensity)	칸델라(Candela)	cd

3. 보조단위

단위	이름	기호
평면각	라디안	rad
입체각	스테라디안	sr

4. SI 유도단위

단위	이름	기호
면적	제곱미터	m^2
부피	세제곱미터	m^3
진동수	헤르츠	Hz
밀도	킬로그램/세제곱미터	kg/m^3
속력, 속도	미터/초	m/s
각속도	라디안/초	rad/s
가속도	미터/초^2	m/s^2
힘	뉴턴	N
압력	파스칼	Pa
일, 에너지, 열량	줄	J
일률	와트	W
전하량	쿨롱	C
퍼텐셜차, 기전력	볼트	V
전기저항	옴	Ω
전기용량	패럿	F
전기선속	웨버	Wb
인덕턴스	헨리	H
자기선속밀도	테슬라	T
자기장의 세기	암페어/미터	A/m
비열	줄/킬로그램/켈빈	$J/kg \cdot K$
열전도도	와트/미터/켈빈	$W/m \cdot k$

5. SI의 특징

1) 각 속성(또는 물리량)에 대하여 한 가지 단위만 사용

예로서, 길이에 대하여는 미터만 사용(자(尺) 또는 피트(foot) 같은 단위를 사용하지 않음)
→ 전체적으로 볼 때 단위의 수가 대폭 감소

2) 모든 활동분야에 적용

- 과학이나 기술 또는 상업 등 모든 분야에 적용
- 전 세계가 같은 방법으로 사용 → 상호 교류나 이해를 쉽게 함

3) 일관성 있는 체계

　　몇 가지 기본단위를 바탕으로 이들의 곱이나 비의 형식으로 모든 물리량을 나타내는 일관성 있는 체계를 형성 → 다른 체계와의 혼합에서 오는 인자들이 없어지게 됨

4) 배우기와 사용하기가 쉽다.

　　SI는 그 명칭이 뜻하는 대로 "국제" 단위계이며 간단하고 쉬워 사용하기도 좋다.

14.9 우리나라 석탄발전소의 온실가스를 포함한 환경 대응방안에 대하여 기술하시오.

발.95.1.8.

1. 개요

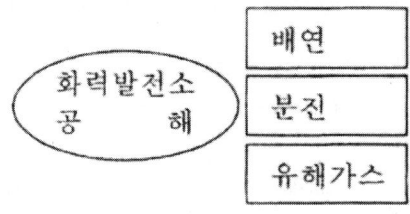

- CO_2 : 지구온난화의 주된 요인
- SOx : 산성비, 부식의 요인
- NOx : Smog의 원인

1) 우리나라 대용량 발전소는 대부분 유연탄 연소방식으로 연소 후 발생하는 배연, 분진, 유해가스 (SOx, NOx) 등이 주된 환경 장애 요인이며,
2) 화석연료 연소 시 발생하는 CO_2는 지구 온난화의 주된 원인이며,
3) 이들 중 SOx의 농도가 가장 큰 문제로 제기되고 있으며 환경 규제는 더욱 강화될 전망이다.

2. 공해물 발생 요소

1) 황산화물(SO_x)
   - 황산화물은 연료 자체에 포함된 황 성분이 좌우한다.
   - 석탄의 경우 황 함유율은 약 95% 정도가 황산화물로 전환되어 아황산가스와 함께 대기 중에 배출되고 나머지는 재 속에 포함되어 배출된다.
   - SO_2는 인체에 유해할 뿐 아니라 산성비의 주된 원인이며, 금속의 부식, 생태계 파괴의 원인이다.

2) 질소산화물(NOx)
   - NOx의 생성은 연료 및 대기 중의 질소 성분이 연소 반응해서 생성
   - 햇빛과 반응하여 스모그의 주원인이 된다.

3) 이산화탄소(CO_2)

   지구 온난화의 주 요인이며, "기후변화에 관한 협약"에 따라 배출량을 OECD 국가를 중심으로 규제하고 있다.

4) 분진

분진은 연료의 연소 후 남은 재가 굴뚝을 통해 배출되는 경우와 석탄의 저장, 취급 설비에서 발생하는 비산먼지 등이다.

3. 환경 대응 방안

1) 탈유장치

유황 산화물을 억제하기 위한 장치로 유황분을 제거하는 중질유 탈유와 배연탈유가 있다.

(1) **중질유 탈유** : 연소 전의 연료 단계에서 유황성분 제거하는 방법으로 수소화 탈유법이 주로 사용되고 있으며, 30~40%의 유황분을 제거

(2) **배연탈유** : 습식법과 건식법이 있으며 석회-석고 배연탈유가 널리 채용됨

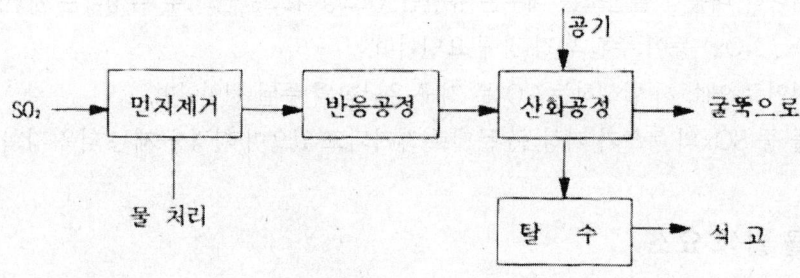

[탈유 프로세스 개요도]

2) 탈초장치

질소산화물을 억제하기 위한 설비로서, 연료 단계에서 질소함유량 감소와 연소 단계에서 질소산화물 억제방법 등이 있으며 마지막으로 배출가스에 포함된 질소산화물을 제거하는 방법을 배연탈초라 한다.

3) 집진장치

연도로 배출되는 재를 회수하기 위한 장치로 기계식과 전기식이 있으며 주로 전기식인 코트렐 집진기를 사용한다.

4. 발전설비에서의 대응방안

1) 초초 임계압 발전 도입

① 대용량 석탄 화력의 증기 조건을 고압, 고온화함으로써 발전효율 향상

② 초초 임계압 발전 : 터빈입구 증기온도 565℃, 압력 240 기압 이상 조건을 만족하는 화력 발전

③ 국내에서도 2014년 신보령 화력에 두산중공업에서 1,000MW 보일러를 개발하여 설치하였음

2) 청정 석탄 기술(CCT ; Clean Coal Technology)

① 가압 유동층 연소(PFBC) : 복합 발전 형태의 PFBC는 42% 이상의 발전효율 가능하며, 가스세정, 가스화 기술이 실용화되면 발전효율은 50%까지 향상 가능할 것임

② 석탄 가스화 발전(IGCC) : 석탄을 가스화하여 G/T와 S/T를 동시에 운전하는 방식으로 국내의 화력발전은 이 방식으로 점차 확대되고 있음

14.10 2010년 우리나라 전력통계에 의하면 76(%)의 부하율을 유지하였다. 부하율의 정의와 부하율 향상방안에 대하여 설명하시오.

발.95.1.9.

1. 부하율(Load Factor)이란

1) 부하율 = $\dfrac{\text{어느 기간 중의 평균수요전력[kW](1시간 기준)}}{\text{동일 기간 중의 최대수요전력[kW](1시간 평균)}} \times 100(\%) \leq 1$

2) 어느 일정기간 중의 부하변동의 정도를 나타낸 것으로 일부하율, 월부하율 등이 있다.
3) 부하율이 높을수록 공급 설비의 이용률이 높다.
4) 설비 이용률에 따른 투자효과 검토, 전기요금 산정 등의 중요한 요소

2. 부하율 향상 방안

부하율의 개선은 주로 수요 관리를 통해 이루어지며 그 종류는 다음과 같이 대별된다.

1) 목적
- 전력공급을 위한 과도한 투자 억제
- 최소비용으로 전력수요 증대에 대비
- 부하율 향상으로 전력수급의 안정성 도모
- 에너지 자원의 절약

2) 부하율 향상 방안

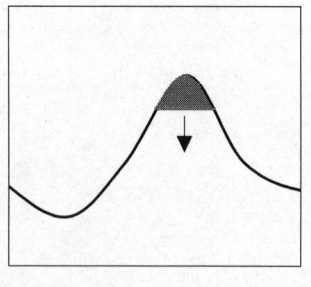

[최대부하 억제]

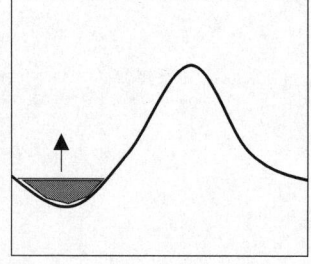

[심야부하 창출]

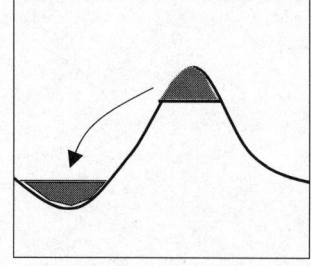

[최대부하 이동]

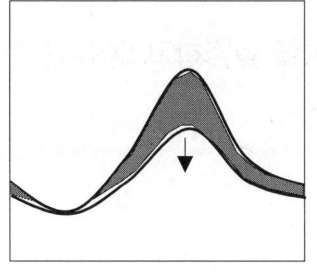 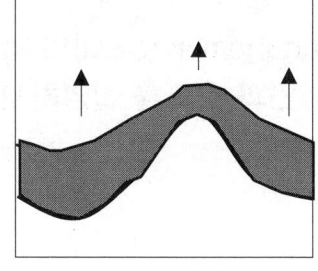 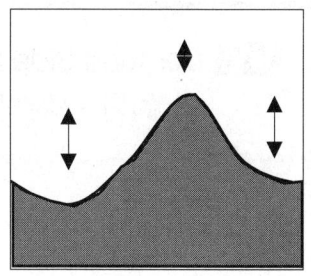

　　　[전략적 소비절약]　　　　　[전략적 부하증대]　　　　　[가변부하 형성]

① 최대부하의 억제(Peak Clipping)
- 최대부하를 인위적으로 제한한다.
- 직접부하제어(Direct Load Control)를 주로 활용한다.
- 설비투자비 경감, 경제급전에 의한 운전비 절감, 연료 절감 등의 효과

② 심야부하 창출(Valley Filling)
- 경부하 시간대의 부하를 증가시킨다.
- 축열기기 등의 에너지 저장기술을 이용한다.
- 연료대체 효과가 크다.

③ 최대부하 이동(Load Shifting)
- 피크 시간대의 부하를 심야 경부하 시간대로 옮긴다.
- 수용가의 축열·축냉기기 등을 이용한다.
- 부하평준화, 설비이용률 향상 등

④ 전략적 소비절약(Strategic Conservation)
- 전반적으로 전력 소비를 줄이는 것이지만 최대부하를 더 많이 감소시킨다.
- 기기의 효율 개선, 건축물의 단열처리 등
- 주택용 및 업무용의 누진요금제를 활용한다.

⑤ 전략적 부하증대(Strategic Load Growth)
- 전반적으로 부하를 증가시키는 것으로서 특히 경부하시 부하 창출에 비중을 둔다.
- 전기에너지의 의존도 증가와 밀접한 관련이 있다.

⑥ 가변부하 형성(Flexible Load Shape)
- 수용가에 주어지는 인센티브를 이용하여 유연성 있는 소비 패턴을 유도한다.
- 수용가의 부하제어장치, 중앙제어식 에너지관리시스템을 이용한다.

> **14.11** Demand Side Management(DSM)의 의미를 설명하고 DSM을 수행하기 위한 구체적 방안과 효과를 설명하시오.
>
> 발.99.4.2.

1. 개요

부하관리는 크게 공급관리(SSM)와 수요관리(DSM)의 두 가지 측면을 들 수가 있는데, 종래의 수요 증대에 대응하기 위한 전력공급설비 확충에 중점을 두어온 공급관리는 전원입지 확보의 어려움 가중, 막대한 투자재원의 조달문제, 환경규제 강화 등으로 인하여 적절한 공급설비를 제때 준비하기가 어려워지고 있는 데 비하여, 최근 최소비용의 일환으로 공급 측 대안과 수요 측 대안의 최적조합을 찾는 통합자원계획 측면에서 전력수급 계획 시에 수요관리의 중요성이 더욱 강조되고 있다.

2. 수요관리(DSM ; Demand Side Management)

1) 정의

최소의 비용으로 소비자의 전기에너지 서비스 욕구를 충족시키기 위하여 소비자의 전기사용 패턴을 합리적인 방향으로 유도하기 위한 전력회사의 제반활동

2) 목적

전력수요를 합리적으로 조절하여 전력공급을 위한 과도한 투자를 억제하거나 지연시켜서 최소의 비용으로 전력수요 증가에 대응함과 동시에 부하율 향상을 통한 원가절감과 전력수급 안정을 도모하고 국가적인 에너지자원 절약에 기여하며, 나아가서는 화석연료 사용에 따른 환경오염문제에 대응하는 환경친화적인 에너지정책 대안이 되는 것을 목적으로 한다.

3. DSM을 수행하기 위한 구체적 방안과 효과

자발적인 측면에 중점이 두어진 간접부하제어와 어느 정도 강제성을 띤 직접부하제어로 나눌 수 있다.

1) 간접부하제어(ILC ; Indirect Load Control)

요금제도를 이용하여 소비자들이 스스로 경제적이면서 합리적인 전력소비 패턴을 갖도록 유도하는 것

(1) 요금제도의 양상
- 주택용 : 누진제로 저소득층 보호와 에너지 절약을 유도
- 산업용 : 계절별·시간대별 차등요금제, 기본요금 12개월 피크연동제, 하계 휴가·보수기간 조정제도, 심야전력 요금제도, 부하이전 지원제도, 자율절전 지원제도, 비상절전제도, 원격제어 에어컨 보급지원제도 등
- 업무용 : 누진제
- 농사용 : 농수산업 진흥을 위한 저렴한 단가제도, 경부하 시간대의 부하증가를 포함하여 전반적인 수요증대

(2) 최대부하 억제, 최대부하 이동, 전략적 소비전략, 전략적 부하증대 등

(3) 연료대체
- 전기에너지를 사용하는 설비나 기기를 경쟁력이 있는 여타 에너지원을 사용하는 것으로 유도하는 것
- 가스, 지열, 태양열 이용 등이 있다.
- 특히 심야전기를 이용하는 빙축열 냉방기나 전기를 사용하는 터보 냉동기 대신 도시가스를 이용하는 흡수식 냉동기의 사용이 많이 권장되고 있는데, 전력 사용의 피크가 여름철에 발생하는 데 반하여 도시가스의 수요는 겨울철에 크기 때문에 전기와 가스 에너지 양측에 모두 유리하게 작용한다.

2) 직접부하제어(DLC ; Direct Load Control)

(1) 방법

마이크로프로세서와 프로그램을 이용한 중앙제어장치와 무선(Radio), Ripple, 전력선반송(PLC), 전화 등을 이용해서 미리 계약한 수용가의 부하를 직접 제어한다.

(2) 대상부하
- 계약전력 5,000[kW] 이상인 일반용 및 산업용 전력 중에서 최대전력을 10[%] 이상 줄일 수 있고, 줄이는 전력이 300[kW] 이상인 고객 또는 줄이는 전력이 500[kW] 이상인 경우에는 10[%] 미만이라 하더라도 가능하다.
- 주로 냉방기기, 온수기, 대용량 세탁기, 건조기, 관개용 펌프 등을 대상으로 한다.

(3) 단점

소비자의 생활양식 변화, 사생활 침해 우려, 제어시스템의 악용 우려, 서비스의 제한 등

3) 간접부하제어와 직접부하제어의 비교

구분	간접부하제어	직접부하제어
장점	• 특별한 설비가 필요치 않다. • 자발적 참여로 이익을 창출한다. • 개인의 사생활 침해나 권리의 제한이 없다.	• 피크 초과 시 대책이 용이하다. • 공급자 측 입장에서 안정적인 전력공급이 가능하다. • 공급 예비율을 낮출 수 있다.
단점	• 소비자가 호응하지 않으면 효과가 없다. • 피크 초과 시 특별한 대책이 없다.	• 별도의 제어장치가 필요하다. • 사생활 침해나 권리 제한 문제가 대두될 수 있다. • 제어시스템 악용 우려가 있다.

> **14.12** 최근 국내의 대단위 산업단지에서 정전으로 인한 사고가 발생하였다. 정전이 산업현장에 미치는 영향과 대형 공장에서의 정전손실 극소화 방안을 제안하고 설명하시오.
>
> 안.93.4.4.

1. 개요

산업의 고도성장 산업구조의 첨단, 정밀화 추구 등으로 산업활동의 전기에 대한 의존도가 점차 높아가며 이와 비례하여 정전이 산업체에 미치는 영향도 커지게 되었다.

2. 정전이 산업체에 미치는 영향

1) 가동률 저하

정전시간 + 공급 재 개시 전체공정 설비의 완전 가동시간까지 생산정지, 공정 중 불량품 제거 원재료의 재공급 등으로 더욱 가동률 저하

2) 생산 손실의 발생

① 투입된 원료가 제품으로 생산되지 않고, 폐기되는 손실
② 정상제품이 되지 못한 품질등급 저하 손실
③ 정지시간 동안 제품 생산을 못하고 지출된 제비용 고정비에 대한 손실

3) 품질 및 서비스 저하

① 전력 공급지장에 따라 손실이 매우 심각한 산업체는 별도의 비상발전설에 무정전설비 등을 확충하거나 단독의 송배전설비를 필요로 하게 되어 전원측 투자비가 많이 소요되고 정밀설비의 열화촉진 및 고장 증가 유지보수비 증가
② 이에 따라 생산제품 품질저하 및 서비스 질의 저하가 우려 됨

4) 산업 재해요인

공장 조업 중 정전 시 설비 오동작이나 작업자의 불안전한 행동 및 심리로 인하여 안전사고 요인 증가, 제작공정의 돌발적 중지로 인해 위험물에 의한 위험분위기 생성 등 재해 요인 증가

5) 종업원의 의욕 저하

일상적인 운전보다 운전 초기나 정지 후 재가동 시 작업조건이 나쁘기 때문에 정전이 빈번할 경우 일의 성과는 적고 작업은 힘들어 작업의욕 감소

3. 손실의 극소화 대책

1) 무정전 전원 설치
순간 정전으로도 손실이 큰 설비에 UPS를 설치, 전체적으로는 자금이 많이 소요되므로 설비중요도에 따라 2계열화하여 UPS 용량을 적정하게 산정하고 비상용 발전기와 동시 사용해야 경제적

2) 비상용 발전기 설치
단시간 정전으로 손실이 발생하지 않을 경우 전반적으로 적용시켜 피크 시 정상부하일 부분을 담당, 전체적인 계약전력 요금에 대한 합리화 용도로 활용

3) 전원선의 전용선화
① 타 산업체로 부터의 사고 파급방지, 최단 긍장 설치로 신뢰도 향상
② 변전소와 거리가 가까워야 경제적

4) 내부 보호기기의 합리화
① 순간정전이나 전압 강하 시 가동 중인 기기가 정지해야 손실이 적은 경우도 있으나 손실이 발생하지 않는 경우가 많다
② 따라서 일정범위의 전압강하나 순간정전에 대해서는 각 보호기기의 합리적 정전을 통해 빈번한 정지 방지

5) 정전작업의 표준화 및 교육훈련
조업시간 단축, 종업원 재해 예방

6) 기기의 선정
순간적인 정지로 중대한 영향이 있는 공정은 전력에너지 이외의 대체수단이 있는 경우 타 에너지원으로 설비를 선정하여 예측 가능한 운전을 실시한다.

4. 향후 전망

1) 정전은 생산성 저하, 국가 경쟁력 약화로 이어지므로 전기사업자는 무정전 공법 적용 및 배전자동화를 적극 시행해야 하며
2) 산업체에 정책적 배려를 하여, 전력 공급신뢰도가 좋은 별도의 공업단지 입주방안 등을 적극적으로 지원하여야 할 것이다.

14.13 고령자를 배려한 주거시설의 전기설비 설계 시 고려사항에 대하여 설명하시오.

건.100.3.6.

1. 인용법규

고령자 배려 주거시설 설계 치수 원칙 및 기준(KSP 1509-2006)

2. 고령자 주거시설의 일반사항

1) 현관 : 휠체어 활용공간 확보 : 지름 1,500mm 이상
2) 용이하게 신발을 갈아신을 수 있도록 의자 및 핸드레일 설치하는 것이 좋다.
3) 현관문 폭 : 850mm 이상
4) 문은 밖으로 열리도록 하고 손잡이는 850~1,000mm 높이에 설치
5) 잠금장치 : 회전식보다는 버튼식
6) 핸드레일 : 앉고 일어서는 데 용이하도록 바닥에서 700mm 이상의 높이에 500mm 이상의 수직 핸드레일을 설치
7) 계단 : 유효폭을 900mm 이상
8) 침대 : 구석에 배치하지 않고 2면 이상에서 접근이 가능하게 한다.
9) 창문 : 용이하게 접근할 수 있도록 장애물을 제거하고 충분한 통로를 확보한다.
10) 가구배치 : 휠체어의 통행과 회전에 방해가 되지 않도록 한다.

3. 전기 설비 설계 시 고려사항

1) 조명
   - 조도기준 : KSA 3011과 공동주택 조명시설에 따른다.
   - 가능한 골고루 밝게 할 수 있도록 채광창을 이용하거나 인공조명을 사용한다.
   - 순응에 대비하여 내외부 밝기 차이가 작도록 조명을 확보한다.
   - 자동으로 감지할 수 있는 방식으로 충분한 시간 동안 점등되도록 한다.

2) 스위치 및 콘센트
   - 스위치는 어둠 속에서도 쉽게 찾을 수 있는 형태 및 구조로 설치한다.
   - 벽면의 스위치 등 조작기들은 모서리로부터 500mm 이상 거리를 두고 설치한다.
   - 각종 스위치의 높이는 1,000~1,200mm 정도로 설치하여 팔꿈치로도 조작이 가능한 높이에 설치한다.

- 콘센트는 바닥에서 500~850mm에 설치하되 가능한 허리를 구부리지 않는 치수로 한다.
- 스위치 및 버튼은 대형으로 하여 조작이 용이하도록 하며 쉽게 확인할 수 있도록 한다.
- 동일 용도의 스위치는 건물 내 통일된 디자인으로 한다.

3) 침실

- 각종 스위치의 높이는 바닥으로부터 1,000mm 내외로 한다.
- 콘센트는 바닥에서 400mm 내외에 설치하되 이동장치 설치를 위해 천장에도 설치하는 것이 좋다.

4) 화장실 및 샤워실

- 콘센트 : 바닥으로부터 500mm 이상의 위치에 설치한다.
- 온수 사용에 유의할 수 있는 온도제한장치를 갖추도록 한다.

5) 비상장치

- 손에 닿기 쉬운 위치에 설치하고 조작하기 쉬운 형태로 한다.
- 침실인 경우 누워 있는 상태에서도 사용이 가능하도록 높이 500mm 이상으로 한다.
- 화장실 비상장치 : 800mm 정도 높이로 변기 옆에 설치한다.
- 침실 및 화장실에는 오랫동안 움직임이 없을 때 작동하는 비상장치를 설치하는 것이 좋다.
- 정전, 과열, 누출 등의 경고 신호는 음향적 신호와 시각 신호를 병행하도록 한다.

6) 계단 조명

- 조명은 골고루 밝게 할 수 있도록 채광창을 이용하거나 인공조명을 사용한다.
- 계단의 시작과 끝을 명확히 식별할 수 있도록 한다.

> **14.14** 우리나라 전력시장 운영규칙에서 전력예상수요에 대한 중앙급전발전기의 공급가능 여유에 따라 예비전력을 단계별로 구분하여 필요 조치사항을 설명하시오.
>
> 발.98.3.2.

1. 전력 예비율의 종류

전력 예비율이란 총 전력공급능력에서 최대 전력수요를 뺀 것을 최대 전력수요로 나누어 산출한 수치로, 전력의 수급상태를 나타내는 지표이다. 공급예비율과 설비예비율로 파악하는데, 공급예비율은 발전소에서 실제로 생산한 전력 중 남아 있는 것의 비율이며, 설비예비율은 가동하지 않는 발전소의 공급능력까지 더하여 산출한 비율이다.

2. 예비력 부족에 따른 단계별 조치

1) 준비 단계

(1) 예비전력 : 500만 kW 미만

(2) 조치사항

- 수요관리 시행(주간 예고제)
- 시운전 발전기 시험일정 조정으로 공급능력 확보
- 배전용 변압기 Tap 수동운전 전환
- 구역전기 사업자 등에 가동 준비 지시(수용가)
- 에어컨, 선풍기 등 전기 냉방기기 가동을 자제함
- 실내 온도를 26℃ 이상으로 유지함
- 특히 오전 10~12시, 오후 2~5시 전기 사용을 자제함

2) 관심 단계

(1) 예비전력 : 400만 kW 미만

(2) 조치사항

- 배전용 변압기 Tap 1단계 조정(2.5% 하향)
- 방송사에 보도요청(한전 시행)
- 각 가정과 사무실, 산업체에서는 불요불급한 전기사용을 자제
- 실내온도를 28℃ 이상으로 유지

3) 주의 단계

   (1) 예비전력 : 300만 kW 미만

   (2) 조치사항
   - 배전용 변압기 Tap 2단계 조정(5.0% 하향)
   - 수요조절(직접부하 제어) 시행
   - 활선, 휴전 작업 중지 및 계통 복구 지시
   - 사용하지 않는 플러그 뽑아서 대기전력 제로화

4) 경계 단계

   (1) 예비전력 : 200만 kW 미만

   (2) 조치사항
   - 수요조절(긴급 자율절전) 시행
   - 가정 및 상점 : 에어컨 및 선풍기 등 냉방기기 및 가전기기 가동 중단, 각방 조명 소등
   - 산업체 : 에어컨 및 선풍기 등 냉방기기 중단, 전기 다소비 공정 최소화

5) 심각 단계

   (1) 예비전력 : 100만 kW 미만

   (2) 조치사항
   - 긴급 부하조정(부하 차단)
   - 엘리베이터 이용 자제
   - 상기 4)항(조치사항) 외 컴퓨터 등 사용 억제
   - 비상발전기 가동하여 승강기 등 필요한 개소만 전원 공급

> **14.15** 최근 공공시설물에 적용하고 있는 입체형 설계와 생애주기를 반영하는 고품질 건축기법인 BIM(Building Information Modelling)에 대하여 설명하시오.
>
> 건.91.3.1.

1. 개요

1) 최근 컴퓨터 Hardware, 설계 전용 Software 발전에 따라
2) 설계업무가 전산화, 자동화로 가는 추세임
3) BIM : Building Information Modelling의 약자이고 3차원 모델이며 도면작성, 구조계산, 공정관리, 내역서 산출 등이 연계되어 있는 프로그램임

2. BIM의 특징

1) 설계 품질 향상
   - 3차원 모델로부터 각 방향별 도면을 추출
   - 기하형상 정보로부터 수량을 산출하기 때문에 설계도면과 수량산출의 정확성이 높아짐

2) 설계 내용의 재활용
   - 3차원 모델과 도면, 수량이 모두 연동되어 있어 모델만 수정하면 도면, 수량이 일괄적으로 변경됨
   - 유사한 사례에 쉽게 이용 가능함

3. BIM의 종류

1) 가상 현장 구축용 정보모델
   - 기존 입체 지형 정보(GIS)를 활용하거나
   - Google Earth를 이용해 3차원 지형 좌표를 얻어 실제 현장을 가상의 공간에 설치가 가능함
   - 주변 경관 View까지 고려가 가능
   - 지형이 3차원화되어 선형과 종단에 빠른 물량 산출이 가능

2) 도면작성용 기하 정보 모델

- 현장 여건 및 공간을 고려한 기본계획 완료 후 기존 구축된 3차원 기하 정보모델을 이용
- 상세한 부재 배치 계획을 수립하여 정면, 평면, 측면을 각각 투영시켜 도면을 작성하므로 오류의 발생소지가 적어짐
- 모델상의 수정이 이루어질 경우 자동으로 도면, 내역이 수정 반영됨
- 사전 부재 간섭의 검토가 가능함
- 내역 산출 자동화에 따라 손실률 감소

3) 구조계산용 해석 프로그램

기존 기하 정보 모델에 구조 요소와 재료 특성을 추가하여 하중 등 구조계산의 자동화가 가능함

4) 공정관리 및 장비운영 정보모델

- 3차원 기하 정보 모델에 공정표에 기반한 시간정보를 추가하여 공기의 최적화가 가능함
- 시뮬레이션에 의한 장비모델을 추가하여 시공 단계별 장비 운영이 가능함

5) 내역서 산출 프로그램

- 모델상의 사전 정보 입력에 따라 길이, 면적, 체적 등에 따른 내역서 자동 산출
- 단가 코드와 연계하여 자동내역서 산출 작업이 가능함

4. 향후 전망

1) 건축, 토목 등의 설계에 전반적으로 적용될 전망이지만
2) 현재로서는 설계 Program 이용 기술자가 부족한 실정이어서 이에 대한 준비가 필요함

14.16 최근 건축물 또는 시설물 프로젝트 등에서 적용하는 VE(Value Engineering)에 대하여 1) 정의, 2) 특징, 3) 적용대상, 4) 추진단계, 5) 시행효과에 대하여 설명하시오.

응.103.3.4.

1. 정의

1) 가치공학(Value Engineering)이란 제품이나 서비스 기능의 향상과 코스트의 인하를 실현하려는 경영관리 수단이다.
2) 이는 상품이 갖고 있는 기능을 중시, 기능의 개선 향상에 의해 제품의 가치를 높이는 것이 특징으로서 최저의 코스트로 최고의 기능을 실현하는 것이 목적이라 할 수 있다.

2. VE의 특징

1) 제품의 생산 원가 절감
2) 생산공정의 개선, 단축
3) 사무조직 등 Soft Ware 시 관리기술 개선

4) VE 측면에서의 건설업 특성

① 개별 수주산업에 의한 일체생산
② 한 건의 공사금액이 크다.
③ 옥외작업이 많다.
④ 가설물 구축, 철거, 운반이 필요하다.
⑤ 어셈블리 산업이다.
⑥ 중층 하청의존의 노동집약적 생산이다.

3. VE의 적용 대상(건설기술관리법 시행령 제38조의 13)

1) 총공사비 100억 원 이상인 건설공사의 기본설계, 실시설계
2) 공사시행 중 공사비 증가가 10% 이상 발생되어 설계변경이 요구되는 건설공사
3) 신공법 또는 특수공법에 의하여 시공되는 건설공사
4) 기타 발주청이 설계의 경제성 등의 검토가 필요하다고 인정하는 공사

4. VE의 추진단계

1) 적용 시기

(1) 설계단계

- 기본설계 완료 시가 가장 적용효과가 높음
- 기본설계 완료 시 적용 : 프로젝트 예산의 10~20% 절감효과

(2) 시공단계

행정적인 절차, 법적 제재 등이 따름

(3) 결과

- 제안건수 ⇨ 설계 VE : 시공 VE=80% : 20%
- 절감액 ⇨ 설계 VE : 시공 VE=95% : 5%

2) 추진단계

(1) 준비단계

- VE 대상 선정 및 자료수집
- 오리엔테이션 및 팀 편성

(2) 분석단계

- 정보수집 및 설계도서 검토
- IDEA 창출 및 개략 평가
- 제안서 초안 작성
- 보고서 작성 및 제출
- 기능분석
- IDEA 상세 평가 및 대안 구체화
- VE 결과 종합 정리

(3) 실행단계

- 보고서 분석 및 평가
- 승인 후 최종보고서 작성 및 제출

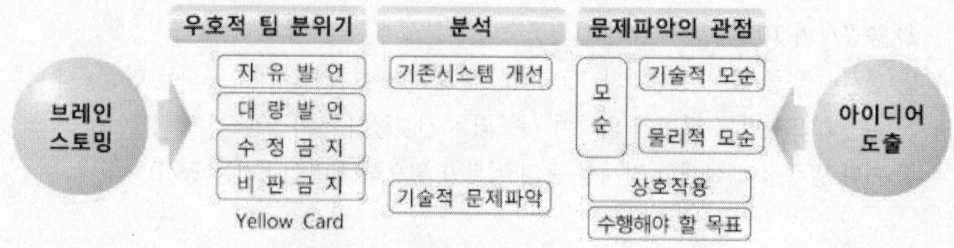

[아이디어 창출 적용 기법]

3) VE의 목표

$$\text{Value} = \frac{Fuction}{Cost} \Rightarrow V = \frac{F}{C}$$

① Cost 절감에 의한 가치향상 : $\dfrac{F \rightarrow}{C \downarrow} = V \uparrow$

② 기능향상에 의한 가치향상 : $\dfrac{F \uparrow}{C \rightarrow} = V \uparrow$

③ Cost 절감, 기능향상에 의한 것 : $\dfrac{F \uparrow}{C \downarrow} = V \uparrow$

④ VE 실시는 부분적으로 하지 말고 Team 구성이 효과가 크다.

5. 시행 효과

1) VE는 부분적인 구성요소를 대상으로 하는 것이 아니라, 전반적인 프로젝트에 대한 신뢰성 있는 점검을 가능하게 한다.
2) 건설공정의 생산성을 향상시키는 제안이 많이 도출됨에 따라 기업이익 창출에 혁신적으로 기여할 수 있다.
3) 개선결과를 데이터베이스화함으로써 기업의 노하우를 축적할 수 있고, 유사현장 또는 유사사례가 생길 경우 검색하여 활용할 수 있다.
4) 설계단계에서의 VE 효과 대상시설물의 체적이나 규모를 축소시켜 전체 투자비를 절감할 수 있기 때문에, 설계단계에서 VE 적용 시 직접적인 수혜대상자는 발주자이며, 특히 건설공사비는 사실상 설계단계에서 확정되기 때문에 건설사업의 효율화를 위해서는 설계단계에서의 VE 도입이 필수적이라 할 수 있다. 설계단계에서 VE 적용은 소요되는 비용이나 기간에 비하여 절감액이 상대적으로 크게 나타나며, 시설물의 기능과 성능분석, 자재의 성능과 수량, 공법이나 시설물의 위치선정, 사용될 공법의 적합성 여부 검토, 대안 공법의 적용가능성 검토 등 건설사업의 효율성 증대에 크게 기여할 수 있다.
5) 시공단계에서 VE 기법을 활용하면 시공지식과 경험을 최적으로 활용할 수 있는 시공성 개념을 높일 수 있다.

14.17 회로 및 시스템 설계 시 사용하는 리던던시(Redundancy), 디레이팅(Derating) 및 페일세이프(Fail-safe)에 대하여 사용방법, 특징 및 적용사례를 설명하시오.

응.106.4.3.

1. Bath-Tube 곡선(욕조곡선)

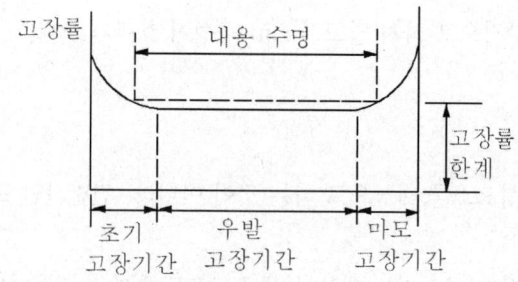

1) 욕조 곡선 : 기기의 고장 발생률이 그림처럼 사용기간에 따라 달라지며 그 모양이 욕조 모양과 같아서 붙여진 이름임

2) 내용 수명 : 비교적 일정한 기간이 정해짐

3) 고장기간 분류

  (1) 초기고장기간 : 사용 기기 초기의 기간으로 시간이 지날수록 고장률이 감소함

  (2) 우발고장기간 : 초기 고장 기간 다음 단계로 고장기간이 불규칙하여 예측할 수 없이 고장이 발생하며 시운전이나 점검으로도 방지할 수 없는 고장

  (3) 마모고장기간 : 기기 말기 현상으로 시간에 따라 고장률이 높게 나타난다.

2. 신뢰도(Reliability)

$$R(t) = e^{t/t_0}$$

여기서, t_0 : 각 기기의 우발 고장 평균 사고시간
t : 고장을 일으키지 않을 시간

신뢰도란 위 공식과 같이 각 기기의 우발 고장 평균 사고시간에 대한 고장을 일으키지 않을 시간의 확률로서, 신뢰도가 높을수록 고장을 발생시키지 않을 확률이 높아짐을 의미한다.

3. 고장 원인

구 분	원 인	대 책
초기고장	• 표준 이하 재료 사용 • 표준 이하의 작업자에 의한 작업 • 제조 기술 미흡 및 조립 시 과오 • 프로그램 실수 • 부적절한 시동 • 오염 • 품질관리 미흡 • 부적절한 포장 및 부적절한 운반, 수송 등	• Ageing(Dumi-In) : 기기(장비)를 일정시간 동안 가동하여 초기 고장 발생 여부를 점검하는 것 • 이 기간의 가동시간에 따라 고장 제거율이 비례함
우발고장	• 기계 혹사 • 사용자 과오 • 천재 지변 • 안전계수 저하 • 과다 스트레스 등	• 우발 상황을 고려한 설계 • 안전계수를 높여 설계
마모고장	• 마모 또는 피로 • 노화 및 퇴화 • 부식 또는 산화 • 불충분한 정비 • 부적절한 Over-Haul(분해 점검) • 수축 또는 균열 등	• 예방 보전(PM ; Preventive-Maintenance)

4. 신뢰성 설계기술

제품의 신뢰성 설계는 제품의 신뢰성 사양을 작성하는 것으로부터 시작된다. 신뢰성 사양의 기본은 신뢰성 설계 목표치를 설정하고 이의 실현을 위한 사용 환경에 관련된 정책과 생각을 구체적으로 기술한 것이다. 그리고 신뢰성 사양과 목표에 부합하는 설계 사양을 작성하기 위한 기술적인 방법과 절차를 포함하여 이를 신뢰성 설계기술이라 한다.

1) 리던던시(Redundancy, 용장성 설계)

구성 부품수 n이 증가(또는 복잡)할수록 제품의 고장률도 증가하고 신뢰도는 저하된다. 여기서 구성 부품수 n은 제품의 요구기능에 의하여 결정되므로 이를 적게 또는 단순화하면 개선이 될 것이나 여기에는 한계가 있다. 이와 같이 원리적으로 상반되는 점을 극복하는 신뢰성 설계 기술을 최적 리던던시 설계법이라 한다.

이는 고도의 신뢰도가 요구되는 특정 부분에 여분의 구성품을 더 설치함으로써 구성품의 일부가 고장 나더라도 그 부분이 고장 나지 않도록 설계하여 해당 부분의 신뢰도를 높이는 방법이다.

2) 디레이팅(Derating) 설계

통상 규격의 표준 부품을 제품의 구성 부품으로 사용할 경우 부하를 정격치의 몇 분의 1로 줄임으로써 구성 부품에 걸리는 부하의 정격치에 여유를 두고 설계하는 방법. 리던던시 설계법과 더불어 기계적 제품의 안전계수 또는 안전율과 같은 사고방식에서 시작한다. 즉, 기계에 걸리는 부하(Load)와 강도(Strength)의 비율인 안전계수(Safety Factor)는 고장확률을 적게 하기 위하여 적정한 크기로 설정되어야 한다.

3) Fail Safe, Fool-proof 설계

(1) Fail Safe

조작상의 과오로 기기의 일부에 발생한 고장으로 인하여 다른 부분의 고장이 발생하는 것을 방지하도록 설계하는 등의 방법이다. 주로 기기가 고장났을 때 이로 인한 사고, 특히 안전사고를 막을 수 있도록 설계된 것을 말한다.

(2) Fool-proof

사용자의 오조작으로 인해 전체의 고장이 발생하지 않도록 하는 설계방법이다.

14.18 공공건설공사의 감리제도

1. 책임감리제도의 도입배경

정부는 지난 1990년 감독 업무를 담당할 공무원의 절대적 인원 부족과 전문기술능력이 미흡하여 이 문제를 해결함과 동시에 계속되는 부실공사를 방지하기 위해 민간 감리 전문회사에게 공사감리를 수행토록 하는 '시공감리 제도'를 도입하였다. 1990년 초부터 발생하기 시작한 신행주대교 붕괴사고와 청주 우암 아파트 붕괴사고 등을 계기로 1994년 1월 감리원의 권한과 책임을 대폭 강화하는 책임감리제도를 도입·시행 중에 있다.

2. 책임감리 대상 및 절차

1) 전면 책임감리 대상공사 : 총공사비가 200억 원 이상으로서 22개 공종에 해당하는 건설공사

   ※ 22개 공종
   - 교량(길이 100M 이상) 공사, 공항, 댐축조, 에너지 저장시설, 고속도로, 간척, 항만, 철도, 지하철, 터널공사, 발전소, 폐기물 처리시설, 폐수 종말처리시설, 하수종말처리시설, 상수도, 하수관거, 관람집회
   - 발주청이 감리 적정성 검토사항에 따라 전면 책임감리가 필요하다고 인정하는 공사

2) 부분 책임감리(건설기술관리법 시행령 제102조 제1항 제2호)

   교량, 터널, 배수문, 철도, 지하철, 고가도로, 폐기물처리시설, 폐수처리시설 및 하수종말처리시설을 건설하는 공사 중 발주청이 부분 책임감리가 필요하다고 인정하는 공사

   ※ 책임감리 제외 건설공사(건설기술관리법시행령 제102조 제2항)
   - 문화재 보호법에 의한 지정문화재 및 가지정문화재의 수리·복원·정비공사
   - 농어촌 정비법에 의한 농어촌정비사업·생활환경정비사업 및 농공단지개발사업에 따른 공사
   - 국토교통부장관의 지도·감독을 받는 공기업·준 정부기관, 한국 농어촌공사, 한국전력공사 및 한국전력공사가 출자하여 설립한 발전회사, 한국가스공사, 한국석유공사, 한국환경공단, 한국 방사성 폐기물 관리공단, 수도권 매립지 관리공사, 한국 지역난방공사 및 지방공기업법에 의한 지방공사가 시행하는 공사로서 해당 기관 또는 공사의 소속 직원(법 제27조의 2에 따른 검측 감리원·시공 감리원 포함)이 감리원 배치기준에 따라 감독 업무를 수행하는 공사
   - 구조물 등을 축조하지 아니하는 단순 하천공사
   - 창고·축사 등의 건축 등 단순공사

- 구조물을 포함하지 아니하는 공사로서 발주청이 책임 감리를 할 필요가 없다고 인정하는 공사
- 보안이 필요한 군 특수공사, 교정시설공사 및 국가기밀 관련공사
- 전문기술이 필요한 방송시설공사
- 원자력 시설공사

3) 시공감리, 검측감리제도(건설기술관리법 제27조의 2)

책임감리 대상이 아닌 중소규모 공사의 품질확보 및 향상을 위하여 2001년 7월에 시공감리와 검측감리 제도를 도입·시행. 국토교통부령으로 정하는 감리 적정성 검토사항에 따라 시공감리 또는 검측 감리를 수행할 수 있도록 함

※ 감리방식 비교
- 책임감리 : 시공 감리 외에 발주청 감독권한을 대행하는 것
- 시공감리 : 검측 감리 외에 안전관리, 시공관리에 대한 기술 지도를 하는 것
- 검측감리 : 품질관리 및 검측업무 등 시공 적합성 확인

3. 감리원의 업무내용(건설기술관리법 시행령 제105조 제1항 내지 제3항)

관 련 업 무	책임감리	시공감리	검측감리
1. 시공계획	검토·승인	검토	—
2. 공정표	검토·확인	검토	—
3. 건설업자 등 작성한 시공 상세도면	검토·승인	검토	—
4. 시공내용의 적합성(설계도면, 시방서 준수 여부)	확인	확인	확인
5. 구조물 규격의 적합성	검토·확인	검토	검토
6. 사용자재의 적합성	검토·확인	검토	검토
7. 건설업자 등이 수립한 품질관리·시험 계획	검토·확인	검토·확인	—
8. 건설업자 등이 실시한 품질시험·검사	검사·확인	확인·검사	확인·검사
9. 재해예방대책, 안전·환경관리	지도·감독	지도	—
10. 설계변경 사항	검토·확인	검토	—
11. 공사 진척 부분	조사·검사	조사·검사	조사·검사
12. 완공도면	검토	검토	검토
13. 완공사실, 준공검사	준공검사	완공확인	완공확인
14. 하도급에 대한 타당성	검토	검토	—
15. 설계내용의 시공가능성	사전검토	사전검토	—
16. 기타 공사의 질적 향상을 위해 필요한 사항	규정	규정	미규정

4. 감리원의 자격(등급)(건설기술관리법 시행령 제104조 제1항 별표7)

등 급	기술자격자	학력·경력자
수 석 감리사	감리사 등급 기준을 충족한 사람으로서 10년 이상 건설공사업무를 수행한 사람	
감리사	• 기술사 또는 건축사 • 기사의 자격을 취득한 사람으로서 9년 이상 건설공사 업무를 수행한 사람 • 산업기사의 자격을 취득한 사람으로서 12년 이상 건설 공사업무를 수행한 사람	
감리사보	• 기사의 자격을 취득한 사람 • 산업기사의 자격을 취득한 사람으로서 2년 이상 건설 공사업무를 수행한 사람	• 석사 또는 박사학위를 취득한 사람 • 학사학위를 취득한 사람으로서 2년 이상 경력 • 전문대학을 졸업한 사람으로서 5년 이상 경력 • 고등학교를 졸업한 사람으로서 8년 이상 경력 • 국토교통부장관이 정하는 교육기관에서 1년 이상 건설기술 관련 교육과정을 이수한 사람으로서 10년 이상 경력
검측 감리원	• 산업기사 자격을 취득한 사람 • 기능사 자격을 취득한 사람으로서 3년 이상 건설공사 업무를 수행한 사람	• 전문대학을 졸업한 사람으로서 1년 이상 경력 • 고등학교를 졸업한 사람으로서 3년 이상 경력 • 국토교통부장관이 정하는 교육기관에서 1년 이상 건설기술 관련 교육과정을 이수한 사람으로서 5년 이상 경력

5. 감리원의 교육(건설기술관리법 시행령 제24조, 별표3)

교육종류		교육대상	교육내용	교육기간
기본교육		최초로 감리업무를 수행하고자 하는 자	• 감리원으로서의 소양 • 감리 관련 법령 및 제도	2주 이상
전문 교육	감리사보 과정	감리사보로서 감리업무를 수행하고자 하는 자	감리사보로서 업무수행을 위한 전문교육	1주 이상
	감리사 과정	감리사로서 감리업무를 수행하고자 하는 자	감리사로서 업무수행을 위한 전문교육	2주 이상
	수석 감리사 과정	수석감리사로서 감리업무를 수행하고자 하는 자	수석감리사로서 업무수행을 위한 전문교육	2주 이상

* 100억 이상 22개 공종에 3년 감리업무 종사자는 전문교육 이수

6. 책임 감리원 배치기준

구분	등급	경력
총예정공사비 500억 원 이상	수석 감리사	총공사비 300억 원 이상 공사에 대한 감리경력 1년 이상
총예정공사비 300~500억 원		총공사비 200억 원 이상 공사에 대한 감리경력 1년 이상
총예정공사비 100~300억 원	감리사 이상	총공사비 100억 원 이상 공사에 대한 감리경력 1년 이상

7. 통합감리

발주청은 그가 발주하는 여러 건의 건설공사가 공종이 유사하고 공사현장이 인접하여 있는 경우 당해 공사를 통합하여 책임감리를 할 수 있다. 발주청은 통합감리 시에 각 공사현장의 특성을 감안하여 감리원 배치기준 이하로 조정 · 배치하게 할 수 있다. 통합감리를 시행하는 공사 중 1개의 총공사비가 300억 원 이상인 경우에는 수석감리사 1명을 더 배치해야 한다. 통합 책임감리 시행 여부는 발주청에서 해당 공사의 특성, 현장여건, 착공시기 및 공사기간 등을 종합적으로 검토하여 건설기술관리법 제21조에서 정한 집행계획 공고 이전에 판단할 사항이다.

14.19 전기설비 리모델링

1. 개요
건축물의 대수선에는 리모델링과 리노베이션이 있다. 리노베이션은 건물의 성능개선을 말하며 리모델링은 리노베이션을 포함하는 건물의 구조변경까지 포괄하는 개념이다. 리모델링은 기존 시설물의 기본골조를 유지하면서 시설의 노후화를 억제하거나 그 기능을 향상시키며 건축물의 물리적·사회적 수명을 연장하는 일체의 활동영역을 포괄한다.

2. Building Modernization의 효과
1) 건물의 이미지 향상
2) 에너지 절감
3) 실내 환경을 개선하여 쾌적한 환경조성
4) 안정성 및 신뢰성 향상
5) 관리운용비의 절감 등

3. 리모델링의 종류

1) 유지

건축물의 자연적인 기능저하 속도를 최초 준공시점의 수준에서 지속시키는 일체의 활동이다.

2) 보수

각종시설물이 물리적 내용연수의 한계에 달하는 경우 수리, 수선 등을 시행하여 준공시점의 수준으로 건물의 기능을 회복시키는 활동

3) 개수

건축물에 새로운 기능을 부가하여 준공시점보다 그 기능을 향상시키는 활동

4. 리모델링 분류
1) 노후화 대책 리모델링
2) 설계기능 향상 리모델링
3) 인텔리전트화 리모델링
4) 역사적 건축물의 개보수
5) 공동주택 리모델링

5. 리모델링 내구연한

1) 내구연한과 경제수명

(1) 물리적 내구연한

마모, 부식, 파손에 의한 사용불능의 고장빈도 발생에 의한 기능장해가 발생한다.

(2) 사회적 내구연한

사회적 기술동향을 반영한 내구연수로 진부화, 구형화, 신기종 등의 새로운 방식과 비교로 상대적 가치가 저하한다.

(3) 경제적 내구연한

수리·수선을 하면서 사용하는 것이 신형제품 사용에 비하여 경제적으로 더 많이 소요되는 시점을 말한다.

(4) 법적 내구연한 : 세법상 정해진 내구연한

2) 주요 전기시설의 내구연한

(1) 변압기 : 17년 (2) 고압케이블 : 30년

(3) 발전기 : 16년 (4) 승강기 : 18년

6. 리모델링 공사의 특징

1) 건물관리자 참여

신축공사는 발주자, 설계자, 시공자가 참여한다.

2) 건물의 고유자료 이용

해당 건물의 고유자료를 이용하여 계획 및 설계가 가능하다.

3) 설계의 정확성

관련규정에 의한 설계 및 설계변경 작업이다.

4) 조사 및 진단

기능저하는 각종 요인에 의하나 현장파악이 초기의 중요한 작업이다.

5) 기능 공존

건물을 사용하면서 작업이 진행되기 때문에 기존기능과 갱신기능이 공존하면서 단시간 동안 순차적으로 진행한다.

6) 시공 환경

신축공사에 비교하여 대단히 불량하다.

7) 종합적인 검토

건축, 전기, 공조, 위생설비가 단독 진행되는 경우는 극히 드물고 서로 연관되는 내용이 대단히 많다.

7. 전기설비 리모델링

1) 기획

건축주의 의도를 반영하여 수선범위를 결정하고 사업의 타당성 조사 등을 반영한다.

2) 진단

기존시설의 실태조사(내구연한)

3) 계획

관련분야와 연계성 등 협의 후 건축주 의도의 기본설계 및 시스템 결정한다.

4) 설계

실시설계 및 대관업무

5) 시공 및 준공(시운전)

8. 전기설비별 유의사항

1) 수 · 변전설비

- 인입선로 적정 여부를 검토한다.
- 선로 및 기기의 노후 상태, 열화 정도 파악 후 교체 여부 및 기기를 선정한다.
- 변전용량 증가 시 수변전 계통의 기기 규격, 교체 여부를 검토한다.
- 교체의 경우 장비 반입구 확보방안 모색, 전기실 및 발전기실 면적의 가능 여부를 검토한다.

2) 전력간선설비

- EPS실 배치 및 면적을 검토한다.
- 간선의 구성방식을 건물용도에 적합한 방법으로 검토한다.
- 전기설비 용량 증가 시 케이블 또는 Bus-Duct의 규격을 확보한다.
- 케이블 트레이 사용 시 난연성 케이블 및 방화구역을 검토한다.

3) 동력설비

- 교체 전동기에 따른 기동장치, 배관, 배선 등을 검토
- 기존 MCC 사용 여부 및 교체 시 신규설비를 검토
- 배관, 배선방법, 기동방법 등을 검토

4) 조명설비

- 기존 조명기구의 노후화 정도 및 재사용 여부 검토
- 광원 및 기구 선정 시 절전형 검토
- 건축변경에 따른 조명기구 배치, 점등방법 고려
- 조명제어 시스템의 적용 여부 검토

5) 전열설비

- 콘센트의 전압, 접지 등 검토
- 벽부형 또는 Floor Duct 검토
- 컴퓨터실 등의 Access Floor 설치검토

14.20 직류 전동차에 전원을 공급하기 위한 정류기용 변압기와 정류기의 용량이 서로 다른 이유에 대하여 설명하시오.
건.98.1.10, 응.100.2.6

1. 교류와 직류 전압비

3상 실리콘 정류기 직류단자에 나타나는 전압은 맥동 전압으로 이 단자 간을 전압계로 측정하면 이 계측기는 맥동전압의 평균치를 가르치게 된다. 맥동파는 사인파 교류의 파고치 V_m을 중심으로 1파의 1/3만을 나타내고 있으므로, 맥동전압의 평균치는 이 사인파 사이의 면적, 즉 그림의 음영 표시된 부분의 평균 높이와 같은 값이 된다.

▼ 사인파 정류파형의 평균치(전압)

항목	단상전파정류	3상전파정류
파형	$0.637 V_m$	$0.9549 V_m$
면적	2Vm	Vm
평균치(직류전압)	$\dfrac{2V_m}{\pi}=0.637V_m=0.9V$	$\dfrac{V_m}{\dfrac{\pi}{3}}=0.9549V_m=1.35V$

음영 표시된 부분의 면적 S는

$$S = \int_{\frac{\pi}{3}}^{\frac{2\pi}{3}} V_m \sin\theta \, d\theta = V_m \left[-\cos\theta \right]_{\frac{\pi}{3}}^{\frac{2\pi}{3}} = V_m$$

직류 전압(맥동전압)의 평균값

$$E_D = \frac{S}{\text{아랫변의 길이(주기)}} = \frac{V_m}{\dfrac{\pi}{3}} = \frac{3V_m}{\pi} = 0.9549 V_m$$

교류 전압 실효치를 V로 표시하면 $V_m = \sqrt{2}\,V$ 로 나타낼 수 있으며
직류전압 $E_D = 0.9549 \times \sqrt{2}\,V = 1.35\,V$ ∴ $V = 0.74 E_D$
즉, 3상 전파 정류기의 직류 전압은 교류 전압(교류의 실효치)의 1.35배가 된다.

도시철도의 경우 정류기 직류전압을 1,500[V]로 하기 위해서 교류전압은 $\frac{1,500}{1.35} = 1,111(V)$가 인가되어야 되나 직류변전소 출력전압은 정류기에 Full Load가 걸려 있을 때의 전압으로 무부하(No Load) 시에는 이보다 높아야 하고 또 선로의 전압강하를 고려하여야 하므로 교류 전압은 1,200[V]를 인가하여 직류 전압은 1,500[V]보다 높은 전압이 된다.

2. 교류 전류

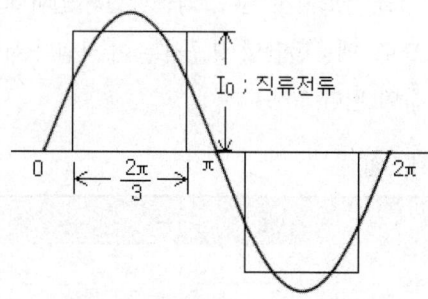

정류기 결선에서 가장 일반적인 3상 브리지(Bridge) 결선의 교류회로 각상 권선에 흐르는 전류는 교류 전류 반파 중 전기각으로 $\frac{2\pi}{3}$ 라디안(120°)인 기간 동안에만 전류가 흐르는데, 직류의 전류값은 평균치로 표현할 때 이 값을 교류의 실효치로 계산하면

$$I = \sqrt{\frac{I_D^2 \times \frac{2\pi}{3}}{\pi}} = \sqrt{\frac{2}{3}} I_D = 0.8165 I_D$$

로 직류 전류의 0.8165배가 된다.

3. 정류기용 변압기 용량

$$P_A = \sqrt{3} \, VI = \sqrt{3} \times 0.74 E_D \times 0.8165 I_D$$

예 4,000[kW] 정류기용 변압기 용량을 계산하여 보면

$$I_D = \frac{4,000(\text{kW})}{1,500(\text{V})} \times 10^3 = 2,667(\text{A})$$

$$P_A = \sqrt{3} \times 1,200(\text{V}) \times 0.8165 \times 2,667 = 4,525(\text{kVA})$$

가 되어 정류기 용량 4,000(kVA)보다 큰 용량이 필요하다.

※ 참고문헌 : 전기철도의 급전시스템과 보호 (김정철 저, 기다리)

14.21 전기가열방식을 종류별로 분류하여 원리 및 용도, 특징 등을 설명하시오.

건.77.2.6.

1. 개요

1) 전기가열은 전기에너지를 열에너지로 변환하여 열로 사용하는 것임
2) 발열 원리에 따라 저항가열, 아크가열, 유도가열, 유전가열, 마이크로파 가열, 적외선가열, 전자빔가열, 레이저가열, 초음파가열 등이 있음

2. 저항가열

1) 원리

- $R(\Omega)$의 저항에 $I(A)$의 전류가 흐르면 $Q = 0.24 I2 R_t$ (cal)의 Joule 열이 발생하는데 이 열을 이용한다.
- 저항가열에는 직접식과 간접식이 있다.
- 직접식 : 피열체에 직접 전류를 흘려서 가열하는 방식
  간접식 : 니크롬선과 같은 저항체에 전류를 흘려서 발생하는 열을 피열체에 조사하는 방식

2) 특징

- 설비가 간단하고
- 저온에서 고온까지 광범위하게 사용할 수 있음

3) 용도

- 직접가열 : 전기로, 흑연화로, 카바이트로, 알루미늄 전해로 등
- 간접가열 : 저항로, 전기 히터, 전기 장판, 히팅 코일 등

3. 아크가열

1) 원리

- 공기 중에서 수 mm의 전극 사이에 고전압을 가하면 공기의 절연이 파괴되어 아크가 발생한다.
- 전극간격 1cm일 때 DC 30kV, AC 21.2kV에서 절연파괴
- 아크가 발생하면 아크저항 R을 통해서 아크전류 $I(A)$가 흐르는데 이때도 $Q = 0.24 I2 R_t$ (cal)의 Joule열이 발생하여 이 열을 이용

- 아크가열에도 직접식과 간접식이 있음
- 직접식 : 피열체 자체를 전극 또는 아크의 매질로 이용
  간접식 : 아크열을 전도, 대류, 복사의 방법으로 피열체에 전달해 가열

2) 특징

- 아크가열의 가장 큰 특징은 매우 높은 온도를 얻을 수 있는 것이다.
- 공기 중에서 아크가열 : 3,000~6,000K
  플라즈마 기체 중에서 10,000K 이상의 고온을 얻을 수 있다.

3) 용도

아크용접, 플라즈마 용접, 제강용 아크로 등

4. 유도가열

1) 원리

- 교번자계 내에 도전성 물체를 두면 전압이 유기되고 이 전압에 의하여 도전성 물체 내에는 유도전류에 의한 와류가 흐른다.
- 유도가열은 이 와류에 의한 저항손으로 발생하는 주울 열과 히스테리시스 손을 이용하는 것이다.

2) 특징

- 전극을 필요로 하지 않는 무접촉 가열방식이고
- 급속가열 및 고온가열이 가능함

3) 용도

금속의 열처리, 열 가공, 표면처리 등

5. 유전가열

1) 원리

- 유전체에 고주파의 전계를 가하면 다음 식으로 표시되는 열이 발생함

$$P = VIR = VIc\tan\sigma = 2\pi f CV^2 \tan\sigma \, (W)$$

- 이 열은 유전체 내부에서 분자 간의 마찰에 의해서 발생하는 유전체 손실을 이용한 것이다.

2) 특징
- 피열체 내부를 균일하게 가열할 수 있고
- 표면이 손상되지 않으며
- 가열시간이 짧아도 된다.

3) 용도
- 목재, 합판의 건조, 비닐시트의 접착 등

6. 기타
1) 마이크로파
2) 적외선 가열
3) 전자빔 가열
4) 레이저 가열
5) 초음파 가열 등

14.22 자외선 등을 산업 일반에 응용할 때 자외선의 장단점에 대하여 설명하시오.

응.97.1.2.

1. 전자파 종류

명칭		주파수(Hz)	파장(m)	주요 발생원
비전리성 전자파	극저주파(ELF)	< 3kHz	> 10^6	
	라디오파(RF)	3kHz ~ 300MHz	10^5 ~ 1.0	
	마이크로파	300MHz ~ 300GHz	1.0 ~ 10^{-3}	
	적외선(≒레이저파)	300 ~ 4.0×10^5GHz	10^{-3} ~ 7.6×10^{-7}	
	가시광선	4.0×10^5 ~ 7.9×10^5GHz	7.6×10^{-7} ~ 3.8×10^{-7}	
	자외선	7.9×10^5 ~ 3×10^7GHz	3.8×10^{-7} ~ 1.0×10^{-8}	
전리성 전자파	X선	3.0×10^7 ~ 10^{10}GHz	10^{-8} ~ 10^{-11}	
	감마(γ)선	10^{10} ~ 10^{15}GHz	10^{-11} ~ 10^{-16}	
비고		파장 = $\dfrac{\text{속도}(3 \times 10^8 \text{m/s})}{\text{주파수(Hz)}}$(m)		

2. 자외선의 장단점

1) 발생원 : 자외선등, 용접아크, 가스방전관

2) 주파수 : 7.9×10^{14} ~ 3×10^{16} (Hz)

3) 특징

장점	단점
1. 살균작용 2. 비타민 D를 활성화하여 골격을 튼튼히 함 3. 형광, 광전 효과	1. 주름 발생 2. 피부를 검게 한다. 3. 일광 화상, 피부암 4. 각막화상, 백내장

14.23 냉동사이클(열펌프사이클)에 대하여 원리도를 그리고 설명하시오.

응.97.1.5.

1. 원리도

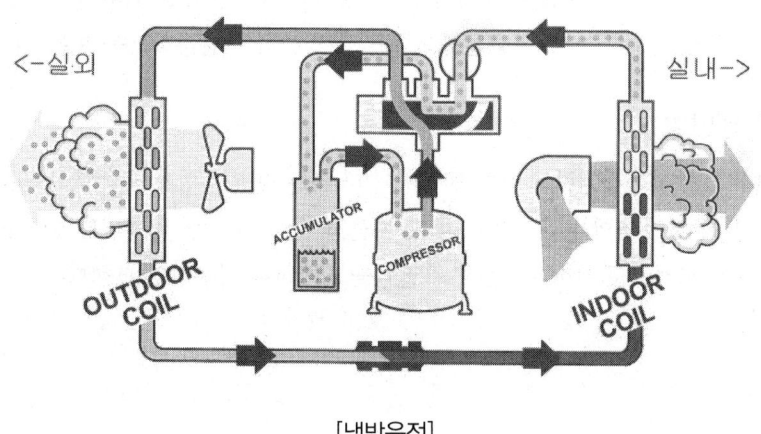

[냉방운전]

2. 히트펌프의 원리

1) 히트펌프의 기본적 구동원리는 냉동기 원리를 바탕으로 한다.
2) 단지 냉동기는 저열원의 열을 흡수하여 고열원 측으로 방출하는 원리로만 사용되는 것을 말한다.(예 에어컨, 냉장고, 냉동고 등)
3) 히트펌프는 말 그대로 열을 이동시켜 주는 펌프와 같은 역할을 할 수 있게 하는 시스템이다. 즉, 냉동기처럼 저열원의 열 흡수 → 고열원의 열 방출(냉방)뿐만이 아니라, 그 반대인 고열원의 열 흡수 → 저열원의 열 방출(난방)으로도 전환이 가능하여 말 그대로 열을 원하는 방향으로 이동시킬 수 있는 시스템이다.
4) 재생에너지인 지열을 이용한 냉·난방시스템에서 핵심은 히트펌프와 열교환기라는 설비가 핵심이다. 여기서 지열은 말 그대로 땅속의 열을 의미하는 지중(약 1.2~1.8m에서 약 15~20℃로 일정)의 온도는 계절에 관계없이 일정한 온도를 갖게 되는데, 이 온도가 여름에는 대기온도보다 낮고, 겨울에는 높아서 이 지열을 이용하여 냉·난방을 할 수 있는 것이다.

3. 용도

1) 냉방

저열원의 열 흡수 → 고열원의 열방출 : 냉방을 할 경우 에어컨과 같이 실내기에서 냉풍이 나오고, 실외기 역할을 하는 열교환기가 열을 외부로 방출한다.

2) 난방

고열원의 열 흡수 → 저열원의 열 방출 : 난방일 경우에는 반대로 외부열이 열교환기에 와서 히트펌프에 고열을 공급하여 실내 고열원으로 열을 방출하여 난방효과를 보는 원리이다.

3) 시스템 냉난방기

요즘에 시스템 에어컨이라고 해서 냉난방이 다 되는 장치가 있는데 이것이 히트펌프를 이용하는 방식이며, 단지 전기에너지를 이용하고, 겨울철 난방 시 주변 공기열원에서 열을 흡수하다보니 난방효과가 모자라 전기히터라는 보조열원을 병행하여 사용하기도 한다.

14.24 열에 대한 옴(Ohm)법칙과 열계와 전기계의 양(量)에 있어 상호 대응관계를 설명하시오.

응.97.1.11.

1. 전기회로와 열계의 유사성

전 기 계				열 계		
구분	기호	단위	구분	기호	단위
전기량	Q	C	열량	Q	J
전위차	E	V	온도차	θ	deg
전류	I	A	열류	I	W
저항	R	Ω	열저항	R	deg/W
저항률	ρ	$\Omega \cdot$m	열저항률	ρ	m·deg/W
도전율	σ	$\mho$/m	열전도율	K	W/m·deg
정전용량	C	F	열용량	C	J/deg

전위차 $E = RI$

전기량 $Q = \int I dt$

전류 $I = \dfrac{dQ}{dt}$

저항 $R = \rho \dfrac{l}{S}$

온도차 $\theta = RI$

열량 $Q = \int I dt$

열류 $I = \dfrac{dQ}{dt}$

열저항 $R = \rho \dfrac{l}{S}$

14.25 유도가열(Induction Heating)에 대하여 그림으로 원리를 설명하고 특징과 적용사례를 설명하시오.

응.97.3.5.

1. 전기가열의 종류

1) 전기가열은 전기에너지를 열에너지로 변환하여 열로 사용하는 것임
2) 발열 원리에 따라 저항가열, 아크가열, 유도가열, 유전가열, 마이크로파 가열, 적외선가열, 전자빔 가열, 레이저가열, 초음파가열 등이 있음

3) 특징

(1) 저공해 : 연료를 연소시키지 않으므로 공해가 적음
(2) 고효율 : 직접 가열 방식이므로
(3) 고온 발생 및 내부 가열 가능
(4) 온도 제어가 용이함
(5) 방사(복사)열 이용이 가능
(6) 제품의 균일화 : 온도 분포가 균일하여 제품의 균일화가 가능함

2. 유도가열

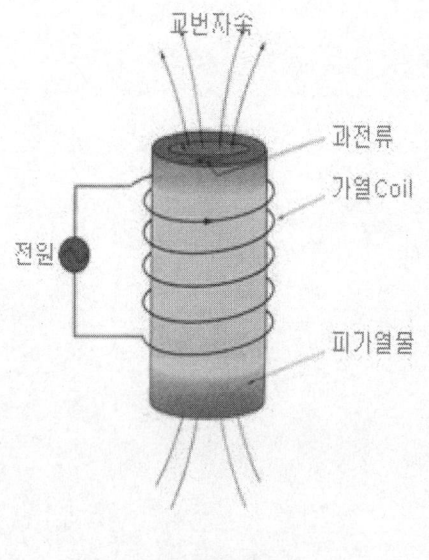

[유도가열원리도]

[유도가열]

1) 원리

   (1) 코일 형상의 도체 중심에 영구자석을 넣었다 빼면 자계가 변화하고 도체에는 전류가 흐른다. 이것을 전자유도작용이라 한다.

   (2) 고주파 유도가열은 이 전자유도작용을 이용하여 코일에 교류전류를 흘려 교번자속이 발생하게 함으로써 피가열물에 유도전류(와전류)가 흐르도록 한다.

   (3) 유도전류는 와전류손에 의해 주울열을 발생시키며, 이렇게 발생된 열로서 가열하는 것을 유도가열이라 한다.

   (4) 이 경우 와전류의 특징은 코일에 근접한 물체부분에 집중 유도되고 유도전류는 물체 표면 주위에서 강하게 흐르려고 하며, 물체의 내부로는 약하게 흐르려는 특징이 있다.

   (5) 이러한 원리로 피가열물의 필요한 부분에 에너지를 집중시켜 효율적인 급속 가열이 가능하기 때문에 생산성, 작업성이 높게 된다.

2) 특징

   (1) 장점

      ① 고성능
- 연소가열에서 얻을 수 없는 고온 가열이 가능
- 온도 분포가 균일
- 급속가열 및 국부, 표면 선택 가열이 가능
- 가열시간과 온도의 정밀 제어 가능
- 다양한 출력과 주파수 대역의 선택이 가능

      ② 고품질

      ③ 고경제성
- 작업시간이 다른 방법보다 극히 단축
- 설치 면적의 최소화
- 조작이 용이

      ④ 수명이 길다.

      ⑤ 친 환경성 : 무공해로 작업환경 쾌적화(연기, 가스열이 없음)

   (2) 단점

      ① 노이즈에 의한 장해 우려가 있어 노이즈 차폐장치 필요

      ② 고주파 전원발생장치가 필요하여 설치비가 고가임

      ③ 효율이 나쁘다.

      ④ 피열물의 형상에 따라 내부가 균일하게 가열되지 않을 수도 있음

3) 용도

   (1) 유도로

   저주파 유도로, 고주파 유도로가 있으며 금속의 표면처리, 특수강, 금속의 용해, 비철금속의 용해 등에 적용

   (2) 금속 표면 담금질

   금속 표면 근처의 박층만을 고온(약 800℃)으로 가열 후 급냉시켜 박층의 경도를 증가시킴

   (3) 고조파 납땜

   (4) 단조 가열

   (5) 기어의 열간 건조 등

14.26 적외선 건조의 적용분야 및 특징을 설명하시오.

1. 원리

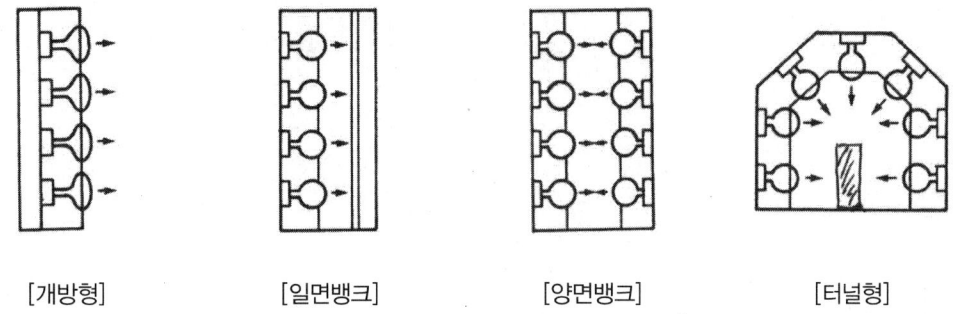

[개방형]   [일면뱅크]   [양면뱅크]   [터널형]

1) 적외선 전구 또는 비금속 발열체에서 복사되는 열을 피열체의 표면에 조사하여 가열하는 방식

2) 적외선 전구
   - 방사에너지를 가열물에 집중시키기 위해 유리구를 특수형으로 하고 유리구 내면을 반사경으로 제작함
   - 필라멘트 온도 : 2,200~2,500K
   - 스테판 볼츠만의 법칙 이용 : 단위 표면적으로부터 단위시간에 방사에너지 E는 그의 절대온도 T의 4제곱에 비례한다.
   - 즉, 방사에너지 $E = \phi \varepsilon \delta T^4 (\mathrm{W/m^2})$이며
     여기서, ϕ : 형상계수 ε : 방사율(복사율)
     δ : 스테판 볼츠만의 상수($5.67 \times 10^{-8}(\mathrm{W/m^2 \cdot K^4})$임

3) 가열된 물체의 온도방사를 이용하는 것으로 주로 저온에 사용되고 고온을 얻기 어렵다.

2. 특징

1) 적외선 전구 등을 직접 조사하여 효율이 좋음
2) 열전달이 신속하고 표면가열이 가능함
3) 조작이 간단하고 온도조절이 쉬움
4) 설비비가 저렴
5) 설치 면적이 작아도 됨

3. 용도

1) 난방용 적외선 히터
2) 페인트 도장 후의 건조 : 자동차, 전기기계, 금속제품
3) 도자기 건조
4) 인쇄 잉크 건조 : 약 40℃ 정도 온도로 조사
5) 식품가공 등

14.27 열전효과에 대하여 설명하시오.   응.100.4.3.
• Seebeck 효과와 Peltier 효과를 비교 설명하고, 이 효과를 이용한 열전발전기의 원리, 구조, 활용전망에 대하여 설명하시오.   발.99.2.4.

1. 개요

금속이나 반도체는 열과 전기가 서로 상관관계가 있으며 이를 열전효과라 하고 대표적인 것은 제벡 효과, 펠티에 효과, 톰슨 효과 등이 있다.

2. 열전효과

1) 제벡 효과(SeeBack Effect) : 열전 효과

   (1) 개념

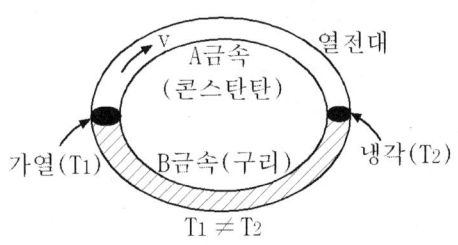

   - 금속이나 반도체에 온도차를 주면 열이 전기에너지로 변환되어 기전력이 발생한다.
   - 이 열 기전력을 발생하는 금속을 열전대라 하고 이 열전대에서 발생하는 기전력을 열기전력이라 한다.

   (2) 원리

   열 기전력 $V = \alpha \cdot \triangle T = \alpha(T_h - T_c)$

   여기서, α : 제벡 계수
   $\triangle T$: 양단의 온도차$(T_h - T_c)$

   (3) 적용

   - 용광로 속 온도 측정
   - 열전기 발전
   - 열전대 반도체 등
   - 온도 제어
   - 화재 감지기

2) 펠티에 효과

(1) 개념
- 열전 현상의 반대인 전열 현상임
- 두 종류의 금속을 조합시킨 후 전류를 통과시키면 접속점에서 열 흡수 또는 열 발생함

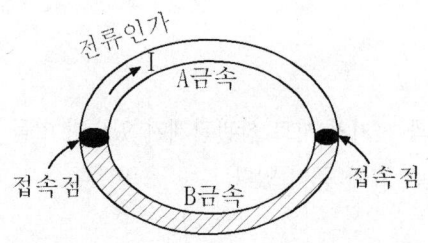

(2) 원리

열량 $H = \alpha \int I \cdot dt \, (\text{cal})$

여기서, H : 발열 또는 흡열량
α : 펠티에 계수
I : 인가 전류
t : 통전 시간(Sec)

3) 톰슨 효과

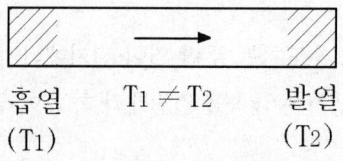

흡열　　$T_1 \neq T_2$　　발열
(T_1)　　　　　　　(T_2)

(1) 동일한 금속 중에서 두 점 간에 온도차가 있을 때 그것에 전류가 흐르면
(2) 전류 및 온도차에 비례한 열 발생 또는 열 흡수가 일어난다.
(3) 열량 $H = \alpha \cdot \int_{t1}^{t2} (I \cdot \triangle T) dt \, (\text{cal})$

여기서, I : 통과 전류(A)
α : 톰슨 계수
$\triangle T$: 각 점의 온도차
t_1, t_2 : 통전 시간(Sec)

3. 열전발전기

1) 원리 및 구조

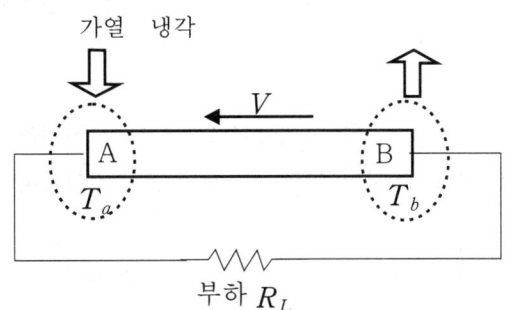

양단에 전극을 설치하고 부하 R_L을 접속한 열전소자 A, B의 온도를 각각 T_a 및 T_b (단, $T_a > T_b$), 온도차 $\triangle T = T_a - T_b$로 유지하면 제벡 계수를 α라 할 때 양단 간에 발생하는 제벡 기전력 V는 $V = \alpha \cdot \triangle T = \alpha \cdot (T_a - T_b)[V]$

2) 전망

(1) 열에너지를 전기에너지로 직접 변환하는 열전기 발전은 아직은 유닛당 수[W] 정도의 소용량에 지나지 않지만 소규모의 열원이라도 활용 가능하다는 점이 유리하다.
(2) 비용도 싸기 때문에 산간벽지 등의 전원용으로 적합하게 개발할 수 있다.
(3) 유닛 수를 늘림으로써 출력을 증강시킬 수 있다.
(4) 방사성 동위원소의 붕괴열을 이용하여 우주용 전원으로 이용한다.
(5) 자동차 엔진의 배기 열을 이용하는 방식도 강구되고 있다.

14.28 건축물의 비상발전기 운전 시 과전압의 발생원인과 대책에 대해서 설명하시오.

건.108.1.5.

1. 개요

1) 비상용 예비 발전기는 동기발전기로서 Brushless 회전형 여자시스템으로서 Exciter, SCR Bridge, AVR 등의 많은 전력전자부품으로 이루어져 있으며 장기간 사용 시 많은 단점을 가지고 있다.
2) 최근 자가용 전기설비의 비상용 발전기를 점검 위해 발전기 기동하는 순간 과전압 발생사고 및 축전지 폭발사고가 지속적으로 발생하고 있다.
3) 이러한 발전기 관련 사고로 인해 부하의 전기 기계기구 및 전자제품 등이 소손되는 피해가 발생하고 있지만 발전기의 이상전압 발생에 대한 정확한 원인규명 및 분석이 미흡하여 현재까지 피해가 지속되고 있으며, 기 설치된 발전기에는 과전압 보호계전기와 같은 보호장치가 대부분 설치되어 있지 않기 때문에 과전압사고에 대해 잠재적으로 노출되어 있는 실정이다.
4) 발전기 보호시설 관련 규격 중 전기설비기술기준의 판단기준 제47조 「발전기 등의 보호장치」에서는 발전기에 과전류나 과전압이 생긴 경우 자동적으로 전로를 차단하는 장치를 시설하도록 2009년 2월 25일에 개정되었다.

2. 발전기 과전압 발생원인

1) AVR 노후로 인한 소손 및 제어 불능
   - AVR 결선 오류(전압 검출 라인 오결선)
   - 전압 검출 라인 단선 및 접속불량(발전기 기동 시 엔진의 폭발진동과 회전진동)
   - 사이리스터의 캐소드(K)와 게이트(G)에 먼지, 습기에 의한 도통
   - 제어함에 부착된 외부 가변 저항 불량 및 접촉 불량
   - 고조파 / 비선형 부하에 의한 전압 왜곡
2) 부하설비에 용량성 부하, 역률보상용 콘덴서 설치
3) 부하 단락사고 및 발전기 단자 이완
4) 3상 전압 불평형
5) ATS 비동기 절체에 의한 상용전원과 발전전원의 전기적 위상차 발생
6) ATS N상의 선 투입, 후 개방 불가로 인한 중성점 전위이동 현상

3. 발전기 과전압 사고 예방대책

1) 고조파나 비선형 부하에 의한 과전압 발생대책
    - AVR이 10년 이상의 구형모델인 경우 최신 모델로 교체
    - AVR 전원 측에 절연변압기 설치
    - EMI 필터 설치
    - 보조권선(특수권선)형 발전기 사용
    - 영구자석 발전기(PMG)로 사용
    - 발전기 기동전에 비선형 부하의 차단

2) 자동전압조정기(AVR)의 점검(결선상태 확인 및 전압조정 저항 확인 및 점검)

3) 발전기 무부하 운전 시 정상 출력확인 후 부하 운전 실시

4) 진상부하(콘덴서)에 의한 과전압 발생대책
    - 안전 점검 시 콘덴서부하 설치 유무 확인
    - 역률 보상용 콘덴서는 ATS 전단(한전측)으로 설치 변경 또는 부하 회로에서 분리
    - 발전기 기동전에 콘덴서 회로 개방

5) ATS 절체 시 과전압 사고 예방대책
    - ATS의 3상 동시 절체 기기로 개선
    - ATS의 위상 동기 절체 기기로 개선

6) 과전압 보호계전기의 설치
    - 계전기가 반 한시형인 경우 정지형 계전기(최소동작시간 0.2초)로 교체
    - 정한시형인 디지털 계전기(최소동작시간 0.04초)로 교체
    - 과전압 검출장치가 내장된 자동전압조정기(AVR) 사용

> **14.29** 건축물에 전기를 배전(配電)하려는 경우 전기설비 설치공간기준을 "건축물설비 기준 등에 관한 규칙"과 관련하여 설명하시오. 건.108.1.8.

1. 건축법 시행령 제87조(건축설비 설치의 원칙) 제⑥항

연면적이 500제곱미터 이상인 건축물의 대지에는 국토교통부령으로 정하는 바에 따라 「전기사업법」 제2조 제2호에 따른 전기사업자가 전기를 배전하는 데 필요한 전기설비를 설치할 수 있는 공간을 확보하여야 한다.

2. 건축물의 설비기준 등에 관한 규칙 제20조의2(전기설비 설치공간 기준)

영 제87조 제6항에 따른 건축물에 전기를 배전하려는 경우에는 별표 3의 3에 따른 공간을 확보하여야 한다.

▼ 별표 3의 3

수전 전압	수전 용량	확보 면적
특고압 또는 고압	100kW 이상	가로 2.6m, 세로 2.8m
저압	75kW 이상 150kW 미만	가로 2.5m, 세로 2.8m
	150kW 이상 200kW 미만	가로 2.8m, 세로 2.8m
	200kW 이상 300kW 미만	가로 2.8m, 세로 4.6m
	300kW 이상	가로 2.8m 이상, 세로 4.6m 이상

※ 비고
1. 전기설비 설치공간은 배관, 맨홀 등을 땅 속에 설치하는 데 지장이 없고 전기사업자의 전기설비 설치, 보수, 점검 및 조작 등 유지관리가 용이한 장소이어야 한다.
2. 전기설비 설치공간은 해당 건축물 외부의 대지상에 확보하여야 한다. 다만 외부 지상 공간이 좁아서 그 공간 확보가 불가능한 경우에는 침수 우려가 없고 습기가 차지 않는 건축물의 내부에 공간을 확보할 수 있다.
3. 수전전압이 저압이고 전력수전용량이 300킬로와트 이상인 경우 등 건축물의 전력수전 여건상 필요하다고 인정되는 경우에는 상기 표를 기준으로 건축주와 전기사업자가 협의하여 확보면적을 따로 정할 수 있다.
4. 수전전압이 저압이고 전력수전용량이 150킬로와트 미만인 경우로서 공중으로 전력을 공급받는 경우에는 전기설비 설치공간을 확보하지 않을 수 있다.

14.30 빌딩제어시스템의 운용에 필요한 가용성(Availability), MTBF(Mean Time Between Failure), MTTR(Mean Time Repair) 및 상호 관계를 설명하시오.

건.108.1.10.

1. 가용성(可用性, Availability)

가용성이란 서버와 네트워크, 프로그램 등의 정보 시스템이 정상적으로 사용가능한 정도를 말한다. 가동률과 비슷한 의미이다. 가용성을 수식으로 표현할 경우, 가용성(Availability)이란 정상적인 사용 시간(Uptime)을 전체 사용시간(Uptime+Downtime)으로 나눈 값을 말한다. 이 값이 높을수록 "가용성이 높다"고 표현한다.

$$가용성 = \frac{정상사용시간}{전체사용시간} = \frac{정상사용시간}{정상사용시간 + 고장시간}$$

2. MTBF(Mean Time Between Failures, 평균고장간격)

$$\overline{T_1(40)} \mid \overline{T_2(30)} \mid \overline{T_3(50)} \mid \overline{T_4(40)} \mid$$
$$F_1(5) \quad F_2(10) \quad F_3(20) \quad F_4(5)$$

1) $\text{MTBF} = \dfrac{\Sigma \text{가동시간}}{\Sigma \text{중단횟수}} = \dfrac{T_1 + T_2 + T_3 + T_4}{4회} = \dfrac{40 + 30 + 50 + 40}{4건} = 40분/건$

2) MTBF : 고장 후 다음 고장까지의 시간으로 각 가동시간의 평균값임

3. MTTR(Mean Time To Repair, 평균수리시간 = 고장복구시간)

1) $\text{MTTR} = \dfrac{\Sigma \text{정지시간}}{\Sigma \text{정지횟수}} = \dfrac{F_1 + F_2 + F_3 + F_4}{4회} = \dfrac{5 + 10 + 20 + 5}{4건} = 10분/건$

2) MTTR : 고장이 났을 때 수리하는 데 걸리는 시간의 평균으로 수리를 시작하여 정상운전까지의 1회 고장 수리 시간임

4. MTTF(Mean Time To Failure, 평균고장수명)

1) 그림에서

```
A |——— T1 ——————— 40시간
B |—— T2 ———— 30시간
C |—— T3 ——————————— 50시간
D |—— T4 ——————— 40시간
```

$$\text{MTTF} = \frac{\Sigma \, 가동시간}{\Sigma \, 부품수} = \frac{T_1 + T_2 + T_3 + T_4}{4회} = \frac{40 + 30 + 50 + 40}{4건} = 40분/개$$

2) MTTF

각 부품들이 사용 시작으로부터 고장 날 때까지의 평균값

> **14.31** 연면적 10,000m², 단위 에너지 사용량 231.33 kWh/m²·yr, 지역계수 1, 용도별 보정계수 2.78, 단위 에너지 생산량 1,358kWh/kW·yr, 원별 보정계수 4.14인 교육연구시설의 최소 태양광 설치용량(kW)을 구하시오.(단, 신재생에너지 공급 비율 : 18%) 건.108.1.13.

인용 : 공공기관 신축 건축물에 대한 신·재생에너지 설치의무화사업 안내(에너지 관리공단)

1. 신·재생에너지 설치 의무화 사업이란

공공기관이 신축하는 연면적 3,000m² 이상의 건축물에 대하여 예상 에너지 사용량의 10% 이상을 신·재생에너지로 공급토록 의무화하는 제도

2. 신·재생에너지 공급의무 비율 산정방법

신·재생에너지 공급의무 비율이란 건축물에서 연간 사용이 예측되는 총에너지량 중 그 일부를 의무적으로 신·재생에너지 설비를 이용하여 생산한 에너지로 공급해야 하는 비율이다.

- 신·재생에너지 공급의무 비율 = $\dfrac{\text{신·재생에너지 생산량}}{\text{예상에너지 사용량}} \times 100(\%)$

1) 신·재생에너지 생산량

신·재생에너지 생산량이란 신·재생에너지를 이용하여 공급되는 에너지를 의미하며, 신·재생에너지 설비를 이용하여 연간 생산하는 에너지의 양을 보정한 값이다.
- 신·재생에너지 생산량 = 원별 설치규모 × 단위 에너지생산량 × 원별 보정계수

2) 예상 에너지사용량

예상 에너지사용량이란 건축물에서 연간 사용이 예측되는 총에너지의 양을 보정한 값이다.
- 예상 에너지사용량 = 건축 연면적 × 단위 에너지사용량 × 용도별 보정계수 × 지역계수

3. 문제 풀이

신·재생에너지 공급의무 비율

$$= \frac{\text{원별 설치규모} \times \text{단위 에너지생산량} \times \text{원별 보정계수}}{\text{건축 연면적} \times \text{단위 에너지사용량} \times \text{용도별 보정계수} \times \text{지역계수}}$$

$$0.18 = \frac{\text{원별 설치규모} \times 1358 \times 4.14}{10,000 \times 231.33 \times 2.78 \times 1}$$

∴ 원별 설치규모(최소 태양광 설치 용량) = 206(kW)임

> **14.32** 전기설비 판단기준 제283조에 규정하는 계통을 연계하는 단순 병렬운전 분산형 전원을 설치하는 경우 특고압 정식수전설비, 특고압 약식 수전설비, 저압수전 설비별로 보호장치 시설방법에 대하여 설명하시오.
>
> 건.108.2.5.

1. 전기설비 판단기준

1) 법적 근거

전기설비 판단기준 제283조(계통연계용 보호장치의 시설) 제3항에 따라 단순병렬운전 분산형 전원에 역전력 계전기 설치를 하여야 한다고 명시되어 있음

2) 특고압 수전설비(정식)인 경우

① VCB반에 디지털 보호계전기(역전력계전기 요소추가)를 설치하여 계전기 동작 시 VCB를 차단하는 방법
② 배전반에 역전력 계전기(32P)를 설치하여 계전기 동작 시 ACB 또는 MCCB를 차단하는 방법
중 선택

3) 특고압 수전설비(약식)인 경우

배전반에 역전력 계전기(32P)를 설치하여 계전기 동작 시 ACB 또는 MCCB를 차단하는 방법

4) 저압 수전설비인 경우

배전반에 역전력 계전기(32P)를 설치하여 계전기 동작 시 MCCB를 차단하는 방법

2. 한전 분산형 전원 배전계통 연계 기술기준 제18조(보호장치 설치)

① 분산형 전원 설치자는 고장 발생 시 자동적으로 계통과의 연계를 분리할 수 있도록 다음의 보호계전기 또는 동등 이상의 기능 및 성능을 가진 보호장치를 설치하여야 한다.
  1. 계통 또는 분산형 전원 측의 단락·지락 고장 시 보호를 위한 보호장치를 설치한다.
  2. 적정한 전압과 주파수를 벗어난 운전을 방지하기 위하여 과·저전압 계전기, 과·저주파수 계전기를 설치한다.
  3. 단순병렬 분산형 전원의 경우에는 역전력 계전기를 설치한다. 단, 신에너지 및 재생에너지 개발·이용·보급 촉진법에 의한 신·재생에너지를 이용하여 전기를 생산하는 용량 50kW 이하의 소규모 분산형 전원으로서 단독운전 방지기능을 가진 것을 단순 병렬로 연계하는 경우에는 역전력 계전기 설치를 생략할 수 있다.

② 역송 병렬 분산형 전원의 경우에는 단독운전 방지기능에 의해 자동적으로 연계를 차단하는 장치를 설치하여야 한다.

③ 인버터를 사용하는 분산형 전원의 경우 그 인버터를 포함한 연계 시스템에 제1항 내지 제2항에 준하는 보호기능이 내장되어 있을 때에는 별도의 보호장치 설치를 생략할 수 있다. 다만, 개별 인버터의 용량과 총 연계용량이 상이하여 단위 분산형 전원에 2대 이상의 인버터를 사용하는 경우에는 각각의 연계 시스템에 보호기능이 내장되어 있는 경우라 하더라도 해당 분산형 전원의 연계 시스템 전체에 대한 보호기능을 수행할 수 있는 별도의 보호장치를 설치하여야 한다.

④ 분산형 전원의 특고압 연계의 경우, 보호장치 설치에 관한 세부사항은 한전이 계통에 적용하고 있는 "계통보호 업무처리 지침" 또는 "계통보호 업무 편람"의 발전기 병렬운전 연계선로 보호업무 기준 등에 따른다.

⑤ 제1항 내지 제4항에 의한 보호장치는 접속점에서 전기적으로 가장 가까운 구내계통 내의 차단장치 설치점(보호배전반)에 설치함을 원칙으로 하되, 해당 지점에서 고장 검출이 기술적으로 불가한 경우에 한하여 고장검출이 가능한 다른 지점에 설치할 수 있다.

14.33 축전지의 충방전현상에서 발생하는 메모리 효과(Memory Effect)를 설명하시오.

건.109.1.9.

1. 메모리 효과(Memory Effect)란?

전지를 완전히 방전시키지 않은 상태에서 충전을 하게 되면 전지의 충전 가능용량이 줄어드는 니카드(NiCad) 전지 특성. 니카드 전지의 단점으로 Cad 결정 구조 때문에 일어나는 현상이며 메모리 효과가 생기면 전지의 충전 가능 용량이 줄어들어 심하면 초기 용량의 70% 정도만 사용할 수 있게 된다. 메모리 효과는 니카드 전지를 강제 방전시킴으로써 방지할 수 있다.

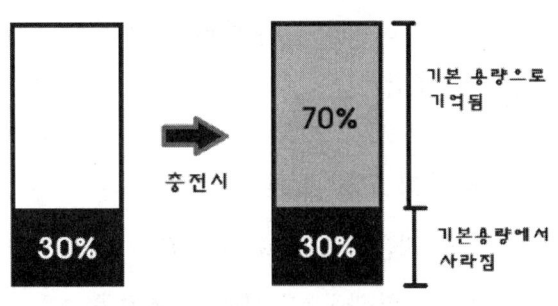

2. 전지별 특성 비교

분류		전지	기전압	용량 (순위)	메모리 효과	외형	가격 (순위)	충전 (수명)
화학전지	1차전지	탄소아연	1.5V	1 낮을수록 작음	해당사항 없음		1 낮을수록 저렴함	일회용 충전 시 쇼트가 발생할 수 있다.
		망간		1			1	
		알칼라인		2			2	
	2차전지	납축전지	2V	—	거의 없음 완전 방전 시 수명 대폭 감소		—	길다. 완전 방전 시 수명 대폭 떨어짐
		니켈 카드뮴	1.2V	3	있음		3	300~500회
		니켈 수소		4	많이 사라짐		4	
		리튬이온	3.7V	5	거의 없음 완전 방전 시 수명 대폭 감소		5	500회
		리튬이온 폴리머						

14.34 저압 직류 지락 차단장치의 구성방법과 동작원리에 대하여 설명하시오.

건.109.1.12.

인용 : 전기설비 판단기준(제8장 제3절 저압 옥내직류 전기설비)

1. 저압 직류 지락 차단장치(제291조)의 설치조건 : 2013년 추가 개정

직류전로에는 지락이 생겼을 때에 자동으로 전로를 차단하는 장치를 시설하여야 하며, "직류용" 표시를 하여야 한다.

2. 직류 계통 고장 보호

1) 직류 과전류 보호(순시 – 76F, 한시 – 76D)
   - 2차측의 과전류를 검출하여 선로를 보호
   - 정방향과 역방향 전류를 모두 고려

2) 차전압 보호

   Feeder와 인버터 간의 이상 전압강하를 검출하여 서로 정정된 값 이상으로 전압차가 발생하면 동작시간 특성에 따라 동작

3) 직류 저전압 보호(80F)

   선로의 부족 전압 발생 시 계통의 이상을 검출하고 선로를 차단

4) 지락 고장 보호

   (1) 지락 과전압 계전기(64P)

   선로의 고저항 지락 고장이나 원거리 고장 등 고장전류가 작은 경우에도 고장을 검출

   (2) 선택 지락 계전기

   선로의 지락사고를 검출하여 해당 구간만 차단

3. 직류지락 차단장치의 구성방법과 동작원리

1) 지락 과전압 계전기(64P)
   - 계전기 내부의 접지저항기를 통해 유입된 전류를 이용해 저항기의 전위차 측정 후 설정 값과 비교하여 고장 발생 유무를 판단한다.

- 이 방식은 지락 고장의 여부는 판별할 수 있으나 지락 고장이 발생한 구간은 판별할 수 없기 때문에 지락 사고 발생 시 사고구간과 건전구간까지 같이 차단된다.

2) 선택 지락 계전기

- 기존의 지락 과전압 계전기의 단점을 고려하여 지락 고장 발생 시 64P 계전기가 고장 검출 후 아래 그림과 같이 Bypass 회로를 동작시켜 각 급전선 전류 증가분을 설정 시간에 적분하여 고장 구간을 판별하여 고장 구간만을 차단시키기 위한 보호 요소이다.

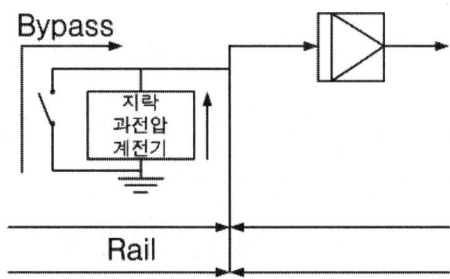

- 정상운전 시 Bypass 회로는 열려 있어 기존의 DC 급전 시스템과 동일한 상태가 된다.
- 지락고장 발생 시 지락 과전압 계전기(64P)가 지락 전류를 검출하면 Bypass 회로가 닫힘 상태가 되어 이전의 비접지에서 접지 시스템으로 변환되어 고장 전류가 급격히 증가한다.
- Bypass 회로는 설정 시간 후에 다시 열림 상태가 되며 이 설정 시간 동안 전류 변화량이 적분되어 Bypass 회로 개방 후 각 피더의 전류 변화량을 비교하여 변화량이 가장 큰 피더를 선택하여 차단기를 동작시킴으로써 고장구간만을 차단시킬 수 있다.

14.35 수상태양광설비에 대하여 다음 사항을 설명하시오.
1) 발전계통의 구성요소
2) 수위 적응식 계류장치
3) 발전설비의 특징

건.109.4.1.

1. 개요

1) 환경문제 대응과 지속가능한 에너지원 확보라는 목적으로 신재생 에너지를 활용한 발전이 빠르게 보급되고 있다.
2) 특히 그 중에서 소규모 3kW급 일반가정용부터 MW급 발전사업 규모까지 우리 생활에 가장 깊숙이 다가온 분야가 태양광발전시스템이라 할 수 있다.
3) 건축물에 태양광발전시설을 설치하는 경우 설치면적, 구조안전성, 장기임대, 음영의 간섭 등의 어려움이 있고, 대지에 설치하는 경우에도 농지 또는 임야를 이용함에 따라 각종 민원과 인허가 관련 갈등과 맞닥뜨리게 된다.
4) 반면 수상태양광발전은 이러한 문제점들을 상당수 해결할 수 있는 대안이 될 수 있다.

2. 수상태양광설비

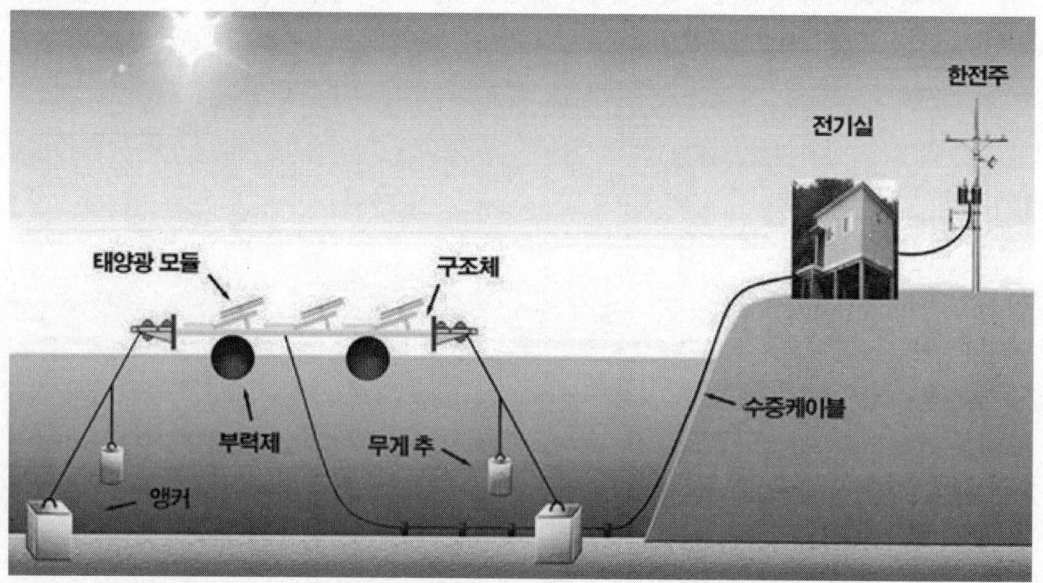

1) 발전계통 구성요소
    - 수상태양광은 그림과 같이 수면 위에 계류장치로 고정된 부유체에 태양광 모듈을 고정한 구조가 일반적이다.
    - 이때 부유체는 설계 최대 외압조건(보통, 풍속 30~35m/sec)에서 모듈을 지지하게 되는데, 계류장치는 이 부유체를 고정하는 역할과 댐 수위의 변화에 따라 발생하는 계류선의 여유장력을 조정하여 부유체의 방향을 일정하게 유지하도록 하는 역할을 담당한다.

2) 수위 적응식 계류장치
    (1) 부유체 형상별 분류

    수상태양광설비의 건설 비용에서 부유체 및 계류 시설이 차지하는 구성 비율은 약 43%로 건설비를 낮추기 위해서는 무엇보다 부유체 기술개발이 중요하다.

    현재 국내외 시장을 형성하고 있는 부유체는 아래와 같이 형상에 따라 2종류로 분류할 수 있다.

    ① 프레임형
        - 알루미늄 프로파일 또는 FRP H빔을 조립하고 하부에 부력재를 연결하는 구조
        - 구조적 안정성이 높아 모듈 경사각을 최대 효율 각도로 설계할 수 있어 발전 이용률이 높은 장점이 있으나 건설비용이 비싸 최대설계 외압을 크게 감안해야 하는 지역(주로 저수면적이 넓은 저수지)에 설치되고 있음
        - 적용 : 합천댐, 당진화력, 덕곡저수지

    ② 부력일체형
        - 성형이 용이한 PE재질로 부력통과 모듈을 지지하는 부유체를 일체화한 구조
        - 모듈 경사각을 낮춰 최대 설계 외압으로 작용하는 수직 및 수직 풍하중을 감소시키는 구조로 발전이용률은 떨어지지만 건설비는 프레임형에 비해 20% 정도 낮출 수 있는 장점이 있다.
        - 적용 : 국내 계획 중 오케가와(일본), 가와고에(일본)

    (2) 추적 방식에 따른 분류

    ① 고정형 : 추적식에 비해 건설비는 저렴하나 효율이 떨어짐
    ② 추적형 : 육상 추적식 태양광과 달리 수상 태양광에서 추적식은 태양광의 이동에 따른 움직임 외에 수심 변화에 따른 상하 움직임을 동시에 고려해야 하는 어려움이 있고 현재까지는 프레임형 고정식에 비해 2~3배 건설비가 높아 이를 해결하기 위해 연구개발이 진행되고 있다. 현재 2013년 합천댐 100kW급(k-water)과 2014년 금광저수지 465kW급(한국농어촌공사) 설비가 설치·운영되고 있다.

3. 수상태양광발전설비의 특징

- 넓은 수면은 음영 간섭이 적고, 낮은 주변 온도와 바람이 많아 태양광발전에 유리한 환경이지만
- 강한 바람, 습기 등에 항상 노출된 조건이므로 이에 대응하는 설계·시공을 하지 않는다면 운영 시 발전 이용률 저하로 사업수익성이 크게 낮아질 수 있다.
- 그 밖에도 저수지의 바닥 형상, 홍수기 부유물, 저수지 운영패턴, 옥외 계통연계설비 부지 및 계통연계 조건 등 입지 여건에 따라 초기 건설비 상승과 관련 개발 인허가가 불가능할 수 있기 때문에 무엇보다 수상태양광 입지 선정에 많은 시간을 투자할 필요성이 있다.
- 육상태양광이 주변 온도가 35℃일 때 모듈온도가 50℃를 초과하게 되면 급속히 발전량이 감소되는 것에 반해, 수상태양광은 주변 온도가 일 최고 28℃를 넘지 않으며 모듈온도가 55℃까지 상승해도 육상에 비해 발전출력이 감소되지 않는다.

4. 육상태양광발전설비와의 비교

육상태양광발전설비	수상태양광발전설비
넓은 대지 면적이 필요하며 농지나 임야를 훼손할 수 있음	유휴 수면(댐, 저수지, 호수, 하천 등)을 활용할 수 있음
부지 매입비용이 과다할 수 있음	부지 매입이 필요 없음
지반의 온도 상승에 효율 저하	수온이 낮으므로 발전효율을 높일 수 있음
환경 훼손이 큼	비교적 환경 훼손이 적음
바람 등에 견딜 수 있는 구조물이 필요	바람뿐 아니라 물의 높이나 흐름에 대하여 검토해야 함(단점)

5. 맺음말

- 수상태양광발전설비는 그동안 추진되어 왔던 육상, 해상에 비해 출발점은 늦었지만 토지이용률 측면에서 타 설비에 비해 유리하고 바람 등 환경의 영향도 상대적으로 적게 받는 특징이 있다.
- 다만 부유 설비 등에 의한 설치비가 육상에 비해 좀 크지만 소음 등에 의한 민원 등을 고려할 때 적극적으로 추진되어야 할 설비이다.

14.36 건축전기설비공사의 공사시방서에 명기되어야 할 사항에 대하여 설명하시오.

건.110.1.1.

인용 : 국토교통부 전기공사 표준시방서

1. 개요
건축전기설비공사 시방서는 설계자에 따라 여러 가지가 있을 수 있으나 여기에서는 국토교통부 전기공사 표준 시방서에 명기되어 있는 항목에 대하여 기술하기로 한다.

2. 건축전기설비공사 공사시방서 항목
제1장 총칙
제2장 옥외공사
제3장 수변전 설비공사
제4장 예비전원 설비공사
제5장 옥내배선 공사
제6장 조명 설비
제7장 동력 설비공사
제8장 반송 설비공사
제9장 감시제어 설비공사
제10장 통신 및 약전 설비공사
제11장 전기방재 설비공사
제12장 전식방지 설비공사

14.37 BLDC(Brush Less DC) 모터의 동작원리와 특징에 대하여 설명하시오.

건.110.1.7.

1. 개요

1) 종래의 일반 DC 모터는 효율 및 동작특성이 우수하여 동력용은 물론 서보 모터로서 널리 사용되어 왔다.
2) 하지만 브러시와 정류자의 접촉에 의한 기계적인 스위칭으로 인하여 수명이 길지 못하고 정기적인 보수를 필요로 하며 브러시에서의 전기 및 자기적인 잡음 등이 발생하여 전기기기에 장애를 주는 일 등이 발생했다.
3) BLDC(Brushless DC) 모터의 경우 이러한 DC 모터의 결점을 보완하기 위해서 브러시와 정류자 등의 기계적인 스위칭을 반도체 소자를 이용한 전자적인 스위칭을 하는 모터이다.

2. BLDC 모터의 구조

1) BLDC 모터는 계자가 회전하는 회전 계자형이다.

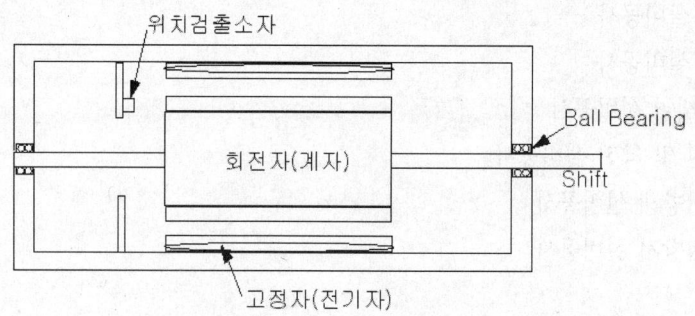

2) BLDC 모터의 동작에서 가장 큰 특징은 DC 모터와 같이 속도 / 토크 특성이 선형적으로 감소한다는 것이다. 다음은 BLDC 모터의 속도 / 토크 특성 곡선을 나타낸 그림이다.

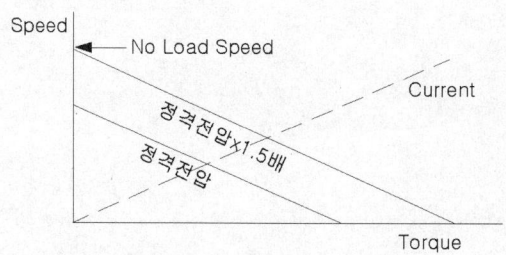

3. BLDC 모터의 동작 원리

1) BLDC 모터에서는 정류작용을 위해서 브러시 및 정류자 대신에 회전자의 위치를 검출하는 소자와 이 위치 정보에 따라 해당하는 고정자 코일의 전류를 스위칭하는 소자가 필요하다.
3) 위 그림은 위치 검출 소자로 홀(Hall) 소자를 사용하고 스위칭 소자로 트랜지스터를 사용한 예이다.
4) 회전자가 회전을 함에 따라서 홀 소자는 회전자의 위치 신호를 트랜지스터에 보내고 여기서 회전 토크가 발생하도록 스위칭한다.

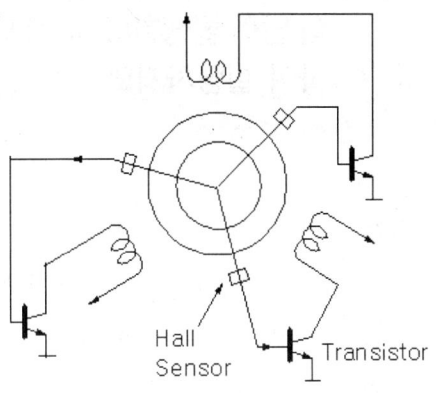

4. BLDC 모터의 특징

1) 신뢰성이 높고 수명이 길다.
   일반 DC 모터의 최대 단점인 브러시와 정류자가 없기 때문에 정기적인 보수가 필요 없다.
2) 제어성이 우수하다.
3) 효율이 좋다.(브러시의 전압강하나 마찰손실이 없으므로)
4) 전기적(불꽃 발생), 자기적 잡음이나 기계적 소음이 거의 없다.
5) 소형화, 박형화가 용이하다.
6) 고속운전이 가능하다.
7) 순간허용 최대토크와 정격토크의 비가 크다.
   일반 DC 모터의 경우에는 정류한계가 있지만, BLDC 모터는 정류한계가 없으므로 순간허용 최대 토크를 크게 잡을 수 있다.
8) 냉각이 용이하다.
   일반 DC 모터에서는 회전자 측에서 열이 많이 발생하지만, BLDC 모터에서는 고정자에만 열이 발생하기 때문이다.

5. 용도

테이프 레코드, 음향기기, 전산 주변기기, 의료기기 등

> **14.38** 건축전기설비공사의 설계 및 시공 시 타 공정과 협의할 인터페이스 사항이 많이 발생한다. 이에 대하여 타 공정과 협의할 인터페이스 사항에 대하여 설명하시오.
>
> 건.110.3.1.

1. 개요

1) 건축전기설비공사의 경우 설계 및 시공 시 건축 등 타 공정과 협의할 사항이 많이 발생한다.
2) 만약 사전에 협의를 충분히 하지 않을 경우 많은 간섭이 일어날 수 있으며 때로는 이의 해결이 쉽지 않은 경우도 발생한다.
3) 주로 협의를 해야 하는 타 공정은 건축, 토목, 설비, 소방, 통신, 조경 등 전 공정이라 할 수 있으며 공정별 협의사항은 다음과 같다.

2. 타 공정과 협의할 인터페이스 사항

1) 건축
   - 변전실 및 발전기실 위치 및 면적
   - 변전실 및 발전기실 높이
   - 변전실과 기계실의 높이 차
   - 바닥 하중
   - 장비 반입구 위치 및 반입구 크기
   - EPS 위치 및 면적
   - EPS 문의 크기 및 높이
   - 발전기실 등의 환기 관계
   - 발전기의 연도 설치 여부 및 위치
   - 부식성 가스나 유해성 가스 유무
   - 홍수, 침수 피해
   - 배수나 배기의 용이성 여부
   - 방음시설 설치 유무
   - 피뢰침 위치 등

2) 토목
   - 옥외 전기 배관과 우수, 하수 배관과의 간섭 여부
   - 옥외 가로등 및 보안등 라인과 도로 간섭 여부

- 토목공정과 전기공정과의 협조
- 접지공사 시 간섭 여부
- 전력구 설치 시 전력구와 기타 토목 공정 간섭 여부 등

3) 설비
- 설비기기의 전기 공급 전압, 용량 등 협의
- 설비기기 위치
- 상하수도 배관과 전기 배관과의 간섭 여부
- 공조 및 환기 덕트와 조명기구 높이 간섭 여부
- 급배기구와 조명기구와의 평면적 간섭 여부 등

4) 소방
- 스프링클러의 전기 공급 전압, 용량 등 협의
- 스프링클러 배관과 조명기구 높이 간섭 여부
- 감지기 및 스프링클러와 조명기구와의 평면적 간섭 여부
- 배연 덕트와 조명기구 높이 간섭 여부
- 비상용 승강기의 용량 등

5) 통신
- 전력 감시 제어 및 조명 제어 인터페이스 관계
- 통합 접지 여부
- CCTV 전원 공급 방식
- 기타 통신 장비 전원 공급 방식 등

3. 맺음말
1) 상기 외에도 건축전기설비공사의 경우 타 공정과 협의할 사항이 많이 발생한다.
2) 따라서 설계 시 및 시공 시 수시로 공정 간 협의를 통하여 서로 간섭 사항을 해결해가야 하며 이를 게을리할 경우 상당히 큰 문제가 발생할 수 있다.
3) 또한 공정 간 협의 못지않게 발주처, 설계자, 시공사, 협력사 및 감리단의 협의가 수시로 이루어져 문제점을 사전에 제거해야 할 필요성이 있다.

14.39 하절기 피크 전력을 제어하기 위한 최대 수요 전력 제어에 대하여 설명하시오.

건.110.4.6.

1. 최대 수요 전력 제어

1) 최대 수요 전력 제어는 각 수용가별로 전력 사용을 목표 전력 이내로 유지할 수 있도록 수용가의 부하를 제어하는 방식이다.
2) 이때 사용하는 장치가 최대 수요 전력 제어기인데, 이는 계절별 및 시간대별로 목표 전력을 설정하고 실시간으로 사용 전력이 설정된 목표 전력 이내로 유지될 수 있도록 부하를 제어하는 장치이다.
3) 전력 수용가에 전기 요금 절감 효과뿐 아니라 정부 시책에도 도움을 줄 수 있다.

2. 구성

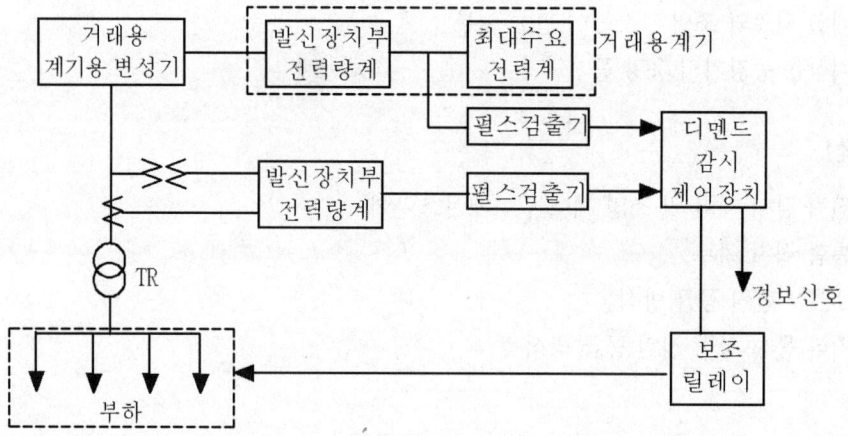

1) 입력 펄스 회로
   (1) 전력회사의 거래용 계기에서 펄스의 제공을 받는 경우
   (2) 발신장치부 전력량계를 설치하여 출력 펄스를 이용하는 경우

2) 제어 출력 회로
   (1) 보조 릴레이, 신호 전송 회로, 제어 대상 부하, 제어회로 등을 구성할 필요가 있다.
   (2) 제어 대상 부하 : 냉난방기 등 차단 후 재투입하는 데 일정 시간 여유가 있는 부하

3. 용어의 정의 및 제어 방법

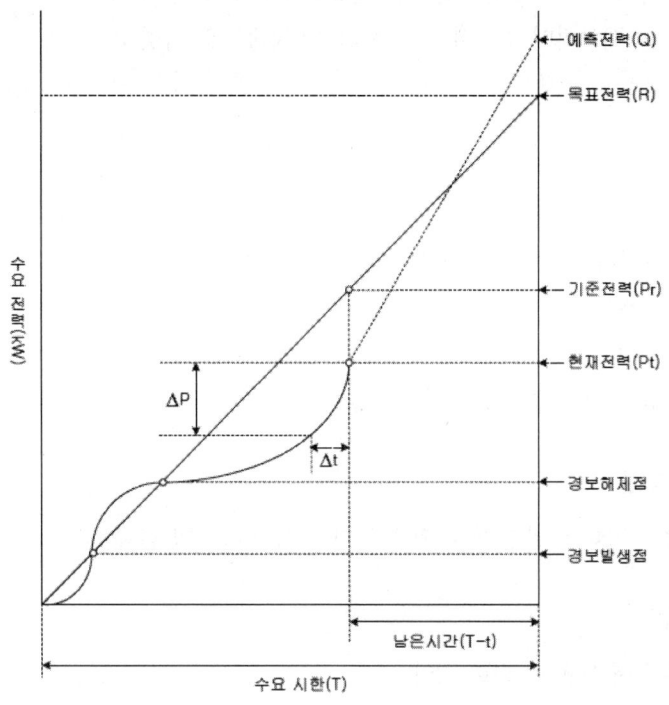

1) 수요시한

　평균전력을 구하기 위하여 정해진 시간의 길이로 국내의 경우 15분으로 설정되어 있으며, 최대 수요 전력제어기가 사용전력을 연산하고 부하를 제어하는 데 기본이 되는 시간

2) 수요전력

　수요시한 동안 측정된 전력의 평균값

3) 목표전력

　수용가의 수요전력을 전력 소비상태와 제어가능 부하의 용량에 따라 제어하고자 설정한 전력

4) 기준전력

　설정된 목표전력에 대한 현재값으로 현재전력과 비교하여 제어하기 위한 전력

5) 최대수요전력

　일정기간(1개월) 동안 측정된 수요전력 중 최대값

6) 예측전력

수요시한이 끝나는 시점의 전력을 미리 예상한 전력으로, 단위 시간 동안 전력변화와 현재 수요전력을 이용하여 계산되며 수요시한이 종료되면 자동으로 리셋

4. 효과

1) 수용가 측면
   - 전력의 유효 이용 : 부하 조정에 의해 계약전력 범위 내에서 전력을 효과적으로 사용
   - 전기요금의 절약
   - 계약전력의 상승 방지
   - 부하율 향상에 따른 수전 설비의 여유율 확보

2) 전력회사 측면

   피크 전력을 억제하여 발전 설비 확충에 따른 시설 투자비 절감

3) 국가적 측면

   에너지의 효율적 이용 및 외화 절약

5. 선정 시 고려사항

1) 제어 대상

   (1) 일반 업무용
   - 냉방설비 및 관련 보조기기(냉수펌프, 냉각탑)
   - 중요도가 낮은 부하(조명설비 및 통풍용 공조설비)

   (2) 공장
   - 생산에 영향을 주지 않는 통풍용 공조설비
   - 부득이한 경우 다른 기기에 영향을 주지 않는 생산기기

2) 부하 제어 방법

   (1) 자동 부하 제어

   최대 수요 전력 제어기의 신호로 직접 부하를 제어

   (2) 수동 부하 제어

   자동 부하 제어를 실시하기 어려운 경우 경보 발생 후 수동 부하 제어

3) 사전 고려사항

- 사전에 계절별, 요일별, 전력 사용 상태를 파악
- 생산 공정을 충분히 파악(공장의 경우)
- 사용전력이 목표 Demand를 초과할 우려가 있을 경우 출력을 어느 정도 줄일 것인지 사전 검토

14.40 건축물 태양광발전시설의 다음 내용에 대하여 유의사항을 설명하시오.

1) 태양광 모듈 설치 높이
2) 태양광 모듈 경사각
3) 경계면 돌출 및 안전 공간
4) 설치면적 및 반사율
5) 어레이 간의 이격 거리

안.110.3.2.

인용 : 건축물 태양광발전시설 설치 가이드라인(서울시)

1. 옥상(평지붕)면 설치 높이	3층 이상 건축물	옥상바닥면에서 높이 최대 3m 이하
	3층 미만 건축물	최대높이는 건축물 높이 1/3 이하
	바닥면 이격거리	30cm 이상
2. 옥상(평지붕)면 높이 완화 사항	공간활용 디자인 권장사항	인정 시 최대 6m 허용(건물 대비 1/3 이하)
	공업 및 준공업 지역	30% 완화(최대높이 3.9m 이하)
3. 경사지붕(박공지붕) 설치 높이	방열 공간	태양광모듈 하단과 지붕면 사이 15cm 이내
4. 경사각	옥상(평지붕)형	36° 이내(건물높이 50m 이상은 45° 이내 가능)
	경사 지붕형	지붕면과 평행(5° 이내 오차범위 허용)
5. 경계면 돌출	옥상(평지붕)형	돌출하지 않음
	경사 지붕형	지붕 경계면 이내로 설치
6. 안전 공간	옥상(평지붕)형	경계면 4면에서 30cm 이상 이격
7. 설치 면적	옥상(평지붕)형	옥상바닥 면적의 70% 이내
	경사지붕형	지붕경계면을 제외하고 100% 이내
8. 일조권 확보	옥상(평지붕)형	태양광모듈 최대 높이의 1/3 이상 북측경계면 내측으로 이격 (하단 일조권 관련 법적기준 충족 시 비적용)
	모든 설치유형	법적 기준 준용 • 건축법시행령 제86조 • 건축법시행령 제119조
9. 구조물 안전성 확보	구조물 설치	3kW 초과 기존 건축물은 태양광구조물에 대한 구조전문가의 구조안전 확인서

1. 태양광 모듈 설치 높이

1) 3층 이상 건축물 : 옥상의 바닥면으로부터 최대 3m 이하로 허용

2) 3층 미만 건축물 : 건물 높이의 1/3 이하

3) 바닥면 최소 이격거리 : 적설 및 강우량을 고려하여 바닥으로 부터 최소 30cm 이상

4) 경사 지붕(박공지붕)면 설치 높이

   태양광 모듈의 하단과 지붕면의 상단 사이의 공간 이격 거리는 15cm 이내(하중 및 풍압을 고려한 안전성 유지)

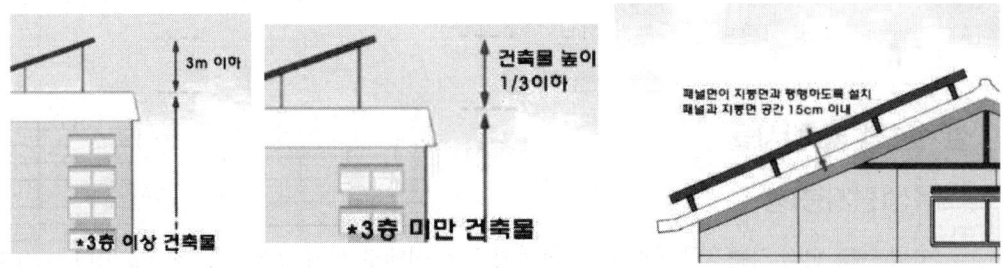

2. 태양광 모듈 경사각

1) 옥상(평지붕)형 : 36° 이내

   경사각은 36° 이내 범위로 하고, 건물 높이가 50m 이상인 경우는 최대 45°까지 허용

2) 경사 지붕면 : 평행(오차범위 5° 이내)

   태양광모듈은 경사 지붕면에 평행이 되도록 설치해야 하나, 최대 5° 이내의 오차범위를 허용

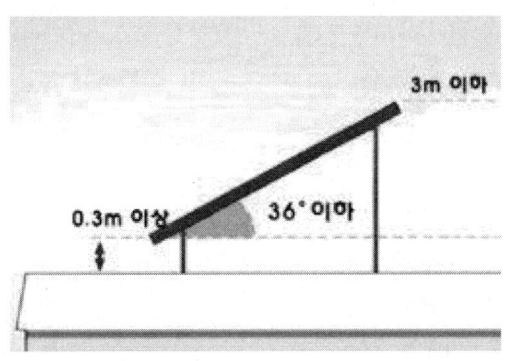

3. 경계면 돌출 및 안전 공간

1) 옥상(평지붕)형 : 돌출금지

경계면 외측으로 돌출된 태양광모듈은 하부에서 눈·비로 인한 피해 또는 고드름 등의 위험을 방지하고, 관리상의 어려움으로 돌출 금지

2) 경사지붕형

경계면 이내로 하중 및 풍압, 적설 및 강우 등의 안전성을 고려하여 지붕 경계면 이내로 설치할 수 있으며, 지붕의 용두 및 경계면의 볼록한 지점 이내로 설치

3) 안전공간 : 30cm 이상

돌출을 금하며, 옥상(평지붕)형의 경우 유지관리 및 보수의 용이성을 위하여 경계면 내측으로 4면에서 30cm 이상의 안전공간 확보

4. 설치면적 및 반사율

1) 옥상(평지붕)형

수평 투영 면적 기준으로 옥상 바닥 면적의 70% 이내로 설치 높이의 한계(3m 이내, 1/3 이내)로 인해 분할 설치 시에도 면적은 70% 이내로 설치

2) 경사지붕형

지붕 경계면을 제외하고 100% 이내로 설치하되, 태양광 모듈의 비 설치 부분은 디자인을 고려하여 이질감이 생기지 않도록 하여야 함

3) 반사율

반사율은 적을수록 흡수율이 높아 태양광의 효율이 올라가기 때문에 태양광의 모듈은 검은색으로 제작하며, 보통 반사율이 5% 내외이다.

5. 어레이 간의 이격거리

1) 이격거리

$$X_1 = L\cos\theta + \sin\theta \times \tan(lat + 23.5°)$$

여기서, X_1 : 어레이 최소 이격거리
L : 어레이 길이
θ : 어레이 경사각
lat : 설치지역의 위도

2) 계산(예 대전지역 기준 $L = 2\text{m}$ 경우)

$$X_1 = L\cos 36 + \sin 36 \times \tan(36.5 + 23.5°) = 3.6\text{m}$$

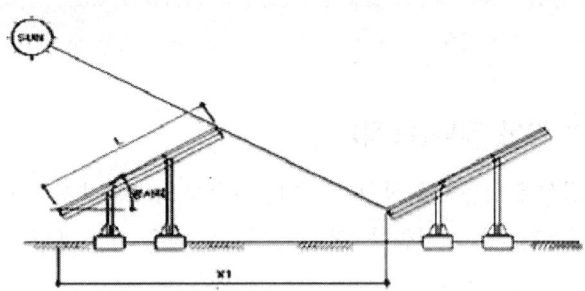

14.41 지하공동구 구조물 내진설계기준을 설명하고, 관리사무소가 있는 지하공동구의 전기설비 설계기준을 설명하시오.
안.110.3.5.

인용 : 1. 지하공동구 내진설계기준 건설교통부(2004), 2. 공동구 설계기준 국토교통부(2010)

1. 내진설계기준의 기본 개념(목적)

본 설계기준은 내진설계 성능기준 작성준칙(건설교통부, 1998)에서 제시된 설계기준에 근거하여 지하공동구의 내진설계기준을 제시한다. 본 설계기준은 다음 기본 개념에 기초를 두고 있다.

1) 지진 시 구조물의 기능이 마비됨으로 인한 사회적 간접피해 및 재산피해를 최소화한다.
2) 지진 시 구조물의 부분적인 피해는 허용하나 내부시설물의 피해는 방지한다.
3) 지진 시 가능한 한 지하공동구의 기본 기능은 발휘할 수 있게 한다.
4) 인명피해를 최소화한다.

2. 지하공동구의 내진등급

지하공동구의 내진등급은 구조물의 중요도, 인명 피해 여부 및 피해규모 정도를 기준으로 하여 내진 1등급으로 규정한다. 다만, 폭발성 물질을 보관하는 건축물이나 시설물과 방송국 등과 같은 내진 특등급에 해당하는 건축물의 기능에 직접적인 영향을 줄 것으로 예상되는 지하공동구의 경우에는 내진 특 등급으로 규정할 수 있다.

재현주기 \ 성능수준	기능 수행 수준	붕괴 방지 수준
100년	내진 1등급	
200년	내진 특등급	
1,000년		내진 1등급
2,400년		내진 특등급

3. 지하공동구 전기설비 설계기준

국토교통부에서는 공동구 설계기준을 2010년 2월 제정하였으며 그 중 부대설비로는 기계설비, 전기설비, 소방 설비, 자동제어설비가 있다. 본장에서는 부대설비 중 전기 관련 설비에 대하여 설명하기로 한다.

1) 전원설비
    - 공동구 전원 공급설비는 가능한 지상에 설치함을 원칙으로 하되 필요 시 공동구 내부에 설치할 수 있다.
    - 정전을 대비하여 비상전원 설비를 갖추어 사고의 파급을 최소화한다.
    - 사용전압은 동력설비 3상 380V(소용량은 단상 220V), 조명설비 단상 220V로 한다.
    - 분전반은 IP32의 방진구조를 한다.(2.5ϕ, 15° 각도 물방울)
    - 케이블 지지간격은 1.2m 이하로 한다.

2) 비상전원 설비

    (1) 비상 발전 설비
    - 조명설비, 제연설비, 소방설비 등 방재설비에 비상전원을 공급하기 위해 연장이 1,000m 이상인 공동구에 설치함을 원칙으로 하되
    - 두 개의 변전소로부터 전원을 공급받을 수 있도록 상용 전원을 구성한 경우는 비상발전기 설치를 생략할 수 있다.
    - 비상발전기는 옥내 설치를 원칙으로 하되, 옥외 설치 시에는 발전기 내부에 수분, 먼지 등이 들어가지 않도록 방호시설을 설치한다.

    (2) 무정전 전원(UPS) 설비
    - 비상 발전기의 전원 공급 전 및 비상 발전기 정지 후 일정시간 비상전원을 공급하기 위하여 설치하며 방재 설비에 전원을 공급할 수 있는 적정한 용량으로 하고
    - 옥내 설치를 원칙으로 하되, 옥외 설치 시에는 단열 및 냉난방 시설을 갖추어야 하고 60분 이상 전원을 공급할 수 있어야 한다.

3) 조명설비

    (1) 공동구 안에서의 원활한 작업 및 대피를 위한 바닥면 조도기준
        ① 전기실, 발전기실(공동구 내부 설치 시) : 100~200lx
        ② 분기구, 교차구, 환기구 등 주요부분 : 100lx
        ③ 출입구 계단 : 40lx
        ④ 공동구 일반부분 : 15lx

    (2) 조명기구
        ① LED램프를 원칙으로 하되, 발열이 적고 효율이 높은 기구 사용
        ② 방수형, 방진형, 내부식성 기구 사용
        ③ 작업 및 보행에 지장이 없는 위치에 설치

④ 가스가 누출되거나 누적될 가능성이 있는 장소에는 방폭형 사용

4) 소방 및 방재 설비

(1) 소화기
분말소화기를 50m마다 설치

(2) 연소방지설비(스프링쿨러)
- 습식 외의 방식으로 사용
- 스프링쿨러 헤드 : 1.5m 이하로 설치

(3) 소화설비
- 전기실, 발전기실 등에는 이산화탄소 또는 가스 소화설비 등을 설치
- 사람이 상주하는 통제실 등에는 청정 소화약제 소화설비 설치
- 배전반, 분전반 및 기타 전기관련 판넬 등은 그 내부에 화재감지기를 설치하고 자동 소화약제를 방출할 수 있는 소화기 설치

(4) 자동화재탐지설비
- 공동구 내부에는 정온식 감지선형, 차동식 분포형 등을 설치
- 수신기는 상시 사람이 상주하는 장소에 설치
- 수신기에 입력된 신호는 소방서에 전달되도록 할 것

(5) 무선통신설비
- 누설 동축 케이블 등으로 무선 통신 보조 설비를 하여
- 공동구 내부와 관리사무소 간에 무선 교신, 휴대가 가능한 설비구비

(6) 유도등
- 공동구 내 입·출구, 비상 출입구 및 각 기능실 출구에는 피난구 유도등을 설치
- 바닥으로부터 1.5m 이상의 높이에 설치
- 유도등 전원은 축전지 또는 교류 전압의 옥내간선으로 하고 전원까지 배선을 전용으로 하여야 한다.

(7) 연소방지도료의 도포
공동구의 전력선 및 통신용 케이블에는 분기점 등으로부터 양쪽으로 20m씩을 연소 방지도료를 도포해야 함

(8) Fire Stopper(화재 차단재)
방화벽을 관통하는 케이블은 화재 차단재로 틈새 주위를 마감할 것

(9) CCTV 설비

공동구 내를 감시하고 각종 설비의 자동운전과 공동구 자료에 관한 기록, 분석, 보관을 위하여 중앙감시시스템(CCTV)을 설치
- 공동구 내부에는 CCTV를 위한 카메라 설치
- 관리실에는 모니터 및 녹화장치를 시설
- 최소 1시간 이상 기능을 유지할 수 있도록 UPS에 의해 전원 공급
- 카메라 표준설치간격 : 100~200m
- 영상 보관 : 30일 이상 저장이 원칙

14.42 건축전기설비에서 내진등급에 따른 설계지진력의 할증계수를 설명하고, 정착방법 및 내진설계 시 유의사항에 대하여 설명하시오. 안.110.4.3

인용 : 건축전기설비 내진설계 시공지침서(대한전기협회)

1. 내진 등급

1) 일반 시설

기기 종류 방진 유무	일반 기기	중요 기기
방진장치가 없는 기기	내진등급 B	내진등급 A
방진장치가 설치된 기기	내진등급 A	내진등급 S

2) 특정 시설

기기 종류 방진 유무	일반 기기	중요 기기
방진장치가 없는 기기	내진등급 A	내진등급 S
방진장치가 설치된 기기	내진등급 S	내진등급 S

3) 특정 시설 종류
- 재해응급활동에 필요한 시설
- 재해자를 수용하는 피난소로 활용하는 시설
- 위험성이 높은 물건을 취급하는 시험 연구소 등 인명 및 물품의 안전성 확보가 특히 중요한 시설을 말함

4) 중요 기기
- 재해응급대책활동에 필요한 시설 등에서 사용하는 기기
- 위험물을 저장하거나 사용하는 시설
- 피난, 소화 등의 기능을 담당하는 기기
- 화재, 수해, 피난의 장해 등 2차 재해가 발생할 우려가 있는 기기 등

2. 내진등급에 따른 할증계수

내진등급 S	내진등급 A	내진등급 B
2.0	1.5	1.0

3. 정착방법 및 내진설계 시 유의사항

1) 장비의 적정 배치

   (1) 내진력이 적은 설비, 중요도가 높은 설비를 하부 배치
   (2) 지진 시 오동작 또는 폭발성 우려 기기를 하부 배치
   (3) 공조 위생 등 설비 배치 시 피난경로를 피하여 배치
   (4) 중요 시설은 점검 확인이 용이한 장소에 배치

2) 사용 부재를 강화하는 방법

   (1) 전기 설비 배관 및 행거 등의 사용 부재의 강도(관성력, 인장력 등) 확보
   (2) 사용 부재를 보강하여 고정할 것

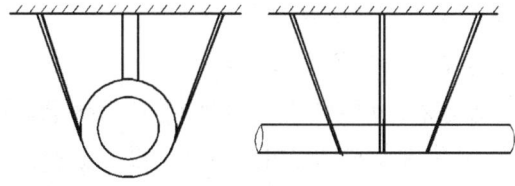

3) 가대의 기초 강화(기기의 바닥, 측면, 상부를 고정)

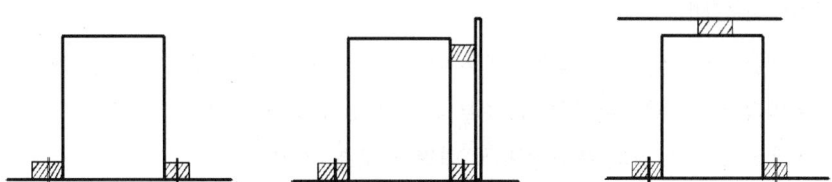

4) 기기별 내진대책

  (1) 변압기
- 기초 앵커 볼트로 고정
- 방진장치가 있는 것은 내진 Stopper 설치
- 지지 애자 부분에 가요 전선으로 접속하여 변압기 보호

  (2) 가스 절연 개폐장치(옥외 가스절연장치, GIS)
- 기초부를 중심으로 한 정적 내진 설계
- 가공선 인입의 경우 부싱은 공진을 고려하여 동적 설계
- 반과 반, 반과 변압기 접속 : 가요성 케이블 사용

  (3) 보호계전기
- 진동에 약한 유도형 대신 진동에 강한 정지형 또는 디지털형 사용
- 기초부를 보강
- 협조상 가능한 범위에서 타이머 삽입

  (4) 자가발전설비
- 기초와 주변 기초를 별도로 콘크리트 기초
- 바닥에 진동을 흡수하기 위한 고무판 설치
- 연료는 외부공급방식이 아닌 자체 저장시설에 의해 공급할 것
  (도시가스는 지진 발생 시 공급이 차단될 우려가 있음)
- 발전기 냉각방식은 외부 시수가 아닌 자체 라디에이터 냉각방식일 것
  (시수는 지진 발생 시 공급 차단 우려가 있음)
- 엔진의 배기덕트, 냉각수, 연료라인 등에는 가요관 설치

  (5) 축전지설비
- 앵글 Frame은 관통볼트에 의하여 고정시키거나 또는 용접방식이 바람직함
- 바닥면 고정은 강도적으로 충분히 견딜 수 있도록 처리
- 축전지 상호 간의 틈이 없도록 내진 가대를 제작할 것
- 축전지 인출선은 가요성이 있는 접속재로 충분한 길이의 것을 사용하고 S자 배선을 한다.

  (6) 엘리베이터
- Rail 이탈 주의
- 로프나 케이블 등이 승강로의 돌출부에 걸리지 않도록 시공

(7) 전선
- 가요성 자재 사용
- 접속부 배선은 여유 있게 한다.

(8) 케이블 트레이 및 케이블 덕트

일정 간격(8m 정도)마다 내진 지지

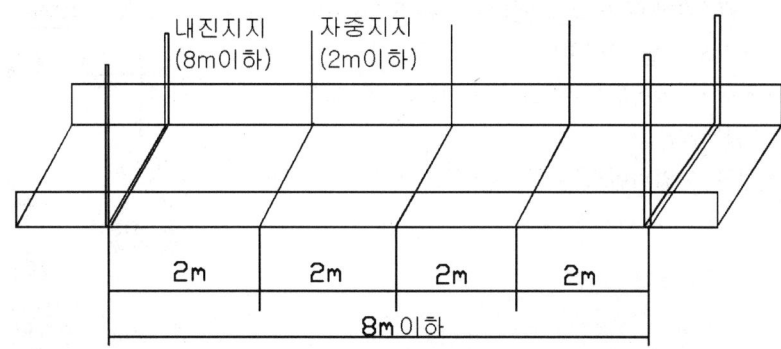

14.43 22.9kV 수전설비에서 다음 조건에 대하여 F_1과 F_2에서의 3상 단락전류를 계산하고 차단기의 종류, 정격전류 및 정격차단용량을 선정하시오.

건.96.4.6

- 100MVA 기준으로 PU법을 사용한다.
- 22.9/6.6kV 변압기 임피던스는 6%로, 6,600/380V 변압기 임피던스는 3.5%이며 제작오차를 고려한다.
- 전동기 기동전류는 전부하전류의 600%로 계산한다.
- 선로의 임피던스는 무시한다.

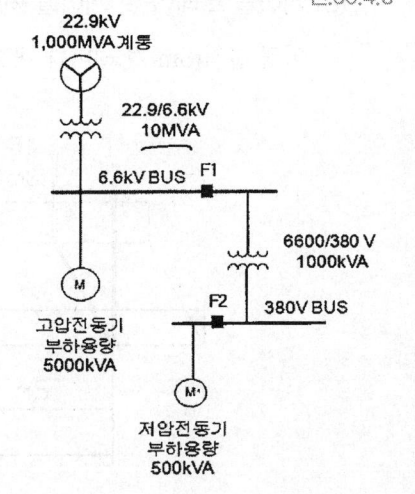

1. Pu 계산

(조건 : 변압기는 제작 오차를 최대 ±10% 고려하여 Pu값을 10% 적게 하여 단락용량을 크게 계산함)

1) 전원측 $= \dfrac{Pn}{Ps} \times 1 = \dfrac{100}{1,000} \times 1 = 0.1$

2) $TR_1 = \dfrac{100}{10} \times 0.06 \div 1.1 = 0.55$

3) $TR_2 = \dfrac{100}{1} \times 0.035 \div 1.1 = 3.18$

4) $M_1 = \dfrac{100}{5 \times 6} \times 1 = 3.33$

5) $M_2 = \dfrac{100}{0.5 \times 6} \times 1 = 33.3$

2. 임피던스 Map

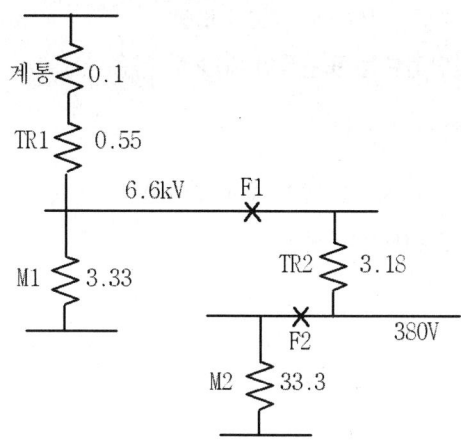

3. F_1 점

1) 차단기 정격전류

$$I_{1n} = \frac{P}{\sqrt{3}\,V} = \frac{10 \times 10^3}{\sqrt{3} \times 6.6} = 875(\mathrm{A})$$

따라서, 표준품인 $1,250(A)$ 정격 사용

2) 단락전류 및 차단기 차단용량

(1) Pu 계산

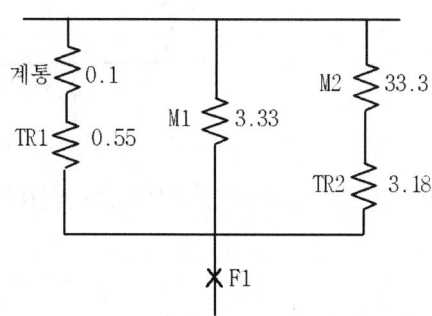

위 그림의 F_1에서 전원 측을 본 합성임피던스를 계산하면 0.54(Pu)임

(2) 단락전류

$$I_{s1} = \frac{1}{pu} \times \frac{P}{\sqrt{3} \times V} = \frac{1}{0.54} \times \frac{100}{\sqrt{3} \times 6.6} = 16.2 \text{(kA)}$$

따라서, 차단기 차단전류는 표준품인 20(kA) 사용

(3) 차단기 정격차단용량

$$P_{s1} = \sqrt{3}\, VIs = \sqrt{3} \times 7.2 \times 20 = 250 \text{(MVA)}$$

따라서, 표준품인 260(MVA) 사용

4. F_2점

1) 차단기 정격전류

$$I_{1n} = \frac{P}{\sqrt{3}\, V} = \frac{1,000 \times 10^3}{\sqrt{3} \times 380} = 1,519 \text{(A)}$$

따라서, 표준품인 2,000(A) 정격사용

2) 단락전류 및 차단기 차단용량

(1) pu 계산

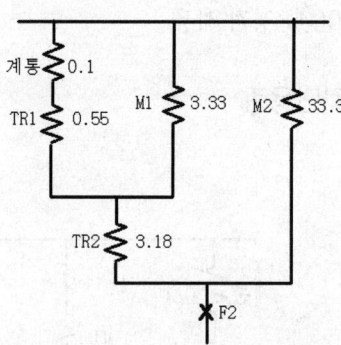

위 그림의 F_2에서 전원 측을 본 합성임피던스를 계산하면 3.35(pu)임

(2) 단락전류

$$I_{s1} = \frac{1}{pu} \times \frac{P}{\sqrt{3} \times V} = \frac{1}{3.35} \times \frac{100}{\sqrt{3} \times 0.38} = 45.35 \text{(kA)}$$

따라서, 차단기 차단전류는 표준품인 70(kA) 사용(카탈로그의 500V 기준)

(3) 차단기 정격차단용량

$$P_{s1} = \sqrt{3}\,VIs = \sqrt{3} \times 500 \times 70 = 60(\text{MVA})$$

5. 정답

구 분	단락전류(kA)	차단기 종류	차단기 정격전류	차단기 차단용량
F_1	16.2	VCB	1,250	20kA(260MVA)
F_2	45.35	ACB	2,000	70kA(60MVA)

14.44 단상 100kVA, 2400/240V, 60Hz의 배전용 변압기가 직렬 임피던스 $(1.0+j2.0)\Omega$의 선로를 통해 전력을 공급받고 있다. 변압기 1차측 환산 임피던스는 $(1.0+j2.5)\Omega$이고 변압기 2차측 부하가 240V, 지역률 0.8로 운전할 때 다음을 구하시오.(단, 변압기는 부하율 50%로 운전한다고 본다.)
건.93.1.4.
1) 변압기 1차측 단자 전압
2) 선로 인입단 전압

1. 회로도

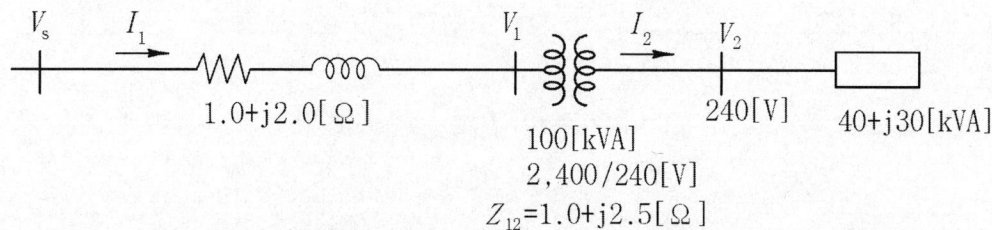

2. 부하 전력

부하율이 50(%)이고 역률이 지역률 0.8이므로
$P = 50 \times 0.8 - j50 \times 0.6 = 40 - j30 (\text{kVA})$

3. 1, 2차 전류

$I_2 = \dfrac{40 - j30}{0.24} = 167 - j125 (\text{A})$

$I_1 = I_2 \times \dfrac{1}{a} = \dfrac{40 - j30}{0.24} \times \dfrac{1}{10} = 16.7 - j12.5 (\text{A})$

4. 변압기 전압강하

$\triangle V_{TR} = Z_{12} \cdot I_1 = (1.0 + j2.5)(16.7 - j12.5) = 47.95 + j29.25 (\text{V})$

5. 변압기 1차측 단자전압

$V_1 = 2400 \angle 0 + (47.95 + j29.25) = 2447.95 + j29.25 \, (\text{V})$

6. 선로 인입단 전압

$Vs = V_1 + Z_L I_1$

$= (2447.95 + j29.25) + (1.0 + j2.0)(16.7 - j12.5) = 2489.65 + j50.15 = 2490.16 (\text{V})$

14.45 다음 주변압기용 RDR 부정합 비율(%)을 구하고 비율 TAP을 정정하시오.(단, 부정합 비율을 줄이고자 보조 CT를 사용하는 경우 2 : 1을 적용한다.)

건.89.4.2.

No.	항 목	1차측	2차측
1	전 압 (kV)	154	22.9
2	TR 결선	△	Y
3	TR 용량	30MVA	
4	C T(A)	200/5	1,200/5
5	Ry Tap(A)	2.9−3.2−3.8−4.2−4.6−5.0−8.7	
6	비율 Tap(%)	15−25−40	

단, ① 변압기 Tap 절환 : 10(%), ② CT 오차 : 5%, ③ 여유도 : 5%

1. 전류 계산

No.	항 목	1차측	2차측
1	정격전류 (A)	$In_1 = \dfrac{30,000}{\sqrt{3} \times 154} = 112.5$	$In_2 = \dfrac{30,000}{\sqrt{3} \times 22.9} = 756.4$
2	C T(A)	200/5	1,200/5
3	CT 2차 전류(A)	$112.5 \times \dfrac{5}{200} = 2.81$	$756.4 \times \dfrac{5}{1,200} = 3.15$
4	TR 결선	△	Y
5	CT 결선	Y	△
6	Ry 유입전류(A)	2.81	$3.15 \times \sqrt{3} = 5.46$
7	정정 Tap	2.9	5.0

2. 부정합 검토

1) 유입 전류비 = $\dfrac{2.81}{5.46} = 0.51$

2) 정정 Tap비 = $\dfrac{2.9}{5.0} = 0.58$

3) 부정합비 = $\dfrac{0.58 - 0.51}{0.51} \times 100 = 14(\%)$

4) 일반적으로 부정합비는 5% 이내이어야 하므로 보조CT를 이용하여 재계산한다.

No.	항 목	1차측	2차측
1	Ry 유입전류(A)	2.81	$3.15 \times \sqrt{3} = 5.46$
2	보조 CT비		2 : 1
3	보조 CT 2차측 전류	2.81	2.73
6	정정 Tap	2.9	2.9

5) 재부정합비 검토

① Ry 유입전류비 = $\dfrac{2.81}{2.73} = 1.03$

② 정정탭비 = $\dfrac{2.9}{2.9} = 1$

③ 부정합비 = $\dfrac{1.03 - 1}{1} \fallingdotseq 3(\%)$

3. 비율 Tap 정정

1) 변압기 Tap 절환 : 10(%)
2) CT 오차 : 5%
3) 여유도 : 5%
4) 부정합비 : 3%
5) 비율 Tap > 10 + 5 + 5 + 3 = 23(%)

4. 정답 : 25%에 정정하면 됨

참고문헌

- KSCIEC 60364 건축전기설비(기술표준원)
- KSCIEC 62305 피뢰설비(기술표준원)
- 전기설비 기술기준 및 판단기준(대한전기협회)
- 내선 규정(대한전기협회)
- 건축전기 설계기준(건설교통부)
- 기술 용어 해설집(한국전력공사)
- 전기설비 기술계산 핸드북(의제전기설비 연구소)
- 전기설비 총람 상, 하(의제전기설비 연구소)
- 전력시설물 설비 및 설계(성안당, 최홍규)
- 조명 설비 및 설계(성안당, 최홍규)
- 접지 설비 및 설계(성안당, 최홍규)
- 건축전기설비기술사 1~3권(성안당, 양재학 외)
- 건축전기설비기술사해설(동일출판사, 김세동)
- 전력설비 기술계산 해설(동일출판사, 김세동)
- 건축전기설비기술사 기출문제해설(1~5권)(NT미디어)
- 건축전기설비기술사 300선(상, 하)(예문사)
- 전기응용기술사(1~3권)(NT미디어)
- 전기감리실무교재(한국전력기술인협회)
- 저압전로 지락보호에 관한 기술지침(대한전기협회)
- 전기기기(동명사, 이윤종)
- 전력기술인(한국전기기술인협회)
- 조명전기설비(한국조명설비학회)
- 전기저널(대한전기협회)
- 공통·통합접지 검사업무처리방법(안전공사)
- Naver Cafe 지식 백과 및 지식 검색
- 전기기기 제작업체 카다록 및 기술자료
- 전기 신문 등

건축전기설비기술사
예상문제풀이

발행일	2018년 1월 10일 초판 발행

저 자 | 김일기
발행인 | 정용수
발행처 | 예문사

주　소 | 경기도 파주시 직지길 460(출판도시) 도서출판 예문사
T E L | 031) 955-0550
F A X | 031) 955-0660
등록번호 | 11-76호

- 이 책의 어느 부분도 저작권자나 발행인의 승인 없이 무단 복제 하여 이용할 수 없습니다.
- 파본 및 낙장은 구입하신 서점에서 교환하여 드립니다.
- 예문사 홈페이지 http : //www.yeamoonsa.com

정가 : 45,000원
ISBN 978-89-274-2407-9 13560

이 도서의 국립중앙도서관 출판예정도서목록(CIP)은 서지정보유통 지원시스템 홈페이지(http://seoji.nl.go.kr)와 국가자료공동목록시 스템(http://www.nl.go.kr/kolisnet)에서 이용하실 수 있습니다. (CIP제어번호 : CIP2017024879)